核材料与应用

周明胜 田民波 戴兴建 编著

清华大学出版社
北京

内 容 简 介

《核材料与应用》是为工程物理系本科生“核材料系列课程”编写的教材之一，内容包括核能利用与核材料，核燃料，锆合金包壳材料，压力壳用低合金高强度钢，反应堆用不锈钢，核电厂用高温合金和耐热钢，高温气冷堆用石墨材料，快堆燃料和包壳材料，中子吸收材料及屏蔽材料，聚变堆材料等共 10 章，涉及核材料与应用的各个方面。

本书针对不同的材料，如核压力容器用钢、反应堆用不锈钢、耐热钢、高温合金、锆合金、控制、慢化和反射材料等，不同的结构，如燃料元件、燃料元件包壳、核压力容器、主管道、蒸汽发生器等，不同的工况，如高温、高温度梯度、高热流、高速流场的作用及高剂量辐照等，从材料科学与工程四面体角度，分析了材料成分、组织结构、加工制造以及性能与功能之间的关系，以便为核工程选材以及分析、解决反应堆材料问题提供坚实的基础与依据。

本书对从事反应堆材料和反应堆设计、研究、运行、生产和教学以及其他相关材料专业的科技人员、大学生、研究生都有参考价值。

图书在版编目(CIP)数据

核材料与应用/周明胜，田民波，戴兴建编著. —北京：清华大学出版社，2017 (2025.7 重印)
ISBN 978-7-302-48653-4

Ⅰ. ①核… Ⅱ. ①周… ②田… ③戴… Ⅲ. ①核工程—工程材料 Ⅳ. ①TL34

中国版本图书馆 CIP 数据核字(2017)第 262218 号

责任编辑：袁 琦
封面设计：常雪影
责任校对：赵丽敏
责任印制：刘 菲

出版发行：清华大学出版社
网 址：https://www.tup.com.cn，https://www.wqxuetang.com
地 址：北京清华大学学研大厦 A 座　　**邮 编**：100084
社 总 机：010-83470000　　**邮 购**：010-62786544
投稿与读者服务：010-62776969，c-service@tup.tsinghua.edu.cn
质量反馈：010-62772015，zhiliang@tup.tsinghua.edu.cn
印 装 者：涿州市般润文化传播有限公司
经 销：全国新华书店
开 本：210mm×297mm　　**印 张**：20.75　　**字 数**：686 千字
版 次：2017 年 11 月第 1 版　　**印 次**：2025 年 7 月第 3 次印刷
定 价：59.00 元

产品编号：069034-01

前言

FOREWORD

本书是为工程物理系本科生“核材料系列课程”编写的教材。该系列课程教材包括《材料学导论》《核能利用与核材料》《核材料与应用》《材料的腐蚀与防护》等。

没有核燃料便没有核能发出；没有核结构材料便不能构成核装置。《核材料与应用》正是针对核燃料和核结构材料这两类材料进行讨论的。内容包括核能利用与核材料，核燃料，锆合金包壳材料，压力壳用低合金高强度钢，反应堆用不锈钢，核电厂用高温合金和耐热钢，高温气冷堆用石墨材料，快堆燃料和包壳材料，中子吸收材料及屏蔽材料，聚变堆材料等共10章，涉及核材料与应用的各个方面。

目前，对“核材料”这个名词没有统一的看法和定义。有人认为它是用于核科学和核工程的材料的总称；有人认为它是专指裂变反应堆和聚变反应堆所用材料；有人把它定义为裂变材料和聚变材料的总称，即与核燃料的概念相似。

广义的核材料是核工业及核科学研究中所专用的材料的总称，也可以把核材料归结为核能材料或核工业所用材料的总称。

核燃料是指能产生核裂变或核聚变反应并释放出巨大核能的物质。核燃料可分为裂变燃料和聚变燃料(或称热核燃料)两大类。裂变燃料主要指易裂变核素如铀 235、钚 239 和铀 233 等。此外，由于铀 238 和钍 232 是能够转换成易裂变核素的重要原料，且其本身在一定条件下也可以产生裂变，所以习惯上也称其为核燃料。聚变燃料包含氢的同位素氘、氚，锂 6 和其化合物等。

核工程材料是指反应堆及核燃料循环和核技术中用的各种特殊材料，如反应堆结构材料、元件包壳材料、反应堆控制材料、慢化剂、冷却剂、屏蔽材料等。例如特种铝合金、镁合金、锆合金、铍、低合金高强度钢、特种不锈钢、高温镍基合金、耐热钢、特种石墨、特种陶瓷、混凝土、半导体乃至高分子材料等。

材料科学与工程包括四个基本要素，即材料的成分、材料的组织和结构、材料的制备与加工、材料的性能和应用特性，一般形象地将四要素表示为四面体的四个顶点。这是理解材料科学与工程问题的总纲。核材料的研制和应用，核材料在服役过程中受到的影响，核材料的时效、老化、失效乃至核事故的分析等，当然也涵盖在这四个要素之中。显然，整个核工程和核材料领域都离不开材料科学与工程的基础知识。

一个核反应堆，它的核心是一个能量密度很高的热源。处在那里的材料自然会面临高温、高温度梯度、高热流、高速流场的作用，这本身已构成很特殊的问题。但是，在这以外最特殊的因素当属材料的核性能和中子的作用。反应堆材料所面临的工况比迄今为止我们遇到的任何工程所面临的条件要复杂得多，包括核燃料的链式反应、放射性、高温、扩散、肿胀，核结构材料的辐照、腐蚀、高温、蠕变环境等。因此人们说：“The importance of behavior of the reactor materials can not be over-emphasized.”意思是说，反应堆材料问题的重要性无论如何强调也不过分。

压水堆的“压”，沸水堆的“沸”，高温气冷堆的“高温”，都是为了提高堆芯的能量密度，更高效率地取出能量而采取的非常规措施。但与此同时，核材料必须承受超常的负荷。实际上，这些反应堆的工作参数，如温度、压力、功率密度、燃耗等，无一不是由材料的性能和承受能力来确定的。

因此，本课程在讨论材料的性能、制备工艺、使用行为等与成分、微观组织和结构关系的同时，将针对核工程材料的特殊问题，包括材料的核特性、辐照、腐蚀、高温环境等进行论述。只有掌握这些，才能将材料科学的知识升华为核材料科学的水平。

从工程角度，核材料工作者的任务是选材(包括制作)、改性、检测和创新。由于核材料服役于更严酷的环境下，因此，上述任务更艰巨，承担的责任也更大。为此培养的学生，理论基础要更厚实，知识面要更宽，工程实践训练要更充分。

材料科学与工程已经是一个很综合的领域，再结合到“物理工程”的特点，这就需要跨学科地学习和交叉融汇，这当然不是一两门课程所能奏效的。

基于上述特殊服役环境，核材料具有以下特点：①种类繁多，不可替代；②服役环境恶劣；③性能要求极高；④易老化失效；⑤一旦失效，后果严重；⑥服役结束后，处理、处置困难。“核材料系列课程”要侧重这些来讲授。

为此，“核材料系列课程”主要针对以下问题进行讨论：①是什么，②为什么，③怎么加工制造，④有什么用、怎么用，⑤服役中会发生什么变化，⑥如何提高性能。《材料学导论》主要涉及问题①、②、③、⑥；《核材料与应用》主要涉及问题③、④、⑤、⑥。

“核材料系列课程”在内容组织上强调浅、宽、新、活、鲜，避免深、窄、旧、偏、玄。力求突出重点、理清思路，强调基本概念和基本原理，着重核材料的应用和创新，提高同学分析问题(例如核材料的失效分析)和解决问题(例如反应堆材料的选材)的能力。加上通俗易懂、图文并茂的教材，相信会达到较好的教学效果。

本书所涉及的领域极为广泛，不仅多学科交叉，而且许多知识既专又深且新，显然编者力所不能及。受惠于许多学长的学识和开创性劳动以及新出版的著作，本教材在编写过程中引用了许多他们的原始论述，在书后的参考文献中都一一列出。在对诸位学长深表谢意的同时，也为他们与编者一起为培养人才和普及知识所做出的贡献十分欣慰。

本书的编写受到清华大学工程物理系教学指导委员会的指导并得到工程物理系的资助，在此表示衷心感谢。

本书可作为工程物理、材料、能源、机械、环境、化工、电力等学科本科生及研究生教材，对于从事相关行业的科技工作者和工程技术人员，也有极为难得的参考价值。

编者水平有限，不妥或谬误之处在所难免，恳请读者批评指正。

编　者

2017 年 9 月

目录

CONTENTS

第 1 章

核能利用与核材料

1.1 核电发展概况

核裂变反应堆(简称核反应堆)是借助易裂变核素,在中子作用下发生可控的自持核裂变链式反应产生能量的装置。裂变过程中释放出的中子用于维持链式反应,多余的中子可用于生产新核素和开展核物理等研究。裂变产生的能量是一种清洁的能源,可用做动力驱动船舶,生产电力或以热源形式供化工、冶金等工业使用。由于核反应堆有如此广泛而重要的用途,使它在 20 世纪 40 年代一出现就得到迅猛的发展。研究试验堆、生产堆以及不同用途的动力堆纷纷建成,其中尤以核电的应用最为普遍,其数量居核反应堆用途之首。

核电发展经过几起几落。近年来,随着核电安全性能建设的不断提升和福岛核事故影响的消退,全球核电事业正在稳步复苏,无论是发电量还是在运行反应堆数量均出现提升。在当前的核电市场上,第三代先进轻水堆核电机组以及经过改良设计的"三代加"核电机组是在建核电厂的主流机组。截至 2017 年 5 月 5 日全世界共有 449 台核电机组在运行,总装机容量为 3.9 亿 kW,相对于 2010 年福岛核事故发生之前,不仅数量增加,而且安全性能、技术水平均出现较大提升。

本章将首先介绍核反应堆组成部件的功能及其材料体系;然后叙述为制造各类核反应堆部件所用的材料;最后针对核电厂介绍与核反应堆应用相关的材料。

1.1.1 天然的核反应堆

奥克洛(Oklo)是非洲加蓬共和国一个矿区的名字。从这个矿区,法国取得其核计划所需的铀。1972 年,当这个矿区的铀被运到一家气体扩散工厂时,人们发现这些铀是被利用过的,其 ^{235}U 的富集度仅为 0.44%(质量分数),低于 0.711%(质量分数)的自然含量。似乎这些铀矿石早已被一个核反应堆使用过。法国政府宣布了这一发现,震惊了全世界。科学家们对这个铀矿进行了研究,并将研究成果于 1975 年在国际原子能机构(International Atomic Energy Agency,IAEA)的一个会议上公布。

法国科学家在整个矿区的不同地方都发现了核裂变的产物(FP)和超铀元素(TRU)废物。开始时,这些发现让人很迷惑,因为天然的铀在这种情况下是不可能使"反应堆"越过临界点(而发生核反应的),除非在特别的情况下,有石墨和重水。但在奥克洛周围地区,这些条件是从来都不大可能具备的。

^{235}U 的半衰期约为七亿(7.13×10^{8})年,小于 ^{238}U 的半衰期,后者的半衰期约为四十五亿(4.51×10^{9})

年。从地球形成至今，相比^{238}U，更多的^{235}U衰变了。这就说明在远久年代以前，天然铀矿中的可裂变核素浓度比今天高得多。实际上，简单的计算就可以证明，30亿年前^{235}U的浓度为3%(质量分数)左右。而此浓度已足以在一般的水中发生核反应。而当时在奥克洛附近是有水源的。图1-1表示在非洲发现的天然核反应堆示意图。

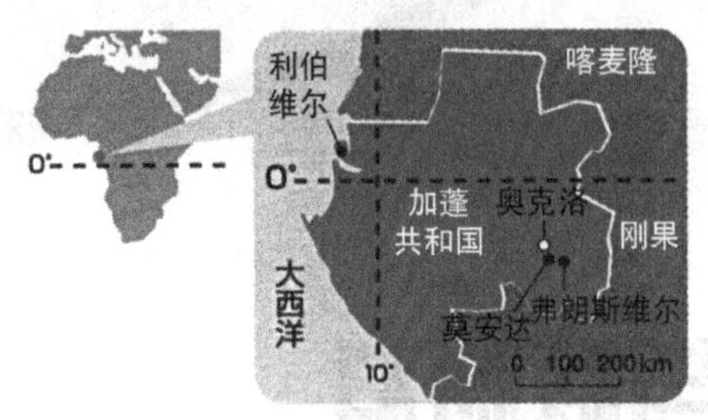

(a) 加蓬共和国和奥克洛

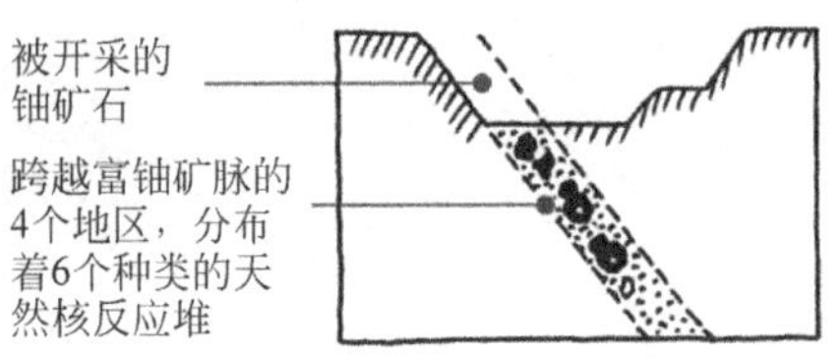

在这里，6个位置的天然核反应堆堆芯分布在4个反应带(图中的黑色部位)上

(b) 奥克洛核反应堆遗址

图1-1 在非洲奥克洛发现的天然核反应堆

进一步的研究表明，奥克洛天然反应堆在数十年的时间里曾断断续续达到过临界值。渗入铀矿的地下水发挥了与轻水堆内相同的慢化作用。一旦热水蒸发，核反应堆即停止。而地下水再度涌入后，就又会出现临界反应，如此反复。在此期间，这一天然反应堆的总功率相当于5座1000MW级的核反应堆满功率运行。

奥克洛天然反应堆的发现和相关的研究表明，要实现可控制的裂变反应，特别是要将裂变能取出为人类所利用，必须具备很多条件，而“核材料”就是最关键的条件。

1.1.2 核电厂的原理及优势

核电厂是利用原子核内部蕴藏的能量产生电能的新型发电厂。核电厂以核反应堆来代替火电站的锅炉，以核燃料发生裂变反应产生核能代替化石燃料燃烧产生的化学能。核电厂使用的燃料被称为核燃料，目前主要是铀。核燃料在反应堆中发生裂变来产生大量热能，再用冷却剂(水、氦气、熔融态的钠等)把热能带出，在蒸汽发生器中产生蒸汽，蒸汽推动汽轮发电机旋转产生电。

利用蒸汽通过管路进入汽轮机，推动汽轮发电机发电，使机械能转变为电能。这一点核电厂与火电厂无差别，其主要的奥妙在于核反应堆。

核反应堆是装配了核燃料以实现大规模可控制裂变链式反应的装置。核反应堆的物理基础是爱因斯坦的质能关系和链式反应。当^{235}U受到外来中子的轰击时，会发生裂变反应，并且裂变产物有2～3个中子。根据质能关系，前后损失的能量转变为热能释放，一次裂变反应大约放出200MeV的能量。又由于裂变产物中有2～3个中子，那么这些中子可以继续诱发裂变反应，如此持续进行。

但是裂变产生的中子能量很高，如果不采取措施，中子会大量泄漏，不一定与^{235}U发生反应，而且与^{235}U发生裂变反应几率最大的中子是热中子(与周围物质达到热平衡的中子，室温下平均能量是25meV)。另外，核燃料及裂变产物都具有强放射性，需要防护。裂变反应产生的大量热量需要被冷却剂带走才能避免反应堆因过热被烧毁。由上可见核反应堆的主要结构有：核燃料＋漫化剂＋冷却剂＋控制设施＋防护装置。

目前中国电力供应主要由煤电，天然气发电，水电，核电，风电，太阳能发电六种发电方式提供，六种发电方式具有不同的技术特点。从2015年的能源结构来看，化石能源仍是中国电力供应的主力能源，占据电力供应的70%左右，装机容量占63%左右。核电的电力供应占总体的3.0%(截至2017年8月，已达3.9%，核电年增长率20%)，总装机容量占总体的1.8%。核电呈现出利用时间(h)相对较高，发电相对优先的特点。

中国核电目前已经初具规模，同时正在快速发展。截至2016年第一季度，中国投入商业运行的核电机组总共有30台，总装机容量达到2859.6万kW，2015年发电量为1695亿kW·h，在建核电机组总共21台，总装机容量达到2457.7万kW。

根据《核电中长期发展规划(2011—2020年)》，到2020年，核电装机容量将达到5800万kW，在建容量将达到3000万kW以上，核电发电量将达到总发电量的5.6%。到2030年核电总装机容量将达到1.36亿kW，核电发电量将达到总电总量的11.8%。

中国之所以制定核电优先发展战略，主要是基于核电厂的下述优势：

(1) 核能发电不会产生温室气体 CO_2，可以减少 CO_2 的排放。在全球气温上升，温室效应显著的情况下，这一优势尤为引人注目。在上述六种发电方式中，核电的温室气体排放系数为 29t 等效二氧化碳/(GW·h)，水电、风电的温室气体排放系数为 26t 等效二氧化碳/(GW·h)，核电与可再生能源的温室气体排放系数在同一个数量级上，而煤电的温室气体排放系数为 888t 等效二氧化碳/(GW·h)。核电在发电过程中不产生温室气体，温室气体主要在天然铀的采矿冶炼，转化，浓缩等环节中产生。核电作为一种基荷能源，相对于水电的季节性特点，风电，太阳能发电的间歇性，波动性等特点，其发电量具有稳定，清洁，高效的特点，是电力系统减少温室气体排放的首选。

中国公开承诺的碳排放目标一是在 2009 年哥本哈根世界气候大会上的承诺，2020 年单位国内生产总值的二氧化碳排放比 2020 年下降 40%～45%；非化石能源占据一次能源消费比重到达 15%，二是在中美关于应对气候变化和清洁能源合作的联合声明当中，中方首次承诺在 2030 年左右二氧化碳的排放到达峰值，非化石能源占一次能源的消费比例提升到 2030 年的 20%左右。测算结果表明电力系统的碳排放量峰值在 45 亿 t 到 50 亿 t 之间，2015 年的电力系统碳排放量为 36 亿 t，距离峰值水平还有 10 亿 t 的空间。

(2) 核燃料是能量密度极高的能源。将其与常用的能源相比，便可一目了然。

首先，核燃料经一次裂变可放出约 200MeV 的能量。以 ^{235}U 为例，若 1g ^{235}U 全部发生核裂变，则可产生 8.2×10^7 kJ 的能量。

与之相比，1g 氢与氧发生化学反应，燃烧过程中产生的能量为 142.9kJ；作为煤炭主成分的石墨(C)与氧结合时，每 1g 的燃烧能为 32.2kJ；每 1g 石油燃烧的发热量为 40.0kJ。

若以相同质量的燃料对比，^{235}U 发出的能量约是石墨的 255 万倍，约是石油的 182 万倍，约是氢的 57 万倍。而且，由于石油常温下为液体，氢常温下为气体，若以相同体积的燃料对比，上述差距会大大拉开。也就是说，利用核反应，可以由袖珍状的燃料中取出庞大无比的能量。

现在核电厂所用的核燃料，通常以氧化物的化学构成做成丸(饼)状芯块。这些芯块，一般做成直径约 1cm，高 1cm 左右的圆柱形陶瓷。一个这样的陶瓷芯块可取出的能量，足够一个家庭 10 个月的能量消耗。

如此看来，利用核裂变的核能是能量密度极高的能源。

(3) 核电电价相对较低，发电成本可大幅度降低。投资收益是工程上特别关心的问题。根据现行的核电上网电价政策，2013 年后投运的机组标杆上网电价为 0.43 元/(kW·h)。而 2015—2016 年年末，全国燃煤机组电价两次下调，大部分省的燃煤标杆电价已经下降至 0.4 元/(kW·h)。核电的电价与煤炭发电相比占据略微弱势，但在六大发电类型当中总体处于强势地位。根据中国各类发电方式的平均上网电价统计结果，煤炭发电平均上网电价为 0.41877 元/(kW·h)，比核电的 0.45570 元/(kW·h)有略微优势。在地毯能源中，水电的平均上网电价最低，为 0.29161 元/(kW·h)。而风电和太阳能发电的平均上网能够电价较高，分别为 0.57206 元/(kW·h)和 1.07582 元/(kW·h)。而总体比较几种地毯排放发电方式，风电和太阳能发电存在能量密度低，难以调峰的问题，水电存在总量有限特点以及水电的主要潜在开发区域(西南地区)与中国用电量需求较大地区(东部地区)距离远的问题。核电存在的问题包括核安全问题等等。

从总体趋势上而言，核电的平均上网电价有继续下降的趋势。就核电厂内部而言，上网电价同样存在差距。例如红沿河核电厂的上网电价为 0.4142 元/(kW·h)，相对于火电的平均价格相当有竞争力，而田湾核电厂为 0.455 元/(kW·h)。

(4) 核资源丰富。全球的化石燃料存量有限，不足以支撑全球未来的能源需求，存在能源短缺的危机。人们需要寻求新能源。世界上拥有较丰富的核资源，且核能发电技术成熟，核电较其他清洁能源是最可能解决人类能源短缺危机的方法。目前，已探明的具有开采价值的铀资源的埋藏量大致有 250 万 t。海水中也含有低浓度[$(1\sim4)\times10^{-3}$ mg/L]的铀，而全球海水中的含量高达 45 亿 t。对这些铀的捕集、利用的研究也正在进行之中。而且，钍的资源是铀的约四倍之多，作为将来的核燃料而受到关注。

核能发电成本中，燃料费用所占的比例较低，核能发电较不易受到国际经济情势影响，发电成本较其他发电方法较为稳定。

1.1.3 核电厂系统组成

核电厂是依靠核裂变或核聚变产生的能量来发电的，因此核电厂必须有核反应堆系统，这部分称为核岛；核能不能直接用来发电，把核能以热量的形式带出，并把热量转换为电能的蒸汽转换系统，称为常规岛。因此核电厂由两大部分组成，它们分别是核岛和常规岛，核岛的核心是核反应堆。图 1-2 以压水堆(PWR)为例，表示核电厂外观，图 1-3 表示压水堆核电厂主要厂房。核反应堆的功能有以下几种：

(1) 导出核裂变释放的能量来发电(如核电厂)、供热或用作其他动力(如核潜艇)；

(2) 增殖、生产新的核燃料(如$^{232}Th\rightarrow{}^{233}U$，$^{238}U\rightarrow{}^{239}Pu$)；

(3) 生产放射性同位素(如钼-锝靶件，医用同位素等)；

(4) 作科学研究和中子的应用(如中子衍射，中子掺杂，中子照相等)。

显然，为满足核反应堆的不同功能，必须选择最合适的类型、结构、工艺参数、所用材料等。换句话说，不同功能的反应堆，在类型、结构、工艺参数、所用材料等方面都会有所不同。

图 1-2　压水堆核电厂外观

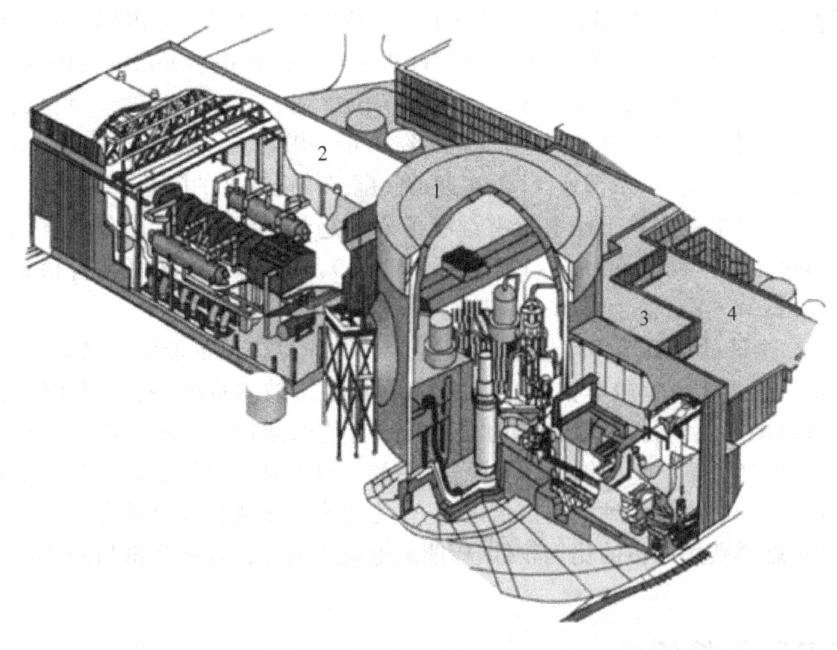

图 1-3　压水堆核电厂主要厂房

1—安全壳；2—汽轮发电机厂房；3—燃料操作厂房；4—辅助设备厂房

核反应堆有下述多种不同的分类方法：

(1) 按用途分类，可以分为动力核反应堆、研究核反应堆、生产核反应堆(快中子增殖核反应堆)；

(2) 按照反应堆中中子的能量，可以分为快中子堆、热中子堆和中能中子堆；

(3) 根据中子通量，分为高通量堆和一般通量堆；

(4) 根据热工状态，分为沸水堆、非沸腾堆、压水堆；

(5) 根据运行方式，分为脉冲堆和稳态堆；

(6) 根据燃料类型，分为天然铀堆、浓缩铀堆、钍堆、MOX 堆；

(7) 按照反应堆慢化剂和冷却剂的不同，可以分为轻水堆、重水堆、石墨气冷堆和快中子增殖堆。

现今正在运行的核反应堆大多按最后一种方法进行分类(表 1-1)。轻水堆可分为轻水堆与石墨轻水型核反应堆(RBMK)。轻水堆可以进一步分为压水堆(PWR)和沸水堆(BWR)。大部分正在运行的核反应堆都属于 PWR，尽管在三哩岛发生核事故的反应堆就属于这一种，一般仍认为这种反应堆最为安全可靠。中国秦山核电厂一期工程、大亚湾核电厂和中国台湾核三厂的反应堆均为 PWR；另外一种轻水堆 BWR 也占了在运行反应堆的一大部分，日本的反应堆和中国台湾核一厂、核二厂两座核电厂的反应堆均为此型，发生福岛核事故的反应堆就属于这一种；石墨轻水型核反应堆是苏联的一种设计，它在输出电力的同时还生产钚，这种反应堆用水作冷却剂并用石墨作慢化剂。切尔诺贝利核电厂拥有四台 RBMK 型反应堆，发生切尔诺贝利核事故的反应堆就属于这一种。

重水堆主要以加压重水式核反应堆(PHWR)为主，这是由加拿大设计出的一种反应堆，也叫做 CANDU(Canada Deuterium Uranium)，这种反应堆使用高压重水作为冷却剂和慢化剂。大部分加压重水式核反应堆都位于加拿大，有一些出售到阿根廷、中国、印度等国家；气冷堆早期主要分为气冷式反应堆(GCR)和改良型气冷式反应堆(AGCR)，这种反应堆使用石墨作为慢化剂，并用二氧化碳作冷却剂，一部分正在运行的反应堆属于这一类，大部分位于英国；高温气冷堆(HTGR)使用石墨作为慢化剂，并用氦气作冷却剂，氦气在反应堆堆芯出口温度可达 700～950℃，目前中国在高温气冷堆领域处于世界领先地位；快中子增殖堆(LMFBR)目前多采用液态金属作冷却剂，而完全不用慢化剂，并在发电的同时产生比消耗的更多的核燃料，即实现增殖。

表 1-1 目前核电厂所采用的反应堆类型

反 应 堆	反应堆种类	慢 化 剂	冷 却 剂	燃 料
轻水堆	轻水堆(BWR，PWR)	轻水	轻水	浓缩铀
	RBMK	石墨	轻水	浓缩铀
重水堆	CANDU	重水	重水	天然铀等
	新型转换堆	重水	轻水	浓缩铀，天然铀等
气冷堆	GCR	石墨	二氧化碳气体	天然铀
	AGCR	石墨	二氧化碳气体	浓缩铀
	HTGR	石墨	氦气	浓缩铀
快中子增殖堆	LMFBR	无	钠 钠钾合金	浓缩铀 钚

尽管核反应堆可按其用途、构型划分为多种不同种类，但无论是哪种核反应堆，它们都有一些共同的基本组成。以目前建造最多的热中子反应堆为例，它主要由核燃料元件、慢化剂、冷却剂、堆内构件、控制棒组件、反射层、反应堆容器、屏蔽层构成。其中前四类部件是核反应堆的心脏，组成“堆芯”；因核裂变反应就在该区域内发生，故堆芯也常称为活性区。快中子反应堆则无需慢化剂，而在堆芯与反射层之间设有包层，内装再生组件。目前，动力堆本体(或者还含有蒸汽发生器)由专设的安全壳包容。堆外还有发电和确保安全用的辅助设施，如蒸汽发生器或中间热交换器、汽轮发电机或涡轮机、凝汽器、泵以及各种连接管道等。图 1-4 为压水堆核电厂系统示意图，图中阴影部分为反应堆安全壳。

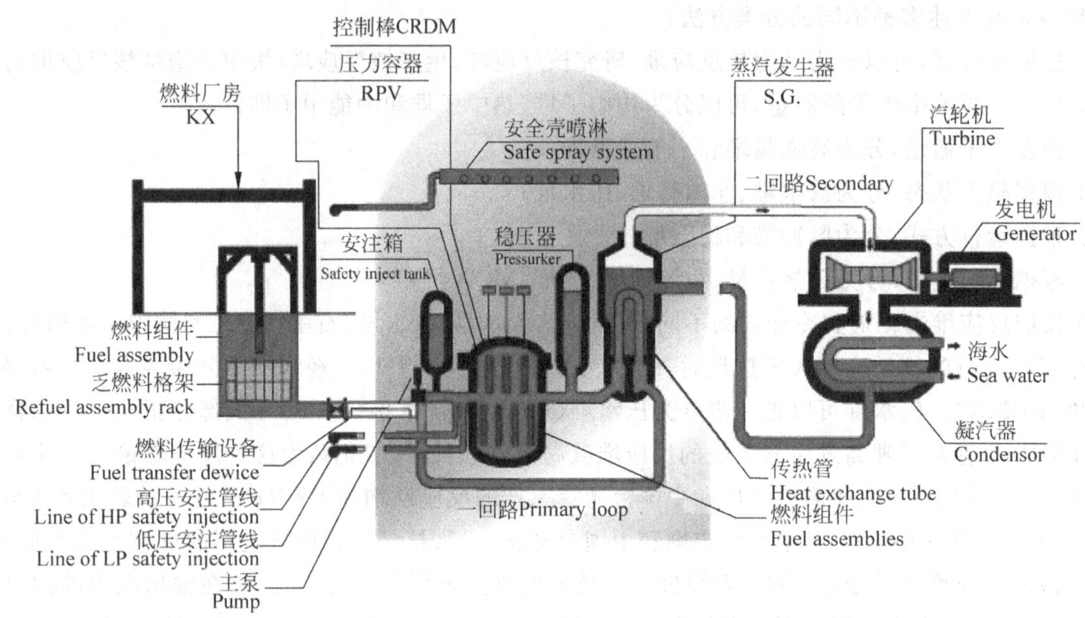

图 1-4 压水堆核电厂系统示意图

1.1.4 核电厂主要反应堆类型

1.1.4.1 压水堆——历史悠久,技术成熟

1) 压水堆发展概况 压水堆最初是美国为核潜艇设计的一种热中子堆型。60 多年来,这种堆型得到了很大的发展,经过一系列的重大改进,已经成为技术上最成熟的一种堆型。压水堆采用低浓缩二氧化铀(2%～4% ^{235}U)作为核燃料,高压水做慢化剂和冷却剂,因此是一种使冷却剂处于高压状态的轻水堆,压水堆冷却剂入口水温一般在 290℃左右,出口水温 330℃左右,堆内压力 15.5MPa。

压水堆由压力容器、堆内构件及控制棒等组件构成,与沸水堆相比拥有更高的安全性。目前,全世界压水堆的装机总量约占所有核电厂各类反应堆总和的 60%以上。大亚湾核电厂就是一座压水堆核电厂。

2) 压水堆核电厂的结构布置 图 1-5 表示压水堆(PWR)核电厂系统,它由一(次水)回路和二(次蒸汽和水)回路组成,两个回路在蒸汽发生器换热。蒸汽发生器是一个大部件,约高 20m、直径 4m,质量约为 310t。压水堆可设 2 条、3 条或 4 条冷却剂回路,与压力容器相连接构成封闭环路。每条环路都有它自己的蒸汽发生器和循环泵。

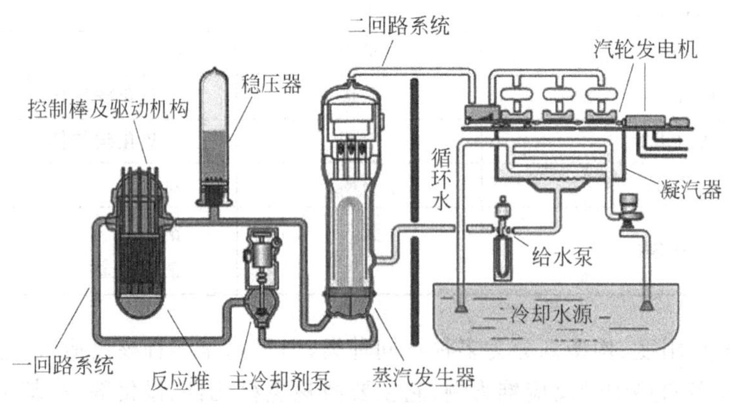

图 1-5 压水堆(PWR)核电厂系统

一座电功率为 1000MW 的压水堆堆芯由约 160 个燃料组件组成,组件长为 4m,排在直径为 3.4m 的下部支承构件上。燃料组件内的燃料棒按(14×14)或(17×17)正方形排列,由定位格架和骨架固定,燃料棒外径约为 9.5mm。燃料装载量为 70 余 t。轻水是压水堆的慢化剂和冷却剂,它在一回路系统内不发生沸腾

的条件下运行。整个堆芯被包容在高 13m、直径 4.5m，质量约为 400t 的压力容器内。反应堆的功率控制由约 50 个从顶部引入的控制棒组件和一回路冷却剂水中的可溶性硼酸来实现。每个控制棒组件内有 20 个控制棒，它控制反应堆的启动和停堆，而硼酸则用于控制长期的反应性变化。

被核裂变能量加热的一回路冷却水通过蒸汽发生器的传热管，把热量传递给二次侧产生温度的 287℃、压力为 7MPa 的饱和蒸汽。一台热功率 1000MW 的蒸汽发生器约有 4000 根传热管，饱和蒸汽进入汽轮机膨胀做功，带动发电机发电，而乏汽则通过凝汽器转变为液态凝结水再返回蒸汽发生器重复使用。

3）压水堆具有以下特点：

(1) 用价格低廉、到处可以得到的普通水作慢化剂和冷却剂。

(2) 为了使反应堆内温度很高的冷却水保持液态，反应堆需要在高压力（水压约为 15.5MPa）下运行，所以叫压水堆。

(3) 由于反应堆内的水处于液态，驱动汽轮发电机组的蒸汽必须在反应堆以外产生。这是借助于蒸汽发生器来实现的，来自反应堆一回路的冷却水，即一回路水，流入蒸汽发生器传热管的一次侧，将热量传给传热管的二次侧的二回路水，使后者转变为蒸汽（二回路蒸汽压力为 6～7MPa，蒸汽的温度为 275～290℃）。

(4) 由于用普通水作慢化剂和冷却剂，而普通水的热中子吸收截面较大，因此不可能用天然铀作核燃料，必须使用低浓缩铀作核燃料。

压水堆核电厂的主要优点：结构紧凑，堆芯的功率密度大。我们知道，中子与氢原子核质量相当，每次碰撞时，中子损失的能量最多。轻水分子是由两个氢原子和一个氧原子组成。与气体相比，水的密度很大，含氢量很高，所以在各种慢化剂中，水的慢化能力最强。而且，水不仅是良好的慢化剂，也是良好的冷却剂。水的比热大，导热系数高，在堆内不易活化，不容易腐蚀不锈钢等结构材料。由于体积相同时压水堆功率最高，或者在相同功率下压水堆比其他堆型的体积小，再加上轻水的价格便宜，导致压水堆基建费用低、建设周期短，在经济上更具竞争力。

压水堆的主要缺点：第一，必须采用耐高压的压力容器。压水堆核电厂为了提高热效率，就必须在不沸腾的前提下提高从反应堆流出的冷却剂的温度，即提高出口水温，为此就必须提高压力。为了提高压力，就要有承受高压的压力容器。这就导致压力容器的制作难度和制作费用的提高。第二，必须采用有一定富集度的核燃料。轻水吸收热中子的几率比重水和石墨都大，所以轻水慢化的核反应堆无法以天然铀作燃料来维持链式反应。轻水堆要求将天然铀浓缩到 18 亿年前的水平，即富集度要达到 3% 左右（一般要求 ^{235}U 的富集度为 2%～4%）。为此，压水堆核电厂要付出较高的燃料费用。

压水堆目前已经成为技术上最为成熟的一种堆型，它的优势在于堆芯体积较小，功率密度更大。但由于工作压力和温度相比起沸水堆要更高，因此对反应堆材料性能的要求比起沸水堆也要更高。

1.1.4.2　沸水堆——压水堆的“孪生姐妹”

沸水堆采用低富集度二氧化铀做燃料，沸腾水做慢化剂和冷却剂。沸水式反应堆是轻水反应堆的一种，它与压水式反应堆类似，均用普通水做冷却剂和慢化剂，但沸水式反应堆只有一个连接反应堆和汽轮机的回路，且不需要蒸汽发生器。图 1-6 表示沸水堆（BWR）核电厂系统。

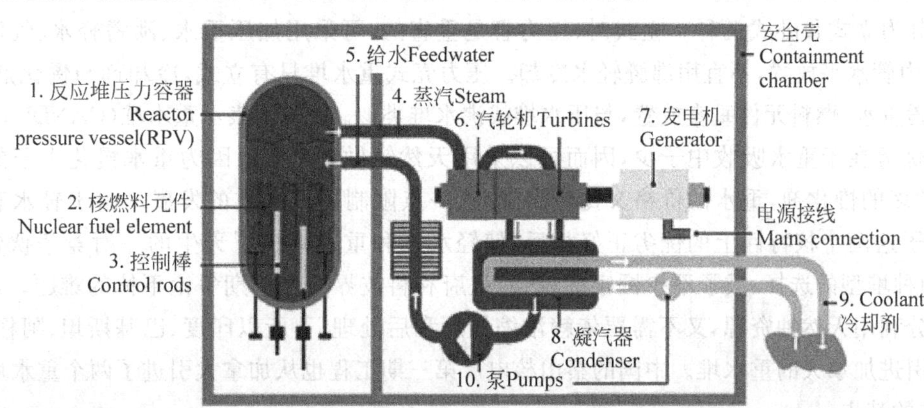

图 1-6　沸水堆（BWR）核电厂系统

沸水堆的主要思路是省去一回路冷却水通过蒸汽发生器将二回路的水加热蒸发的过程，直接让水在堆芯里面沸腾。沸水堆的结构与压水堆相似，但省掉了压水堆的一个一次回路，不再需要昂贵的蒸汽发生器，同时在堆芯上方设置了汽水分离器和干燥器，用来得到干燥的蒸汽，还多了一个冷却剂再循环系统，将流经堆芯而没有蒸发的水进行再循环。

因为沸水堆与压水堆一样，采用相同的燃料、慢化剂和冷却剂等，注定了沸水堆也有热效率低、转化比低等缺点。但与压水堆核电厂相比，沸水堆核电厂还有以下几个不同的特点：

(1) 直接循环。核反应堆产生的蒸汽被直接引入蒸汽轮机，推动汽轮发电机组发电，这是沸水堆核电厂与压水堆核电厂的最大区别。沸水堆核电厂省去一个回路，因而不再需要昂贵的、压水堆中易出故障的蒸汽发生器和稳压器，减少大量回路设备。

(2) 工作压力可以降低。将冷却水在堆芯沸腾而直接推动蒸汽轮机的技术方案可以有效降低堆芯工作压力。为了获得与压水堆同样的蒸汽温度，沸水堆堆芯只需加压到约 70 个大气压，降低到了压水堆堆芯工作压力的一半左右。这使系统得到极大地简化，能显著地降低投资。

(3) 堆芯出现空泡。与压水堆相比，沸水堆最大的特点是堆内有气泡，堆芯处于两相流动状态，由于气泡密度在堆芯内的变化，在它的发展初期，人们认为其运行稳定性可能不如压水堆。但运行经验的积累表明，在任何工况下慢化剂反应性空泡系数均为负值，空泡的反应性负反馈是沸水堆的固有特性。它可以使反应堆运行更稳定，自动展平径向功率分布，具有较好的控制调节性能等。

核沸水堆的优缺点如下：

(1) 沸水堆压力容器内直接产生蒸汽，所以压力容器等所承受的压力只有压水堆的 1/2(约 7MPa)，因此压力容器的厚度可以减小。

(2) 沸水堆的功率密度比压水堆的低，且沸水堆压力容器内还要放置汽水分离器、干燥器和喷射泵等设备，致使压力容器尺寸增大。就压力容器的制造成本来说，这两个影响基本上相互抵消。

(3) 沸水堆采用直接循环，所以系统比较简单，回路设备少，且设备所承受的压力较低，易于加工制造。尤其是省去了压水堆核电厂中较易发生故障的蒸汽发生器，使核电厂事故减少，使用效率提高。

(4) 沸水堆采用喷射泵循环系统，使压力容器开孔的直径减少，电厂失水事故的可能性及严重性降低。

(5) 由于沸水堆堆芯内产生大量蒸汽，调节反应堆功率比较方便，除用控制棒进行功率调节外，还可通过改变循环泵流量的方法来进行调节，调节范围约达 25%，速率约 1%FP/s，FP 表示满功率。

(6) 沸水堆的比功率较小，同样功率条件下核燃料装量较压水堆约大 50%。因此，虽然沸水堆系统比较简单，但总投资较压水堆略大。

(7) 沸水堆采用直接循环，水通过堆芯时将放射性物质直接带到汽轮机、凝汽器等设备，使这些设备污染。因此，必须进行屏蔽以防止放射性泄漏。这给设计、运行、维修都带来不便。

1.1.4.3 重水堆——以重水(D_2O)作慢化剂，天然铀作燃料

1) 重水堆的结构　重水堆虽然都用重水作慢化剂，但在它几十年的发展中，已派生出不少次级的类型。按照结构，重水堆可以分为压力管式和压力壳式。采用压力管式时，冷却剂可以与慢化剂相同也可不同。压力管式重水堆又分为立式和卧式两种。立式时，压力管是垂直的，可采用加压重水、沸腾轻水、气体或有机物冷却；卧式时，压力管水平放置，不宜用沸腾轻水冷却。压力壳式重水堆只有立式，冷却剂与慢化剂相同，可以是加压重水或沸腾重水，燃料元件垂直放置，与压水堆或沸水堆类似。图 1-7 表示重水堆(CANDU)核电厂系统。

重水堆的优势在于重水吸收中子少，因而可以采用天然铀做燃料；但因为重水慢化中子的能力较轻水低，就需要非常多的慢化剂，重水的价格又比较昂贵，这一点限制了重水堆的发展。由于轻水和重水在吸收中子和慢化中子这两个核特性上的优劣正好相反，使轻水堆和重水堆成了天生的一对竞争伙伴。正是这个原因，使得这两种堆型的选择，成了不少国家的议会、政府和科技界人士长期争论不休的难题。由于重水堆比轻水堆更能充分利用天然铀资源，又不需要依赖浓缩铀厂和后处理厂，所以印度、巴基斯坦、阿根廷、罗马尼亚等国家已先后引进加拿大的重水堆。中国的秦山核电厂第三期工程也从加拿大引进了两个重水堆核电机组。

2) 重水堆的特点

(1) 重水的中子吸收截面很低，中子经济性好，可以采用天然铀做燃料。重水堆燃料转化比高，燃烧充

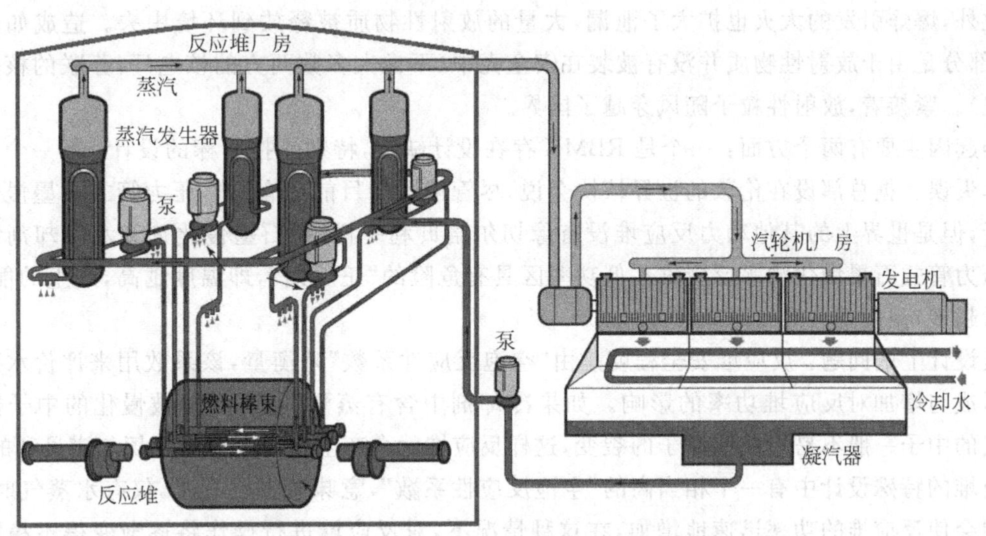

图 1-7 重水堆(CANDU)核电厂系统

分,与压水堆相比,可以节约大量核燃料;

(2) 可以不停堆更换核燃料;

(3) 固有安全性高;

(4) 可大量生产同位素;

(5) 重水堆的功率密度低;

(6) 重水费用占基建投资比重大。

1.1.4.4 其他类型的水冷堆

1) 石墨轻水型核反应堆(RBMK) 1986 年 4 月 26 日(星期六),发生在苏联乌克兰切尔诺贝利核事故,就是由这种反应堆引起。该事故被认为是历史上最严重的核电厂事故,也是国际核事件分级表中第一个被评为第七级的严重核事故。该核电厂由四座 RBMK-1000 型压力管式石墨慢化沸水反应堆组成。图 1-8 表示石墨轻水型核反应堆示意图。

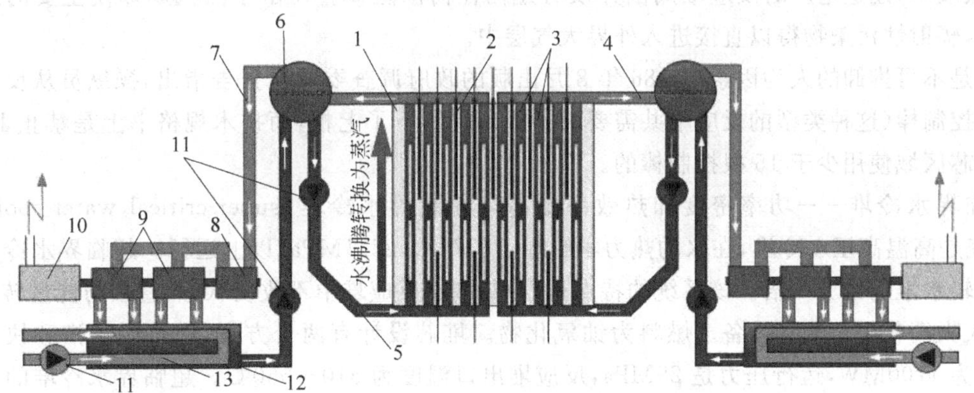

图 1-8 石墨轻水型核反应堆

1—压力管式石墨慢化沸水反应堆堆芯;2—控制棒;3—承担压力和内含燃料的压力管;4—汽水混合物;5—水(循环水);6—汽水分离器;7—蒸汽(驱动汽轮机);8—高压汽轮机;9—低压汽轮机;10—发电机;11—泵;12—蒸汽冷凝器;13—冷却水(海水、河水、湖水等)

事故发生时,操作人员按下紧急停堆按钮,但由于控制棒的插入机制(18~20s 的慢速完成),控制棒的空心部分的临时移位和冷却剂挤出,导致反应堆功率增加。增加的能量导致了控制棒管道的变形。控制棒在插入的过程中被卡住,只能进入该管道的 1/3,因此无法停止反应。核反应堆功率大规模、灾难性地激增,导致蒸汽爆炸,撕裂反应堆的顶部,使堆芯暴露,并散发出大量的放射性微粒和气态残骸(主要是铯 137 和锶 90),超高温堆芯中的 1700t 可燃性石墨慢化剂暴露于空气中,导致石墨慢化剂燃着,加速了放射性物质的泄漏。此外，爆炸引发的大火也扩大了泄漏，大量的放射性物质被释放到环境中去。造成如此大规模泄漏的原因，部分是由于放射性物质并没有被装在安全壳中(不像大多数西方的核电厂，苏联的核电厂通常没有这种装置)。紧接着，放射性粒子随风穿越了国界。

事故的起因主要有两个方面：一个是RBMK存在设计缺陷，特别是控制棒的设计；另一个是核电厂运行人员操作失误。据总部设在伦敦的世界核协会说，尽管俄罗斯目前还有几座压力管式石墨慢化沸水反应堆仍在运行，但是世界上的其他动力反应堆没有像切尔诺贝利一样，把石墨慢化剂和水冷却剂结合在一起使用的。压力管式石墨慢化沸水反应堆在低功率区具有危险的“正反馈”，即温度越高，产生的能量就越多，产生的能量越多，温度就会升得越高。

首先是设计上的问题：反应堆安全程度是由“空泡反应性系数”来衡量，该系数用来评价水冷却剂中蒸汽气泡的形成与增加对反应堆功率的影响。如果冷却剂中含有蒸汽气泡，则能被慢化的中子数量将会下降。速度快的中子一般不易造成铀原子的裂变，这样反应堆就会产生较少的能量。切尔诺贝利的RBMK石墨慢化反应堆的特殊设计中有一个相当高的“空泡反应性系数”，意味着在没有水，仅有水蒸气时，减低的中子吸收作用会使反应堆的功率迅速地增加，在这种情况下，对反应堆进行操作将逐渐变得不稳定且更加危险。RBMK石墨慢化反应堆使用固体石墨作中子慢化剂来降低中子的速度(慢化后的中子才能引发铀原子裂变)，且用吸收中子的轻水来冷却堆芯。因此，尽管水中有蒸汽泡产生，但仍有大量中子被石墨减速；而蒸汽吸收中子远不像水那样有效，因而蒸汽泡产生会增加RBMK反应堆的温度，进而会有更多的慢化中子分裂铀原子，这种正反馈的结果会增加反应堆的能量输出。这种设计导致RBMK在低功率时非常不稳定，在温度上升时存在输出能量在短时间内达到危险水平的倾向。这对于工作人员而言是难以理解和预见的。

这个系统中更重大的缺陷是控制棒的设计。在反应时，操纵员透过将控制棒插入反应堆的动作来减慢反应速度。而在RBMK反应堆的设计中，控制棒的尾端是由石墨组成，延伸部分(在尾端区域超出尾端的部分，大约是1m长)中空，且注满水。而控制棒的其他部分由碳化硼制成，是真正具有吸收中子能力的部分。正是因为这种设计，当控制棒一开始插入反应堆的时候，石墨端取代冷却剂，反而大大地增加了反应性，这是由于石墨能够吸收的中子比沸腾的轻水少。因此，在开始插入控制棒的前几秒钟，反应堆的输出功率不是如预期的降低，反而是增加。反应堆操纵员对于该点也不知晓，且无法预见。此外，因为反应堆有巨大容积，为了降低成本，建造电厂时反应堆周围并没有建构任何围阻体。在由于蒸汽爆炸使主要的反应堆压力管道破损后，辐射性污染物得以直接进入外界大气层中。

另一个是不可推卸的人为因素：1986年8月出版的政府调查委员会报告指出，操纵员从反应堆拿去了至少204根控制棒(这种类型的反应堆共需要211根)，仅留下了七根，而技术规格书上是禁止RBMK-1000操作时在堆芯区域使用少于15根控制棒的。

2) 超临界水冷堆——功率密度和热效率更高　超临界水冷堆(super-critical water-cooled reactor，SCWR)系统是高温高压水冷堆，在水的热力学临界点(374℃，22.1MPa)以上运行。超临界水冷却剂能使热效率提高到轻水堆的约1.3倍。该系统的特点是，冷却剂在反应堆中不改变状态，直接与能量转换设备相连接，因此可大大简化电厂配套设备。燃料为铀氧化物。堆芯设计有两个方案，即热中子谱和快中子谱。参考系统功率为1700MW，运行压力是25MPa，反应堆出口温度为510～550℃。超临界水冷堆的功率密度和热效率更高，但对材料的要求更苛刻。

1.1.4.5 高温气冷堆

1) 作为第三代气冷堆的高温气冷堆　高温气冷堆(HTGR)是继镁诺克斯(Magnox)堆、改良型气冷堆(AGR)之后的第三代气冷堆，它以氦气作为冷却剂，石墨作为慢化材料，所用燃料为富集度90%以上的二氧化铀或炭化铀小球，外部包裹热解碳涂层和石墨粉做成棱柱形、圆柱形或球形，堆放在堆芯内。堆芯放在有石墨衬里的预应力混凝土压力容器内。通过氦循环风机形成氦气封闭式循环，将堆芯内产生的热量带出到外部回路进行发电。高温气冷堆在安全性和放射性方面有着水冷堆无法比拟的优点，但目前在技术上也有着很多的难题，中国在探索和研究中处于世界领先地位。

2016年3月20日，全球首座高温气冷堆核电厂——山东荣成石岛湾高温气冷堆核电厂(预计装机容量

20 万千瓦)反应堆压力容器成功吊装就位。

球床式高温气冷堆的结构如图 1-9 所示,其堆芯由燃料球和石墨反射层构成。燃料球由陶瓷型涂层燃料颗粒和耐高温的石墨慢化剂粉料压制而成,直径为 60mm。在反应堆运行过程中,燃料球从堆顶装料口和堆底卸料管连续装卸,一座 15MW 的 HTGR 堆芯装约 360000 个燃料球。以氦气为冷却剂,被加热到 750℃(或 950℃)输送至蒸汽发生器,产生 535℃、19.0MPa 的过热蒸汽驱动汽轮机组。反应堆和蒸汽发生器分别布置在各自的压力容器内,由同轴的高低温管道相连接。反应堆控制系统有两套,均设置在反射层,一套为控制棒系统用来调节功率和实现热停堆;另一套是小球停堆系统专用于长期冷停堆。图 1-10 表示高温气冷堆(HTGR)核电厂系统。

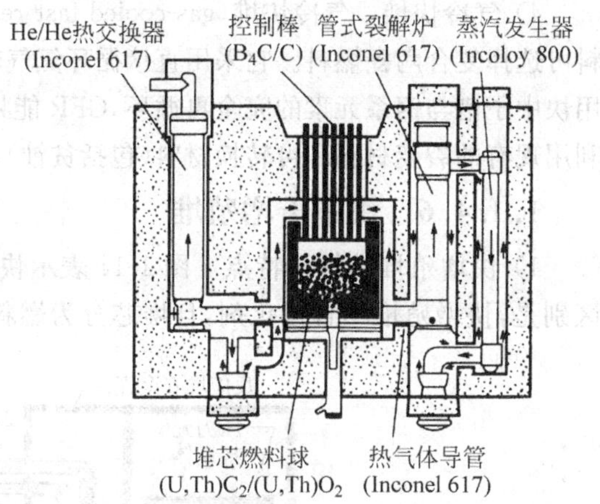

图 1-9 整体式球床高温气冷堆结构布置

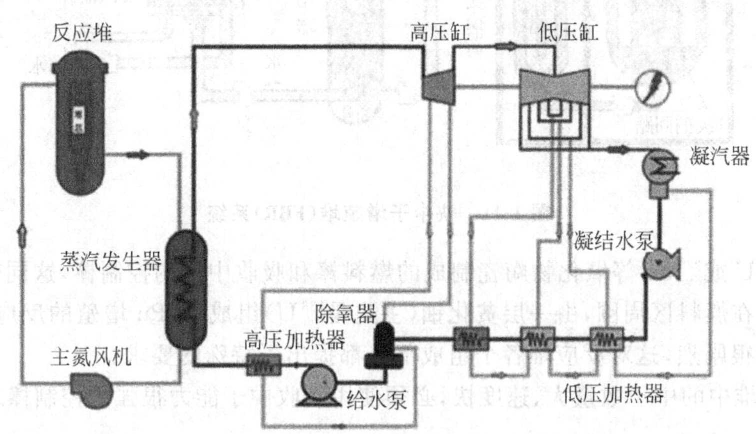

图 1-10 高温气冷堆堆(HTGR)核电厂系统

2) 高温气冷堆具有下述特点:

(1) 高温——更高的工作介质温度。反应堆堆芯出口的氦气温度可达 700~950℃,是目前核电厂所能达到的最高温度。用于发电,可以比普通核电厂提高发电效率 20%~50%。高温热还可以用于很多其他工业过程,目前最吸引人的是大规模核能制氢,还可用于非常规石油如稠油和油砂的开采等。

(2) 更高的可靠性和安全性。高温气冷堆的固有安全特性表现为:负温度系数大,在任何情况下都能自动停堆;功率密度低(5~10kW/L),热容量大,热稳定性高;失冷时,余热可靠热传导、辐射及自然对流排出;元件温度低于 1600℃的限值,在任何运行和事故情况下都不会发生严重事故,故能够避免反应堆堆芯熔化。

(3) 模块化。它被设计成具有比较小功率的单一反应堆模块,但可以根据市场的要求将若干个模块组合起来,形成更大的机组。这种灵活性可以减少造价,节省工期。

(4) 可实现不停堆连续换料。在反应堆运行过程中,燃料球从堆顶装料口和堆底卸料管连续装卸,既减少了繁琐的停堆、开堆过程,又可保持连续的供热供电。

(5) 此外,高温气冷堆还有以下特殊的优点:氦气是惰性气体,它既不会被活化,在高温下也不腐蚀设备和管道;由于石墨的热容量大,所以发生事故时不会引起温度的迅速升高;用混凝土做成压力容器,反应堆没有突然破裂的危险,大大增加了安全性;热效率达到 40%以上,减少了热污染。

3) 超高温气冷堆 超高温气冷堆(very high temperature reactor,VHTR)系统是一次通过式铀燃料循环的石墨慢化氦冷堆。该反应堆堆芯可以是棱柱块状堆芯(如日本的高温工程试验反应器 HTTR),也可以是球床堆芯(如中国的高温气冷试验堆 HTR-10)。

VHTR 系统提供热量,堆芯出口温度为 1000℃,可为石油化工或其他行业生产氢或工艺热。该系统中也可加入发电设备,以满足热电联供的需要。此外,该系统在采用铀/钚燃料循环,使废物量最小化方面具有灵活性。参考堆采用 600MW 堆芯。

4) 气冷快堆　气冷快堆(gas-cooled fast reactor,GFR)系统是快中子谱氦冷反应堆,采用闭式燃料循环,燃料可选择复合陶瓷燃料。它采用直接循环氦气轮机发电,或采用其工艺热进行氢的热化学生产。通过综合利用快中子谱与锕系元素的完全再循环,GFR能将长寿命放射性废物的产生量降到最低。此外,其快中子谱还能利用现有的裂变材料和可转换材料(包括贫铀)。参考反应堆是288MW的氦冷系统,出口温度为850℃。

1.1.4.6　快中子增殖堆

1) 快增殖堆的结构特点　图1-11表示快中子增殖堆(FBR)系统。快增殖堆与轻水堆在结构上的最大区别是,快增殖堆不含慢化剂,且堆芯分为燃料区和增殖再生区。

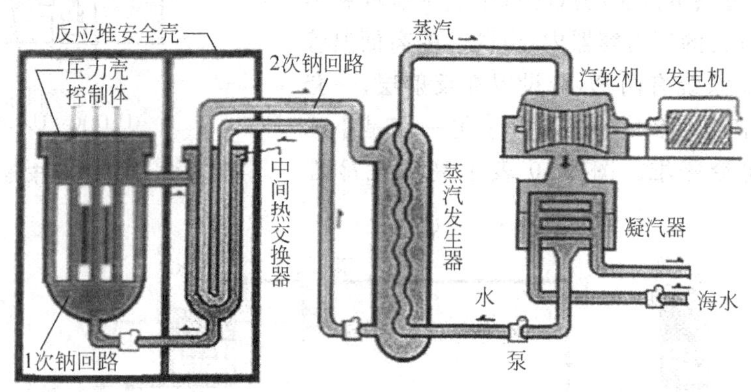

图1-11　快中子增殖堆(FBR)系统

燃料区布置由^{235}U或^{239}Pu等氧化物陶瓷制成的燃料棒和吸收中子的控制棒,这同轻水堆的结构类似。

增殖再生区布置在燃料区周围,由一层贫化铀(主要是^{238}U)组成,^{239}Pu增殖的反应主要在此区域进行。快增殖堆中的核反应很剧烈,这对反应堆各个组成部分都提出了特殊的要求:

控制棒:快增殖堆中的中子数量大、速度快,必须使用吸收中子能力很强的控制棒才能有效地控制反应速率。

增殖再生区:增殖再生区应当足够厚,以捕获或反射绝大多数快中子。

冷却剂:应当选用慢化作用小的冷却剂,以防止降低快中子反应的效率。现在通常使用液态金属钠或者氦气。液态金属钠的导热性很好,且不容易减慢中子的速度,是比较理想的冷却液体,其缺点是对结构合金的腐蚀性较强,对回路有损伤作用;中国在使用氦气做冷却剂的高温气冷堆研究中处于领先地位。

回路系统:冷却剂受到快中子的轰击,极易产生二次辐射。为了防止放射性物质污染汽轮机,应当使用二层回路系统,即第一回路由堆芯-热交换器组成,第二回路由热交换器-汽轮机组成。

2) 快堆的优点与难点　核燃料裂变反应释放的中子为快中子,直接利用快中子来维持链式反应,使新产生的可裂变材料多于消耗掉的,这种反应堆,叫做快中子(增殖)反应堆。快中子堆一般采用氧化铀和氧化钚混合燃料(或采用碳化铀和碳化钚混合物),将UO_2与PuO_2混合燃料(MOX)加工成圆柱状芯块,装入直径为6mm的不锈钢包壳内,制成燃料元件细棒。快堆堆芯与一般的热中子堆堆芯不同,前者分为燃料区和增殖区两部分。快堆不仅把铀资源的有效利用率增大数十倍,而且也将铀资源本身扩大几百倍以上,一旦大量使用快堆,目前认为开采价值不大的铀矿便具有开采价值;快堆核电厂是热中子堆核电厂最好的继任者,前者产生的乏燃料可以在后者反应中回收再利用;快堆核电厂具有良好的经济前景。

在快堆中,由于快中子与核燃料中的原子核相互作用引起裂变的可能性比之热中子要小得多,为了使链式反应能继续进行下去,核燃料的富集度(一般为12%～30%)要比热堆的高,装料量也大得多。快堆活性区单位体积所含核燃料比热堆大得多,功率密度也大几倍,一般为400kW/L左右。对于这样高的功率密度,要把热量从堆内取出加以利用,技术上增加了难度。快堆不能用水做冷却剂,而普遍采用液态金属钠把热量带出,这显然增加了难度。此外,快堆用的燃料元件加工制造要比热堆用的复杂、困难得多,随之而来的是制造费用高昂。由于快堆内中子寿命短,钚的缓发中子份额小,这就增加了反应堆控制的难度。并且,对反应堆操作系统保护的要求也极为严格。

3) 快中子增值堆的发展状况　国际上快增殖堆发展从20世纪50年代起步,只比热堆的出现晚4年,而且第一座实现核能发电的是快堆。1946 年美国就建成世界上第一座实验性快增殖堆 Clementine，热功率 25kW。截至今天，世界上共建成了各种类型的快增殖堆 21 座。

1964 年，苏联建立第一个快中子增殖反应堆。1967 年，法国建成名为"狂想曲"的热功率为 4 万 kW 的快增殖堆。1974 年，25 万 kW 的快增殖堆投入运行。1980 年，苏联建成电功率 60 万 kW 的快中子实验反应堆，有着相当于秦山核电厂的二期工程的发电量。1985 年法、德、意三国建成功率 120 万 kW 的经济验证快增殖堆 Superhenix-1。同年，印度在法国人帮助下建立试验快中子反应堆。1994 年日本建成的功率 31.8 万 kW 的 Monju 原型快增殖堆。但是半个世纪后，快增殖堆仍然停留在实验堆的基础上，还未发展到商用阶段。

目前美国、英国、法国都终止了快中子增殖反应堆的研制，原因有以下几点：

在反应堆中制造出更多的核燃料是有风险的。这些燃料在增殖再生区中堆积并发生衰变，产生热量和放射线，这具有一定的危险性。

从增殖再生区中提取分离纯化核燃料仍然是一个技术难题，还会造成放射性废料污染。

制造出来的^{239}Pu 可能会被用于核武器用途，在限制核武器问题上仍然有疑虑。

但是快中子增殖反应堆有着无法替代的优势：快增殖堆既可以利用其他类型反应堆无法利用的^{238}U 资源，还可以用于燃烧处理核废料。

目前中国在快中子增殖反应堆的研发方面处于世界领先地位。

1.1.5 世界核电发展历史和现状

1.1.5.1 当前世界能源基本结构

核能的和平利用在世界上已有 60 余年的历史。如今，核电与火电、水电并称为世界三大电力供应支柱。截至 2014 年核能发电约占全世界总发电量的 16%，核电已成为当今世界大规模可持续供应的主要能源之一。各国核电装机容量的多少，很大程度上反映了各国经济、工业和科技的综合实力和水平。图 1-12 表示当前世界能源基本结构。

尽管 2011 年 3 月 11 日日本发生的里氏 9 级大地震和高达 15m 的海啸引发的福岛核事故对核电发展造成不小的冲击，但世界核电产业发展的基本格局不会改变。核能仍将是未来人类发展清洁能源的重要形式。

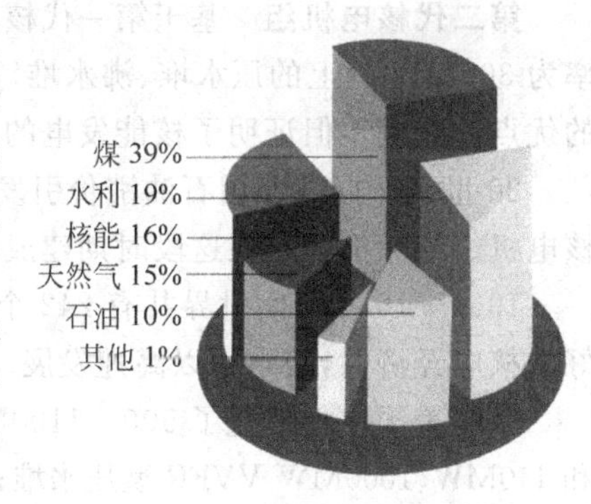

图 1-12 当前世界能源基本结构

1.1.5.2 从第一代到第四代核电机组

英国科学家卢瑟福基于 α 粒子轰击金箔的实验，于 1911 年提出了原子核模型，从此有了原子核的物理概念。1939 年麦特纳、弗里施及玻尔用实验验证了原子核分裂释放能量，宣告了一种新的可利用能源的诞生——核能从此登上了能源舞台。从 1939 年起，人类便开始致力于核能的开发与利用，这就是核能的开端。

众所周知，核能最初被人们利用是以武器的形式出现的，为了对抗法西斯，在爱因斯坦和奥本海默的建议下，美国制造出原子弹于 1945 年轰炸日本，这是人类真正利用核能最早的纪录。但也正是因此，人类对核能蒙上了一层恐惧感，但科学家们在此期间一直致力于研究如何安全地让核能服务于人类，发电成为了一个有效的途径。直到 1954 年，世界第一座核电厂在苏联莫斯科附近的奥布宁斯克建造成功，并且发电功率达到 5000kW，标志着和平利用核能——核电的开始。其间 1954 年苏联建成世界上第一座核电厂——5MW 实验性石墨沸水堆；1956 年英国建成 45MW 原型天然铀石墨气冷堆核电厂；1957 年美国建成 60MW 原型压水堆核电厂；1962 年法国建成 60MW 天然铀石墨气冷堆；1962 年加拿大建成 25MW 天然铀重水堆核电厂。

60 多年来人类在利用核能方面取得辉煌进步，下述四代核电机组的进展就是其里程碑。

人们通常把 20 世纪五六十年代建造的验证性核电厂称为第一代；七八十年代标准化、系列化、批量建设的核电厂称为第二代；第三代是指 90 年代开发研究成熟的先进轻水堆；第四代核电技术是指待开发的核电技术。图 1-13 表示世界核电技术从第一代到第四代的发展历程，下面分别做简要介绍：

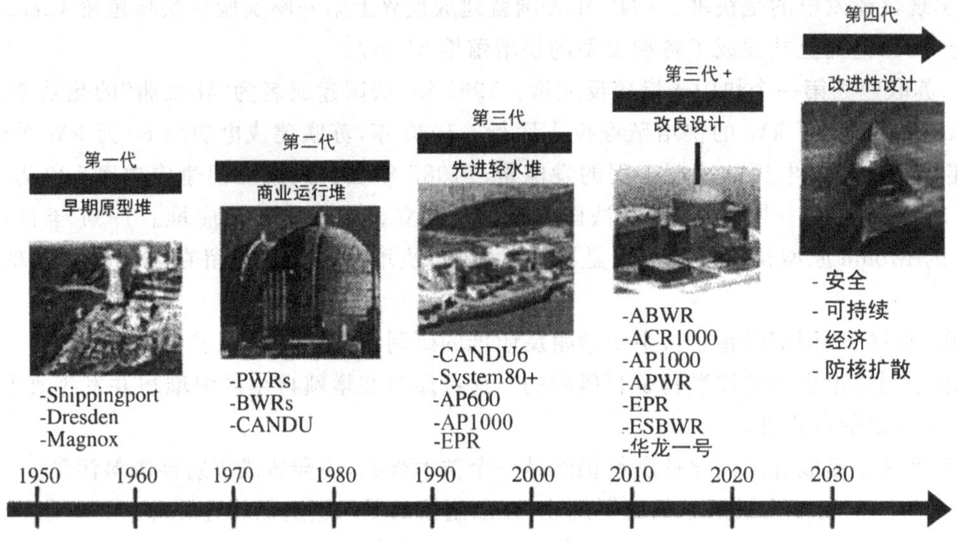

图 1-13 世界核电技术发展历程

第一代核电机组 20 世纪 50 年至 60 年代初，美国等建造了第一批单机容量在 300MW 左右的核电厂，如美国的希平港核电厂和英第安角 1 号核电厂，法国的舒兹（Chooz）核电厂，德国的奥珀利海母（Obrigheim）核电厂，日本的美浜 1 号核电厂等。第一代核电厂属于原型堆核电厂，主要目的是为了通过试验示范形式来验证其核电在工程实施上的可行性。

第二代核电机组 基于第一代核电机组建设的技术和经验，20 世纪 60 年代中后期陆续建成了一些功率为 300MW 以上的压水堆、沸水堆、重水堆和石墨水冷堆等核电机组，它们具有标准化、系统化和批量建设的优点。它们不但证明了核能发电的可行性，更证明了核能发电的经济性。

20 世纪 70 年代，因石油涨价引发的能源危机促进了核电的大发展。目前世界上商业运行的四百多座核电机组绝大部分是在这段时期建成的，习惯上称之为第二代核电机组。

1966—1980 年间世界共有 242 个机组投入运行，属于“第二代”核电厂。由于石油危机的影响以及被看好的核电经济性，核电得以高速发展。

其间美国成批建造了 500～1100MW 的压水堆、沸水堆，并出口其他国家；苏联建造了 1000MW 石墨堆和 440MW、1000MW VVER 型压水堆；日本、法国引进、消化了美国的压水堆、沸水堆技术；法国核电发电量增加了 20.4 倍，比例从 3.7%增加到 40%以上；日本核电发电量增加了 21.8 倍，比例从 1.3%增加到 20%。

当时设计者们认为发生堆芯熔化和放射性物质泄漏可能性很小，因此第二代核电机组未就应对严重事故的措施进行全面考虑，并且未将预防和缓解严重事故的设施列入设计要求。1979 年和 1986 年，美国三哩岛核事故和苏联切尔诺贝利核电厂相继发生堆芯熔化、放射性物质泄漏的严重事故。这使人们认识到核能处理不当会对世界和人类造成不可估量的巨大危害。受此影响，世界核电发展进入低潮期。

第三代核电机组 20 世纪后 20 年，为解决三哩岛和切尔诺贝利核电厂严重事故的负面影响，世界核电界的学者们集中力量对严重事故的预防和后果缓解进行了研究攻关。美国和欧洲先后出台《先进轻水堆用户要求文件（URD）》和《欧洲用户对轻水堆核电厂的要求文件（EUR）》。国际原子能机构也对其核安全法规进行了修订补充，进一步明确了防范缓解严重事故、提高安全可靠性等方面的要求。国际上通常把满足上述要求的核电机组称为第三代组核电机组。对新建核电厂的安全性、经济型和先进性提出了要求。第三代核电技术就是指满足 URD 或 UAR，具有更好安全性、经济性的新一代先进核电厂技术。第三代技术与第二代技术最为根本的一个差别，就是前者把设置预防和缓解严重事故确定为设计核电厂必须要满足的要求。

1981—2000 年间由于石油危机导致经济发展减缓电力需求下降，加上三哩岛和切尔诺贝利事故的影响，西方发达国家核电发展缓慢，原因有：担心核武器扩散；担心核电厂发生严重事故；担心高放射性废物污染环境，影响后代。

但是 20 世纪 90 年代，印度、韩国和中国等国仍继续大规模建造核电设施。

21 世纪以来世界核电发展开始复苏。主要原因有：世界能源紧张要求发展核电；全球减少 CO_2 排放的要求为核电的发展提供机会；核电运行业绩的持续改善改变了对安全性的顾虑；世界各国积极的核电发展规划。

正在开发的第四代核电机组　2000 年 1 月，美国能源部约请阿根廷、巴西、加拿大、法国、日本、韩国、南非和英国等 8 个国家，组建了“第四代核能系统国际论坛(GIF)”，并于 2001 年 7 月签订合约，约定共同合作研究开发第四代核能系统。第四代核电机组在安全性和经济性方面都更加优越，废物量极少，并具有防止核扩散等特点，预计将在 2030 年前后向市场推出。

美国、欧洲、日本、加拿大开发的先进轻水堆核电厂，即“第三代”核电厂(ABWR、System80＋、AP600、AP1000、EPR、ACR)取得重大进展，有的已投入商运或即将立项。

1.1.5.3　第三代核电机组的主要机型

现今具有代表性的第三代核电技术大致有 6 种堆型。分别是美国的先进非能动压水堆(AP1000)、先进沸水堆(ABWR)和经济简化型沸水堆(ESBWR)、法国的欧洲压水堆(EPR)、日本的先进压水堆(APWR)和韩国的先进压水堆(APR1400)。它们发生严重事故的概率是第二代核电厂机组的 1%。其中最具代表性的就是 AP1000 和 EPR。第三代核电厂将成为各国未来一段时间核电建设的主要方向。

AP1000——先进压水堆：由美国西屋公司开发，中国将首次建造 4 台 AP1000 核电机组，即浙江三门核电厂一期和山东海阳核电厂一期工程。

EPR——欧洲压水堆：由法国法玛通公司开发，第一座 EPR 正在芬兰建造，第二座在法国建造。目前中国正在建设的广东台山核电厂一期工程也采用 EPR 技术。

ABWR——先进沸水堆：由美国通用电气(GE)和日本东芝、日立公司开发，日本已有 4 台建成机组在运行，另有 2 台 ABWR 机组在建设中。

核安全当局正在审查的有：APWR：先进压水堆(日本三菱公司)；APR1400：韩国先进压水堆(韩国电力工程公司)；SBWR：经济简化沸水堆(美国通用电气公司)。

到 2015 年底，世界上主要核电发达国家已向核安全当局申请建设许可证、在建和已运行的第三代核电机组情况如表 1-2 所示。

表 1-2　获建设许可证、在建和已运行的第三代核电机组(截至 2015 年底)

国　家	总　数	获建设许可证/在建/已运行机组数	堆　型
美国	19	8/4/0	AP1000
		1/0/0	ESBWR
		2/0/0	ABWR
		1/0/0	EPR
		3/0/0	APWR
中国	10	4/4/0	AP1000
		0/2/0	EPR
法国	1	0/1/0	EPR
日本	15	6/2/4	ABWR
		3/0/0	APWR
芬兰	1	0/1/0	EPR

截至 2015 年底，世界上主要核电发达国家已向核安全当局申请建设许可证、在建和已运行的第三代核电机组情况如表 1-2 所示。俄罗斯的 VVER 没有当作三代机组，故未包括在表中。

1.1.5.4　世界核电发展现状

在当前的核电市场上，第三代先进轻水堆核电机组以及经过改良设计的“三代加”核电机组是在建核电厂的主流机组。至 2017 年 5 月 5 日全世界共有 449 台核电机组在运行，总装机容量约为 3.9 亿 kW。核电厂主要分布在北美的美国、加拿大；欧洲的法国、英国、俄罗斯、乌克兰和东亚的日本、韩国等一些工业化国家。其中美国 99 台、法国 58 台、日本 42 台、俄罗斯 37 台、韩国 25 台、印度 22 台、加拿大 19 台等。根据 IAEA 发布的 2015 年度全球核发电比例的统计数据，其中法国高达 76%，韩国为 32%，美国为 20%，俄罗斯为19%，中国仅为3%。至2017年5月5日全球在建机组60台，装机容量60578MW(e)，其中超过50%的在建核电机组集中在中国、印度和俄罗斯。中国计划2020年核电厂占电力总装机的比例超过5%，近几年正加速建造步伐。

表1-3列出世界主要核电国家核电厂数量，图1-14表示世界主要核电国家的核电占比。世界上正运行的核电厂堆型统计如图1-15所示，主要是压水堆、沸水堆、重水堆、气冷堆和快中子堆。

表1-3 世界主要核电国家核反应堆数量(截至2017年5月5日)

国　家	输电中/座	建设中/座	国　家	输电中/座	建设中/座
美国	99	4	印度	22	5
法国	58	1	加拿大	19	0
日本	42	2	英国	15	0
俄罗斯	35	7	乌克兰	15	2
中国	37	20	瑞典	10	0
韩国	25	3	德国	8	0

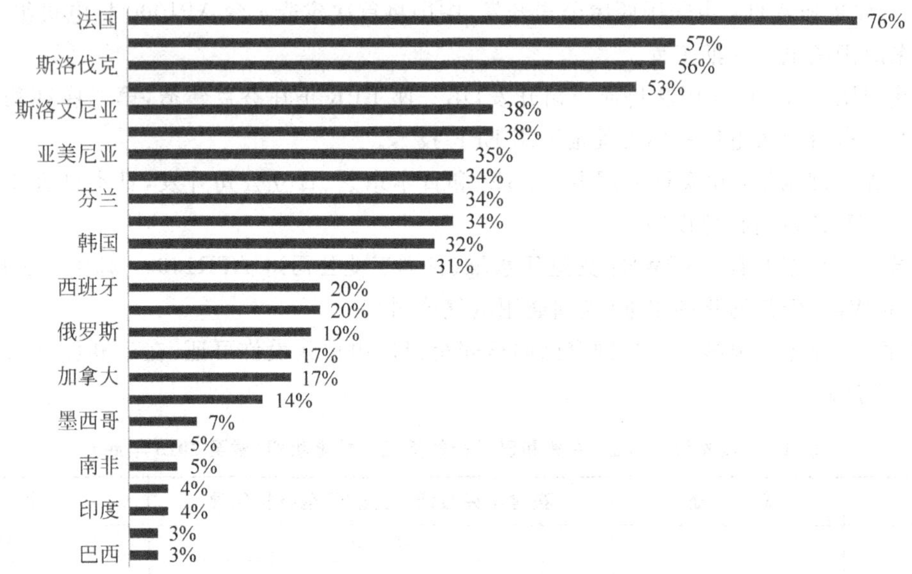

图1-14 世界主要核电国家的核电占比(截至2015年底)

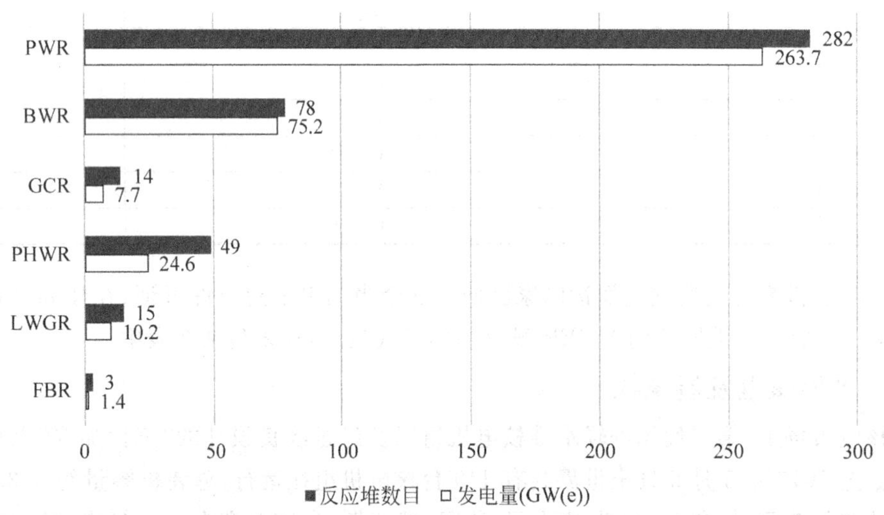

图1-15 核电厂主要堆型(截至2015年底)

1.1.6 中国核电发展后来居上

1.1.6.1 中国核电产业从无到有

中国大陆核电起源于核动力，1970 年 4 月 28 日，中国自行研究设计的核动力陆上模式堆建成。其核能产生的动力主要用于推进，少部分用于发电供自用，中国的核动力及核发电最先在这里实现。1971 年 9 月，中国自己建造的第一艘核潜艇下水，试航成功。这是继原子弹、氢弹试验成功后，中国核技术和核工业发展的又一重大成就。核潜艇的研制成功，加强了中国的国防，也为后续核电厂的研发和建设输送了人才，积累了经验。

20 世纪 80 年代初，中国政府首次制定了核电发展政策，决定发展压水堆核电厂，采用"以我为主，中外合作"的方针，先引进外国先进技术，再逐步实现设计自主化和设备国产化，中国的核电产业开始起步：1991 年秦山 30 万 kW 压水堆核电厂投用，这是中国大陆自行设计、建造和运营管理的第一座压水堆核电厂，结束了中国大陆无核电的历史，标志着中国核工业的发展上了一个新台阶，使中国成为继美国、英国、法国、苏联、加拿大、瑞典之后世界上第 7 个能够自行设计、建造核电厂的国家。

1994 年大亚湾 100 万 kW 压水堆核电厂投用，大亚湾核电厂引进了法国的核岛技术装备和英国的常规岛技术装备进行建造和管理，并由一家美国公司提供质量保证，作为改革开放以后中外合作的典范工程，成功实现了中国大陆大型商用核电厂的起步，实现了中国核电建设跨越式发展、后发追赶国际先进水平的目标，为中国核电事业发展奠定了基础。

1.1.6.2 中国核电发展的四个阶段

(1) 核电起步阶段：从 20 世纪 70 年代初，中国核电开始起步。1985 年第一座自主设计和建造的核电厂——秦山核电厂破土动工，1991 年 12 月 15 日，秦山核电厂并网成功，它的建成，实现了中国大陆民用核电"零的突破"。

(2) 适度发展阶段：相继建成了浙江秦山二期核电厂、广东岭澳一期核电厂、浙江秦山三期核电厂等，使中国核电设计、建造、运行和管理水平得到了很大提高，为中国核电加快发展奠定了良好的基础。

(3) 积极发展阶段：进入新世纪，中国核电迈入批量化、规模化的快速发展阶段。截至 2014 年底，中国大陆在运行核电机组共 22 台，总装机容量 2010 万 kW，约占全国发电总量的 2.2%；在建机组 26 台，规模 2800 万 kW，约占世界在建规模的 40%。中国已成为世界上在建核电机组规模最大的国家(核电最新进展及展望请见 1.1.2 节)。中国核电厂分布见图 1-16，类型分布见表 1-4，在建核电厂类型分布见表 1-5。

表 1-4 中国核电厂运行的核反应堆(截至 2016 年底)

核电厂	机组数目	公司	反应堆类型	单个量级/MW(e)
红沿河	4	中广核	PWR	1080
田湾	2	中核	PWR	1060
秦山	1	中核	PWR	300
秦山二期	4	中核	PWR	600
秦山三期	2	中核	CANDU6	728
方家山	2	中核	PWR	1080
宁德	4	中广核	PWR	1080
福清	2	中核	PWR	1080
大亚湾	2	中广核	PWR	984
岭澳	4	中广核	PWR	990 和 1000
阳江	3	中广核	PWR	1080
防城港	2	中广核	PWR	1080
昌江	2	中核	PWR	650
总计	34			33852

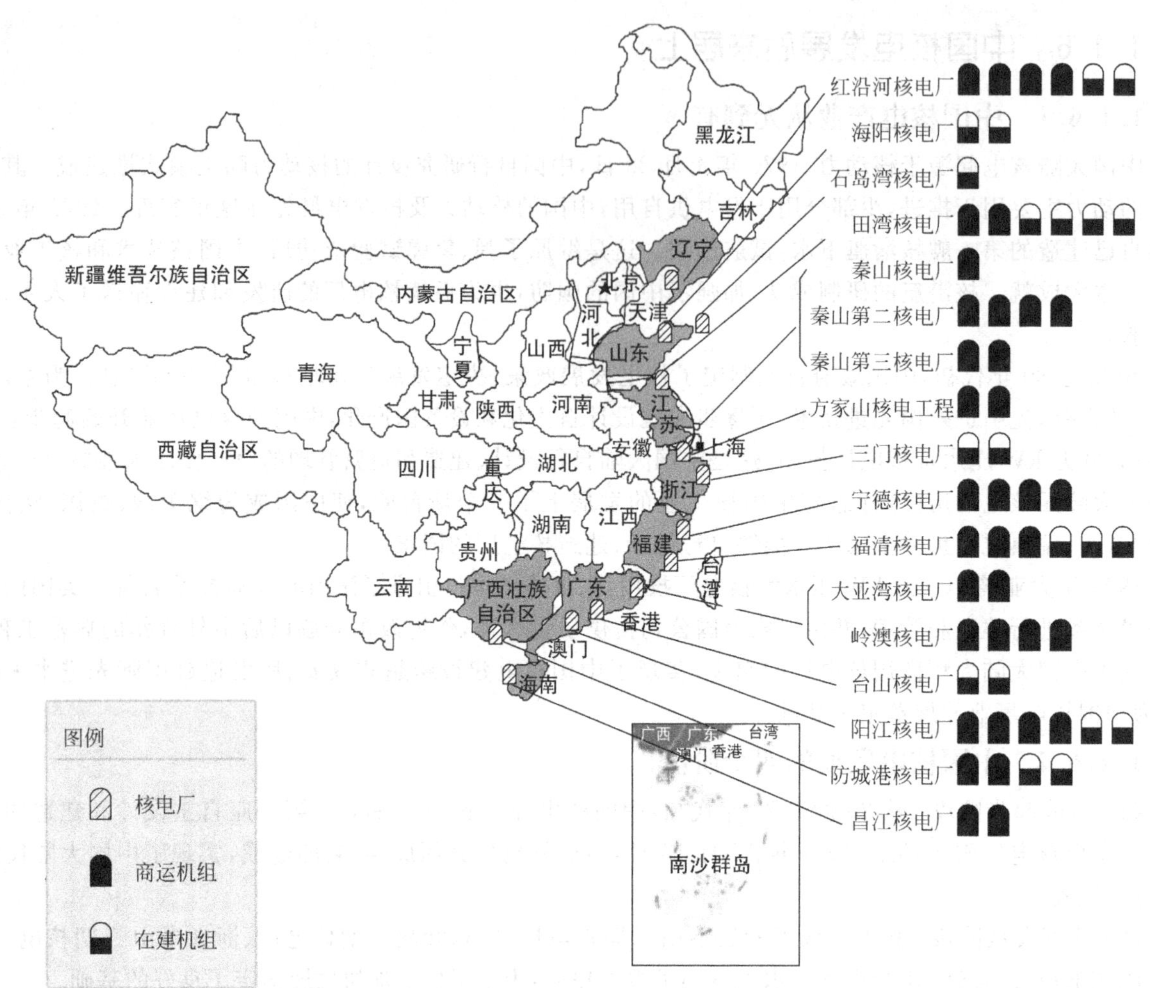

图 1-16　中国核电厂分布(截至 2017 年 3 月 15 日)

表 1-5　国内建设中核电厂类型分布表(截至 2016 年底)

核　电　站	公　　司	反应堆型号	总量级/MW(e)
红沿河	中广核	ACPR1000	1080×2
海阳	中电投	AP1000	1250×2
石岛湾	华能	HTR-PM	211×2
田湾	中核	VVER	1060×2
三门	中核	AP1000	1250×2
福清	中核	CPR1000	1080×4
台山	中广核	EPR	1750×2
阳江	中广核	CPR1000	1080×3
防城港	中广核	CPR1000	1080×2
总计			22922

(4) 安全高效发展阶段：党的十七届五中全会确定中国"在确保安全的基础上高效发展核电"的方针。2012 年 3 月，中国《政府工作报告》重申了在能源结构中安全高效发展核电的政策，中国核电也由此进入了安全高效、稳步发展的新阶段。

2015 年是中国核能开发 60 周年纪念，中国将在世界核能市场大展宏图。

截至 2015 年 11 月，中国运行中的反应堆数目共计 27 座，装机容量达 2600 万 kW，核电占全国总装机容量的大约3%。中国政府发布2020年的核电装机容量为5800万kW，届时在建的规模约为3000万kW。目前看来，这一目标有可能提前实现。

2016年开始了中国的第13个五年计划。"十三五"规划中关于核能的关注点是，福岛第一核电厂事故后被冻结的中国大陆核电厂建设的重新启动。目前已有10个省份的31个地方完成了初期可行性研究报告。

按核电业内人士的观点，从现在起，包括中国大陆地区，每年将有6～8座核电厂开始运转，且同时有相同数量的核电厂开工建设。2030年前的运行总目标是12000万～15000万kW。即使假定为12000万kW，今后15年间也必须有近1亿kW的核电厂启动运行。如果按每台100万kW的反应堆算，共计100座。

从世界范围看，截至2016年9月，美国约有100座正在运行的反应堆，排在美国之后的是法国(58座)，预计中国到2020年将超越法国，将成为世界核能行业的领导者。

1.1.6.3　中国核电建设项目的引进再创新

1) 从国外引进第三代核电技术　中国当前建设的核电厂大多属于二代改进型或叫"二代加"；从美国引进的AP1000及从法国引进的EPR属于第三代核电厂。第三代核技术的先进性主要表现为经济性、安全性和废物产生量少，如下所述：

(1) 进一步降低堆芯熔化和大量放射性向环境释放的风险，使发生严重事故的概率减小到极致，以消除社会公众的顾虑。

(2) 进一步减少核废料(特别是强放射性和长寿命核废料)的产量，寻求更佳的核废料处理方案，减少对人员和环境的剂量影响。

2) 引进消化再创新——开发更先进的压水堆　中国已建和在建的核电机组主要采用的堆型为压水堆，机型包括CP系列、AES-91、M310、CPR1000、AP1000、EPR等技术；采用其他堆型的技术包括CANDU6重水堆、高温气冷堆等。其中高温气冷堆为四代技术，AP1000、EPR为三代技术，其他均为二代或二代改进技术。

从具体技术路线来看，发展三代技术已成为国际国内核电建设的主流，目前世界上在建的压水堆三代核电主要有AP1000和ERP两种。其中，AP1000及其改良机型主要有两种技术路线，国家核电主导的CAP1400和中核、中广核为代表的ACPR1000。作为国家战略，自主产权第三代核电CAP1400一旦建成，中国将由核电大国成为核电强国，从而对中国能源安全和装备制造业带来重大的正面影响，并推动中国核电走向国际市场。目前，CAP1400重大专项示范工程已进入建设阶段，关键部件材料的国产化是重中之重。

目前，CPR1000是中国在建机组采用最多的技术，该机型基于M310技术，被称作"改进型中国压水堆"，其主要设备已国产化完毕，国内公司已能制造核岛和常规岛的大部分设备。AP1000、EPR是中国目前在建核电厂采用的两种三代核电技术，符合URD和EUR的要求和条件。AP1000是美国西屋电气公司开发的第三代技术，采用模块化设计和建造技术，并采用了非能动的安全系统，提高了核电厂运营的安全性，浙江三门核电厂1、2号机组以及山东海阳核电厂1、2号机组均采用AP1000技术。EPR是法国阿海珐公司开发的第三代技术，单台机组发电功率可达175万千瓦，广东台山核电厂1、2号机组采用EPR技术，是中国目前功率最大的机组。

3) 引进消化及自主创新——开发重水堆　目前中国已经确定了压水堆技术路线。与作为技术主流的压水堆相比，重水堆因其独特的堆芯设计和运行特点，具有燃料灵活多样，铀资源利用率高，可利用钍资源和回收铀，可大量生产Co-60等多种同位素的技术优势。中国秦山第三核电有限公司正在根据重水堆的比较优势开发重水堆相关技术。目前已经实现Co-60生产棒束入堆，并正在联合国内外科研院所研发重水堆回收铀应用和重水堆利用钍资源技术。一旦这些技术获得突破，重水堆运行将不再大量消耗天然铀资源，对后续在其他堆型推广应用，多渠道解决核燃料供应并促进核电产业的科学发展意义重大。

4) 自主创新——开发高温气冷堆　中国"863"计划中，清华大学设计建造了热功率为10MW的实验性高温气冷堆。目前，世界上在建的3个以商业化示范电厂为目标的高温气冷堆项目中，有一个就是中国的高温气冷堆核电厂示范项目——HTR-PM。

1.1.6.4　"中国制造2025"核电产业发展方针

国务院2015年5月公开发表了制造业10年间的行动纲领性文件"中国制造2025"，表明要大力提高核动力发电设备的制造水平。

在“中国制造 2025”中，关于核电产业发展，指明了下述方针：

(1) 在实施自主创新及产业化的特别规划的同时，构筑自主的产业体系，在安全性和先进性方面满足国际的最高要求；

(2) 按照总承包方式，构筑以相当数量规模，输出具有自主知识产权核电厂的能力(“华龙一号”“CAP1400”)；

(3) 重点计划发展的堆型有“CAP1400”“华龙一号”、高温气冷堆、钠冷快堆、锂熔盐堆等。

随着国力的增强，中国对海洋经济的开发力度正在加大。除了大量建造船舶外，中国正计划将核反应堆也投入其中，以助力绿色发展和海洋强国建设。目前，中船重工正在筹划中国的首个海上浮动核电厂的总装工作。

海上浮动核反应堆很多优点：在工厂或船厂建造会提高效率；选址简化；环境影响极低；退役工作可以在专门的工厂进行。然而，海上建造环境需考虑诸多重要事项，如人员和设备的进出以及需要尽力确保不会污染海洋。

除了能解决海岛的民用的供电、供热、供水，海上浮动核反应堆还能提高国防能力。“如果能在靠近海岛的地方建设海上核动力平台的话，那对中国整个国防能力、对中国整个疆土的外延、对海洋经济的发展，将会起到非常大的作用。”

目前，中国重工 719 所已完成了海洋核动力平台的两种技术方案。一种为浮动式核电厂，即将核电厂布置于浮动式平台上；另一种为可潜式核电厂，除满足浮动式核电厂性能要求外，还可满足在恶劣海况下，平台下潜至水下工作的需求。平台方案 ACPR50S 是中广核自主研发、自主设计的海上小型堆技术，单堆热功率为 20 万千瓦，可为海上油气田开采、海岛开发等领域的供电、供热和海水淡化提供可靠、稳定的电力。

1.1.6.5 中国核能产业体制和核安全观

1) 中国核能产业体制　主导中国核电产业的并非上海电气及东方电气这些设备制造厂商，而是属于国有企业的三大核电产业集团：中国核工业集团公司(中核集团)、中国广核集团有限公司(广核集团)、国家电力投资集团公司(国家电投)。其中，国家电投是由中国电力投资集团公司与国家核技术公司联合，于 2015 年 7 月成立的。上述三大公司将研究所及设计院、核发电公司、核燃料循环企业等纳于旗下。

三大核电产业集团将超 100 万 kW 的大型压水堆(PWR)作为战略性堆型重点开发。国家电投重点支持以美国西屋公司的“AP1000”为基础的“CAP1400”(140 万 kW 的 PWR)。中核集团和广核集团联合开发各自设计的“华龙一号”(输出名称“HPR1000”)。除此之外，作为核电专业承包商的中国核工业建设集团公司在海内外集中于高温气冷堆(HTGR)的开发。

从新成立的亚洲基础设施投资银行(AIIB)的动向也可以看出中国核电走向世界的发展战略。而且，在中国的大学中，最近 10 年来新增了许多与核能相关的学科。各大学导入数量众多的实验装置，开设了许多基础性实验，大量学生投身于核电相关的研究。从人才培养方面可以看出中国发展核电和核电走向世界的宏伟战略。

2) 中国的核安全观　2016 年 4 月 1 日，第四届核安全峰会在美国首都华盛顿举行。国家主席习近平出席并发表题为《加强国际核安全体系 推进全球核安全治理》的重要讲话，围绕构建公平、合作、共赢的国际核安全体系，全面阐述中国政策主张，介绍中国在核安全领域取得的新进展，宣布中国加强本国核安全并积极推进国际合作的举措：

(1) 强化政治投入，把握标本兼治方向。要凝聚加强核安全的国际共识，有效应对新挑战新威胁；

(2) 强化国家责任，构筑严密持久防线。结合国情，从国家层面部署实施核安全战略，制定中长期核安全发展规划，完善核安全立法和监管机制；

(3) 强化国际合作，推动协调并进势头。以开放包容的精神，努力打造核安全命运共同体；

(4) 强化核安全文化，营造共建共享氛围。加强国际核安全体系，人的因素最为重要。法治意识、忧患意识、自律意识、协作意识是核安全文化的核心，要贯穿到每位从业人员的思想和行动中，使他们知其责、尽其职。

1.1.6.6 中国的核能输出战略

过去，从事核能产品输出的业者按自己的战略各自为政，缺少作为国家的输出战略。国家能源局在

2013 年 10 月公布的“支持核能发电企业科学发展协调活动机制实施计划”中，作为起步，中国的核能输出战略包括下述内容：

(1) 对于那些有可能引入核能发电的国家来说，核能输出作为与其进行政治、经济交流的重要议题；

(2) 强化对涉及核发电输出的组织和领导；

(3) 国有银行贷款等要支持国际援助计划的参与；

(4) 为适应上述战略的调整，设立“支持核发电企业科学发展的协调机构”。2014 年 1 月由中核集团、国家核电(现国家电投)、广核集团共同成立“中国核发电技术设备输出产业联盟”。

在中国推进的“一带一路(新丝绸之路)”战略中，高铁和核电输出处于两根支柱地位。该战略通过与内陆和海上沿线国家在经济和贸易关系的扩大、强化，参与各国的基础建设，确立世界范围的影响力。中国通过实施“一带一路”战略，力图从劳动密集型的单纯产品制造向附加值高的产业转移，实施“制造强国战略”。

李克强总理在 2015 年 1 月核能开发 60 周年大会上表明“促进核电厂海外输出，构建‘核电强国’的方针”。国家能源局提出到 2020 年在海外要完成中国造核电厂 6～8 座的计划。2015 年中国核电业界向海外的进出动向格外引人注目，其中包括：广核集团向英国三个核电厂出资，Blood Well B 采用“华龙一号”；中核集团与阿根廷签署建设“华龙一号”合同；以罗马尼亚为据点，展开向欧洲的核电技术服务；与法国共同实施后处理计划；与法国共同开拓世界核能市场；与美国更新核能合作协议等。

1.2　核反应堆部件的功能和工件环境

核反应堆内众多的结构部件分布在堆内不同部位，其周围环境各不相同：在核反应堆运行时，它们发挥自己独特的功能，同时处于程度不等的工作条件，各类裂变反应堆的设计运行参数见表 1-6，在选用或供应核结构部件所用材料时需要了解这些与材料使用性能相关的知识，以下将从堆芯开始对主要核结构部件一一阐述其功能和工件环境。

表 1-6　各类裂变反应堆的设计运行参数

裂变反应堆类别	研究试验堆	轻水堆		重水堆	钠冷块中子堆	高温气冷堆
		压水堆	沸水堆			
裂变反应堆名称	CARR (中国)	大亚湾-1 (中国)	Tokai-2 (日本)	CANDU-6 (加拿大)	凤凰堆 (法国)	Ft St Vrain (美国)
(热功率/电功率)/MW	60/0	2905/985	3293/1100	2158/665	563/250	842/330
燃料形式	U_3Si_2-Al，板状	UO_2，棒状	UO_2，棒状	UO_2，棒状	$(U,Pu)O_2$，棒状	$(U,19Th)C_2$，涂层颗粒
燃料富集度/%^{235}U	19.75	3.2	2.7	0.714	19.2	93
燃料装载量/t	55.5×10^{-3}	72.4	12.6	84.9	4.32	0.989
平均比功率/[kW/kg(HM)]	1080.4	40	26	25	130	851①
快中子注量率 ($E>0.18$MeV)/[n/(cm²·s)]	7×10^{14}	$(0.5\sim2)\times10^{14}$	$(0.5\sim2)\times10^{14}$	1×10^{13}	5×10^{15}	5.4×10^{13}
包壳材料	6061 铝合金	Zircaloy-4	Zircaloy-2	Zircaloy-4	316SS	石墨
包壳表面温度/℃	132.6	350	300	330	700	1150
燃料中心温度/℃	154.3	2260	1850	1900	2300	1260
冷却剂材料	H_2O	H_2O	H_2O	D_2O	Na	He
(冷却剂进/出口温度)/℃	35/56.2	292.4/329.8	180/286	266/315	400/560	400/785
冷却剂压力/MPa	约 0.7	15.5	7.0	10.7	约 0.1	4.8
燃耗深度/[MW·d/t(HM)，原子分数]	32.15	33000	27000	7154	100000	100000

① 若计人全部增殖材料，则该值等于 50kW/kg(HM)。

1.2.1 核燃料元件

核燃料元件是核反应堆内以燃料为主要组成的结构最小的独立部件。该术语来源于早期研究试验堆和生产堆用的短燃料棒(如 ϕ30mm×100mm),以后人们将轻水堆的大型燃料组件、重水堆的燃料棒束以及高温气冷堆的小燃料球统称为核燃料元件,而把燃料组件的组成单元称为燃料棒、燃料板等。图 1-17、图 1-18分别示出两种轻水堆燃料组件的结构和组成。

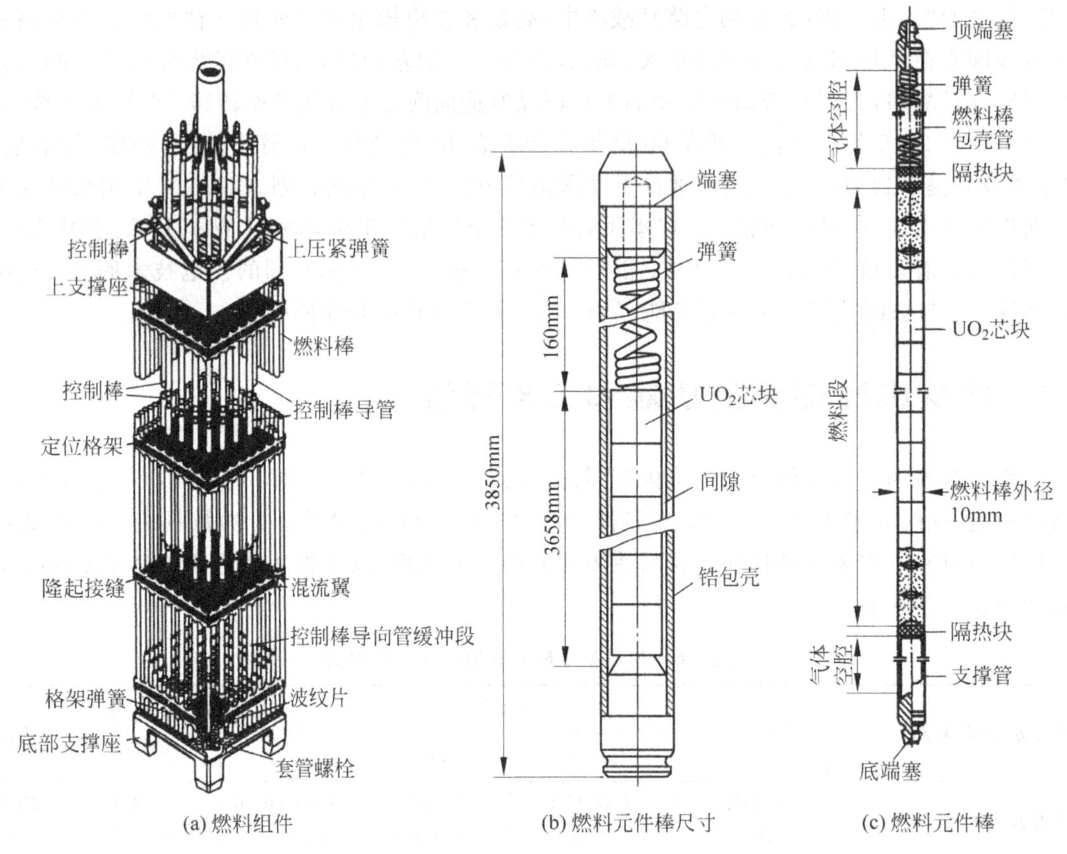

(a) 燃料组件　(b) 燃料元件棒尺寸　(c) 燃料元件棒

图 1-17 压水堆燃料组件(以大亚湾核电厂燃料组件为例)

燃料棒(或板)主要由核燃料和包壳构成。核燃料含有一定量的易裂变核素,曾经使用过的核燃料形态主要有固态金属棒和陶瓷块,均呈圆柱状。它们被封装或堆积式填装在金属型的包壳管内,两端装有绝热块,压紧弹簧和端塞,经焊接密封而成,现代压水堆的燃料棒长约 4m,直径约 10mm;燃料块与包壳之间的初始间隙约为棒径的 1%,内充一定压力的导热气体;核裂变在核燃料内部发生,裂变能以热量形式透过间隙和包壳,由流经包壳外表面的冷却剂带走;燃料棒端部设有容纳气态裂变产物的储气腔,以防止燃料棒内的压力过高。包壳的作用是防止裂变产物的外逸和隔离核燃料与冷却剂的接触。因此在核反应工程上,核燃料和包壳分别是核电厂的第一道和第二道安全屏障。

根据燃料棒在反应堆内发生的物理过程,可以将燃料元件的功能归纳为:产生裂变能和中子,导出热量,防止裂变产物外逸和避免核燃料受冷却剂腐蚀等。若以商用轻水堆核电厂为例,核燃料元件在整个使用寿期里,燃料内部要经受高温(约 2000℃)。陡峭温度梯度(约 4000℃/cm),强中子注量率[10^{13} n/(cm^2 · s)]和高能量裂变产物的损伤;其外壁要与包壳内壁相接触,发生力学相互作用;在存在裂变气体的情况下,其界面还要发生化学相互作用;包壳的外壁要遭遇到高温(约 300℃)、高压(15.5MPa)和高速(4.5~6m/s)流动的冷却剂水冲刷和腐蚀的危害,因为可以说,在核反应堆部件中核燃料元件的使用环境最为复杂,运行工况最为严酷。

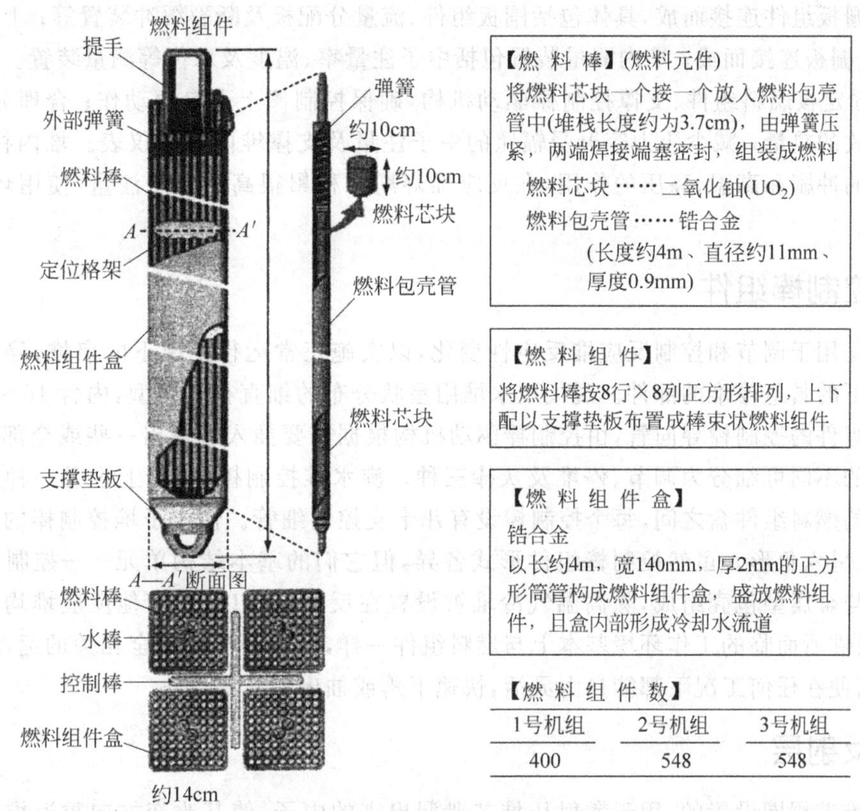

图 1-18　沸水堆燃料组件(以福岛核电厂燃料组件为例)

1.2.2　慢化剂

慢化剂是热中子反应堆的一种重要组成。它是借助于中子与其他轻原子的弹性碰撞而降低中子能量(或速度)的工作介质。反应堆内裂变中子具有很高的能量，平均约为 2MeV，^{235}U 与它发生裂变反应的概率(即裂变截面)远比热中子(能量低于 0.1eV)要低，所以主要依靠热中子引发^{235}U 原子核裂变的核反应堆不仅可有效地减少其临界质量，而且能使用天然铀或低富集铀为核燃料。根据其功能，慢化剂一定是含有轻质量原子核的物质。一种良好的慢化剂，裂变中子只要经过不多的几次碰撞就可变为热中子。慢化剂必须是固态或液态物质，在反应堆内应尽可能邻近核燃料元件，因此要经受高注量率中子的辐照；固态慢化剂必然与高温气态冷却剂相接触；液态慢化剂常兼为冷却剂，它们在自身的运行温度、压力和流速条件下会与各种被冷却构件发生物理化学相互作用。

1.2.3　冷却剂

冷却剂是指用来冷却核反应堆堆芯，并将堆芯所释放的热量载带出核反应堆的工作介质，也称载热剂。为了在尽可能小的传热面积条件下从堆芯载带出更多的热量，得到更高的冷却效率，冷却剂可选用具有适当热物理性质，如比热容和热导率大、熔点低、沸点高的物质。此外，现行压水堆的冷却剂尚需携带用于化学补偿控制反应性的可燃毒物——硼酸和用于减小一回路管道及设备腐蚀的除氧剂，pH 调节剂、缓蚀剂等。从表 1-6 中可见，以钠冷却中子堆和高温气冷堆所用冷却剂的运行条件最为苛刻，压水堆次之。

1.2.4　堆内构件

在反应堆容器内，支撑和固定堆内组件和测量装置及其机构用的所有结构件统称为堆内构件。其形式和数量随核反应堆的不同类型而异，压水堆堆内构件主要有堆芯上下支撑构件和堆内测量装置；回路式快中子堆堆内构件则主要由堆芯支撑构件和内部保护容器(对池式快中子堆，合称为栅板联箱)及吊篮筒体(或隔板)组成；柱状高温气冷堆大体上类似于快中子堆。其中以压水堆的最为复杂，例如，其上支撑构件又由吊篮筒体与下栅板组件连接而成，具体包括围板组件、流量分配板及断裂缓冲装置等；上支撑构件又由支撑筒、压紧板和上栅板连接而成；堆内测量装置包括中子注量率、温度及水位等测量装置。它们的主要功能是：支撑并准确固定核燃料组件、支撑控制棒驱动机构，确保控制棒上下自由动作；合理分配冷却剂流量，有效导出堆内释放的热量；减少压力容器受辐照的中子注量及支撑堆内测量仪表。堆内构件面对活性区，受到高速冷却剂的冲刷和高温、高压的作用，在反应堆寿期内积累很高的中子注量，使用环境相当恶劣，运行工况比较苛刻。

1.2.5 控制棒组件

控制棒组件是用于调节和控制反应堆反应性变化，以实施正常运行工况下的启堆、停堆及调整反应堆功率和事故工况下的紧急停堆的部件。现代压水堆用星状分布的细直径棒束型，内含 16～24 根控制棒，分别插入某个燃料组件的控制棒导向管，由控制棒驱动机构根据需要插入或提出一些或全部控制棒。控制棒组件还根据功能的不同可细分为调节、停堆及灰棒三种。沸水堆控制棒（实际上也是一种组件）呈十字形，插在 4 个正方形的燃料组件盒之间，每个控制棒设有几十支控制细管。快中子堆控制棒的结构和外形如同其燃料组件一样，呈六角形。虽然控制棒组件形式各异，但它们的基本结构单元——控制棒（细管）均由强中子吸收体芯块与金属型包壳组成，除高温气冷堆被设置在反射层内以外，其他反应堆均安装在堆芯。在使用时，控制棒组件所面临的工作环境基本上与燃料组件一样，但它是与核安全相关的运动部件，特别要确保它的完整性，以便在任何工况下都能自由灵活，快速下落或抽出。

1.2.6 反射层

在核反应堆堆芯周围设置的，用于散射从堆芯泄漏出来的中子，使其改变方向重返堆芯的物质层称为反射层。使用反射层可更有效地利用中子，使堆芯的功率分布平坦化，并减小堆芯的临界体积。裸堆与有反射层堆的临界尺寸之差称为反射层节省，该值对石墨堆和轻水堆分别为 0.5m 和 0.06m，故轻水堆一般无专设的反射层。反射层的使用环境相对平和，运行工况略微宽松。

1.2.7 反应堆容器

反应堆容器是用来装载支撑堆芯和堆内构件，或装设控制棒驱动机构的部件。轻水堆和高温气冷堆的堆容器是容纳高压冷却剂的壳体，称为压力容器，其运行温度以后者为最大；运行压力则以压水堆（图 1-19）为最高，沸水堆次之，高温气冷堆更低。压力容器由上、下封头与筒体焊接而成，与一回路管道组成冷却剂的压力边界。当燃料元件破损时，有防止放射性物质逸散的功能，被称为反应堆的第三道安全屏障。CANDU 型重水堆的堆容器有排管容器、容器管和压力管之分，后两者组成同心的燃料通道，其间隙层内充 CO_2 冷却剂，兼为慢化剂；排管容器呈卧式圆筒形，数百根燃料通道穿过两端管板；燃料棒束置于压力管内。快中子堆的主容器盛装常压、高温钠，顶部有密封盖，内充覆盖气体。堆容器都是不可更换的重大部

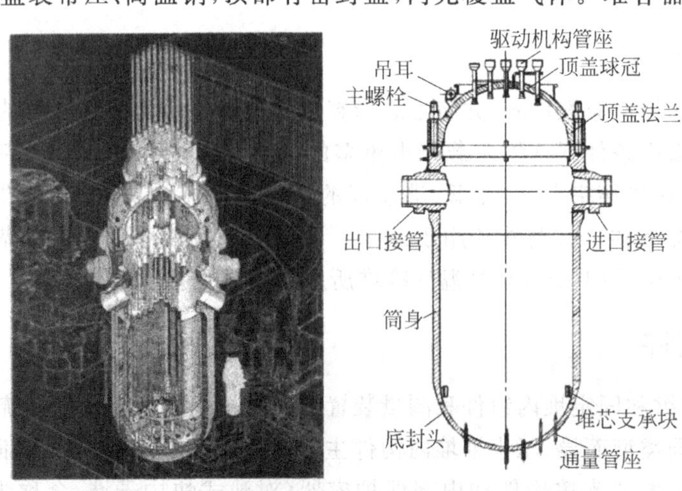

图 1-19 轻水堆的压力容器（以压水堆压力容器为例）

件，必须要关注它们承受冷却剂温度和压力的能力，以及在使用寿期内积累的中子注量对其力学性能的影响，如压水堆压力容器的辐照脆性和CANDU堆压力管的氢化物延迟氢脆的降级。

1.2.8 安全壳

安全壳是为防止在核反应堆失水事故和严重事故下放射性物质向环境的释放，保护冷却剂压力边界和安全系统抵御外部事件而设置的构筑物。所以安全壳是包容反应堆及其一回路系统的最后一道安全屏障，它必须能经受住最大失水事故下，由冷却剂的喷放所形成的高压以及地震、旋风、飞机坠落撞击等灾害或事故造成的一系列静态和动态载荷。安全壳有单层和双层两种，单层为钢制结构，双层由密封的钢制衬里与外层的预应力混凝土构成。

1.2.9 屏蔽层

屏蔽层是设置在反应堆周围用于阻挡来自堆芯的各种核辐射的介质层。堆芯的核辐射主要是中子辐射和α、β、γ射线。其中，中子和γ射线的穿透能力强。凡能有效屏蔽此两种辐射的结构自然可屏蔽α和β射线。屏蔽中子的途径是先将中子慢化，然后加以俘获；而对γ射线的屏蔽是直接将它吸收。故通常采用若干种不同功能的材料组成屏蔽层结构，如用重元素物质吸收γ射线，含氢物质慢化中子，含硼材料俘获中子等。

1.2.10 回路管道

回路管道是指压水堆核电厂内连接反应堆容器、蒸汽发生器、冷却泵和稳压器的一回路冷却水管道；或沸水堆核电厂中连接反应堆容器、汽轮发电机和凝汽器的再循环系统的管道；回路式快中子反应堆核电厂则为连接反应堆容器与中间热交换器的一回路冷却剂钠的管道，还有连接中间热交换器与蒸汽发生器的二回路冷却剂钠管道。池式快中子堆仅有二回路；高温气冷堆核电厂的一回路管道是连接堆容器与蒸汽发生器的热气管道。重水堆核电厂的热传输环路与压水堆的类同。由于各类反应堆的冷却剂种类不一，参数存在差异，管道须承受的温度、压力条件不同，但它们都是维持并约束冷却剂循环流动的通道，必须保持密封性和完整性。如高温气冷堆的一回路管道须经受氦的高温(700～750℃)、高压(4～5MPa)以及氦中杂质(O_2、H_2、H_2O、CO、CO_2等)的影响；快中子堆同样要遭遇高温(500～560℃)及钠中杂质(O_2、C等)的作用；水冷堆一回路管道除承受高温(300～350℃)高压(7.0～15.5MPa)的影响外，同时要控制好水质，以避免水中的氯离子、溶解氧、添加剂以及pH的有害作用。

1.2.11 主泵

主泵(图1-20)在高温、高压下工作，壳体、叶轮、转子等虽然不直接接受中子辐照，但由于与介质接触，会造成腐蚀。由于活动部件的相互摩擦，会造成磨损，同时由于介质的循环作用，会把磨损或腐蚀的微粒带进堆芯，辐照后形成放射性核素，造成很强的放射性。因此对这部分材料除了机械性能和工艺性能方面要求外，还要求抗腐蚀，不带或少带会造成长寿命核素的元素，以及对堆内性能产生干扰的元素。

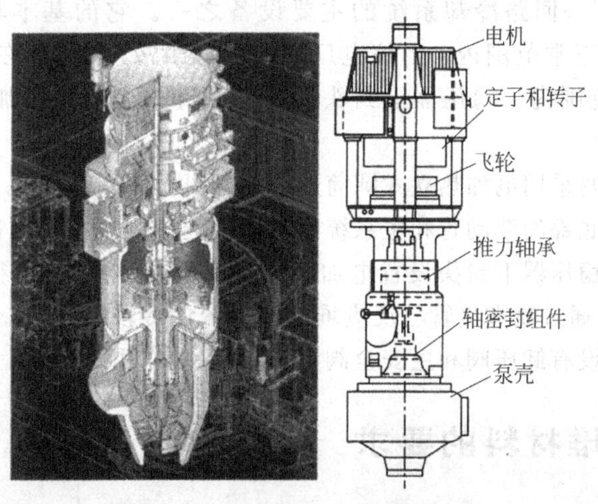

图1-20 压水堆用主泵结构示意图

目前使用最多的是含钴低的奥氏体不锈钢，轴承一般使用石墨或司太立合金。现在有使用硬质合金来代替司太立合金的，可以大大降低回路中的放射性。

1.2.12 蒸汽发生器

蒸汽发生器是采用间接循环的核电厂把反应堆冷却剂从堆芯载出的热能传给二回路工质，使其变为蒸汽的热交换设备。目前核电厂用的蒸汽发生器有两类：一类是直流式，另一类是带汽水分离器的自然循环式。后者又分立式和卧式两种。压水堆核电厂大多采用倒U形传热管的立式蒸汽发生器，如图1-21所示。它主要由筒体、传热管及支撑板、水室和汽水分离器等部件构成。反应堆冷却剂在U形传热管内流动；二次侧工质在管外预热蒸发，产生的饱和蒸汽经汽水分离器和干燥器，使蒸汽的干度达到99.75%。蒸汽发生器传热管的外部经受高温、高压蒸汽的作用，其内部有流动的高温水或钠，传热管内外工质的压差、传热管的腐蚀、磨蚀和水力振动都可能导致其损坏或泄漏。对快中子堆而言，一旦发生传热管泄漏，就可能引起钠水反应事故。表1-7列出了各类反应堆用蒸汽发生器的蒸汽参数。

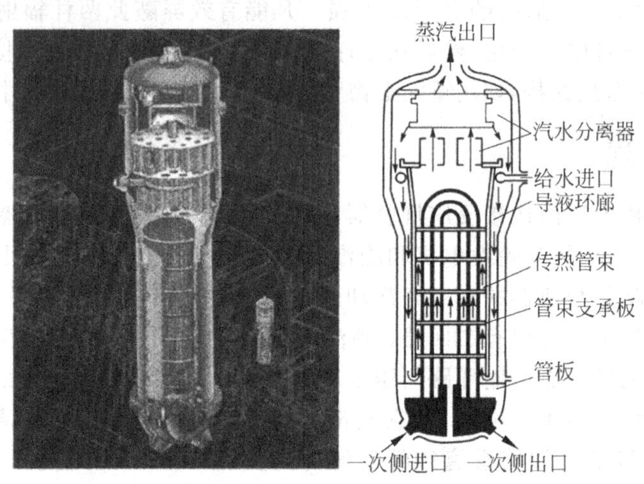

图1-21 压水堆用蒸汽发生器结构示意图

表1-7 各类反应堆用蒸汽发生器的蒸汽参数

项目	PWR	BWR	CANDU	FBR	HTR
蒸汽温度/℃	285	283	260	505	535
蒸汽压力/MPa	5.5～7.0	6.7	4.7	14.2	19.0

1.2.13 稳压器

稳压器是压水堆核电厂一回路冷却系统的主要设备之一。它的基本功能是：当核电厂正常运行时，将系统压力变化控制在正常范围内；当核电厂发生一般事故工况时，在有关的辅助系统配合下，将系统压力变化控制在允许范围内。稳压器上封头设有气动卸压阀及弹簧加载安全阀，用于提供系统的超压保护。

压水堆核电厂稳压器普遍采用电加热立式圆筒形稳压器(图1-22)。核电厂满功率运行时，蒸汽和水的容积各占一半。稳压器通过底部的波动管和主系统的热段相连。当主系统内冷却剂容积发生变化时，通过波动管流入或流出稳压器。稳压器下封头设置电加热器，使容器中一部分水被加热汽化，以控制压力的降低；稳压器顶部设有喷雾器，通过喷雾接管与反应堆冷却系统的冷段相连，使欠热水雾化喷入容器，以控制压力的升高。稳压器顶部还设有卸压阀和主安全阀，起超压保护作用。

1.3 对核反应堆材料的要求

一个核反应堆，它的核心是一个能量密度很高的热源。处在核心的材料自然会面临高温、高温度梯度、

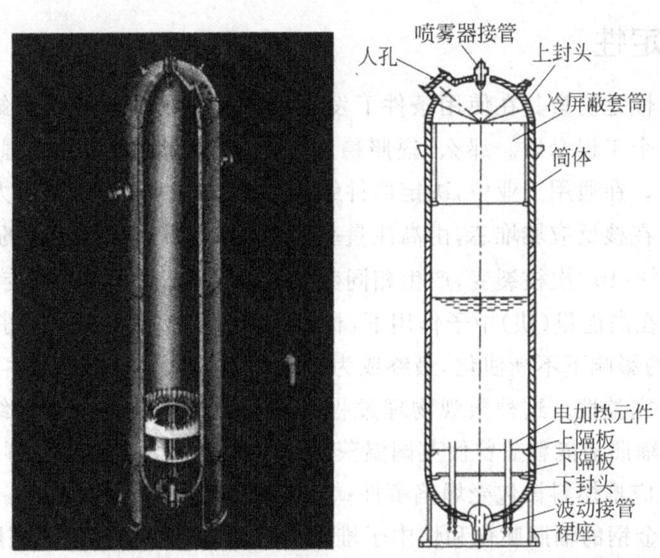

图 1-22 压水堆用稳压器结构示意图

高热流、高速流场的作用,这本身已构成很特殊的问题。但是,在这以外最特殊的因素当属材料的核性能和中子的作用。反应堆材料所面临的工况比迄今为止我们遇到的任何工程所面临的条件要复杂得多。因此人们说:"The importance of behavior of the reactor materials can not be over-emphasized."意思是说,反应堆材料问题的重要性无论如何强调也不过分。而满足功能要求就成为选择核材料的首要标准。

核工程材料是指反应堆及核燃料循环和核技术中用的各种特殊材料,如反应堆结构材料、元件包壳材料、反应堆控制材料、慢化剂、冷却剂、屏蔽材料等。例如特种铝合金、锆合金、铍、低合金高强度钢、特种不锈钢、高温镍基合金、特种石墨、特种陶瓷、半导体及高分子材料等。

按目前的技术水平,建造核电厂所需的工程投资远大于相同功率用化石燃料的热电厂,这主要是因为核电厂工艺系统和专设安全设施较多,可靠性和安全性要求较高,建造周期较长,所以在建造中设备、材料及人力上的花费颇大。更重要的深层次原因是现代化的核电厂是一套极其复杂的工程设施,尤其是核反应堆不同于常规的锅炉,炉内的每一种部件都有其特定的功能,而且还面临着严酷的环境条件和过高的运行参数。因此,为保证和电厂的安全性、可靠性和经济性,对核反应堆及其辅助设施所选用的材料提出了独特的要求。该要求包括为满足不同部件功能的和适应核反应堆内环境工况的两类。关于前一类要求我们将在以后各节中分别予以介绍,本小节只阐述有别于其他工程的后一类特殊要求。

1.3.1 低中子俘获截面

核反应堆内要维持裂变链式反应必须要保证中子的平衡,即要求由核裂变所产生的中子数等于被堆内部件俘获和漏出堆外的中子数。因此,从中子经济性方面考虑,应尽量降低无谓的中子俘获和漏失,否则就要增加核燃料中易裂变核素的含量。例如对热中子堆采用铝、锆作为包壳及结构材料,并提出核燃料和包壳材料中硼、镉含量分别低于微克每克量级和杂质总宏观俘获截面不得超过 $6\times10^{-4}\,cm^{-1}$ 的规定。这种以中子俘获截面大小为依据来制定的材料纯度标准称为核纯级。在该标准中,杂质含量以当量硼含量表示,它是将某杂质对中子的俘获等价于硼(热中子俘获截面 750b)俘获中子的假想硼含量。如以铀质量为准,杂质的总当量硼含量上限为 $10^{-4}\mu g/g$。

核纯级标准原则上也适用于快中子堆材料,但因材料的中子俘获截面大小与中子能量有关,杂质含量的限值应视具体情况而定;而且快中子堆的燃料包壳材料相对较少,故核纯级的要求对快中子堆材料可适当放宽。

此外,堆芯材料在吸收中子后将发生(n,γ)辐射俘获反应,或(n,p)、(n,α)反应,而使材料活化或把放射性产物渗入冷却剂中,给设备维修、"三废"处理和人员防护带来困难。所以对堆芯材料也必须规定高活化杂质(如钴等)的含量。

1.3.2 辐照稳定性

堆内部件的结构完整性是衡量其在使用条件下发生尺寸和形状的改变及由缺陷(如裂纹等)扩展而导致其开裂或破损程度的一个工程术语。那么,辐照稳定性就是衡量堆内部件在强劲的辐射作用下,保持结构完整性程度的专业术语。在通用工业中,决定部件结构完整性的外部因素是应力;但对于核反应堆部件,除应力外还有中子辐照。在核反应堆堆芯,由高注量率[10^{13}~10^{14} n/(cm^2·s)]的中子作用到核燃料上,在1cm^3 体积内每秒发生 10^{16}~10^{19}次核裂变,产生相同数量级的裂变产物,固态裂变产物不断积累;气态裂变产物逐渐演化成气泡;而在高能量(快)中子作用下,材料晶格内产生大量离位原子,形成空位和填隙原子及贫原子区,它们在热运动的影响下不断演化,最终成为稳定的缺陷团、位错圈、新相沉淀颗粒、非晶区及相变区等。破坏了原始晶格的完整性。这种微观物理过程引发出种种影响堆内部件结构完整性的宏观辐照效应。例如:慢化剂石墨的辐照潜能释放曾使英国温茨凯尔反应堆发生堆芯熔化事故;二氧化铀燃料的辐照密实曾引起瑞士贝兹瑙反应堆燃料棒包壳塌陷事件;金属铀的各向异性辐照生长也屡屡造成燃料元件的破损;压水堆压力容器低合金钢的辐照脆化和快中子堆燃料包壳奥式不锈钢的辐照肿胀现象都受到核工程和核材料界的关注和重视。此外,决定结构完整性的内在因素——材料的力学性质和缺陷分布也因中子辐照而导致显著的降低或改变,这样大大减弱部件对完整性的抗力。核反应堆的部件尤其是燃料元件和控制棒必须保持它们的结构完整性。所以辐照稳定性已成为选用核反应堆材料的特殊要求。

1.3.3 耐蚀性

材料与环境介质接触并发生化学或电化学反应而引起材料逐渐变质或破损的现象称为腐蚀;由介质流动产生的交替变化激振力所诱发的部件间的碰撞与部件本身腐蚀相结合而造成的综合效应成为磨蚀。二者在核反应堆和核电厂辅助系统内是随处可见的,尤其是对一回路内与冷却剂相接触的众多部件更是屡见不鲜。在核反应堆内,不仅是高温、高压和高流速的冷却剂本身(如 H_2O、He、液态 Na 等),而且包括其内含的腐蚀性杂质(如氯离子、游离氧、碳、氢等)均可引起燃料元件、回路管道和蒸汽发生器传热管以及堆内构件的腐蚀和磨蚀。例如:压水堆燃料包壳锆合金表面因长期氧化而产生的腐蚀及氧化膜脱落;沸水堆采用同种包壳在富氧高温水中产生局部腐蚀及疖状斑成片剥落;一回路的奥氏体不锈钢管道在水中受氯离子和拉应力的协同作用发生应力腐蚀开裂,蒸汽发生器的镍基合金传热管在更恶劣的工作环境下频频发生相同的破损例子;快中子堆主回路管道奥氏体不锈钢在高温钠中的脱碳和在低温钠中的渗碳(称为质量迁移)等。如果冷却水中有异物存在使燃料包壳发生磨蚀的频率剧增。以上这些腐蚀机制分别可造成如下的后果。腐蚀减少燃料包壳管的壁厚,降低燃料元件的目标燃耗;严重的可引起包壳管和传热管的泄漏,从而增加停堆、卸料及堵管的次数;一回路腐蚀产物通过堆芯变成放射性物质,流经并沉积于诸部件内,给维护带来严重困难。可见材料的腐蚀和磨蚀是降低部件寿命,增加维修费用和威胁核电厂正常安全运行的重要原因之一。因此,耐蚀性也是选用核反应堆材料的另一个特殊要求。

1.3.4 相容性

两种不同材料间的相容性也称为相互作用。它反映了两种表面相接触的不同材料间,因发生力学或化学的相互作用而致使材料降级和破坏的一种现象。这种现象曾在运行中的燃料元件内屡屡出现,因此得到了核工程界的高度重视,被称为芯块与包壳的相互作用(简称 PCI)。例如早期 EBR-Ⅱ快中子堆金属燃料元件在中等燃耗时,由裂变气体引起的 U-5Fs 合金燃料肿胀,使燃料与不锈钢包壳发生局部接触而导致包壳的蠕变变形和破裂,这是机械相互作用(PCMI)的一例,而后改用 U-Pu-Fs 合金为燃料,又发现组员的互扩散使包壳受到侵蚀,并观察到互扩散区内有熔化现象,谓之化学相互作用(PCCI)。同样的现象也频频出现在 CANDU 堆和水冷堆中,不同的是在挥发性裂变产物(I、Cs、Te 等)的环境下,二氧化铀燃料芯块与锆合金包壳发生了机械和化学综合的相互作用而使包壳出现应力腐蚀开裂(SCC)。虽然有关燃料元件的这类破损的微观机制很多,但对严重的 PCI/SCC 会造成燃料破损的见解是一致的。这就提出了对核反应堆材料应具有相容性的要求。

1.4　核电厂材料的分类

核电厂用的材料通常分为常规岛用材料和核岛用材料。

1.4.1　常规岛用材料

凡是不暴露于放射性环境或一次水回路的材料都属于这一类。

由于这类材料与一般工业用材料没有特殊的区别，故本教材不作为重点论述，仅对蒸汽发生器传热管材料及超临界锅炉管路材料等进行一些讨论。

1.4.2　反应堆核岛用材料

由于这部分材料暴露于辐射场内，存在核材料的特殊问题，是本教材的重点内容。这部分可以再进一步分为核燃料和非核燃料两部分。

1.4.2.1　核燃料

在反应堆中使用的裂变物质及可转换物质称为核燃料。核燃料的裂变核素在反应堆中与中子发生裂变反应，放出能量，并产生裂变中子，得以继续发生裂变反应。裂变核素包括两部分：易裂变核素和可裂变(可转换)核素。

任何能量的中子都引起核裂变反应的核素被称为易裂变核素，如^{233}U、^{235}U、^{239}Pu。可裂变核素是指只有能量在1MeV以上的中子才能使其发生核裂变反应的核素，如^{232}Th、^{238}U。另外，中子还可以与^{232}Th、^{238}U发生俘获反应，生成^{233}U、^{239}Pu，所以^{232}Th、^{238}U又被称为可转换核素。目前，正在发展的快堆的目的就是将^{232}Th、^{238}U转换为^{233}U、^{239}Pu进行利用，因为自然界的^{232}Th、^{238}U远高于现在使用的^{235}U。

在三种易裂变核素中，^{235}U是存在天然矿物中的，是一次核燃料。而^{233}U、^{239}Pu是经^{232}Th、^{238}U转化而来的，是二次核燃料。

现在核电厂使用的核燃料主要为铀的同位素^{235}U和238U的混合物。天然铀中有三中同位素：^{234}U、^{235}U、^{238}U。其丰度(^{235}U的原子数目比例)分别为：0.005%，0.720%，99.275%。可以看出235U的含量很低，除了重水堆使用天然铀做燃料外，其余核电厂均使用浓缩铀(或称富集铀)做燃料，浓缩铀的富集度(^{235}U的质量分数)在2%～6%。

对核燃料的基本要求：

(1) 热导率高，以承受高的功率密度和高的比热功率，而不产生过高的燃料温度梯度；

(2) 熔点高，且在低于熔点时不发生有害的相变；

(3) 在反应堆启动或停堆的瞬态工况，燃料要能承受由此而造成的循环热应力；

(4) 燃料的化学稳定性好，燃料对冷却剂具有抗腐蚀能力；

(5) 抗辐射能力强，以达到高的燃耗深度(单位质量燃料放出的能量)。因为燃料成本和发电成本与燃耗有密切关系，为了避免不被允许的辐射损伤，反应堆设计时应对最大比燃耗加以限制，使之低于某一比燃耗特定值，即应使堆芯燃料循环寿期反应堆仍达到临界所决定的最大比燃耗值小于由辐照损伤所决定的最大比燃耗特定值，以达到经济利用核燃料的目的；

(6) 核燃料内应尽量减少中子吸收截面高的有害杂质和成分，以保持较高的中子经济性；

(7) 机械性能好，易于加工，能够承受机械应力；

(8) 核燃料应该易于在加工和后处理。

历史上首先开发的是金属/合金型核燃料(钍、铀、钚)，现在采用更多的是陶瓷型核燃料(氧化物、碳化物和氮化物等)以及弥散型核燃料。核燃料也被制成各种各样的形式，有圆柱芯块、包覆球形颗粒，还有液态形式等。

1.4.2.2　非核燃料

它由包壳材料、结构材料、慢化材料、冷却剂材料、反射材料、控制材料及屏蔽材料组成。

(1) 包壳材料：是指包裹核燃料的材料。包壳是燃料与冷却剂隔离的屏障，也是反应堆安全的第二道屏障(UO_2 陶瓷核燃料芯块是第一道屏障)。它的作用是防止燃料与冷却剂反应；防止裂变产物逃逸；保持燃料棒的完整性。

它的运行工况非常苛刻。要求材料具有小的中子吸收截面、高的导热系数、强度好、韧性好、耐腐蚀、抗辐照、热稳定性好等。

(2) 结构材料：主要是指堆芯和一回路的结构材料。包括压力壳材料、管路材料及蒸汽发生器材料等。这些材料不仅要求有好的强度、韧性、抗辐照、耐腐蚀，还必须有最小的诱发放射性，以便维修保养和处置。

(3) 慢化材料：是指通过中子与材料原子之间的弹性碰撞来有效地降低中子能量，使高能中子变为能被裂变原子俘获的热中子的材料。

(4) 冷却剂材料：是指将核裂变产生的热量带出的一种载热剂。它可以是气体也可以是液体。

(5) 反射材料：是指该材料的原子与从堆芯逃逸的中子发生碰撞后，能使从堆芯逃逸的中子有效地反弹回堆芯的材料。

(6) 控制材料：是一种中子吸收体，用于反应堆使其实现受控核裂变的材料。

(7) 屏蔽材料：是指用于屏蔽放射线、中子或热量的材料。屏蔽放射线要用质量大、密度大的材料，如铅、重混凝土等；屏蔽中子要用轻质材料，如轻水、石蜡、石墨等；屏蔽热量要用空腔不锈钢弧形瓦或增大间距、增厚屏蔽层来达到。

1.5 利用材料科学与工程四要素分析核材料

1.5.1 材料科学与工程四要素

材料的成分(composition)、组织和结构(structure)、合成与加工(synthesis and processing)、功能或性能价格比(performance or properties to cost ratio)称为材料科学与工程四要素，上述四个要素的关系可由表征其间关系的材料科学与工程四面体来表示(图 1-23(a))。

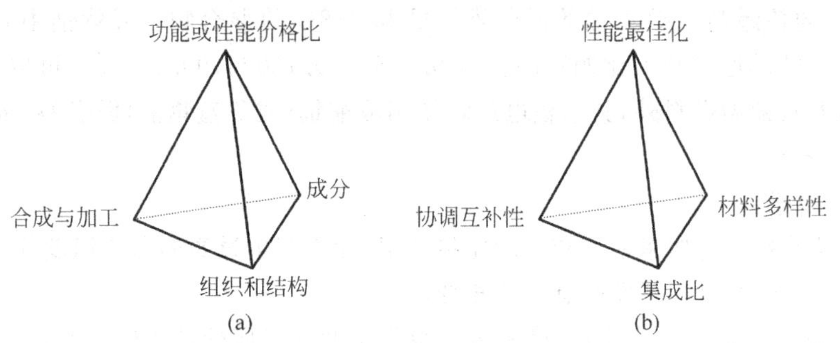

图 1-23 材料科学与工程四面体

1.5.1.1 材料的成分

“巧妇难为无米之炊”，成分是构成材料的最基本要素。一提到成分，应马上想到两个概念，一是**组元**(component，constituent)，二是**成分**(composition)。前者指组成合金的元素，有时也将稳定的(高温下不分解)化合物看成是组元；后者指合金中组元的含量，又有**原子分数**(摩尔分数)和**质量分数**之分。当选择一种材料或分析表征某种材料的结构和性能时，必须考量：为什么要采用这种成分，合金的组织、结构、性能与组元的哪些因素相关，每种组元的存在形态是什么，对合金的加工有什么影响，对合金的性能有什么影响等因素。

1.5.1.2 材料的组织和结构

英文中的 structure(通常翻译成“结构”)，对应于汉语中的两个词，一个是结构，一个是组织(英文中很难找到对应的词)。**结构**一般包含四个层次：电子层次，原子或分子排列(特别是晶体结构)层次，显微层次和宏观层次。**组织**指固体材料中的相(包括相的种类、数量、大小、形状与分布等)、晶粒(大小和形状)、缺陷

(种类、密度和分布),以及织构的总和。用肉眼和低倍显微镜可观察到的称为**宏观组织**,用高倍显微镜才能观察到的称为**微观组织**。不同尺度的结构层次都会对性能产生影响。

1.5.1.3　材料的合成与加工

合成与加工是指建立指原子、分子与分子聚集体的新排列,在原子尺度到宏观尺度上对结构进行控制以及高效而有竞争力地制造材料和零件的演变过程。**合成**(制备)通常是指原子和分子组合在一起制造新材料所采用的物理和化学方法。**加工**(工艺)(这里指成型加工)除了为生产有用材料对原子、分子控制外,还包括在较大尺度上的改变,有时也包括材料制造等工程方面的问题。

合成与加工包括传统的冶炼、铸锭、制粉、压力加工、焊接等,也包括新发展的真空溅射、气相沉积等方法。制备技术包括粉末冶金技术、快速凝固技术、最终成形技术和机械合金化技术等。

材料加工涉及许多学科,是科学、工程以及经验的综合,是制造技术的一部分,也是整个技术发展的关键一步。合成与加工工艺的选择随材料种类的不同要不断调整直到找到最佳方法以获得理想的材料结构与性能。

1.5.1.4　材料的性质或固有性能

关于材料的性质(property)、使用特性(function)和使用效能(performance)存在以下区别:

性质泛指材料所固有的特性,或说是本性。效能是指材料对外界刺激(外力、热、电、磁、化学刺激药品)的反应的抵抗(被动的响应)。"效能"又称为"表现行为",performance 有时也译作"性能"。使用特性是物质(材料)对应于某种输入信号时,所发生质或量的变化,或其中有些变化会产生其他性能的输出,即能感生出另一种效应。例如施加某种作用时,通过材料将这种作用转化为另一形式功能的性质,包括热-电转换性能(热敏电阻、红外探测等)、光-热转换性能(如将太阳光转变为热的平板型集热器)、光-电转换性能(太阳能电池)、力-电转换性能、磁-光转换性能、电-光转换性能、声-光转换性能等。材料的性质和性能决定了材料的用途。

使用特性是材料在使用条件下的表现和有用度的量度,如使用环境、受力状态对材料性能和寿命的影响。度量使用特性的指标有:可靠性、有效寿命、安全性和成本等综合因素,利用物理性能时还包括能量转换率、灵敏度等。

使用效能是材料的性质、产品设计、工程应用能力的综合反映,也是决定材料能否得到发展或大量使用的关键。服役效能是材料科学与工程发展领域的制高点。服役效能原意是指材料在实际服役过程中所表现出来的行为。服役过程涉及载荷与应力、机械接触、温度变化、腐蚀环境等等,行为则包括承载能力、可靠性、持久性、安全性、性能退化、使用寿命等,还包含经济性和社会满意度(能否再生利用、会不会污染环境等)。

有人采用略有差异的材料科学与工程四面体,其底面三角形的三个顶角分别为**成分和结构**、**制备和加工**、**性能**,顶角为**使用效能**;还有人进一步发展为材料科学与工程六面体:中间等边三角形的三个顶角分别为**成分**、**组织结构**、**制备和加工**,三角形的中心是理论、材料设计与工艺设计,上顶角为**性能**,下顶角为**使用效能**。

顺便指出,现代基础高新技术无一不是各类不同材料的最佳集成。因此,作者认为,传统意义上的材料科学与工程四面体应发展为新的形式(图 1-23(b)):底面三角形的三个顶角分别为**"材料多样性""集成化""协调、互补性"**顶角为**"性能最佳化"**。这种四面体更能反映核反应堆应用等系统集成的情况。

1.5.2　各类核反应堆电厂的结构部件及所用材料

1.5.2.1　核电厂的主要部件及功能

堆芯的主要部件是燃料、包壳、压力容器和压力管、蒸汽发生器,见表 1-8。

燃料:无论是金属型还是陶瓷型的燃料,必须含有易裂变核素^{235}U、^{233}U或^{239}Pu。金属型燃料有金属铀和铀合金。陶瓷型燃料有 UO_2、UC、UN、MOX(UO_2+PuO_2)。UO_2 是用途最广的动力堆燃料。轻水堆燃料的富集度为 3%左右;重水堆采用天然铀为燃料;快堆燃料的富集度为 60%左右或用 MOX 燃料。利用 MOX 燃料,轻水堆的燃料中含钚可达 5%~15%,而快堆可达 25%~30%。

表 1-8　各类核反应堆电厂的结构部件及其使用材料

典型部件			使用材料				
			沸水堆(BWR)	压水堆(PWR)	重水堆(HWR) (以 CANDU 为例)	快中子增殖堆 (FBR)	高温气冷堆 (HTGR)
核岛	燃料		低富集 UO_2	低富集 UO_2	天然 UO_2	(U,20%Pu)O_2	高富集(U,Th)C_2 或(U,Th)O_2
核岛	包壳		锆-2 合金	锆-4 合金	锆-4 合金	316 不锈钢	热解炭,SiC 涂层
核岛	控制棒		B_4C 粉末/304SS	AgInCd/316SS	Cd/316SS	B_4C/316SS	B_4C/C
核岛	慢化剂		H_2O	H_2O	D_2O	—	石墨
核岛	冷却剂		H_2O	H_2O	D_2O	Na	He
核岛	压力容器(管)	壳体	低合金钢 (A533B)	低合金钢 (A533B) A508	Zr-2.5Nb	304SS 316SS 321SS	预应力混凝土 (或钢)
核岛	压力容器(管)	衬里 (端部件)	308L SS	308SS Inconel 617	410SS (403SS)	—	软钢
核岛	回路管道		304SS 或碳钢	304SS 或 316SS 或碳钢(内焊 SS)	304SS	304SS,316SS, 或 316L(N)	304SS,316SS, Ni 基耐热合金
核岛	安全壳	壳体	预应力混凝土	预应力混凝土	预应力混凝土	—	钢制外壳
核岛	安全壳	衬里	碳锰钢 A516-60	碳锰钢 A516-60	碳钢	—	钢制外壳
常规岛	蒸汽发生器	筒体	A533B	A533B	A533B	碳钢 0.5Cr-0.5Mo	碳钢
常规岛	蒸汽发生器	支撑板	A508	A515-60	A508	2.25Cr-1Mo	2.25Cr-1Mo (或加 Nb)
常规岛	蒸汽发生器	传热管	Inconel 600 (690) Incoloy 800	Inconel 600 (690) Incoloy 800	Inconel 600 (690) Monel 400 Incoloy 800	2.25Cr-1Mo (或加 Nb)	Incoloy 800
常规岛	凝汽器管		Al 青铜,Al 黄铜, Al-Cu-Ni 合金,钛	Al 青铜,Al 黄铜, Al-Cu-Ni 合金,钛	Al 青铜,Al 黄铜, Al-Cu-Ni 合金,钛	Ti	Ti
常规岛	汽轮发电机		CrMo 钢	CrMo 钢	—	CrMo 钢	镍基合金
常规岛	蒸汽管道		304/316/C 钢	304SS	304SS	2.25Cr-1Mo (或镍基合金)	—

包壳：若干根铀棒排列后形成燃料元件，一台百万千瓦的压水堆核电厂有 100 多个这样的燃料元件。这些燃料元件即构成了整个堆芯，堆芯放置在反应堆压力容器内。在其外部用上述的各种合金铸造管道与容器壁。包壳材料要求中子吸收截面小、导热好、强度高、塑性好、耐腐蚀、抗辐照等。水冷动力堆广泛用锆合金作包壳。压水堆、重水堆用 Zr-4 合金作包壳；沸水堆用 Zr-2 合金作包壳；而快堆用不锈钢作包壳。值得注意的是，使用不锈钢作快堆包壳并不是因为它的中子吸收截面小，而是因为它的高温性能好，同时由于快中中子产额大，损失一些也足以维持反应进行下去，而且价格较低，从经济上考虑也比较合理。

压力容器和压力管：压力容器和一回路承压的管道和部件是能承受高压的密封体系。压力壳将燃料元件棒和一回路的水罩住，当发生燃料元件包壳有少量破漏时，放射线进入一回路，但仍然控制在压力壳内，不会扩散到外界。回路管道材料多采用奥氏体或双相不锈钢和镍基合金等。

蒸汽发生器：蒸汽发生器中进行热交换并将水转换成蒸汽。PWR 蒸汽发生器传热管早期用不锈钢，如 304 型，后用 Inconel 600，发现其晶间腐蚀敏感性后又改用 Incoloy 800 或 Inconel 690 合金，经稳定化处理。

1.5.2.2　各类反应堆的主要部件用材料

1. 沸水堆(BWR)所用基本材料

压力容器(pressure vessel)：低合金碳钢(low alloy carbon steel)

燃料(fuel)：二氧化铀(uranium dioxide,UO_2)，富集度 3%～3.5%

包壳(cladding)：锆-2 合金(zircaloy-2，Zr-2)

控制棒：碳化硼/304 不锈钢(B_4C/304SS)

慢化剂，冷却剂：轻水(H_2O)

水回路：304 不锈钢

蒸汽回路：304，316 不锈钢

传热管：Inconel 690 或 Inconel 800

汽轮机：铬-钼钢

2. 压水堆(PWR)所用基本材料

燃料：二氧化铀，富集度 3%～3.5%

包壳：锆-4 合金(Zr-4)

控制棒：银-铟-镉合金/316，304 不锈钢(Ag-In-Cd/SS)

长期反应性控制采用硼酸

传热管：Inconel 600、Inconel 690、Inconel 800

其余与沸水堆相同。

3. 重水堆(HWR，以 CANDU 为例)所用基本材料

压力管：锆-铌合金(Zr-2.5Nb)

排管容器：奥氏体不锈钢

排管容器管：锆-2 合金(Zr-2 合金)

燃料：天然富集度的二氧化铀(natural uranium)

包壳：锆-4 合金(Zr-4 合金)

慢化剂和冷却剂：重水(D_2O)

4. 钠冷快中子增殖堆(FBR)所用基本材料

主容器和保护容器：316SS，304SS

燃料：富集的 UO_2(富集度约为 60%)，MOX 燃料(约 20%PuO_2＋UO_2)

包壳：奥氏体不锈钢(316SS 或 316Ti 等)，镍基合金等

元件盒：马氏体-铁素体钢或奥氏体不锈钢

控制棒：碳化硼(B_4C)/300 系列不锈钢

传热管：Inconel 800 或 304SS

冷却剂：液态钠

5. 高温气冷堆(HTGR)所用基本材料

主体外壳：预应力混凝土(或钢)，软钢衬里

燃料：高富集$(U,Th)C_2$ 或$(U,Th)O_2$

包壳：热解炭，SiC 涂层

控制棒：B_4C/C

慢化剂：石墨

冷却剂：氦气

蒸汽回路：2.25Cr-1Mo(或加 Nb)

传热管：Inconel 800

汽轮机：镍基合金

1.5.3　压水堆核电厂结构及所用材料

图 1-24 表示压水堆核电厂结构及所用材料，现分别简述如下。

1.5.3.1　第一道安全屏障：燃料芯块二氧化铀陶瓷晶体(核燃料)

成分(composition)：富集度为 3.0%～3.5%的 UO_2。为烧结型 UO_2 的陶瓷芯块，芯块为直径约

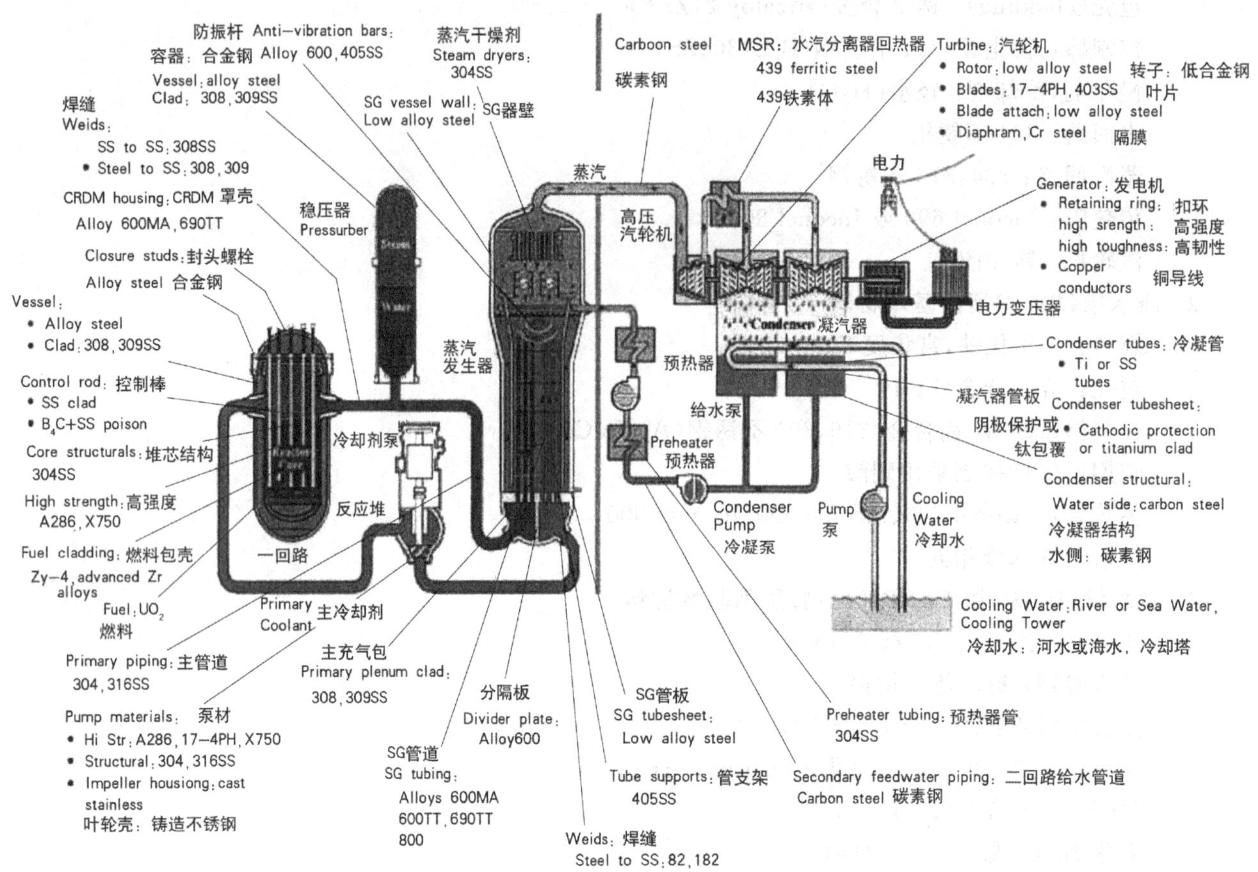

图 1-24　压水堆电厂结构及所用材料

0.8cm，高约 1cm 的圆柱体。几百个芯块叠在一起装入直径 1cm，长度约 4m，厚度为 1mm 左右的细长锆合金材料包壳管内。

组织和结构(structure)：UO_2 为离子化合物，其中尺寸较大的铀原子构成面心立方点阵，尺寸较小的氧原子位于铀原子的四面体间隙中，属于 CaF_2 型结构，一个晶胞由四个铀原子与八个氧原子组成。点阵常数 $a=0.547\text{nm}$，理论密度为 10.96g/cm^3，含铀密度 9.63g/cm^3(按含铀 87.9%计)。

合成与加工(synthesis and processing)：二氧化铀生坯由低丰度的二氧化铀粉末经模压成型，在烧结过程中，生坯体积缩小，气隙球化并减少，最终达成 95%TD(理论密度)以上，得到芯块成品。二氧化铀粉末的生产主要有三种途径：ADU(铀酸胺盐，$(NH_4)U_2O_7$)流程；AUC(三碳酸铀酰胺 $(NH_4)_4[UO_2(CO_3)_3]$)流程和 IDR 流程。

功能或性能价格比(performance or properties to cost ratio)：优点：①熔点高达(2865±15)℃，在熔点以下不发生晶型转变，高温、辐照下的化学及尺寸稳定性均好；②陶瓷的多孔性使 UO_2 芯块具有良好包容裂变气体能力；③在一个属于萤石结构的 UO_2 晶胞中，八个占据四面体间隙的氧原子中间有一个很大的空隙(俗称“大肚子”)用来容纳裂变产物，这一方面使 UO_2 包容裂变气体能力很强，另一方面增强了其抗辐照肿胀能力；④耐腐蚀，特别是耐水腐蚀性好。缺点：①UO_2 中由于氧的存在，铀的含量较金属型燃料低；②陶瓷型 UO_2 的热导率仅为金属铀的约 1/10，从而芯块中温度梯度陡峭；③陶瓷型 UO_2 质脆而硬，不利于成型加工；④从 UF_6 到 UO_2，加工工艺繁琐。

1.5.3.2　第二道安全屏障：燃料包壳

成分(composition)：Zr-4 合金，化学成分(质量分数)：Sn 1.2%～1.7%，Fe 0.18%～0.24%，Cr 0.07%～1.3%，Ni 0.007%(最大)，O 0.08%～0.15%，C 0.0015%～0.003%，余量为 Zr。

组织和结构(structure)：金属锆的高温相是体心立方(BCC)结构的 β-Zr；低温相是密排六方(HCP)结构的α-Zr，室温点阵常数 $a=0.32311\text{nm}$，$c=0.51475\text{nm}$。由于 HCP 金属的滑移系统少，塑性变形能力差，因此锆的塑性加工并不容易。

合成与加工(synthesis and processing)：第 1 步：将锆石转化成 $ZrCl_4$。在流化床炉中进行 1200℃的碳氯化反应；第 2 步：锆的分离，得到纯 $ZrCl_4$；第 3 步：金属锆的提取，采用 Vall Arkel 碘化物精炼工艺或 Knoll 工艺都可以获得纯锆；第 4 步：配制合金，在真空电弧炉中多次熔炼得到锆合金锭；第 5 步：包壳管制造。

核反应堆对锆构件的要求是尺寸精度高，显微组织要求严格，性能稳定。使用最广的无缝锆管加工的主要工序为：配制自耗电极、熔铸、锻造、热挤(管坯)、冷加工、精整。

功能或性能价格比(performance or properties to cost ratio)：优点：①锆合金在 300～400℃的高温高压水和蒸汽中有良好的综合性能、足够的强度，与核燃料有良好的相容性；②热中子吸收截面小(0.18b)；③耐辐照能力强，辐照稳定性好；④有很强的耐酸、耐碱腐蚀能力，在高温水中的耐蚀性也很好；⑤吸氢量少，减轻氢脆。缺点：温度高于 1260℃时，锆会跟水蒸气反应产生氢气，造成氢爆。

1.5.3.3　第三道安全屏障：压力容器和一回路压力边界

成分(composition)：低合金高强度钢，在碳含量低于 0.20%的普通碳素钢的基础上，添加一种或多种少量合金元素(合金元素总量低于 3%)。采用 MnMoNi 钢，如 A508-Cl.3(16MnD5)、A533 grade B，与冷却剂接触的内壁堆焊一层或两层奥氏体不锈钢里衬(308L/309L)。

组织和结构(structure)：压水堆压力容器由反应堆容器和顶盖组成，前者由下法兰(含接管段)、筒体和半球形下封头组焊而成，顶盖由半球形上封头和上法兰焊接组成(或者为一体化顶盖)。钢板厚度约 0.2m，压力容器直径×高度例如为 4m×13m，总重 400t。上下法兰面之间用两道自紧式空心金属(高镍耐蚀合金 Inconel 718 或 18-8 钢)O 形环密封。

合成与加工(synthesis and processing)：控制轧制和控制冷却，采用固溶强化、细晶强化、沉淀强化、形变强化和相变强化等强化方式。

功能或性能价格比(performance or properties to cost ratio)：高、低温强度和塑、韧性好；抗辐照能力强，塑脆转变温度(DBTT)低，辐照后 DBTT 的升高保持在控制范围内；抗应力腐蚀、晶间腐蚀、均匀腐蚀、冲刷腐蚀能力强；焊接性能好。

1.5.3.4　第四道安全屏障：安全壳

成分(composition)：预应力混凝土，内加钢衬。

组织和结构(structure)：反应堆厂房是一个高大的预应力钢筋混凝土构筑物(例如，高 60m，直径 10m，厚度 1m)，内表面还有 6mm 厚的钢衬，国外多采用 SA516 钢和 SA517 钢或 16Mn 钢，也有的采用高强度 A543 钢。

合成与加工(synthesis and processing)：灌注混凝土，混凝土凝固后，将预应力钢束穿入壳体中的预设孔道即可张拉，张拉结束后，要及时用防腐油脂或砂浆密封钢束及其锚具。

功能或性能价格比(performance or properties to cost ratio)：防止外界自然力或人为原因损坏反应堆或威胁反应堆安全，确保在所有事故情况下都可以把放射性物质包容在里面。

复习题及习题

1. 请说明在非洲奥克洛曾存在天然核反应堆的理由。
2. 核反应堆的功能通常有哪几种?
3. 简述压水堆核电厂的系统流程及各回路的主要设备。
4. 压水堆的工作温度为什么要定在 290～320℃，压力定在 15.5MPa?
5. 试对压水堆、沸水堆的优缺点进行比较。
6. 1986 年 4 月 26 日苏联切尔诺贝利发生核事故的是石墨轻水型核反应堆(RBMK)，请说明发生核事故的原因。
7. 为什么说重水堆与轻水堆成了天生的一对竞争伙伴?

8. 请介绍先后四代气冷堆的发展过程。

9. 何谓快中子增值堆？请介绍快中子增殖堆的结构。

10. 简述从第一代到第四代核电机组的发展过程。

11. 叙述中国核电发展的四个阶段。

12. 简述压水堆和沸水堆燃料组件的结构。

13. 试对中国第三代核电 CAP1400 与 AP1000 作简要对比。

14. 简述压水堆堆芯的结构组成。

15. 请给出核材料的定义，与通用工程材料相比，对核材料有哪些特殊要求？

16. 为什么说核反应堆的材料问题很严峻，它们面临什么样的工作条件？

17. 压水堆主要部件对材料的要求是什么？用什么材料制作？

18. 综述五种用于核电厂的主要裂变堆堆型，内容包括：堆型名称、核燃料种类、核燃料富集度、慢化剂种类、冷却剂种类、燃料元件形状、堆型主要特点。

19. 试用材料科学与工程四面体分析压水堆的四道安全屏障。

20. 请介绍中国海上核电的发展前景。

21. 简述世界核电发展现状。

22. 造成人们对核电发展有不同看法的原因有哪些？

23. 简述中国的核电输出战略。

24. 简述“中国制造 2025”关于核电产业的发展方针。

第2章

核 燃 料

2.1 核燃料概述

2.1.1 核燃料的分类

^{235}U(铀 235)、^{239}Pu(钚 239)、^{233}U(铀 233)和^{2}H(氘,D)、^{3}H(氚,T)、^{6}Li(锂 6)等核素蕴藏着巨大的原子能,在核反应堆中通过核反应,能释放出可供利用的巨大能量。这些核素用在核武器中,能在极短的时间内发生剧烈的核反应,释放出巨大能量,产生巨能核爆炸。在核能领域,这些核素和含有这些核素的材料通称为"核燃料"。核燃料可分为"裂变核燃料"和"聚变核燃料"两大类。

2.1.1.1 裂变核燃料

^{235}U、^{239}Pu、^{233}U 三种核素,释放能量的核反应是核裂变反应,所以这三种核素和含有这三种核素的材料被称为"裂变核材料"。

这些核素与具有不同能量的各类中子发生核反应,只是对不同能量的中子的反应截面不同。这些核素的原子核受到中子的轰击,会破裂为两个碎块核,释放出约 200MeV 的能量,并释放出 2～3 个中子。释放出的 2～3 个中子又去轰击其他的原子核,引发更多的核裂变,释放出更多的中子。在一定的条件下,核燃料的裂变过程会自持地连续进行下去。这种自持进行的连续核裂变反应称为"链式核裂变反应",简称"链式反应"。像^{235}U、^{239}Pu、^{233}U 这样能够被不同能量的中子所裂变并能发生链式反应的核素,称为"易裂变核素"。

除上述三种核素外,尚有其他多种易裂变核素,但是,可供核反应堆和核武器使用的易裂变核素,迄今只有^{235}U、^{239}Pu、^{233}U 三种。

在核武器中,不对易裂变核素的链式反应进行控制,链式反应一旦发生,便迅猛激烈地扩展蔓延,在千万分之几秒的瞬间,释放出巨大能量,形成强烈爆炸。在反应堆中,链式反应受到控制,使链式反应平稳地进行,缓慢地释放能量,供人类使用。

裂变核燃料释放出的能量之巨大,使普通燃料无法与之相比。一个^{235}U 核裂变释放出的能量约为 200MeV,由此可以算出,1kg 的^{235}U 若全部发生核裂变,释放出的能量约为 8.2×10^{10}kJ,这些能量相当于 2000t 石油或 2500t 标准煤完全燃烧产生的能量。

2.1.1.2 聚变核燃料

^{2}H、^{3}H、^{6}Li 三种核素通过核聚变反应释放能量，所以这些物质被称为“聚变核燃料”。

核聚变反应须在几百万摄氏度乃至上千万摄氏度高温下才能进行，加热到这样高的温度，这些核素的原子核具有的动能可达到几千电子伏到几万电子伏，具有这样大的动能才足以克服核与核之间的库仑排斥力，相互碰撞而聚合为一个较重的核。所以核聚变反应又称为热核反应，这些核素又称做“热核燃料”或“热核材料”。

能够发生聚变反应的核素有多种，除所说的三种外，尚有^{1}H、^{3}He、^{7}Li、^{11}B 等核素。聚变反应的方式也有多种，例如：

① $^{2}H+^{2}H \longrightarrow ^{3}He+n+3.27MeV$

② $^{2}H+^{2}H \longrightarrow ^{3}He+p+4.03MeV$

③ $^{2}H+^{3}H \longrightarrow ^{4}He+n+17.6MeV$

④ $^{3}H+^{3}H \longrightarrow ^{4}He+2n+11.3MeV$

⑤ $^{3}H+^{2}H \longrightarrow ^{4}He+p+18.3MeV$

⑥ $^{3}H+^{1}H \longrightarrow ^{4}He+\gamma+20.0MeV$

⑦ $^{6}Li+^{1}H \longrightarrow ^{4}He+^{3}He+4.0MeV$

⑧ $^{6}Li+^{2}H \longrightarrow 2^{4}He+\gamma+22.4MeV$

⑨ $^{7}Li+^{1}H \longrightarrow 2^{4}He+\gamma+17.3MeV$

⑩ $^{11}B+^{1}H \longrightarrow 3^{4}He+8.7MeV$

聚变反应需要在上千万摄氏度的高温下才能进行，所以要实现在反应堆中进行可控的聚变反应，极为困难。在上述几种反应方式中，第③种反应氘-氚反应所需的温度最低，原子核的动能达到 4.5MeV 即可发生聚变反应，反应截面也最大，比较容易实现，反应中释放的能量也比较大。正在试验中的第一代聚变反应堆即采用氘和氚作为核燃料。

^{6}Li 可以直接用做氢弹的“核炸药”，也可在裂变反应堆和聚变反应堆中转化出氚，所以^{6}Li 也是重要的聚变燃料。

聚变核燃料的优点远远大于裂变核燃料。聚变燃料资源极为丰富，且制备工艺较为简单，生产成本低廉。除了氚具有放射性外，氘和锂都是稳定核素，没有放射性。聚变燃料燃烧后也不产生任何放射性废物，对环境无任何不良影响。聚变燃料循环为 D-T-Li 循环，也比裂变燃料循环简单得多。

2.1.1.3 可转换核素·增殖材料·再生材料

三种易裂变核素中，只有^{235}U 在自然界中天然存在，^{239}Pu 和^{233}U 在自然界中不存在，需要用中子辐照^{238}U 和^{232}Th 进行核转变得到。因此，有时把^{235}U 称为初级核燃料或一次核燃料，把^{239}Pu 和^{233}U 称为次级核燃料或二次核燃料。^{238}U 受到中子轰击后，先吸收一个中子转变为^{239}U，再经过两次 β 衰变转变为^{239}Pu，其核反应式为：

$$^{238}_{92}U+n \longrightarrow ^{239}_{92}U+\gamma$$

$$^{239}_{92}U \longrightarrow ^{239}_{93}Np+\beta^{-} \quad t_{\frac{1}{2}}=23.5min$$

$$^{239}_{93}Np \longrightarrow ^{239}_{94}Pu+\beta^{-} \quad t_{\frac{1}{2}}=2.35d$$

^{232}Th 的核转变与^{238}U 相类似，也是先吸收一个中子转变为^{233}Th，再经两次 β 衰变转化为^{233}U：

$$^{232}_{90}Th+n \longrightarrow ^{233}_{90}Th+\gamma$$

$$^{233}_{90}Th \longrightarrow ^{233}_{91}Pa+\beta^{-} \quad t_{\frac{1}{2}}=22.2min$$

$$^{233}_{91}Pa \longrightarrow ^{233}_{92}U+\beta^{-} \quad t_{\frac{1}{2}}=27.4d$$

聚变核燃料中，核素^{3}H 在自然界不存在，需要用^{6}Li、^{7}Li 在中子辐照下进行转换得到。其核反应式为：

$$^{6}Li+n \longrightarrow ^{3}H+^{4}He+4.8MeV$$

$$^{7}Li+n \longrightarrow ^{3}H+^{4}He+n-2.5MeV$$

^{238}U、^{232}Th 和^{6}Li、^{7}Li 这些能在中子辐照下转换出^{239}Pu、^{233}U 和^{3}H 的核素称为“可转换核素”，这些核素

和含有这些核素的材料又称“再生燃料”“再生材料”“转换材料”。在核燃料生产中，将再生材料置于核反应堆(裂变反应堆或聚变反应堆)中，在核反应产生的中子辐照下转换出作为核燃料的核素。当转换比大于1时，新生的核燃料多于消耗的核燃料，因而称转换比大于1的核转换为燃料增殖，可转换核素和含有可转换核素的材料又称为“增殖材料”。^{238}U、^{232}Th 是裂变燃料增殖材料，^{6}Li、^{7}Li 是聚变燃料增殖材料。

2.1.2　核燃料资源

总体说来，核燃料资源的蕴藏量极其丰富，据估计，核燃料在陆地和海水中的储量能够供人类使用100亿年。但是核燃料资源的蕴藏量并不均衡，裂变燃料资源较为贫乏，聚变燃料资源则非常丰富。煤、石油等普通矿物燃料资源有限，且耗费巨大，终将枯竭，在开发新能源时，积极开发利用核燃料资源，对人类社会发展有着十分重要的意义。

2.1.2.1　铀

自然界存在的易裂变核素只有^{235}U，它与可转换核素^{238}U 以混合物天然铀的形式存在于自然界。天然铀共含有三种同位素，除所说的两种外，还含有核素^{234}U。^{234}U 是^{238}U 衰变的子代产物。三种同位素在铀中的百分含量即相对丰度为：

$$^{234}U——0.0054\%$$
$$^{235}U——0.7204\%$$
$$^{238}U——99.2742\%$$

可见在天然铀中主要含^{238}U，可直接用作核燃料的^{235}U 非常少。

铀在地壳内和海水中均有存在，但储量并不丰富。在地壳中的百分含量约为 $3.5\times10^{-4}\%$，据估计，在厚达20km的地壳中的总含量约为 10^{14}t，平均每吨岩石中含3.5g。在海水中的含量约为地壳中的1/2000，平均每吨海水中含铀2.0mg。

现阶段核工业用的铀基本上取自陆上矿石。陆上矿石中富矿很少，品位一般为含0.1%～0.3%的氧化铀，大量的矿床含铀量低于可开采品位。目前已发现的铀的原生、次生及变质矿物有170多种，比较重要的矿物有：沥青铀矿、晶质铀矿、钒钙铀矿、钾钒铀矿、钙铀云母、铜铀云母、硅钙铀矿、硅铀铅矿及其他钛酸盐类、钽铌酸盐类和钛钽铌酸盐类等矿物。这些矿物中最为重要的是沥青铀矿和钾钒铀矿。

2.1.2.2　钚

作为核燃料的^{239}Pu，是钚的15种同位素之一。

钚在自然界几乎不存在。在铀矿中可以探测到痕量钚，在加拿大沥青铀矿中探测出的钚含量与铀的比值为 7×10^{-12}。

核工业用的^{239}Pu，是通过人工核反应制造的。将^{238}U 作为转换材料置入反应堆中，在中子辐照下转变为^{239}Pu。各类反应堆燃烧过的铀燃料的乏燃料中，都会产生一定数量的钚，在进行乏燃料后处理时，可分离出钚。以天然铀为燃料的钚生产堆和生产发电两用堆，其主要目的就是生产钚。还可将^{238}U 作为转换材料，在快中子反应堆中增殖^{239}Pu。

反应堆中产生的^{239}Pu，随着辐照时间的延长，一部分会作为燃料消耗掉，少部分会进一步转变成一定数量的^{240}Pu、^{241}Pu、^{242}Pu 等核素，其中，^{241}Pu 受到中子轰击时，有73%的概率发生裂变，平均释放出3.06个中子。在反应堆中还可产生出^{238}Pu、^{243}Pu、^{244}Pu 等核素。质量数小的同位素^{232}Pu～^{237}Pu，可借助加速器产生。

燃料核素^{239}Pu 由^{238}U 转变得到，所以钚的资源依赖于铀资源。

2.1.2.3　钍

易裂变核素^{233}U 由^{232}Th 转化得到，所以钍是重要的核燃料资源。

钍的同位素有多种，天然钍中只含有^{232}Th 一种同位素。

地壳中钍的含量(绝对丰度)估计为 $8\times10^{-4}\%\sim1.2\times10^{-3}\%$，约为铀的3倍，与铅和钼相近。钍以氧化物、硅酸盐、磷酸盐、碳酸盐、氟化物的形式存在于自然界中，已知的含钍矿物有100多种，在许多矿物中钍与铀和稀土共生。钍的矿物有独居石、磷钇矿、硅铍钇矿、易解石、钇易解石、黑稀金矿-复稀金矿、铌钇矿、褐钇铌矿及褐帘石、钛铌钙铈矿等，在纯钍矿物中，主要有钍石及其变态铀钍矿和铁钍矿，此外，方钍石和铀方钍石也具有开采价值。

2.1.2.4 氘

氢有两种天然同位素，一种是主要同位素氕(^1H)，又称正氢，在氢中的相对丰度为 99.985%，另一种是用做核燃料的氘(^2H)，又称为仲氢或重氢，相对丰度为 0.015%，氘与氕共同存在于氢气、水、石油、天然气中。氘的蕴藏量极为丰富，在海水中的含量约为 5×10^{13} t。

可以根据氘和氕沸点的差异，将液态氢在一套级联装置上进行连续多次的蒸馏，获得氘。也可根据氘和氕的其他性质差异，如化学反应平衡常数的差别，化学反应动力学性质的差别等，用直接生产重水(D_2O)的办法获得氘。制得的重水可直接用做反应堆的慢化剂。

2.1.2.5 氚和锂

1. 氚

氚是氢的人工同位素，自然界中的氚，数量微乎其微，存在于大气和水中。这种数量极其微少的氚，是由宇宙射线中的高能质子和中子在高空大气中引发核反应产生的，例如与^{14}N发生如下的核反应：

$$P+{}^{14}N \longrightarrow {}^{3}H+\text{碎片}$$

$$n+{}^{14}N \longrightarrow {}^{3}H+{}^{12}C$$

大气中的氚与高空中的雨水发生同位素交换，一部分变成氚水落到地面上。这样形成的氚，在 1954 年以前在地球上的总量约为 900g。从 1954 年开始进行热核武器试验后，据 1958 年的估计，水中的氚有 2×10^4 g，大气中有 200g。

在核燃料的工业生产中，是将锂作为转换材料放入反应堆中，在中子辐照下产生出氚。现阶段是用^6Li在裂变反应堆中辐照产氚，待聚变堆研究成功以后，即可在聚变堆中用^6Li和^7Li作为增殖材料生产氚。从辐照过的转换材料中提取出的氚，含有相当数量的氕，需要进行分离、纯化，分离的方法有液氢精馏法、热扩散法、色层分离法等。

2. 锂

锂作为氚的转换材料，是重要的核燃料资源。

锂在自然界蕴藏量丰富。在地壳中的含量约为 0.006%，丰度在各元素中居第 27 位，在海水中的浓度为 0.10～0.20mg/L，海水中含锂总量达 2500 亿 t，在各元素中列第 16 位。陆上含锂矿物有 140 多种，Li_2O含量超过 2%的有 30 多种。主要矿物有锂辉石、锂云母、含锂卤水(盐湖卤水和地下卤水)以及黏土矿锂皂石、温泉水地热水等。

国外锂矿主要分布在美国、加拿大、智利、澳大利亚、俄罗斯、扎伊尔、津巴布韦等国家。中国的锂矿资源也非常丰富，新疆、四川、河南等地分布有锂辉石矿，湘、赣两省分布有锂云母矿，四川有含锂井卤水，尤其是青海、西藏等地区，盐湖星罗棋布，构成世界上罕见的盐湖锂矿床。在中国锂资源中，矿石锂占 20%，卤水锂占 80%。

2.1.3 裂变核燃料的临界质量和临界体积

易裂变核素的链式裂变反应，并非在任何情况下都能发生。欲使链式反应发生并自持地进行下去，必须使每一次核裂变释放出的中子中，平均至少有一个能够再引起一次核裂变，也就是要使燃料中的中子有效增殖系数 $K_{eff}\geqslant1$(详见 9.1.1.1 节)。当核燃料的数量很少时，燃料的体积太小，即使发生了核裂变，释放出的绝大多数中子也都飞出燃料的体积之外，不能击中其他原子核引发新的裂变，链式反应也就不会发生。当在一定体积内容纳的燃料增加到足够数量时，链式反应才能发生并自持地进行下去。

在一定条件下(例如在反应堆中燃料与慢化剂按一定方式布置)，能够发生并维持链式反应的燃料的最低数量，称为燃料的“临界质量”，包容燃料的相应体积称为“临界体积”。

达到临界时，中子有效增殖系数 $K_{eff}=1$，链式反应即可发生，并自持地进行。超过临界时，$K_{eff}>1$，链式反应会逐步扩大。当燃料数量小于临界质量时，$K_{eff}<1$，链式反应不能发生，即使原来发生也会越来越弱，以致停止，这时称燃料系统处于次临界状态。

影响临界质量和临界体积的因素有多种。

首先是中子泄漏。燃料的体积总是有限的，总要有一部分中子从体积表面上泄漏飞逸，而不参加核裂变反应。中子泄漏损失的比例取决于燃料表面面积与体积之比，增加燃料的体积(或质量)，可以减小表面积与体积之比，使中子泄漏率减小，当中子的泄漏率小到恰使 $K_{eff}=1$ 时的体积便是临界体积。临界体积的大小还和体积的形状有关，体积一定时，球形的表面积最小，亦即表面积与体积之比最小，中子泄漏率最小。如果再用中子反射层把燃料系统包围起来，把泄漏的中子再反射回燃料体积之内，临界质量和临界体积会更小。

第二是铀燃料中^{238}U 对中子的吸收。天然铀中，^{238}U 占 99.3%，而^{235}U 仅占 0.7%，^{235}U 放出的裂变中子遇到的主要是^{238}U。裂变中子是快中子，对^{238}U 的裂变截面极小，与^{238}U 的作用主要是非弹性散射，在散射过程中能量逐渐降低，当能量降低到小于 1.1MeV 时，^{238}U 开始对中子发生俘获反应，当能量再降低到几十个电子伏时，^{238}U 对中子出现俘获共振，大量中子被^{238}U 俘获吸收。对此，可采取两项措施：一是减少^{238}U 的含量，也就是提高^{235}U 的富集度；二是把快中子慢化为热中子(与环境气氛达到热平衡的中子，在室温下，最可几能量 $E=0.025\text{eV}$)，避开^{238}U 的俘获共振峰。而且热中子对^{235}U 的裂变截面特别大，$\sigma_f=582\text{b}$，而俘获截面 σ_c 却很小。这样就可以减小临界质量和临界体积。快中子反应堆采用第一项措施，使用高浓铀或高浓钚燃料，核武器也采用第一项措施，使用纯的^{235}U 或^{239}Pu。热中子反应堆则两项措施都采用，既使用浓缩铀，又使用慢化剂。

第三是燃料中的杂质元素和反应堆内各种材料对中子的吸收。特别是一些中子俘获截面大的杂质元素，如 B、Cd、Li、Hf 以及稀土元素，能大量吸收中子。在核燃料加工和燃料元件材料、堆芯材料的加工中，要尽量把这类元素清除掉，使燃料和元件材料、堆芯材料达到“核纯”，对中子的俘获减到最小。

还有，易裂变核素在燃料材料中的含量，慢化剂的性质和数量，燃料与慢化剂的布置方式，反射层的效率等，都对临界质量和临界体积的大小有影响。三种核燃料^{235}U、^{239}Pu、^{233}U 在同样条件下的临界质量也不相同，^{235}U 的快中子裂变截面比其他两种核素都小，所以纯的^{235}U 的临界质量最大。不同条件下不同含量的燃料的临界质量，可以小到 1kg、几百克；也可以大到几百千克，甚至几十吨。例如用天然铀燃料，石墨作为慢化剂，临界质量可多达 200kg(^{235}U)，燃料总质量超过 30t。表 2-1 和表 2-2 列举了几种条件下的临界质量。

表 2-1　三种核燃料的临界质量

燃料种类	^{235}U	^{239}Pu	^{233}U
水溶液态临界质量/kg	0.820	0.510	0.59
金属体临界质量/kg	22.8	5.6	7.5

表 2-2　不同富集度铀燃料临界质量(球形体积，设天然铀反射层)

反射层厚度/cm	15					
富集度/%	100	80	60	40	20	10
临界质量/kg	15	21	37	75	250	1300

考虑到在反应堆运行过程中，核燃料不断消耗减少，核燃料的初始装载量要大于临界质量，对于过量核燃料引起的过剩反应性，通常采用控制棒来补偿(抵消)。随着燃料的消耗，逐步将控制棒取出。还可在堆芯中加入“可燃毒物”(详见 9.1.1.2 节)，在反应堆运行初期，对过剩反应性进行抑制，借助于中子俘获，随着燃耗的加深，“可燃毒物”的“毒性”以所需的平衡速度逐步消耗丧失。

关于临界质量，需要注意的一个问题是，当核燃料的数量达到或超过临界质量时，链式反应会自发地发生，并自持地进行下去，不需要人为地引入中子引发第一代核裂变。引发初始核裂变的中子，一是来自于易裂变核素的自发核裂变，二是宇宙射线中的高能带电粒子和中子。这一点涉及核燃料加工制造及储存运输各个环节的临界安全问题，值得注意。

2.1.4　核燃料的入堆形式

2.1.4.1　裂变核燃料的入堆形式与核燃料元件

按照核燃料在堆芯活性区内布置的方式不同，裂变反应堆分为均匀堆和非均匀堆。两种堆型使用的核燃料形态不一样，均匀堆使用液态燃料，非均匀堆使用固态燃料。现已使用的裂变核燃料均为固体燃料。

1. 均匀堆用液体核燃料

在均匀堆中，核燃料与慢化剂均匀地混合在一起，并呈液体状态。液体燃料大致有三类：水溶液和水悬浮液、液体金属溶液和悬浮液、熔融盐类液体。在1944年洛斯阿拉莫斯科学实验室建立了被称为"水锅"(water boiler)的并使用水溶液液体燃料的第一座均匀反应堆。曾使用或试验过的液体燃料有：硫酸铀酰水溶液，磷酸铀酰水溶液，铀氧化物 UO_2、UO_3 在水中的悬浮液，铀-铋金属溶液，UO_2 在 Na-K 共晶合金液体中的悬浮液，USn_3 在 Pb-Bi-Sn 三元合金熔液中的悬浮液。UF_4-NaF-BeF_2 混合物熔盐液体等液体燃料。

2. 非均匀堆用核燃料元件

正在运行的裂变反应堆都是非均匀堆，非均匀堆中，将固体燃料做成一个一个的燃料单元，外面包覆以金属外壳，有规则地布置在堆芯内使用，这种燃料单元称为核反应堆的"核燃料元件"，包覆的金属外壳称为燃料元件的"包壳"，核燃料则称为元件的"燃料芯体"，有时为了更好地从结构上保证燃料元件的几何形状和尺寸，也方便批量制造，又将一定数量的燃料元件加上支承件和结构件组装在一起，成为一个较大的燃料部件，称为"燃料组件"，将燃料做成元件或组件，可以方便地将核燃料在反应堆内装卸和更换。

燃料元件中，燃料芯体是活性部分，产生热能和中子。元件包壳的作用包括：将燃料芯体密封包容起来，使燃料与慢化剂或冷却剂隔离，不使燃料及产生的强放射性裂变产物散逸泄漏到慢化剂或冷却剂中；保护燃料芯体不受冷却剂或慢化剂的侵蚀；起导热作用，将燃料芯体产生的热能传递到冷却剂中；保证燃料单元具有要求的几何形状；并在结构上承受各种载荷。

燃料元件在堆内燃烧运行时，自身发热，受到高温热循环、强辐照、腐蚀等的强烈作用，工作环境恶劣严酷，在这些不利因素的作用下，燃料芯体会发生热膨胀，辐照肿胀，辐照生长，辐照重结构，辐照密实等不良变化。元件包壳要承受来自内侧裂变气体和芯体膨胀、肿胀产生的压力，受到裂变产物的腐蚀。元件包壳在外侧要经受高温高速冷却剂的压力、冲刷腐蚀和流致振动作用，还要经受强烈辐照的损伤。要保证燃料元件在燃烧过程中不严重变形，不破损、不熔化、不泄漏，包壳材料和几何尺寸的选择要从物理化学、热工水力、力学性能、抗腐蚀性能、抗辐照性能、中子吸收截面及与燃料芯体的相容性等多方面因素综合考虑。实际应用的包壳材料有铝合金、镁合金、锆合金和不锈钢四类。也有的元件不使用金属包壳，例如高温气冷堆用全石墨球形陶瓷元件，其燃料核芯(CP)用非金属的碳层和碳化硅层进行包覆，整个元件的弥散基体和外壳全部用石墨材料。

3. 燃料元件的类型

燃料元件的类型有多种，分类方法也有多种，从使用元件的反应堆的用途对元件进行分类，可分为钚生产堆元件、实验研究堆元件、动力堆元件、快中子增殖堆元件；从反应堆使用的冷却剂量种类对元件分类，可分为石墨堆元件、轻水堆元件、重水堆元件、压水堆元件、高温气冷堆元件；按燃料芯体材料分类，可分为金属型元件、陶瓷型元件、弥散型元件；按照燃料元件本身不同的结构和几何形状分类，可分为棒状元件、管状元件、同心套管状元件、板状元件和球形元件等几类。

管状元件的管壁为三层，中间一层是燃料芯体，内外两侧是包壳，称为内包壳和外包壳。板状元件的燃料板也是三层复合板，中间一层是燃料芯体，内外两层是包壳。管状元件和板状元件的结构见图2-1，球形元件的结构见图2-2。

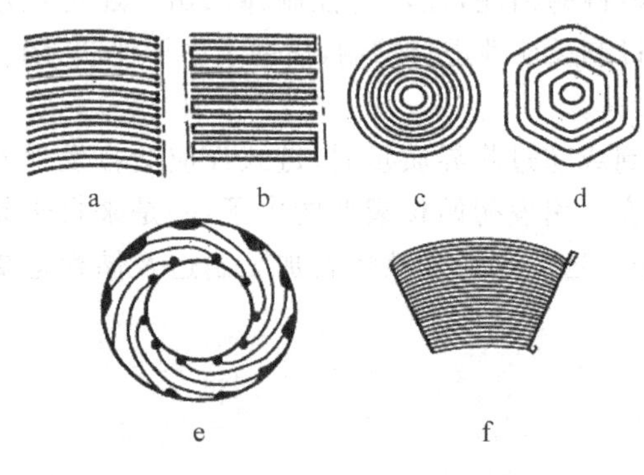

图 2-1 管状元件与板状元件结构示意图

a、b、f—板状；c、d—套状；e—弧管状

中国高通量工程试验堆用的燃料元件，是一种典型的同心套管形元件，元件由六层燃料管和不含燃料芯体的内外套管套装在一起，再与各种结构件组装结合构成。燃料管总壁厚为1.50mm，中间的芯体层和内外包壳厚度相等，均为0.50mm。燃料管外表面有三条凸起的筋条，筋条沿管壁母线方向延伸，在管壁圆周方向相隔120°等距离分布，用以增强燃料管的刚度，并形成管与管之间的冷却水流道——水隙。三条筋与外包壳为一体，在燃料管成形过程中一体生成。管的

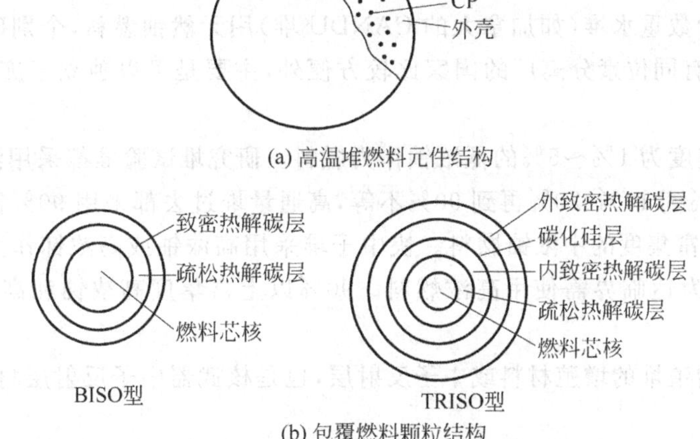

图 2-2 高温气冷堆球形元件结构示意图

成形工艺独特简单。其结构见图 2-3。

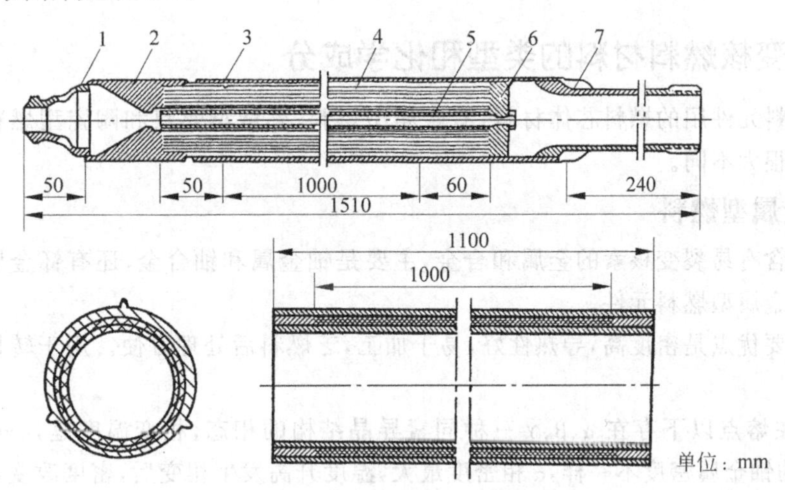

图 2-3 共挤压燃料元件管结构示意图

1—上接头；2—大齿块；3—外套管；4—燃料管；5—内套管；6—小齿块；7—下接头

2.1.4.2 聚变核燃料的入堆方式和燃料单元

聚变反应堆正在试验研究中，氘、氚是第一代聚变堆将要采用的核燃料。

在磁约束聚变堆托卡马克装置的试验研究中，提出的氘-氚燃料加入方式有气体喷吹、冷燃料气体包壳、等离子体枪栓注入、中性束或集束注入、弹丸注入等。其中以弹丸注入方式最实用：燃料以冰冻方式做成弹丸，弹丸直径为 0.5～5mm，向堆内的注入速度为 4～4000 个/s。

惯性约束聚变堆(如激光聚变堆)使用的氘-氚燃料，做成微球形式，球的外壳一般为硅酸盐薄膜，球内是高压的氘-氚气体、氘氚液体或冰冻状态的氘-氚空心球。

2.1.5 裂变核燃料的富集度·浓缩铀

在反应堆中，裂变核燃料可以直接使用天然铀，但大多数采用^{235}U 含量高于天然铀的浓缩铀。

天然铀中^{235}U 的含量只有 0.7204%。在核工业核燃料生产中，采用同位素分离的方法，将天然铀或铀同位素混合物中^{235}U 的含量提高到高于天然铀的不同程度，以满足不同的需要。这一分离过程称为铀的富集或浓缩。提高后的^{235}U 含量称为铀的富集度或^{235}U 的富集度，富集后的铀称为浓缩铀或浓铀。常把富集度高于天然铀直至接近纯铀的浓缩铀分别称为低浓铀、中浓铀和高浓铀，通常把富集度等于或低于 5%的称为低浓铀，把富集度等于或高于 80%的称为高浓铀，中间部分为中浓铀。

经同位素分离后，^{235}U 的含量降低到 0.3%或 0.25%的尾料称为贫铀。

世界上早期建立的反应堆都用天然铀作为燃料。钚生产堆一般用天然铀(或稍加富集)作为燃料，动力堆中少数石墨气冷堆及少数重水堆(如加拿大的 CANDU 堆)用天然铀燃料，个别研究堆也有用天然铀的。使用天然铀燃料，除对没有同位素分离厂的国家比较方便外，主要是可以独立于庞大的同位素分离生产系统获取核燃料^{239}Pu。

动力堆一般使用富集度为 1%～5%的低浓铀作为燃料。研究堆试验堆都采用浓缩铀作为燃料，但富集度的差别很大，从 2%、3%到 10%、20%再到 90%不等，高通量堆过去都采用 90%富集度的高浓铀燃料，20 世纪 90 年代后采用 20%富集度的中浓铀燃料。快中子堆采用高浓铀或高浓钚作为燃料，因为快中子对易裂变核素的裂变截面小，为达临界需使用高浓燃料。90%以上富集度高浓铀和高浓钚也是核武器的装料(核炸药)。

贫铀可用做快中子增殖堆的增殖材料或中子反射层，也是核武器中子反射层材料。贫铀还可用做放射性物料的屏蔽容器。

使用浓缩铀作为燃料，可以提高燃料中易裂变核素的含量，增加燃耗深度，降低核燃料的临界体积和临界质量，从而减小堆芯活性区体积，使堆芯紧凑。同时，使用浓缩铀可减少燃料元件制造、储运量，减少乏燃料的后处理量。

2.1.6 裂变核燃料材料的类型和化学成分

裂变反应堆燃料元件用的燃料芯体材料，有金属型燃料、弥散型燃料和陶瓷型燃料三种类型。各型燃料的化学成分也有很大不同。

2.1.6.1 金属型燃料

金属型燃料是含有易裂变核素的金属和合金，主要是铀金属和铀合金，还有钚金属及其合金。使用金属燃料的元件称为金属型燃料元件。

金属燃料的主要优点是密度高，导热性好，易于加工，乏燃料后处理方便。用于转换和增殖易裂变核素的转换比高。

但是，铀金属在熔点以下存在 α、β、γ 三种同素异晶结构的相态，相变温度是，α→β 为 668℃，β→γ 为 775℃。不同相态的铀金属密度不一样，α 相密度最大，温度升高发生相变后，密度改变，引起体积变化，但是燃料在堆内运行时不允许发生相变。而且铀的化学性质活泼，在高温下易与水和包壳发生反应。因此金属燃料一般宜用做低温、低功率和低燃耗反应堆的燃料，使用温度不能超过 β 的相变温度。

金属铀在辐照下会发生两种辐照效应。一是辐照生长：α 铀是斜方晶格，各向异性，在辐照下铀晶体发生各向异性生长，晶格的[010]轴生长变长，[100]轴缩短，[001]轴基本不变。辐照生长的铀的宏观尺寸会出现显著变化，导致燃料元件变形，表面起皱，强度降低，以致破坏。二是辐照肿胀：在中温范围，裂变气体 Kr 和 Xe 在晶格中形成气泡，造成肿胀。随燃耗的加深，肿胀加剧，可导致元件破损。对铀金属进行合理的热处理和适当的形变热处理，能够细化晶粒，消除织构，可以在较大程度上抑制辐照效应。

为提高铀的辐照稳定性，通常采用铀合金。在铀中加入少量合金元素，可以细化晶粒，消除织构。加入足够量的能部分或全部稳定 γ 相的合金元素，可消除相各向异性引起的不稳定性。用作核燃料的铀合金，主要有铀铝合金、铀硅合金和铀锆合金。

在不同组分的铀铝合金中，有实用价值的是低铀合金，铀元素以 UAl_4 化合物颗粒弥散于高热导的铝基体中。^{235}U 含量为 17.2%(质量分数)的铀铝合金，原子燃耗达到 0.67%时，尺寸变化小于 1%。材料试验堆(MTR)的运行证明，含铀 5%～30%(质量分数)的铀铝合金夹芯燃料元件，在^{235}U 的原子燃耗达到 75%时，也未出现明显的尺寸不稳定。

铀硅合金具有良好的辐照稳定性和水中抗腐蚀能力。硅的中子吸收截面小，能稳定铀的 β 相，在铀中加入少量硅，能细化晶粒。铀和硅可形成多种化合物，其中 U_3Si 和 U_3Si_2 的铀密度很高，分别达到 14.7g/cm^3 和 11.3g/cm^3，可用做铝基弥散燃料的燃料相。

锆以其低中子吸收截面(热中子截面为 0.18b)，高的熔点(1852℃)，与铀的良好互溶性(β 锆与 γ 铀完全互溶),以及抗水腐蚀能力,被选作铀的合金元素。U-Pu-Zr 合金用做快堆燃料,增殖系数比陶瓷燃料大。试验中原子燃耗可达到 18.4%。美国阿贡国立实验室提出一体化快堆概念后,U-Pu-Zr 合金燃料将成为快中子堆燃料的新方向。U-Zr-Hx 合金燃料具有很大的反应性负温度系数,具有良好的固有安全性,已广泛用于脉冲实验反应堆。

2.1.6.2 弥散型燃料

燃料元件用弥散型燃料芯体,是将含有易裂变核素的化合物加工成颗粒或粉末,均匀地散布在非裂变材料中形成的。含有易裂变核素的燃料颗粒叫做燃料相,把非裂变材料叫做基体相。

燃料相应有以下特征:①^{235}U 含量高;②有足够的强度,在加工过程中能保持燃料颗粒的形状和大小;③在加工和运行温度下,与基体的相容性好;④非裂变中子吸收截面低;⑤抗辐照能力强。用做燃料相的有铀与铝、铍的金属间化合物,铀的氧化物、碳化物、氮化物、硅化物等。

基体相应具备以下特征:①在运行温度范围内,有足够的蠕变强度和韧性;②中子吸收截面低,抗辐照能力强;③热导率高;④热膨胀系数低,并与燃料相的热膨胀系数相当;⑤包壳和冷却剂材料的相容性好;⑥在加工和使用温度下,不产生析出相。用做基体相的材料有 Al、Mg、Be、Zr、Nb、石墨以及不锈钢等。

弥散燃料具有以下优点:辐照稳定性好,导热性能好,抗腐蚀,能承受应力,使用寿命长,燃耗深度可达 80%~90%的原子燃耗。

由于弥散燃料的基体可以看成结构材料,每个燃料颗粒可以看做是一个微小的燃料元件,其中基体起着包壳作用,使得裂变过程和裂变时所产生的辐射损伤集中在燃料相及其邻近基体,避免基体的大部分被裂变产物损伤,延长元件使用寿命;基体材料由于具有较高的强度和塑性,所以能够防止燃料相在固体裂变物积累所造成的肿胀以及经受气体裂变产物的压力,燃料可以达到很深的燃耗;基体的热导率好,如选择合适的燃料相和基体相可以得到比金属型元件运行温度高得多的燃料;基体的良好塑性使得弥散材料可以通过轧制、挤压等多种加工途径得到,多样化的弥散材料开辟了利用核燃料的广阔途径。但是由于弥散核燃料要求燃料相之间的距离大于裂变碎片射程的 2 倍,使得基体相在弥散核燃料中所占的份额较大,故为了提高堆芯的功率密度,必须采用高浓缩铀或者密度较高的低浓铀。

弥散材料广泛应用于生产堆、实验堆和动力堆,但主要用于研究实验堆。其中铝基弥散燃料主要应用于研究试验堆,UO_2、UZr_2 弥散在锆中用于核舰船动力堆,UO_2 弥散在 BeO 中主要应用于一些特殊目的的堆,UO_2 弥散在 Mg 中应用在早期的游泳池式实验堆。U_3Si_2 弥散在铝中作为一种较新的优良弥散燃料,主要用于新型研究实验堆的板型燃料元件。

2.1.6.3 陶瓷型燃料

制备陶瓷燃料的化合物有两类:一是铀或钚与非金属元素 O、C、N 形成的单一化合物,如 UO_2、UC、UN、PuO_2 等;另一类是铀与钚或铀与钍和 O、C、N 化合物形成的互溶体混合物,例如(U,Pu)O_2(MO_x 燃料)、(U,Th)O_2、(U,Pu)C、(U,Pu)N 等。陶瓷燃料的制备是先将这些单一化合物或混合物的粉末压制成具有一定形状和尺寸的芯块坯,再在高温下烧结成燃料元件用陶瓷芯块。高温气冷堆的 UO_2-石墨弥散元件也加工成陶瓷体使用。

陶瓷燃料中,应用最多的是氧化物燃料,UO_2 陶瓷燃料广泛应用于热中子动力堆,(U,Pu)O_2 和(U,Th)O_2 燃料可用于快中子增殖堆。氧化物陶瓷燃料的优点是熔点高,UO_2 芯块的熔点为 3120K,在 2670K 以下无相变,高温热循环稳定性好;中子经济性好;燃耗深;可在很高的温度下运行;辐射稳定性好,在辐射下不发生各向异性变形;与包壳和冷却剂相容性好。可达到较高的线功率和比功率。存在的问题是热导率低,仅为铀的 1/10,芯体内温度梯度陡峭。在陡峭温度梯度影响下,会发生重结构、破裂、密实、肿胀及裂变气体释放等不利现象。

碳化物陶瓷燃料 UC、(U,Pu)C 的热导率高,为 UO_2 的 5~8 倍,在堆内使用时温度梯度比 UO_2 平坦,可获得较高的功率密度,所以用(U,Pu)C 作为快中子增殖堆燃料,可缩短增殖加倍时间。(U,Pu)C 的重原子密度也比 UO_2 高,中子经济性好,在堆内可转换出更多的易裂变核素。碳化铀与钠几乎不发生化学反应,所以可用钠作为结合层,能显著改善燃料芯体与包壳间热传导性能。

氮化物陶瓷燃料 UN 与 UC 的物理性质相近,辐照稳定性也相近,与包壳相容性好,有较大的高温强度,可抑制肿胀。缺点是氮的主要同位素^{14}N（相对丰度 99.6%）对快中子的俘获界面较大。

2.1.7 核燃料的增殖

可转换核素或称再生材料的^{238}U、^{232}Th和^{6}Li、^{7}Li，在反应堆中受到中子的轰击会转化成为核燃料的易裂变核素^{239}Pu、^{233}U和聚变核素^{3}H(T)。它们的核反应式为：

$$^{238}U(n,\gamma)^{239}U \xrightarrow{\beta^-} {}^{239}Np \xrightarrow{\beta^-} {}^{239}Pu$$

$$^{232}Th(n,\gamma)^{233}Th \xrightarrow{\beta^-} {}^{233}Pa \xrightarrow{\beta^-} {}^{233}U$$

$$^{6}Li + n \longrightarrow {}^{4}He + {}^{3}H + 4.8MeV$$

$$^{7}Li + n \longrightarrow {}^{4}He + {}^{3}H + n - 2.5MeV$$

新生的燃料核素与燃烧消耗的燃料核素的数量之比，称为转化比。若转化比大于 1，则得到的新生核素的数量比燃烧消耗的核素多，即得到了比烧掉的燃料更多的新生燃料，通常把这种转化比大于 1 的核转换称为核燃料的增殖。此时，只要提供包含可转换核素的材料，就能得到越来越多的核燃料，这对于充分利用核燃料资源，发展核能，有着重大意义。

2.1.7.1 裂变核燃料的增殖

将^{238}U和^{232}Th转变为^{239}Pu和^{233}U，既可以在热中子堆中进行，也可以在快中子堆中进行。但是，若要转换比大于 1，使核燃料得到增殖，则核燃料在燃烧过程中，除维持链式反应外，必须提供足够多的剩余中子，供可转换核素进行核转变使用。这需要考察在热堆和快堆中，每消耗一个易裂变核释放出的平均中子数 η(有效中子产额)，其中能有多少剩余中子可供核转换使用。须知，η 值与每次核裂变平均释放出的中子数 ν 不相同，因为，易裂变核吸收中子后，有的发生裂变释放中子，有的则发生俘获反应而不裂变，也就不释放中子，显然 η 小于 ν。例如，^{235}U对热中子的裂变截面为 $\sigma_f=582b$，俘获截面为 $\sigma_c=112b$，一个^{235}U核吸收一个热中子后，发生裂变的概率为 582/(582+112)=0.839，发生俘获反应转变为^{236}U的概率为 0.161，^{235}U由热中子引起的每次裂变释放的平均中子数为 $\nu=2.47$，相应地，$\eta=2.47\times0.839=2.07$。三种易裂变核素的 ν 值和 η 值各不相同，而且随着中子能量变大，俘获概率变小，η 值随之变大，所以快中子的 η 值比热中子大。三种易裂变核素的 η 值和 ν 值见表 2-3。

表 2-3 三种易裂变核素裂变时释放的平均中子数

核　素	热中子的 ν 值	热中子的 η 值	快中子的 η 值
^{233}U	2.51	2.28	2.60
^{235}U	2.47	2.07	2.18
^{239}Pu	2.90	2.10	2.74

只要 η 值大于 1，可转换核素的核转换即可发生，但要实现增殖，η 值需大于 2。因为每消耗一个易裂变核释放出的 η 个中子中，要有一个用来维持链式反应，另外，还大约有一个中子来弥补泄漏和堆内各种材料的寄生俘获带来的损失，所以 η 值必须大于 2 才能为核转换提供足够多的剩余中子实现增殖。从表 2-3 中看到，三种易裂变核素的快中子 η 值都要比 2 大得比较多，除去维持链式反应所需的一个中子外，尚有 1.2～1.7 个中子的剩余，这些剩余中子除去泄漏损失(快中子中采取了严密的措施进行控制)和寄生俘获损失(快堆中非常小)，可提供多于一个的中子供可转换核素的转变使用，从而使核燃料实现增殖。这也就是说，在快中子堆中用^{235}U、^{239}Pu或^{233}U作为燃料，用^{238}U或^{232}Th作为再生燃料，都能使^{239}Pu或^{233}U得到增殖。特别是^{239}Pu的快中子 η 值为 2.7，在快堆中用^{239}Pu来转换^{238}U增殖^{239}Pu最为有利。^{233}U的热中子 η 值等于 2.28，也比 2 大得较多，所以用^{233}U作为燃料，用^{232}Th作为再生材料增殖^{233}U，也可在热堆中实现，而且这种转换增殖比在快堆中更为有利。^{235}U和^{239}Pu热中子 η 值极其接近 2，除去维持链式反应所需的一个中子和中子的泄漏、寄生俘获损失外，能够供给可转换核素用的中子不到一个，所以，在热堆中虽可发生$^{238}U \rightarrow {}^{239}Pu$的核转变，却不能用$^{235}U$或$^{239}Pu$为燃料实现$^{239}Pu$的增殖。

一般认为，只有燃烧消耗的核燃料和新生的燃料是同一种核素，才算是真正的燃料增殖。所以，只有在快中子堆中用^{239}Pu为燃料，用^{238}U为转换材料来增殖^{239}Pu；在热中子堆中用^{233}U为燃料，用^{232}Th为转换材料增殖^{233}U，才算是两个真正的增殖系统。尽管在快堆中以^{235}U为燃料，以^{238}U或^{232}Th为再生材料，也能使^{239}Pu或^{233}U得到增殖，但消耗的^{235}U和新生的^{239}Pu、^{233}U不是同一种易裂变核素，而且消耗的是自然界仅存的并不丰富的^{235}U，所以被认为不算是真正的增殖。不过，在^{239}Pu和^{233}U的积累量多到能够用来制造燃料元件供反应堆使用之前，还是必须用^{235}U来转换出^{239}Pu和^{233}U。

在快堆中，按照增殖材料的放置区位分为内增殖和外增殖两部分。内增殖是将增殖材料和燃料混合在一起制成燃料元件，放置在堆芯的活性区内进行；外增殖是将增殖材料单独制成增殖元件，置于堆芯活性区外专设的再生区堆芯包层内进行，这时增殖元件也起中子反射层的作用。

可用的内增殖元件芯体材料有含^{238}U和^{239}Pu的$(U,Pu)O_2$混合氧化物陶瓷和U-Pu-Zr合金，外增殖元件芯体则相应采用含贫铀或天然铀的UO_2或U-Zr合金。热中子堆中，原则上可采用ThO_2或ThC_2作为增殖材料。

与燃料元件相比，增殖元件在堆内接受的中子辐射水平较低，在入堆运行初期只产生少量热量。随着辐照时间延长，^{238}U逐步转变成^{239}Pu，元件的成分逐步由UO_2向$(U,Pu)O_2$固溶体过渡，元件中新产生的^{239}Pu吸收中子后，或转变成质量分数较高的锕系元素，或发生裂变积累裂变产物，所以在整个辐照期间内，增殖材料的裂变率和工作温度与增殖的裂变核素的浓度成正比增长，性能也随之发生越来越明显的变化。

2.1.7.2 聚变核燃料氚的增殖

锂是氚增殖的唯一可选元素，锂中含有两种同位素^6Li和^7Li，它们的相对丰度分别为7.52%和92.48%。

氚在聚变堆中的增殖，是将锂或含有锂的材料置于第一壁外的包层内进行核转变。每次D-T聚变反应释放出一个中子，可供核转变使用，^7Li在核转变中释放出的一个中子，又可提供^6Li核转变使用，同时，还可以在增殖区内或直接在增殖材料中放入能够发生(n,2n)或(n,3n)核反应的Be、Pb、Bi和Zr等中子倍增剂，以提高增殖区的中子通量，为核转变提供更多的中子。这些条件可使$(^6Li,^7Li)\rightarrow T$的转换比大于1，使氚得到增殖。

氚的增殖材料有金属锂和锂合金、含锂陶瓷、含锂熔盐。可供选用的材料见表2-4。表中所列材料中，锂铅共晶合金$Li_{17}Pb_{83}$曾被欧洲环流器2号(NET)和国际托卡马克堆(INTOR)选用，LiO_2和$LiAlO_2$曾被多数国家列为氚增殖材料的候选材料。其他的陶瓷材料多数作为远期候选材料。

表2-4 氚增殖材料

材料名称	化学构成	使用状态
金属锂	$^6Li+^7Li$	液态
锂铅合金	Li-Pb，Li17%(原子分数)	液态
	Li_7Pb_2	
	$Li_{17}Pb_{83}$	
氧化锂	Li_2O	固态陶瓷
偏铝酸锂	$LiAlO_2$	
偏硅酸锂	Li_2SiO_3	
原硅酸锂	Li_4SiO_4	
偏锆酸锂	Li_2ZrO_3	
钛酸锂	$LiTiO_3$	
氟化锂铍	$LiF+BeF_2$	熔盐液态

待聚变堆研究成功投入实际使用后，即可在堆中增殖核燃料氚。现阶段仍靠在裂变反应堆中辐照锂转换氚，以供核武器和聚变堆使用。

2.2 金属型燃料

核燃料是核反应堆内最重要的一种材料。为适应核反应堆工程的需要，核材料科学界曾为之付出了极大的辛劳，研究开发了各种各样的核燃料，取得了显著的成效。金属核燃料虽被广泛研究过，但到今天除含钚的三元合金或许对快中子增殖堆很有前景，U-Mo 合金有可能成为新一代先进弥散型燃料相材料外，其他的暂时还不会出现大的突破。涂层颗粒燃料和 U_3Si_2-Al 弥散型燃料分别是当今高温气冷堆和研究试验堆的实用核燃料。

^{235}U 是唯一的天然易裂变核素，金属铀自然是最基本的核燃料。在核反应堆发展初期，铀及其合金曾是最重要的核燃料，它们被广泛用于热中子研究试验堆、钚生产堆和动力堆；也用于快中子实验增殖堆。但随着核动力堆的发展，金属核燃料因其众多的弱点，而迅速被它的氧化物所取代；研究试验堆不断向高功率(100MW)、高中子注量率[$>10^{14}$n/(cm^2·s)]和高比功率[约 10MW/kg(U)]指标跃升，又开发出板状弥散型燃料；后来钚生产堆陆续退役。因此，从 20 世纪 60 年代以来，金属核燃料一直受到冷落。唯有美国阿贡国家实验室(Argonne National Laboratory，ANL)结合实验增殖堆 2 号(EBR-Ⅱ)快中子堆，坚持并开展了 U-5Fs 和 U-xPu-10Zr 合金的研究和随堆考验。终于在 20 世纪 80 年代初对金属燃料重新做出评价，表明金属核燃料具有抵抗高燃耗的能力。在本小节中，先介绍铀及其合金的基本性质和存在的问题，然后对快堆金属燃料 U-xPu-10Zr 三元合金作重点叙述。

2.2.1 铀和铀合金

2.2.1.1 铀的基本性质

铀属于ⅢB 族锕系放射性化学元素，它的新切面呈光亮的钢灰色，室温空气中逐渐生成黑色氧化膜。它的熔点为 1132℃，沸点为 3818℃。

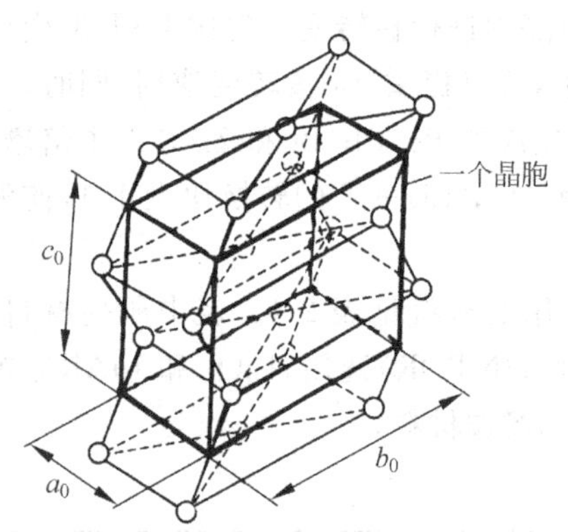

图 2-4 α-铀的底心正交晶胞

a_0=0.2854nm，b_0=0.5869nm，c_0=0.4956nm

晶态铀存在三种同素异形体，它们分别称为 α 相、β 相和 γ 相。γ-铀是体心立方晶格，存在于熔点至 775℃温度范围；β-铀属于立方晶系，该相稳定温度区很窄，仅有 107℃，每个晶胞含 30 个原子，结构十分复杂；α-铀的晶体结构示于图 2-4 中。可见 α-铀晶体具有畸变了的底心正交(或斜方)晶格，晶胞含 4 个原子，室温理论密度为 19.04g/cm^3。当铀发生 α→β 相变和 β→γ 相变时，体积分别随之改变+1.06%和+0.74%，显然，铀的相变限制了它的使用温度要低于 668℃；α-铀和 β-铀都有明显的各向异性。以它们的单晶为例，在各稳定温度区内，其 a、b、c 和 a、c 轴的平均热膨胀系数(10^{-6}/℃)分别为+36.1、−8.73、+31.3 和+22.8、+5.6。因此，对于多晶铀的制造必须认真选择恰当的加工和热处理方法。

铀的加工一般在 α 相区进行，加工时铀发生塑性变形。如果变形发生在一个方向(或平面)，那么一些晶面就在相对于该方向(或平面)的某个特定方向有排列一致的倾向，由这种择优取向形成的组织称为织构。α-铀单晶的严重各向异性，使在轧制、旋锻和挤压等加工中产生一个以上的织构。如在 α-相高温区加工，产生与加工方向平行的(110)极结构①；冷加工倾向于产生(010)极与加工方向平行的织构，而(001)极总是趋向于与加工方向相垂直。即使是铸态铀，也在方向性的冷却过程中产生一定程度的织构，而且晶粒颇大。γ-相加工虽不会形成明显的织构，但因生成大晶粒而严重影响其使用性能。所以对 α-相加工铀通常采用 β-相(720℃)处理(10min)、快速空冷和 α-相退火，以消除织构并保持细晶。

铀的物理性质对其纯度和组织较敏感。其变化范围约在±20%。表 2-5 示出了高纯、β-相处理铀在室温和 600℃下的热物理性质。这些性质均随温度上升而提高。β-铀、γ-铀的比热容和膨胀系数都有突变。唯热导率仍连续提高。核燃料的热导率是决定燃料元件在其规定的中心温度限值下，得到最大功率输出的最重要性质。铀的热导率较低，不足铁的 1/3，这是限制金属铀作为动力堆燃料的另一个因素。

---

① 这是采用"极射赤面投影"方法分析晶体织构时的一个术语，实际上相当于(110)面与加工方向(或平面)相平行。该法是，从球心引该晶面的法线与球面相交，其交点与 N 极的连线在赤道上的投影。许多排列基本一致的晶面在赤道面上的投影显然是一个发散的小区域，即称之为"极"。极的半径越小，表明各晶粒内的该种晶面排列得越一致。

表 2-5 高纯、β-相处理铀的热物理性质

项　目	25℃	600℃
比热容/[J/(mol·℃)]	27.8	46.6
线膨胀系数/10^{-6}℃$^{-1}$	14.7	
热导率/[W/(m·K)]	25.6	35.2

铀的力学性质对其纯度、冷加工变形量、晶粒度、位相及试验温度十分敏感，各种性质数据在较宽范围内波动。表 2-6 列出了用不同加工或热处理铀在室温下的力学性质。由于在拉伸试验中发现铀无明显的弹性极限，表中数据基本上与由单晶铀的结果计算无规取向多晶铀的数据相一致。从表中可见，α-相轧制铀具有最高的强度，轧制温度越低，强度越高，延伸率越低；一般在相变时，强度有突变，但延性连续。β-铀变得又硬又脆，加剧了变形阻力。γ-铀延性好，易于加工。

表 2-6 不同加工或热处理铀在室温下的力学性质

项　目	铸　态	α-相(600℃轧制)	β-相处理	γ-相挤压
弹性模量/10^3 MPa	205	192	176～201	205
切变模量/10^3 MPa	83.4	78.6	83.4	82.7
体弹性模量/10^3 MPa	121	105	117	116
泊松比	0.23	0.20	0.19	0.21
屈服强度/MPa	206	276	241	172
拉伸强度/MPa	448	758	586	552
延伸率(50mm)/%	5	20	10	10
面缩率/%	10	14	12	12

铀是正电性很强的活泼金属，与许多非金属元素反应生成化合物，常以 U^{3+}、U^{4+}、UO_2^+ 和 UO_2^{2+} 离子存在。铀在室温空气中易生成氧化膜，与氢在 250K 时发生可逆反应，生成 UH_3。

铀-氧系比较复杂。重要的氧化物有 UO_2、U_3O_8 和 UO_3。铀与卤素反应生成 UF_4 和 UF_6，它们分别是生成金属铀和富集铀的中间产品。碳化铀、氮化铀和硅化铀都是性能优越的先进核燃料。

铀与水在 100℃反应生成氧化铀，同时释放出氢。该腐蚀过程可分为三步：最初在表面生成氧化膜，重量略有增加；其次是氧化层剥落，出现匀速失重；最后在基体与氧化层之间又生成氢化物层，氧化膜不再有黏着性而严重脱落。

2.2.1.2 铀的辐照行为

α-铀的各向异性引起了铀燃料在冷热循环和辐照条件下的严重不可逆变形。前一种变形称为热循环畸变，它是由两颗不同取向的相邻晶粒间的相互作用，随热循环次数的增加而产生的塑性变形。后一种变形称为铀的辐照生长，它有两种方式，一种是由晶粒扭曲导致的表面褶皱，晶粒越大，褶皱越严重；另一种则是多晶 α-铀织构引起的形状和尺寸变化而体积不变的现象。对辐照单晶铀的观察，已揭示出辐照生长的本质是由 α-铀单晶[010]方向的伸长，[100]方向的缩短，在辐照下产生的间隙原子和空位分别在(010)面和(110)面上形成环，这就犹如铀原子从(110)面到(010)面的质量迁移，从而引起多晶 α-铀的辐照生长。铀的辐照生长主要发生在 300℃以下。

铀的另一个辐照效应是肿胀，它是由辐照和裂变产物引起的铀的体积增加或密度降低的现象。在低于 0.5%(原子分数)燃耗和 500℃温度下，铀的辐照肿胀机制是由中子轰击而产生的晶内空位凝聚或位错交互作用，通过晶内或晶界撕裂而形成空隙的取向排列，称为空化肿胀。这种肿胀最大可达到 50%。在高燃耗或高于 500℃温度时，铀的辐照肿胀则是由固态和气态裂变产物引起的。前者可以通过对裂变产物形态及其密度的计算得到。一般该肿胀率在 1.0%(原子分数)燃耗下仅为 0.3%～0.9%。后者是由裂变气体充填原始制造态气孔所致。在正常条件下，辐照到 1.0%(原子分数)燃耗，$1cm^3$ 铀中产生 $4.73cm^3$ 的裂变气体，它们不溶于金属。在更高的温度下，积累的气体增大气泡内的压力，导致金属的塑性变形。气泡核通过长大或合并形成大气泡，引起铀的体积膨胀。这种机制在高温下能产生极高的肿胀率。

铀在辐照下的褶皱、长大和肿胀现象是导致金属铀燃料元件在低燃耗(<1%原子分数)下发生破损的主要原因。为了改善其辐照行为,合金化是其中一条重要途径。

2.2.1.3 铀合金

铀合金化的目的在于细化晶粒、消除各向异性和提高强度,以提高铀燃料抗辐照褶皱、长大和肿胀的能力。据此,铀合金可分为三大类:第一类是借添加少量合金元素(如 Cr、Si、B 等)促进晶粒细化的 α-相铀合金;第二类是靠添加适量的合金元素(如 Mo、Nb、Zr 等)稳定部分或全部属于立方结构的 γ-相铀合金;第三类是添加 Al、Fe、Be 等合金元素,以形成金属间化合物的弥散相合金。

(1) U-Cr 合金。在众多的具有细化晶粒作用的合金元素中,以铬最为突出。曾研究了添加量范围在 0.039%~0.45%(质量分数)的铀铬合金,经 β 淬火后的晶粒细化效果。试验表明,添加少量铬可以把 β-相保留到室温。随着铬含量的增加,晶粒度明显降低。如 Cr 添加量为 0.1%(质量分数)和 0.45%(质量分数)的铀铬合金,其晶粒度从铀的 118μm 分别降低至 57μm 和 25μm,其 20℃的拉伸强度从 593MPa 提高到 1082MPa。即使是在高碳量情况下,也不会影响此作用。但这种合金在 450℃温度、0.6%(原子分数)燃耗下辐照肿胀仍达约 100%,因此仍未得到推广应用。

(2) U-Mo 合金。图 2-5 示出了 U-Mo 系相图的一部分,当 Mo 添加量约为 1%(质量分数)时,借淬火处理可在室温下保留 β 相。而淬火处理 Mo 含量为 3%(质量分数)的 U-Mo 合金时,γ-相固溶体完全转变为以 α-U 为基的 Mo 过饱和固溶体。对 Mo 含量大于 3%(质量分数)U-Mo 合金,上述相变开始得到抑制,达到 11%(质量分数)Mo 时,在室温下可完全保留 γ-相。低钼含量的 α-铀钼合金具有高强度和辐照稳定性,一种 U-2Mo① 合金的屈服强度和拉伸强度分别提高 4.8 倍和 1.8 倍;U-2.5Mo 合金在 568~786℃温度辐照到 0.4%~0.5%(原子分数)燃耗时的体积肿胀仅为 2.4%。而且其蠕变速率也有所降低。γ-相淬火的U-10Mo 合金呈体心立方晶格,组织和强度均匀。例如室温屈服强度和拉伸强度分别为 937MPa 和 993MPa。在低于 500℃,辐照到燃耗在 2.5%~3.0%(原子分数)时,肿胀率为 2%~4%。该体积增加量对纯铀早在 0.2%~0.5%(原子分数)燃耗下就已经观察到了。

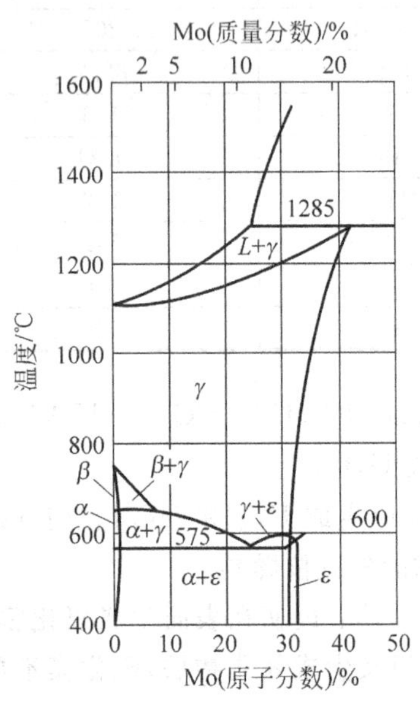

图 2-5 U-Mo 系相图的一部分

(3) U-Zr 合金。锆在 γ-铀中有足够的溶解度,可以抑制其结构相变。但要在室温下稳定 γ-相需添加大量的锆。U-2Zr 合金在 0.189%(原子分数)燃耗下就有肿胀倾向。为了稳定 γ-相可添加 Nb 以减少合金中的锆含量,如 U-5Zr-1.5Nb 三元合金曾被用于美国的试验性沸水堆,燃料棒表面温度为 260℃。该合金在 300~350℃水中的耐腐蚀性是令人满意的。若该合金在 620~650℃下发生等温相变后,则因形成球状 α-U 颗粒而获得最佳的辐照稳定性。

(4) U-Al 合金。对核反应有实用价值的是低铀合金。含 14%~16%(质量分数)铀的合金中,铀以 UAl_4 颗粒形态均匀弥散在铝基体内。由于弥散颗粒的混乱排列和基体对颗粒辐照生长的约束,这种铀铝合金的辐照稳定性很好。经美国材料试验堆的实际使用证明,由含 5%~30%(质量分数)铀的铀铝合金制成的板状元件,在燃耗高达 75%(原子分数)时,仍具有较好的尺寸稳定性。这种合金曾在研究试验堆中得到较普遍的应用。

2.2.2 铀-钚-锆合金

早期发展快中子堆的目的之一是增殖核燃料。因金属燃料有较高的易裂变原子密度,增殖比大。如 1949 年的 Clememtine 堆采用钚金属;1951 年的 EBR-Ⅰ采用高浓铀和 U-2Zr 合金;1955 年 BR-1 采用钚金属;1963 年的 DFR 先用 U-0.1Cr,后改用 U-9.1Mo 和 U-7Mo;1965 年的 EBR-Ⅱ使用 U-5Fs 合金等。这

① U-xMo 合金表示 Mo 含量为 x%(质量分数)的 U-Mo 合金。

些核燃料的可达燃耗最低为0.01%(原子分数)，最高也不过2%～3%(原子分数)。因此，从1957年起，在轻水冷却的热中子堆(PWR、BWR)中纷纷采用氧化铀作为核燃料后，快堆核材料的研发也几乎全部集中到铀钚混合氧化物上来。然而，为了追求高的核电厂负荷因子和降低发电成本，美国阿贡国家实验室(Argonne National Laboratory，ANL)仍始终不渝地对U-5Fs合金燃料元件在EBR-Ⅱ上开展了实用性研究，不断提高其使用的可靠性。

EBR-Ⅱ是由快中子堆核电厂和燃料循环设施(简称FCF)组成的联合体，以采用钠冷却剂、池式结构、U-5Fs合金燃料和高温熔化精炼后处理工艺为特色。

燃料中的合金元素Fs是乏燃料经高温冶金后处理后残留裂变产物混合物。U-5Fs合金和U-3Mo合金相似，也有较好的辐照稳定性。但为了使金属燃料能满足核电厂经济、可靠的商用要求，尚需解决其在高燃耗如10%(原子分数)或瞬态工况下的元件破损问题。要提高U-5Fs合金燃料的目标燃耗，首先要抑制或容纳燃料的辐照肿胀，ANL从改进燃料元件设计着手。

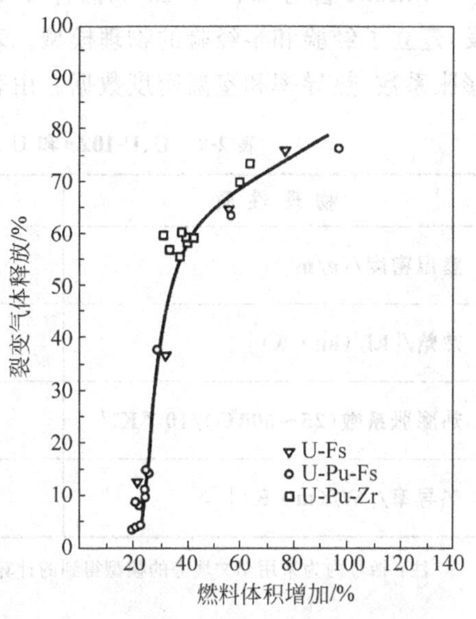

图2-6　金属燃料裂变气体随肿胀的释放

Barnes曾从理论上预言，当金属燃料辐照到肿胀率达到33%(1/3)时，裂变气泡几乎都发生交连，于是裂变气体大量释放，从而缓解了燃料的进一步辐照肿胀。之后，Beck等人在实验中也观察到在燃耗为25%(原子分数)左右，金属燃料剧烈释放裂变气体的现象，见图2-6。这就是说，只要把快堆燃料元件的间隙大小设计得足以容纳约30%的体积肿胀，使裂变气泡交连发生在燃料与包壳接触之前，便可避免FCMI(fuel-clad mechanical interaction，燃料-包壳机械相互作用)和FCCI(fuel-clad chemical interaction，燃料-包壳化学相互作用)。同时增大元件上端的气腔以储存从燃料释放出来的裂变气体，以降低元件的内压。ANL选用的元件参数列于表2-7中。

表2-7　EBR-Ⅱ、U-5Fs燃料元件的改进设计

项　目	MK-Ⅰ	MK-Ⅱ
富集度(质量分数)/%	48.4	67.0
燃料有效密度/%	85	75
(燃料/包壳间隙)/mm	0.152	0.254
气腔体积/cm^3	0.50	2.41
包壳材料	304L(SA)	316(SA)
包壳壁厚/mm	0.23	0.30
限位机构	内装限位器	凿形压坑

2.2.2.1　铀-钚-锆合金的基本性质

为研制快堆燃料合金，人们研究了U-Pu-X三元合金的结构和性质，添加元素是Mo、Nb、Ti和Zr。显然，以^{238}U为可转换材料的快中子增殖堆需要含钚燃料。但钚和钚-铀合金因其熔点低、固态相变尤多或固相线温度低，使其在堆内使用并不现实。添加锆可明显提高U-Pu合金的固相线温度。只因固相线温度的提高受到如模具软化、坩埚侵蚀、杂质夹入和成分不匀等问题的限制，故锆含量以10%(质量分数)为宜。U-xPu-10Zr合金的固相线温度随x的增大而降低，见表2-8。一种x等于15%(质量分数)的U-15Pu-10Zr合金的固相线温度比U-15Pu合金的整整提高了200℃。

表2-8　U-xPu-10Zr合金的固相线温度①

x(质量分数)/%	0	8	15	19
t_s/℃	1237	1162	1155①	1057

① 该固相线温度比U-5Fs提高132℃。

从液相凝固时，在 U-xPu-10Zr 合金中首先析出 BCC 晶格的 γ 固溶体，随后发生两个四相等温反应：

$$655℃\ 时\ \gamma+\beta\text{-U}\longrightarrow\alpha\text{-U}+\xi(\text{U,Pu})$$

$$594℃\ 时\ \alpha\text{-U}+\xi(\text{U,Pu})\longrightarrow\delta(\text{UZr}_2)+\xi(\text{U,Pu})$$

继续冷却至室温，该合金保存 α-U、ξ(U,Pu)、δ(UZr_2)和含氧富锆相。从 γ 相区淬火并均匀化的 U-15Pu-10Zr 合金，其微观结构含有 UZr_2 与 α-U 组成的基体相和母相 γ 晶粒，在它们的晶界和晶粒内均含有约 92%Zr 的富锆相，它是氧在锆中的固溶体。

Billone 曾对 U、U-10Zr 和两种 U-xPu-10Zr 合金的物理性质进行了汇评；李文埮等从合金的相组成出发，建立了经验和半经验的物理模型。表 2-9 列出了由两种模型计算得到的它们在 600℃温度下的热焓、热膨胀系数、热导率和室温密度数据。由表中可见，U-xPu-10Zr 合金的密度和热导率比金属铀的低许多。

表 2-9 U、U-10Zr 和 U-xPu-10Zr 合金的物理性质(表中示出的是 600℃ 下的数据)

物理性质	U	U-10Zr	U-8Pu-10Zr	U-19Pu-10Zr
室温密度/(g/m^3)	19.0 (19.1)	15.9 (16.0)	15.9 (15.9)	15.9 (15.7)
热焓/[kJ/(kg·K)]	83.5 (83.9)	95.0 (94.4)	96.6 (96.2)	98.7 (98.7)
热膨胀系数(25～600℃)/$10^{-6}K^{-1}$	— (14.7)	16.5 (16.6)	17.4 (17.1)	18.3 (18.2)
热导率/[W/(m·K)]	40.6 (39.3)	30.5 (29.4)	26.3 (25.5)	20.4 (20.2)

注：括号内为采用李文埮等的模型得到的计算值。

U-xPu-10Zr 合金的密度和热导率比二氧化铀分别高 52%和 5～6 倍。这为快中子增殖堆燃料具备高增殖比(1.2～1.4)、高输出功率(40～50kW/m)和低燃料温度(650～750℃)提供了基本保证。

U-xPu-10Zr 合金的力学性质数据报道极少，又因它与加工、热处理工艺有关，数据也很分散。只是其与钚含量不甚敏感，故将 U-xPu-10Zr 合金的室温力学性质摘录于表 2-10 中供参考。表中示出，淬火态 U-xPu-10Zr 合金有很高的拉伸强度，虽然温度上升或下降较快，但是到 600℃时仍有足够的强度。值得一提的是 U-xPu-10Zr 合金具有很高的硬度，几乎与硬质钢的相近。这或许会对它的制造带来困难。

表 2-10 U-xPu-10Zr 合金的室温力学性质

力学性质	不同温度下的值		力学性质	不同温度下的值	
	室温	800℃		室温	800℃
拉伸强度(淬火态)/MPa	568.8	78.0	硬度(铸态)/DPH	540	—
弹性模量/10^3MPa	123	23.2	(γ淬火、α退火态)/DPH	435	—

2.2.2.2 铀-钚-锆合金的辐照行为

针对金属燃料元件在高燃耗使用中的破损原因，以下就铀-钚-锆合金的辐照肿胀、裂变气体释放和 FCCI 择要予以介绍。

(1) 肿胀和裂变气体释放。U-xPu-10Zr(x=8 和 19)合金的肿胀和裂变气体释放均随燃耗加深而迅速增加，见图 2-7。这是金属燃料的显著特征。实际上，在与包壳接触前那段燃耗内，燃料已产生了大部分长度的增加。

Murphy 等报道了 16 根 U-15Pu-10Zr 燃料辐照到 4.5%(原子分数)燃耗的性能。所得的燃料肿胀如图 2-8(a)所示，他们又一次验证了 Beck 的结果，同时发现在 4.0%(原子分数)燃耗下，U-Pu-Zr 合金的肿胀率低于 U-5Fs 合金；其次，辐照过的燃料沿径向有三个环状区[见图 2-8(b)]，中央区气孔多而均匀，中间最为致密，两个区都发生了气孔交连；外区仍密布细气孔。这种三区分布与高温下的相变和组成元素的热扩散有关。

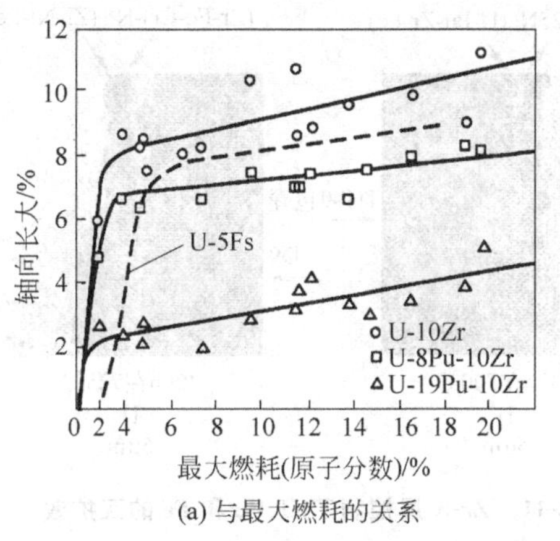

(a) 与最大燃耗的关系

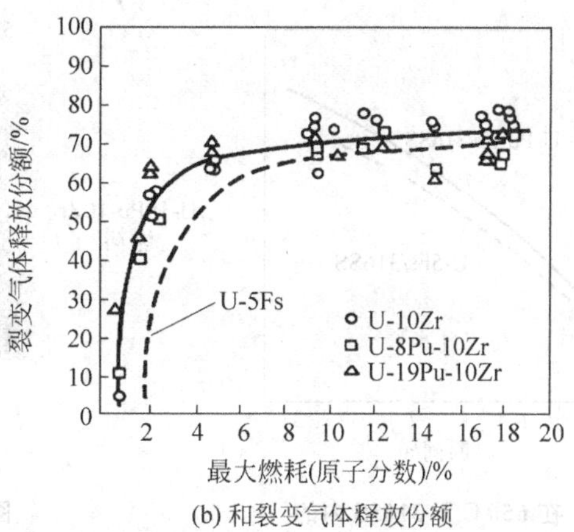

(b) 和裂变气体释放份额

图 2-7 U-Pu-Zr 燃料棒的轴向长大

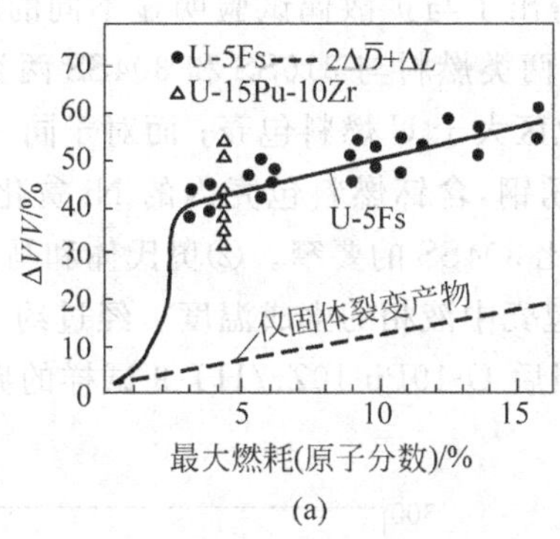

(a)

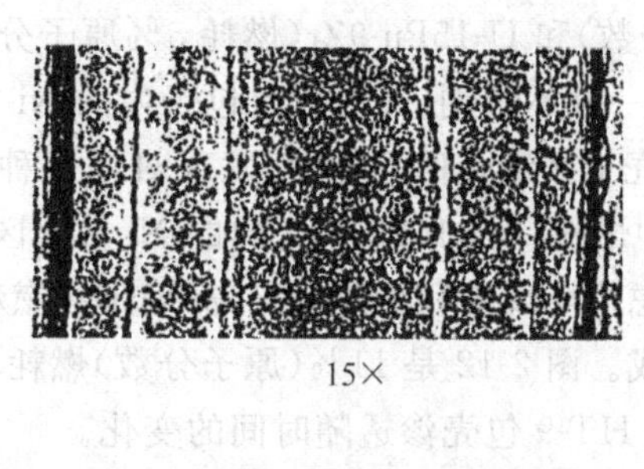

(b)

图 2-8 U-15Pu-10Zr 合金的辐照肿胀(a)和显微组织(b)

接着，Pahl 等在堆上验证了由 U-xPu-10Zr(x=8 和 19)燃料和 D9、HT-9 包壳组成的快堆燃料元件在 1%、2%、3%、6%、10%(原子分数)燃耗下的辐照性能。他们观察到在燃料与包壳接触前的肿胀主要在径向。在 1%～2%(原子分数)燃耗时，发生燃料与包壳接触，肿胀开始挤入连通气孔，轴向生长趋于平稳，见图 2-9。这与 Murphy 等的结果一致。高燃耗下的裂变气孔分布基本上与低燃耗的一样，但因燃料已挤入由肿胀应力和热应力造成的纵向撕裂区，故形成了更均匀的断面。

(2) FCCI 作用。在金属燃料棒中的 FCCI 实际上是一个多组元的互扩散问题。这个互扩散必须包括所有合金组元、少量间隙原子(C、N 和 O)及裂变产物等，这使问题的描述变得十分复杂。互扩散引起的潜在问题主要有：降低包壳的力学性能和在燃料或包壳内生成低熔点共晶相组成。在评价 FCCI 行为时，首先对特制的燃料棒进行辐照实验，在习惯上同时在实验室内完成扩散偶实验。

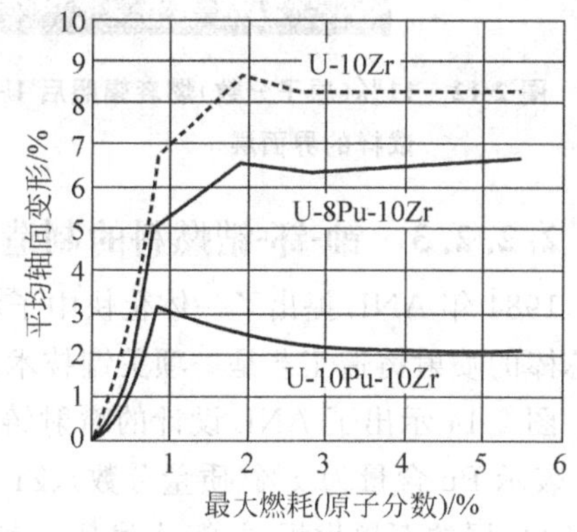

图 2-9 U-xPu-10Zr 燃料棒的几何变形

早期，ANL 曾对 U-18Pu-14Zr 合金与多种奥氏体不锈钢进行了扩散偶实验。发生在 750℃、5000h 后，渗透深度与不锈钢类别有关。原因是有些扩散偶界面生成了氧稳定的富锆层，它起到阻挡进一步扩散的作用。例如，对 304SS 的渗透深度从约 40μm 降到 7μm。到 800℃以上，在扩散层内才出现液相。经测定该共晶温度为 825℃，比 U-5Fs/304SS 提高 120℃。图 2-10 示出了 U-Pu-Zr、U-5Fs 与 316SS 在 650℃下的扩散区深度，可见即使是长达一年的渗透深度也仅为包壳厚度的 1/10。Hofman 在实验室研究了 U-xPu-14Zr(x=8 和 19)与 D9 及 HT-9 扩散偶在 650～680℃，氩气氛中的相容性，时间为 300h。发现在 725℃以下界面生成几微米厚含 20%(原子分数)N 的锆层，如图 2-11 所示。是该 Zr-N 层控制了 U、Pu 和 Fe 的互扩散，在 810℃试验中未曾发现有任何熔化现象。

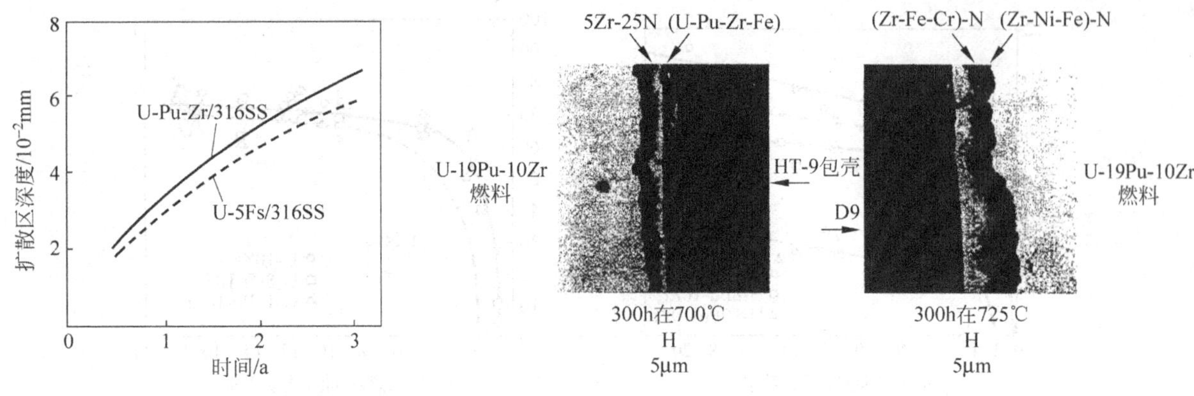

图 2-10 在 650℃ 下 316SS 内的扩散区深度

图 2-11 Zr-N 层控制了 U、Pu 和 Fe 的互扩散

然而，对辐照过的燃料棒所进行的检验和退火试验得出了与扩散偶试验明显不同的结果：①对 U-5Fs(燃耗 10%原子分数)和 U-15Pu-9Zr(燃耗 5%原子分数)两类燃料与 316SS 和 304SS 两类包壳交叉组合的元件中，发现对同一种不锈钢，含钚燃料包壳内的 Ni 贫化区大于 U 燃料包壳；而对于同一种燃料，则 316SS 和 304SS 两类包壳交叉组合的元件中，发现对同一种不锈钢，含钚燃料包壳内的 Ni 贫化区大于 U 燃料包壳；而对于同一种燃料，则 316SS 包壳内的 Ni 贫化区又比 304SS 的要窄。②奥氏体和马氏体钢的 FCCI 明显不同。③为考虑快堆瞬态和事故工况，需确定在燃料-包壳中液相的生成温度。经过约 725℃、7h 试验，未曾发现有液相生成。图 2-12 是 11%(原子分数)燃耗辐照后 U-19Pu-10Zr/HT-9 试样的界面层；图 2-13 是 800℃退火试验时 HT-9 包壳渗透随时间的变化。

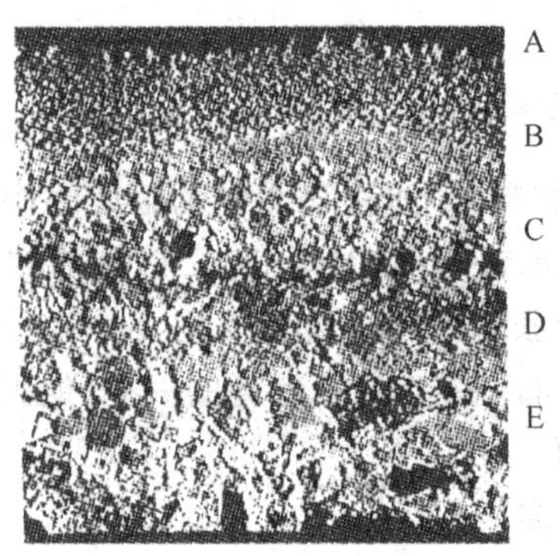

图 2-12 11%(原子分数)燃耗辐照后 U-19Pu-10Zr/HT-9 试样的界面层

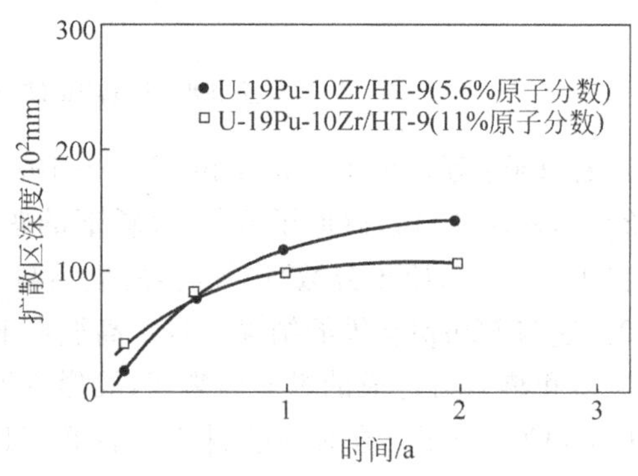

图 2-13 800℃退火试验时 HT-9 包壳渗透随时间的变化

2.2.2.3 铀-钚-锆燃料的制造

1984 年 ANL 提出了一体化快中子堆(integrated fast reactor，IFR)概念，在这个概念里，U-xPu-10Zr 燃料芯棒的喷射铸造工艺是一项关键技术。

图 2-14 示出了 ANL 设计的喷射铸造炉。冶炼和铸造操作程序如下：先按合金组成配比[如 U-xPu-yZr 表示 Pu 含量为 x%(质量分数)、Zr 含量为 y%(质量分数)]进行称量和混料，然后装入表面涂刷 Y_2O_3 或 ZrO_2 层的石墨坩埚，并沉入底座。盖上钟罩，炉内抽真空达到 10^{-2} Pa，再用中频感应加热到所需温度(1280～1450℃)，保温 50～60min。待装料熔化成合金熔体后，提升坩埚使悬挂在上部的数十个石英模具的开口端插入熔体。同时启动气泵将高压(0.17～0.52MPa)氩气通入炉内，熔融合金便及时压入模具，在达到液相线温度时降下坩埚。冷却后取出铸件，除去石英模即得到 U-xPu-yZr 燃料芯棒。

将芯体按所需长度切去端部，装入一端已焊上端塞的 316SS 包壳管，充上液态 Na 后，再盖上端塞，进行密封环焊便制成燃料棒。

由燃料棒成型并组装成燃料组件的工艺与成熟的(U,Pu)O_2 燃料组件的完全相同。

喷射铸造工艺的重要参数是熔炼温度、铸造温度、充气时间和速率及提模时间。熟练掌握熔铸条件才能保证铸件质量，其中精密监测各项工艺参数是十分必要的。全部操作均需在热室内由远距离操作完成。

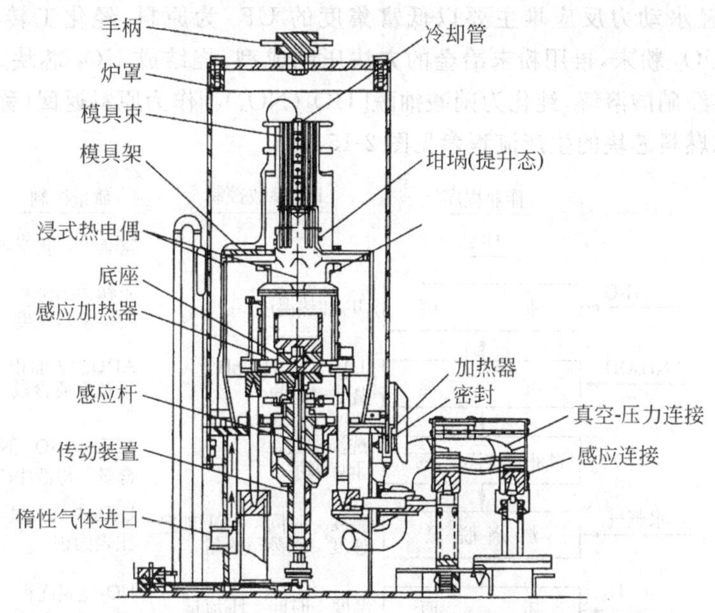

图 2-14 冶炼 U-*x*Pu-10Zr 合金芯棒的喷射铸造炉

2.3 二氧化铀燃料的制造

2.3.1 二氧化铀作为核燃料的优势

在所有的化合物燃料中，氧化物是最受人关注的。目前几乎所有的商用核电厂、核动力装置都使用了氧化物燃料。至今，二氧化铀燃料已使用了70年以上，无论是其制造工艺、性能数据，还是使用经验都足以使它成为动力堆的首选核燃料。二氧化铀燃料的优势主要表现在以下几个方面：

(1) 作为非裂变的组合元素氧的热中子俘获截面极低(<0.0002b)；

(2) 熔点高达2800℃，扩大了反应堆可选用的工作温度范围；

(3) 在熔点以下只有一种结晶形态，各向同性，没有金属铀的同素异构转变和各向异性带来的麻烦；

(4) 辐照稳定性好，经长期辐照能保持其稳定的尺寸和形状；

(5) 与冶炼而成的金属铀相比，烧结而成的二氧化铀陶瓷燃料中有一定的空隙率，特别是UO_2具有萤石结构(参见2.4.2节)，这些都有利于裂变产物的收容与储存；

(6) 对冷却水的抗腐蚀性能好，与包壳材料有很好的相容性。

二氧化铀芯块作为核燃料的不足之处是其中的铀密度低；热导率仅为金属铀的十几分之一，容易引起芯块局部过热和影响芯块向冷却剂传热；质硬且脆，不利于加工和运输；从UF_6(六氟化铀)到制成UO_2芯块，需要一套较特殊而且技术要求高的加工工艺。尽管如此，它仍然是动力堆用得最广泛的核燃料。

近10年来，$(U,Pu)O_2$不仅在快中子堆内获得广泛使用，而且它以MOX燃料(详见8.4节)的名称在轻水堆核电厂内替代了部分UO_2燃料。

现役的核电厂中，多数是以热中子堆作为热量供应系统的，凡采用轻水或CO_2冷却的反应堆，其核燃料均为^{235}U富集度介于2%～5%的UO_2；只有重水冷却和慢化的才采用天然(^{235}U含量为0.71%)UO_2。一般来说，同位素丰度不影响核级UO_2陶瓷的生产过程、基本理化性质及其堆内行为。因此，在本节中将不再区分低富集度铀和天然铀。

2.3.2 二氧化铀燃料芯块的生产流程

作为核燃料的UO_2，其制造应包括铀矿开采和加工，铀的提取和精制，铀的化学转化，铀的富集(浓缩)，UO_2粉末的生产和UO_2芯块的制造等全过程。为了获得符合燃料设计要求的产品，必须严格做好每步制造环节的质量控制。

目前，世界各国的轻水动力反应堆主要以低富集度的 UF_6 为原料，经化工转化（可采用的有 ADU、AUC、IDR 等工艺）成 UO_2 粉末，再用粉末冶金的方法压制成型，烧结成 UO_2 芯块。在粉末和芯块制备过程中产生的废品和废料经硝酸溶解，纯化为硝酸铀酰[$UO_2(NO_3)_2$]作为原料返回（称返料）再制取 UO_2。

二氧化铀的制备和燃料芯块的生产流程参见图 2-15。

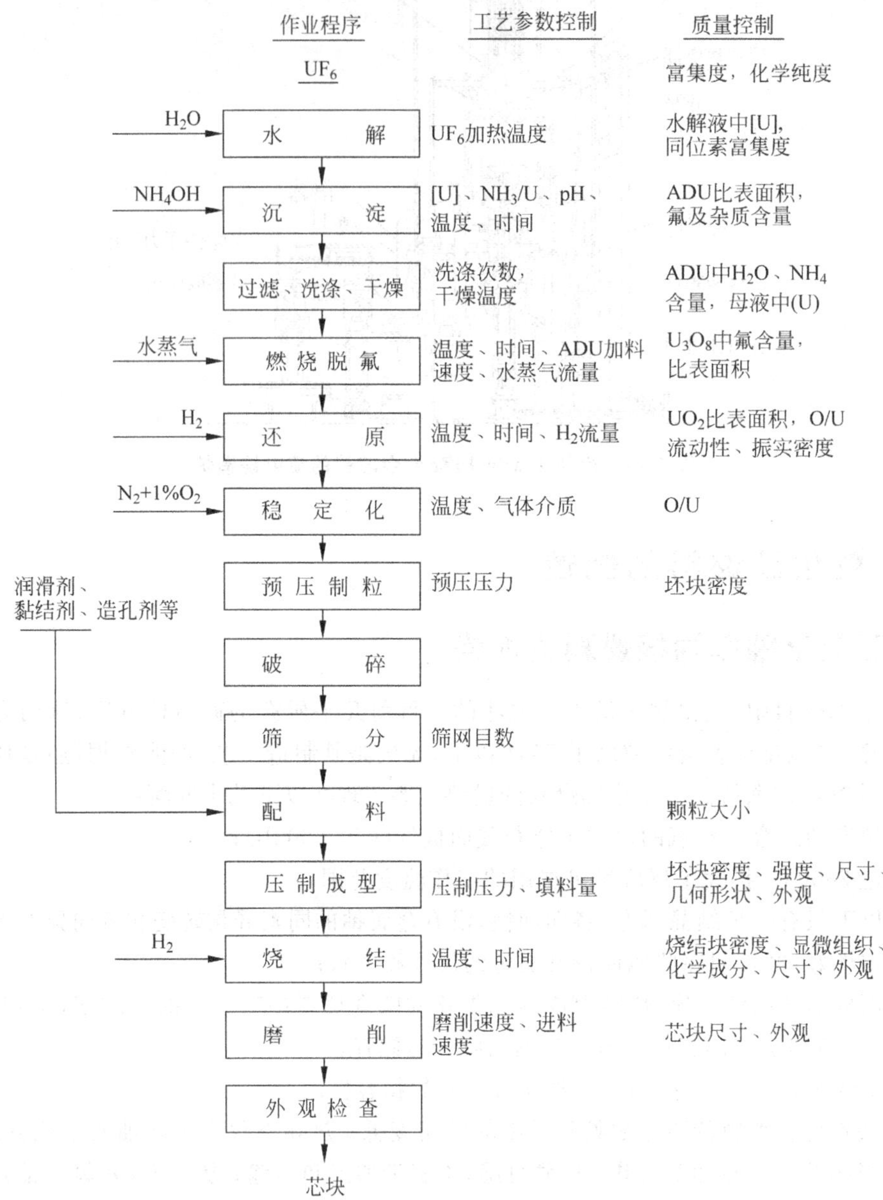

图 2-15 二氧化铀燃料芯块的生产流程

2.3.3 对 UF_6 原料和二氧化铀粉末产品的初步了解

2.3.3.1 UF_6 原料的性质

UF_6 是现代制备 UO_2 各种常用工艺（如 ADU、AUC、IDR 等）的原材料，而且也是铀浓缩工艺中经常用到的原材料，因此了解 UF_6 的有关性质很有必要。

1. UF_6 的物理性质

室温下，UF_6 是可挥发性的透明固体，常压下升华缓慢，在较高压力下，变成无色透明高密度的液体。常压下 UF_6 升华点温度为 56.54℃，在常温、常压下不存在液态 UF_6。UF_6 具有斜方晶体结构，晶格常数 a=0.9900nm、b=0.8962nm、c=0.5207nm。

2. UF_6 的化学性质

1) UF_6 与水和水蒸气的反应

UF_6 与水的反应能力很强，一遇到水就立即分解，反应式：

$$UF_6 + 2H_2O \longrightarrow UO_2F_2 + 4HF$$

水解时会放出大量的热。UF_6 与氧、氮和干空气不起反应；但在潮湿空气中，它与水蒸气反应时冒白烟。

2) UF_6 与 H_2 的反应

UF_6 与 H_2 的反应已用于工业规模制取 UF_4，其反应式如下：

$$UF_6(气) + H_2(气) \longrightarrow UF_4(固) + 2HF(气)$$

H_2 还原 UF_6 的反应是一级反应，它可以在均匀的气相中进行，也可以在反应器壁上进行。

3) UF_6 与 NH_3 的反应

在干冰的温度(−72℃)下，UF_6 与 NH_3 就可以相互作用，在 300℃时反应产物是 98%NH_4UF_5 + 2%NH_4F 的固体。在−50～200℃的温度范围内，UF_6 与 NH_3 的反应与温度有关。

在−50～−30℃时：

$$6UF_6 + 8NH_3 \longrightarrow 6UF_5 + 6NH_4F + N_2$$

在 0～25℃时：

$$4UF_6 + 8NH_3 \longrightarrow 2UF_5 + 2NH_4UF_5 + 4NH_4F + N_2$$

在 100～200℃时：

$$3UF_6 + 8NH_3 \longrightarrow 3NH_4UF_5 + 3NH_4F + N_2$$

在更高温度下，如 450℃以上，NH_4UF_5 要分解成 UF_4：

$$NH_4UF_5 \longrightarrow UF_4 + NH_4F$$

所以，UF_6 在 NH_3 中的还原是一个复杂的反应过程，UF_5 的形成是该反应的第一步。

2.3.3.2　二氧化铀粉末的性质

在室温下热力学上稳定的铀的氧化物是 UO_3，因而在空气中 UO_2 要不断地吸收氧，使其 O/U 比增大，特别是刚分解还原的 UO_2 粉末，在室温下卸料时氧化尤为显著。那些粒度细，比表面大的粉末暴露与空气中甚至会着火燃烧。

UO_2 粉末在室温空气中放置时，会开始吸氧并放出反应热，当氧化反应的放热速度大于散热速度时，余热会用来进一步加热 UO_2 粉末，造成氧化速度的进一步提高，达到某个温度后，便会自行燃烧起来，称为着火反应。

UO_2 粉末储存中是否会发生着火反应，可作如下定性判断：

(1) 着火趋势随粉末粒径减小或比表面增大而增大；

(2) 粉末预氧化可使单位时间内单位表面上吸附的氧分子数减少，从而减小着火趋势；

(3) 提高环境温度和传热不良都会增大着火趋势；

(4) 氧化速度随温度升高而加快，所以粉末温度高时着火的趋势大；

(5) 氧分压越高，着火趋势越大。

常用 UO_2 粉末稳定化处理方法有：粉末表面积控制法；表面预氧化法；阻碍表面氧化法；机械冷却法等。

2.3.3.3　核燃料的对人体的危害与防护

1. 铀的化学毒性及防护

铀具有重金属的化学毒性，铀的化学毒性与铀的化合物形式、溶解度、粒度、价态及进入人体的途径有密切关系。一般来说，可溶性的化合物比难溶性化合物的毒性要大，像 UF_6、UO_2F_2、$UO_2(NO_3)_2$ 等可溶铀化合物要比 UO_2、U_3O_8、UF_4 等难溶性化合物的毒性大得多。

铀化合物经胃肠道进入人体时的毒性要较为微弱一些，这主要是因为，肠胃道对铀的吸收作用极其微弱，对可溶性铀化合物的吸收率为 3%～6%，而对难溶性铀化合物仅为 0.02%～0.3%。如果经由呼吸道进入体内，则危害会大得多。这是因为可溶性铀化合物会经由肺泡进入血液，从而分布到全身；难溶性化合物由于得不到有效地排出，因而也会滞留在肺内，其中约有一半会缓慢进入体内。而对于伤口来说，铀更容易进入体内，因而毒性也就越大。

总而言之，在操作易溶性铀化合物时，要特别注意吸入和从伤口渗入的防护；操作难溶铀化合物时，则应重点注意吸入的防护。

2. 铀的辐射危害及防护

铀中^{235}U的富集度不同辐射危害也不同。对于天然铀来说，其辐射危害主要是天然铀中^{234}U及短寿命子体如^{234}Th和^{234}Pa的辐射危害。天然铀中^{234}U的富集度很低，但由于其半衰期较^{235}U和^{238}U来说很短，因此^{234}U的比活度要比^{235}U和^{238}U大得多。而短寿命的子体^{234}Th和^{234}Pa的辐射危害更大，这主要是由于它们的衰变常数很大所致。在天然铀的加工过程中，其辐射危害主要是摄入后产生的α内照射和短半衰期子体的β、γ外照射。

浓缩铀的辐射危害要比天然铀大很多。这是因为随着^{235}U的富集度的提高，物料的比活度迅速增加，^{235}U由天然含量富集到90%时，铀的比活度将增加100多倍，对于富集度为3%的低浓铀，其比活度也是天然铀的3～5倍。浓缩铀的比活度比天然铀大，辐射危害也比天然铀大。加工高浓铀时，不仅要考虑比活度增加带来的辐射危害，还要考虑(α,n)反应的中子危害。

3. 铀加工、浓缩、转换过程中的防护措施

在铀的加工、浓缩、转换过程中，主要危害是吸入铀化合物。天然铀、低浓铀以化学毒性为主，当^{235}U的富集度大于8.5%时(此时比活度比天然铀高一个数量级)则需要考虑辐射危害。

铀的辐射危害主要是吸入铀化合物形成的内照射危害和铀子体产生的β、γ外照射危害，内照射危害的防护措施主要有密闭、通风和个人防护用品，外照射危害的防护主要是控制时间、距离以及进行屏蔽等。

2.3.4 二氧化铀粉末的生产

可烧结的陶瓷级UO_2粉末的生产工艺通常有湿法转化和干法转化两种路线。**重铀酸铵**(ADU)工艺是早期采用的湿法转化路线。实践证明，这是一条适于生产UO_2芯块的实用路线。另一种湿法转化路线是**三碳酸铀酰胺**(AUC)工艺，图2-16表示制备UO_2粉末的ADU和AUC工艺流程。湿法转化路线的主要缺点是生产工序较长和液态废物量大。因此，发展了以氢、水、氨与UF_6直接发生气相反应生产UO_2粉末的干法转化(DC)流程。在此基础上英国成功开发了**一体化干法转化**(IDR)路线。

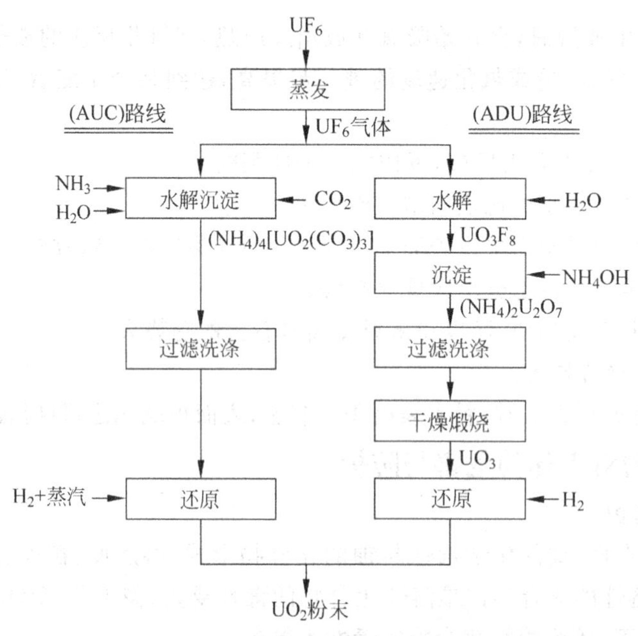

图2-16 制备UO_2粉末的AUC和ADU工艺流程

2.3.4.1 ADU工艺

ADU(ammonium diuranate process)工艺也称“重铀酸铵法”，是工业生产上较早定型的UO_2粉末制备流程，也是中国核燃料制造厂常用的燃料制造工艺，通常称为湿法。ADU 是指氨铀组成不固定的铀酸铵盐，习惯上的写法是$(NH_4)_2U_2O_7$（重铀酸铵）。ADU 工艺用六氟化铀或铀的氧化物为原料。当以 UF_6 为原料时，经过水解、沉淀、干燥，在氢气氛下还原成二氧化铀粉末；当以铀氧化物为原料时，经硝酸溶解得到 $UO_2(NO_3)_2$，然后与氨水沉淀，得到 ADU（重铀酸铵），进一步分解还原为二氧化铀粉末。此流程可以用原料生产，也可以处理返料。

该流程以 UF_6 或 $UO_2(NO_3)_2$ 为原料，与 NH_4OH 反应生成 ADU 浆体（在这一过程中生成 $(NH_4)_2U_2O_7$），化学反应方程见式(2-1)与式(2-2)。该流程的优点是能同时适应 UF_6 和 $UO_2(NO_3)_2$ 原料，加工过程中的废品和废料无需设置另外的回收工艺。缺点是流程长，ADU 组成复杂，再现性差，粉末冶金加工性不好，致使芯块成品率低。ADU 中的含氟量高，煅烧脱氟与粉末活性有不可兼顾之虑。

工业生产陶瓷二氧化铀粉末的典型 ADU 流程图示于图 2-17。大体上包括五个步骤：①UF_6 蒸发、传送和水解；②ADU 的沉淀；③ADU 的过滤和洗涤；④ADU 的分解还原与脱氢；⑤UO_2 粉末的稳定化。UF_6 水解时产生水解液（UO_2F_2+4HF），因此用氨水（或氨气）沉淀 ADU 的过程基本上是 NH_4OH 与 UO_2F_2 或 $UO_2(NO_3)_2$ 液-液反应生成固相 ADU 的过程。代表这两个体系的化学反应方程式为：

$$2(UO_2F_2+4HF)+14NH_4OH \longrightarrow (NH_4)_2U_2O_7+12NH_4F+11H_2O \tag{2-1}$$

$$2UO_2(NO_3)_2+6NH_4OH \longrightarrow (NH_4)_2U_2O_7+4NH_4NO_3+3H_2O \tag{2-2}$$

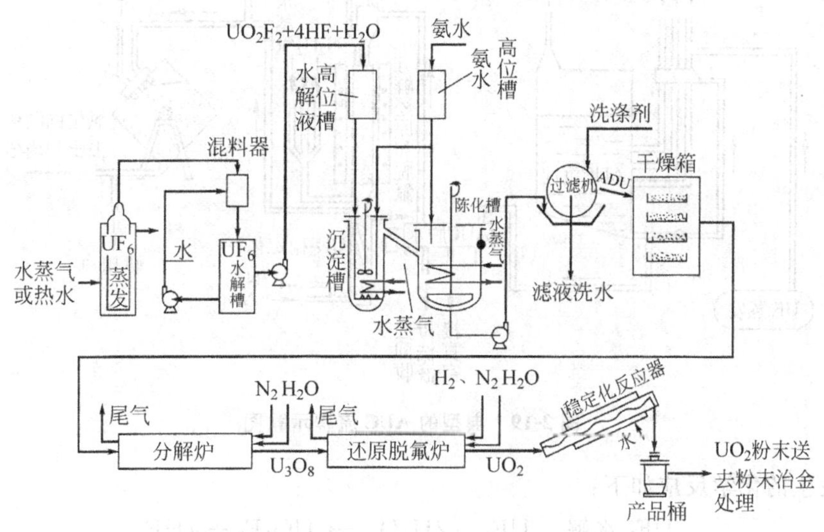

图 2-17 典型的 ADU 流程示意图

在重铀酸铵沉淀之后，分解反应在空气中加热完成。

$$\text{ADU 分解}\quad (NH_4)_2U_2O_7 \longrightarrow 2UO_3+2NH_3+H_2O \tag{2-3}$$

然后在氢气中加热到400℃左右，使高氧化物还原。由此法获得的 UO_2 颗粒由结晶团块组成，该颗粒的尺寸取决于使用的高氧化物和还原温度。还原温度越高，颗粒和晶体的尺寸也越大，比表面积就越小。因此，在不同条件下生产的 UO_2 粉末具有不同的烧结性能。

2.3.4.2 AUC 工艺

AUC(ammonium uranyl carbonate process)工艺也称"三碳酸铀酰胺法"，是一种湿法工艺，也称为"三气沉淀"法。AUC 流程主要是由 UF_6 与 NH_3、CO_2 在水中批式或连续地沉淀出 AUC，经过滤、洗涤、干燥、煅烧还原成 UO_2 粉末。$UO_2(NO_3)_2$ 也可以采用此流程处理。除去 UF_6 与 $UO_2(NO_3)_2$ 外，铀酸盐或铀的氢氧化物和氧化物也可为原料，沉淀剂除 NH_3、CO_2 外，还可用$(NH_4)_2CO_3$ 或 NH_4HCO_3，所以制备 AUC 的方法（图 2-18）很多，还可以从饱和的有机相中反萃取结晶得到 AUC。AUC 流程比 ADU 流程短，AUC 组分单一，所得 UO_2 粉末含氟量低，加工性能好，粉末质量再现性好，因而芯块制备成品率高。在这里仅给出以 UF_6 为原料制备 AUC 的三个化学反应方程式：

$$UF_6+10NH_3+3CO_2+5H_2O \longrightarrow (NH_4)_4[UO_2(CO_3)_3]+6NH_4F$$

$$UF_6+5(NH_4)_2CO_3 \longrightarrow (NH_4)_4[UO_2(CO_3)_3]+6NH_4F+2CO_2$$

$$UF_6 + 5(NH_4)_2CO_3 + 5NH_4OH \longrightarrow (NH_4)_4[UO_2(CO_3)_3] + 6NH_4F + 2CO_2 + 5H_2O$$

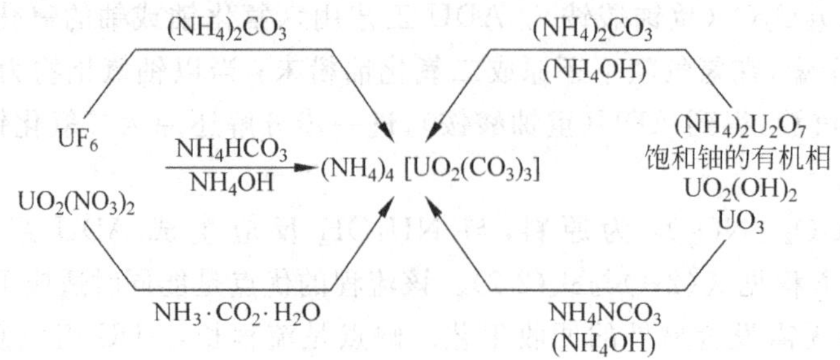

图 2-18　AUC 的制备方法

工业生产陶瓷二氧化铀粉末的典型 AUC 流程图示于图 2-19。该工艺采用 UF_6 或硝酸铀酰水溶液为原料，NH_3、CO_2 为沉淀剂。它主要包括：①UF_6 的蒸发、转送和水解；②AUC 的沉淀；③AUC 的过滤和洗涤；④AUC 的分解、还原和脱氟；⑤UO_2 粉末的稳定性处理等 5 步。

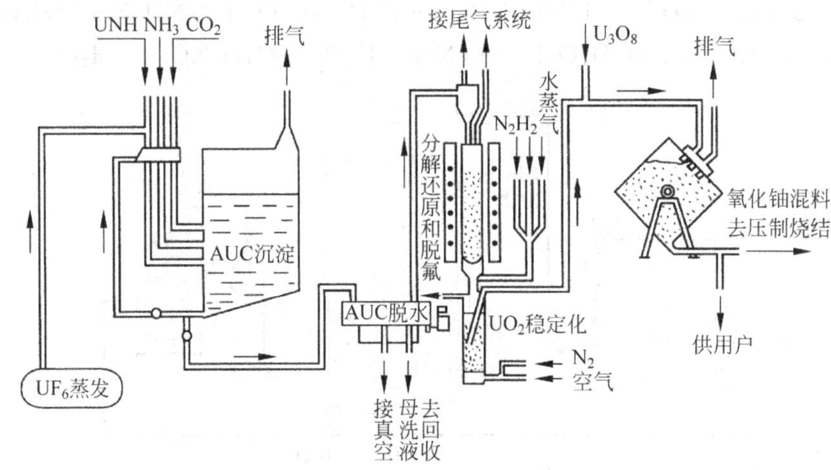

图 2-19　典型的 AUC 流程示意图

上述步骤中发生的化学反应如下：

$$UF_6\text{ 水解}\quad UF_6 + 2H_2O \longrightarrow UO_2F_2 + 4HF \tag{2-4}$$

AUC 沉淀

$$UO_2F_2 + 6NH_3 + 3CO_2 + 3H_2O(NH_4)_4 \longrightarrow [UO_2(CO_3)_3]\downarrow + 2NH_4F \tag{2-5}$$

或采用返料硝酸铀酰为起始料，其化学反应式如下：

$$UO_2(NO_3)_2 + 6NH_3 + 3CO_2 + 3H_2O(NH_4)_4 \longrightarrow [UO_2(CO_3)_3]\downarrow + 2NH_4NO_3 \tag{2-6}$$

$$\text{AUC 分解}(NH_4)_4[UO_2(CO_3)_3] \longrightarrow UO_3 + 4NH_3 + 3CO_2 + 2H_2O \tag{2-7}$$

$$\text{还原}\ UO_3 + H_2 \longrightarrow UO_2 + H_2O \tag{2-8}$$

加热到 64.02℃以上，固态 UF_6 转化为气态 UF_6，并将其转送到水解槽(或与沉淀槽组成一体)。于是 UF_6 发生水解生成液态氟化铀酰(UO_2F_2)，同时释放热量。此后将 NH_3 和 CO_2 通入沉淀槽，调节温度、铀浓度、pH 等沉淀工艺参数。颗粒状的 AUC 按式(2-5)沉淀出来。该过程决定 AUC 晶体类型和颗粒尺寸。然后经过滤、甲醇洗涤以降低沉淀物的氟含量。每步工艺及其参数都会影响产品的表面性质和微观结构。如果产品的含氟量较高，还可采用 650℃蒸汽脱氟方法。最后，UO_2 粉末必须经过预氧化稳定处理，达到防止进一步氧化和控制比面积的目的。

由 AUC 颗粒转化制成的 UO_2 粉末(简称 ex-AUC UO_2 粉末)基本上保持了原始颗粒的形状和尺寸，其粉末的具体特性示于表 2-11 中。由此可见，ex-AUC UO_2 粉末具有良好的流动性，适中的活性，氟和其他杂质的含量较低。它们无需制粒就可直接压制，并易于烧结到 95%T. D.。由于工艺重复性好，所以可以用来稳定生产优质的 UO_2 芯块。

表 2-11　不同转化路线的 UO_2 粉末性能比较

粉末性能	转化线路		
	ex-AUC UO_2	ex-AUC UO_2	ex-IDR UO_2
比表面积/(m^2/g)	约 6	7～11*	2～4
松装密度/(g/m^3)	0.9	0.7	2.0～2.4
颗粒形状和尺寸/μm	棱柱状(多孔状) 5	片状,结团块 厚度 0.1～0.2	球状(含部分树枝状) <1
O/U 比	2.06～2.13	2.11	2.02～2.03
氟含量/10^{-6}	<50	<200	<10

* 与还原温度有关,还原温度越低,比表面积越大。

2.3.4.3　IDR 工艺

IDR(integrated dry route)工艺,称"一体化",一体化干法工艺的流程如图 2-20 所示。干法转化流程是以 H_2、H_2O、NH_3 与 UF_6 直接气相反应生成 UO_2 的粉末的 DC(dry conversion)流程。

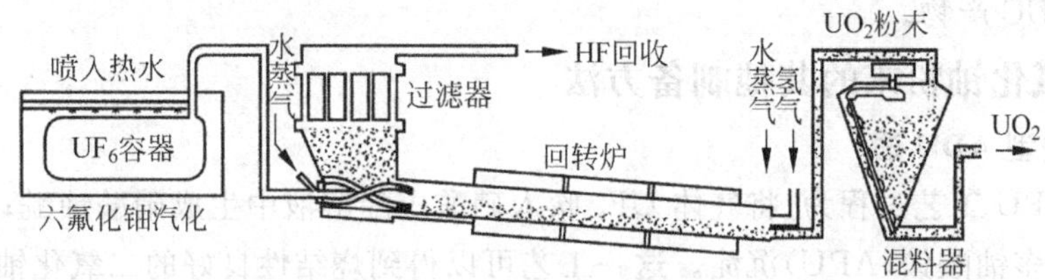

图 2-20　IDR 流程示意图

IDR 是从 $UF_6$① 连续转化成 UO_2 的工艺,由 UF_6 气化供料、供蒸汽、旋转炉水解、脱氟、还原、尾气处理和 UO_2 粉末收集等步骤组成。它的化学反应如下:

$$UF_6(气) + H_2(气) + H_2O(气) \longrightarrow UO_2(固) + 6HF(气) \tag{2-9}$$

用蒸汽加热,将 UF_6 从储存罐中挥发,并通入倾斜的旋转炉;与从另一管道喷入的水蒸气在前段(即Ⅰ段)发生水解反应,生成树枝状结构的氟化铀酰(UO_2F_2)粉末。该粉末在旋转炉内前进到旋转炉的后段(即Ⅱ段)与逆流的氢气和水蒸气发生还原反应和脱氟反应,生成低氟含量的球状 UO_2 粉末,UO_2 粉末出炉后流入混料器进行均匀化处理。

ADU 流程和 AUC 流程都具有流程长、废水处理量大的缺点,而 DC 具有流程短、生产量大、产生的和要处理的废液少、铀的直接回收率高、尾气中的 HF 有可能回收利用、对环境污染少的优点。但干法只适用于 UF_6 转化,不适用于 $UO_2(NO_3)_2$ 返料,且脱氟及操作技术难度较大。

目前英国的 IDR 转炉过程最成功,过程利用 UF_6 与水蒸气和氢气混合气体直接反应,实际在不同的温度下反应分步进行。低温时 UF_6 与水蒸气反应生成氟化铀酰,400℃以上氟化铀酰水解成铀的氧化物,在 H_2 的存在下氟化铀酰与高价铀的氧化物转化为 UO_2,化学反应方程式如下:

$$UF_6 + 2H_2O(g) \longrightarrow UO_2F_2 + 4HF \tag{2-10}$$

$$UO_2F_2 + H_2O \longrightarrow UO_3 + 2HF \tag{2-11}$$

$$UO_2F_2 + H_2O \longrightarrow \frac{1}{3}U_3O_8 + 2HF + \frac{1}{6}O_2 \tag{2-12}$$

$$UO_2F_2 + H_2 \longrightarrow UO_2 + 2HF \tag{2-13}$$

$$UO_3 + H_2 \longrightarrow UO_2 + H_2O \tag{2-14}$$

$$\frac{1}{3}U_3O_8 + \frac{2}{3}H_2 \longrightarrow UO_2 + \frac{2}{3}H_2O \tag{2-15}$$

总的反应为:

$$UO_2F_2 + H_2O + H_2 \longrightarrow UO_2 + 6HF \tag{2-16}$$

① UF_6 是将黄饼经化学转化后的产品,可用于直接制成天然 UO_2 粉末,或经过富集后再制成低富集 UO_2 粉末。

ex-IDR UO_2 粉末的性质列于表 2-11 中。为了制造出活性 UO_2 粉末，必须通过调整两段的温度，例如Ⅰ段温度控制在高于 600℃时，产生的 UO_2F_2 粉末不粘壁、易流动，而且活性高，粒度细小。在Ⅰ段生成的 UO_2F_2 呈树枝状，到了Ⅱ段的高温下脱氟时，粉末球化。若炉温较低，球化不完全，则含树枝状粉末；温度较高时生成小于 1μm 的球状颗粒。只要将工艺参数调整适当，便可获得压制成型性好的 UO_2 粉末。

由于 ex-IDR UO_2 粉末具有良好的流动性、可压制性和低氟含量，因此用这种粉末可生产出密度达 99% T. D. 的 UO_2 芯块。如果制造出既可抗辐照密实，又可抗辐照肿胀的芯块，便可从容地选择合适的造孔剂并制造出气孔分布和密度都合理达标的 UO_2 芯块。

与湿法转化工艺相比，干法的优点是流程短，整个转化过程可在一台旋转炉中完成；生产能力大，一台设备就可组成一种 ^{235}U 丰度的生产线；连续操作，全过程的质量影响因素显著减少；废液量少，可大大节省废物处理费用，也有利于环保。它的缺点是不能对返料进行转化，为此，还应建立相适应的 ADU(或 AUC)湿法转化辅助设施。

此外，还有一些间接的方法，先把 UF_6 水解成 UO_2F_2(氟化铀酰)，然后从 UO_2F_2 溶液直接用 H_2O_2 沉淀出 $UO_4 \cdot H_2O$，经过滤、干燥、煅烧还原成 UO_2 粉末。或往 UO_2F_2 溶液中加入 NH_4OH 或(NH_3+CO_2)分别得到 ADU 和 AUC 产物。

2.3.4.4 二氧化铀粉末的其他制备方法

1. APU 或改进型 ADU 法

日本人研究的 APU 工艺过程为：将气体 UF_6 吹入硝酸戊酯溶液中生成硝酸铀酰；然后用溶液萃取法精制，再吹入氨气，得到多铀酸铵(APU)沉淀。这一工艺可以得到烧结性良好的二氧化铀粉末。

2. 过氧化铀法

陶瓷二氧化铀核燃料生产过程中产生的含铀废料，可采用过氧化铀法将其转换成核纯级 U_3O_8 或 UO_2 回收利用。

将含铀废料用硝酸溶解，得到硝酸铀酰溶液，调节溶液到合适浓度，加入双氧水与之反应，便得到过氧化铀沉淀。过氧化铀沉淀可以煅烧成 U_3O_8 直接使用，也可以进一步转化成二氧化铀使用。

双氧水与硝酸铀酰反应如下：

$$H_2O_2 + UO_2(NO_3)_2 + xH_2O = UO_4 \cdot xH_2O + 2HNO_3$$

式中，过氧化铀带有的结晶水 x 的值随反应温度的升高而变小，一般为 $UO_4 \cdot 4H_2O$ 和 $UO_4 \cdot 2H_2O$。在沉淀开始时主要生成 $UO_4 \cdot 4H_2O$，随着沉淀量的增加和反应温度的提高，逐渐形成 $UO_4 \cdot 2H_2O$。也可能产生一些中间产物，但二水化合物比较稳定。

3. GECO 法

UF_6 在氢氧火焰中直接转化成 UO_2，称为火焰反应法。美国通用电气公司最早研究了这种工艺，但是由于得到的二氧化铀粉末氟含量过高，加之火焰炉结构等方面的问题未能完全解决，故未能形成长期生产能力。

苏联独立研究了火焰法工艺，并称之为 GECO 火焰法，1962 年用于生产。与通常的 IDR 工艺相比，它是一种分步干法流程；第一步，将气态 UF_6 送入火焰反应器生成一个富集 UO_2 的混合物粉末；第二步，将这种混合物粉末经两级回转炉脱氟还原为符合技术条件要求的 UO_2 粉末。从第二级回转炉出来的 UO_2 粉末经过筛分，便可以装入料罐。

2.3.5 二氧化铀芯块的生产

2.3.5.1 从 UO_2 粉末到 UO_2 芯块的工艺流程

原则上，致密的 UO_2 芯块，可以用制作精细陶瓷的多种方法来生产。例如，滑铸、挤压、热压以及在金属管中模锻等。但迄今被使用的生产技术仍主要是冷压和烧结工艺。对于 UO_2 燃料芯块，最重要的技术要求是高密度、精确的外形和尺寸、合理的化学计量、独特的微观结构以及核纯和杂质含量等。

烧结好的 UO_2 芯块的柱面需要通过磨削达到所需的直径。磨削是在无心磨床上完成的。合格的 UO_2 芯块准备装管制成燃料棒。

二氧化铀芯块一般是圆柱形的，直径与高度之比在 1 左右。由于二氧化铀芯块在堆内会发生种种变化，尤其是径向和轴向变形,为了减少燃料棒的径向变形,芯块两端要有倒角和碟形。

这一过程简述如下:

UO_2 粉末→球磨→筛分→混合→冷压成型→烧结→研磨→检验→清洗→芯块。

2.3.5.2 UO_2 粉末成型技术

UO_2 作为一种脆性陶瓷粉末,它的成型与金属的成型有很大差别。在受压状态下,UO_2 粉末经历 3 个过程:①团粒之间的"拱桥"被破坏后,团粒配置到空隙中;②在达到断裂应力之后,团粒发生破碎;③亚团粒滑动或转动,重新配置到空隙中。

图 2-21 表示 UO_2 粉末在自动压机上冷压成型的步骤:装模、压制、脱模、推走坯块和重新装模。一定重量或一定体积的 UO_2 粉末 4 装入模腔 2 中,压机以一定的压力通过上冲头 1 和下冲头 3,对 UO_2 粉末 4 施加压力,粉末在外力作用下互相镶嵌、啮合,形成一定尺寸、形状、密度和强度的坯块;卸去压力,从模腔中取出坯块,即得到所谓二氧化铀生坯块。

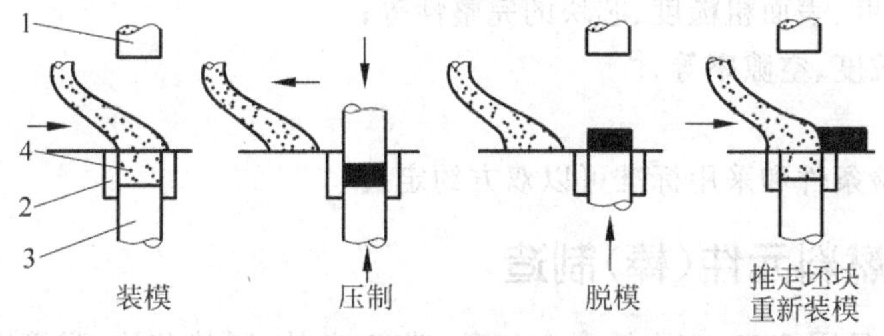

图 2-21 UO_2 粉末冷压成型示意图

一般成型压力介于 100~500MPa,这样才能使芯块坯密度和烧结密度分别达到 50%~60% T.D. 和 95% T.D.。最佳成型压力约在 180MPa。

成型压机一般分为两种:一种是多冲头液压机,一次成型 7~14 块。为使每个坯块密度均匀,在单个冲头上加有液压补偿;另一种是旋转式压机,产量大,速度快。考虑到 UO_2 粉末本身也是一种磨料,故模具工作部分多采用硬质合金。

由于燃料在堆内发生密实的原因与燃料中的微小气孔在裂变穿过时消失有关,为了稳定化,得到大于 5μm 的气孔,减少燃料辐照初期的密实可能,混合时一般要加入造孔剂。

2.3.5.3 UO_2 坯料的烧结

常规的 UO_2 烧结方式为高温烧结,目前研究的比较热门的是低温烧结。

高温烧结工艺是将压制好的 UO_2 芯块坯料装入钼舟,然后推入高温炉进行烧结。烧结炉有两个加热区,前区调节到 600~800℃,保温 1~3h,以去除挥发性添加剂;后区充以 H_2-Ar 混合气体,在 1600~1750℃温度下保温 2~4h。此时,芯块内气孔大部分消失,晶粒长大;芯块体积收缩,随即密度提高;气孔尺寸达到适当的分布(如双峰分布)等。

低温烧结工艺主要分为两阶段烧结与三阶段烧结。低温烧结使用的材料一般为氧铀比 2.25 的 ADU 粉末,氧铀比的调节一般靠掺入 U_3O_8 来实现。低温烧结本质上是活化烧结,二氧化铀烧结是扩散控制过程,由于氧的扩散系数比铀的高出几个数量级,故铀原子是烧结的控制因素。在氧超化学计量的二氧化铀中,铀原子的扩散激活能随过剩氧量的增加呈指数下降。只有保证了超化学计量氧在二氧化铀粉末中的存在,才能实现低温烧结。所以,低温烧结的特点是在微氧化气氛中烧制含有超化学计量氧的二氧化铀芯块。

两阶段烧结是在烧结过程中将气氛分为微氧化阶段和还原(H_2)阶段;三阶段烧结是将气氛分为还原(H_2)—微氧化—还原(H_2)3 个阶段。烧结炉结构如图 2-22 所示。微氧化气氛有多种选择,常见的有:N_2、CO_2/CO、CO_2、H_2O 等,气氛中的氧分压应当与坯料中的氧铀比相对应。在各种气氛下,普遍取得了烧结密度 93%T.D. 以上的结果,甚至达到了 98%T.D.,但晶粒尺寸较小,为 4~10μm。

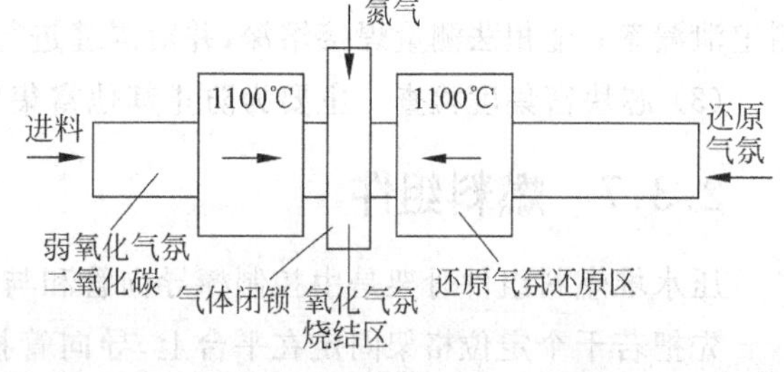

图 2-22 弱氧化烧结炉结构

2.3.5.4 UO_2 芯块的质量控制

为了尽可能使烧结芯块达到所需的形状和尺寸，要求粉末有良好的流动性和均匀的松装密度；同时对坯块要求有高的坯密度和坯强度，对烧结块要求有合理的气孔尺寸和分布。为此，还要采用以下三种措施并对质量进行控制：

(1) 对不同炉、批次生产的 UO_2 粉末进行均匀化处理，采用筛分、合批与混合，以除去大小不等和质地坚硬的团块，使粉末均匀一致；

(2) 对粉末进行预压、制粒，提高粉末流动性和松装密度的均匀性；

(3) 控制成型压力。

芯块的质量控制主要是：

(1) 铀含量、杂质含量、化学计量、水分含量；

(2) 同位素含量、当量硼含量；

(3) 直径、高度、垂直度、表面粗糙度、芯块的完整性等；

(4) 芯块的密度、晶粒度、空隙率等；

(5) 清洁度、标识等；

(6) 辐照稳定性(试验条件和采用标准可以双方约定)。

2.3.6 压水堆燃料元件(棒)制造

典型的压水堆燃料棒见图 2-23，它由锆合金包壳、端塞、芯块、隔热芯块、弹簧组成。

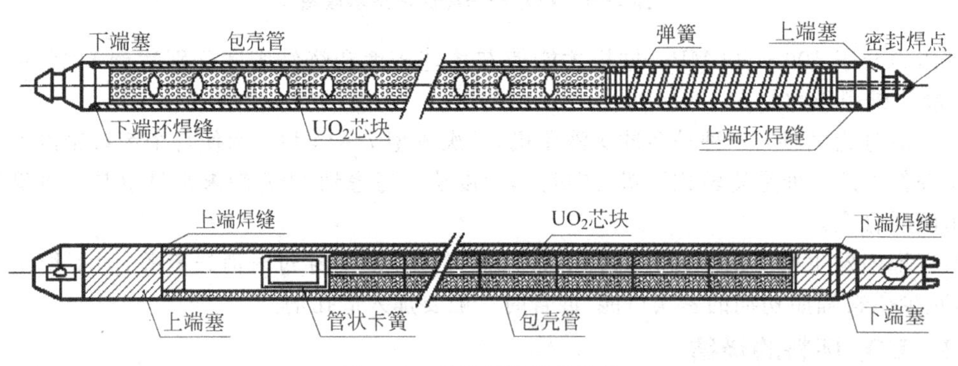

图 2-23 燃料棒的组装结构

在切成定长的锆合金包壳管内装入 UO_2 芯块，芯块柱的两端再装入 Al_2O_3 隔热芯块，上端留有储气空腔，用压紧弹簧将芯块定位，焊上端塞，端塞之一留有充气空腔，充入一定压力的氦气(压水堆燃料棒预充压 2MPa)，然后堵焊密封。

隔热芯块的安装是为了防止轴向传热，储气空腔是给裂变气体释放预留的空间，压紧弹簧用于运输过程中阻止芯块的蹿动，预充入 2MPa 的氦气是为了防止辐照初期燃料棒被压塌而设置的，同时也可以增加间隙热传导和便于检漏。

燃料棒的质量控制主要实施外观及尺寸检查、焊接质量检查、芯块富集度检查等。

(1) 外观及尺寸检查 主要检查燃料棒的长度、外径、垂直度、储气空腔长度、芯块柱长度和表面刻痕划伤等。

(2) 焊接质量检查 主要检查焊缝表面状况；X 射线法检查气孔和夹杂的分布、排列情况；氦气找漏法测定泄漏率；金相法测量焊接熔深，并对焊缝进行内压爆破试验和抗腐蚀试验。

(3) 芯块富集度检查 主要为防止其他富集度的 UO_2 芯块装入。

2.3.7 燃料组件

压水堆燃料组件骨架是由控制棒导向管和与之固定的定位格架及上下管座组成的(图 2-24)。

先把若干个定位格架固定在平台上，导向管按给定的数目插入定位格架的给定格子里，并机械连接或点焊，然后将燃料棒插入各定位格架的格子中，再将上下管座用铆接或点焊的方法与导向管连接固定，组装

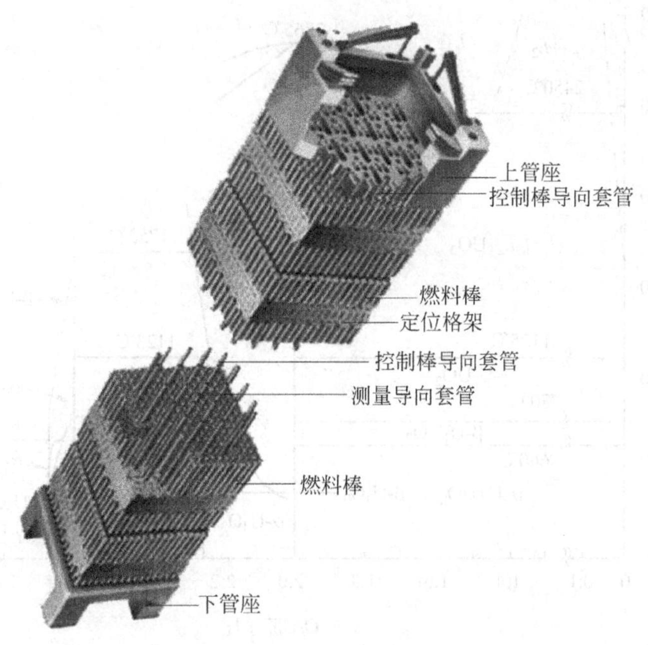

图 2-24 燃料组件的结构

成 $n\times n$ 的燃料组件。

2.4 二氧化铀的基本性质

作为核燃料，陶瓷 UO_2 有高熔点，合理的铀密度，它有各向同性的晶体结构，高温下的高强度，低温下不存在相变。它具有对加压水、高温下的 CO_2 和 Na 等反应堆冷却剂不发生化学作用等优点。但是，由于它的热导率低，为了避免燃料在实际的发热率下出现过高的中心温度，不得不采用较小截面积（即较小直径）的芯块。UO_2 也是一种脆性材料，在反应堆中使用时容易发生脆裂等。

2.4.1 铀-氧系相图

在铀-氧系中已发现有许多铀氧化合物，但只有 UO_2、U_4O_9、U_3O_8、UO_3 四种氧化物是热力学稳定相，见图 2-25 所示的 U-O 系相图。在 300℃以下，UO_2 才有确定的成分；在 300℃以上，氧固溶于晶格间隙，UO_2 成为 UO_{2+x}，O/U 比从 2.0 到 2.25，后一种即为 U_4O_9；在 1500℃以上，成分范围向富铀侧扩大，形成 UO_{2-x}，多余的铀原子存在于间隙位置，O/U 比从 2.00 到 1.67。在 600℃的空气中，加热高氧化物都可生成 U_3O_8，它是氧化铀中最稳定的相。

在铀的氧化物中，作为核燃料最重要的成分为 O/U 比介于 1.67～2.25，烧结 UO_2 芯块的成分决定于初始粉末的成分和制造工艺过程。任何偏离化学计量的成分都会影响 UO_2 芯块的性质和堆内辐照行为。

2.4.2 物理性质

1) 晶体结构　二氧化铀是离子化合物，属于面心立方（FCC）点阵，萤石（CaF_2）结构，图 2-26 示出化学计量 UO_2 的一个晶胞。其中对于离子半径较小的铀离子（$r_{U^{4+}}=0.089$nm）而言，晶胞是面心立方的，每个晶胞 4 个铀离子，而离子半径较大的氧离子（$r_{O^{2-}}=0.140$nm）处在其四面体间隙，即（1/4，1/4，1/4）的位置上，每个晶胞有八个四面体间隙，全部被氧离子占据。因此，每个晶胞含有 4 个 UO_2 分子，根据晶格常数 $a_0=0.547$nm，可算出其理论密度（T.D.），等于 10.96g/cm^3。

若以 8 个 O^{2-} 离子组成的简单立方为一个亚晶胞，则明显可见，其中交叉配置的 4 个简立方的体心有一个 U^{4+} 离子，而另外 4 个简立方的体心都是空着的八面体间隙。需要注意的是，八个占据四面体间隙的氧离子之间会形成一个相当大的间隙（俗称“大肚子”），为储存裂变产物提供了足够的空间。因此，UO_2 陶瓷燃料芯块耐辐照肿胀能力强，除了其熔点高且陶瓷本身具有一定的空隙率之外，UO_2 的萤石结构能容纳更多

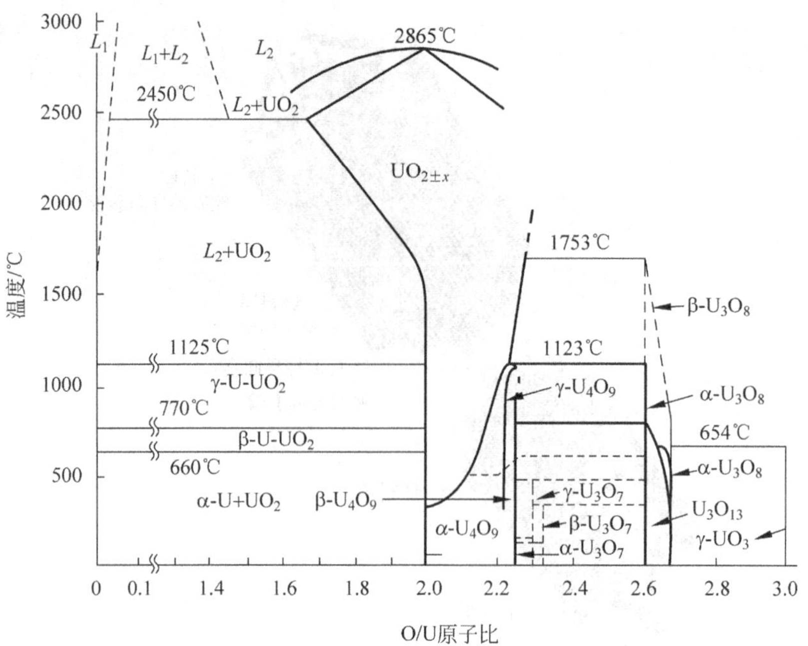

图 2-25 U-O 系相图

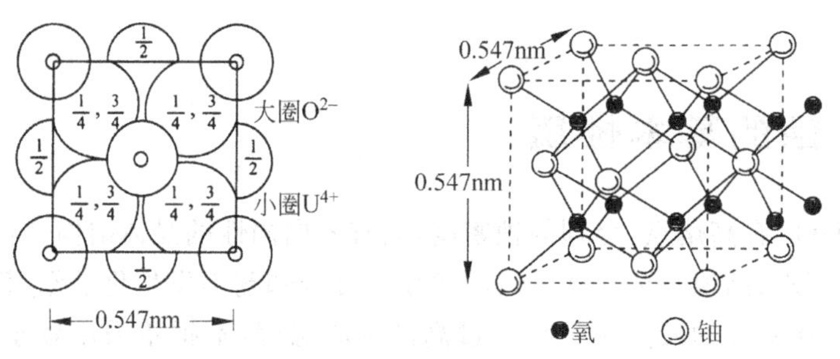

图 2-26 UO_2 的晶体结构

的裂变产物也是重要原因。

2) 密度 二氧化铀的理论密度是 10.97mg/m^3，含铀密度 9.65mg/m^3。UO_2 芯块的烧结密度可以达到 98% T.D.，但为了提高其抗辐照的能力，在燃料设计中常采用低密度 UO_2，如水冷堆用约 95% T.D. 的 UO_2 芯块。因此，一般烧结芯块的密度为理论密度的 93%～95%。显然，UO_2 的各种物理、力学和化学性质都与密度或空隙度有关。空隙度定义为$(1-\rho/\rho_{TD})$，式中的 ρ 和 ρ_{TD} 分别表示 UO_2 芯块的实际密度和理论密度。

3) 熔点 二氧化铀的熔点与其 O/U 比和内含杂质有关。由于在高温下 O/U 比随 UO_{2+x} 中的氧的散逸而变化，使准确测量熔点变得十分困难。报道的 UO_2 熔点也各不相同，但对化学计量 UO_2 熔点的推荐值 (2856±15)℃还是有足够的可信度。随着 O/U 比偏离化学计量，UO_{2+x} 的熔点随 x 的增大而降低。在堆内使用时，UO_2 的熔点还随燃耗的积累而不断下降，该下降率约为每增加 10000MW·d/t(U)燃耗，熔点平均降低 32℃。

4) 蒸气压 二氧化铀 UO_2 的气化现象比较复杂，因为它与 O/U 比，以及气氛中的氧分压等因素有关，具有一定氧/铀比的固态 UO_2 的气化机制至少在 2000K 以下主要是升华，蒸气压可参见表 2-12。

表 2-12 二氧化铀的蒸气压

温度/℃	蒸气压/Torr①	温度/℃	蒸气压/Torr
1351	1.65×10^{-8}	1955	3.60×10^{-3}
1504	7.06×10^{-7}	2151	4.21×10^{-2}
1727	6.57×10^{-5}	2388	9.66×10^{-1}

① 1Torr=133.32Pa。

2.4.3 热物理性质

UO_2 的热膨胀($\Delta L/L$)、比热容(c_p)和热导率(K)是燃料设计中最重要的三个热物理参数。有许多人投入了该性质的测量和研究。所获取的数据受材料品质影响而显示出较大的分散度。

1) 热膨胀 以 Reymann 的编评工作为例,他收集了前后 8 位作者测量的 UO_2 热膨胀数据(图 2-27)。发现在 2250℃以下,几组数据的一致性很好。经用多项式进行最小二乘法拟合后,得到了 $\Delta L/L_0$-T 的数学表达式。由此可以计算出所需温度范围的 UO_2 热膨胀系数。在室温到 500℃、1000℃、1500℃范围的线膨胀系数的推荐值分别为 8.48×10^{-6}℃$^{-1}$、9.87×10^{-6}℃$^{-1}$、11.3×10^{-6}℃$^{-1}$。密度和 O/U 比对 UO_2 的热膨胀的影响较小,可以忽略。

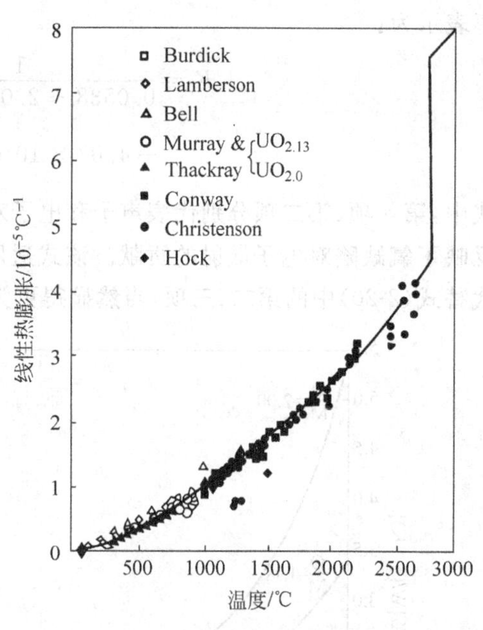

图 2-27 UO_2 的热膨胀曲线

线膨胀系数计算公式:

$$\frac{\Delta L}{L}=-4.972\times10^{-4}+7.107\times10^{-6}+2.581\times10^{-9}T^2+1.140\times10^{-13}T^3 \quad (2\text{-}17)$$

式中:$0<T<T_m$(燃料熔点),℃。

体膨胀由式(2-18)给出:

$$\frac{\Delta V}{V}=9\times10^{-6}T+10^{-9}T^2+3\times10^{-12}T^3 \quad (2\text{-}18)$$

由于 UO_2 在 2450℃以上显著地蒸发,故高温热膨胀数据只是定性的。

2) 比热容 二氧化铀的比热容是用于事故工况分析中的一个极为重要的热力学量。对于一个给定的燃料温度变化,比热容控制了热容量的变化幅度。

UO_2 的比热容也是对材料的微观结构、O/U 比及密度不敏感的量。一般采用绝热铜卡计法测量从室温到规定温度的焓变(H_T-H_{298}),建立焓变方程,然后对焓方程求微分而得。Fink、Chasanov 和 Reymann 等分别讨论过熔点以下的 UO_2 的比热容,Reymann 从比热容的微观机制出发,应用了爱因斯坦的比热容理论和高温下形成弗兰克缺陷的物理模型对多位作者测得的比热容数据进行拟合,得到了以下的数学表达式

$$c_p=\frac{K_1\theta^2\exp(\theta/T)}{T^2[\exp(\theta/T)+1]}+2K_2T+\frac{K_3E_D}{RT^2}\exp[-E_D/(RT)][\mathrm{J/(mol\cdot K)}] \quad (2\text{-}19)$$

式中,第一项为爱因斯坦晶格振动比热容 c_V,该项内 $K_1=80.156$J/(mol·K),θ 为爱因斯坦温度,等于 535.285K,T 为热力学温度,K;第二项代表 c_p 与 c_V 的差值,$K_2=3.2855\times10^{-3}$J/(mol·K^2);第三项表示弗兰克缺陷的形成对比热容的贡献,项中 $K_3=2.3629\times10^7$J/mol,E_D 是缺陷的激活能,等于 1.577×10^5J/mol,R 是摩尔气体常数[8.314 J/(mol·K)]。式(2-19)的不确定度为±3%,适用于室温到熔点。

3) 热导率 热导率是核燃料非常重要的性能。燃料棒的线功率密度是热导率的函数,热导率越高,可实现的线功率密度也就可以越大。在燃料棒设计中,利用热导率的测量数据可计算出燃料芯块的中心温度和径向温度的分布,因此,UO_2 的热导率决定了它的使用条件。

随温度上升,二氧化铀的热导率急剧下降,室温下为 8.4W/(m·K),在 1727℃(2000K)时达最小值[2.0W/(m·K)]而后又稍有上升(图 2-28)。燃料的孔隙率增加,密度下降,热导率下降。此外,氧/铀比、杂质、晶粒度都会影响热导率。氧/铀比越高,热导率越小;晶粒度越大,热导率越大。

早期曾投入很大的人力去测量并研究该热导率,后来发现,在很大程度上它依赖于 O/U 比、密度,这给准确获取该数据带来极大难度。许多人对 UO_2 的热导率数据做过汇评,具有代表性的有 Ainscough、Washington、Brandt 和 Martin 等。多数作者用固体热传导的微观机制,分析和处理了大量测量数据。在室温至 1300℃温度范围,一致认为 UO_2 的热传导主要是晶格振动波(或称声子)的贡献,该过程受到晶格缺陷

如杂质原子、过剩氧原子散射的影响，因此热导率随温度升高而降低（见图 2-28、图 2-29）。在更高的温度下，由于 UO_2 在 300℃以上已显示出半导体的电导率，而且在测量中也发现，在 1650℃附近 UO_2 热导率出现一个极小值 2.0W/(m·K)，然后便上升直到熔点。对于此现象的分析，一种观点认为，这是辐射传热的反映；另一种则认为这是半导体 UO_2 内电子传导的贡献。后一种机制的 UO_2（密度为 95.6% T.D.）热导率表示为：

$$K=\frac{1}{0.0538+2.09\times10^{-4}T}+6.05\times10^{-4}T\exp\left(\frac{-1.12}{k_BT}\right)-4.07\times10^{3}\exp\left(\frac{-3.72}{k_BT}\right)[\mathrm{W/(m\cdot K)}] \tag{2-20}$$

式中，第一项、第二项分别代表声子和电子对热导率的贡献；k_B 是玻耳兹曼常数；T 是热力学温度；第三项反映了氧缺陷对电子散射的贡献。该式适用于室温至 2500℃。从工程实用角度考虑，若用辐射机制的 CT^3 代替式(2-20)中的第二、三项，当然显得更为方便。

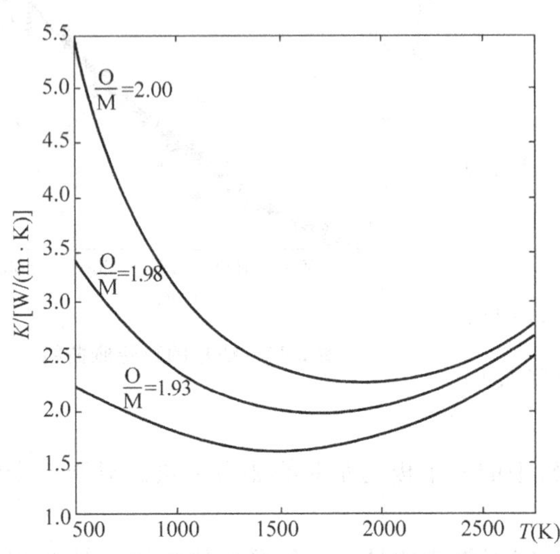

图 2-28　不同氧/铀比的二氧化铀热导率随温度的变化趋势

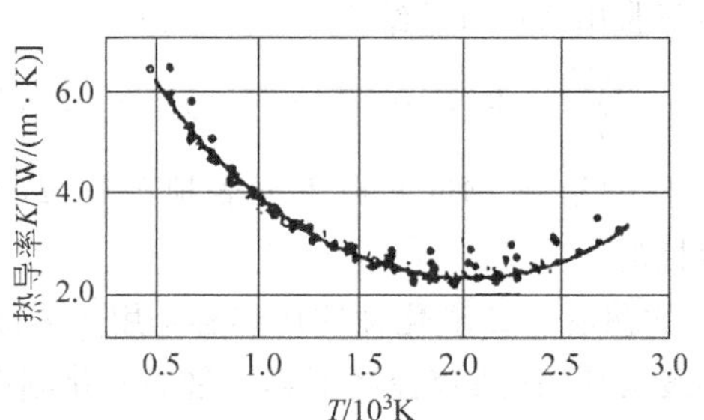

图 2-29　UO_2 热导率与温度的关系

热导率随 UO_2 的 O/U 比和空隙度的增大而降低。O/U 比的影响可以反映在式(2-20)右边第一项分母中，0.0538 项上添加一个与 O/U 比偏离 2.00 的差值因子；空隙度的影响用 Maxwell-Eucken 式

$$K_p=K_0(1-P)/(1+\beta P) \tag{2-21}$$

进行修正。其中 K_p 和 K_0 分别是空隙度为 P 和零的 UO_2 芯块热导率；β 是气孔系数，它不仅与气孔的尺寸形状及取向有关，而且还与温度有关。对于均匀分布的球状气孔，β 与温度的关系如下：

$$\begin{aligned}\beta&=1.99-0.44\times10^{-3}T,\quad 25℃<T<900℃\\ \beta&=1.64-0.14\times10^{-3}T,\quad 900℃<T<2000℃\end{aligned} \tag{2-22}$$

2.4.4　二氧化铀燃料的力学性能

UO_2 在常温下是脆性陶瓷体，没有确定的强度值，一般给出的断裂强度值约为 110MPa，见图 2-30。二氧化铀在脆性范围内的断裂强度与密度、晶粒度、温度有关。

UO_2 在脆性区的断裂强度可由式(2-23)计算：

$$\sigma_f=1.70\times10^2\times[1-2.62(1-D)]^{1/2}G^{-0.047}\exp[-1590/(RT)] \tag{2-23}$$

式中，σ_f 是断裂强度，MPa；D 是理论密度份额；G 是晶粒度，μm；T 是温度，K；R 是摩尔气体常数，8.314J/(mol·K)。上式的适用条件：$273<T\leqslant1000$K；当 $T>1000$K，$\sigma_f=\sigma_f(1000\mathrm{K})$。

在延-脆转变温度以上，UO_2 的断裂强度随温度提高而迅速降低，并在发生一些弹性变形后出现塑性变形。可以认为，密度、晶粒度及应变速率都会影响延-脆转变温度。实验结果表明，高密度化学计量 UO_2 在慢应变速率下，延-脆转变温度为 1200℃，见图 2-30。

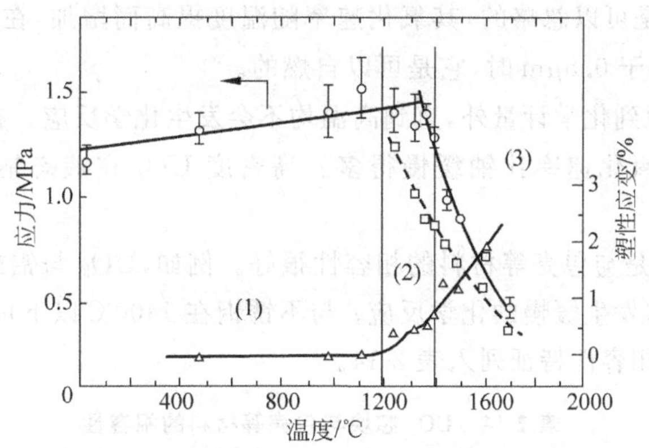

图 2-30 UO_2 断裂应力、应变与温度的关系

应变速率：$0.092h^{-1}$；晶粒度：$15\mu m$

(1) 总塑性应变；(2) 弹性极限；(3) 持久拉伸强度

晶粒度为 $0\sim20\mu m$ 的 UO_2 的压缩强度值介于 420～980MPa 之间。

UO_2 的弹性模量是温度的函数。在室温下，该数值介于 $1.93\times10^5\sim2.13\times10^5$ MPa 之间。有用的实测数据支持弹性模量随温度提高而线性降低的关系，温度系数等于 $3.09\times10^{-2}K^{-1}$。孔隙度为 P 的 UO_2 的弹性模量可由式(2-24)计算而得：

$$E_P = E_0(1 - 2.62P) \tag{2-24}$$

式中，E_0 是理论上致密的 UO_2 在室温下的弹性模量，等于 2.30×10^5 MPa。采用式(2-24)可将不同孔隙度 UO_2 的弹性模量归一化到 E_0 值。

UO_2 的泊松比与弹性模量及切变模量可由式(2-25)联系起来

$$\nu = \frac{E}{2G} - 1 \tag{2-25}$$

ν、E 和 G 分别代表泊松比、弹性模量和切变模量。室温下 UO_2 的 E 和 G 的报告值分别为 2.30×10^5 MPa 和 0.87×10^5 MPa。由此算得 UO_2 的泊松比等于 0.316。

UO_2 的高温变形可用热激活蠕变过程描述。迄今对 UO_2 的蠕变已经提出过两种模型：黏滞蠕变模型和幂次方定律模型。前者是以低拉伸应力下空位从晶界扩散及在低压缩应力下的空位向晶界扩散为基础；而后者是基于在高应力和高温下的位错攀移。

2.4.5 二氧化铀燃料的化学性能

从三氧化铀(UO_3)和八氧化三铀(U_3O_8)通过氢还原生成二氧化铀的自由能参见表 2-13。一般说来，很难得到化学计量的 UO_2，而只能得到 UO_{2+x}，(x=0.01～0.04)。

表 2-13 UO_2 的生成自由能

温度/℃	300	400	500	600	1000
由 UO_3 还原的生成自由能/(kJ/mol)	106.8	110.5	113.9	116.8	128.1
由 U_3O_8 还原的生成自由能/(kJ/mol)	191.8	198.9	205.2	210.2	228.6

二氧化铀的一个良好特性就是对大多数核反应堆冷却剂表现出相对的化学惰性。在 300℃温度下，如果水面上没有足够的氧分压，则 UO_2 与水不起作用。在大气中二氧化铀可选择吸附其中的水，被吸附的量与大气湿度、接触时间、温度及 UO_2 表面状态有关。在干燥的大气中，块状 UO_2 能吸附几个单分子层；在高湿气氛中，它的表面可吸附 6 个单分子层的水；UO_2 芯块的吸湿速率相当快，几分钟到几小时就可以达到饱和。

二氧化铀芯块在去氧的水蒸气中，直到高温也十分稳定，但在含氧的水蒸气中，如 UO_2 芯块在 650℃，含 30×10^{-6} 氧的水蒸气(压力为 4.2MPa)中，只消 10d 就产生严重的浸胀和破裂。密度大于 $10g/cm^3$ 的

UO_2 在 300℃空气中的氧化是可以忽略的，其氧化速率随温度提高而增加，在 700℃时达到最大值，然后再减小。当 UO_2 的颗粒尺寸小于 0.5μm 时，它是可以自燃的。

对氢，除了将 UO_{2+x} 还原到化学计量外，直到高温均不会发生化学反应。在潮湿和干燥的 CO_2 中，温度在 500～900℃范围，UO_2 的氧化速率比铀缓慢得多。高密度 UO_2 在液态钠中直到 600℃都有足够的稳定性。

UO_2 的另一个重要特性是与包壳等材料的相容性很好。例如，UO_2 与铝或铝合金在 600℃才发生化学相互作用；与锆合金在 600℃发生缓慢的化学反应；与不锈钢在 1400℃以下可长期相容。与其余绝热材料和难熔金属的相容性温度和相容性特征列入表 2-14。

表 2-14 UO_2 芯块与包壳等材料的相容性

材　　料	温度/℃	相 容 特 征
Al	约 500	形成 UAl_2、UAl_3
Be	600	形成金属间化合物
Zr	600	缓慢反应，Zr 脆化
不锈钢	1400	无化学相互作用
Ni	<1400	缓和反应
Si	1900～2100	生成 USi_3
Al_2O_3，BeO	<1800	无化学相互作用
C(细粉)	1300	1200℃缓慢作用，1800℃迅速反应
Nb、Ta、Mo	1200	1000h 内未观察到反应
W	200	无相互作用

2.5 二氧化铀芯块的堆内行为

2.5.1 辐照下二氧化铀燃料中发生的现象

虽然 UO_2 的堆内行为随它的几何尺寸和制造条件的不同而异。但是对确定形状的圆柱形芯块，它与两个重要参量——积分热导率和燃耗密切相关。经推导，前者等于

$$\int_{T_s}^{T_c} K(T)\mathrm{d}T = \frac{W}{4\pi} \tag{2-26}$$

式中，$K(T)$是 UO_2 的热导率，W/(m·K)；W 是燃料的线功率(W/cm)；T 是温度，K；T_s 和 T_c 分别是 UO_2 芯块的表面温度和中心温度，K。根据中子分布和同位素组分或测量冷却剂的热量可以计算积分热导率数值。若以平均热导率 $\overline{K}$ 代替 $K(T)$，则式(2-26)可简化为

$$T_c = T_s + \frac{W}{4\pi\overline{K}} \tag{2-27}$$

可见，在确定的冷却剂温度和燃料线功率密度下，燃料的中心温度取决于它的热导率。因此，UO_2 低的热导率造成在运行时有极高的中心温度和陡峭的温度梯度。有实验结果报道，当积分热导率等于 30kW/m 时，UO_2 将产生重结构效应，而在 60～80kW/m 时，中心区便开始出现熔化。

燃耗是燃料中发生裂变效应的一种度量。燃耗可用易裂变核的燃耗率，即以已裂变铀原子与燃料初始含有的全部铀原子的比值百分数表示。另一种常用单位是每吨核燃料产生的总能量，即 MW·d/t(U)。诸如密实、肿胀和裂变气体释放等现象都是与燃耗有关的。

UO_2 燃料在反应堆内产生热能，由于二氧化铀导热性能差，燃料棒内沿径向的温差较大，芯块中心温度高达 2000℃以上，而外缘温度只有 500～600℃，从而形成很大的温度梯度。运行初期，芯块就由于热应力大而开裂，随着燃耗的加深，还将出现燃料密实化、裂变产物析出、肿胀、裂变气体释放等，参见表 2-15。

表 2-15 辐照下二氧化铀燃料中发生的现象

$0\sim10^2$ MW·d/t(U)	$10^2\sim10^4$ MW·d/t(U)	$10^4\sim10^6$ MW·d/t(U)
裂纹的产生与消失	密实化完毕	肿胀
重新结晶	肿胀开始	固态裂变产物析出
密实	燃料-包壳管相互作用	由于裂变气体释放,燃料棒内压上升
裂变元素和氧沿径向重新分布	由于裂变气体释放,燃料棒内压开始上升	包壳管内表面被腐蚀
释放出被吸收的气体	—	裂变率降低

2.5.2 芯块开裂

辐照时燃料芯块内的径向温度梯度可达 $10^3\sim10^4$℃/cm,如此高的温度梯度势必在燃料芯块中引起很大的热应力。热应力在外区切向和轴向的为拉伸应力,会超过燃料的拉伸断裂强度;而在燃料中心区,热应力是压应力,燃料的压缩强度比拉伸强度大一个量级。

这个现象与 UO_2 芯块的塑性行为有关,见前面图 2-30。燃料芯块截面可分为三个温度区:第一区处于1200℃以下,为脆性区;第二区处于 1200～1400℃,为半塑性区,破坏前有一定塑性变形;第三区约在1400℃以上,强度显著降低,为塑性区。

内侧第三区燃料在塑性-脆性转变温度以上,在断裂前能承受相当大的塑性变形。所以燃料棒内由温度梯度而产生的热应力将使第一区开裂(实际上,当 $\Delta T=100$℃/cm 时热应力就达到了断裂强度),第三区在低应力下容易流动,因此不会开裂;在反应堆停堆以后,燃料冷下来,中心比周围收缩得多些,会产生出新的径向裂纹,在下次堆运行中裂纹会重新愈合而消失。在重力作用下,芯块会成为沙漏状,见图 2-31。

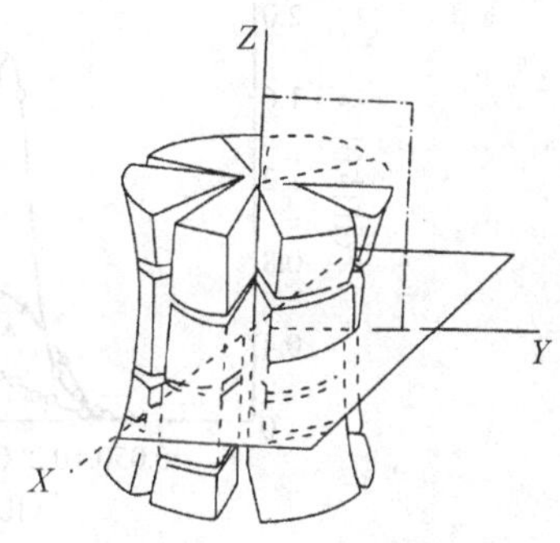

图 2-31 芯块开裂变形

燃料开裂的最重要后果之一是将燃料-包壳间隙的体积移向燃料内部,在开裂的表面之间形成间隙。燃料开裂时,裂纹处的切向应力消失,裂纹的两个表面由于受到裂开后的楔形燃料内部的切向拉应力而被稍稍分开。因为燃料几乎是不可压缩的,所以在裂纹开放的同时,楔形燃料块就沿径向向外移动。

芯块开裂使芯块与包壳之间的间隙减小,热导率增加,这时燃料芯块中心的温度有所下降。

芯块裂纹的存在和沙漏状的凸起会导致包壳应力过大产生裂纹。往往是包壳管内应力集中的部位,也是造成燃料棒破损的原因之一。

辐照后的压水堆燃料元件的横截面(图 2-32)和纵截面(图 2-33)上可以观察到芯块在反应堆运行中的开裂情况。

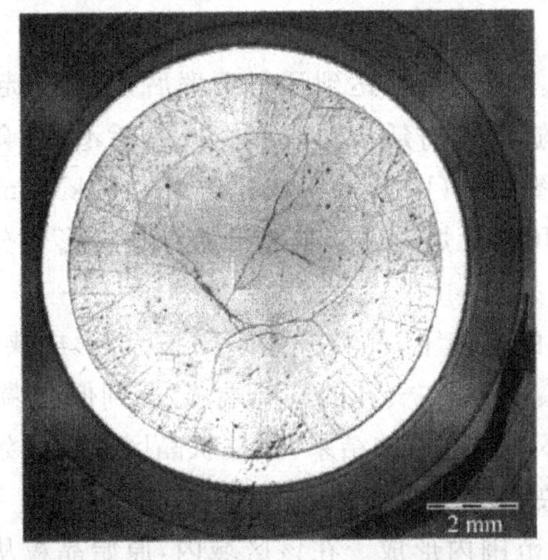

图 2-32 辐照后的燃料元件横截面图

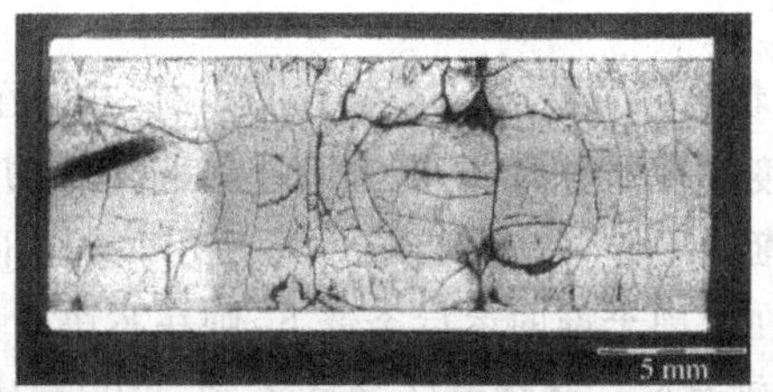

图 2-33 辐照后的燃料元件纵截面图

2.5.3 芯块密实化

芯块密实化是燃料寿期早期出现的另一组织改变，在热中子堆和快中子堆的氧化物燃料中都有发生。1972 年以来，在几个压水动力堆燃料组件卸料时，发现包壳管在冷却剂压力作用下发生坍塌，甚至包壳管被压扁。经热室检验，辐照后燃料柱明显缩短，每个芯块的直径和高度也明显减小。当燃耗超过一定值，密实趋势缓和。这种辐照条件下的芯块尺寸收缩，密度增加的现象即为**辐照密实**。

辐照密实对反应堆的运行安全有重大影响。燃料棒芯块长度减小，使包壳局部缺少芯块支撑，在冷却剂压力作用下，包壳管被压扁，包壳管因应变集中而破损，造成裂变产物泄漏；芯块长度减小，线功率密度增大，芯块温度增高；芯块半径减小，间隙加大，导热下降，也使芯块温度升高，影响到燃料棒的安全性。

辐照密实的机制比较复杂，研究表明，在辐照条件下，小于 1μm 的气孔明显减小或消失，而大于 5μm 的气孔体积几乎不变，当继续辐照时，尺寸小于 10μm 的所有气孔的体积分数进一步减小。这是不稳定 UO_2 的组织特征，如图 2-34(a)所示。所以为了制造稳定组织的 UO_2 芯块，必须采用低活性粉末原料，同时要增大气孔尺寸和提高 UO_2 密度。稳定 UO_2 的气孔分布见图 2-34(b)。

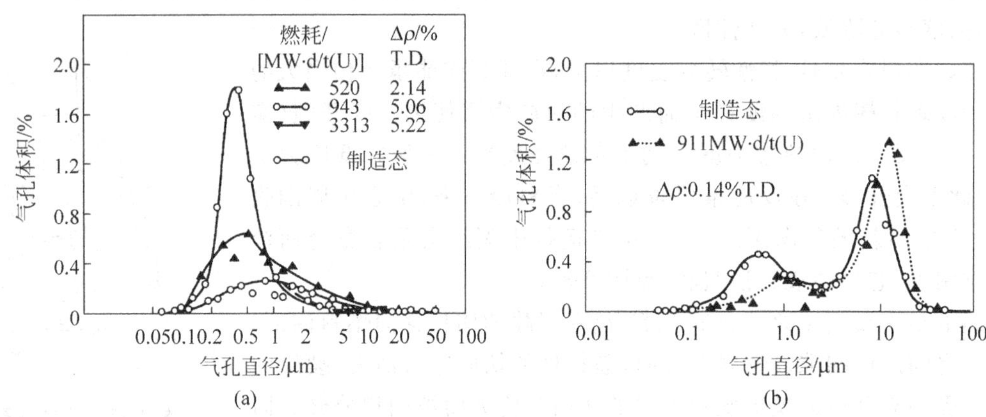

图 2-34 辐照对不稳定 UO_2(a)和稳定 UO_2(b)的气孔分布的影响

减少密实化的措施：

(1) 提高芯块的初始密度，芯块密度达 94%T. D. 以上时空隙度减少，密实量也显著减小。

(2) 研制辐照尺寸稳定的芯块，如添加造孔剂，得到大于 5μm 的原始气孔，减少小于 1μm 的气孔体积份额。

(3) 燃料棒内预充一定压力的氦气，防止因芯块密实化导致的包壳管倒塌。

2.5.4 重结构

UO_2 燃料芯块内，由于低的热导率引起大的温度梯度。当反应堆达到运行功率后，很快引起芯块微观组织的变化，原始烧结组织状态(含有气孔的均匀晶粒)将随时间的延长而改变。按燃耗不同，会先后形成 4 种不同的区域结构(图 2-35(a))，这种现象称为重结构。图 2-35(b)所示为试验功率为 54kW/m 得到的结果，中央出现熔化区；而在正常的 LWR 线功率下使用的 UO_2，无熔化区。典型的重结构按形貌分为以下几个区域。

1) 柱状晶区 该区温度在 1600～2150℃，在温度梯度的驱使下，晶粒开始定向长大，形成狭长的柱晶，气孔沿温度梯度的方向，向高温段迁移(迁移的机制大体是：UO_2 在气孔的高温端蒸发，到低温端沉积，这样气孔就逐渐向中心移动)，如图 2-36 所示。气孔向芯块中心部位迁移的结果，是柱状晶区晶粒的致密化和裂纹愈合。在快中子堆的运行条件下，则在芯块中央形成中央孔洞。

2) 等轴晶区 环绕着柱状晶区，在 1400～1600℃温度范围内形成。在该区域内，原始晶粒从各方向长大。晶粒可长大到原始晶粒的几倍，其大小取决于温度而不是温度梯度。晶内的气孔逐渐扩散到晶界，因此在这区除长大的晶粒外还可发现大量沿晶的气孔。

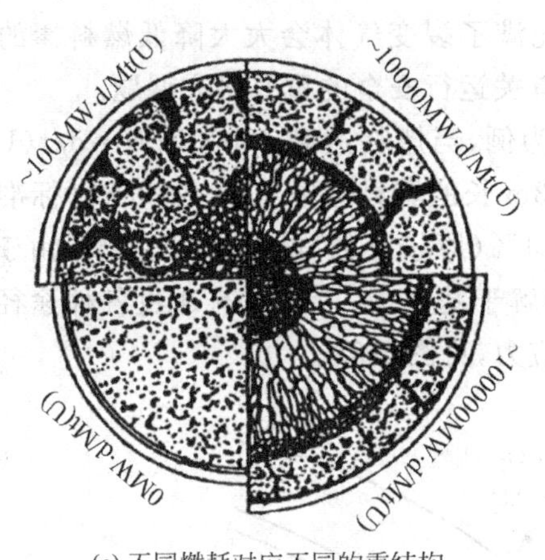

(a) 不同燃耗对应不同的重结构

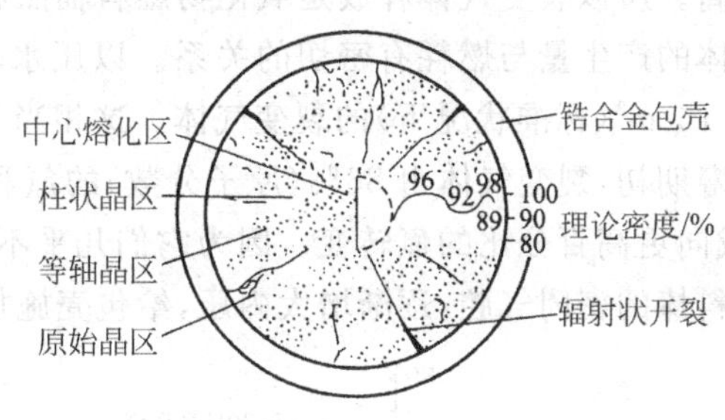

(b) 典型的重结构形貌

图 2-35 燃料芯块的重结构

3) 原始晶区　在约 1300℃ 以下的环状区，扩散现象不显著，仍保持初始的微观特征。

4) 边缘区　在 UO_2 燃料局部因裂变密度极高而造成 100～200μm 窄的边缘区，在该区内晶粒碎裂，微气孔（约 1μm）密布，钚和裂变产物聚集。

显然，UO_2 的辐照重结构效应会影响它的基本物理性质（如热导率等）和其他堆内行为（如机械相互作用等）。

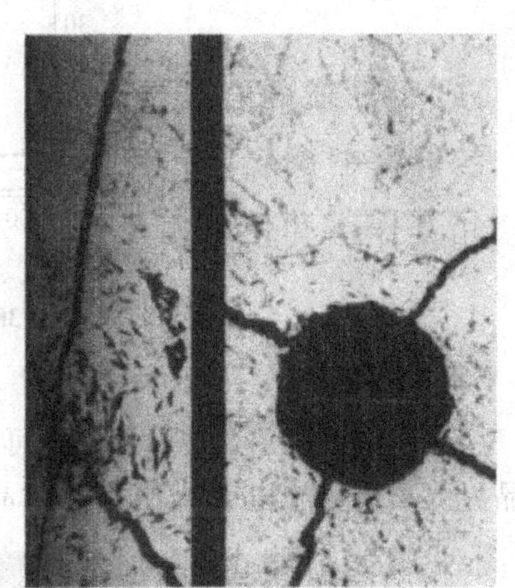

图 2-36 气孔向中心迁移

2.5.5 辐照肿胀

随着燃耗的增加，二氧化铀的密度减小，体积变大，称为辐照肿胀。燃料肿胀主要由两方面的因素造成的：一方面，1 个裂变原子分裂后形成了 2 个质量相对较小的裂变产物——原子，造成体积膨胀；另一方面，裂变产物中的气体聚积形成气泡，镶嵌在燃料中，使燃料的密度下降，发生肿胀（见图 2-37）。

裂变产物有固体裂变产物和气体裂变产物，裂变气体的总产额为 25%～30%（原子分数），主要成分是氙（Xe）、氪（Kr），它们是稳定同位素，完全不溶解，几乎总是聚集成气泡，并在一定的条件下从燃料中释放出来，造成燃料棒内压力增高。它们在温度梯度和应力梯度的作用下，借表面扩散、蒸发和聚集而合并。气泡内的气体密度比固体燃料的密度低得多，因而导致燃料的肿胀。另外还有一些可挥发的裂变产物如碘（I）、铯（Cs）、碲（Te）、氪（Kr）、镉（Cd）、铷（Rb）有时也以气体的形式存在；固体的裂变产物对肿胀的贡献很小，每原子百分比燃料的氧化物燃料的肿胀量为 0.3%～0.7%。Assmann 等测量了 LWR-UO_2 的宏观肿胀率，得到了每 10GW·d/t(U)产生 $\Delta V/V$ 为 1.00±0.15%。主要有金属态的钼（Mo）、钌（Ru）、锝（Tc）、钯（Pd）、铑（Rh）等和锆酸盐态的钡（Ba）、锶（Sr）等形成的嵌入物。裂变固体还有氧化物态的铌（Nb）、锆（Zr）、钇（Y）、稀土等。

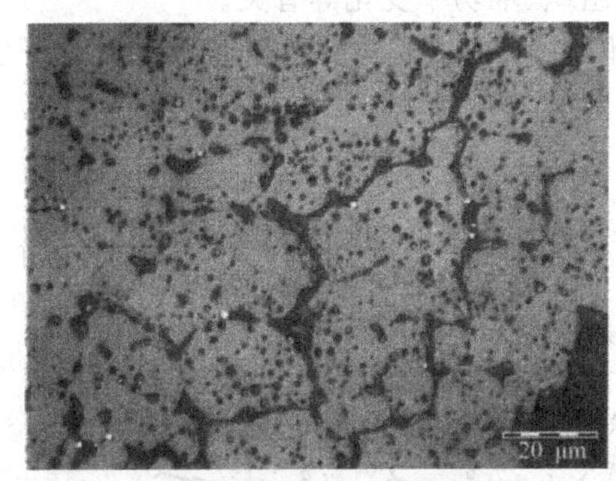

图 2-37 辐照后的燃料芯块

芯块中心可观察到气体裂变产物（晶内的黑点）和固体裂变产物（晶内的白点）

芯块的肿胀使燃料与包壳贴紧，甚至发生芯块-包壳机械相互作用，引起包壳管的径向变形和轴向变形，因应力、应变集中造成包壳管破损。所以辐照肿胀是燃料寿命的限制因素之一。

2.5.6 裂变气体释放

核裂变产生的惰性裂变气体氙、氪，这些气体释放后，会使燃料棒的内压升高；如秦山核电一厂，初始燃料棒内压为 2MPa，到寿期末内压升到 7.3MPa。而且这些气体的导热性很差，因氙氪混合气体的热导率仅为纯氦的约 1/23，所以燃料棒气隙充满了裂变气体会大大降低燃料棒的传热效率，使芯块温度升高。所以裂变气体释放是氧化物燃料辐照和有关运行安全的重要研究课题。

裂变气体的产生量与燃耗有密切的关系。以压水堆为例，当燃耗达到 45000MW·d/t(U)时，$1cm^3$ 的 UO_2 产生约 $16cm^3$(标准状况下)的裂变气体。这相当于 3m 长的燃料棒中有约 $2000cm^3$(标准状况下)的裂变气体。在寿期初，裂变气体由 86%(原子分数)的氙和 14%(原子分数)的氪组成。以后由于 ^{232}Pu 裂变的增加，该组成向更高百分比的氙转变。因为它们几乎不溶解于基体中，所以只有通过各种途径从 UO_2 中释放并流入燃料棒的密闭气腔，逐渐增大内压，给包壳施加应力，见图 2-38。

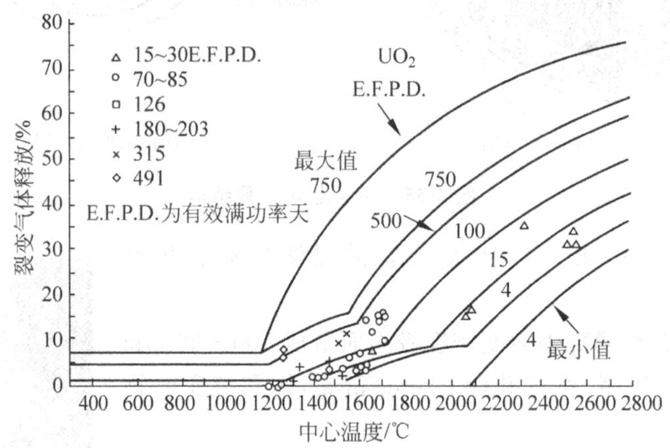

图 2-38 UO_2 中裂变气体释放的实验值和计算值的比较

(温度梯度为 10^3℃/cm)

在一定温度下这些释放气体可聚集、扩散形成气泡，迁移到晶界并在晶界长大、相互连接形成网络，在晶界上形成释放通道，气体可通过晶界或裂纹释放(图 2-39)。

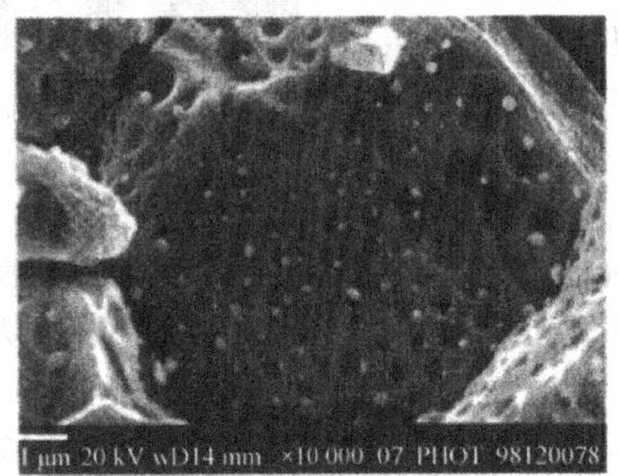
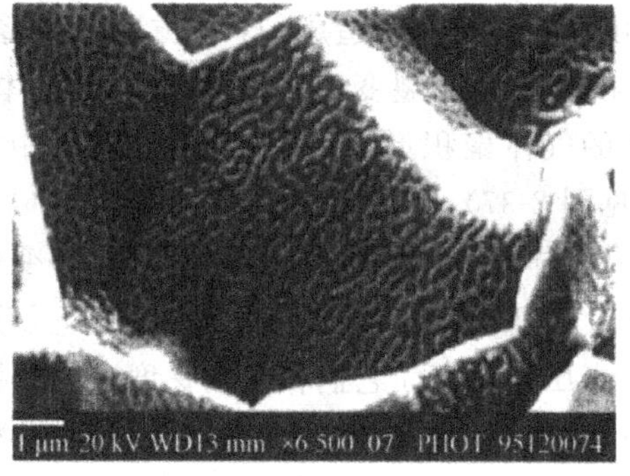

图 2-39 裂变气体在晶内、晶界聚集，形成释放通道(扫描电镜像)

影响裂变气体释放的最主要的因素是温度，同时与燃耗及原始组织、堆功率变化等有关。

1) 温度　低于 1000℃，裂变气体基本上都包容在二氧化铀基体内，只有 1%的反冲和击出原子脱离基体而释放。因为在 1000℃以下，裂变气体原子的可动性很低，它们冻结在固体内，只有靠近表面的气体原子(高能裂变碎片)，从燃料内直接飞出去(反冲原子，recoil)，或是裂变碎片碰撞处于表面的气体原子，把它击出去(击出原子，knock-on or knock-out)，这种释放机制与温度和温度梯度无关。

在 1000～1600℃范围内，裂变气体原子获得能量，有一定的可动性，可聚集形成气泡，气泡可短距离迁移。这些晶界的气泡密度明显增加(图 2-40)，晶界变脆，并部分开裂，使聚集在晶界附近的气泡释放出来。约有 4%的裂变气体释放。

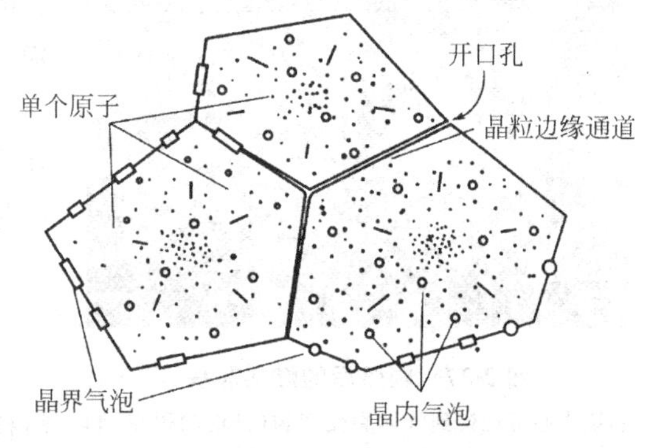

图 2-40 裂变气体释放机制示意图

在 1600～1800℃范围内，气泡和闭气孔有较大的可动性，在温度梯度的驱动下，气泡迁移到晶界及裂缝处，约有 50%的裂变气体释放。

大于 1800℃，裂变气体全部释放。

2) 燃耗　随着燃耗的增加，裂变气体释放率也增加。当芯块温度大于 1250℃，增加的趋势较明显，低于 1250℃，裂变气体释放率较低，趋势不明显。

3) 原始组织　晶粒尺寸大，裂变气体被晶界捕获的概率小，释放率相应地也小。但在小于 1000℃和大于 1600℃时，晶粒尺寸对气体释放率几乎没有影响。

4) 堆功率变化　堆功率提升或下降时，芯块温度发生突然的变化，热应力使已脆化了的晶界开裂。这样，裂变气体就会随着开裂而释放。因此伴随着每次功率变化，气体释放量就会增加。

2.5.7 氧及可挥发性裂变产物的再分布

在辐照过程中，氧化物燃料芯块内发生氧及可挥发性裂变产物的再分布，这种再分布将影响到芯块物理性能(熔点、热导率等见图 2-28、图 2-29)的改变和对包壳管的腐蚀。

1) 氧的再分布　燃料棒内不可避免地存在着少量的碳和氧，它们以 CO、CO_2、H_2、H_2O 的形式存在。在温度梯度和燃耗的影响下，CO_2 承担输送氧的任务。在过化学计量的氧化物中，CO_2 从冷区经裂纹和连通孔隙扩散到热区，将氧沉积在固体中，同时转变成 CO 扩散回冷区，并重复这个过程，逐渐将氧输送到热区。而在欠化学计量的氧化物中，呈反向输送，将氧输送至冷区。辐照下氧的重新分布影响了燃料的热学性能，并对芯块中心熔融温度的计算及包壳的氧化行为有影响。

2) 可挥发性裂变产物的再分布　裂变产物中可挥发性裂变产物铯、铷、碘、碲等元素向着冷端迁移，特别是铯的迁移是一种蒸馏过程，铯冷凝在锆包壳有侵蚀性，使包壳外壁受到侵蚀及应力腐蚀开裂(图 2-41)。

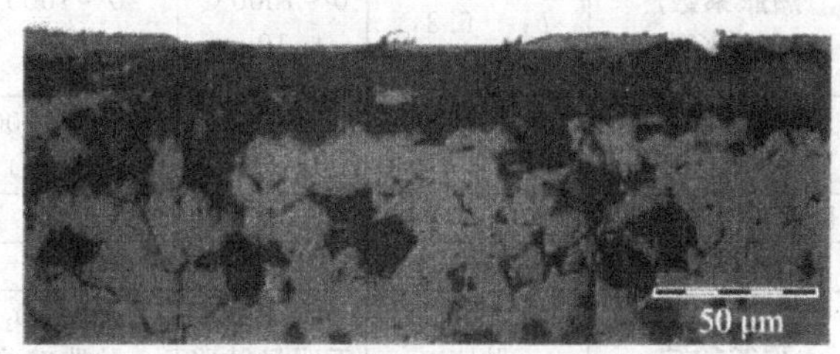

图 2-41　包壳应力腐蚀开裂的初期

2.6 MOX 燃料

MOX 燃料是氧化铀和氧化钚混合燃料(mixed uranium and plutonium oxide fuel)的简称。一般在压水堆中使用的 MOX 燃料中钚仅占 5%～10%，而在快堆中使用时可达 15%～30%，甚至高达 45%。有关 MOX 燃料的详细论述请见 8.4 节。

MOX 燃料的开发不仅可以使钚得到和平利用，充分利用核能资源，也能使核燃料的经济性提高，核电成本下降。

引入钚燃料带来的问题，主要是材料基本物理性质变化，如燃料热导率、熔点的降低。由于钚的吸收截面及裂变截面比铀大，引起性能的变化，主要表现在芯块中心温度、裂变气体及氦气的产生与释放行为、棒的径向功率分布、芯块与包壳相互作用行为等与 UO_2 燃料棒略有不同，这些都对燃料棒的性能有一定的影响。

钚的加入对燃料元件后处理也会有影响，过多的钚会造成燃料在硝酸中的溶解不完全，因此也对 MOX 燃料中钚的加入量有所考虑。

而且在堆内辐照过程中^{235}U 是单纯消耗，而钚-239 是既有消耗(裂变)，又有生产(增殖)的动态过程。因此压水堆 MOX 燃料中 Pu 的含量究竟能加多少还要在研究发展中不断探索。

目前世界上对混合物燃料的研究不仅有氧化物，还有碳化物和氮化物以及前面提到的金属型铀-钚-锆燃料。

2.7 高性能陶瓷燃料

2.7.1 陶瓷型燃料对比

铀、钚、钍与非金属元素(氧、碳、氮等)的化合物组成了陶瓷型核燃料。与金属及合金型核燃料相比，陶瓷型核燃料具有熔点高、耐腐蚀、辐照稳定性好等优势。陶瓷型核燃料有氧化物型(二氧化铀、二氧化钚、二氧化钍及氧化铀钚(MOX燃料)等)、碳化物型(碳化铀、碳化钚、碳化铀钚等)及氮化物型(氮化铀、氮化钚、氮化铀钚等)。各种陶瓷型核燃料的性能对比见表2-16。

表2-16 各种核燃料的性能对比

核燃料	U	UO_2	UC	UN	Pu	MOX	Th+UO_2
熔点/℃	1133	2865	2380	2850	640	2400	1750
晶体结构	α RT～668 β 668～774 γ 774～MP	FCC	FCC	FCC	6种相 α、β、γ、δ、δ′、ε	FCC(以20% PuO_2为例)	≤1325 FCC ≥1325,BCC
理论密度/(mg/m^3)	18.06～19.04	10.96	13.63	14.3	15.92～19.82	11.04	11.72(RT)
热胀系数/($10^{-6}K^{-1}$)	a: 39.0, b: −6.3, c: 27.6	0～1500℃ 10	20～1000℃ 10		δ,δ′为负值	RT～1600℃ 11.6	(RT)11.4
热导率/[W/(m·K)]	25(25)	2.8(1000) 8.4(20)	21.7(1000) 33(44)	24.5 (1000)	4.2(RT)	3.3(600)	38(1000) 45(650)
断裂强度/MPa	344～1380	110	62				241
弹性模量/10^{11}	1.0～1.7	2.0	2.1	1.9	1.0	1.8	6.9
辐照效应	≥450℃ 肿胀	0.5×10^{22} 无明显肿胀	比UO_2 肿胀略多	氮的寄生俘获		U从心部向边缘迁移	辐照稳定性好
化学稳定性	与氢、水、空气在RT作用	稳定	至500℃与钠不作用与水作用		与氧、氢、水作用	稳定	与空气、水作用，与钠不作用
生产	易	粉末 冶金法	从UO_2 制得	从UO_2 制得	生物学上 有害	FBR用20%，PWR用3%～5%	易
尺寸稳定性	差	好	好	好	差		

碳化物燃料(UC)可用在很高温的条件下；UC的裂变原子密度比UO_2燃料的高25%～30%；热导率也比UO_2高，在高温和高燃耗下有很好的辐照稳定性。但它比UO_2易肿胀，也没有UO_2包容裂变气体的能力强，并且与水作用，但与液态金属钠不起作用，所以成为有应用前景的另一种陶瓷型燃料。

UN有很好的导热性能；与很多材料的相容性也比UC好；它在高温下有很好的抗变形能力和很好的辐照稳定性。因此，氮化物燃料(UN)曾是一种很有前途的陶瓷型燃料，美国的空间核电源曾拟采用氮化铀核燃料。

二氧化铀是所有核燃料中用得最广泛，因而也是最重要的一种核燃料，现有动力堆几乎都用UO_2作为核燃料。

快中子增殖反应堆的发展已经历了半个多世纪，跨越了实验堆—原型堆—验证堆三个阶段，道路坎坷。

自20世纪50年代开始，核国家纷纷制定了快中子增殖堆发展计划。从增殖核燃料的目的考虑，铀合金和含钚的铀合金因具有最高的易裂变原子密度而成为当然的快堆核燃料。因此第一代实验快堆都以铀合金为驱动燃料①。但这类燃料在使用中暴露出来的辐照肿胀和相容性问题十分严重，而且其低熔点将限制动力堆热工潜力的发挥，以至于在20世纪60年代初不得不去寻找新的高密度、高熔点的核燃料。

在比较了氧化物与碳化物、氮化物后(表2-17)，当时认为，氮化物是最有希望的高性能陶瓷燃料。但

① 只有BR-5采用PuO_2燃料。

是，氮化物因难以制造及其(n,p)反应生成 He 和^{14}C，前者增加了燃料内压，后者带来了放射性，因而被放弃。而且基于已较好掌握了氧化物燃料的制造、性质和堆内行为，一方面集中把$(U,Pu)O_2$ 作为快增殖堆的首选核燃料；另一方面则因碳化物有良好的核性质和与钠冷却剂相容性好及熔点高，一些国家决定推行 UC 核燃料的研发计划。80 年代初，正当大规模辐照计划取得可喜成果的时候，由于快增殖堆规划的缩减而中止了相关的碳化物研究计划，只保留了基础性先进燃料研究。直到 80 年代中，从核燃料循环经济性考虑，要求降低燃料制造费用，提高燃耗，对推行核燃料后处理的欧洲，要求乏燃料适应 OUREX 工艺的首端处理，氮化物燃料又优先于碳化物而得到了发展。

表 2-17　铀钚混合核燃料的密度、熔点和热导率

陶瓷核燃料	密度/(g/cm³)①	熔点/℃	热导率/[W/(m·℃)]②
$(U_{0.8}Pu_{0.2})O_2$	9.75	2768	3.3
$(U_{0.8}Pu_{0.2})C$	12.95	2427③	17.0
$(U_{0.8}Pu_{0.2})N$	13.53	2780	17.1

① 重金属密度。
② 600℃时的热导率。
③ 固相线温度。

2.7.2　碳化物燃料

碳化物是早期被公认的最具吸引力的快增殖堆燃料，因此对其制造技术、性质和堆内行为的研究都取得了较大的进展，到了 20 世纪 80 年代，一种$(U_{0.3}Pu_{0.7})C$ 陶瓷燃料在快中子增殖实验堆(FBTR)中得到了使用。

碳化物燃料芯块有两类：用 Na 作为间隙传热介质(称为 Na 结合)的高密度(98%T.D.～85%T.D.)芯块和用 He 作为间隙传热介质(称为 He 结合)的低密度(80%T.D.～85%T.D.)芯块。以下就芯块燃料分别介绍其制造、性质和堆内行为。

2.7.2.1　碳化物燃料芯块的制造

碳化物燃料芯块的制造主要包括制粉、压制和烧结三步。

在 U-C 二元系中有 UC、U_2C_3 和 UC_2 三种碳化物，只有 UC 在熔点 2490℃以下无相变发生。且随温度升高，UC_{1+x}的 x 增大；其次氧在 UC 中有足够的固溶度。Pu-C 二元系也有类似的性质，但 PuC 是一种缺碳的相(用 PuC_{1-x}表示)，其熔点为 1620℃。UC 和 PuC 晶体都属于 NaCl 型 FCC 结构，它们的晶格常数分别为 0.4961nm 和 0.4968nm，可形成连续固溶体(U,Pu)C，用符合 MC 表示。当 M= $U_{0.8}Pu_{0.2}$时，MC 的晶格常数为 0.4963nm。这些特性决定了 UC 和(U,Pu)C 的制造工艺。

1) 制粉　碳化铀粉末可用细的铀粉与石墨粉在电弧炉内直接反应得到，还可以先在氢气中经 200～600℃温度范围循环加热制取氢化铀粉，然后与碳反应制得。在商业上多以成熟的氧化物工艺为基础，用碳热还原法生产碳化铀。

MC 粉末的生产是根据早期的辐照经验和芯块的技术指标(表 2-18)来制定的。碳热还原是制取 UC 或 MC 粉末的一种最简单的工艺。把 UO_2 或$(U,Pu)O_2$ 粉末与炭黑或石墨粉混合或压制成坯块后，在 1500～1600℃流动氩气或真空中发生以下反应：

$$UO_2 + PuO_2 + 3C \longrightarrow (U,Pu)C + 2CO_2 \tag{2-28}$$

表 2-18　高性能陶瓷燃料芯块的优化组分

项　目	(U,Pu)C	(U,Pu)N	项　目	(U,Pu)C	(U,Pu)N
Pu/(U+Pu)	约 0.2	约 0.2	C(质量分数)/%	5.08～5.65①	<0.01
O(质量分数)/%	<0.01	<0.01	孔隙度/%	15～20②	15～20②

① 与 5%～10%(体积分数)的 U_2C_3 相当。
② 稳定燃料的要求。

反应需要4～6h；再经破碎、磨细(小于44μm)，制得MC粉末。该法的技术难点在于室温下产物的化学计量范围狭窄，需仔细控制最终产物达到化学计量指标。例如要求M_2O_3含量低于15%(体积分数)，或避免形成金属夹杂物，以改进其堆内行为。为此，要严格防止原料储存时的氧化，配料时要准确估算碳的添加量。为了减少包壳在使用中发生碳化，要尽量降低M_2C_3的含量。一般可采取提高氧含量的措施。另一个技术难点是由于钚的蒸气压高，还原时难免要发生钚的损耗，这可采用惰性气体保护得以解决。如果在真空中还原，则可降低还原温度，也有利于排出CO(CO_2)气体，对钚的损耗还应采取其他措施。

2) 芯块制造　在(U,Pu)C粉末中加黏结剂和助烧剂(如镍)，经均匀混合、制粒后，在170MPa压力下成型，然后在低温下用惰性气体除去黏结剂和润滑剂，再升温到1500℃，烧结2～3h即可。制造低密度芯块时，需在粉料中添加一定量的造孔剂，烧结在1750℃下进行8h。需要时可用无心磨床磨削，经尺寸检查合格后装棒。

碳化物在空气中容易氧化，遇水分解，粉末易自燃。碳化物燃料的制造必须在惰性气氛的手套箱中进行，对气体的纯度要求较高，特别是氧和水等杂质。此外，还需采取安全防火措施。

2.7.2.2　碳化物燃料的性质

1) 晶格缺陷和扩散　UC具有共价键和金属键同时作用的混合化学键，其晶体结构是由大的铀原子构建密排FCC框架，小的碳原子占据其八面体间隙而成。U和C的共价半径分别为0.1668nm和0.0813nm。未被占据的四面体间隙很小，其半径约为金属原子的30%。该结构中最重要的本征缺陷是分子空位，其半径约为0.1789nm；非本征缺陷主要为杂质碳和氧及裂变产物。它们对燃料堆内行为的影响取决于是否能固溶，这与杂质原子的直径有关。Xe和Kr是最重要的裂变产物，它们的原子半径分别为0.220nm和0.203nm，Ba和Sr会形成独立的固相。Cs原子半径为0.2658nm，与Xe、Kr都不能进入分子空位，但它可以通过碳亚点阵上的杂质氧而离子化后($R_{Cs^+}=0.167$nm)与氧结合进入晶格。

在UC和MC晶体中，非金属原子和金属原子的扩散分别发生在各自的亚点阵上。因氧的共价半径(为0.0737nm)小于碳的共价半径，所以杂质氧可进入碳亚点阵并最多取代直到35%的碳原子，又因C亚点阵上的缺陷比M亚点阵上的空位有更大的迁移率，所以碳的自扩散要比铀、钚的自扩散快几个数量级。所以在核反应堆内的扩散问题一般由非金属组元所控制。

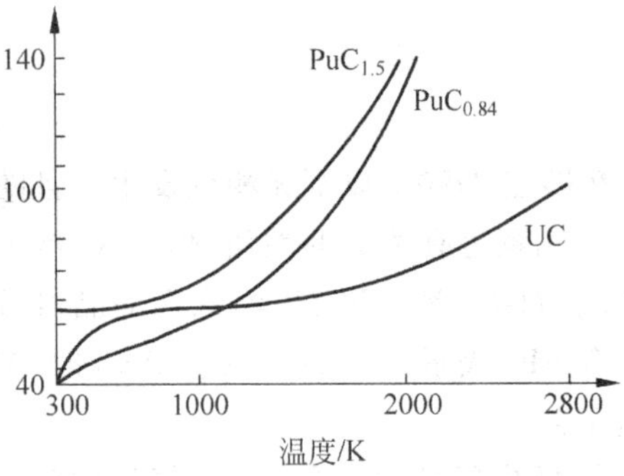

图2-42　三种碳化物的c_p-T曲线

2) 热物理性质　碳化物和倍半碳化物的比定压热容与温度的关系常采用多项式对实测数据进行拟合而得，如：

$$c_p(T)=a+bT=+cT^2+dT^3+e/T^2 \qquad (2\text{-}29)$$

式中，c_p和T的单位分别为J/(mol·K)；a～e五个拟合参数对于UC、$UC_{1.5}$、$PuC_{0.84}$和$PuC_{1.5}$四种碳化物的值分别列于表2-19中。图2-42示出了由式(2-29)计算得到的三种碳化物的c_p-T曲线，曲线在1500K以上出现了上升的趋势，这是高温下空位生成的贡献。可以预见($U_{0.8}$,$Pu_{0.2}$)C的比热容，无论是在低温段还是在高温段都应介于$PuC_{0.84}$和UC的比热容之间。

表2-19　四种碳化物燃料的c_p式(2-28)中的系数

碳化物	温度范围/K	a	b	c	d	e
UC①	298～2780	50.984	2.752×10^{-2}	-1.868×10^{-5}	5.716×10^{-9}	-6.187×10^{6}
$UC_{1.5}$②	298～1670	75.354	-2.395×10^{-2}	2.0689×10^{-5}	0	-1.4532×10^{6}
$PuC_{0.84}$②	298～1875	57.876	-1.4497×10^{-2}	7.7085×10^{-5}	8.6156×10^{-9}	-6.5548×10^{5}
$PuC_{1.5}$①	298～2285	78.0375	-3.9955×10^{-2}	-1.868×10^{-5}	0	-1.08836×10^{6}

① Holley等的评价结果。

② Oetting等的测量结果。

碳化物燃料的热膨胀数据一般由X射线衍射法测量晶格常数的相对热膨胀$\Delta a_0(T)/a_0$，或由热膨胀仪测出$\Delta L(T)/L$。两者间的差别按Eshelby的公式应是$\frac{1}{3}\frac{\Delta N(T)}{N_0}$，$\frac{\Delta N(T)}{N_0}$表示温度$T$(K)时的肖脱基缺陷份额，它只是一个小的修正量。对宏观的热膨胀 $\Delta L(T)/L$，可用多项式表示为：

$$\frac{\Delta L(T)}{L}=A+BT+CT^2+DT^3 \tag{2-30}$$

式中的四个系数 A、B、C 和 D 对四种碳化物的拟合值列于表 2-20 中。

表 2-20　四种碳化物燃料的 $\Delta L(T)/L$ 式(2-29)中的系数值

碳　化　物	温度范围/K	A	B	C	D
UC①	293～2270	-2.8526×10^{-3}	9.3877×10^{-6}	1.1886×10^{-9}	0
$UC_{1.5}$②	298～2060	-2.2674×10^{-3}	6.8357×10^{-6}	2.7068×10^{-9}	-3.7848×10^{-12}
$PuC_{1.5}$②	298～1930	-3.6604×10^{-3}	1.1666×10^{-6}	2.07×10^{-9}	0
$(U_{0.8},Pu_{0.2})C$①	293～1800	-1.9093×10^{-3}	5.6354×10^{-6}	3.1545×10^{-9}	-5.0324×10^{-13}

① 用热膨胀仪测得。

② 用 X 射线衍射法测得。

UC 的热导率曾由 Fulkeson、Kamimoto 和 De Koninck 分别测得，见图 2-43。虽然 UC 的热导率受过剩碳、残留杂质和孔隙度等因素的强烈影响，但曲线符合得很好。从曲线趋势来看，UC 热导率主要来自于电子传输的贡献。Storms 研究了(U，Pu) C 的热导率，作出了如图 2-44 所示的曲线。他发现，$(U_{0.8},Pu_{0.2})C+(U_{0.8},Pu_{0.2})_2C_3$ 在 500～1500K 温度范围内的热导率处于 17～19W/(m·K)之间，到 1600K 时有减少的趋势。而 Arai 等测得的$(U_{0.8},Pu_{0.2})C$ 的热导率曲线处于上述曲线之下。Matzke 推荐下式来计算 320～2500K 温度范围内$(U_{0.8},Pu_{0.2})C$ 的热导率：

$$\left.\begin{aligned} K&=17.5-5.65\times10^{-3}(T-273)+8.14\times10^{-6}(T-273)^2, \quad 323\text{K}<T<773\text{K}\\ K&=12.76+8.71\times10^{-3}(T-273)+1.88\times10^{-6}(T-273)^2, \quad 773\text{K}<T<2573\text{K}\end{aligned}\right\} \tag{2-31}$$

式中，K 代表热导率，W/(m·K)。

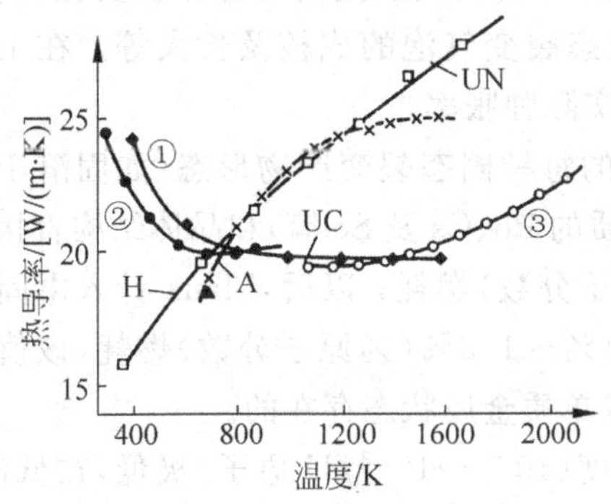

图 2-43　UC 和 UN 的热导率

① Fulkeson；② Kamimoto；③ De Koninck

标记 H 和 A 的曲线分别由 Hayes 和 Arai 等得出

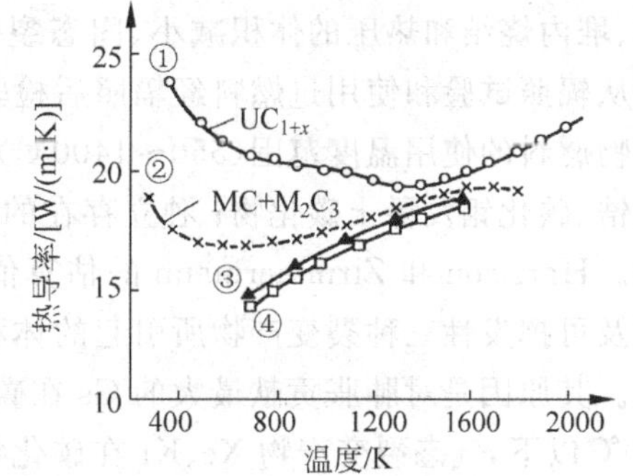

图 2-44　低氧含量 UC_{1+x} 和 MC(3.4)($M=U_{0.8},Pu_{0.2}$)的热导率

①、②为 Storms；③、④为氧含量 0.3%(质量分数)的 MC，Arai

3) 力学性质　UC 和 MC($M=U_{0.8},Pu_{0.2}$)的室温绝热弹性模量(E)是通过测定兆赫(MHz)波段的纵向和横向超声波速度来得到的，该速度是温度和孔隙度的函数，得到的室温绝热弹性模量(E)和泊松比(ν)与孔隙度(P)的关系列于表 2-21 中。室温的绝热切变模量(G)和体积模量(B_s)可由熟知的公式计算。

表 2-21　多晶 UC 和 MC 的室温弹性模量(E)和泊松比(ν)与孔隙度(P)的关系

碳　化　物	E/GPa	ν
UC①	$224.9(1-2.30P)$	$0.288(1-0.99P)$
$(U_{0.8},Pu_{0.2})C_{0.98}$②	$202.3(1-1.54P)$	$0.290(1-0.21P)$

① 参考 Padel 和 de Novion。

② 参考 Routbort。

在室温～$0.5T_m$ 温度范围，碳化物燃料的模量(Y)与温度的关系可简单表达为：

$$Y(T) = Y_0[1 - b_T(T - 298)] \tag{2-32}$$

式中，$Y(T)$和Y_0代表温度T和室温下的绝热模量E、G、B；温度系数$b_T = 8.0 \times 10^{-5}\text{K}^{-1}$。对UC的等温模量($E_T$,$B_T$)，可由绝对模量($E_s$,$B_s$)通过式(2-33)求得：

$$E_T = 0.986E_s, \quad B_T = 0.91B_s \tag{2-33}$$

Barnes 对孔隙度为12%的烧结试样由弯曲试验测得 σ_f 等于 75.8MPa；而对热挤压试样测得为310MPa，当温度提高到1000℃时，断裂应力约降为1/2。对于高密度陶瓷，断裂应力与孔隙度(P)的关系可由式(2-34)表示：

$$\sigma_f = \sigma_0 \exp(-nP) \tag{2-34}$$

式中，n为常数，一般为4～7；σ_0为零孔隙度的断裂应力。对于UC，取$n=5$，求得烧结UC的室温弯曲断裂应力σ_0为138MPa。Rice 推荐室温拉伸断裂应力σ_0为100MPa，由此可计算不同孔隙度UC的拉伸断裂应力。

高密度陶瓷的断裂韧性(K_{IC})与断裂表面能(γ_f)的关系为：

$$K_{IC} = \left(\frac{2\gamma_f E}{1-\nu}\right)^{1/2} \tag{2-35}$$

式中，E和ν分别代表弹性模量和泊松比。Friedel 推荐γ_f为2.5J/m^2，则由式(2-34)可求得UC或MC的K_{IC}。

2.7.2.3 碳化物燃料的堆内行为

在反应堆内使用时，由于易裂变核素的消耗和裂变产物的积累，碳化物燃料的成分发生变化。生成的裂变产物在晶格内滞留、迁移、俘获空位和气孔。裂变产物几乎不溶于燃料，成为气泡或析出物，使燃料组织发生变化，引起燃料的肿胀和裂变气体释放。但因碳化物的热导率高，燃料横截面上的温度梯度较平坦，故裂变产物和钚的偏析不会太大。

1) 辐照肿胀　碳化物燃料的辐照肿胀应包括在反应堆运行过程中燃料内发生的全部体积变化，诸如裂纹体积增加、堆内烧结和热压的体积减小、固态裂变产物积累和气态裂变气泡的成核及长大等。在工程上关心的只是从辐照试验和使用过燃料经辐照后检验测得的芯块的实际肿胀率。

在碳化物燃料的使用温度范围(550～1400℃)内，由可能生成的每种固态裂变产物形态(如固溶于燃料基体的碳化锆、碳化钼及稀土碳化物；独立存在的SrC_2、BaC_2；单质的Pb、Cs及Se等)和晶体结构直接计算其体积增减。Harrison 和 Zirmmermann 的估算值为1.0%(%原子分数)燃耗；以后，Blank 计入由固态和稳定的气态及可挥发性三种裂变产物所引起的体积肿胀，得到1.1%～1.3%(%原子分数)燃耗，该值大于氧化物燃料。其原因是对肿胀贡献最大的Cs在碳化物燃料中是以单质金属状态存在的。

在1400℃以下，气态裂变产物Xe、Kr在碳化物燃料中的溶解度(10^{-9}～10^{-8}/U原子)极低，在低温时，它们只能滞留在晶格间隙位置或被空位等缺陷所捕获，形成亚稳的过饱和状态。因此，裂变气体对肿胀没有贡献。但在高温下，裂变气体原子通过体扩散与缺陷一起迁移，在路径上遇到气泡核就被捕获，并不断长大。由这种机理可知，碳化物燃料芯块由裂变气泡长大产生显著肿胀的温度是和由体扩散及其伴随的质量迁移的特征温度$T_m/2$(T_m是用K表示的碳化物分解温度)相一致的。对于碳化物燃料，该温度约在1050℃。当燃料温度高于1050℃，肿胀随温度急剧增加，并几乎与$1/T$呈指数关系。这表明裂变气体肿胀是由扩散控制的。图2-45示出了为碳化物和氮化物燃料设计用的标准肿胀曲线。

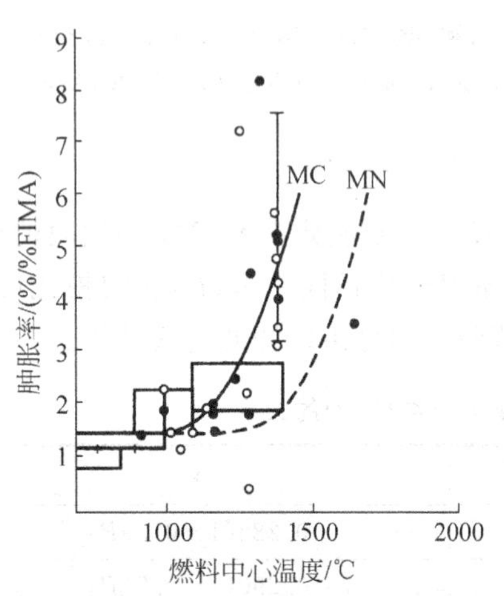

图2-45　MC和MN的肿胀设计标准曲线

•—M/C≥1的；∘—M/C<1和添加合金元素的

2) 裂变气体释放　根据裂变气体释放机制，该释放率与温度的关系可以划分如下：低温(<800℃)时，基于反冲和击出过程，裂变气体释放率小于0.5%；在温度等于$T_m/2$时，释放率与肿胀同时开始增长，当温度上升到1500℃时，最大释放率可达到20%；

最后，温度接近 1700℃时，由于裂变气泡连通，裂变气体几乎全部释放。

在高燃耗下，由于裂变气体浓度增高，释放率明显增加，例如：当燃耗为 12%～13%(原子分数)即使是在低温(1000℃)区，裂变气体释放率也可达到 28%～30%。

3) 燃料棒堆内行为　为了解混合碳化物燃料的堆内使用性能，多个实验室在快中子堆上对 Na 结合的和 He 结合的 MC 燃料与不锈钢包壳组成的两类燃料棒进行了大量的辐照试验，取得过许多重要的研究结果。

对 Na 结合的燃料棒，在不同密度(88%～99%T. D.)MC 中未观察到明显的性能差异。因此，建议尽可能使用高密度燃料。在以后的燃料设计中规定燃料密度应大于 98%T. D.。这种燃料因具有高密度、高热导率，所以燃料温度较低，裂变气体释放率在相同的燃耗下约为 He 结合燃料棒的一半。但是，Na 结合层是 MC 燃料向包壳输运碳的良好通道。与 He 结合的相比，Na 结合燃料棒包壳 316SS 的碳化深度大 2～3 倍。燃料中 M_2C_3 含量对此也有重要的影响，见图 2-46。碳化会引起包壳的延性降低，但由于其他辐照所致因素(如空洞形成、嬗变产物和辐照脆化等)的复杂影响，使不同程度的碳化对包壳力学性质的总影响难以确定。Na 结合碳化物燃料棒的重要设计改进是引入套管，使碎裂的芯块保持原始几何形状，以防止燃料碎片进入 Na 结合层(称为重定位)而发生 FCMI 并改变燃料传热性能。

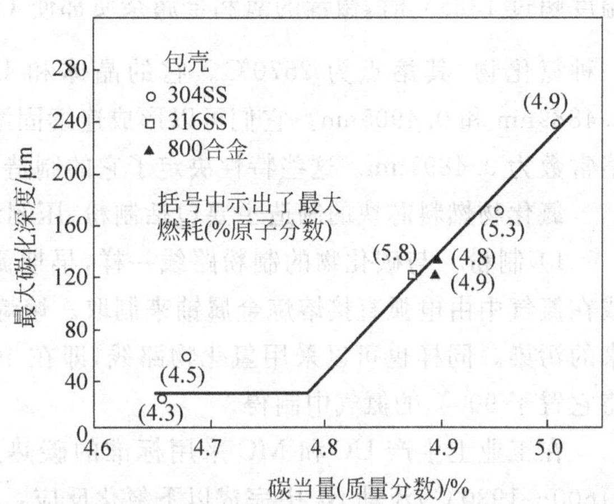

图 2-46　Na 结合碳化物燃料棒包壳的最大碳化深度与初始碳当量的关系

一般而言，对于 He 结合的 MC 燃料棒，低、中密度(77%～91%T. D.)的比高密度的有更低的破损率，但裂变气体释放较多。例如：20 世纪 60 年代初，EBR-Ⅱ快堆中密度为 71%～87%，氧含量≤0.05%的两根直径为 7.87mm 和 9.40mm 的碳化物燃料棒，辐照初期的最大线功率为 98～109kW/m，当燃耗达 12%(原子分数)时，棒径增加 1.5%～4%(见图 2-47)，裂变气体释放率为 30%～40%。一些棒继续照到 20%(原子分数)燃耗仍未破损。以后在 KNK-Ⅱ快堆辐照密度为 85%T. D. 的 MC 燃料棒束(19 根)，线功率为 87kW/m，燃耗达 7%(原子分数)时也无破损。另一些辐照试验也示出，高密度(99% T. D.)环状碳化物芯块和振动密实碳化物燃料与同密度的实心芯块相比有更好的堆内行为。

图 2-48 示出了碳化物燃料包壳破损的外观形貌，从图中清晰可见，像 LWR 燃料棒那样的包壳环脊和变形。经分析，变形原因是燃料与包壳发生大范围的黏结。尽管外观形貌与 LWR 燃料棒锆合金包壳的 SCC 十分相似，但可以肯定，碳化物燃料棒的破损机制是纯力学的。具体说，是包壳延性的损失和 FCMI 的结果。检验中还发现，单相 MC 燃料与包壳的黏结要大于含 M_2C_3 的 MC 燃料，这是因为增加了由碳活性控制的裂变产物塑料外部迁移的缘故。所以即使 M_2C_3 的存在会增加包壳的碳化，但为了避免黏结现象还是建议选用含 5%～10%(体积分数) M_2C_3 的 MC 燃料为好。

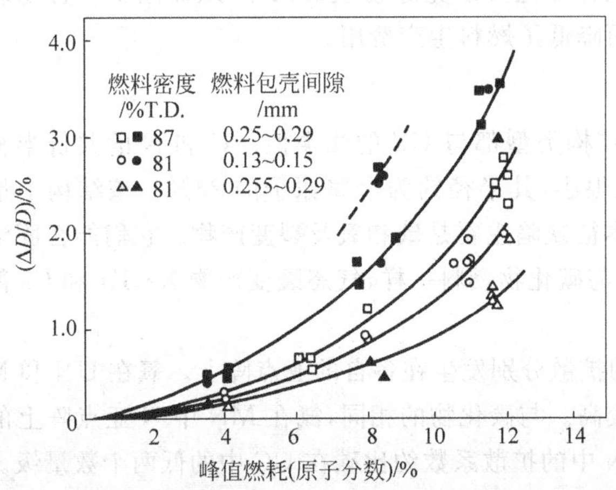

图 2-47　低密度 He 结合碳化物燃料棒直接相对变化(EBR-Ⅱ辐照)

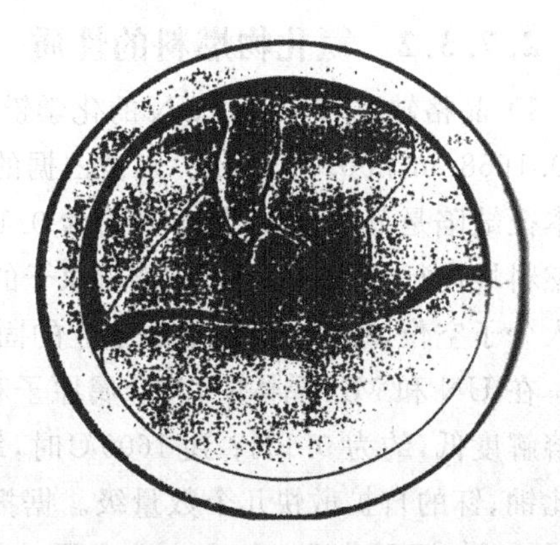

图 2-48　He 结合碳化物燃料棒破损的外观形貌

2.7.3 氮化物燃料

氮化物曾经也是快中子增殖堆的候选燃料。早在20世纪60年代就开始在实验室研制氮化物燃料，经过70年代一段时间的停顿以后，到了80年代中期又恢复了开发氮化物燃料的兴趣。90年代以后，美国国家航空和航天局(NASA)在SP-100空间反应堆计划中，拟采用He结合的UN作为其锂冷却快中子堆的核燃料，以满足小型、紧凑和轻便的几兆瓦热功率能源的需要。

2.7.3.1 氮化物燃料的制造

在U-N二元系中，有UN、U_2N_3和UN_2三种氮化物，其中只有UN是高熔点陶瓷，熔点为2847℃。当温度超过1323℃时，微量的氧和金属杂质都使UN成分扩展到$0.995\leqslant\frac{N}{U}\leqslant1.0$。Pu-N二元系中只有PuN一种氮化物，其熔点为2570℃。它的晶体和UN一样，都是NaCl型FCC结构，其晶格常数分别等于0.4889nm和0.4905nm。它们可以形成连续固溶体(U,Pu)N，以MN表示。当$M=U_{0.8}Pu_{0.2}$时，MN的晶格常数为0.4891nm。这些特性决定了它的制造工艺。

氮化物燃料芯块的制造主要包括制粉、压制和烧结三步。

1) 制粉　与碳化物的制粉路线一样，早期氮化铀是由金属铀在900℃的N_2或NH_3气氛中氮化而成，或在氮气中由电弧直接熔炼金属铀来制取。熔炼时采用铀作为电极，以避免用钨电极和高压(2MPa)氮气带来的污染。同样也可以采用氢化物路线，即在400～600℃氢气中将铀氢化，生成高活性氢化铀粉末。然后将它置于900℃的氮气中制得。

在工业上生产UC和MC采用标准的碳热还原法，其中除遵循上节碳化物制造路线外，需再在高温(1600～1930℃)流动N_2中完成以下氮化反应：

$$UO_2+2C+(1/2)N_2\longrightarrow UN+2CO \tag{2-36}$$

该过程分为两个阶段，即先生成UC，然后由UC与N_2反应生成UN。MN的制备也可以采用这一步，将UO_2和PuO_2粉末与炭黑一起混合、预压成坯块；然后在惰性N_2+H_2气流中，加热到1500℃保温7～8h；最后在$Ar+H_2$中冷却至少4h，制得MN。

用上述方法可以制得单相化学计量的氮化物，但或多或少含有少量氧和碳等杂质，对此应给予严格的控制。产品的实际杂质含量取决于热处理或气氛纯度、原料性质及其化学计量。

2) 芯块制造　UN和MU芯块的制造工艺类似于碳化物。值得重视的是用常规的破碎和球磨制得的氮化物粉末的烧结活性很低，要制取密度高于85%T.D.的燃料芯块是相当困难的。但发现，坯块中痕量的杂质氧和碳可以促进烧结，使产品达到密度和性能要求。当氧含量更高时，则在烧结块中存有少量$(U,Pu)O_2$相。

还可以将直接压制法应用于氮化物(或碳化物)的芯块制造。在该法中将UO_{2+x}和PuO_{2-x}粉末与炭黑(或石墨粉)混合均匀；再用所需形状和尺寸的模具，压制到50%的密度，然后在流动氮气中热压还原成MN，接着直接压成最终芯块，并烧结到成品密度。这种工艺可以免除粉尘的操作，从而减少有害物质污染和对操作人员的辐射伤害；又因大大缩短制造工序而降低了燃料生产费用。

2.7.3.2 氮化物燃料的性质

1) 晶格缺陷和扩散　UN的化学键性质和晶体结构类型都与UC的相类似。U和N的共价半径分别为0.1668nm和0.0758nm。未被占据的四面体间隙很小，其半径约为金属原子的26%。该结构中最重要的本征缺陷是分子空位，其半径约为0.1746nm；非本征缺陷主要是碳和氧及裂变产物。它们能否固溶是决定燃料堆内行为的关键，这与杂质原子的直径有关。与碳化物燃料一样，气态裂变产物Xe、Kr和Cs都不能进入分子空位，Ba和Sr会形成独立的固相。

在UN和MN晶体中，非金属原子和金属原子的扩散分别发生在各自的亚点阵上。氧在UN和MN中的溶解度低，约为0.1%；到1600℃时，氧的溶解度较高。与碳化物的相同，氮在MN中N亚点阵上的自扩散比铀、钚的自扩散快几个数量级。据报道，氮在UN中的扩散系数约比碳在UC中的低两个数量级。当氮超过50%(原子分数)时，它在非金属亚点阵上的扩散急剧减慢，即接近氮在纯MN中的行为。

Blank 根据裂变气泡群的显微观察和气体扩散系数，得出了对 UO_2、UC 和金属燃料内扩散系数的统一表达式：

$$D_g(0.5T_m) = f_g \times 10^{-14}\,\mathrm{cm^2/s} \tag{2-37}$$

式中，$1.0 < f_g < 3.0$。可以认为，裂变气体在 UN 中的扩散系数也应遵从这个规律。

2）热物理性质　Hayes 等用爱因斯坦比热容公式对 9 位作者测得的比定压热容数据进行拟合，得到了适用于 $298\mathrm{K} \leqslant T < 2780\mathrm{K}$ 温度范围的关系式：

$$c_p(\mathrm{UN}) = 51.14\left(\frac{\theta}{T}\right)\frac{\exp(\theta/T)}{\exp(\theta/T)-1} + 9.491\times10^{-3}T + \frac{2.6415\times10^{11}}{T^2}\exp\left(\frac{-18081}{T}\right) \tag{2-38}$$

式中，比定压热容 c_p 和温度 T 的单位分别为 J/(mol・K)和 K；θ 为爱因斯坦特征温度，等于 367.5K。Spear 等和 Alexander 分别用多项式拟合了 PuN 和 MN 的实测数据，得到了：

$$c_p(\mathrm{PuN}) = 50.2 + 4.19\times10^{-3}T - 8.37\times10^{5}/T^2 \quad (298\mathrm{K} < T < 1000\mathrm{K}) \tag{2-39}$$

$$c_p(\mathrm{MN}) = 45.38 + 1.09\times10^{-2}T \quad (298\mathrm{K} < T < 1800\mathrm{K}) \tag{2-40}$$

式中，符号的单位与式(2-38)相同。由三个拟合式计算得到的三种碳化物的比热容曲线示于图 2-49 中，其中 $\mathrm{M}=\mathrm{U_{0.8}Pu_{0.2}}$。

与碳化物燃料相同，氮化物燃料的热膨胀也由式(2-30)计算得到，式中的系数 A、B、C、D 分别列于表 2-22 中。

表 2-22　两种氮化物燃料的 $\Delta L(T)/L$ 式(2-30)中的系数值

氮化物	温度范围/K	A	B	C	D
UN①	298～2523	-2.08×10^{-3}	6.6774×10^{-6}	1.4093×10^{-9}	0
MN②	293～1800	-1.9093×10^{-3}	5.6354×10^{-6}	3.1545×10^{-9}	-5.0324×10^{-13}

① 用 X 射线衍射法测得。
② 用热膨胀仪测得。

Hayes 等总结了 8 位作者的 UN 热导率测量数据，并经最小二乘法拟合得到了与温度(T)、孔隙度(P)的关系式为：

$$K = 1.864\mathrm{e}^{-2.14P}(T)^{0.361} \tag{2-41}$$

式(2-41)适用于 $298\mathrm{K} \leqslant T \leqslant 1923\mathrm{K}$，$0 \leqslant P \leqslant 0.20$，$K$、$T$ 的单位分别为 W/(m・K)和 K。从图 2-49 可见，UN 的热导率随温度增加而明显上升，这与 UC 热导率的趋势不同，是因为电子对二者的热导率贡献不同的缘故。Alexander 研究了不同 M 成分的 MN 的热导率。他的结果表明，随 PuN 含量的增加，热导率明显下降。以含 20%的 PuN 的 MN 为例，其热导率曲线示于图 2-50 中。

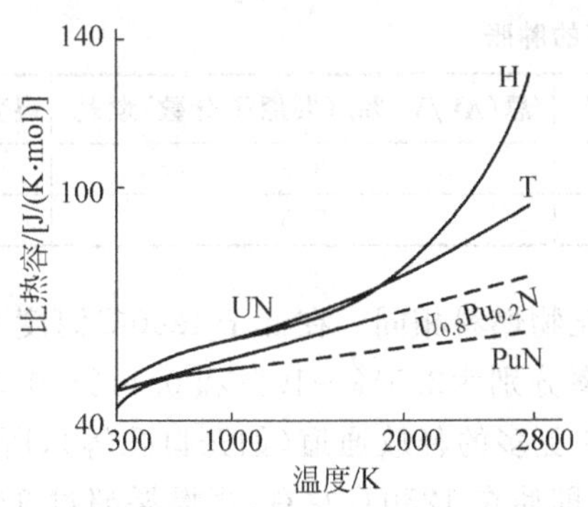

图 2-49　由式(2-37)～式(2-39)计算的 UN、PuN 和 $\mathrm{U_{0.9}Pu_{0.2}N}$ 的比热容曲线

图中 H 和 T 分别由 Hayes 和 Tagawa 给出

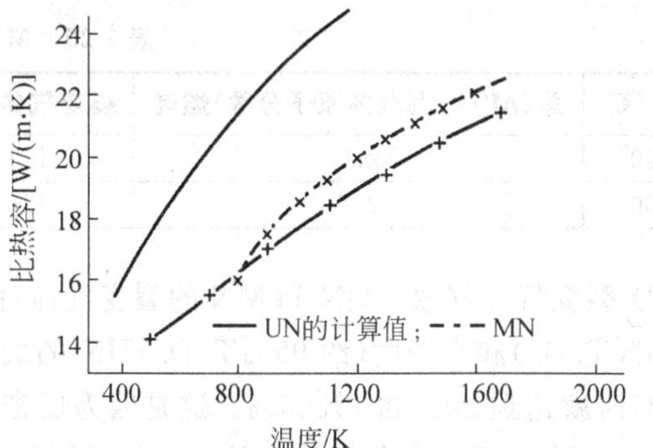

图 2-50　MN 热导率与 UN 的比较

"+"和"×"分别为 Alexander 和 Arai 的结果

3）力学性质　Hayes 等和 de Nevion 等分别得到多晶 UN 和($\mathrm{U_{0.85}Pu_{0.15}}$)N 的室温绝热弹性模量($E$)和泊松比($\nu$)与孔隙度($P$)的关系，见表 2-23。由熟知的公式可计算出它们室温的绝热切变模量(G)和体积模量(B_s)。

表 2-23 多晶 UN 和 MN 的室温弹性模量和泊松比与孔隙度的关系

氮化物	E/GPa	ν
UN①	$260.4(1-P)^{3.002}$	$0.2808(1-P)^{1.174}$
$(U_{0.85}Pu_{0.15})N$②	$280(1-2.57P)$	0.27

① 参考 Hayes。

② 参考 de Nevion。

氮化物燃料在室温 $0.5T_m$ 温度间的任一种模量也可用式(2-32)求得，其中 b_T 应取 $8.5\times10^{-6}K^{-1}$。

与碳化物的相同，UN 的等温模量(E_T,B_T)与绝热模量(E_s,B_s)的关系为：

$$E_T = 0.99E_s, \quad B_T = 0.945B_s \tag{2-42}$$

UN 的稳态蠕变速率可由式(2-43)表示：

$$\dot{\varepsilon} = A\sigma^n \exp\left(-\frac{\Delta H}{RT}\right) \tag{2-43}$$

式中，R 为摩尔气体常数，常数 A；指数 n 和激活能 ΔH 列于表 2-24 中。为了进行比较，表中也同时列出 UC_{1-x}的稳态蠕变参数。可见它们的差别很大，这或许与试样的成分、局部非均匀变形以及应力差异有关。

表 2-24 UN 的稳态蠕变参数(σ=20MPa)

燃料	A/h^{-1}	n	ΔH/(kJ/mol)	引自
UN	7.39	4.5	326.8	Hayes(1990)
UC_{1-x}	4.06×10^3	1.04	188	Killey(1971)

氮化物的断裂韧性可以选用 $\gamma_f=2.5J/m^2$ 和表 2-23 中的 E 值和 ν 值代入式(2-35)计算而得。孔隙度为零的 UN 和$(U_{0.85}Pu_{0.15})N$ 的断裂韧性分别等于 $1.35MPa\sqrt{m}$ 和 $1.38MPa\sqrt{m}$。

2.7.3.3 氮化物燃料的堆内行为

1) 辐照肿胀 固态裂变产物在氮化物燃料内的形态与碳化物燃料的不同，是因为裂变产物 Zr、Mo、Ru、Pd 等与 U、Pu 形成金属间化合物，碱土金属 Sr、Ba 与氮生成 Sr_3N_2 和 Ba_3N_2，只有稀土元素生成氮化物固溶在 UN 或 MN 中。在温度≤1000℃时，预测由固态裂变产物和稳定的及挥发性裂变产物所造成的体积肿胀将小于 1%(%原子分数)燃耗。综合 Zimmermann 等在 1250℃以下 10 次辐照试验的结果，得到肿胀值等于 0.92%(%原子分数)燃耗，两者合理地一致。

表 2-25 中列出了 MN 在辐照温度高于 1250℃时的总辐照肿胀和裂变气体引起的肿胀，显然这明显高于 MC 的肿胀率。但与图 2-45 的肿胀设计标准曲线大致符合。

表 2-25 MN 在高温辐照下的肿胀

温度/℃	总($\Delta V/V$)%/(%原子分数)燃耗	裂变气体肿胀	温度/℃	总($\Delta V/V$)%/(%原子分数)燃耗	裂变气体肿胀
1350	2.0	1.1	1550	3.8	2.9
1450	2.5	1.6	1660	5.5	4.6

2) 裂变气体释放 UN 和 MN 的裂变气体释放机理与碳化物燃料相同。在低于 1260℃温度下，低密度(<85%T.D.)和高密度(约 95%T.D.)UN 的裂变气体释放率分别为2.5%～10%和 0.1%～0.9%；但在 1700℃时就达到 20%和 1%、5%。这是因为低密度 UN 内存在更多的释放通道(如开口孔等)，所以当孔隙度大于 15%时，裂变气体急剧释放。此外，燃耗也影响释放率，即使在 1250℃左右，当燃耗超过 9%(原子分数)时，释放率明显增加，到 16%(原子分数)燃耗时，释放率可达到 9%。

3) 氮化物燃料的(n,p)、(n,α)反应 氮化物燃料在中子作用下生成 H_2 和氦气。理论上曾采用快中子堆芯的快中子谱估算了其生成量。虽然上述两个核反应的截面之和只有钚裂变截面的 1/125，但其生成量仍可占总裂变气体的 5%～11%。从 EBR-Ⅱ 堆辐射过[3.3%(原子分数)燃耗]的 MN 燃料细棒中测得的 H_2+He 占 Xe+Kr 的 17%，这个数据与计算值基本符合。

4) 燃料棒堆内行为 为了了解 MN 燃料棒的辐照性能，曾对 Na 结合和 He 结合的两类燃料棒进行了辐照试验。燃料棒的设计都参考了碳化物燃料。辐照后检验结果表明：He结合的和带套管Na结合的燃料棒都未发生破损，而只有无套管Na结合发生了破损。

在70000MW·d/tHM燃耗时，Na结合MN燃料棒的裂变气体释放率为0.3%～3.7%，且随燃耗的加深而增加。燃料的体积肿胀为每10000MW·d/tHM约1.3%，而相应的碳化物竟达到2.5%。发现在燃料与包壳间隙消失前，采用套管是防止FCMI的有效措施。在间隙耗尽前包壳就以大于燃料肿胀的速率产生肿胀或变形。在无套管燃料棒中，发生了芯块碎片的重定位，而且清楚地示出FCMI是燃料棒破损的原因。

在He结合燃料棒中，燃料温度和燃耗对裂变气体释放的影响极为明显。例如，环状芯块的中心温度最低，裂变气体释放率就最小。低密度燃料有较高的裂变气体释放率，这与氧化物、碳化物燃料的数据相一致。

然而，对装入密度为81%T. D.和87%T. D.燃料芯块的小间隙He结合氮化物燃料棒，在辐照试验中发现仅在50000MW·d/tHM燃耗时就出现了破损。

2.8 其他燃料

还有一些燃料的形态与传统燃料不同，如板状元件，也叫弥散体燃料。它是一种三明治的结构，两边是金属(铝或锆)包壳，中间是燃料颗粒埋在金属(铝或锆)基体中的弥散体，弥散体燃料可以是各种各样的燃料颗粒，可以是氧化物燃料，也可以是硅化物燃料。如CARR堆燃料芯体是由U_3Si_2颗粒弥散在铝基体中形成的。这种燃料克服了导热性能差的缺点，也对燃料的抗肿胀性能有所提高。由于它一般使用铝合金为包壳，不能用于动力堆，只用于研究堆。现在也有用锆合金为包壳，燃料颗粒弥散在锆基体中的用于动力堆。

球状燃料是一种用于高温气冷堆的燃料。小球颗粒直径约0.5mm，有多重结构。裂变燃料或增殖燃料用溶胶凝胶法制成小颗粒，外面再包覆上多层复合材料，如多孔碳(储气)，多层氧化硅或碳化硅(密封裂变气体)，最外一层是高温热解碳，然后将此涂层小颗粒均匀弥散在球状石墨体中制成ϕ60mm的球状燃料元件。

另一种燃料是在研究中的快堆燃料。它是由瑞士的珀尔·雪利研究所研究的。它直接由后处理产生的铀、钚的硝酸盐，通过溶胶凝胶法制成不同大小的颗粒，装入包壳，振动密实，得到所要求的燃料装量，用于快堆。俄罗斯已采用这种振动密实的方法做成MOX燃料用于БН60实验快堆。

为了得到高性能燃料和方便的后处理过程，科学家在不断地努力，燃料材料也在不断地发展。

2.9 核燃料循环

制备核燃料，向反应堆提供燃料，在反应堆内燃烧释放能量，从燃烧过的乏燃料中或辐照过的增殖材料中提取未烧尽的和新生的核燃料再返回堆中使用，并将乏燃料剩余废物进行最后处理的全过程称为**核燃料循环**，如图2-51所示。

2.9.1 裂变核燃料循环

2.9.1.1 铀-钚核燃料循环构成

通常情况下，裂变核燃料循环从铀的制取开始，整个循环过程有如下几个主要阶段。

(1) 铀矿的采冶。传统方法开采的矿石经过破碎或进行初选后，用酸或碱浸取，然后用离子交换或溶剂萃取获得铀的化学浓缩物。中间产品的主要成分是被称为黄饼

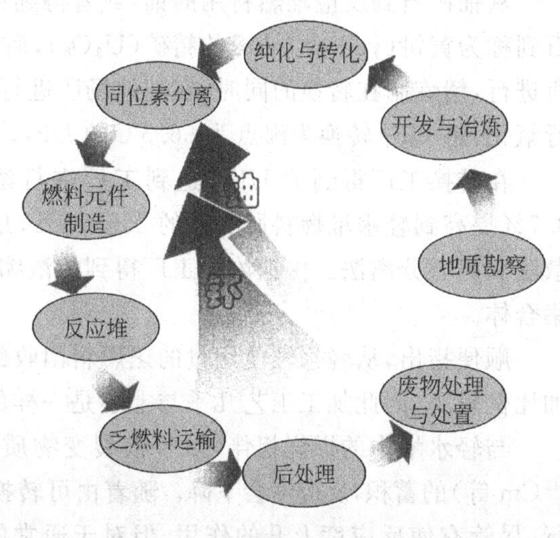

图2-51 核燃料循环示意图

的重铀酸铵，含 40%～70%的铀。现在采矿普遍采用地浸、堆浸技术。

(2) 铀化学浓缩物的精制。化学浓缩物经过硝酸溶解和萃取纯化处理，得到核纯的硝酸铀酰、重铀酸铵(ADU)或三碳酸铀酰铵(AUC)。再将这些化合物煅烧热解成铀的氧化物，或者再进一步制成铀的氟化物 UF_4 和 UF_6。

(3) 铀的同位素分离和富集。以 UF_6 为原料，经过气体扩散分离、离心分离或激光分离法，将天然铀中^{235}U 的含量提高，使铀富集成为浓缩铀。

(4) 燃料材料的制备和燃料元件制造。将天然铀或浓缩铀制备成不同形态的燃料材料——金属、陶瓷、弥散体，再加工为燃料元件。

(5) 燃料入堆燃烧和燃料转换增殖。将可转换核素制成转换材料或进一步加工成为增殖元件，与燃料元件一起放入反应堆中运行，燃料在燃烧消耗中将可转换核素转变为易裂变核素^{239}Pu 和^{233}U。

(6) 核燃料后处理。乏元件从堆内卸出后，从燃烧过的乏燃料和辐照过的转换材料中提取未耗尽的和新生的易裂变核素，并从裂变产物中提取有用的同位素。

(7) 燃料的再利用。调整提取出的易裂变核素的富集度，加工成燃料材料制成燃料元件，入堆复用。

(8) 乏燃料废物最终处理。将提取了易裂变核素和有用同位素以后的强放射性废物进行处理和最终处置。这是核燃料循环的最后过程。

整个裂变核燃料循环的较详细过程表示在图 2-52 中。

动力堆燃料循环，有所谓一次通过的开路循环模式和进行后处理的闭路循环模式。开路循环不对乏燃料进行回收处理，先将乏燃料暂存，然后直接进行永久性处理。闭路循环则对乏燃料进行回收处理，再对剩余的放射性废物进行最后处置，完成整个循环过程。闭路循环的最大优点是节省铀资源。

2.9.1.2 轻水堆燃料循环

从天然存在的铀到作为核燃料而能被利用，以及从反应堆取出后，到作为废弃物而处理、处置的全过程，称为核燃料循环(nuclear fuel cycle)，或简称为燃料循环。而且，特别称到反应堆可利用的核燃料循环为上游流程(up-stream，前段)，称从反应堆取出后的核燃料循环为下游流程(down-stream，后段)。图 2-53 是以浓缩铀为原料，进行再处理得到轻水堆燃料为例，给出燃料循环的构成，它大致可分为下述几个过程。

(1) 采矿、精炼(mining、refining)；

(2) 转换、浓缩(conversion、enrichment)；

(3) 再转换、加工(re-conversion、fabrication)；

(4) 装入反应堆(reactor)；

(5) 卸料、冷却、储藏(unload、cooling、storage)；

(6) 再处理、MOX 加工(reprocessing、MOX fabrication)；

(7) 废弃物处理和处置(waste treatment & disposal)。

从铀矿石到反应堆燃料用的铀，或者得到铀的化合物的工程，分为粗炼制和精炼制两大步骤，前者由矿石到称为黄饼(yellow cake)的精矿(U_3O_8)，后者由黄饼到 UF_4 等。通常，粗炼制在矿山现场或其附近的场所进行，精炼制在转换的同时，在其他场所进行。像轻水堆那样需要浓缩铀的情况，要在转换工厂利用 F_2 进行氟化，将 UF_4 转换为沸点为 56.5℃的 UF_6。

在转换工厂得到的 UF_6，送到工厂进行浓缩。铀浓缩是将核裂变性同位素^{235}U 的浓度从天然铀的 0.7%提高到轻水堆燃料所必需的 3%～5%，是核燃料循环上游流程的关键过程。代表性的方法有气体扩散法和离心分离法。由铀浓缩工厂得到的浓缩铀是 UF_6，经过到形成 UO_2 等的再转换，加工成芯块等燃料集合体。

顺便指出，从轻水堆使用过的乏燃料回收的 Pu 进行再利用，制成所谓 MOX 燃料的情况，由于 Pu 的添加比例较小，因此加工工艺几乎与上述是一样的。

与轻水堆中的燃烧相伴，由于核裂变物质(^{235}U)的减少、FP 的生成、非核裂变性 TRU(^{237}Np、^{241}Am、^{242}Cm 等)的蓄积，反应度会下降。随着由可转换物质(fertile materials，^{238}U)生成新的核裂变物质(^{239}Pu)的进行，尽管有使反应度上升的作用，但对于通常的轻水堆来说，作为整体考虑，其反应度下降是不可避免的。

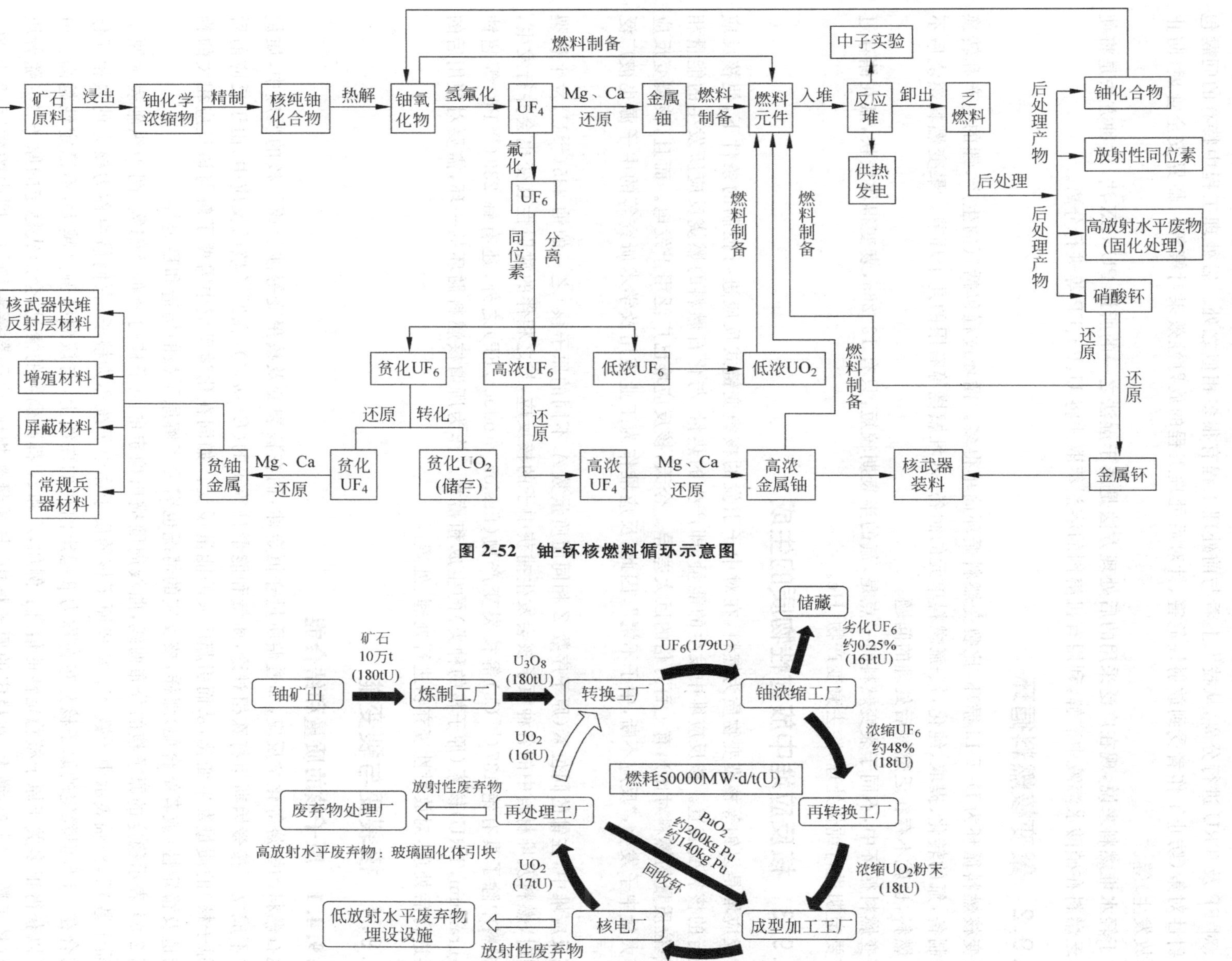

图 2-52 铀-钚核燃料循环示意图

图 2-53 核燃料循环(数字表示 100 万 kW 级 PWR 的年需要量)

而且，由于辐照损伤等，核燃料组件的整体健全性下降。因此，燃料在达到一定的燃耗后，要从反应堆取出，经冷却、储藏，送到后处理工厂进行处理。

经冷却、储藏的乏燃料，在后处理工厂要按顺序进行处理，但其目的是将未使用的 U 进行回收、对 Pu 进行回收、对 FP 及 TRU 进行分离，从技术上看与前处理工程有很多相似之处。后处理工程中特有的问题包括高放射性对策(防止工作者受到放射性危害、针对后处理工程的放射性效果对策等)，临界安全管理(防止临界事故发生)等。

对于轻水堆燃料来说，现在广泛采用的后处理方法是属于湿法之一的所谓 PUREX 法，这种方法是将使用过的乏燃料在硝酸水溶液中溶解，利用有机溶剂的溶剂萃取法将 U、Pu、FP 等进行分离。

2.9.2 聚变核燃料循环

聚变核燃料循环为 D-T-Li 循环，比裂变燃料循环简单得多。循环过程包括氘的生产，锂的生产和转换材料的制备，氚的转化、提取、纯化，氘-氚燃料单元的制备，入堆燃烧等有限的几个环节。聚变燃料燃烧后不剩余乏燃料，也就不存在乏燃料后处理的问题。

聚变燃料循环中，不同于裂变燃料的一点是，氚的半衰期较短，只有 12.26a，衰变得比较快，氚在储存过程中需要定期进行纯化处理，除去衰变产物^{3}He。

2.9.3 核反应堆中放射性物质的生成

核反应堆是以铀等核裂变物质为燃料，在对中子引发的核裂变链式反应进行控制的条件下，使核反应持续进行的核裂变装置。核反应堆中发生的能量，即产生的热量，与化石燃料的燃烧反应所发生的能量相比(按单位质量的燃料对比)，有上百万倍的巨大差异。今天，核反应堆已广泛用于发电。而且，核裂变反应堆中有大量中子发生，“反应不断，中子不竭”，因此，反应堆作为工业应用及学术研究等的中子源也被广泛利用。

核反应堆中，在铀的同位素(原子序数 Z 相同而质量数 A 不同的原子核)之一的铀 235(^{235}U)发生核裂变的同时，燃料及堆材料中的各种原子核会发生捕获中子的核反应，与之相伴的放射性衰变也会并行发生。因此，燃料中除了具有铯 137(^{137}Cs)等核裂变产物(fission product，FP)之外，还有钚 239(^{239}Pu)等超铀(trans-uranium，TRU)核素(原子核的种类)的生成和蓄积。作为所谓核燃料循环的一环，需要对使用后的乏燃料进行后处理，对放射性废弃物进行处理、处置。

2.9.4 核裂变与裂变能

2.9.4.1 原子核的质量和结合能

化石燃料的燃烧等化学反应，都遵循质量守恒定律，而在核裂变及核聚变等涉及原子核的反应中，质量守恒并不成立。按爱因斯坦特殊相对论，质量和能量是等价的($E=mc^2$)，在原子核的反应中，由于反应前后物质(原子核)的质量发生变化，从而引起巨大的能量授受。如同在化学反应中需要了解与该反应相关的物质的构造及稳定性(或者结合能)那样，核反应的情况也需要了解原子核的构造和稳定性。

图 2-54 表示稳定的原子核的分布曲线，曲线周围描出稳定的原子核的分布及幻数，图中纵轴表示原子序数(质子数)Z，横轴表示中子数 N。构成原子核的质子和中子统称为核子，它们借由称为核力的强相互作用力结合在一起，但稳定的原子核分布在称为 β 稳定曲线的曲线上，与该曲线偏离越大，不稳定性越高。由该图可以获得很多关于原子核稳定性的信息：例如，Z 和 N 都是偶数的情况，会形成稳定的原子核；随着质量数 A(核子数：$Z+N$)增大，在稳定的原子核中，与质量数相比，中子数逐渐增加。图中的数字(2,8,20,28,50,82,128)是由原子核中核子的壳结构决定的，被称为幻数。Z 和 N 取这些数字时，会形成稳定的原子核。

由于原子核的结合能非常大，某一原子核的质量比之构成该原子核的质子和中子分别单独存在情况下的质量之和要小。由这一质量之差，即质量亏损的值，即可计算出原子核的结合能，得到的平均每个核子的结合能(称为比结合能)示于图 2-55。从图 2-55 可以看出，比结合能在质量数为 50～60 情况下为最大，说明图中铁附近的元素的原子核是最稳定的。对于^{235}U核裂变的情况，如下面将谈到的，会分裂为质量数为140附近和95附近的两个原子核，分裂前后原子核中平均每个粒子的结合能增加，发生质量亏损，从而放出能量。而对于核聚变，由氢等轻的两个原子核发生聚变的情况，也可按相同的原理来分析。

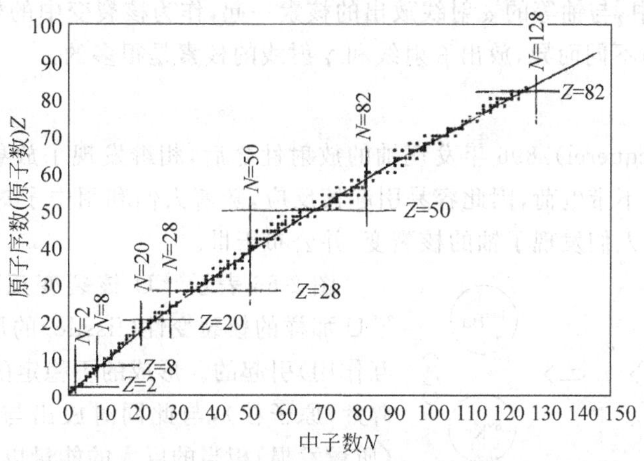

图 2-54 稳定的原子核的分布及幻数

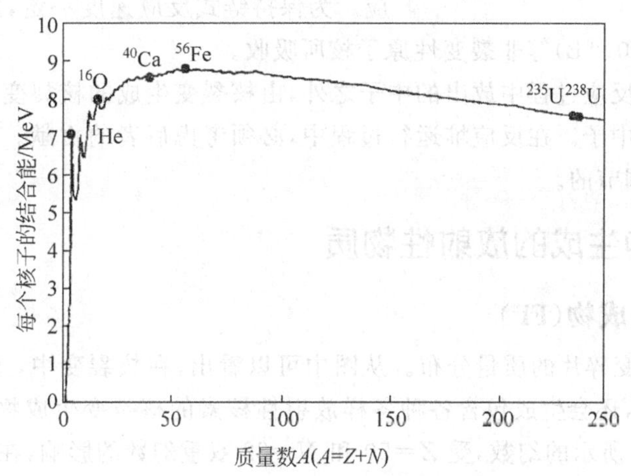

图 2-55 平均每个核子的结合能

顺便指出，核反应中释放的能量大小，可由反应前后的物质的质量差计算出。^{235}U核裂变的情况，产生大约200MeV(2×10^{10}kcal/kg)的能量。

2.9.4.2 放射性衰变

从图2-55也可以看出，铁附近的元素及原子核是最稳定的，与之相比，其他的元素及原子核是不稳定的。随着不稳定性变大，这些原子核会自发地衰变为更稳定的原子核，这便是放射性衰变。放射性衰变与压力、温度等无关，只与时间相关。称放射性核素有一半发生衰变所需要的时间为半衰期(half-life)。代表性的衰变形式有α衰变、β衰变、γ衰变。

1) α衰变　α衰变所产生的α粒子(α射线)是以氦原子核(^{4}He)的形式放出，由母(重)核素，生成质量数为4，原子序数为2的子(轻)核素。伴随衰变，放出与亏损质量相当的能量，称该能量为衰变的Q值。在由重核素发生的α衰变中，上述能量的大部分变为α粒子的动能，但同时还必须摆脱(透过)将α粒子封闭其中的原子核的壁垒，在天然的放射性核素中，稀土元素的一部分和铀等原子序数大于92的核素会发生α衰变。一般来说，随着Q值变大，α粒子的动能变大，该衰变的半衰期变短。

2) β衰变　β衰变是不使母核素的质量数变化，而原子序数发生变化的衰变方式。作为β射线，有负电子或正电子发射的情况，以及原子轨道电子被原子核捕获的情况(electron capture，EC)。例如，负电子放出的情况，β衰变的结果是由母核素生成质量数相同但原子序数增加1的新核素。与β射线同时会放出被称为中微子(neutrino)的另一个粒子，因此与α衰变不同，β射线的能量并非是一些确定的值，而是从零到接近Q呈连续分布。核裂变中生成的中子是过剩的，由放出负电子 β 衰变变成稳定核素，发生链式衰变（衰变链）。

3) γ 衰变 γ 衰变是激发状态的核素的过剩能量以 γ 射线（电磁波）放出的过程，放出 γ 射线核素的质量数、原子序数都不发生变化。由 α 衰变及 β 衰变生成的子核素发生 γ 衰变的情况很多，因此，在燃烧中的核燃料及使用后的乏燃料中，与铀等的 α 射线放出的核素一起，作为核裂变中的生成产物（FP），依燃料的燃耗（burnup，MW·d/t(U)）不同而异，放出 β 射线和 γ 射线的核素是很多的。

2.9.4.3 核裂变

自贝克勒尔（A. H. Becquerel）1896 年发现铀的放射性之后，相继发现了放射性衰变及同位素，1932 年查德威克发现中子，由于其不带电荷，因此容易引起核反应，随着人们利用中子对各种不同的原子核进行照射研究，在 1938—1939 年，人们发现了铀的核裂变，并公布于世。

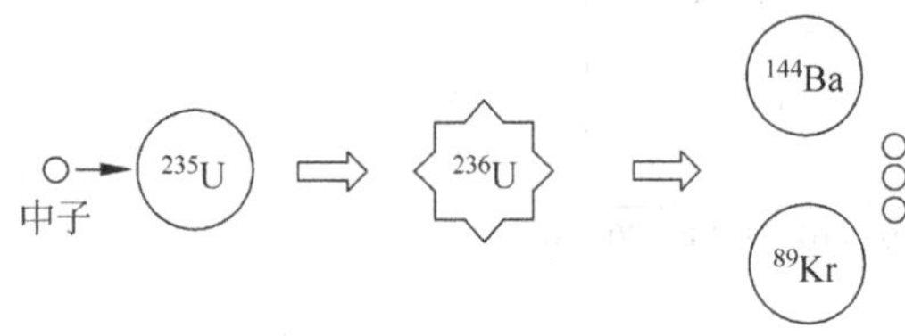

图 2-56 ^{235}U 核裂变反应一例

图 2-56 表示 ^{235}U 核裂变反应的示意图。核裂变是像 ^{235}U 那样的核裂变性（fissile）的原子核与中子发生反应（相互作用）引起的。形成的不稳定的复合核 ^{236}U 分裂为两个核碎片（原子核），与此同时放出与裂变前后原子核的质量差（质量亏损）相当的巨大的能量以及 2～3 个新的中子。若条件具备，放出的中子会与别的 ^{235}U 反应，引起核裂变链式反应。为保持链式反应速度一定，需要控制中子的密度，多余的中子被控制棒所含的硼 10（^{10}B）等非裂变性原子核所吸收。

顺便指出，除了核裂变反应过程中放出的中子之外，由核裂变生成的核裂变产物还能放出中子，前者称为瞬发中子，后者称为缓发中子。在反应堆运行过程中，必须考虑后者的贡献。实际上，反应堆的反应性就是通过对后者的控制加以调节的。

2.9.5 核裂变中生成的放射性物质

2.9.5.1 核裂变生成物（FP）

图 2-57 表示 ^{235}U 核裂变碎片的质量分布。从图中可以看出，在核裂变中，主要分裂为质量数为 140 附近和 95 附近的两个原子核，还会生成包含各种各样放射性核素的核裂变生成物。如同图 2-57 中两个峰可以看到的，如果考虑图 2-54 所示的幻数，受 $Z=50$ 和 $N=82$ 双重幻数的影响，在 140 附近的峰会优先生成，另一个出现在 95 附近的峰也可以理解。^{235}U 与中子反应所形成的复合核 ^{236}U 中的质子数为 92，中子数为 144，即使扣除瞬发中子数，该复合核裂变所产生的核裂变碎片还是中子过剩的，继续反复发生 β 衰变，直到产生稳定的同位素。例如图 2-56 所示的情况，如下式所示，^{144}Ba 经四次、^{89}Kr 经 3 次 β 衰变各自形成稳定的最终生成物。

$$^{144}Ba \longrightarrow {}^{144}La \longrightarrow {}^{144}Ce \longrightarrow {}^{144}Pr \longrightarrow {}^{144}Nd$$

$$^{144}Kr \longrightarrow {}^{144}Rb \longrightarrow {}^{144}Sr \longrightarrow {}^{144}Y$$

最开始的 β 衰变的半衰期短，且放出高能量的 β 射线和 γ 射线，而在逐渐接近稳定核素的过程中，产物的半衰期会变长，β 射线和 γ 射线的能量也会变低。核裂变产物的半衰期，如表 2-26 所示，除了一部分之外，大部分在数十年以下。顺便指出，如前所述，中子过剩的核裂变产物的一部分会放出中子而衰变。

如表 2-26 所示，核裂变生成物的量是与 ^{235}U 等核裂变的量，即由核裂变所发生能量的总量成正比而生成的。其种类很多，既有易吸收中子，妨碍核链式反应继续进行的核素，又有难以在 UO_2 中固溶而形成其他相的元素等。随着燃料燃烧的进行，在 ^{235}U 变少的同时，吸收中子的核裂变生成物会蓄积，其结果，核裂变链式反应难以持续，因此要用新燃料替换燃烧过的乏燃料。对于用于发电的轻水堆（轻水同时作为减速剂、冷却剂的核反应堆）来说，典型的燃料寿命是 4 年。

2.9.5.2 超铀（TRU）核素

核燃料中铀的同位素 ^{235}U 及 ^{238}U 不断捕获中子，由于发生 β 衰变而原子序数增加，这些反应继续进行，由原来的铀会生成原子序数大的 TRU 核素。图 2-58 表示核反应堆中主要的 TRU 核素的生成、衰变系列，表 2-26 给出这些核素的半衰期和辐射能。

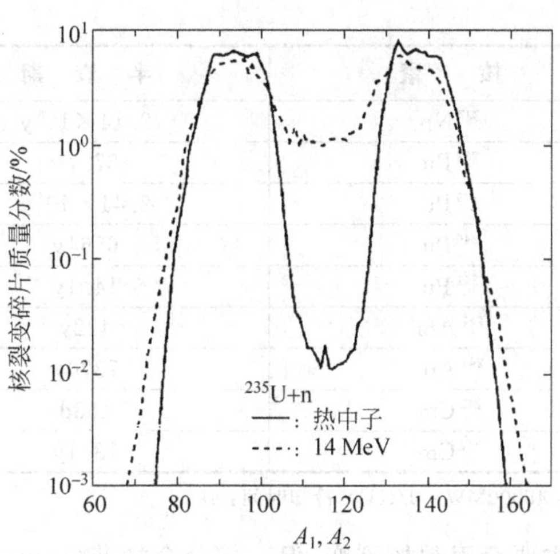

图 2-57　^{235}U 核裂变碎片质量分布

^{242}Cm $\xrightarrow{n,\gamma}$ ^{243}Cm $\xrightarrow{n,\gamma}$ ^{244}Cm
α 163d　α 29.1y　α 18.1y
^{242m}Am 141y　β⁻　n,γ　β⁻
^{241}Am $\xrightarrow{n,\gamma}$ ^{242}Am　^{243}Am $\xrightarrow{n,\gamma}$ ^{244}Am
α 432y　16.0h　α 7950y　10.1y
β⁻　EC　β⁻
^{236}Pu　^{238}Pu $\xrightarrow{n,\gamma}$ ^{239}Pu $\xrightarrow{n,\gamma}$ ^{240}Pu $\xrightarrow{n,\gamma}$ ^{241}Pu $\xrightarrow{n,\gamma}$ ^{242}Pu $\xrightarrow{n,\gamma}$ ^{243}Pu
α 2.85y　α 87.7y　α 2.41×10^4y　α 6564y　α 14.4y　α 3.73×10^5y　4.96h
β⁻　β⁻　β⁻
^{236}Np $\xleftarrow{n,2n}$ ^{237}Np $\xrightarrow{n,\gamma}$ ^{238}Np $\xrightarrow{n,\gamma}$ ^{239}Np
22h　α 2.14×10^7y　2.11d　2.36d
β⁻　β⁻
^{235}U $\xrightarrow{n,\gamma}$ ^{236}U $\xrightarrow{n,\gamma}$ ^{237}U $\xleftarrow{n,2n}$ ^{238}U $\xrightarrow{n,\gamma}$ ^{239}U
α 7.04×10^8y　α 2.34×10^7y　6.75d　α 4.47×10^9y　23.5m

图 2-58　超铀(TRU)核素的生成、衰变系列

表 2-26　核裂变堆中生成的主要 FP 及 TRU 核素

分　　类	核　　素	半　衰　期	放射性能量*/[Bq/t(U)]
挥发性 FP	^{85}Kr	10.8y	4.8×10^{14}
	^{129}I	1.57×10^7y	1.6×10^9
准挥发性 FP	^{90}Sr	28.8y	3.5×10^{15}
	^{134}Cs	2.06y	2.4×10^{15}
	^{137}Cs	30.1y	4.9×10^{15}
非挥发性 FP	^{95}Zr	64.0d	8.4×10^9
	^{95}Nb	35.0d	1.8×10^{10}
	^{99}Tc	2.11×10^5y	6.5×10^{11}
	^{106}Ru	1.02y	1.6×10^{15}
	^{123}Sn	129d	1.3×10^{10}
	^{125}Sb	2.76y	1.4×10^{14}
	^{144}Ce	285d	1.4×10^{15}
	^{147}Pm	2.62y	2.5×10^{15}
	^{151}Sm	90y	1.4×10^{13}
	^{154}Eu	8.95y	2.0×10^{14}
	^{155}Eu	4.76y	9.8×10^{13}
燃料	^{235}U	7.04×10^7y	9.1×10^8
	^{238}U	4.47×10^9y	1.1×10^{10}

续表

分类	核素	半衰期	放射性能量*/[Bq/t(U)]
TRU	^{237}Np	2.14×10^6y	1.6×10^{10}
	^{238}Pu	87.7y	1.6×10^{14}
	^{239}Pu	2.41×10^4y	1.5×10^{13}
	^{240}Pu	6564y	2.2×10^{13}
	^{241}Pu	14.4y	5.5×10^{15}
	^{241}Am	432y	4.6×10^{13}
	^{243}Am	7370y	1.0×10^{12}
	^{242}Cm	163d	5.0×10^{12}
	^{244}Cm	18.1y	1.2×10^{14}

* 堆型：PWR，富集度：4.5%，燃耗：45000MW·d/t(U)，冷却时间：4a。

^{235}U 吸收(absorption)中子主要会引起核裂变，但一部分会捕获(capture)中子形成非裂变性的 ^{236}U。而且 ^{238}U 吸收中子会变成短寿命的 ^{239}U，再经两次 β 衰变变成核裂变性的 ^{239}Pu。这种 ^{239}Pu 吸收中子后大部分发生核裂变，但一部分捕获中子变为 ^{240}Pu。接着，^{240}Pu 若吸收另一个中子，则变成核裂变性的 ^{241}Pu，从其一部分经 β 衰变及中子捕获反应，分别生成 ^{241}Am 及 ^{242}Pu。伴随着燃料的燃烧，这些 TRU 核素不断蓄积，而对核裂变链式反应的持续性(反应性)产生影响。而且，与核裂变生成物(FP)比较，由于超铀(TRU)核素的半衰期长，其大部分发生 α 衰变，因此对使用后的乏燃料进行处理时要格外注意。

图 2-59 以轻水堆为例，在压水堆(PWR)中，经燃耗 60GW·d/t(U)使用后乏燃料的衰变热及其成分。尽管图中并未示出，但反应堆刚停堆后的总衰变热(图 2-59 的情况约为 2.2MW/t(U))，与燃料的初期组成及燃耗无关，其 95%左右是由短寿命的 FP 产生的，随着时间增长，FP 衰变所占的比例急剧减少，停堆后 60～70 年，其所占比例会低于 TRU 所产生的。

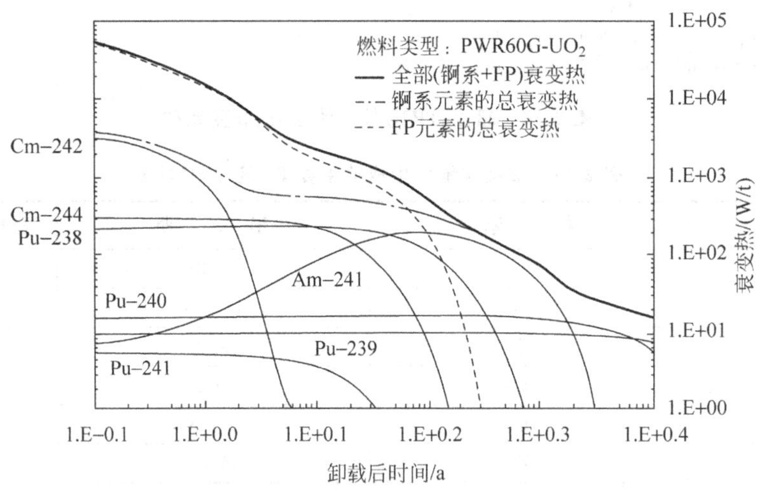

图 2-59 使用后的乏燃料[60GW·d/t(U)]的衰变热

2.9.5.3 放射化生成物

中子不仅与燃料，也会与冷却剂及结构材料中的原子核发生反应，因此，在这些材料中，由于发生捕获反应等中子核反应，会蓄积放射化生成物(activation product)。因此，对于轻水堆来说，其冷却水中由于水及水中的杂质会产生放射化生成物(^{16}N 及 ^{24}Na)，而且含有从放射化的结构材料所产生的腐蚀生成物(^{51}Cr，^{58}Co，^{60}Co 等)。^{16}N 是反应堆运行中主要的产生 γ 射线的核素，是屏蔽设计的重要考虑因素，对 ^{51}Cr 等腐蚀生成物要定期检查等，作为被辐照射线源，在安全管理上十分重要。

2.9.6 放射性废弃物及其处理和处置

在核燃料循环中，各种设施的运转都会伴随有放射性废弃物的发生。所发生放射性废弃物的形态及特点各式各样，为便于对其管理要采取各种适当的操作，称其为处理(treatment)。而且，依放射性水平不同，不使其释放在环境中或与环境远离的最终操作过程称为处置(disposal)。

以轻水堆核电厂产生的放射性废弃物为例,主要的发生源是来自燃料体的 FP 的泄漏(leak)物及腐蚀生成物,由于空气及水自体被放射化而产生的物质。需要关注的核素,在气体中存在的有^{85}Kr、^{133}Xe,在液体中存在的有^{3}H、^{51}Cr、^{58}Co、^{60}Co、^{90}Sr、^{131}I、^{133}I、^{137}Cs 等。作为处理方法,气体的情况采用吸附法,液体的情况采用离子交换法等。因为极微量的辐射也会对生物体产生影响,按"国际辐射防护委员会"(International Commisson on Radiological Protection,ICRP)的建议,采纳 ALARA(as low as reasonable,对于所有被辐射的情况,在考虑经济的及社会的因素的同时,必须达到尽可能低的水平)原则,排放放射性废弃物应以尽量少为目标。从世界范围看,由这些核电厂产生的放射性废弃物作为低水平放射性废弃物,加以区分、处理和处置。

另一方面,在后处理工厂中会发生各种废弃物,其中特别成为问题的是那些放射性水平高的所谓高放射性水平废弃物(HLW)。按照"希望不给后代留下有关放射性废弃物管理的负担以及安全性方面的忧虑"原则,关于 HLW 的处置(依场合而异,可能是对使用后的乏燃料的直接处置),过去曾提出过几个方案,至今一直在试验实施中。其结果,现在多数国家采用将这些放射性废弃物埋于深地层进行处理,使其远离人类生活环境,这种所谓地层处置的方法是最确实可靠的选择,而这种选择中又有多种具体的实施方案。

图 2-60 给出 PWR 使用过的乏燃料[45GW・d/t(U),5 年冷却]潜在的放射性毒性。所谓潜在的放射性毒性,作为表示对公众产生影响的指标,是将在使用过的乏燃料中所含的各种核素的放射性(Bq),换算成公众经口摄取造成的被辐射剂量(Sv)得出的。为便于比较,图中也示出为得到 1t 新燃料所必需的 7.5t 天然铀的毒性。考虑到 α 射线、β 射线、γ 射线以及各自的能量对人体的影响不同,从该图可以看出,从长期效果看,发射 α 射线的核素的影响是更重要的。这就是为什么在 HLW 的处置或使用后乏燃料的直接处置的安全性评价的研究中,更重视 HLW 的原因。

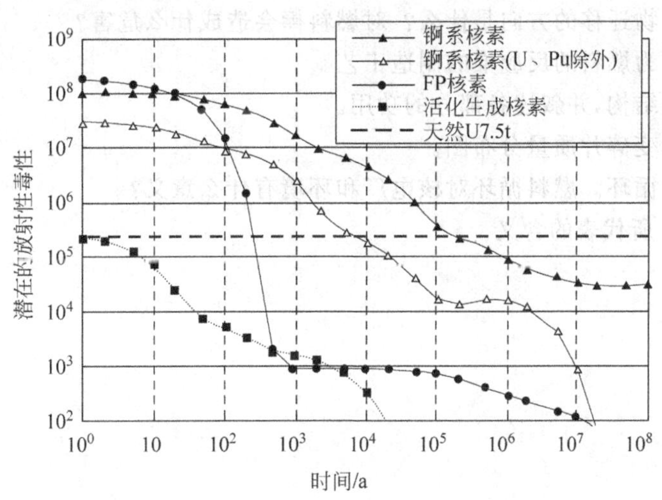

图 2-60　使用后乏燃料[45GW・d/t(U)]潜在的放射性毒性

顺便指出,HLW 并非百害而无一利,人们一直在从 HLW 的资源化及其效率化的观点,按半衰期及利用目的的不同对 HLW 中所含的元素及放射性核素进行分离的同时,将 TRU 等中长寿命核素转换为短寿命核素的技术研究也在进行中。

以上针对核反应堆中的放射性物质的生成及燃料循环,特别是利用与轻水堆相关的数据进行了说明。

20 世纪 50 年代开发的轻水堆已经有半个世纪以上的历史,面向未来,包括对其改良在内,人们正在进行第四代核反应堆相关的研究开发。迄今所积累的知识和经验,期待会对下一代核裂变堆及燃料循环有借鉴和参考作用。

复习题及习题

1. 什么是核燃料?理想的核燃料要具备哪些条件?
2. 天然存在的核燃料是什么?它在自然界的丰度是多少?

3. 什么是二次再生燃料？什么是可转换核素？举例说明。

4. 金属铀(包括铀合金)和二氧化铀作为核燃料，它们的优点和缺点各是什么？为什么商用堆都选择二氧化铀为燃料？

5. 指出核燃料选择二氧化铀而非铀合金的理由。

6. 说明 UO_2 燃料芯块是如何制造的，指出其外形特点及显微组织特点。

7. 在核反应堆内快中子慢化的机理是什么？

8. 什么是自持链式裂变反应？实现核反应堆临界的条件是什么？

9. 在某些类型的反应堆内实现核燃料增殖的机理是什么？

10. 为什么重水堆可以采用天然铀作为核燃料？

11. MOX 燃料用于压水堆的意义是什么？应用中要注意些什么？

12. 钠冷快中子堆内有无慢化剂？为什么快中子堆可以更充分地利用铀资源？

13. 燃料经辐照会产生哪些现象？对燃料的性能有什么影响？

14. 二氧化铀燃料在入堆初期就发生开裂的原因是什么？后果是什么？

15. 燃料芯块发生密实的原因是什么？后果是什么？减少密实的措施是什么？

16. 燃料重结构是在什么条件下发生的？正常情况下，压水堆燃料会形成哪几个区？

17. 辐照肿胀的原因是什么？为什么说肿胀是燃料寿命的限制因素之一？

18. 裂变气体的主要成分是什么？裂变气体释放受哪些因素影响？简述裂变气体在不同温度下的释放率。

19. 氧在辐照条件下的再分布会影响燃料和包壳的哪些性能？

20. 可挥发性裂变产物迁移的方向是什么？对燃料棒会造成什么危害？

21. 简述以二氧化铀为燃料的反应堆的制造工艺。

22. 简述燃料元件的结构，并叙述各部分的功用。

23. 试画出 ^{235}U 核裂变碎片质量分布图。

24. 简述燃料的闭路循环。燃料循环对核电厂和环境有什么意义？

25. 请指出 ALARA 所代表的含义。

第3章

锆合金包壳材料

3.1 热堆燃料元件包壳材料选取原则

3.1.1 包壳的作用及包壳材料应具备的条件

1. 包壳的作用

燃料元件包壳是保证核反应堆安全的第二道屏障(UO_2 陶瓷核燃料芯块为第一道)，其主要作用有：

(1) 包容裂变产物，阻止裂变产物外泄；

(2) 是燃料和冷却剂之间的隔离屏障，避免燃料与冷却剂发生反应；

(3) 给芯块提供了强度和刚度，是燃料棒几何形状的保持者。

2. 包壳的工作环境

(1) 工作于高温高压的环境中；

(2) 暴露于中子辐射场下；

(3) 在寿期内承受不断增加的应力：一方面来自于外部冷却剂的压力和热应力，另一方面来自内部的燃料肿胀、裂变气体释放造成的内应力和芯块与包壳相互作用产生的机械应力等。

3. 包壳材料应具备的条件

(1) 具有小的中子吸收截面；

(2) 具有良好的抗辐照损伤能力，并且在快中子辐照下不要产生强的长寿命核素；

(3) 具有良好的抗腐蚀性能，与燃料及冷却剂相容性好；

(4) 具有好的强度、韧性及抗蠕变性能；

(5) 具有好的导热性能及低的线膨胀系数；

(6) 易于加工，焊接性能好；

(7) 材料容易获得，成本低。

4. 金属元素按热中子吸收截面的分类

表3-1列出一些金属元素的热中子吸收截面。按金属元素的热中子吸收截面的大小，可分为以下三类：

(1) 低热中子吸收截面元素：截面在1b以下；

(2) 中等热中子吸收截面元素：截面在1～10b之间；

表 3-1 一些金属元素的热中子吸收截面 $1b=10^{-28}m^2$

低热中子截面		中等热中子截面	
金 属	σ_a/b	金 属	σ_a/b
铍(Be)	0.009	铌(Nb)	1.1
镁(Mg)	0.069	铁(Fe)	2.4
锆(Zr)	0.18	钼(Mo)	2.4
铝(Al)	0.22	铬(Cr)	2.9
		铜(Cu)	3.6
		镍(Ni)	4.5
		钒(V)	5.1
		钛(Ti)	5.6

(3) 高热中子吸收截面元素：截面在 10b 以上。从表 3-1 可以发现，低热中子吸收截面的元素只有四种。在热堆中，为了中子的经济性，必须采用中子吸收截面小的包壳材料。以实际规定的上限值约 0.2b ($1b=10^{-28}m^2$/原子)为准，按生产和使用的成熟程度排序，可选用的包壳材料仅限于铝、镁、锆和铍。但是，由于铍的辐照脆性显著、加工性能差，加之其有很大的毒性，所以一般不用作反应堆的包壳材料。

3.1.2 各种热堆包壳材料简介

1. 铝及铝合金

铝是首先被考虑用作反应堆包壳的，它有成熟的工业基础，易于加工生产，且具有一定的强度、好的导热性能和在 373K 以下较好的抗腐蚀性能。铝合金常被用于 373K 以下，以水作为冷却剂，功率较低的，用于研究、培训及试验的反应堆中作包壳材料，例如重水研究堆、微型中子源反应堆、CARR 堆等。但是铝的中子吸收截面并不是最小的，而且强度也不够高，特别是使用温度受限。

2. 镁及镁合金

镁的中子吸收截面很小，对于中子经济性非常理想，但是镁在高温下会与二氧化碳发生反应而被氧化。在冶金及生产方面，镁在防火、抗氧化、增加蠕变强度等问题上存在一定困难，因此使用受到一定限制。

以镁为基础的 Magnox 合金(含有 0.8%Al、0.02%～0.05%Be)具有良好的抗腐蚀性、延展性和可焊性，在英国被用于以石墨作慢化剂、二氧化碳作冷却剂、金属铀为燃料的气冷动力堆中的燃料元件包壳。

3. 奥氏体不锈钢

奥氏体不锈钢的主要成分如铁、铬、镍的中子吸收截面较大，但是在 300℃以上的强度和抗腐蚀性能很好，被用作快堆的包壳材料。

4. SiC 材料

SiC 材料具有一定的事故包容能力，有可能成为第四代核反应堆的包壳材料，是核燃料发展领域的新方向。一般分为纯 SiC 型和 SiC 金属复合型。

SiC 及 SiC 复合材料的优点有：①由于熔点高(高纯 SiC 的熔点为 2730℃)，工作温度极限很高(2000℃)，所以在冷却剂丧失事故发生时也不会发生危险；②SiC 与水蒸气反应活性很低，发生失水事故时，即使温度升高，也不会产生大量氢气，并且可以避免反应放热，可避免灾难性核事故；③SiC 的水侧腐蚀速率很低，可以大大延长换料周期；④相比于锆合金，中子吸收截面更低，可以节约 25%的燃料；⑤高的机械强度降低磨损导致失效的概率；⑥核燃料可以燃烧更充分，提高功率，减少废料的放射性，降低废料处理难度。

但是 SiC 材料与锆合金相比也存在劣势：①价格昂贵；②工艺不成熟，难以达到包壳要求；③工程应用数据缺乏等。

3.1.3 轻水堆包壳材料非锆莫属

早期，即第二次世界大战以后，铝及铝合金又因其易于加工，成本低廉，成为研究试验堆和生产堆燃料元件的首选包壳材料；接着在20世纪40年代末～50年代初，英国开发了以镁为基的Magnox合金作为其气冷动力堆燃料元件的包壳材料，同时美国为潜艇和发电动力堆的应用研制了锆合金，这为日后水冷堆燃料的发展打下了良好的基础。

锆(Zr)属化学元素周期表中的第Ⅳ族第二过渡系。致密的锆金属为黑灰色且有金属光泽。常温下锆在空气中极为稳定；加热时强烈吸氧、氮，形成保护膜；800℃以上时形成氧化锆；但吸氢后变脆。锆的热中子吸收截面非常小，只有(0.18±0.02)b，比铁，铜，镍，铋等小得多。

以锆(Zr)为基加入其他合金元素组成的合金，称为锆合金。常加的元素有Sn及Nb和Fe，Cr，Ni等。锆合金与不锈钢相比，熔点高300～400℃，热膨胀系数小2/3，热导率高18%，热中子吸收截面小一个数量级，并对300～400℃的高温高压水和蒸汽具有良好的耐蚀性，适中的机械性能，与UO_2相容性好且容易冷加工等。因此，作为轻水堆包壳材料，非锆莫属。

快中子堆则因不受中子吸收截面的制约而广泛选用镍铬不锈钢作为包壳材料。虽然铍的中子吸收截面最小，但其加工性能很差，辐照脆性显著，不宜作为燃料棒包壳材料。

3.2　金属锆的基本性质

3.2.1　锆的发展简史

锆是在分析锆英石时被发现的，1789年德国人克拉普罗特(M. H. Klaproth)在锆英石中发现一种新的氧化物，起名叫"Zirconia"，1824年瑞典人贝采利乌斯(J. J. Berzelius)用钾还原K_2ZrF_6制得金属锆，由于杂质多，为脆性的黑色粉末。1914年德国人莱利(D. Lely)等用高纯钠还原提纯的$ZrCl_4$制得韧性的金属锆。1925年范阿克耳(A. E. Van Arkel)和德布尔(J. H. De Boer)两人，在电热丝上解离ZrI_2获得延性更好的金属锆。1944年美国矿务局在克劳尔(W. J. Kroll)的指导下，成功研发规模较大的延性锆的生产方法，使得锆得到了工业应用。随着锆合金在核能工业上的应用，锆工业有了迅速发展。锆成为一种重要的战略材料，被誉为"原子时代的第一金属"。

3.2.2　锆的矿物资源

3.2.2.1　世界的锆资源及供需形势

锆在地壳中的含量约220g/t，按丰度，超过镍、锌、铜、锡、铅和钴等，居第20位。含ZrO_2 20%以上的矿物虽有十几种，但具有工业开采价值的矿物主要有两种：锆英石和斜锆石。锆英石(又名锆石)是正硅酸盐，化学式为$ZrSiO_4$，是分布最广的锆矿石，其ZrO_2的含量为64%～67%。斜锆石是不纯的氧化物，其ZrO_2的含量为96.5%～98.5%。锆英石大部分以海滨砂矿的形式存在，也有少量残坡积砂矿和原生矿。与锆英石共生的砂石有钛铁矿、独居石、金红石、磷钇矿等。所有的锆英石中都含有氧化铪(HfO_2)和放射性物质，铪的含量在1.5%～2.5%，放射强度一般在1×10^{-4}m Ci/kg的数量级($1Ci/kg=3.7\times10^{10}$ Bq/kg)。

全世界锆英石的基本储量约46300kt。澳大利亚是海滨砂矿的主要产地，锆英石的储量约14000kt，可采量约8000kt，其次是南非、美国、印度等国。世界各国锆英石资源储量见表3-2。

表3-2　世界各国锆矿储量　kt

国家	美国	加拿大	巴西	俄罗斯	马达加斯加	塞拉利昂	南非
储量	3628	—	226	2721	90	453	3083
基本储量	7356	907	1950	4535	181	1814	10974

国家	中国	印度	马来西亚	斯里兰卡	澳大利亚	世界总计
储量	362	1632	90	907	7890	2102
基本储量	907	2721	181	1360	13514	46400

斜锆石的主要产地是南非的法拉波瓦矿，它所生产的斜锆石几乎不含硅，精矿品位为97%～99% ZrO_2+HfO_2。

3.2.2.2 中国的锆资源及供需形势

中国锆矿储量约居世界第9位，主要砂矿分布在海南岛、广东湛江和汕头、广西的钦州地区和北部湾沿海一带、山东的石岛矿区。岩矿主要在内蒙古、四川和云南。

核级锆是核反应堆的重要材料，广泛使用于军用及民用反应堆。根据中国《能源发展战略行动计划(2014—2020年)》及《能源"十二五"规划》，未来中国核能用核级海绵锆需求潜力大，对锆的需求将快速上升。当前生产1t核级海绵锆需要消耗5t锆英砂，核电厂反应堆首次装机1万kW需0.3～0.35t锆材，且每座反应堆每年需更换1/3左右锆材，海绵锆的成材率在50%左右。

中国核级海绵锆的生产线已经建成，主要有国核宝钛锆业股份公司和东方锆业朝阳子公司，2013年两家公司核级海绵锆产能分别为100t及150t。国核宝钛2009年引进美国西屋电气公司年产2000t的核级海绵锆生产线。到2025年国核宝钛核级海绵锆产能可能扩展到4000t；东方锆业计划分批次建设年产能1000t的生产线。

中国锆英砂资源稀缺，锆英砂生产规模小，国产锆英砂远远不能满足国内锆英砂需求，锆砂进口的主要来源是澳大利亚和南非，进口集中度较高。未来中国锆英砂开发空间有限，难有较大的突破，大量进口锆英砂来维持中国锆产业发展的局面难以改变。

3.2.3 锆的基本性质

锆属于过渡金属元素，位于元素周期表的第IVB族钛和铪之间。致密的金属锆呈黑灰色，有金属光泽。原子序数为40，相对原子质量为91.224。锆的外层电子排列为$4s^24p^64d^25s^2$，化合价为+2、+3、+4价，常见为+4价。

锆(Zr)的原子半径为1.59Å，共价半径为1.452Å，原子体积为13.97Å³。锆在一定条件下发生同素异构转变，通常具有两种晶体结构，在862℃以下为密排六方结构(α-Zr)，在862℃以上至熔点以下为体心立方结构(β-Zr)。锆的晶格常数①：

$$\alpha\text{-Zr}: a=3.230\pm0.002\text{Å},\quad c=5.133\pm0.003\text{Å},\quad c/a=1.589;$$

$$\beta\text{-Zr}: a=3.62\text{Å}。$$

锆的熔点随纯度而变化，文献报道为1845～1855℃；其沸点为3577～3580℃。密度为$(6.490\pm0.001)\text{g/cm}^3$(α-Zr)和$6.40\text{g/cm}^3$(β-Zr)，比铁轻，但比钛重。

锆是一种耐高温的金属，在高温时仍然能够保持良好的机械性能。锆的耐蚀性相当好，接近于钽和铌而优于钛、钼、钨。锆粉末呈灰黑色，极为活泼，室温下即可氧化和自燃。锆金属及其粉末在加热时能强烈吸收氧、氢、氮等气体，是一种理想的吸气剂。锆在室温下较稳定，加热至400～500℃时，其表面会生成氧化物薄膜，温度继续升高，金属则迅速氧化。锆的热中子俘获截面小，只有0.18b ($1\text{b}=10^{-28}\text{m}^2$)，且即使置于反应堆中照射后，也只有较低的感生放射性。

锆(Zr)属化学元素周期表中的第Ⅳ族第二过渡系。致密的锆金属为黑灰色且有金属光泽。虽然通常被归为稀有金属，但实际上其在地壳中的含量比较高(约占0.0025%)，超过了工业和生活上普遍使用的锌、铜、铅、钴、锡、镍等金属。因为锆化学性质活泼，能与多种元素形成坚固的化合物，因而使其冶炼和提纯非常困难。因此，虽然1824年就发现并制备出了锆，但是在很长一段时间内未得到广泛应用。直至1925年，随着碘化法制备高纯锆工艺的建立，锆的应用得以快速地发展，自此人们才获得了能够进行冷加工且具有室温良好延展性的金属锆。

常温下致密金属锆在空气中极为稳定，与空气中的氧、氮元素完全不发生反应，但在加热时会强烈地吸收氧、氮而形成稳定的化合物，并在表面生成氧化物保护膜。不过，在较高的温度下，该层氧化膜会失去保护作用。当温度高于800℃，则迅速生成氧化锆。锆和氧的亲和力很大，氧在锆中的溶解度可达约60%(摩

① 由不同机构给出的锆的点阵常数有些差异(见3.5.3节、3.5.4节)，其中c的数值差异更大些。估计主要是由于锆的纯度不同所致。

尔分数)；但相对而言，锆在一定温度下具有良好的抗氧化性能。金属锆极易吸收氢，溶解氢后锆变脆，温度高于300℃时便与之大量发生反应，生成氢固溶物和氢化物。锆与二氧化碳、一氧化碳和水蒸气在高温下发生反应，生成氧化锆和碳化锆。锆与卤族元素氟、氯、溴、碘等在200～400℃时易发生反应，生成相应的卤化物。金属锆在酸碱溶液中具有非常强的稳定性，只有磷酸、氢氟酸和浓硫酸能破坏它。

锆金属非常突出的特点是具有优异的核性能，其热中子吸收截面非常小，只有(0.18±0.02)b，比铁、铜、镍、铋小得多。即使将其置于反应堆中照射后，也只有较低的放射性。

虽然锆属于高熔点金属，但其力学性能却与熔点较低的金属相似，其弹性系数小、强度极限随温度升高而下降。20℃时锆的主要力学性能见表3-3。虽然纯锆的强度低，但稍加处理就可使其明显增加，如经过冷变形处理后，锆的抗拉强度极限提高至867MPa，伸长率为35%，表现为良好的拉伸塑性，若进一步采用中子辐照处理，则伸长率进一步提高至42%。

表3-3 金属锆的一些力学性能

基本特性	数值	基本特性	数值
硬度HB	64～67	杨氏模量/MPa	9.39×10^4
抗拉强度/MPa	$(2.3～2.5)\times10^2$	泊松比	0.34
屈服强度/MPa	2.1×10^2	剪切模量/MPa	3.48×10^4

工业应用中，关注的是锆的优异性质，而在科学研究中，锆宽的sp能带中出现窄的d能带，这一Ⅳ族过渡金属特有的现象最能引起研究人员的兴趣。它对晶格的电子性质和晶格结构的稳定性产生决定影响，在压强作用下电子由sp能带向d带的转移在这类材料的相稳定性方面起着关键作用。

3.2.4 锆的晶体结构

常温常压下锆具有密排六方晶体结构，空间群号194，符号P63/mmc，一个晶胞中含有两个原子，经常表示为hcp-Zr、alpha-Zr或α-Zr。当温度升高到865℃时，hcp-Zr转变为体心立方结构，空间群号为229，符号Im3m，每个晶胞中含有两个原子，常以bcc-Zr、beta-Zr或β-Zr表示。如果在室温下加压，hcp-Zr首先转变为六方结构的中间ω-相(omega-Zr或ω-Zr)，空间群号191，符号P6/mmm，每个原胞中含有三个原子，分别位于(0,0,0)、(2/3,1/3,1/2)和(1/3,2/3,1/2)位置。继续增加压力，omega-Zr再转化为bcc结构。锆的三种不同晶体结构以及锆的相图(示意图)分别如图3-1、图3-2所示。

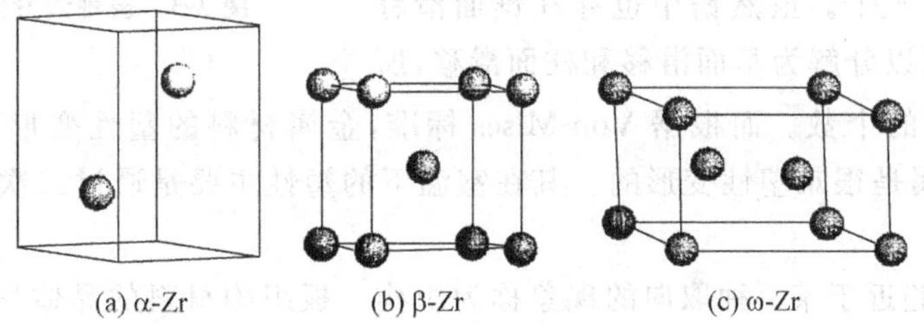

图3-1 锆的三种不同晶体结构

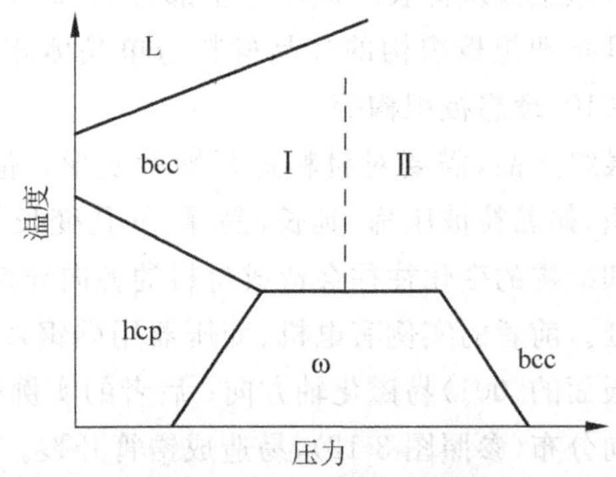

图3-2 锆的相图(示意图)

低温时，bcc相在Ⅰ区力学不稳定，而在Ⅱ区力学稳定

3.2.5 锆的塑性形变特点

材料的塑性变形能力与其滑移系的多少密切相关。面心立方和体心立方金属因为滑移系多(12 个或 24 个),因此塑性变形能力很强。锆有两种晶体结构,其体心结构的 β 相因为滑移系多,塑性很好;但是,其密排六方结构的 α 相因为滑移系较少,尤其是在常温下能够启动的滑移系较少,所以变形能力较差。表 3-4 给出了密排六方结构锆金属的所有滑移系统和孪生系统。

表 3-4 密排六方结构锆金属的滑移系统和孪生系统

类 型	晶 面	晶 向	滑移系统或孪生系统	激活温度和应力水平
滑移(slip)	柱面(prism)	a	$\{10\bar{1}0\}\langle\bar{1}2\bar{1}0\rangle$	所有温度,低应力水平
滑移(slip)	基面(basal)	a	$\{0001\}\langle\bar{1}2\bar{1}0\rangle$	高温
滑移(slip)	锥面(pyramidal)	$c+a$	$\{10\bar{1}1\}\langle\bar{1}2\bar{1}0\rangle$	中等温度,高应力水平
滑移(slip)	锥面(pyramidal)	$c+a$	$\{11\bar{2}1\}\langle11\bar{2}3\rangle$	高温,高应力水平
孪生(twin)	锥面(pyramidal)	$c+a$	$\{10\bar{1}2\}\langle\bar{1}011\rangle$	中温,c 轴拉伸
孪生(twin)	锥面(pyramidal)	$c+a$	$\{11\bar{2}1\}\langle\bar{1}\bar{1}26\rangle$	低温,c 轴拉伸
孪生(twin)	锥面(pyramidal)	$c+a$	$\{11\bar{2}2\}\langle\bar{1}\bar{1}23\rangle$	低-中温度,c 轴压缩
孪生(twin)	锥面(pyramidal)	$c+a$	$\{10\bar{1}1\}\langle\bar{1}012\rangle$	中-高温度,c 轴压缩

相对于理想六方密堆积结构的 $c/a=1.633$,纯锆的 c/a 为 1.589。c/a 值的减小使柱面的面间距增大。六方结构锆金属的柱面$(10\bar{1}0)$面的面间距为 2.798Å,而其基面(0002)面的面间距仅为 2.573Å。柱面面间距的增大使其原子面密度超过了基面,因此在密排六方结构锆金属中的最易滑移系并非基面,而是柱面滑移系。

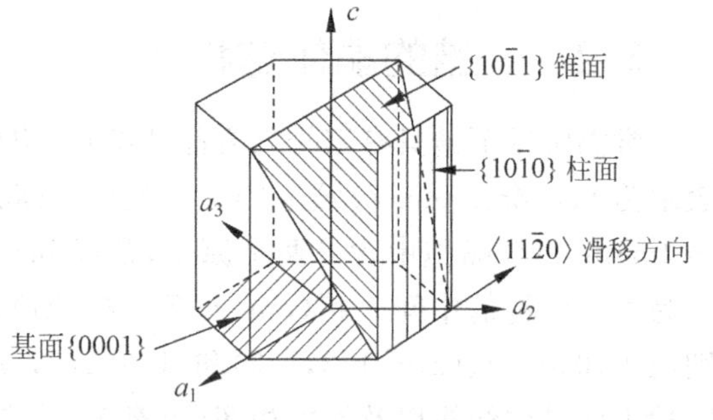

图 3-3 密排六方结构晶体的滑移系统

对于密排六方结构金属,基面和柱面各自有三个滑移系(图 3-3)。然而,每 3 个滑移系中只有两个是独立的,锆金属的独立滑移系只有 4 个。虽然锆中也存在锥面滑移系,但是因为锥面滑移可以分解为基面滑移和柱面滑移,所以并不增加独立滑移系的个数。而根据 Von-Mises 标准,金属材料的塑性变形至少需要 5 个独立滑移系。因此,多晶体锆金属是很难塑性变形的。其在室温下的塑性主要是通过二次滑移系和孪生机制来实现的。

多晶体中晶粒取向趋近于某一种取向的现象称为织构。板织构材料的晶体学特征是各晶粒的某一个或几个晶体学面平行于试样的某一特定面(如轧面),一个或几个晶体学方向平行于试样的某一特定方向(如轧向)。立方晶系中{100}⟨001⟩理想板织构表示试样中全部{100}面平行于轧面,全部⟨001⟩方向平行于轧向。因此,从晶体学的角度看,具有理想板织构的多晶材料与单晶体相似。板织构一般存在于各种轧板中,例如冷轧锆板即具有$(0001)\langle10\bar{1}0\rangle$理想板织构等。

为了改变材料的形状并获得最终产品,需要对材料进行塑性变形。但除了变形的直观效果之外,借由形变热处理还可以改变材料的组织,如晶粒被压扁、延长,晶界、气孔变长等;改变材料的结构,如产生织构等。塑性变形所引发的材料组织和结构的变化往往会造成材料的各向异性。

材料的织构既有好处也有坏处。前者的实例有电机、变压器用硅钢片,就是通过形变热处理产生{110}⟨001⟩织构,以使磁力线沿硅钢片板面的⟨001⟩易磁化轴方向;后者的实例有作为燃料包壳的锆管,冷拉减径变形产生的织构易令氢化物沿径向分布(参照图 3-12),易造成锆管开裂。

图 3-4 以 HCP 结构的 Mg 为例,简要说明塑性形变引发织构的原因。图(a)给出 Mg 主要的滑移变形机制和室温的临界分切应力(CRSS)。可以看出,室温下 Mg 的主要滑移系统是$(0001)\langle11\bar{2}0\rangle$,即沿基面的 a 方

向，其 CRSS 很低，仅为 3MPa，很容易发生；另一方面，沿 c 轴方向的变形由锥面的滑移系统 $\{10\bar{1}\bar{1}\}\langle 11\bar{2}\bar{3}\rangle$ 来实现，其 CRSS 很大，为 40MPa，因此室温下很难发生。

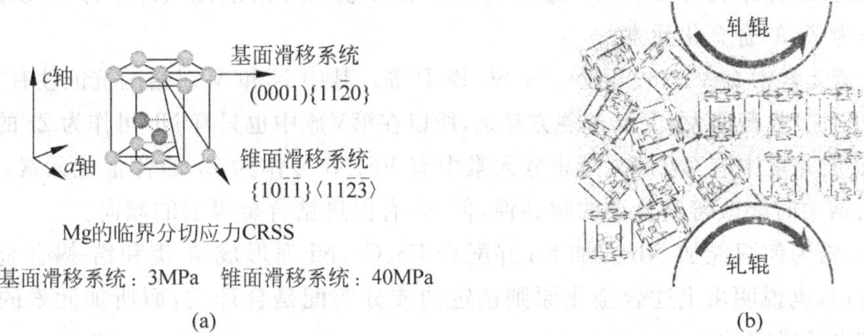

图 3-4 Mg 的室温滑移系统及临界分切应力(CRSS)(a)和轧制变形织构的形成机制(b)

上述滑移变形的特点是导致轧制 Mg 板产生变形各向异性的直接原因。随着轧制的进行，其基面(法向)都逐渐转向轧面，多晶体产生定向排列，从而导致图 3-4(b)所示的晶体学各向异性。

随着晶粒的不断转动，基面逐渐趋于平行于轧面。由于外力投影于滑移面上沿滑移方向的分切应力越来越小，从而逐渐变为不利于滑移的位向。在此情况下，二次滑移系统和孪生系统有可能启动。尽管这些系统对塑性变形的直接贡献不是很大，但由于改变晶体学位向，从而使一次滑移系统重新启动，导致织构越发明显。

3.3 锆的合金化

以锆为基加入其他合金元素组成的合金，称为锆合金。常加的元素有 Sn 及 Nb 和 Fe、Cr、Ni 等。锆合金比不锈钢的熔点高 300～400℃，热膨胀系数小 2/3，热导率高 18%，热中子吸收截面小一个量级，并对 300～400℃的高温高压水和蒸汽具有良好的耐蚀性，适中的机械性能，与 UO_2 相容性好且容易冷加工等。因此，20 世纪 60 年代末锆合金取代了 AISI304 不锈钢，被广泛用作水冷动力堆的元件包壳及堆芯结构材料并使燃料利用率得到明显提高。例如元件包壳、燃料组件盒、通量管、控制棒导向管、定位格架和支撑板改用锆合金后，中子损失显著减少，使 ^{235}U 富集度比用不锈钢包壳下降了 1%；或富集度不变，能使燃耗提高 10000MW·d/t(U)，即明显提高了中子经济性。

但锆合金的腐蚀、织构、吸氢和应力腐蚀以及芯块与包壳的相互作用(PCI)等对机械性能危害较大，它们是限制锆合金使用寿命的重要影响因素。

3.3.1 锆合金的合金化原理

锆合金化的目的是为了抵消锆中杂质，尤其是氮的有害影响，以使锆合金保持纯锆的优良耐蚀性能和提高它的强度。试验表明，锆中加 Sn 并配合少量 Fe、Cr、Ni 能达到上述目的，Nb 也有此功能。其根据来自 Wagner 的氧化理论和 Hauffe 的原子价规律。

Wagner 认为，氧化膜的成长理论是氧离子沿着膜中阴离子空位扩散，穿过氧化膜到达金属表面，而电子从金属表面向外运动，使氧化膜在金属和氧化膜界面处生长。二者平衡速度或氧离子与氧化物中空位的置换速度是腐蚀速度的控制因素。因此，任何外来的间隙阳离子都会减少阴离子空位数目，降低氧离子的扩散，但低于 4 价锆的置换阳离子和高于 2 价氧的阴离子都会使阴离子空位数目增多，加速腐蚀。锆位于周期表第Ⅳ族，根据 Hauffe 的原子价规律，如果加入同族或第ⅤB、ⅥB、ⅧB 族元素，当它们进入氧化膜时，将增加膜内的电子浓度，减少膜中阴离子空位，从而能抑制氧离子扩散，降低腐蚀速率。例如锆中含少量 Fe、Cr、Ni 的有利影响可能与此有关；含氮危害较大的原因是 N^{3-} 能置换氧化物晶格中的氧离子，产生附加的空位，因此增加了锆的腐蚀速度。但加入锡后，因 N^{3-} 及氧离子空位力图停留在 Sn^{3+} 离子附近，三者组合后，可动性差，故使空位迁移率降低，所以锡能抵消氮的危害，降低腐蚀速度。

根据上述规律，以锆的同族元素进行合金化对提高耐蚀性最有利。周期表第Ⅳ族元素有 Ti、Hf、Si、Pb、Ge、C。其中 Ti 对 Zr 的耐蚀性有害，Hf 的热中子吸收截面很大；Pb 熔点低；Ge 和 C 的晶胞均为金刚石立方结构，不易溶于密排六方结构的 α-Zr 中，这与 Hauffe 原子价规律的前提条件不符，所以只有 Sn 是第Ⅳ族元素中唯一能够作为 Zr 的合金化元素。

在周期表第Ⅴ族元素中有 V、Nb、Ta、N、As、Sb、Bi、P 等。其中 N 和 V 对锆的抗蚀性有害，As、Sb、Bi 熔点低；Ta 很昂贵，中子且吸收截面大；P 属于菱方晶系，所以在第Ⅴ族中也只有 Nb 可作为 Zr 的合金化元素。

同理，在第ⅥB 族元素中有 Cr、Mo，第Ⅷ族元素中有 Fe、Ni 可作为 Zr 的合金化元素。实验表明，当 Cr 与 Fe、Ni 同时加入锆中时能改善锆合金的耐蚀性，但 Ni 有促进锆合金吸氢的倾向。

由上不难看出，锆为何只能加 Nb 或加 Sn 并配合 Fe、Cr、Ni 而形成锆-铌和锆-锡合金的原因所在。这两类合金的成功使用，也说明由上述合金化原则选定的成分匹配是合理的，而所加元素的各自含量是由改善耐蚀效果的最佳含量确定的。

3.3.2 锆锡合金的发展

虽然高纯锡具有良好的耐蚀性，而工业纯锆在高温水和蒸汽中因受 N、C、Ti、Al、Si、V、O 等杂质的有害影响，使锆的耐蚀性变差或不稳定。这些杂质是在冶炼和加工过程中渗入锆中的，难以避免。但经研究表明，对含氮 60×10^{-6} 的海绵锆加 0.5%Sn 后，腐蚀速率最小，而低于或高于 0.5%Sn，耐蚀性都变坏，而且此最佳锡含量随锆中氮含量增加而增加。这表明适量锡能抵消杂质氮对腐蚀的有害影响。相反，过量锡本身也明显增加锆的腐蚀，尤其高温更明显。若对锆锡合金再添加总含量为 0.2%～0.3%的 Fe、Cr、Ni，不仅能抑制过量锡的有害影响，提高锆的高温耐蚀性，而且还能改善锆合金的力学性能。另外，部分 Fe、Ni 可置换氧化膜中的 Zr，形成体心四方 $Zr_2(Fe,Ni)$金属间化合物，它能提高锆合金在堆内和堆外的耐蚀性。

3.3.3 锆合金包壳材料的成分及其作用

作为水冷堆燃料的包壳材料，纯锆存在许多不足：第一，锆在 862℃发生 $\alpha\rightleftharpoons\beta$ 固态相变，β 相晶体呈体心立方结构，α 相则为密排六方结构。因此，α-Zr 呈现显著的织构，即当型材在拉拔过程中形成了晶面的择优取向，它引起了严重的各向异性。第二，纯锆在 300℃下与水发生化学反应，生成氧化锆薄膜并释放氢，初始氧化膜为黑色 ZrO_{2-x}，其腐蚀增重遵从的关系介于抛物线与立方定律之间；但在继续暴露后，因薄膜破裂和腐蚀速率增大而遵从线性关系，氧化膜为 ZrO_2，呈白色斑点，这个转折现象称为剥裂腐蚀。而合金中存在杂质氮会使剥裂腐蚀提前并加速。第三，由于锆对氢有很强的亲和力，氢在 300℃锆中的溶解度极限仅为 70μg/g，高于此含量的氢就以片状氢化物形式随织构定向析出。因为氢化物相呈脆性，影响材料的强度和延性。第四，退火态纯 Zr 在高温(如 400℃)下的拉伸强度尽为 131MPa，比例极限只有 55MPa。针对以上种种不足，只有通过合金化来克服和补强。

表 3-5 列出了目前已经在核电厂得到使用的锆合金包壳材料的名称及其化学成分。关于 Zr-2.5Nb 合金压力管材料的化学成分和使用性能将在堆芯结构材料部分阐述。

表 3-5 使用锆合金包壳材料的成分 %(质量分数)

合金名称	Sn	Fe	Cr	Ni	Nb	O
Zircaloy-2	1.2～1.7	0.07～0.2	0.05～0.15	0.03～0.08	—	0.08～0.15
Zircaloy-4	1.2～1.7	0.18～0.24	0.07～0.13	—	—	0.08～0.15
Zr-1%Nb	—	0.006～0.012	—	—	1.00±0.15	0.05～0.07
ZIRLO	0.8～1.2	0.09～0.13	$(79\sim83)\times10^{-4}$	—	0.8～1.2	0.09～0.12
E635	1.2～1.3	0.34～0.40	—	—	0.8～1.2	0.09～0.12
M-5	—	—	—	—	0.8～1.2	0.09～0.15

注：锆合金中控制 N≤80μg/g，Si≤120μg/g，Hf≤100μg/g，B、Cd 均≤0.5μg/g，Co≤20μg/g。

在电弧熔炼的纯锆中，存在 C、O、N 和 H 等气体杂质。对高温水的耐蚀性，氮的影响最为严重。Lustman 对此曾进行了系统的研究，他的结果表明，含氮量大于 40μg/g 的纯锆在 315℃水中，较短(30 天)时间内就会出现转折，转折时间随氮含量的增多而缩短。其原因可从晶格缺陷得到解释：氮以 N^{3-} 离子进入氧化膜晶格的氧位置，为了满足电中性条件必须产生氧离子空位，因此增加了氧离子的迁移率，促进了腐蚀。锡在锆中有足够溶解度，在锆中添加合金元素 Sn，它以 Sn^{3+} 进入晶格，使含有 N^{3-} 的局部晶格电中性化，从而不形成氧空位，起到了抵消氮有害影响的作用。Sn 的添加量随杂质氮的多少而定。过多的 Sn 将生成金属间化合物 Zr_4Sn。图 3-5(a)示出不同 Sn 添加量对含氧 60μg/g Zr-2 合金耐水腐蚀的影响，对该杂质氮的含量，曲线上存在一个最佳的 Sn 添加量。早期因生产工艺水平较低，成品中杂质含量较高，Sn 添加量曾高达 2.5%(质量分数)；随着工艺参数控制的进步，氮含量降低，故 Sn 的添加量也随之降低。作为对比，图 3-5(b)示出不同 Fe+Cr+Ni 添加量的影响。

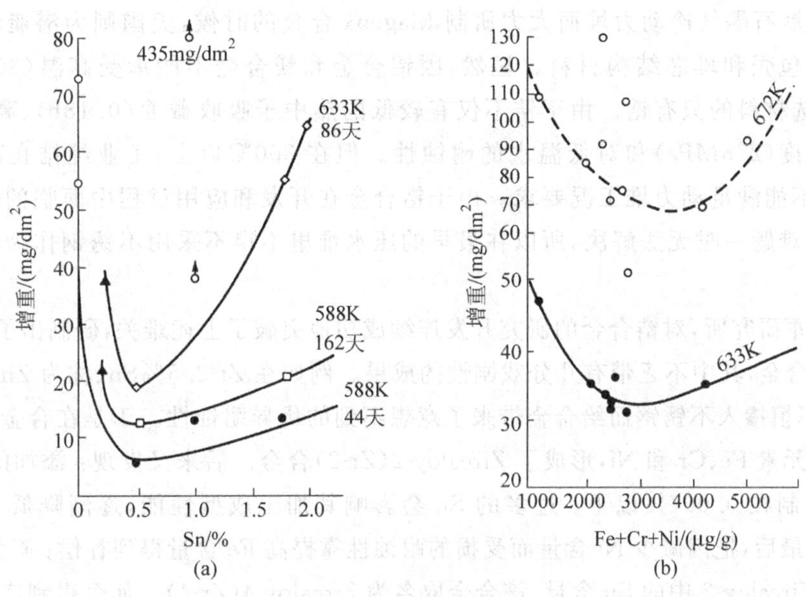

图 3-5 Zr-2 合金中添加 Sn(a)和 Fe+Cr+Ni(b)对耐水腐蚀的影响

Fe、Cr 和 Ni 被视为“β 共析体”。从 Zr-Fe 二元系相平衡图(图 3-6)可见，在所需的浓度下，它们在 β 相可完全溶解，而在 α-Zr 中的溶解度很低，对 Zr-Cr、Zr-Ni 二元系分别生成稳定的第二相 Zr_2Ni 和 $ZrCr_2$，所以在 Zircaloy 合金中的第二相一般是 $Zr_2(Fe、Ni)$ 和 $Zr(Fe、Cr)_2$，它们分别呈体心四方结构和 fcc(或 hcp)结构。这些析出相的大小对合金的抗蚀性能非常重要。例如，Zr-4 合金有较大的析出相，可以抗 PWR 堆冷却剂的均匀腐蚀；Zr-2 合金中均匀分布的细小沉淀相也可耐冷却剂的局部腐蚀。要获得所需的析出相大小和分布，可以借 β 淬火后的热处理工艺来达到。Fe+Cr+Ni 的添加量要控制在低于 0.5%(质量分数)。以后发现，Ni 是氢分子发生离解反应的催化剂，Zr-2 中添加了 Ni 会加速吸氢作用，所以在 Zr-4 合金中放弃了 Ni，而靠增添 Fe 来补偿 Ni 的合金化作用。

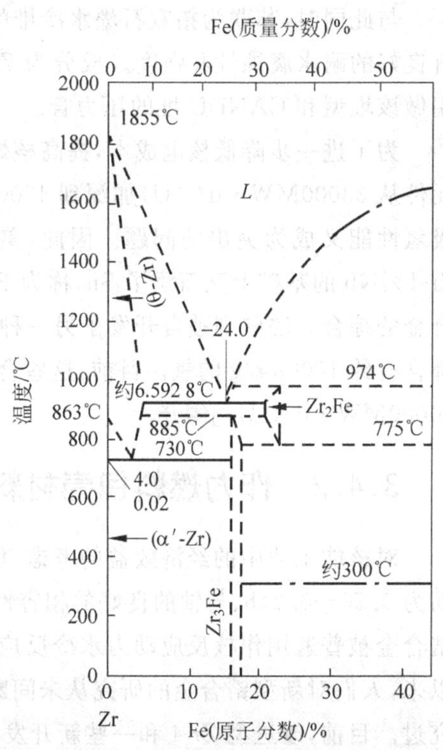

图 3-6 Zr-Fe 二元系相平衡图的一部分

另一个合金元素铌是 β 相的稳定剂。因为 Nb 在 β-Zr 中的固溶度很高，所以当从 β 相或 α+β 上限区淬火时，富 Nb 的 β-Zr 晶粒通过马氏体转变分解出 α′过饱和相，然后通过热处理导致在 α′相的孪晶界上析出 β′-Nb。此外，通过 β 相淬火-时效硬化处理获得亚稳 ω 相。借此提高 Zr-Nb 合金的力学强度，它们的吸氢量仅为 Zr-4 合金的一半。而且在高温水和水蒸气中具有几乎与 Zr-4 合金相当或更优越的耐蚀性。

早期，氧是作为锆合金的一种有害气体杂质，以后 Armand 等发现在锆合金中添加 1000μg/g 的氧可以大幅度提高其室温屈服强度，那是因为氧通过间隙固溶使合金强化，而且使 α 相稳定到液相温度。但在研发新型锆合金时才真正认识到氧是一种合金元素。氧的加入是在配制合金时靠添加所需氧含量的 ZrO_2 粉末来完成的。

3.4 锆合金在反应堆中的应用

3.4.1 锆合金用于反应堆的发展历程

正当英国为发展石墨气冷动力堆而大力研制 Magnox 合金的时候，美国则为潜艇动力和发电用高温水冷堆而寻找新的包壳和堆芯结构材料。显然，因铝合金和镁合金不能承受高温(300～400℃)水的腐蚀，唯一可作为候选材料的只有锆。由于锆不仅有较低的热中子吸收截面(0.18b)、高熔点(1852℃)，而且有较高的室温强度(276MPa)和对低温水的耐蚀性。但在 300℃以上，工业纯锆在高温水中腐蚀和吸氢，强度和延性仍不能满足动力堆工况要求。由于锆合金在开发和应用过程中面临的锆铪分离生产和锆合金配制两大技术难题一时无法解决，所以在最早的压水堆里不得不采用不锈钢作为燃料元件的包壳和结构件。

接着在美国海军研究所，对锆合金的研究开发连续成功地突破了上述难关，研制出了以 Zr-Sn 二元系为基的 Zircaloy 系列合金，其中不乏带有几分戏剧性的成果。例如在 Zr-2.5%Sn(称为 Zircaloy-1，简写 Zr-1)合金的熔炼中，因不慎掺入不锈钢而给合金带来了意想不到的优异耐蚀性。于是在合金中有意添加了少量的不锈钢主要组成元素 Fe、Cr 和 Ni，形成了 Zircaloy-2(Zr-2)合金。后来又发现：添加的 Ni 会促进合金的吸氢，把 Ni 含量控制在 0.007%以下；过多的 Sn 会影响其加工成型性能，逐渐降低了 Sn 含量，这就是 Zircaloy-3(Zr-3)。最后，把因减少 Ni 含量而受损的耐蚀性靠提高 Fe 含量得到补偿；降低 Sn 含量的效果不大，故又恢复了如 Zircaloy-2 中的 Sn 含量，该合金取名为 Zircaloy-4(Zr-4)。如今得到广泛使用的只有 Zr-2 和 Zr-4，它们分别用于沸水堆和压水堆、CANDU 堆作为包壳材料。

与此同时，苏联为拓宽石墨水冷堆的应用，成功地研发了 Zr-Nb 合金，该合金在高温(低于 400℃)下具有良好的耐水腐蚀性和强度。成分为 Zr-1%Nb 的二元合金用做 RMBR 堆燃料包壳；Zr-2.5%Nb 合金则用做该堆型和 CANDU 堆的压力管。

为了进一步降低核电成本，提高核燃料的利用率，就需要加深轻水堆燃料元件的燃耗，如对压水堆燃料元件从 33000MW·d/t(U)加深到 42000MW·d/t(U)，甚至更高。这种工况使锆合金包壳的水侧腐蚀和吸氢性能又成为突出的问题。因此，美国又通过减 Sn 和添 Nb，发展了新型的 ZIRLO 合金，俄罗斯却在 Zr-1%Nb 的基础上又新添了 Sn，称为 E635 合金。这两种新锆合金实际上代表了原有的 Zr-4 和 Zr-1%Nb 合金的综合。法国则独自开发了另一种称为 M-5 的 Zr-1%Nb 合金。值得指出的是，这三种高性能锆合金都含有约 1000μg/g 的氧。目前，这些合金已得到应用，从而使压水堆燃料的燃耗不断向更高目标[55000～60000MW·d/t(U)]攀升。

3.4.2 作为燃料包壳材料的锆合金

对核能工业中的经济效益的考虑，促使了锆合金的研究与开发。锆合金优良的核性能(热中子吸收截面为 0.20～0.24b、与铀的良好的相容性)、抗腐蚀、抗中子辐照性、适中的力学性能和良好的加工性能，使得锆合金被普遍用作核反应动力水冷反应堆的燃料包壳管和结构材料。自从锆合金在核反应堆中成功应用以来，人们对新型锆合金的研究从未间断过，Zr-Sn、ZR-Nb、Zr-Mo、Zr-Fe、Zr-Cr、Zr-V 等系列合金均已被研究过。目前，改进型 Zr-4 和一些新开发的锆合金如 ZIRLO、M5、E635 已经进入商用阶段。表 3-6 列出了目前正在使用的核工业用锆合金。

表 3-6 目前正在使用的锆合金成分

名 称	合金成分	国 家
Zr-2	Zr-1.5Sn-0.2Fe-0.1Cr-0.05Ni	美国
Zr-4	Zr-1.5Sn-0.2Fe-0.1Cr	美国
Zr-2.5Nb	Zr-2.5Nb	加拿大
Zr-1Nb	Zr-1Nb	苏联
ZIRLO	Zr-1.0Sn-1.0Nb-0.1Fe	美国
M5	Zr-1.0Nb-0.16O	法国
E635	Zr-1.2Sn-1.0Nb-0.4Fe	俄罗斯

应用于化工生产中的锆合金，主要是利用其耐腐蚀性，用作热交换器、反应器、腐蚀介质管道等部件。锆合金在冶金工业中作为脱氧剂、合金添加剂等。另外，锆合金还被用于制作各种首饰和装饰品。

鉴于锆合金的广泛应用，目前关于锆合金的研究很多。包括合金元素对锆相变的影响、锆合金中的非平衡相变、锆合金的微观组织特征、锆合金的力学性能及强韧化等问题，设计合金的设计、加工、制备和表征等各个方面。

对于核工业来说，应用于反应堆中活性区的导热金属，必须具有低吸收截面，并且能起到下面三种作用：①作为永久性内部结构；②作为增加燃料体积或改良燃料性质的合金化金属材料；③作为燃料保护层或者放置燃料、隔离放射性物质的热交换薄层。在高温反应堆中，锆和铍是唯一能完成上面三个任务的金属材料。目前，以高温水作为热交换介质的潜水艇热反应堆也是以锆作为导热金属。除了小的吸收截面，这也得益于锆对在高温反应堆中各种情况下的侵蚀具有非常优良的耐蚀性。

锆具有优异的核性能，它的热中子吸收截面只有 $0.18\times10^{-28}\,m^2$，仅次于铍($0.009\times10^{-28}\,m^2$)和镁($0.06\times10^{-28}\,m^2$)，与纯铝的 $0.22\times10^{-28}\,m^2$ 接近。锆合金如 Zr-2、Zr-4、Zr-1Nb 等的热中子吸收截面也只有$(0.20\sim0.24)\times10^{-28}\,m^2$。正是出于对中子经济性的考虑，推动了锆合金的研究与开发。用锆合金代替不锈钢作为核反应堆的结构材料，可以节省铀燃料 1/2 左右。锆与铀的相容性好，锆和铀的扩散开始温度大于750℃，比铝、镁、铍及其合金的高。锆合金在 300～400℃高温高压水和蒸汽中有很好的抗腐蚀性能，在堆内有相当好的抗中子辐照性能。锆合金还有适中的力学性能和良好的加工性能。因此已被普遍用作核动力水冷反应堆的燃料包壳管和结构材料，如压力管、容器管、孔道管、导向管、定位格架、端塞和其他结构材料。这是锆材的主要用途，占整个锆加工材的 80%。

锆合金作为核动力堆的燃料包壳和结构材料，已有长期的运行经验，Zr-2 作为沸水堆燃料元件的包壳材料，Zr-4 用作压水堆和石墨水冷堆燃料元件的包壳材料，Zr-2.5Nb 用作重水堆和石墨水冷堆的压力管材料，是安全可靠的。表 3-7 是核反应堆常用锆合金的应用情况，表 3-8 和表 3-9 分别是压水堆和沸水堆先进燃料组件主要涉及参数及锆合金的应用情况。

表 3-7 核反应堆常用锆合金应用情况

锆 合 金	反应堆堆型	用 途
Zr-2	沸水堆(BWR)	燃料包壳管及其他结构材料
Zr-4,M5,ZITLO	压水堆(PWR)，坎杜堆(PHWR)，低温供热堆	燃料包壳管、控制棒导向管、测量管、定位格架、端塞、元件盒等
Zr-1Nb	俄式压水堆(VVER-400、VVER-1000)和沸水堆(RBMK)	燃料包壳管及其他结构材料
Zr-2.5Nb Zr-2.5Nb-0.5Cu	PHWR RBMK	压力管、工艺管、元件盒、隔环

表 3-8 压水堆先进燃料组件主要涉及参数

供货商	法杰玛公司(法国)	ABB-CE(美国)	西屋公司(美国)	西门子公司(德国)	俄罗斯
燃料组件类型	17×17-25 (AFA3G)	16×16-5 (System 80)	17×17-25 (Performance+)	17×17-25 (HTP)	六角形 (VVER1000A)
燃料棒数/组件	264	236	264	264	312
燃料组件高度/mm	4060.2	4528	4053	4057	4570
燃料组件宽度/mm	214	207	214	214	234.5
燃料棒长度/mm	3863.4	4112	3852	3853	3837
燃料棒外径/mm	9.5	9.7	9.5(9.14)	9.5	9.1
燃料芯块高度/mm	13.46	9.91	11.5	9.37	9～11
燃料芯块直径/mm	8.19	8.27	8.19(7.84)	8.17	7.57
平均线功率密度/(kW/m)	20	17.91	17.8	18.6	16.7
最高线功率密度/(kW/m)	42	42.98	43	46	44.8
最高包壳温度/℃	400	①	①	①	①
最高燃料温度/℃	2590	①	2600	①	1667
包壳材料	M5	Zr-4	ZITLO	改进 Zr-4	Zr-1%Nb Zr-1%Nb-1.3% Sn-0.35%Fe
包壳厚度/mm	0.57	0.635	0.57	0.61	0.63
定位格架材料	双金属	Zr-4	ZITLO	改进 Zr-4	Zr-1%Nb
定位格架数/组件②	8+3	10+1	2+6+3+1	8+3	15
最高燃耗/[GW·d/t(U)]	60	60	55	70	60

① 根据核电厂运行条件而定。

② AFA3G、Performance+和 HTP 各有 3 层小格架；System 80 和 Performance+分别有 1 层和 2 层端部因科镍格架；Performance+有 1 层因科镍保护格架。

表 3-9 沸水堆先进燃料组件主要涉及参数

供货商	西门子公司(德国)		西屋公司(美国)	
燃料组件型号	ATRIUM™10A 或 B	ATRIUM™10P	SVEA 965	SVEA 96+
燃料组件类型	10×10	10×10	4×(5×5−1)	4×(5×5−1)
燃料棒数/组件	91①	91②	96	96
燃料组件高度/mm	4470	4470	4421	4481
燃料组件宽度③/mm	134	134	139.6	138.6
燃料棒长度/mm	4081.4	4081.4	3991.6	4152.6
燃料棒外径/mm	10.05	10.05	9.62	9.62
燃料芯块高度/mm	10.5	10.5	8.7	8.7
燃料芯块外径/mm	8.67	8.67	8.19	8.19
燃料芯块密度/(g/cm^3)	10.55(有衬里) 10.45(无衬里)	10.55(有衬里) 10.45(无衬里)	10.5	
平均线功率密度/(kW/m)	14.3	14.3	14.3	12.4
最高线功率密度/(kW/m)	47	47	—	—
包壳材料	Zr-2(锆衬里)④	Zr-2(锆衬里)④	Zr-2	Zr-2⑤
包壳厚度/mm	0.605	0.605	0.63	0.63
定位格架材料	锆合金	因科镍	因科镍	因科镍
平均卸料燃耗/[GW·d/t(U)]	65	65	41	48
组件最高燃耗/[GW·d/t(U)]	70	70	45	60

①、② 分别含 8 根和 12 根短燃料棒，水棒占 3×3 个棒位。

③ 指元件盒内宽度。

④ 提高铁含量的锆衬里为选项。

⑤ 纯锆衬里为选项。

可以看出，除了常规锆合金 Zr-2、Zr-4、Zr-1Nb 之外，改进 Zr-4 和一些新开发的锆合金如 ZITLO、M5 和 E645 被作为高燃耗燃料组件的包壳材料和结构材料部件，已进入商用。

3.4.3　用于反应堆的其他锆合金

锆还能作为合金元素与铀一起做成合金用于核燃料的芯体。锆不仅熔点高、热中子吸收截面低、耐蚀性好，而且锆还是在 γ 相铀中具有显著溶解度的很少几种元素之一。它和 γ-铀互溶，可有效稳定立方结构的 γ-铀，从而有利于消除 α-铀复杂结构的各向异性，提高尺寸稳定性。由此可见，锆是改善铀-锆燃料性能的一种重要合金元素。例如，美国试验性沸水堆用5%铀、1.5%锆、铌作燃料。其中的合金元素锆可起细化晶粒、改善热循环的尺寸稳定、改善耐蚀性和提高强度的作用。一些核潜艇用反应堆也用铀-锆合金作片状燃料。希平港核电厂点火区则用锆基6.33%铀合金作燃料。

氢化锆是优良的慢化材料。在各种轻元素中，氢的慢化性能最好。氢化锆不但具有高的氢核浓度，而且氢化锆或铀氢化锆可耐1000℃以上的高温，它们的热导性好，加工工艺简便，抗辐照和耐腐蚀性能优良。特别是铀氢化锆反应堆具有很大的负反应性温度系数，这就使反应堆本身具有“固有的安全性”，因此氢化锆是“铀氢锆反应堆”的关键材料。这种堆具有许多独特的性能，近年来得到了迅速发展。

美国使用的核辅助能源(systems for nuclear auxiliary power，SNAP)反应堆采用的也是铀氢锆元件。此外，铀氢锆元件代替MTR元件也取得了良好效果。

此外，锆和硼的合金可用作控制材料。

3.4.4　中国的锆合金发展

中国的核用锆合金研究始于20世纪60年代，在合金的冶炼、组织结构控制、热加工、腐蚀和力学性能等方面开展了大量的研究。1960年，Zr-2合金的研究工作开始进行。1973年，Zr-4合金的研究工作也正式开始，并于1975年完成实验规模研究，接着展开了工业规模研究。对于Zr-2合金和Zr-4合金在包壳元件中存在的“柳叶状白条”腐蚀问题，焊接处的腐蚀“白点”、“白环”问题和氢化物取向等问题上取得重要进展。例如，在对Zr-4合金的耐腐蚀性能的研究中，通过恰当的热处理，使Zr-4合金的耐不均匀腐蚀的性能得到明显改善，均匀腐蚀的耐受性也有一定的提高。

20世纪80年代中期之后，为了解决压水堆燃料元件的腐蚀问题，以及跟进国际锆合金发展，开展了高性能锆合金的研究。在90年代改善Zr-4合金的性能的基础上，开展了新型锆合金的研究。在大量的探索工作中，NZ2和NZ8两种新型锆合金被筛选出来，它们的腐蚀、力学、吸氧性都大大优于Zr-4合金，合金的焊接性能也更好。在“十五”期间，针对NZ2新锆合金的生产工艺参数进行了一系列的研究。2009年国内研制出了中国的第一个核级工业化新型锆(Zirlo)合金铸锭，标志着中国依靠自有技术掌握了锆合金铸锭的关键技术。此后，NZ2合金工业规模铸锭的均匀化熔炼技术和板材工业化制备技术得以解决，制备出满足工程要求的NZ2合金板带材，并得以应用。该项目的成功对于推进中国的锆材国有化进程，摆脱核用锆材受制于人的局面具有重大意义。对中国的经济、国防建设也有重要的建设意义。

3.5　锆合金管的制造

3.5.1　锆合金管制造工艺流程

锆是地壳中储藏最丰富的金属之一。主要的工业矿石是锆石($ZrSiO_4$)和斜锆石(ZrO_2)。由于在自然界中锆总是与铪伴生存在，而铪具有极高的热中子吸收界面(115b)，因此从矿石开采、加工，到还原成金属、熔炼合金的全流程中必须要进行锆铪分离。全部流程如下。

第一步，将锆石转化成 $ZrCl_4$。在流化床炉中进行1200℃的碳氯化反应：

$$(Zr,Hf)SiO_4 + 2C + 4Cl_2 \longrightarrow (Zr,Hf)Cl_4 + SiCl_4 + 2CO_2 \tag{3-1}$$

第二步，锆铪的分离。与硫氰酸铵(NH_4SCN)反应，得到硫氰酸氧化锆铪[$(Zr/Hf)O(SCN)_2$]溶液；再经甲基异丁酮萃取—氯氢化反应—硫酸盐化作用，最后用 NH_3 中和与煅烧得到无铪的 ZrO_2。通过第二次碳氯化反应便制得纯 $ZrCl_4$。

第三步，金属锆制取。采用VallArkel碘化物精炼工艺或Knoll工艺都可获得纯金属锆。在前一种工艺中，用电加热灯丝分解碘化锆，反应式如下：

$$ZrI_4(\text{蒸气}) \longrightarrow Zr(\text{固体}) + 2I_2(\text{蒸气}) \tag{3-2}$$

反应温度为1300～1400℃。起始物料可用原生海绵锆，在约300℃下碘化制成。后一种工艺可用下面的反应式表示：

$$ZrCl_4(\text{蒸气}) + 2Mg(\text{液体}) \longrightarrow Zr(\text{固体}) + 2MgCl_2(\text{液体}) \tag{3-3}$$

反应温度约为850℃，最后还需在1000℃下精馏，除去残留Mg和$MgCl_2$，经破碎后得到纯金属锆粉末。

第四步，配置合金。将合金元素Sn、Fe、Cr、Nb和ZrO_2和纯海绵锆(或锆粉)压制成坯块，采用自耗电极真空电弧炉，经多次熔炼得到锆合金锭。

第五步，包壳管制造。经β相区热锻，均匀化水淬；在700℃的铜套内热挤压成管坯；最后用皮尔格式轧机经多次冷轧减径至所需管径。

另外，锆合金的焊接在充氩的气密小室内用氩弧焊完成。所有制造或焊接过的表面均需清洗，如果要保持良好的耐腐蚀性，以采用适当的酸洗为好。

3.5.2 冶炼和铸锭制造

3.5.2.1 锆合金铸锭制造工艺流程

锆合金铸锭制造工艺流程如图3-7。

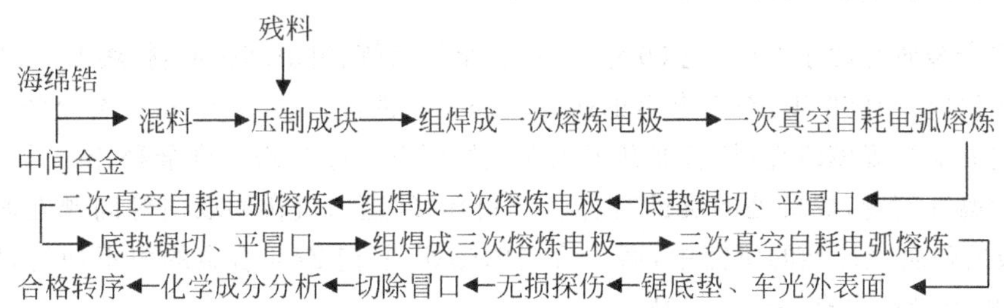

图3-7 锆合金铸锭制造工艺流程

3.5.2.2 海绵锆制作

锆和铪在矿石中共生，用一般方法很难分开。作为核反应堆应用的锆，要求其中铪的含量小于万分之一，否则，铪的高热中子吸收截面(105b相对于锆的0.20～0.24b)会影响锆的使用。所以分离锆、铪是提炼核级锆的重要工序和关键技术。锆、铪分离的方法主要有分步结晶法、离子交换法、溶剂萃取分离法、氯化物选择性还原法和熔盐精馏法。目前工业上主要应用两种方法生产核级锆，一种是熔盐电解方法制取锆粉；另一种是克劳尔法制取海绵锆。而在海绵锆的生产中，锆铪分离的工艺又分为MIBK液-液萃取和熔盐精馏两种工艺，基本流程如图3-8和图3-9所示。其工艺关键是两种工艺的第一步都是先在1200℃流化床炉中的碳化氯化处理把锆石转变成$ZrCl_4$，反应式为：

$$ZrO_2(+SiO_2+HfO_2+\cdots)+2C+2Cl_2 \longrightarrow ZrCl_4(+SiCl_4+HfCl_4+\cdots)+2CO$$

然后，熔盐精馏法是把$Zr(Hf)Cl_4$在350℃的KCl-$AlCl_3$混合物中蒸馏将锆铪分离；液-液萃取法是在硫氰酸铵系统中用甲基异丁酮(MIBK)萃取分离铪锆。

相比较而言，熔盐精馏法工艺有较高的生产效率，省掉了二次氯化，工艺流程短，而且较好地解决了环境污染。如制取一般工业锆，则无需分离铪，可用升华提纯法制成$ZrCl_4$后，就用镁还原法制得工业海绵锆。

海绵锆是制备锆合金锭的基本原料。在核级海绵锆中铪的含量小于100×10^{-6}，其他杂质元素如氮、碳、硅、铝等的含量也要尽可能低，这可以保证锆合金产品具有较高的抗腐蚀性能。氧和铁的含量根据合金种类的不同要求也不同，如熔炼锆锡合金(Zr-2、Zr-4)，氧一般要求为$(900\sim1500)\times10^{-6}$，铁作为合金元素的一种含量可以高至0.15%，熔炼锆-1%铌合金或锆锡铌等新合金则要求氧低到600×10^{-6}，而熔炼M5合金则要求铁小于500×10^{-6}。表3-10是ASTM B349标准规定的核级海绵锆成分标准，主要用于生产锆锡合金。

冶炼厂提供的海绵锆一般可不经破碎直接制备电极，当粒度不符合工艺要求时，应进一步破碎。可在颚式破碎机上进行破碎，但为防止着火，应冲水冷却。也可在压力机上用切刀破碎。

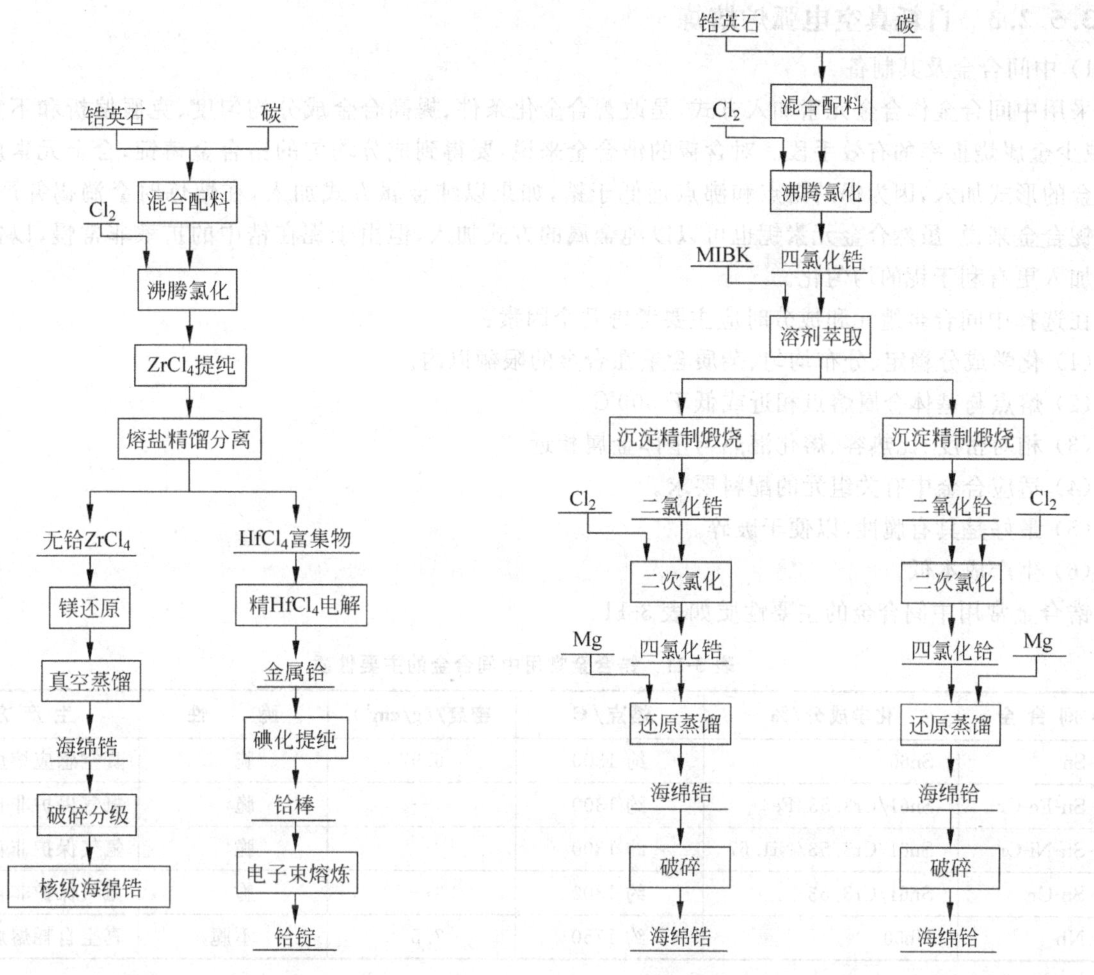

图 3-8　熔盐精馏法生产核级海绵锆工艺　　**图 3-9　溶剂萃取分离工艺制取核级海绵锆生产流程**

表 3-10　ASTM B349 规定的核级海绵锆成分　　10^{-6}

元　素	含　量	元　素	含　量	元　素	含　量
Al	75	H	25	P	—
B	0.5	Hf	100	Pb	—
C	250	Li	—	Si	120
Ca	—	Mg	—	Sn	
Cd	0.5	Mn	50	Ti	50
Cl	1300	Mo	50	U	3
Co	20	N	50	V	—
Cr	200	Na	—	W	50
Cu	30	Ni	70	Zn	—
Fe	1500	O	1400	Re	—

在混料和压制电极前，海绵锆应烘干。烘干的目的是去除表面和空隙中吸附的气体和水汽。海绵锆的烘干应在真空烘箱中进行。烘干温度不高于 80℃。

为得到工业锆合金，根据所需要的成分把许多海绵锆与合金元素、氧(以氧化锆的形式)、锡、铁、铬、镍和铌(或其中间合金)一起压实，再在自耗真空电弧炉中熔炼，一般熔炼三次。真空熔炼可有效降低合金锭的气体含量并增加了其均匀性。

3.5.2.3 自耗真空电弧炉熔炼

1）中间合金及其制备

采用中间合金作合金元素加入方式，是改善合金化条件、提高合金成分均匀度、克服偏析和不溶金属夹杂、减少金属烧损率的有效手段。对含锡的锆合金来说，要得到成分均匀的锆合金铸锭，合金元素应当以中间合金的形式加入，因为锡的熔点和沸点远低于锆，如果以纯金属方式加入，在熔炼时会淌锡并严重挥发。对锆铌合金来说，虽然合金元素铌也可以以纯金属的方式加入，但由于铌在锆中的扩散非常慢，以锆铌中间合金加入更有利于铌的均匀化。

在选择中间合金组元和成分时应主要考虑几个因素：

(1) 化学成分稳定、分布均匀、杂质含量在合金的限额以内。

(2) 熔点与基体金属熔点相近或低于500℃。

(3) 相对密度、比热容、熔化潜热与基体金属相近。

(4) 适应合金中有关组元的配料要求。

(5) 最好是具有脆性，以便于破碎。

(6) 生产成本低。

锆合金常用中间合金的主要性质如表3-11。

表3-11 锆合金常用中间合金的主要性质

中间合金	化学成分/%	熔点/℃	密度/(g/cm^3)	脆性	生产方式
Zr-Sn	Sn60	约1300	6.97	脆	真空感应熔炼
Zr-Sn-Fe-Cr	Sn61/Cr3.53/Fe	约1300	—	脆	氩气保护非自耗熔炼
Zr-Sn-Ni-Cr	Sn61/Cr3.53/Ni1.67	约1300	—	脆	氩气保护非自耗熔炼
Zr-Sn-Cr	Sn61/Cr3.53	约1300	—	脆	氩气保护非自耗熔炼
Zr-Nb	Nb50	约1750	7.5	不脆	真空自耗熔炼

对于脆性的中间合金，可在锤式、辊式、颚式破碎机上进行破碎，经过筛分至所需粒度。对于非自耗熔炼的纽扣状中间合金，可直接使用。

对于非脆性的中间合金可在车床、刨床等切削机床上加工成屑状。

2）电极制备

将海绵锆铺入油压机的模腔里，纽扣状或屑状中间合金按计算的量轴向均匀布放于海绵锆上，上面再盖上海绵锆，压制成单块电极。单块电极再组焊成自耗电极。

对自耗电极的要求是：①足够的强度，除能承受自重外，应能在运输、吊装及熔炼操作过程中的振动和冲击下不受损坏；②足够的导电性，一般认为关键在于要有足够的焊接面积；③足够的平直度，保证在整个熔炼过程中的电极与坩埚内径之间的最小间隙大于弧长；④不得受污染和受潮。

锆合金自耗熔炼电极的焊接方法主要有氩弧焊、真空电弧对焊、惰性气体保护焊箱内非自耗电弧或等离子弧焊接。

3）锆合金的真空自耗电弧熔炼

真空自耗电弧熔炼是锆及锆合金成锭的主要熔炼方式。真空电弧熔炼对于易挥发杂质和某些气体(如氢)的去除有良好的效果，顺序凝固的熔铸方式有利于不溶杂质的上浮。自耗熔炼一般在深坩埚内进行，由于熔炼速度较快、熔池过热度有限、金属维持液态时间短等特点，脱气、脱氧、金属杂质挥发等反应虽都能进行，但不完全，其精炼效果不如真空感应熔炼和电子束熔炼。

海绵锆中残留的$MgCl_2$、Mg、H_2O等在电极进入熔化状态前就有相当部分被真空机组排出炉外。残留部分在到达弧区时可能被电离，如H_2O被电离成离子态的氢和氧，氧一旦进入锆中则由于其不可逆反应而使锆中的氧含量增加。难以与锆形成合金的镁，则在挥发后由真空机组排出炉外或冷凝于上部坩埚壁和炉室内壁。氢的脱除比较容易。Zr-2合金在二次真空自耗熔炼前后的气体杂质含量变化情况如表3-12。因此，真空自耗电弧熔炼对氢有良好的去除作用，对碳含量影响不大，氮和氧不但不会去除，还会增加。减小熔炼炉的漏气率、提高熔炼真空度、真空烘干海绵锆可以减小吸氮和吸氧。

表 3-12　二次真空自耗熔炼前后 Zr-2 合金的气体杂质含量变化

状　态	气体杂质含量/10^{-6}				备　注
	N	C	H	O	
海绵锆	27	86	34	660	60 个 ϕ220mm 铸锭的平均值
自耗熔炼锭	29	77	8.6	1000	

表 3-13 是锆及锆合金自耗熔炼的基本工艺及参数范围。图 3-10 是真空自耗电弧炉结构示意图。

表 3-13　锆及锆合金自耗熔炼的基本工艺及参数范围

坩埚比 d/D①	熔炼真空度/Pa	熔炼电压/V	熔炼电流/A	熔化系数/[kg/(kA·min)]	熔炼次数
0.63～0.88	10^{-3}～10^{-2}	30～42	(180～370)D	0.9～1.5	2～3

① d 为电极直径；D 为坩埚内径。

在上述熔炼工艺参数中，最敏感的参数是熔炼电流。对于熔炼电流的确定，有不少经验公式，但因各参数相互影响的关系比较复杂而局限性较大。熔炼电流主要取决于电极材料、铸锭规格和坩埚比。此外，电源类型、极性以及炉子结构、熔炼室压力等都影响其最佳值数值。

电极直径与坩埚内径之比 d/D(简称坩埚比)是获得良好铸锭质量和安全生产的重要参数之一。坩埚比一般随金属熔点升高而降低。

在熔炼锆及锆合金时，为了防止在起弧过程中烧伤铜底座和产生大量铜蒸气造成污染，必须在铜底座上放置足够厚度的同牌号锆金属底垫。

另外，锆合金熔炼次数一般是 2～3 次，一般倾向于 3 次，特别是含铌锆合金，这有利于合金元素充分均匀化。

在工业生产中，采用大铸锭可以提高加工材的成材率。目前最大的锆合金铸锭已经可以达到 9t，直径达 800mm。

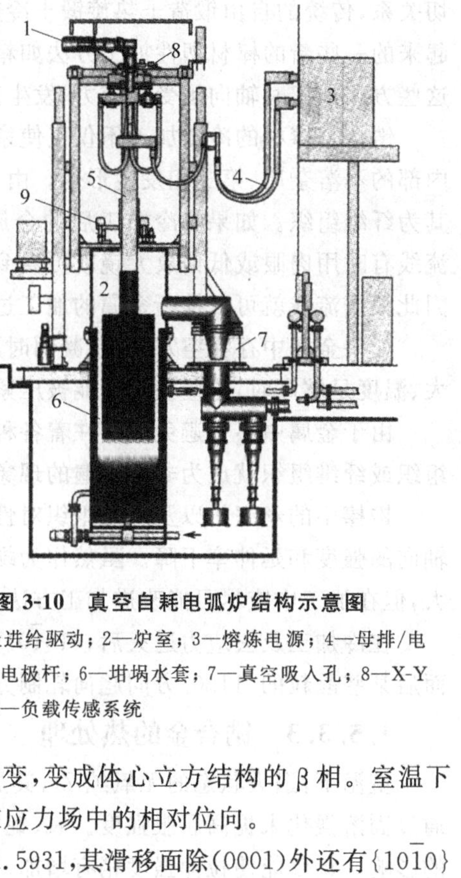

图 3-10　真空自耗电弧炉结构示意图

1—电极进给驱动；2—炉室；3—熔炼电源；4—母排/电缆；5—电极杆；6—坩埚水套；7—真空吸入孔；8—X-Y 调节；9—负载传感系统

3.5.3　压力加工和热处理

3.5.3.1　锆合金塑性变形机理

室温下 α 锆具有密排六方晶体结构，在 862℃时发生同素异构转变，变成体心立方结构的 β 相。室温下密排六方锆的形变遵循两个主要机制：滑移和孪生，这取决于晶粒在应力场中的相对位向。

位错滑移主要发生在棱柱面上的 a 方向，由于 Zr 的 c/a 较小，为 1.5931，其滑移面除(0001)外还有$\{10\bar{1}0\}$和$\{10\bar{1}1\}$，因为它们的原子密度相差不多。不能认为锆合金的高温延性只有这类滑移作用，它仅仅提供两个独立切变系统(可进行指数变换)。

因此，在高度变形和温度增加时，会激发$\{11\bar{2}1\}$面或$\{10\bar{1}1\}$面的$(c+a)$型滑移①，请参照 3.2.5 节锆的塑性形变特点。

孪生，有几个系统可以被激发，这取决于应力状态。在 c 方向为拉应力时，$\{10\bar{1}2\}\langle\bar{1}011\rangle$孪晶最为常见，当在 c 方向施加压应力时，可观察到$\{11\bar{2}2\}\langle\bar{1}\ \bar{1}23\rangle$孪晶系。Zr-Nb 合金中的孪生比 Zr-Sn 合金中的少见，因为 Zr-Nb 合金具有细晶组织。

① α 锆密排六方室温下的滑移系统和孪生系统详见 3.2.5 节。

已证明发生孪生需要的临界切变应力比发生滑移的要高，但由于 Schmid 因子对位向的依赖性，对于某些位向有利的晶粒在滑移前就激活了孪生。因此在每个晶粒中有 5 个独立形变机制起作用，而且晶粒之间的应变相容性满足 Von Misses 准则。

在加工时获得大应变的情况下，孪生和滑移间出现稳态相互作用，对于轧制和皮尔格周期式轧管法变形后，锆晶体基面倾向与主要形变方向平行，而挤压时基面垂直于挤压方向。

织构本身通过改变滑移或孪生的 Schmid 因子可以提高合金的强度。根据轴向和横向强度的差别可看出这一点。此外，由于屈服部位的畸变以及应变矢量的取向结果，应变也是各向异性的。

最终的织构可随所选定的具体加工条件而变化。对冷轧板或管，其织构表现为大多数晶粒的 c 轴偏离板的法向或管子表面的法向，向切面方向倾斜 30°～40°。在轧管时，通过改变减壁与减径比(Q 值)能减少织构的分散度：减壁比减径多时得到更集中的径向织构，即 c 极更接近于径向的织构。

3.5.3.2 锆合金的塑性加工

由于锆及锆合金在核工业中主要是用于制作燃料包壳管、端塞棒和格架等，因此在制造过程中要经过反复多次的冷热塑性加工，这一过程中最值得注意的一点是织构的形成及对性能的影响。在包壳管的加工中，可以通过控制织构来获得有利的氢化物取向。最近注意到锆合金棒材中织构的形成与其加工方式有密切关系，传统的自由锻造＋热旋锻＋冷旋锻的加工方式不会在锆合金棒中形成明显的织构，而近些年发展起来的一些新的棒材塑性加工方法如精锻、步进轧制和皮尔格轧制等则能形成明显的织构，这可能与采用这些方式加工时轴向承受拉应力、发生正应变以及内外变形不均有关。

锆合金棒材的冷热加工不仅仅使紊乱取向的多晶材料变成择优取向的材料，而且将晶粒拉长，使材料内部的不溶杂质、第二相发生形变。由于晶粒第二相、杂质等都沿金属的主变形方向被拉长成纤维状，故称其为纤维组织。如果将冷加工后的金属进行蚀刻，那么沿着纤维方向就会出现一些平行的条纹，即流线。流线有时用肉眼或低倍放大镜就可看到，有时则要用金相显微镜观察。由于流线总是平行于主变形方向，因此根据流线就可以推断金属的加工过程。

如果金属中存在空穴(包括凝固时形成的气孔和疏松等)，那么在加工过程中也会被拉长。当加工率很大、温度足够高时，这些孔穴可能被压紧并焊合。如果加工率不够大或温度不够高，这些孔穴就形成微裂纹。

由于金属中不可避免地存在着各种杂质、第二相成分偏析或铸造缺陷，因此在进一步加工时形成带状组织或纤维组织就成为非常普遍的现象。

锆棒中的丝织构以及纤维组织对性能及使用会有何种影响？从常规力学性能的测试结果看，并没有使轴向的强度和延伸率下降。虽然作为端塞使用的锆棒中存在这种织构或纤维组织应该对实际使用影响不大，但在加工中应尽可能改进加工方法，使这种织构或纤维组织变弱。

在冷加工及去应力退火后，$\langle 10\bar{1}0\rangle$ 方向平行于轧制方向。再结晶热处理时，取向绕 c 方向发生 30°旋转，而后某些晶粒的 $\langle 11\bar{2}0\rangle$ 方向趋向轧制方向排列。

3.5.3.3 锆合金的热处理

室温下，退火状态的无氧纯 Zr，其屈服强度低，只有 150MPa。用在 α-Zr 中有一定溶解度的合金元素，通过固溶强化来提高屈服强度。氧、铌、锡被认为是候选元素。虽然氮也是有效的，但它对腐蚀性能有不利的影响。锡仅能使拉伸强度稍有增加。相比之下，加入 800×10^{-6} 的氧可使屈服强度增加到 300MPa。鉴于此，Zircaloy 合金最低限度的屈服强度在 250～300MPa 范围内，而 ZR-2.5%Nb 合金为 300MPa。如同其他金属一样，也用减少晶粒大小的方法来获得更高的强度，这就规定了标准产品的晶粒度为 7 级或更细。对于满足上述要求的锆合金材料，其延性仍然是高的(20%以上)，通过冷加工可得到更高的强度，使屈服强度提高到 400～459MPa 以上。这要通过消除应力热处理来恢复延性，而不使强度大幅度下降。

热处理对合金的显微组织有重要影响，因此在合金成分一定的情况下，改进热处理过程可能进一步提高锆合金的耐腐蚀性能。

对于 Zr-2 合金和 Zr-4 合金，由于热处理改变了第二相尺寸和数量，同时也改变了 α-Zr 基体中合金元素的固溶含量。有研究者认为，热处理过程主要影响了前者，而第二相粒子由细小到粗大的变化会使得 Zr-2 和 Zr-4 合金的耐腐蚀性在 420℃和 360℃下变好，但 500℃时变差。也有人认为影响主要来源于后者，固溶含量越多，样品的耐腐蚀性越好。因此，热处理的影响原因还没有一致的认识，可能是由于在不同的水化学环境下主导因素不同所致。

而对于 Zr-Nb 系和 Zr-Sn-Nb 系合金，低 Nb(＜0.6%)-锆合金的耐腐蚀度对热处理不敏感，但高 Nb 合金则相对敏感得多。最后退火温度太高(＞610℃)会使得耐腐蚀性变差。

3.5.4 锆合金包壳的微观组织结构和宏观特性

α-Zr 晶体呈密排六方结构，其室温晶格常数 $a=0.32311\text{nm}$，$c=0.51475\text{nm}$，$c/a=1.5931$，与理想的密排六方结构 $c/a=1.6330$ 相比，c 轴稍短。密排六方结构具有明显的各向异性，使锆(或锆合金)在冷加工过程中引起晶粒的择优取向。

在冷轧的锆合金管中所产生的织构是大多数晶粒(即晶胞)的 c 轴(或称 a 平面的法线方向)偏离管子表面的法向，向切面方向倾斜 30°～40°，用极射赤面投影所得冷轧 Zr-2 管的(0002)极图如图 3-11 所示。图中示出的纵向即轧制方向，外侧的等强度线表示基平面法向(也称基极)的随机集中度。中间的中心点为最大值。可见在冷加工后，晶胞的⟨1010⟩方向(即与平面平行的柱面法向)平行于轧向；经过再结晶热处理后，该取向绕 c 轴旋转 30°，使一些晶粒的⟨11$\bar{2}$0⟩方向朝着轧向排列。图 3-11 的上图示出了冷轧管内晶粒的排列。

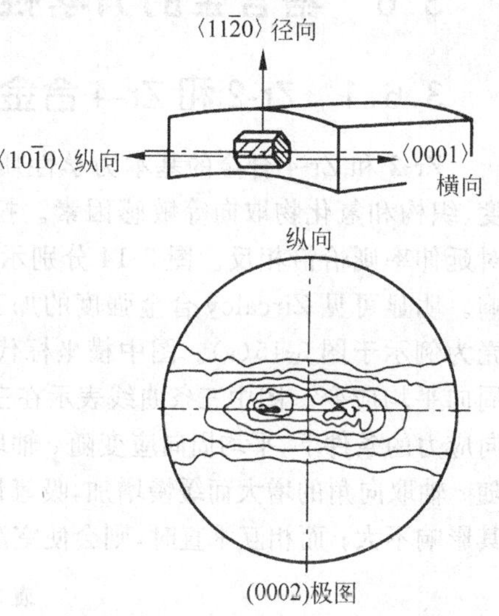

图 3-11 Zr-2 包壳管织构的(0002)极图

锆合金的各向异性来源于织构，而氢化物的取向又与织构有密切关系。一般可以通过改变冷加工方式来调整组织结构和氢化物的取向，以利于提高其力学性质。因氢化物多数沿基平面析出，轧制时管子的变径大，变壁就小，片状氢化物呈径向分布；反之，氢化物呈切向分布，如图 3-12 所示，令 t_0、t 分别为加工前后的壁厚；D_0、D 分别为加工前后的管径，并定义 Q 值为减壁率与减径率之比，即

$$Q=\frac{\text{减壁率}}{\text{减径率}}=\frac{(t_0-t)/t_0}{(D_0-D)/D_0} \tag{3-4}$$

可见，在 Q 值小时，氢化物呈径向分布；Q 值大时，氢化物呈切向分布。所以只考虑氢化物分布时，取 Q 值大为好，但如果要考虑包壳在芯块作用下的变形问题，则应选适中的 Q 值。一般在加工过程中选择 Q 大于 3。

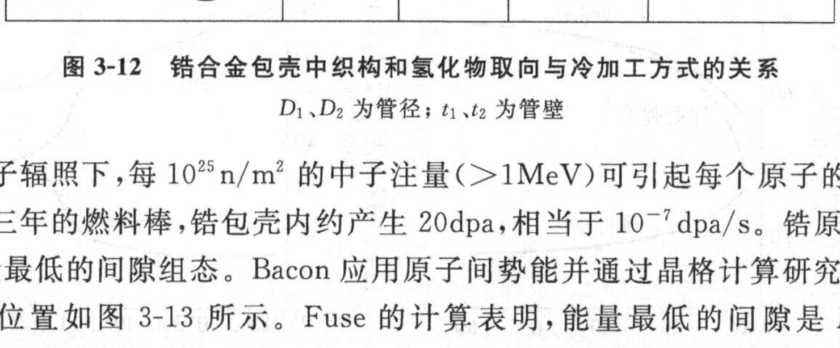

管坯 →(冷加工)→ 制品	晶粒方向	晶粒	氢化物取向	效果
D_0，t_0 —减径(冷拉)→ D_1，t_1（Q小）				氢化物径向分布，易造成锆管开裂
D_0，t_0 —减壁→ D_2，t_2（Q大）				氢化物切向分布，不易造成锆管开裂

图 3-12 锆合金包壳中织构和氢化物取向与冷加工方式的关系

D_1、D_2 为管径；t_1、t_2 为管壁

已知锆合金在中子辐照下，每 10^{25}n/m^2 的中子注量(＞1MeV)可引起每个原子的离位数(dpa)为 2，所以在压水堆内停留约三年的燃料棒，锆包壳内约产生 20dpa，相当于 10^{-7} dpa/s。锆原子从其阵点发生位移后，会停留到构成能量最低的间隙组态。Bacon 应用原子间势能并通过晶格计算研究了各种可能组态的能量。锆中可能的缺陷位置如图 3-13 所示。Fuse 的计算表明，能量最低的间隙是 E_s 位置，其能量仅为 3.83eV。

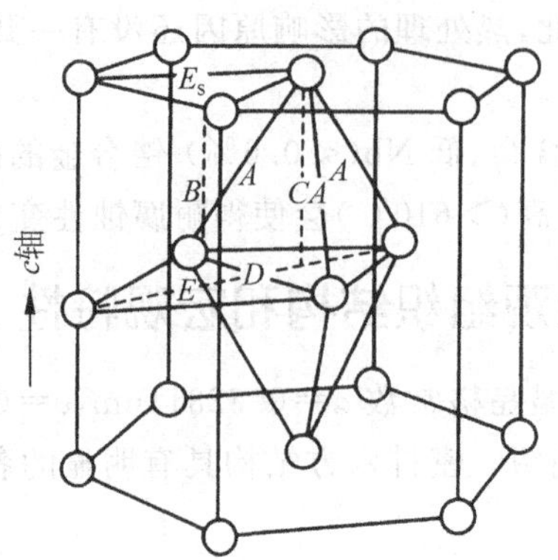

图 3-13 HCP 锆中可能被离位原子占据的间隙位置

A,B,C,D,E 表示不同的间隙位置

3.6 锆合金的力学性质

3.6.1 Zr-2 和 Zr-4 合金的基本力学性质

Zr-2 和 Zr-4 合金的基本力学性质列于表 3-14 中，这些性质的大小还取决于合金的冷加工量、退火温度、织构和氢化物取向等敏感因素。拉伸强度随冷加工压延量的增加而提高；随退火温度的提高而降低；对延伸率则恰恰相反。图 3-14 分别示出了冷加工对 Zr-4 合金板材和退火温度对 Zr-2 合金管拉伸性能的影响。明显可见 Zircaloy 合金强度的加工硬化和退火软化效应。织构对断裂延伸率的影响可以 Zr-2 合金包壳为例示于图 3-15(a)。图中横坐标代表六方晶胞 c 轴相对于包壳管径向的取向角，纵坐标代表断裂部位的周向平均应变。图中三条曲线表示在三种不同的轴向应力(σ_a)与周向应力(σ_t)比值下数据的变化。在仅有周向应力的条件下，平均周向应变随 c 轴取向角的增大而降低；当轴向应力增大时，平均周向应变显著下降，而且随 c 轴取向角的增大而缓慢增加，吸氢量的影响取决于析出氢化物的取向。当片状氢化物与拉伸应力平行时，其影响不大；而相互垂直时，则会使室温延性显著降低，但到高温时，延性又得到恢复，如图 3-15(b)所示。

表 3-14 Zr-2 和 Zr-4 合金的基本力学性质

试验类别	项目	Zr-2		Zr-4	
		室温	343℃	室温	385℃
拉伸试验	拉伸强度/MPa	539	265	755	451
	屈服强度/MPa	392	157	588	363
	延伸率(50μm)	36	40	23	25
内压爆破试验	爆破压力/GPa	785	—	1275	—
	周向伸长率/%	40(开口端)	—	—	—

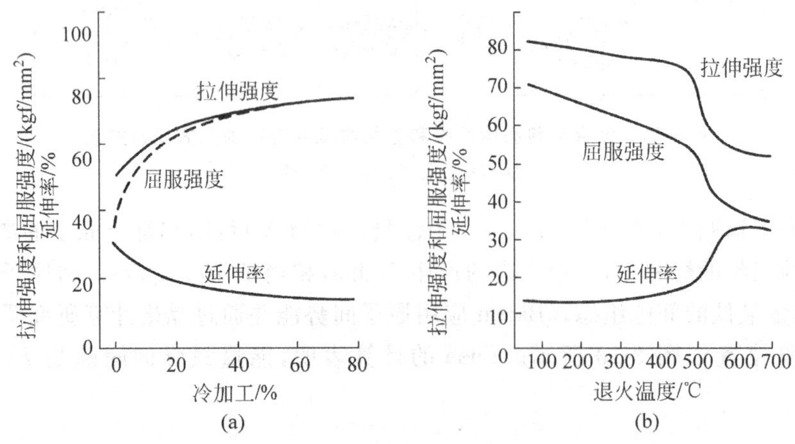

图 3-14 冷加工和退火分别对 Zr-4 板(a)和 Zr-2 管(b)拉伸性质的影响

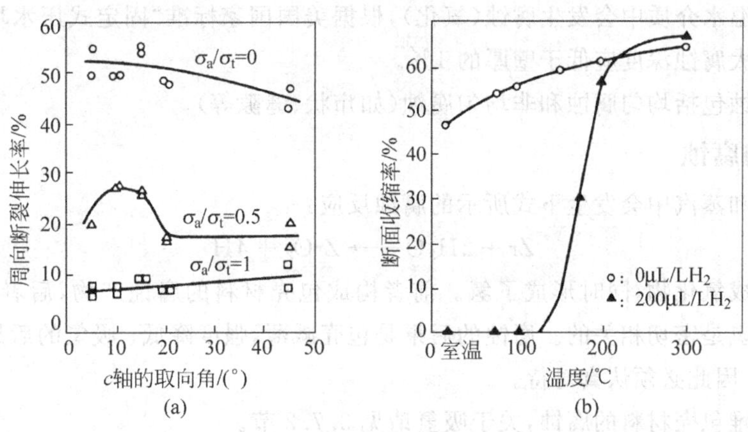

图 3-15　结构(a)和吸氢量(b)对 Zr-2 合金延展性的影响

3.6.2　Zr-2 和 Zr-4 合金的蠕变性能

蠕变也是水冷堆燃料包壳的重要性能，虽然堆内蠕变总是与辐照蠕变联系在一起，但为了弄清蠕变的机理进行了大量的热蠕变试验。结果示出，锆合金的热蠕变速率比熔点相近的金属要高。在水冷堆的运行温度下，锆合金的蠕变激活能为 260kJ/mol，应力指数≥2。机制是由攀移控制的位错滑移。考虑到织构和不同的形变过程，Murthy 等通过试验后认定：对于再结晶锆合金，以棱柱面滑移为作用机制；而对于去应力锆合金，则以基平面为作用机制。冶金参数和合金元素对锆合金蠕变有明显的影响，例如退火温度对冷加工 Zr-4 合金蠕变的影响示于图 3-16 中。可以看出，在 350℃温度、100MPa 应力下，当退火温度从 490℃提高到 575℃时，蠕变速率下降了 2/3；在合金元素中以氧的作用最为突出，当氧含量从 0.1%增加到 0.16%时，由于氧的间隙固溶强化而降低了锆合金的蠕变速率，如图 3-17 所示。

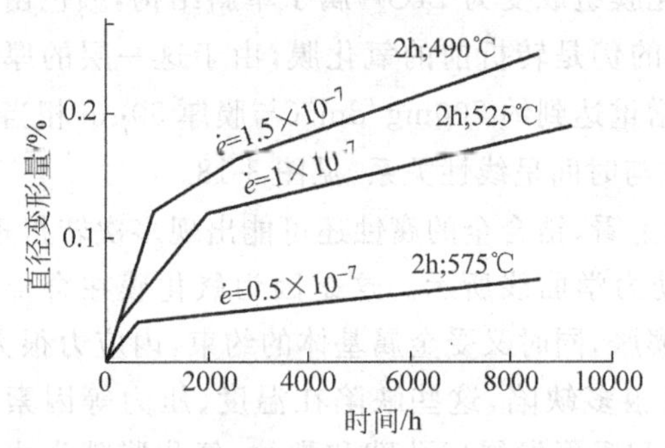

图 3-16　退火温度对冷加工(压延量 55%)Zr-4 合金蠕变性能的影响

蠕变试验条件，温度 350℃，应力 100MPa

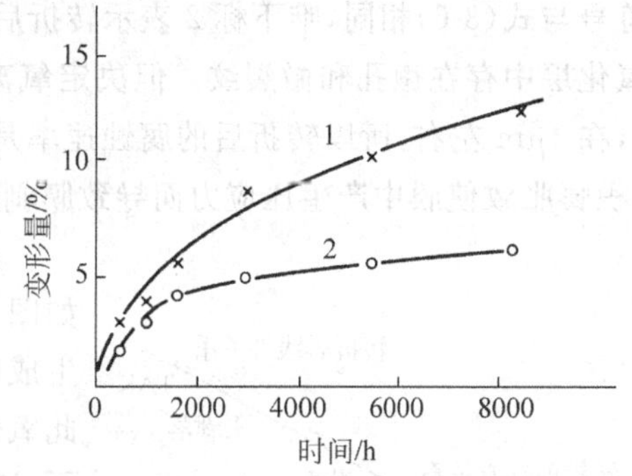

图 3-17　氧含量对 Zr-4 包壳管横向变形的影响

温度 350℃，应力 100MPa；1—0.1%O_2，2—0.16%O_2

3.7　锆合金包壳管的堆内行为

作为压水堆、沸水堆和重水堆的燃料包壳，最重要的使用性能是腐蚀和吸氢以及力学性质，同时必然涉及芯块与包壳的相互作用，以下分别予以介绍。

3.7.1　表面腐蚀(氧化)

压水堆核电厂运行过程中，锆合金作为燃料元件包壳材料的内表面要与 400℃左右的裂变产物接触，外表面在高温高压的水中工作。压水堆一回路中为了能控制和调节反应堆的剩余反应性，都要在其中加入 H_3BO_3 以利用其中的^{10}B 作为可燃毒物。此外，一回路中为了减少酸性产物的腐蚀，大多数压水堆会添加 LiOH 使得一回路水 pH 处于弱碱性。因此，研究水化学对锆合金性能的影响十分必要。

包壳管工作在高温水介质中会发生腐蚀(氧化),根据美国国家标准"固定式压水堆燃料元件设计准则"规定,寿期末,包壳最大腐蚀深度应低于壁厚的1%。

堆内锆包壳的腐蚀包括均匀腐蚀和非均匀腐蚀(如疖状、缝隙等)。

3.7.1.1 均匀腐蚀

锆合金在高温水和蒸汽中会发生下式所示的腐蚀反应:

$$Zr + 2H_2O \longrightarrow ZrO_2 + 4H \tag{3-5}$$

反应后在表面形成氧化物,同时形成了氢。前者构成包壳材料的腐蚀产物,后者作为包壳材料的吸氢之源。因此腐蚀和吸氢是密切相关的。腐蚀的后果是包壳减薄,强度降低;吸氢的后果,是在金属中形成氢化物,导致包壳脆化。因此必须认真对待。

下面先讨论轻水堆包壳材料的腐蚀,关于吸氢请见3.7.2节。

锆合金在高温水中具有两个性质不同的腐蚀阶段,其间有转折点,转折前腐蚀速率低,腐蚀增重正比于时间的立方根,形成黑色黏着膜,有光泽且平滑。它具有很高的耐腐蚀性能。这种保护膜未达到化学计量值。它的分子式为 ZrO_{2-x},这里 x 小于或等于0.05。

通常对此现象可作如下解释:转折前的氧化层为 ZrO_{2-x},呈正方结构,质地致密具有保护性。氧化层增厚是氧离子通过氧化层晶格中的空位,从外侧向基体与氧化层界面扩散的结果。因为氧离子扩散是速率控制过程,所以腐蚀增重随温度的提高而增加,在一定的温度下又随时间的延长按以下关系增加:

$$\Delta W_1 = K_1 t^{1/3} \tag{3-6}$$

式中,ΔW_1 表示腐蚀增重,mg/dm^2;t 为腐蚀时间,d;K_1 为腐蚀常数,下标1表示转折前。

转折后,氧化加快,氧化膜颜色逐渐变为疏松的灰褐色,腐蚀增重与时间由转折前的抛物线或立方根关系转变为线性关系:

$$\Delta W_2 = K_2 t \tag{3-7}$$

式中,符号与式(3-6)相同,唯下标2表示转折后。此阶段氧化膜组成变为 ZrO_2,属于单斜结构,颜色由黑变为白,氧化层中存在微孔和微裂纹。但决定氧离子扩散速率的仍是转折前的氧化膜,由于这一层的厚度始终不变,在1μm左右,所以转折后的腐蚀速率是恒定的。在增重达到约700mg/dm^2(与膜厚50μm相当)时,由于体积膨胀致使膜中产生压应力而导致膜剥落。氧化增重与时间呈线性关系,见图3-18。

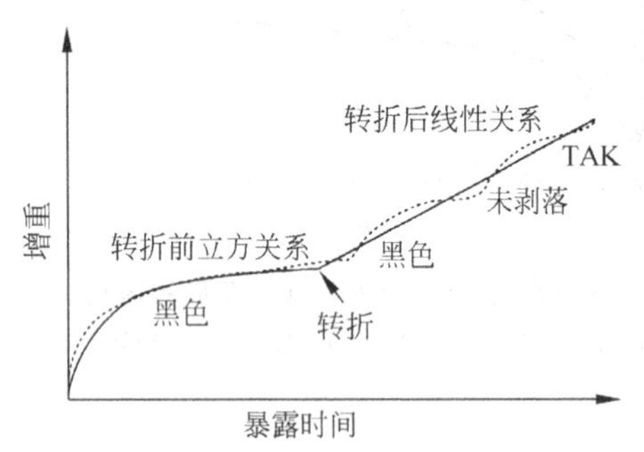

图3-18 Zr-2和Zr-4合金的腐蚀动力学曲线示意图

从腐蚀动力学上看,锆合金的腐蚀还可能出现多次转折现象,如图3-18的腐蚀动力学曲线所示。这是因为氧化膜在合金表面生成时,体积发生膨胀,同时又受金属基体的约束,内应力很大,因此氧化膜中会产生很多缺陷,这些缺陷在温度、压力等因素作用下,通过扩散、湮没和凝聚发展成孔隙和裂纹,氧化膜就失去了保护性,发生转折。转折后,氧化膜中的空位继续发生扩散和凝聚,氧化膜内的压应力得到释放,随着腐蚀的进行,新的致密氧化膜又会在这之上继续生成,因此又发生转折。从而出现了氧化膜的致密-疏松的周期性变化特征。

一些杂质,尤其是氮的存在会加速转折,锆材中氮的临界质量数是0.004%。中子辐照对锆合金腐蚀有加速作用。出现白色膜是锆制件因腐蚀事故而报废的标志。当燃耗接近40000～50000MW·d/t(U)时,氧化膜膜厚度达50～60μm,已接近包壳厚度的10%,因此高燃耗下锆包壳管的腐蚀行为是元件寿命的制约因素之一。

从图3-19中还可以看到,Zr-4合金在压水堆工况(360℃水中)下,约在100天时出现氧化转折,而燃料元件在压水堆需停留1000天甚至更长时间,所以锆合金包壳将长时间处于转折后的腐蚀状态。因此,锆合金包壳的水侧腐蚀便成为继续提高燃料元件燃耗的制约因素。ZIRLO和M-5合金就明显改进了Zr-4合金在转折后抗高温水的腐蚀,例如图3-20示出的ZIRLO合金在含锂360℃水中的腐蚀增重。从图中可见,ZIRLO合金在650天以内未出现明显的转折现象,耐蚀性大大优于Zr-4合金。

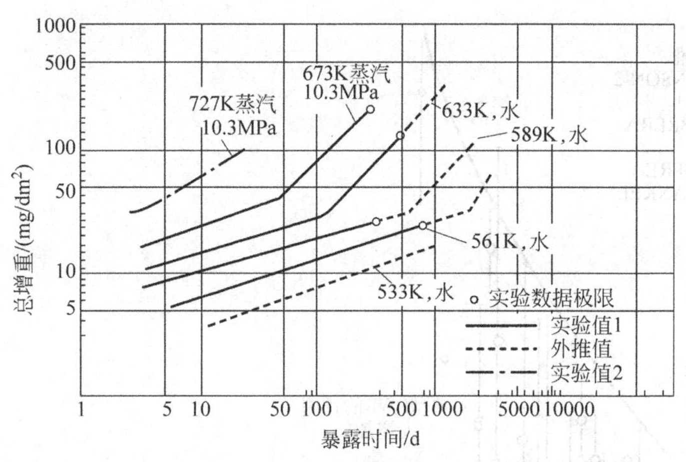

图 3-19 α-退火 Zr-4 合金的腐蚀增重与时间的关系

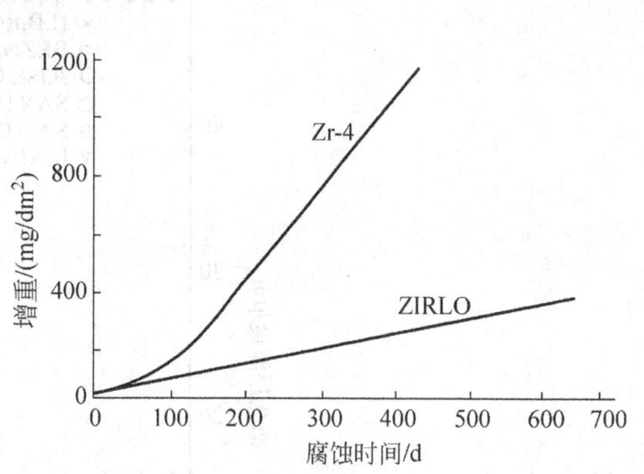

图 3-20 ZIRLO 和 Zr-2 在含 Li(70μg/g)高温水中的腐蚀增重比较

3.7.1.2 非均匀腐蚀

疖状腐蚀(nodular corrosion)是 Zr-2 合金包壳在沸水堆富氧水质条件下常见的局部腐蚀现象。它被认为是 BWR 的设计限制因素。疖状腐蚀形貌如图 3-21 所示。它呈白色圆斑,直径为 0.5～1.0mm,局部深度达 10～100μm。随着燃耗的加深,白斑连接成片,形成白色层。疖状腐蚀也在 Zr-4%、Zr-1%Nb 燃料包壳上发现。它们可能是在某些有利位置(如晶界、氧化膜局部破裂及沉淀相密集度的局部变化处等)形核和成长的结果。

图 3-21 BWR 燃料包壳 Zr-2 合金上的疖状腐蚀斑形貌

另一常见的非均匀腐蚀为缝隙腐蚀,它发生在定位格架和包壳管接触部位,由于缝隙处水流阻力大,几乎不流动,在热流作用下,水质发生变化,冷却水中碱性离子浓集,局部 pH 升高,引起严重碱蚀,有一定腐蚀,并且随燃耗加深而增加。严重的非均匀腐蚀行为也会影响燃料棒寿命。

早期的试验结果表明,Zr-4 合金在压水堆的正常运行条件下的腐蚀速率仅比堆外的略有增加。但以后通过对大量商用压水堆包壳氧化膜厚度的测量,结果证明了堆内辐照增强了氧化(图 3-22)。虽然在高燃耗下数据分散度很大,但仍然观察到在平均燃耗为 3268GJ/kg(U)时典型的氧化膜厚度已高达 50μm。由于冷却剂温度随轴向升高,所以在燃料棒上部 1/3 处形成最厚的氧化层。堆内腐蚀速率约比热腐蚀速率大 3.6 倍。除了中子注量以外,氧化膜的热导率和水化学(如 PWR 中的 LiOH 浓度)也是影响腐蚀性能的因素。

疖状腐蚀在 BWR 中受快中子注量的强烈影响,尤其是在包壳、格架和管道内已屡见不鲜。疖状腐蚀可使包壳壁厚过多减薄,但典型的数据不大于 10%。

3.7.2 吸氢与氢脆

3.7.2.1 吸氢

锆合金包壳管的氢来自加工时的自然吸氢,芯块残留水及氢含量,而最主要的是腐蚀吸氢。按压水堆元件设计安全准则,寿期末包壳中氢含量应小于 250μg/g(也有改为 600μg/g 的说法,可能要根据各国自己

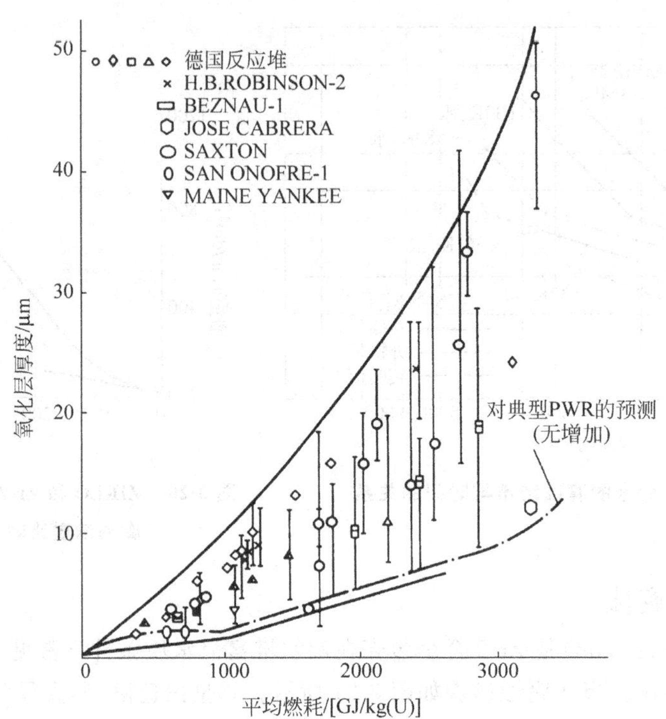

图 3-22 商用 PWR 锆合金包壳的氧化层厚度与燃耗的关系

的标准来定)。

式(3-5)反应中释放出氢的有一部分(10%～30%)穿过氧化膜溶解于基体金属中,形成固溶体 $Zr(H)_{sol}$ 或形成氢化锆($ZrH_{1.5}$):

$$Zr+H \longrightarrow Zr(H)_{sol} \quad 或 \quad 2Zr+3H \longrightarrow 2ZrH_{1.5} \quad (体积增大14\%)$$

氢在 Zr-2 和 Zr-4 合金中的固溶度(N_H)可由式(3-8)表示:

$$N_H = 9.9\times10^4\exp[-34511/(RT)] \tag{3-8}$$

式中,固溶度 N_H 的单位为 μg/g; T 为温度,K; R 为摩尔气体常数,8.314J/(mol·K)。

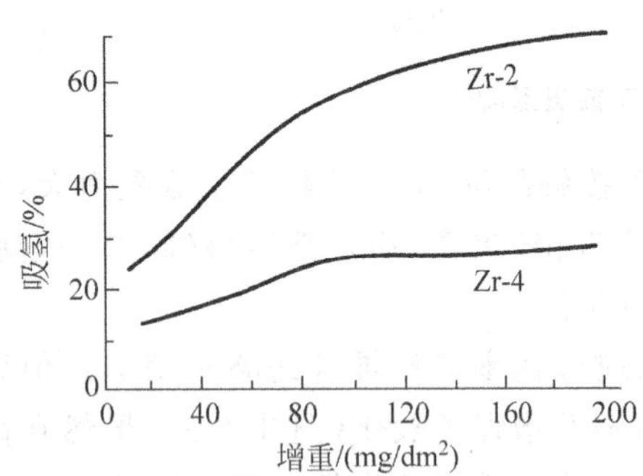

图 3-23 Zircaloy 合金的吸氢与增重的关系

在室温下,N_H 极小; 在 573K 时,N_H 约为 70μg/g,超出固溶度的剩余氢以线状氢化物($ZrH_{1.5\sim1.7}$)小片析出,因其体积比锆基体增大 14%(有的测定为 17%),氢化物在 260℃(有的认为为 150℃)以下为脆性相,氢化物的析出破坏了 α 晶粒的完整性,成为材料中的裂纹源,使锆合金的延性降低,造成氢脆。

锆合金的吸氢量是腐蚀量的函数(图 3-23)。氢化物的取向由制造方法所控制。通常纵轴处于加工时的延伸方向。因此,如果锆管用定径拉拔法减径,在减少壁厚的同时又减少直径,则线状氢化物在管内按周向分布,对合金强度和延性的影响小; 反之,当用无芯棒减径时,氢化物按径向定位,对合金强度和延性的影响就大(参照图 3-12)。

3.7.2.2 内氢化破损

反应堆中另一类氢脆破损是燃料包壳管的内氢化破损。它是从 20 世纪 60 年代以来水堆运行中所遇到的危害最严重的问题之一。

内氢化破损是指芯块中的水分或包壳破损后进入其中的水,侵蚀包壳内壁,导致裂缝贯穿管壁,造成燃料元件破损。

按氢的来源,把燃料元件制造过程中混入含氢杂质而引起的内氢化称为一类氢化,把通过初始裂纹而使冷却剂流入燃料内而产生的局部氢化称为二类氢化。

内氢化缺陷一般呈日爆状，见图 3-24。其形成过程是：

(1) 在反应堆运行中，燃料中的水分释放出来，与锆管内壁发生反应，生成氧化锆和氢。这样，燃料棒中的氧不断消耗，氢分压不断增加，使燃料棒内的气氛由氧化气氛转变为非氧化气氛。

(2) 到变成缺氧富氢气氛时，局部氧化膜就可能被击穿，这种缺陷是氧化膜在长期高温缺氧中逐渐形成的。

(3) 氧化膜一旦出现缺口，此处就迅速大量地吸氢，同时氢向温度低的方向扩散，当吸氢速率超过扩散速率时，氢化物就析出。

图 3-24　锆合金包壳内表面的氢化物“太阳状破裂”

(4) 由于析出氢化物时体积膨胀，局部应力场使氢化物的取向呈放射状，在温度梯度作用下，氢不断从内壁向外壁扩散，并在内壁造成裂纹，促使氢化物缺陷向外扩展，在包壳外壁形成突起和鼓包。

(5) 在功率变化时，包壳受到拉应力，这些脆弱的鼓包就会破裂，导致燃料元件破损。

3.7.2.3　消除内氢化破损的措施

锆包壳的内氢化破损具有局部性，它与腐蚀-吸氢造成的均匀吸氢不同。氧化膜缺陷是导致内氢化破损的必要条件。因此消除内氢化破损的措施如下：

(1) 提高燃料芯块的密度(94%～95%)，减少开口孔率，降低芯块吸水量；

(2) 芯块装管时应经高温真空除气和干燥处理，严格控制芯块吸水量；

(3) 限制芯块中氟杂质含量，锆管内壁喷丸(砂)处理，使表面氟含量低于 $0.5\mu g/cm^2$，以防氟等杂质释放，击穿氧化膜；

(4) 用吸气剂吸收残留在燃料棒里的氢。

3.7.3　锆合金辐照生长

所谓辐照生长就是在快中子辐照下，金属晶体在某个特定的方向上伸长，其他方向上收缩，体积不变的现象。锆合金管的总生长可用下面的经验公式计算：

$$\frac{\Delta L}{L} = 0.1[\Phi_t/10^{21}]^n[\%] \tag{3-9}$$

式中，Φ_t 为快中子注量，n/cm^2；n 介于 0.65～0.70 之间。已有实验数据表明，辐照生长与温度只有微弱关系。

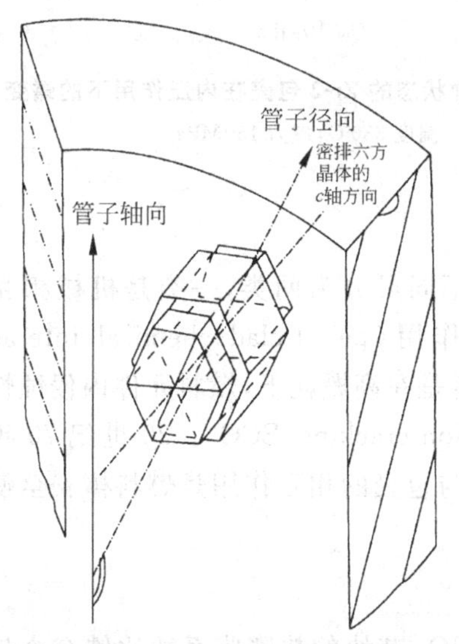

图 3-25　中子辐照下锆合金包壳管的织构与辐照生长示意图

α-锆为密排六方结构，其 $c/a=1.589$(小于理想密排六方结构的 1.633)，加工成的锆合金管存在如图 3-25 所示的织构。不妨按极端织构情况的单晶 α-锆管来考虑，当受到快中子辐照时，a 方向(管轴方向)伸长，c 方向(管的径向)缩短(亦可参照图 8-20)。这种现象可以解释为，辐照引起的空位易在六方晶系的柱面上聚集，而离位的间隙原子易在基面上聚集，由此造成 c 轴缩短，与 c 轴垂直的各方向伸长，体积保持不变。

可以预料，这种管材经中子辐照后，轴向会伸长，壁厚和直径方向减小(图 3-25)。在燃料棒生长受限制的条件下，不仅会导致燃料棒弯曲，严重的会产生失效。因此，辐照生长造成的畸变是反应堆燃耗提高的又一个限制因素。

实验表明，辐照生长量与冷加工量、杂质含量、辐照中子注量以及辐照的温度有关。冷加工的材料生长量与辐照中子注量呈线性关系，温度越高，变形量越大。退火材料的变形速率比降低，但当中子注量达到 $3\times10^{25}\,n/m^2$ 时，发生转折，转折后的斜率与冷加工的相似。

3.7.4 力学性能变化

燃料棒包壳管在堆内服役时承受一定的应力，同时包壳平均工作温度为 370℃（压水堆）。包壳管材料在高温下应有高的强度极限和屈服极限，有高的周向塑性及较低的蠕变速率。

按照元件设计安全准则要求，在整个寿期内燃料棒包壳不发生蠕变倒塌，包壳应力低于锆合金的屈服强度，包壳的周向应变应低于 1%。

3.7.4.1 拉伸性能变化

中子辐照对锆合金的瞬时力学性质有显著的影响，拉伸强度和屈服强度随中子注量的增大而提高，延伸率则下降。辐照温度的影响十分明显，例如，在 315℃下，屈服强度提高甚快。约在 10^{20} n/cm^2 快中子注量后，屈服强度与拉伸强度接近；延伸率降至小于 10%（图 3-26）。但可以预期：在 400℃温度以上，中子辐照对屈服强度只有较小的效应。

3.7.4.2 辐照诱导蠕变

中子辐照使 Zr-2 合金的蠕变速率加快。如图 3-27 所示，对于再结晶退火材料，辐照效应不明显；而对冷加工材料影响很大。因为热激活蠕变强烈依赖于温度，所以在高于 400℃温度时，热蠕变占主要地位，辐照增强效应就可以忽略。

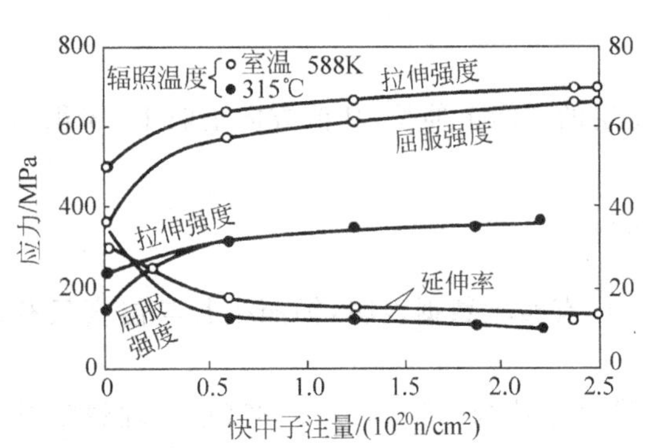

图 3-26 中子注量对 Zr-2 合金轴向拉伸性质的影响

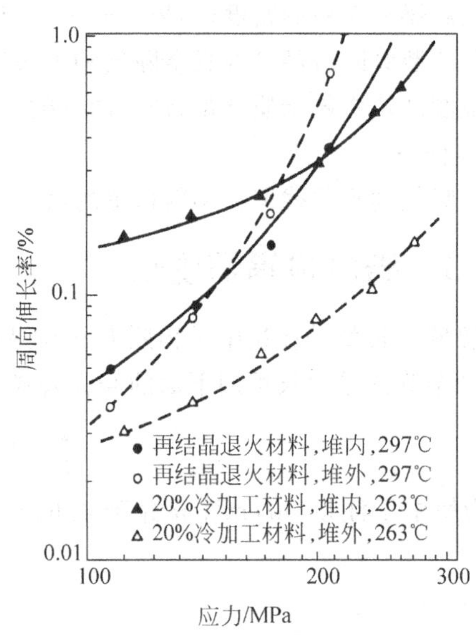

图 3-27 两种状态的 Zr-2 包壳在内压作用下的蠕变

温度 330℃，应力 150MPa

3.7.5 芯块与包壳的相互作用

芯块与包壳的相互作用（pellet-clad interaction，PCI），按机制不同可分为两类，一类是机械相互作用（pellet-clad mechanical interaction，PCMI），另一类是化学相互作用（pellet-clad chemical interaction，PCCI）。前者是由于随燃耗增加，芯块变形量有甚于包壳所致；后者是在高燃耗下，燃料元件内侵蚀性裂变产物浓度增加，从而产生应力腐蚀乃至应力腐蚀开裂（stress corrosion cracking，SCC）。20 世纪 70 年代以来已发生过多起因功率剧增引发的 PCI 破损事故，事实证明以芯块与包壳的相互作用是燃料棒安全使用寿命的限制因素之一。

3.7.5.1 芯块与包壳机械相互作用

芯块与包壳机械相互作用是包壳承受应力的主要来源。由于 UO_2 芯块的热膨胀系数比锆合金包壳管的大（分别为 10.8×10^{-6}/℃和 6.2×10^{-6}/℃），而且芯块温度又高，且有裂纹和辐照肿胀，因此到一定的燃耗或热负荷值后，二者便相互贴紧，发生机械相互作用，引起包壳管长度和直径的变化。

1）轴向变形（棘轮机制） 燃料棒在出厂时，芯块与包壳间留有间隙。运行初期，芯块与包壳各自按其热膨胀系数而伸长，但是不久芯块由于热应力而开裂，使间隙变小，导热性能得到改善，燃料心部温度下降。继续运行，到一定的燃耗，芯块与包壳发生接触。这时，由于芯块热膨胀量大，使包壳承受拉应力，包壳对芯块的作用力又使芯块进一步开裂。当它们贴紧且二者之间的摩擦力足够大时，包壳就会随芯块一起伸长。当功率下降时，芯块柱与包壳脱开，芯块因重力落下；而当功率提升时，芯块能再次引起包壳伸长，且每次都有一定的塑性变形，这就是燃料棒轴向变形的棘轮机制。燃料棒轴向变形的棘轮机制使得燃料棒在堆内辐射后会变长，这会引起燃料棒的弯曲变形而导致其失效。

2) 径向变形(形成环脊)　燃料芯块是有限长的圆柱体，在温度梯度下，芯块中心温度明显地比外围高，因此芯块发生热膨胀而变形，在自重的作用下，呈沙漏状，见图 3-28。

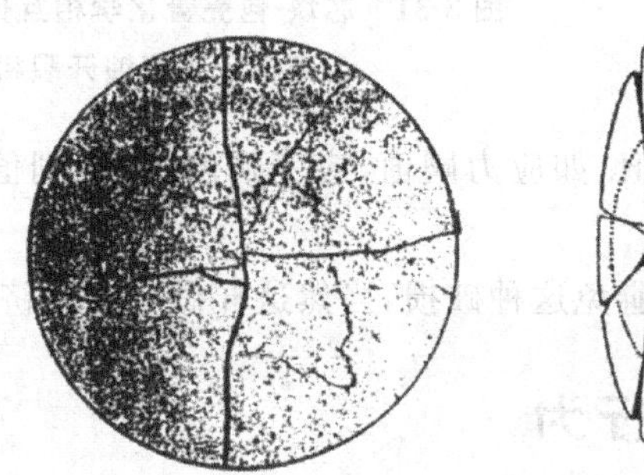
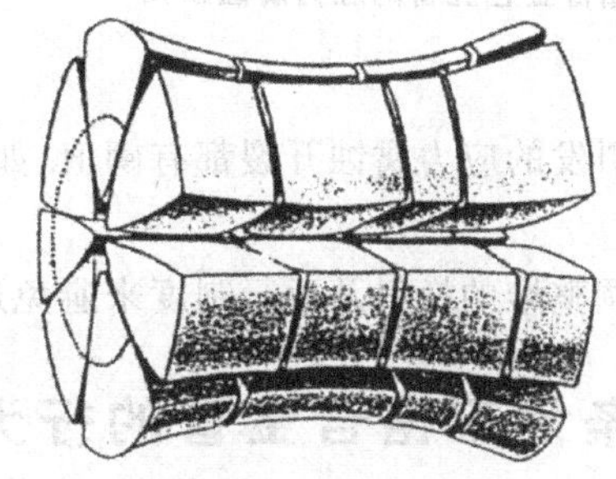

图 3-28　二氧化铀芯块径向开裂

当芯块与包壳贴紧后，燃料元件外观出现竹节状(形成环脊)，见图 3-29。环脊位置在两个芯块的界面上，该处是包壳承受应力最集中的地方，也是应变最集中的地方，包壳往往在芯块裂纹的部位发生开裂，造成燃料元件破损。环脊高度与芯块端面形状有关，平端面和倒角的芯块在高的发热率下可能产生的环脊高度较小；而碟形端面芯块可能产生的环脊高度较大，这与芯块凸肩受压力向外翻转有关。碟形端面主要是为抵消芯块肿胀引起的轴向变形，采用碟形端面和倒角的芯块可使芯块变形减小，因此实际的芯块是带有碟形和倒角的。

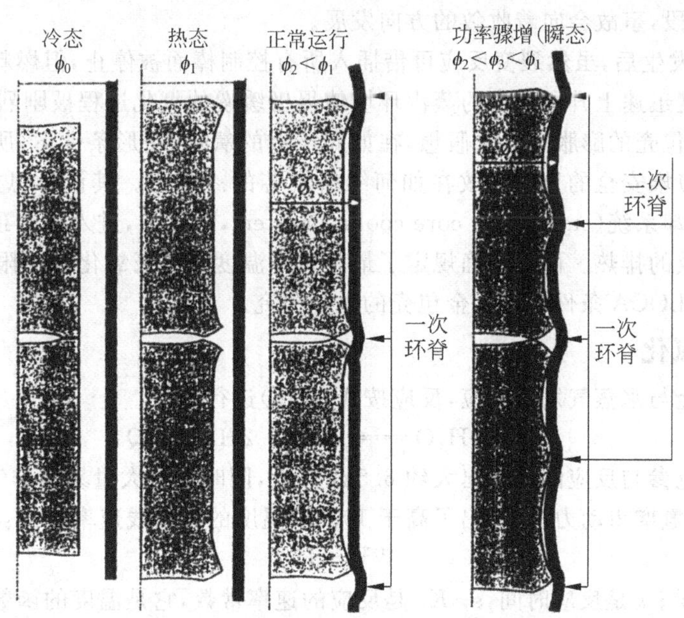

图 3-29　燃料与芯块之间的机械相互作用

3.7.5.2　芯块与包壳化学相互作用

燃料元件在堆内辐照的中后期，特别是芯块与包壳接触后，产生很大的拉应力，芯块间和芯块开裂处应力比较集中；同时侵蚀性裂变产物，如碘、铯、镉等已有相当浓度，并沉积在芯块与包壳之间，就会造成燃料包壳的应力腐蚀开裂(SCC)，见图 3-30 和图 3-31。

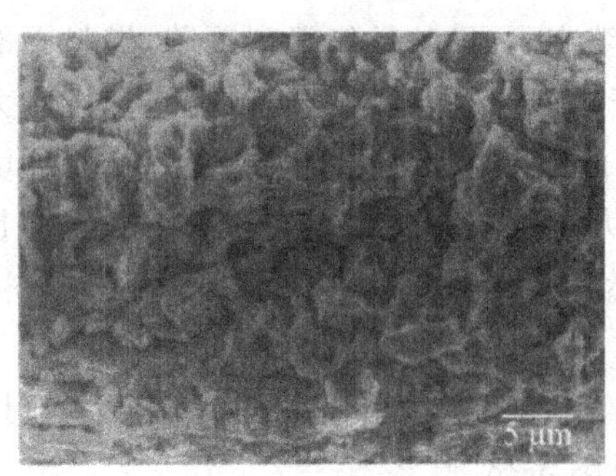

图 3-30 锆合金包壳管的应力腐蚀断口

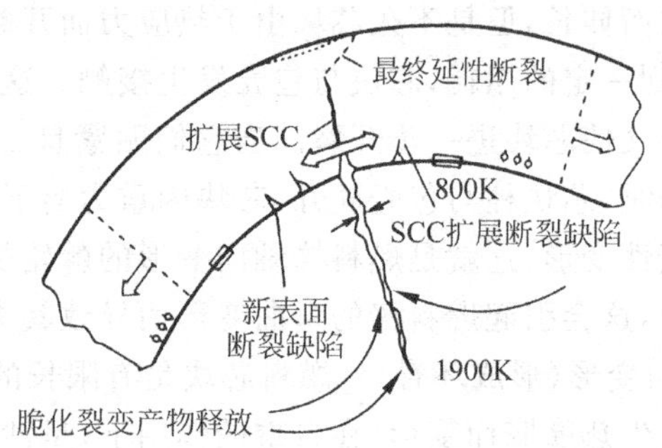

图 3-31 芯块-包壳管化学相互作用引发的包壳管应力腐蚀开裂机制

侵蚀性裂变产物引发的应力腐蚀开裂都有阈值，如应力阈值、应变阈值、浓度阈值等。低于这些阈值可避免应力腐蚀开裂。

因此有可能通过调整堆的换料及运行制度来避免这种破损，当然这样做会在经济上遭受很大损失。

3.8 事故条件下锆合金管的行为

3.8.1 失水事故条件下锆合金包壳管的行为

无论何种原因，一旦造成冷却剂的供应速度不足以去除衰变热，冷却剂便依次发生沸腾、水位下降、燃料棒由上部逐渐从水中露出。与液态的水相比，由于水蒸气的除热能力差，因此燃料棒轴向会产生很大的温度梯度，致使燃料温度进一步上升。而且，燃料棒内外会产生压力差。当燃料表面温度达到 800℃时，锆合金管的强度明显下降，不能抵抗压力差，高温部分就会像气球那样因膨胀而破裂（"气球爆裂"，balloning）。由此，挥发性的裂变产物铯和碘便开始向燃料棒外部泄漏。

这种事故称为失水事故（loss of coolant accident，LOCA）。如果在此阶段及时恢复冷却水的供应，则不会发展到"堆芯熔化"阶段，事故会向着收敛的方向发展。

失水事故（LOCA）发生后，虽然裂变反应可借插入所有控制棒而被停止，但燃料仍会继续排出潜热和放射性衰变热，使包壳温度迅速上升所造成的蒸汽环境使得极缓慢的氧化过程被剧烈加速；另外，在燃料棒内伴随的压力增高会引起包壳的膨胀。可以想象，在如此严重的氧化/变形条件下，所有燃料棒都有可能发生破损。由上述可知，反应堆安全的重点应放在如何维持堆芯的冷却上。其设计思想是，在失水事故发生后几秒内启动紧急堆芯冷却系统（emergency core cooling system，ECCS），进入堆芯顶部的水必须有流畅的途径通过堆芯，以达到有效的排热。而且明确规定了最高包壳温度和包壳氧化两项限值分别为 1200℃和壁厚的 17%，同时开展了在 LOCA 条件下锆合金包壳的性能研究。

3.8.1.1 高温氧化

失水事故中，锆合金与水蒸气发生反应，反应按式（3-10）进行：

$$Zr + 2H_2O \longrightarrow ZrO_2 + 2H_2\uparrow + Q \tag{3-10}$$

该反应是放热反应，每克参与反应的锆放出大约 6.5kJ 热量，同时放出大量易爆炸气体氢。

测量了金属表面吸氢增重动力学，给出了高于 1000℃温度的抛物线速率规律：

$$W^2 = K_p t \tag{3-11}$$

式中，W 是增重，mg/cm^2；t 是反应时间，s；K_p 是反应的速率常数，它是温度的函数。

在事故条件下，包壳内表面的氧化可能与包壳断裂后水蒸气向里扩散同时发生，图 3-32 示出经过蒸汽氧化后 Zr-4 管壁的金相断面照片。它是双面氧化后的金相图，当温度超过 820℃时，外层为氧化膜（ZrO_2），依次是富氧 α-锆、α′-锆。其中 α′-锆是 β-锆冷却后的相。

按图 3-33 所示的理想断面分析，氧通过蒸汽氧化并向管的内、外表面扩散，生成了外层 ZrO_2 和下层 α-Zr(O)。二者都是脆性相。ZrO_2 与 α-Zr(O)的总厚度取决于温度和暴露时间的组合。在足够高的温度下，β 相侵入 α 相。在冷却时，β 相又转变成 α 相。在管内保留下来的 β 相是唯一的延性材料。因此，锆管氧化后的延性是 β 相组成的氧化层占壁厚份额的函数。

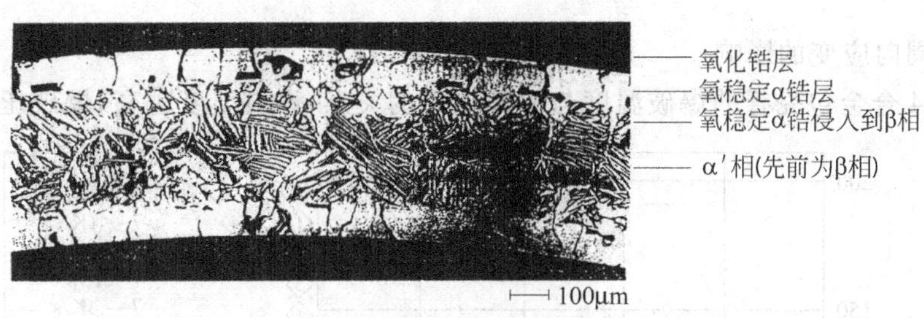

图 3-32　Zr-4 管两侧经蒸汽氧化后的金相断面照片

3.8.1.2　脆化

失水事故后，包壳承受多种应力，其中最主要的是在危急冷却系统注水淹没活性区时，由于急冷，包壳中产生的淬火应力。

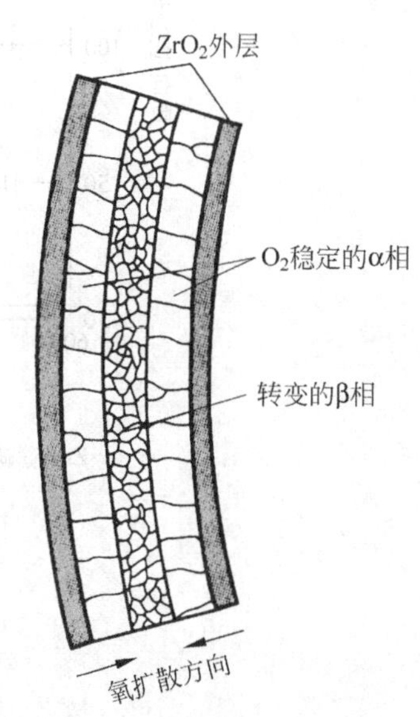

图 3-33　锆包壳管经蒸汽氧化后的理想断面

蒸汽氧化时，锆包壳内氧化膜和富氧 α 锆相含氧量很高，是脆性相，只有高温时的 β 锆是延性的，它冷却后转变为 α′锆相，仍保留一定的延性。所以，氧化后包壳的延性取决于包壳中高温存在的 β 相份额 F_w

$$F_w = \frac{\text{高温 β 相的厚度}}{\text{包壳厚度}} = \frac{\beta}{w} \tag{3-12}$$

由于包壳的延性直接与 F_w 值有关，即与氧化膜和富氧 α 锆相脆性相总厚度有关，总厚度 ξ 与时间的关系符合抛物线规律：

$$\xi = \delta t^{1/2} \tag{3-13}$$

式中，ξ 是两脆性相层的总厚度，μm；t 是时间，s；δ 是常数。

由于在 LOCA 研究中评定燃料包壳的氧化和脆性需要知道 δ 对温度的依赖关系。根据实验结果，对以上规定的限值，包壳管内、外表面达到吸氧量最大允许值所需的暴露时间仅为 8min。

3.8.1.3　高温胀破

在 LOCA 条件下，高温和高内压引起包壳的隆起和爆破会导致冷却剂流道的堵塞而改变冷却机制。在堵塞区增加的流动阻力使冷却剂流量和传热性质降低。

燃料包壳管在失水条件下为双轴应力状态，通过内压爆破试验，研究爆破温度和内压对周向应变的影响规律，周向应变是发生可能的流道堵塞的必要条件。

1) 爆破温度对周向应变的影响

锆合金包壳变形对温度极为敏感。图 3-34 表示周向爆破应变对爆破温度的依赖关系。一般，应变的第一最大值发生在密排六方结构的 α 相向 α-β 双相区转变的 820℃温度；应变的最小值发生在 α-β 双相区约 920℃温度，第二个最大值分别发生在锆合金 α-β 双相区的高温端和 BCC-β 相区。

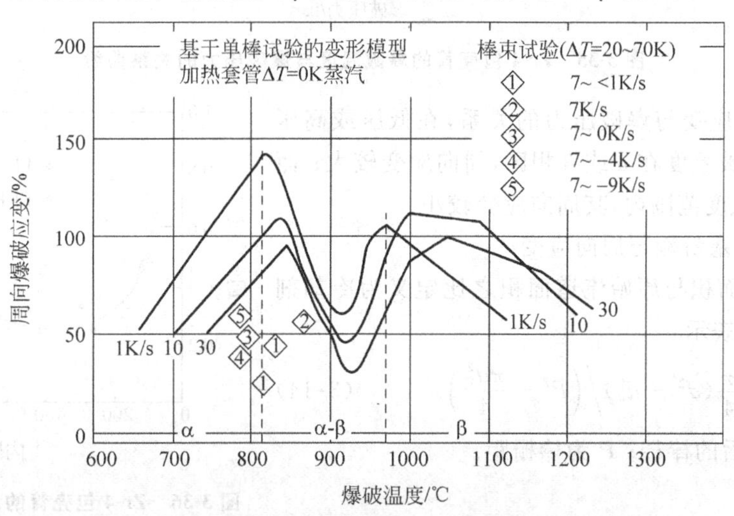

图 3-34　Zr-4 包壳管的爆破应变与爆破温度的关系曲线

2）爆破压力对周向应变的影响

图 3-35 表示锆-4 合金包壳管的爆破温度与爆破压力的关系，爆破温度越高，爆破压力越小。

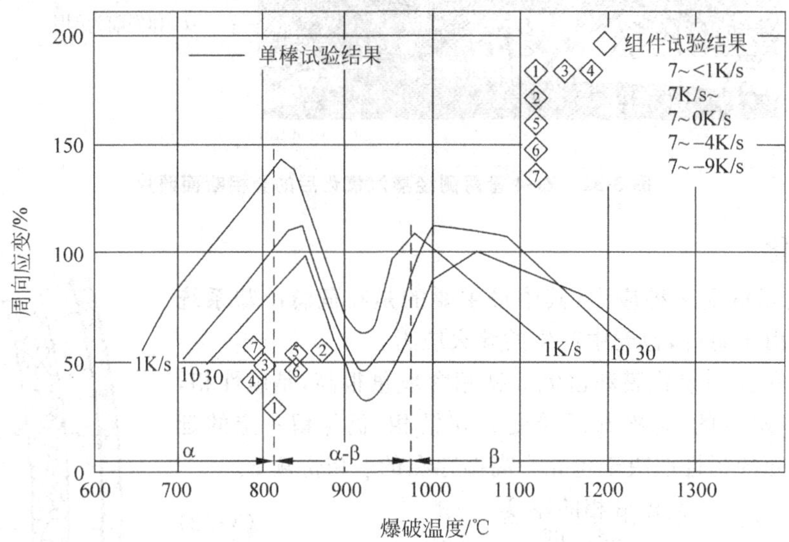

Zr-4管氩气和蒸汽中的应力破裂试验结果：最大周向应力与温度曲线

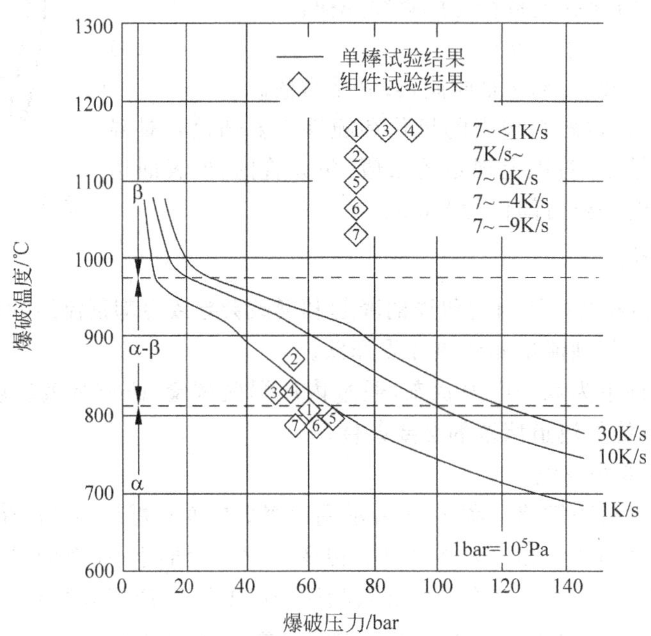

图 3-35 Zr-4 包壳管的爆破温度与爆破压力的关系曲线

图 3-36 表示周向应变与爆破压力的关系，在低压或高压爆破时分别对应的爆破温度在 α 或 β 相区，周向应变较大；而在中等压力爆破时，温度范围内，其周向应变较小。

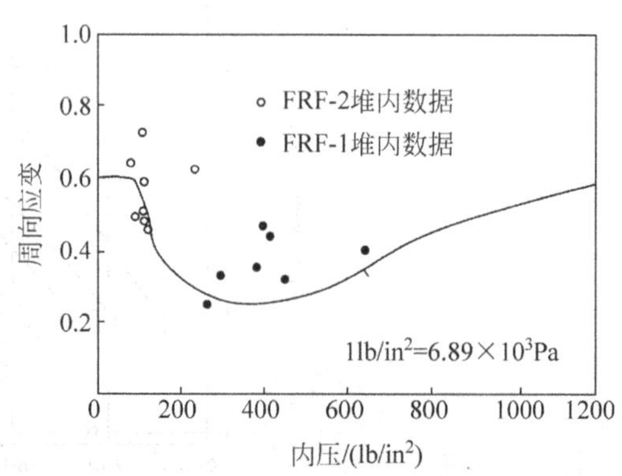

图 3-36 Zr-4 包壳管的周向应变与爆破压力的关系曲线

3）冷却剂流道堵塞份额与周向应变

包壳鼓胀侵占的面积与原始流道面积之比定义为冷却剂流道堵塞份额，用 F_A 表示：

$$F_A = \frac{\pi}{4}(d^2 - d_0^2) \Big/ \left(P^2 - \frac{\pi d_0^2}{4}\right) \tag{3-14}$$

式中，d_0、d 为鼓胀前后的棒径；P 为棒栅距。

周向应变为 ε_0：

$$\varepsilon_0 = (d - d_0)/d_0 \tag{3-15}$$

同样,在双相区范围内进行爆破时,F_A 较小;多棒束要比单棒 F_A 的试验值低。这是因为鼓胀不可能同时发生在同一断面上的缘故。所以包壳管温度和内压是影响流道堵塞份额的重要因素。

3.8.1.4 应急堆芯冷却系统验收标准

通过对失水条件锆包壳管行为的研究,已为制定应急堆芯冷却系统验收标准提供了实验依据。验收标准要点如下:

(1) 包壳的峰值温度小于 1200℃;

(2) 最大包壳氧化深度不超过氧化前包壳厚度的 17%;

(3) 不超过活性区包壳总量的 1%的锆参与锆-水或锆-水蒸气反应;

(4) 裂变产物释放量控制在≤10%惰性气体;≤3%碱金属;≤2%挥发性固体裂变产物;≤0.1%其他裂变产物;

(5) 不允许有妨碍堆芯冷却的几何形状变化。

根据验收标准重新修改元件设计和运行功率水平,如减少棒径、降低线功率密度等,以增加燃料元件的安全性。

通过堆内堆外试验,现已证明应急堆芯冷却系统能满足使用要求。在 PWR 大多数的燃料棒包壳温度低于 700℃,1%以下达到 1000℃,小于 10%的包壳在 800℃左右;最高包壳温度维持时间在 2min 以内。

3.8.2 堆芯熔毁事故条件下的包壳行为

3.8.2.1 三哩岛核事故中的堆芯状况

严重事故(severe accident)是指燃料元件发生熔毁的非常事态,在这种非常事态下,采用安全设计评价上设定的手段不能使堆芯有效冷却或者不能对反应性进行控制,其结果造成堆芯重大损伤及重大放射性后果。

对于压水堆(PWR)来说,在发生堆芯熔化的严重事故场合,可大致按三哩岛核事故进程来考虑。1979 年 3 月 28 日凌晨 4 时,美国宾夕法尼亚州的三哩岛核电厂 2 号机组(Three Mile Island-2,简称 TMI-2)的主控室里,红灯闪亮,汽笛报警,汽轮机停转,堆芯压力和温度骤然升高,2 小时后,大量放射性物质溢出。在 TMI 2 核事故中,从最初清洗设备的工作人员的过失开始,到反应堆彻底毁坏,整个过程只用了 120 秒。6 天以后,堆芯温度才开始下降,蒸汽泡消失——引起氢爆炸的威胁得以消除。100 吨铀燃料虽然没有熔化,但有 60%的铀棒受到损坏,反应堆最终陷入瘫痪。

在理解"堆芯熔毁"的进展时,正确分析堆芯整体的热量进出极为重要。刚刚停堆之后,冷却剂的平均温度一般认为在 350℃左右。

在发生失水事故(LOCA,见 3.8.1 节)的情况下,如果不能立即恢复冷却水的供应,则会进一步发展到"堆芯熔毁"阶段,事故会向着灾难性方向发展。

看来,在有效控制反应性,不使反应堆发生再临界的前提下,失水事故便成为核灾难的元凶。

图 3-37 所示为 TMI-2 核事故中事故结束时堆芯的状况。在堆芯的上部,由于燃料的熔塌而出现空洞。在空洞下方,形成由堆芯上部松散残渣(debris)层所构成的堆积。由于此区域所达到的最高温度比较低,一般认为不会形成"熔池"(pool)。在堆积层的下方,存在形成"熔池"的区域,熔池被残渣层包围。"熔池"的一部分向下端头(head)移动,作为下部残渣而堆积。在 TMI-2 核事故中,由于冷却水的水位维持在燃料组件的下部,因此比其更下方的燃料组件原来的形状得以保留下来。

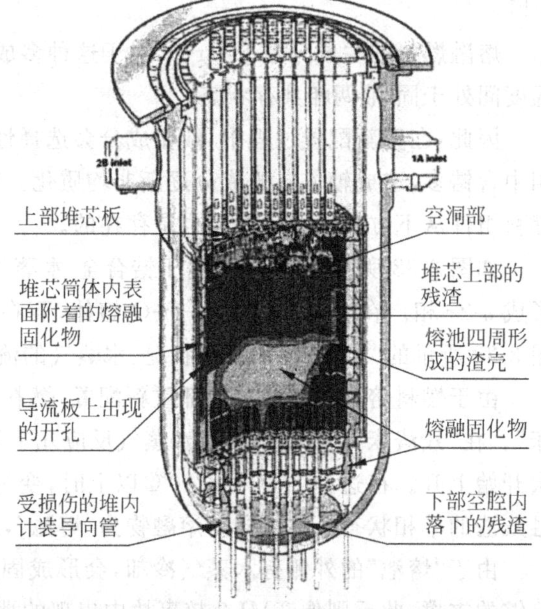

图 3-37 三哩岛(TMI-2)核事故中事故结束时的堆芯状况

3.8.2.2 燃料与包壳管的反应模式

根据对TMI-2核事故的分析结果，下面对福岛核事故中燃料与包壳管的反应模式作一些探讨。

发生失水事故(LOCA)后，随着冷却水供应不足的持续，水位降低和燃料温度的上升进一步发展。在此情况下，由水蒸气造成的锆合金的氧化反应开始加剧。以BWR燃料的情况为例，燃料厂商在供货时，锆合金表面已经形成2～3μm厚度的氧化膜。正常运行条件下，氧化膜会逐渐生长，在受辐照的末期，会生长到20～30μm厚。燃料温度一旦超过1000℃，锆合金会与水蒸气反应，该反应伴随有氢气和大量反应热发生，此时氧化膜会迅速生长。

由于这种反应热，燃料表面温度会以2～4℃/s的速度升温到大约1200℃，一旦超过1200℃，燃料温度就会以8～10℃/s的极高速度上升。这种现象称为"跑离"(run-away)升温或"熔断"(break-away)升温。

按通常解释，燃料熔化是由铀燃料于锆合金包壳管间在1900℃温度下发生共晶反应而引起的，但是，从反应机理观点讲，这并不正确。从原理上讲，"燃料熔化"是在大约1500℃以下，在燃料和包壳管的界面上所发生的由锆合金使二氧化铀还原，以及由此所形成的金属铀与锆的合金的熔解所引起的。在这种熔融相中，随着温度上升，会不断熔入二氧化铀及锆合金，形成铀-锆-氧熔体(U-Zr-O)。图3-38表示锆合金氧化过程的示意图。

一般情况下，反应层内当有液相发生便会急速地进入化学反应。但是，对于U-Zr-O系来说，在相对较低的温度区域，会形成比液相热力学更稳定的"外侧"，由于其妨碍了液相生长，"燃料熔化"不再继续进行。α-Zr相在2000～2200℃范围内达到熔解温度，因此一旦达到此温度以上，"燃料熔化"就会急速进行。

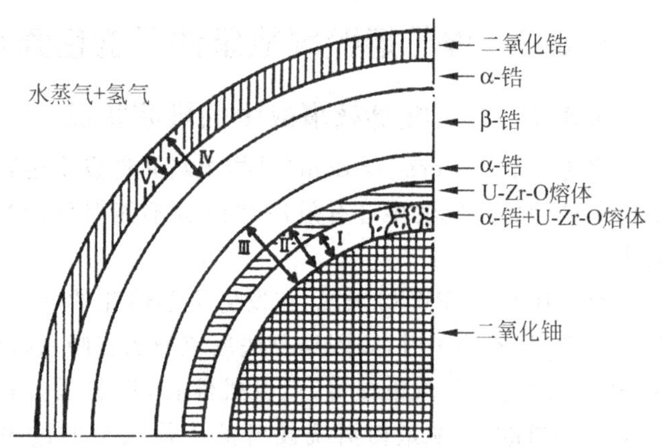

图3-38 堆芯熔化事故中二氧化铀燃料与锆合金包壳管反应模式图

在2000～2200℃以上的温度范围内，燃料发生大的破损、熔化，熔融燃料向下方移动(移位，relocation)。在此过程中，由于"燃料熔毁"致使锆合金的表面积减少，从而锆合金-水蒸气反应变得较难进行，制止了急速升温，相反，燃料温度还有可能下降。

熔融燃料的主成分是U-Zr-O，对于这种多成分系来说，不存在熔点的概念，在凝固开始温度和凝固终了温度间处于固-液两相共存状态。

因此，在重新配置过程中，液相成分会选择性地向下方移动，而固相成分有残留于上方的倾向。由于液相中含锆多，造成轴方向的成分逐渐非均质化。在这种场合下，燃料组件的下方会更先发生熔融扩展，因此燃料组件从下方崩塌的可能性也是存在的。

如图3-38所示，外侧表面由于锆合金-水蒸气反应而被氧化，从而形成ZrO_2相。在ZrO_2相的内侧，会形成α-Zr相。在燃料侧则是U-Zr-O熔体，而在熔体内侧形成α-Zr相。在两层α-Zr相中间残留β-Zr相。图3-38所示的"相序"会依失水状况、水蒸气的流量不同而变化。

由于燃料熔化引起堆芯内部重新配置，燃料成分向下方移动，燃料棒的形状完全丧失，进而形成"残渣床"。在"残渣床"内部，锆合金-水蒸气反应几乎停止，冷却剂流路被堵塞，衰变热的散热变得不充分，温度再次开始上升。在达到2000～2200℃以上时，变为固-液混合状态，进一步达到2500～2600℃以上时，变为熔融残渣的单相状态。称这样的熔融物为"熔池"，或"真皮(corium)熔池"。

由于"熔池"的外侧有水蒸气冷却，会形成固态"晶体"层。随着"熔池"的生长，"晶体"层变得不能提供足够的支撑，此后则像TMI-2核事故中出现的那样，作为熔融喷射物而被吹出，进一步向下方(压力容器下部端头)移动。当下部端头不足以承受衰变热时，熔融燃料会从压力壳流出，造成其与混凝土的反应(熔融燃料-混凝土反应：molten corium concrete interaction，MCCI)。

3.8.2.3 堆芯熔化导致燃料泄漏

按目前的观点，堆芯中若有5%的燃料组件熔化即定义为“堆芯熔毁”。对于压水堆(PWR)来说，在发生堆芯熔毁的严重事故场合，可大致按TMI-2核事故进程来考虑(图3-37)。

TMI-2核事故的大概过程可以按“燃料破损、熔化”的观点来汇总。从事故发生到大约经过140min阶段，冷却剂水位逐渐下降，并从燃料上部直到中央部位而不断漏出。与此相伴，发生“气球爆裂”(balloning)现象，致使挥发性的放射性物质泄漏。几乎与此同时，锆合金-水蒸气间的反应开始，造成温度急剧上升和大量氢气发生。

在事故发生经过173min阶段，控制棒开始融化，其熔融物堵塞冷却剂流道并形成渣壳层。由此，燃料温度进一步急剧上升，燃料变成固液混合状态，在渣壳层的上方发生移位，形成“残渣床”。在“残渣床”的中心，温度进一步上升，形成熔池。在此过程中，放射性物质的泄漏也不断恶化。

在大约经过224min阶段，渣壳层的一部分破裂，熔池的一部分急速地向下部端头移动。压力容器的温度一旦超过800℃，便会有发生蠕变破坏的危险。在TMI-2核事故中，由于残渣已全部停留在压力容器内部，因此可推测压力容器的最高温度在800℃以下。

图3-39以福岛核电厂BWR燃料组件为例，示意地说明燃料熔化的进展与燃料表面温度上升之间的关系。

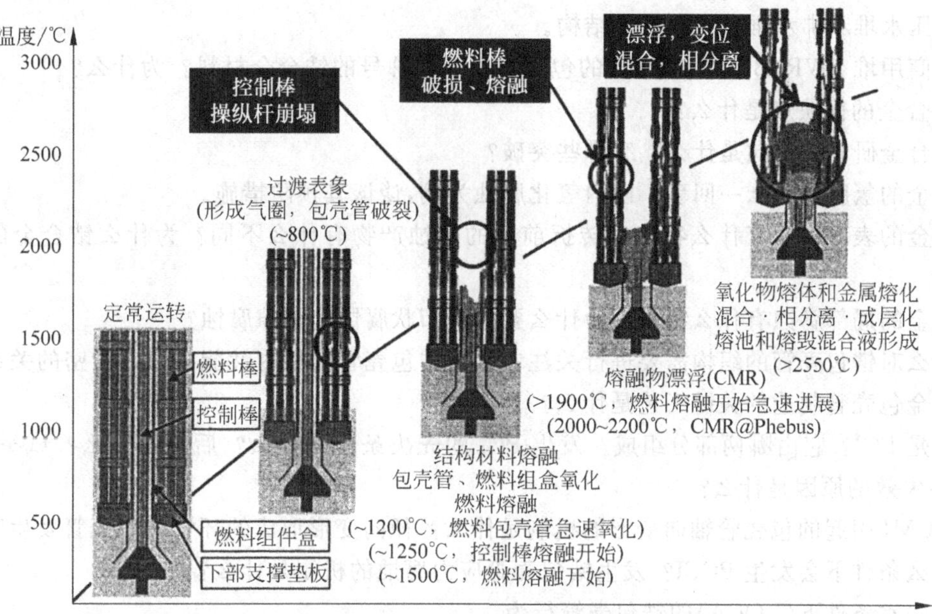

(a) 堆芯熔毁事故中燃料熔化进展示意图

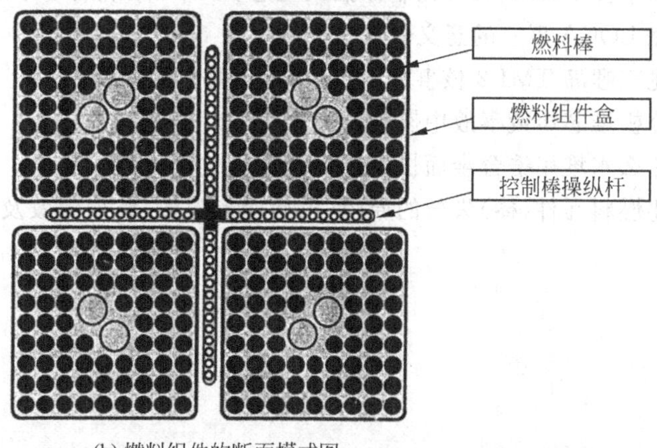

(b) 燃料组件的断面模式图

图3-39 堆芯熔毁事故示意图

BWR与PWR相比，由于各种因素的差异(存在控制棒操纵杆，锆的用量多，堆芯下部设置有各种结构件等)，不会形成“熔池”，固液混合状态的破损燃料及破损控制棒，会一点一点地通过堆芯支持板，向堆芯下部移动，在压力容器的下部端头堆积，进而引起所谓连续型燃料泄漏。

复习题及习题

1. 核反应堆中燃料包壳起什么作用？选择包壳材料有哪些标准？
2. 铝、镁、锆、石墨、不锈钢是已被采用的反应堆包壳材料，它们各自应用到哪些类型的反应堆中？
3. 铝作为热中子轻水堆包壳材料有哪些优缺点？其合金化原则有哪些？
4. 镁作为热中子气冷堆包壳材料有哪些优缺点？其合金化原则有哪些？
5. 锆被选作轻水动力热中子堆包壳材料的理由是什么？
6. 金属锆有哪些同素异构体？
7. 指出金属锆的室温滑移系统。
8. 锆合中金合金元素的选取基于哪些原则？
9. 以Zr-2、Zr-4合金为例，分别指出二者的合金成分，合金化原理及在反应堆中的应用。
10. 指出压水堆和沸水堆燃料组件的结构。
11. 作为商用堆PWR、BWR、PHWR的包壳都用什么牌号的锆合金材料？为什么？
12. 锆-4合金的优缺点是什么？
13. 新锆合金研制的方向是什么？有哪些突破？
14. 锆合金的氢脆是怎么一回事？以内氢化腐蚀为例，谈谈其预防措施。
15. 锆合金的表面腐蚀有什么特点？转折前后的腐蚀产物有什么不同？为什么锆合金的使用限制在400℃以下？
16. 锆合金的局部腐蚀有什么特点？为什么要关注疖状腐蚀和缝隙腐蚀？
17. 为什么对锆包壳管的织构需要进行关注？它与锆包壳管的堆内性能有什么紧密的关系？
18. 锆合金包壳管制造的关键工艺是什么？
19. 什么是PCI？它由哪两部分组成？发生PCI的先决条件是什么？后果是什么？试举例说明。PCI会使燃料元件失效的原因是什么？
20. 由PCMI引起的包壳管轴向变形的机制是什么？径向变形形成的环脊使包壳管发生哪些变化？
21. 在什么条件下会发生PCCI？发生锆包壳管应力腐蚀的机制是什么？
22. 简述失水条件下(LOCA)的锆包壳管行为。
23. 失水条件下(LOCA)的锆包壳管脆化的原因是什么？
24. 失水条件下(LOCA)，控制棒插入堆芯，ECCS系统启动堆芯的温度为什么还会上升？
25. 研究LOCA事故的意义何在？
26. 描述三哩岛TMI-2核事故中事故结束时的堆芯状况。
27. 试分析堆芯熔毁事故中燃料与包壳管的反应模式。
28. 为什么水堆用锆合金而快堆用不锈钢作包壳材料？
29. 简述燃料元件(棒)失效的原因(包括变形失效、破损失效及氧化物或氢化物超量失效)。

第 4 章

压力壳用低合金高强度钢

4.1 钢及镍合金构成轻水堆的骨架和循环系统

4.1.1 一座 100 万 kW 核电厂要使用 5 万 t 以上的优质钢材

核工业是在原有的其他工业和科学技术的基础上发展起来的。为此，在选择核反应堆用结构材料时，在大量吸收了冶金、材料、机械、电力、化工等部门所取得的成功经验时还考虑了核反应堆对结构材料的特殊性能要求，加上经济性、获得的难易等因素，钢和镍合金就成了核反应堆结构材料的首选。

从表 4-1、表 4-2 列出的核电厂使用钢和镍合金的情况可以看出，一座 100 万 kW 核电厂消耗的钢材多达 5 万 t 以上。反应堆本体的压力壳、堆内构件、控制棒驱动机构和一回路系统的设备、构件、部件等关键部位都离不开钢和镍合金，其总量达数万吨，而且质量要求极严，性能要求很高。据粗略统计，就压水堆和沸水

表 4-1　100 万 kW 压水堆核电厂用钢

用　途	数量/t	用　途	数量/t
钢筋	45000	堆芯组件用钢	115
型钢及地脚板材	5000	安全壳用钢	2500
一回路压力壳用钢	1200	合计	51315

表 4-2　100 万 kW 压水堆核电厂用不锈钢和镍合金情况(管材)

用　途	材　料	规格/mm	数量/t
堆内结构管	不锈钢	ϕ101.6～203.2	9
控制棒用管	不锈钢	ϕ50.8～203.2	10
蒸汽发生器用钢	镍合金、不锈钢	ϕ22.2	200
主管道用管	不锈钢	ϕ457.2	86
冷却水用管	不锈钢	ϕ3.2～406.4	320
冷却水用管	不锈钢	ϕ6.3～457.2	350
冷水加热器用管	不锈钢	ϕ15.9～19.1	230
辅助热交换器用管	不锈钢	ϕ12.7～19.1	50
合　计			1205

堆而言，与一回路冷却剂接触的设备和构件，90%以上是用钢和镍合金制造的。在钢和镍合金中，不锈钢又占了 80%～90%。钠冷块堆的一回路系统结构材料近 100%采用不锈钢，其中包括燃料包壳和反应堆容器。

4.1.2 压力容器的作用及服役条件分析

4.1.2.1 压力容器的重要性

压力容器是核电厂反应堆的最关键设备之一，其基本作用包括如下 3 个：

(1) 作为盛装及包容反应堆堆芯的容器。压力容器不仅起着固定和支撑堆内构件的作用，保证燃料组件按一定的间距在堆芯内的支撑与定位，同时也起到了维持和控制核裂变链式反应的作用。

(2) 作为反应堆冷却剂系统的一部分。压力容器不仅使高温高压的冷却剂保持在一个密封的壳体内，从而实现核能-热能转换的装置，还承受着一回路冷却剂与外部压差的压力边界的作用。

(3) 考虑到反应堆内中子的外逸，压力容器的厚壁起到辐射屏蔽的作用。

一般核电厂的设计寿命为 40 年(目前，世界上较先进的第三代核电厂的设计寿命已达 60 年)，以及核电厂运行时由于冷却剂的循环流动，造成的水对核心设备的冲刷和腐蚀，设备的耐蚀性能与金属的蠕变及老化，在材料的选择上要选用具有高强度和在强中子辐照下不易脆化的材料。压力容器在安全等级上属核Ⅰ级设备，必须具备极高的可靠性和安全性，以保证其在各种工况条件下均能保持安全可靠运行，不致发生容器破坏或放射性冷却剂外泄等严重的事故。

下面，先从一般的压力容器谈起，涉及的共性问题可供核电厂压力容器选材及设计时参考。

4.1.2.2 压力容器应力估算

可将压力容器的壳体看作是薄壁筒体，在理论上，对应力进行大致估算。

在构成承受内压的圆筒壁的内部，会产生作用于圆周方向的圆周应力 σ_1 和作用于轴(纵)方向的轴向应力 σ_2。其中，圆周应力亦称为环向应力。

在薄壁圆筒的情况下，沿壁厚方向的圆周应力 σ_1 和轴向应力 σ_2 的变化都很小，因此这种变化可以忽略。作为近似估计，可以按沿壁厚(板厚)方向应力均匀分布的假设进行计算。

在图 4-1 中，对于平均半径为 $r(=d/2)$、壁厚为 t 的圆筒，在有内压 P 作用的情况下，对上述应力进行了推导和计算，并给出计算表达式。

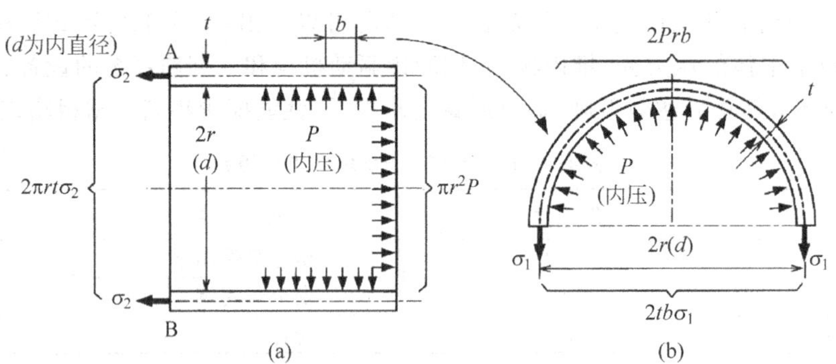

考虑图(a)的AB断面，由轴向内压产生的力为 $\pi r^2 P$，为与之相平衡，截面上作用的轴向应力为 σ_2，由此产生的力为 $2\pi r t\sigma_2$，利用下式的平衡关系，便可计算出轴向应力 σ_2。

$$2\pi r t\sigma_2=\pi r^2 P \Rightarrow \sigma_2=\frac{rP}{2t}=\frac{dP}{4t}$$

如图(b)所示，仅考虑被切取的宽度为 b 的圆筒的上半部分，由于筒体内壁的压力作用，在截面上产生圆周应力 σ_1。这样，由内压产生的垂直方向的合力，与圆周应力 σ_1 在壁中产生的力相平衡，由下式便可计算周向应力 σ_1。

$$2tb\sigma_1=2Prb \Rightarrow \sigma_1=\frac{rP}{t}=\frac{dP}{2t}$$，因此有 $\sigma_1=2\sigma_2$

因此，在设计薄壁圆筒时，仅计算圆周应力(环向应力)即可。

图 4-1 圆筒内发生的应力

由图 4-1 中的计算可知，$\sigma_1=2\sigma_2$。也就是说，圆周方向的应力是轴向应力的两倍。因此，在对薄壁圆筒进行设计时，仅针对圆周方向的应力(环向应力)进行计算即可。

适用于实际压力容器的计算公式，4.1.2.3 节还要进一步讨论，但是，根据上述的应力便可以确定所需要的板厚。

另一方面，由于球壳相对于其中心呈对称的形状，含中心在内的任何断面都是具有相同形状的圆形。因此，与上述薄壁圆筒情况下圆周方向相当的应力，和与轴方向相当的应力，都取相同的值。与薄壁圆筒的情况同样，沿壁厚方向的应力变化很小，因此这种变化可以忽略。作为近似估计，可以按沿壁厚(板厚)方向应力均匀分布的假设进行计算。同样地，在图 4-2 中，对于平均半径为 $r(=d/2)$、壁厚为 t 的球壳，在有内压 P 作用情况下的上述应力进行了推导和计算，并给出计算表达式。由图中的计算公式可知，$\sigma_1=2\sigma_2$。由此式可以看出，球壳中所发生的圆周应力，等于相同直径、受相同压力的薄壁圆筒中发生的周向应力的一半(1/2)。

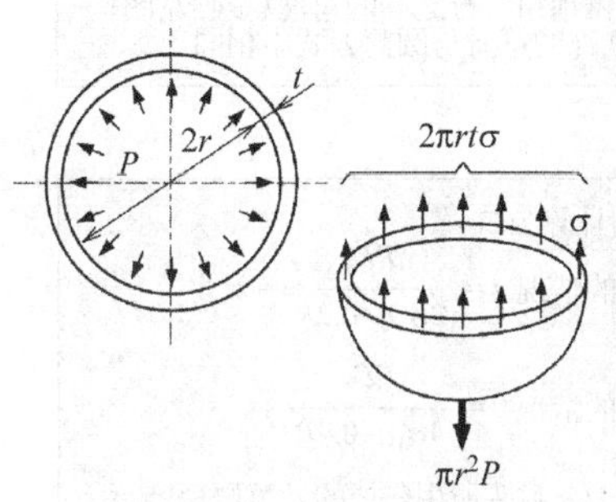

由内压产生的力为πr^2P，为与之相平衡，在构成球壳的板内产生圆周应力。根据下式，可计算出球壳内的圆周应力s。

$$2\pi rt\sigma=\pi r^2P$$

$$\sigma_2=\frac{rP}{2t}=\frac{dP}{4t}$$（d为内直径）

球壳内产生的应力为薄壁圆筒内圆周应力的一半

图 4-2　球壳内发生的应力

4.1.2.3　压力容器设计规范举例

4.1.2.2 节中，在理论上推导了圆筒筒体的板厚与应力间的关系式。

但实际发生的应力，内壁的应力高，而向着外侧方向，应力逐渐变低。

因此，在依据实际的压力容器的设计规范及法规进行板厚设计时，为了能获得比 4.1.2.2 节的理论估算更安全的评价，在进行公式计算时，假设内压作用在(内径$+1.2t$)的圆筒内。

图 4-3 中表示在规范中规定的，对筒体和封头进行计算的公式。在这些板厚的计算公式中，用许用应力替代所发生的应力，而这种许用应力是指“保证安全使用所允许的上限应力值”。

确定许用应力的方法依所用压力容器的不同而异。对每一类压力容器，国家都有相应的标准。为便于参考，在此仅举出一个例子作一般性的说明。

(1) 未达到蠕变温度范围时，许用应力取以下值中的最小值。

(a) 常温下最小拉伸强度的 1/4；

(b) 设计温度下最小拉伸强度的 1/4；

(c) 常温下最小屈服强度或 $\sigma_{0.2}$ 的 1/1.5；

(d) 设计温度下最小屈服强度或 $\sigma_{0.2}$ 的 1/1.5。

(2) 在超过蠕变温度范围时，许用应力取以下值中的最小值。

(a) 设计温度下，每 1000h 产生 0.01%蠕变的应力平均值；

(b) 设计温度下，100000h 发生断裂的应力平均值的 1/1.5 或最小值的 1/1.25。

4.1.3　压力容器成形加工及焊接

4.1.3.1　压力容器成形加工

首先，将选定厚度的板材依据设计图纸进行划线，而后如图 4-4 所示，将板材切割成所需要的尺寸。近年来，一般不需直接划线，而是通过 CAM(computer aided manufacturing，计算机辅助制造)，首先将所定的尺寸做成 CAD 图面，再转换成 NC 龙门式自动气割机(flame planer)的程序，进行自动切割。

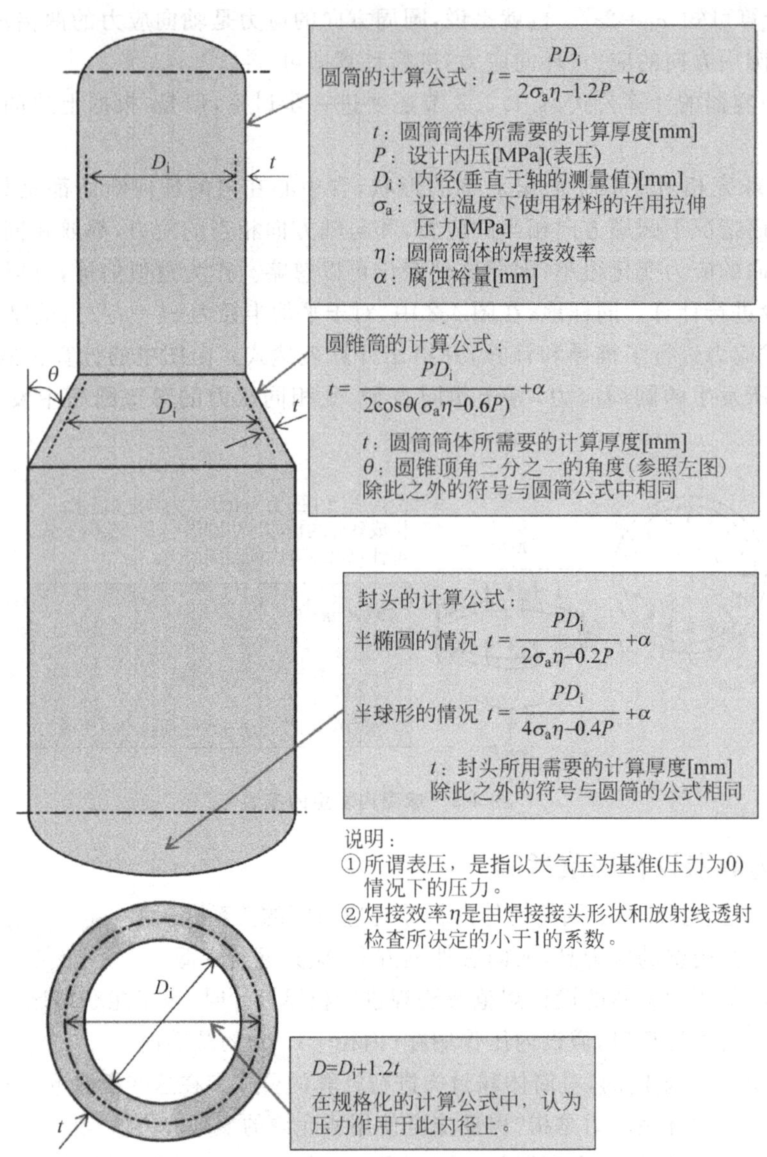

图 4-3 筒体和封头板厚的设计公式

板材的切割，有气枪切割、等离子体(弧)切割、机械切割等。对于碳素钢来说，几乎都是采用气枪切割。所用气体一般是丙烷或乙炔，由这些气体的火焰将钢加热之后，吹以氧气起燃烧作用，使钢的一部分变成氧化铁，在熔融的同时，借由氧气流将钢液吹走。

采用两个或三个气枪火焰口，在切断钢板的同时形成 V 形或 X 形坡口。在由气枪切割形成的焊接坡口上，往往会附着对焊接有害的积瘤鳞片(缺陷源)等，因此需要采用砂轮打磨等加以去除。

切割好的钢板首先要通过卷板机加工成圆筒状。尽管卷筒质量也与卷板机的加工能力相关，但一般说来，长焊缝两侧部位很难弯曲成形，要通过油压机将两端部加工成规定的曲率(称为端部弯曲)，此后再进行卷板操作。经过这种卷板前的端部弯曲，不会产生成形后的平坦部位，从而能制作成符合尺寸要求且内径处处一致的圆筒筒体。对于内径公差比标准规范更为严格的情况，例如热交换器的筒体，应要求，在纵向焊缝焊接完成后，还要进行再次卷板加工。

对于筒板的板厚太厚，超过工厂卷板机的加工能力时，要采用能力更强的油压机进行弯曲加工，在有些情况下需要对板筒加热，进行热加工。

4.1.3.2 压力容器焊接

由于压力容器由钢(碳素钢、低合金钢、不锈钢)制作，因此几乎所有部件都是由焊接制作的。焊接对于

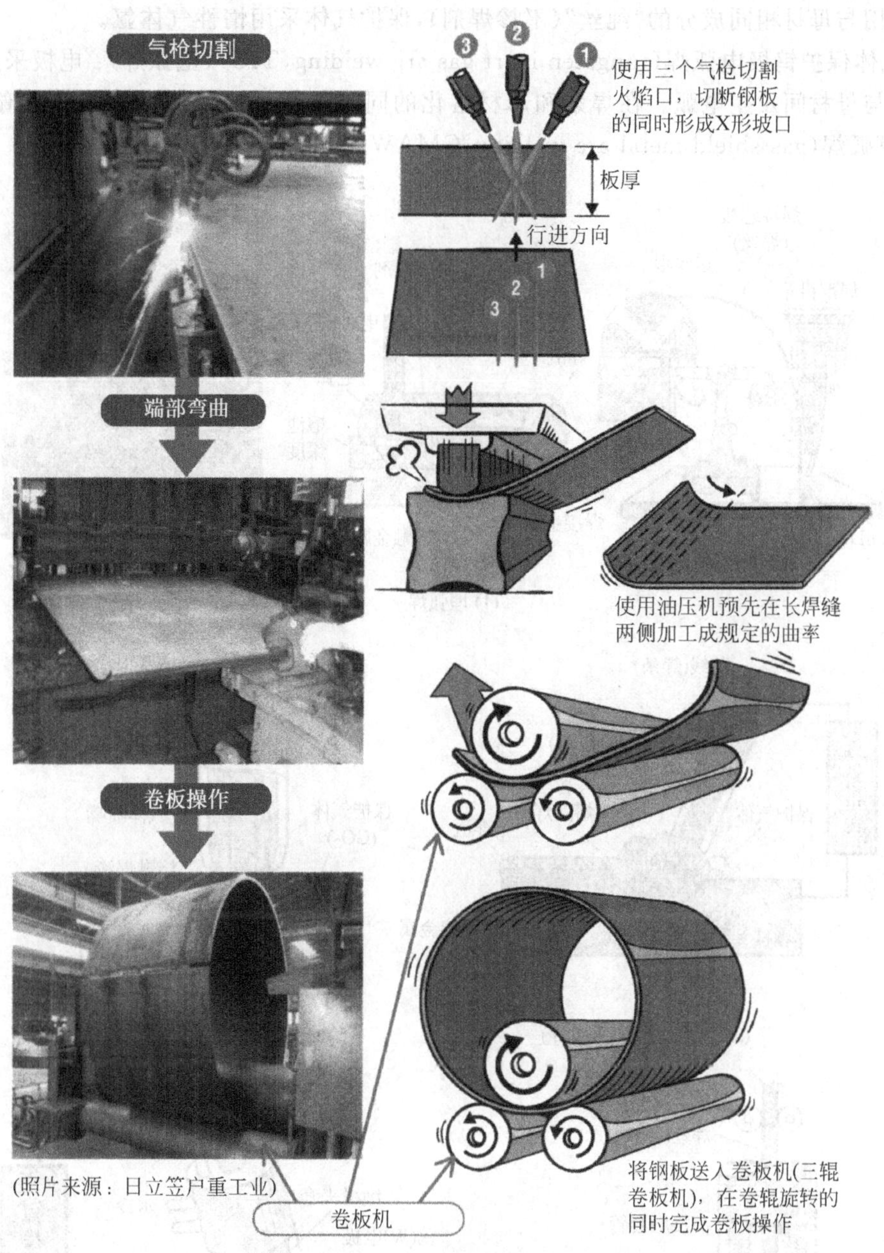

图 4-4 筒体成形的顺序

压力容器制造来说，是最为重要的关键工程。

对焊接方法做大的分类，有自动焊和手工焊，二者中间还有半自动焊。

制造压力容器所采用的焊接方法主要有如图 4-5 所示的下述几种：

(1) 埋弧焊(submerged-arc welding)：作为电极的焊接芯线(wire)自动送丝，与母材间发生电弧。由于焊接部位有粒状的焊剂遮盖，电弧埋于其中，故称为埋弧焊。适合自动焊接，效率高，多用于压力容器轴向焊缝和周向焊缝的焊接。

(2) 包覆电弧焊(cladding arc welding)：即通常所说的手工焊。芯线周围涂布包覆材料(焊剂)，作成焊条，以焊条作为电极，与母材间发生电弧。熔化的金属被由包覆材料生成的熔渣所覆盖，从而受到保护。手工焊的焊接效率和品质决定于焊工的熟练程度。

(3) 焊剂芯电弧焊(flux cored arc welding，FCAW)：作为焊接材料的焊丝中心预先注入焊剂，焊丝作为电极自动送丝，焊丝与母材间发生电弧。在焊接部位形成二氧化碳保护层(气体保护罩)。与过去常用的包覆电弧焊相比，由于效率大幅度提高，因此正向压力容器的焊接推广。

(4) 惰性气体保护金属极电弧焊(metalelectrode inert gas arc welding，MIG)：与(3)所述的 FCAW 相

似，只是焊条采用与母材相同成分的“纯丝”(不掺焊剂)，保护气体采用惰性气体氩。

(5) 惰性气体保护钨极电弧焊(tungsten inert gas arc welding，TIG)(氩弧焊)：电极采用不熔的(难熔)金属钨，钨电极与母材间发生电弧。在焊条和母材熔化的同时进行焊接。保护气体采用惰性气体氩，故按习惯又称其为氩弧焊(gas-shield metal arc welding，GMAW)。

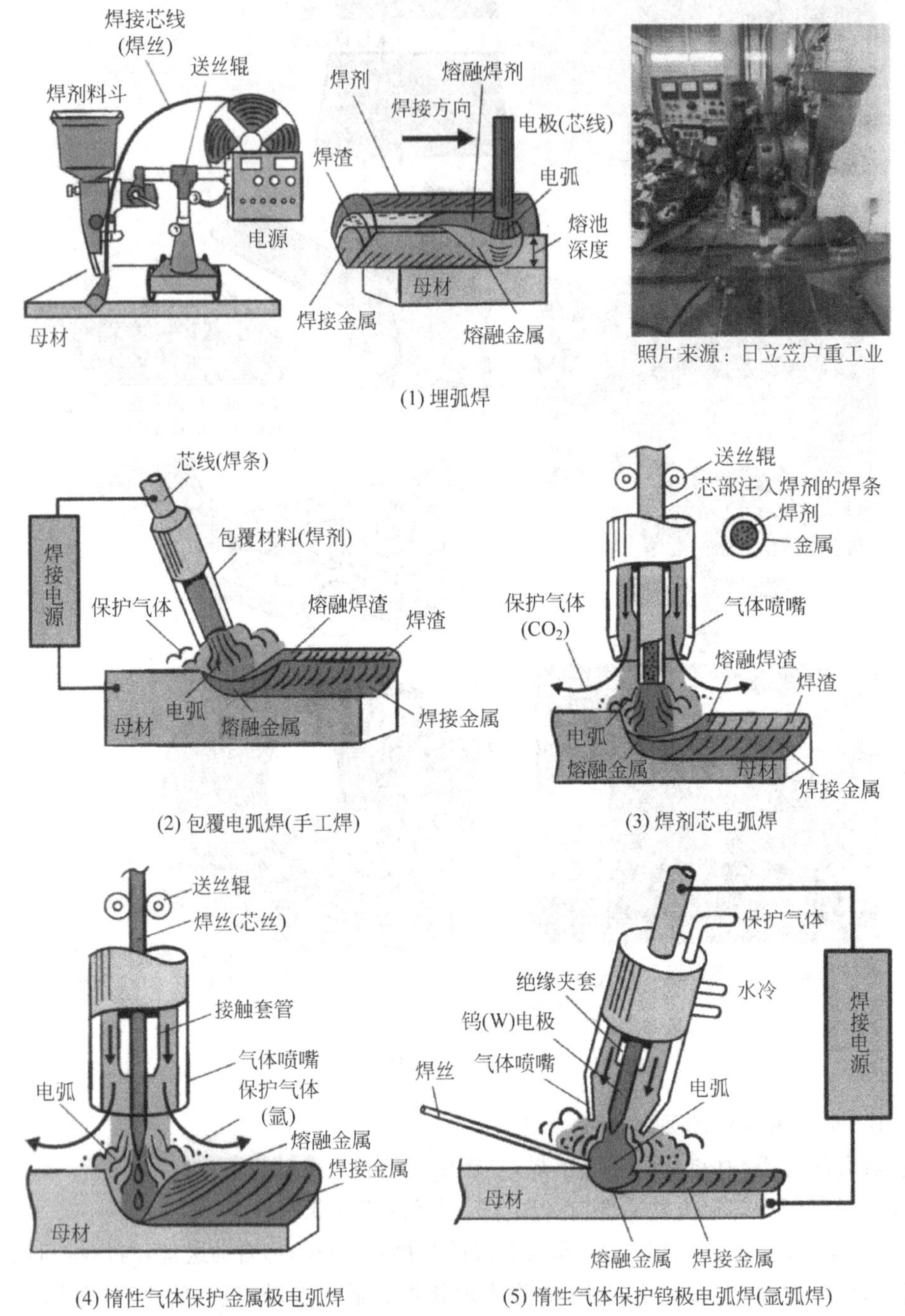

图 4-5 压力容器制作中常用的焊接方法

压力壳焊接完成后，需要进行焊后热处理(post weld heat treatment，PWHT)。作为核反应堆压力容器，对焊接规范，质量要求，焊接缺陷及检查都有极严格的要求。

4.1.4 压水堆核电厂核岛部分用大型锻件

4.1.4.1 反应堆压力壳由板焊结构向环形锻件结构发展

根据反应堆耐压壳体用钢材的制造方法，反应堆耐压壳体用钢大致可分为两大类：板材和锻件。采用板材用焊接方法制造的耐压壳体，通常称为板焊结构，它是用特厚钢板直接卷成筒状并纵向焊接而成。这种方法的特点是成材率较高，因而成本较低，但是这种方法也有缺点，即在筒体上必须有一条纵向焊缝，不仅导致抗辐照性能降低，而且由于压力壳中环向应力是纵向应力的 2 倍(参照图 4-1)，因此对纵向焊缝提出更严格的要求。锻件是由大型钢锭直接锻造而成的环形筒体，因而成材率较低，制造成本较高，但是在筒体上没有纵向焊缝，导致抗辐照性能提高，从而提高了结构的安全可靠性。

随着核电厂的大型化，耐压壳体的直径和壁厚均不断增加。为确保安全，在进一步提高面对活性区的纵向焊缝的抗辐照性能的同时，西欧各国反应堆的耐压壳体，正在逐步由板焊结构向环形锻件结构的方向发展，采用无纵向焊缝的压力容器。

4.1.4.2　反应堆压力壳的各组成部分

大型锻件是指 5t 以上的轴类锻件或 2t 以上的饼类锻件。作为大型成套装备的核心零部件，大型锻件在国民经济及国防建设中发挥着非常重要的作用，它的制造能力和技术水平是衡量一个国家综合国力的重要标志。随着世界核电的发展和装机容量的不断增大，核电压力容器逐渐向大型化和一体化的趋势发展。对于应用最为广泛的压水堆而言，核电压力容器包括核岛部分的反应堆压力容器和蒸汽发生器，它们都是由重达几十吨甚至上百吨的大型锻件通过焊接等手段组合而成的，如图 4-6 和图 4-7 所示。

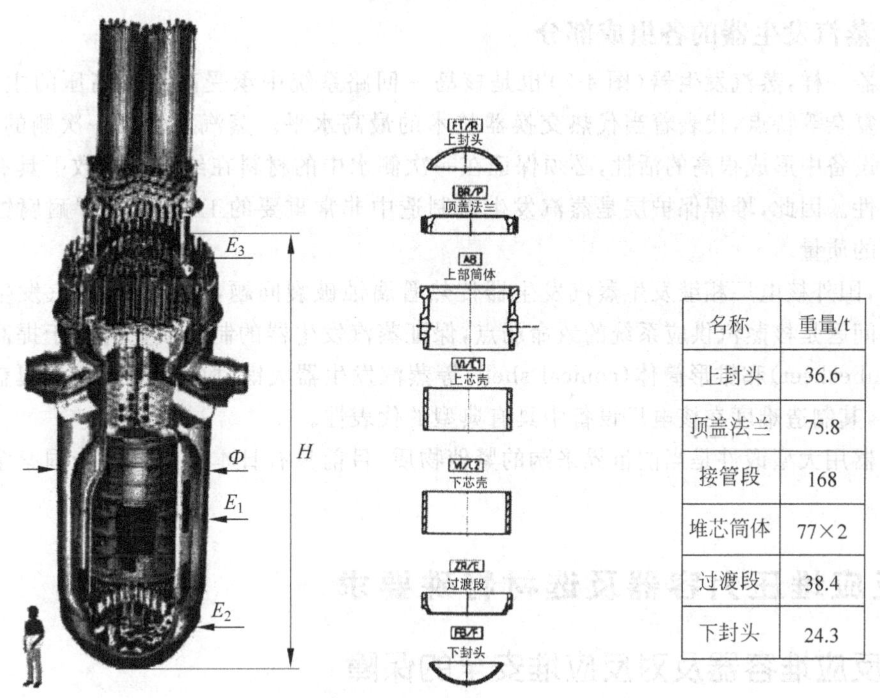

名称	重量/t
上封头	36.6
顶盖法兰	75.8
接管段	168
堆芯筒体	77×2
过渡段	38.4
下封头	24.3

高度 H=12713mm; 外径 Φ=5755mm; 壳厚度 E_1=250mm; E_2=145mm; E_3=250mm

图 4-6　反应堆压力容器的各部分组成(EPR 机组)

在压水堆核电厂中，反应堆压力容器(图 4-6)是安置核反应堆并承受其巨大运行压力的密闭容器，它固定和包容堆芯及堆内构件，使核燃料的裂变反应限制在一个密封的空间内进行，是压水堆核电厂中非常关键的设备。反应堆压力容器与一回路管道共同组成高压冷却剂的压力边界，是防止放射性物质外逸的第三道屏障。

在整个核电机组中，反应堆压力容器是不可更换的关键部件之一，它与整个核电厂同等寿命，因此必须保证其在核电厂寿命期内安全可靠。对于 AP1000 压水反应堆，反应堆压力容器用大型锻件必须满足 60 年的使用寿命。另外，反应堆压力容器常年的工作环境是超过 15MPa 的高压、300℃左右的高温以及长时间的流体冲刷腐蚀和反应堆堆芯的放射性辐照，比如法玛通的 EPR 压水堆压力容器的设定工作压力和温度分别为 17.6MPa 和 351℃，因此它在材质要求、制作、检验及在役检查等方面都比常规压力容器要严格得多，具有制造技术标准高、难度大和制造周期长等特点。

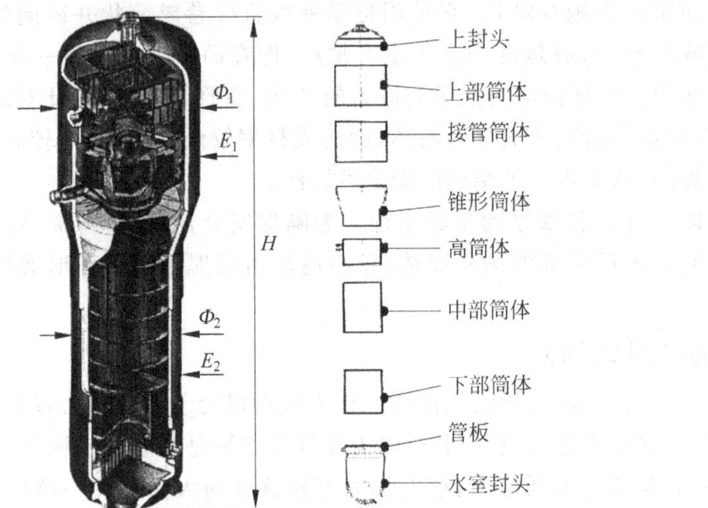

名称	重量/t
上封头	33.7
上部筒体	52
接管筒体	52
锥形筒体	43.4
高筒体	45
中部筒体	36.2
下部筒体	31.9
管板	66.7
水室封头	23

高度H=23260mm; 外径Φ_1=5170mm; Φ_2=3800mm;壳厚度E_1=128mm; E_2=95mm

图 4-7 蒸汽发生器的各部分组成(EPR 机组)

4.1.4.3 蒸汽发生器的各组成部分

同反应堆容器一样,蒸汽发生器(图 4-7)也是核岛一回路系统中承受高温及高压的主设备,具有尺寸大、重量重,设计复杂等特点,代表着当代热交换器技术的最高水平。蒸汽发生器一次侧的水具有放射性,为了避免管道与设备中形成很高的活性,必须保证在一次侧水中的材料在给定的参数下具有很高的抗辐射和抗腐蚀的稳定性。因此,堆焊保护层是蒸汽发生器制造中非常重要的工序,在堆焊耐腐蚀的衬里时应保证每条焊缝成型的质量。

近几十年来,国外核电厂相继发生蒸汽发生器传热管腐蚀破裂问题,从而使得蒸汽发生器不能与核电厂同寿命。这一问题是核蒸汽供应系统的致命弱点,保证蒸汽发生器的制造质量有助于提高核电厂的安全可靠性。管板(tubesheet)和锥形筒体(conical shell)等蒸汽发生器大锻件的制造基本上覆盖了核压力容器的基本制造技术,其制造难度在核电厂设备中具有典型的代表性。

核电压力容器用大型锻件是当前世界采购的紧俏物质,目前只有日本等少数几个国家掌握了该类大型锻件的生产技术。

4.2 反应堆压力容器及选材特殊要求

4.2.1 反应堆容器及对反应堆安全的保障

轻水反应堆堆芯被固定在圆柱形的压力容器内。顾名思义,压力容器的首要功能是耐高压。这种压力容器盛装作为制冷剂、慢化剂和反射层的水。压水堆中的水被维持在 15.5MPa 压力下(在该压力下,水的沸点为 345℃),以抑制堆芯冷却水的沸腾。压力容器的第二个功能是容纳整个堆芯,构成密封系统,包括堆内构件、燃料组件、控制棒驱动机构、堆芯吊篮和主冷却等。压力容器的第三个功能是作为一道可靠的安全屏障(称为第三道屏障),以留住由于包壳破损而从燃料棒逸出的裂变产物。因此,从安全的观点看,压力容器是轻水堆压力边界最关键的部件,要求它在反应堆寿期(40a,现为 60a,且可超期服役)内保证高度可靠性。

由于高的冷却剂压力和一定注量的中子辐照,压力容器的完整性受到了特别的关注。为此,对其设计、材料选择、制造和使用全过程要进行全面的质量检查和技术监督。

图 4-8 示出了典型的压水堆压力容器。它由圆柱筒体、球状顶盖、拴接法兰构成一体。顶盖上数十根贯穿管用于固定控制棒驱动机构。圆柱筒体由球状底部封头和进/出水管嘴及法兰等组成。通常,筒体由轧制钢板弯成圆柱状筒,经纵向和周向焊接而成。为提高可靠性,减少纵向焊缝,现在采用整体锻件的情况越来越多(见 4.1.4 节)。球状封头由冲压成型,法兰由厚壁环形锻件制成,进水和出水管嘴也由锻件制造,其

必要的淬透性可通过合金元素的选择和热处理来达到。钢板和锻件都应采用电炉钢或电渣精炼生产的钢锭，经轧制所得的最高质量的材料。

一座功率为1000MW的压水堆的压力容器直径约为4.5m，高13m，壁厚23cm。相同功率沸水堆的压力容器的直径和高度都明显大于压水堆，但因为它需承受的压力较低，所以壁厚仅为16.5cm，为了防止腐蚀，压力容器的内壁面通常用5～6mm厚的不锈钢通过搭接焊包覆。对于沸水堆压力容器，仅仅将暴露在液态水中的部分包覆。

轻水堆的第二个大容器就是包容整个一回路系统的安全壳（构成核岛）。如果一回路系统发生大的破坏，那么由于压力的突然降低，几乎会使得所有压力容器内的水快速变成蒸汽。同时由于冷却剂的丧失，某些燃料棒可能会因破损而使放射性裂变产物得到释放。安全壳就是防止放射性物质逸入环境的最后一道屏障。此外，对地震、旋风、飞机坠落撞击以及来自内外飞射物撞击等各种静、动态载荷具有保护能力。图4-9是压水堆安全壳的一例。

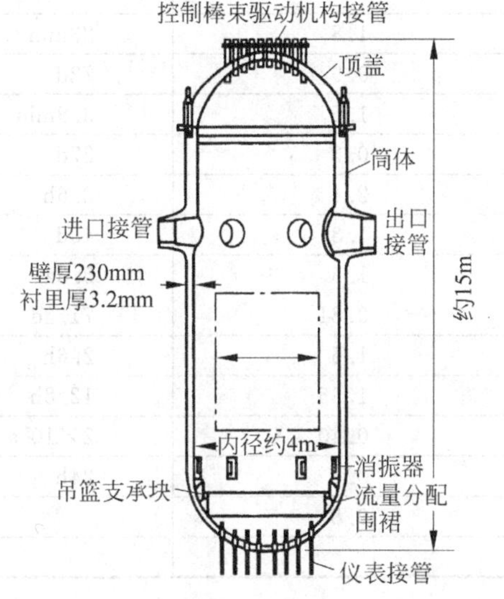

图4-8　典型的PWR压力容器

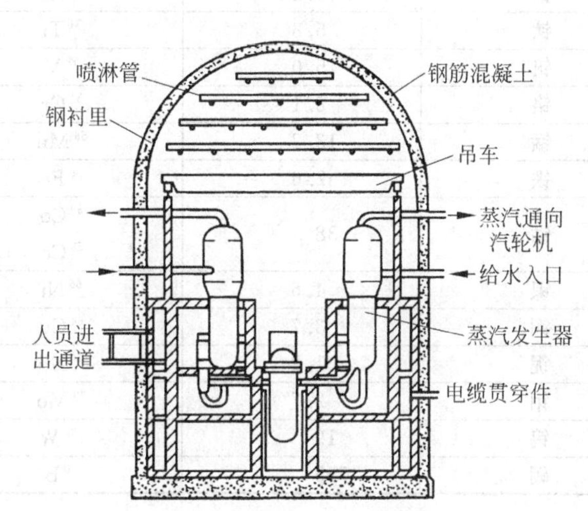

图4-9　压水堆安全壳的剖面图

安全壳的结构和处理包容气体的方法对于压水堆和沸水堆二者有明显的不同。压水堆安全壳的结构一般都是带穹形顶的圆柱开筒，对功率为1000MW的压水堆，安全壳直径约为37m，高度约为60m，通常由约1m厚的钢筋混凝土和约38mm厚的钢内衬制成。安全壳顶部设有喷淋系统，事故时用喷淋水将壳内蒸汽冷凝，以降低安全壳受到的压力和温度。而沸水堆则在大安全壳与压力容器间设有一次安全壳。内有压力空间和凝汽空间。当发生失水事故时，靠两空间的压差，驱使空气和蒸汽混合物，经凝汽管涌入消压水池，使蒸汽完全凝结成水。

4.2.2　反应堆对钢和镍合金材料的特殊要求

4.2.2.1　核反应堆对结构材料的主要要求

概括起来，核反应堆对结构材料（包括燃料包壳、压力容器、堆内构件和一回路系统的设备、构件等用结构材料）的要求主要有：

(1) 满足设计要求的良好的室温和高温力学性能；

(2) 优良的耐腐蚀性能（耐轻水、重水、气体、液体金属等介质腐蚀）；

(3) 热中子吸收截面小和吸收中子后的感生放射性弱；

(4) 在辐照作用下性能稳定性高；

(5) 热导率高，热胀系数小；

(6) 易加工成型（包括焊接性能好）。

当然，除上述因素外，经济因素（取得的难易）也属于考虑之列。

本节仅简述核反应堆对钢和镍合金的一些特殊性能要求。

4.2.2.2 热中子吸收截面要小

在核反应堆中，要实现自持的核裂变链式反应，一个重要条件就是要保持中子的平衡，即中子数目不变，至少不随时间而减少。为此已采取了种种措施，其中就核反应堆用钢和镍合金而言，要求它们具有热中子吸收截面要小的特性。表4-3中列入了钢和镍合金中一些元素和杂质的热中子吸收截面。可以看出，核反应堆用钢和镍合金中的元素和杂质对热中子都有一定的吸收能力，有些吸收能力还相当高。特别是硼，高达755b。由于核反应堆对其结构材料的力学性能、耐腐蚀性能、辐照稳定性以及各种工艺性能的需求，必须选用一些钢和镍合金，同时还要求这些钢和镍合金中残余的硼含量要尽量低。法国的RCC-M规范提出堆芯用不锈钢中的硼量须不大于0.0015%～0.0018%。

表4-3 核反应堆结构材料中合金元素和杂质的中子吸收截面和感生放射性

元素	热中子吸收截面/b	感生放射性同位素	最硬γ射线的能量/MeV	半衰期
铝	0.24	^{28}Al	1.8	23min
钛	5.8	^{51}Ti	0.9	72d
钒	5.0	^{52}V	1.5	3.9min
铬	3.1	^{51}Cr	0.3	27d
锰	13.2	^{56}Mn	2.1	2.6h
铁	2.6	^{59}Fe	1.3	45d
钴	38	^{60}Co	1.3	5.3a
		^{58}Co	0.81	71.3d
镍	4.6	^{65}Ni	1.5	2.6h
铜	3.7	^{64}Cu	1.35	12.8h
铌	1.2	^{94}Nb	0.40	2×10^4a
钼	2.7	^{99}Mo	0.8	24h
钨	19	^{187}W	0.8	
硼	755	^{10}B		

4.2.2.3 吸收中子后的感生放射性要弱

1）感生放射性的产生　核反应堆，例如轻水堆中的压水堆和沸水堆，它们的一回路冷却剂为250～350℃高温高纯水(压水堆的水质条件见表4-4)。即使在O、F^-、Cl^-等杂质如此低的高温高纯水中，考虑到耐蚀性，所有与一回路冷却剂相接触的结构材料都选用了不锈钢和镍合金，而反应堆压力壳和稳压器内侧，蒸汽发生器管板等也均堆焊了不锈钢。动水回路试验结果表明，在高温高纯水中不锈钢和镍合金的腐蚀率、腐蚀产物的释放率并不高，但是，由于冷却剂在堆内和一回路系统设备、构件的接触面积非常大，所以腐蚀产物总量仍然可观。一座100万kW的压水堆核电厂在第一个运行期间，一回路系统累积的释放量为50～70kg，以后每年增加50～70kg，在核电厂40年寿命的运行期间，腐蚀产物的释放量可达到2t左右。这些腐蚀产物主要是R_3O_4(R为Fe、Ni、Cr等不锈钢和镍合金中的元素)。它们溶解或悬浮在一回路冷却剂中，当流经堆芯活性区，可被中子活化而产生放射性同位素(表4-3)，从而使这些腐蚀产物均具有了放射性。

表4-4 压水堆的水质条件

项目	一回路条件	项目	一回路条件
电导率(25℃)/(μS/cm)	1～40	$Cl^-/10^{-6}$	≤0.05
pH	4.2～10.5①	硼/10^{-6}	0～4000①
溶解氧/10^{-6}	≤0.005	$Li^+/10^{-6}$	0.2～2.2
$F^-/10^{-6}$	≤0.055		

① 随反应堆运行要求确定。

2）感生放射性的危害　这些被活化的带有感生放射性的腐蚀产物，例如R_3O_4，它们在冷却剂中的溶解度很低或根本不溶解，一般是悬浮在一回路冷却剂中，在流动过程中它们可以沉积在设备、构件和系统的表面以及滞留水区，不仅使堆内设备、构件，而且也使堆外一回路系统的管线、泵、阀和压水堆的稳压器，甚至蒸汽发生器一回路侧也均带有放射性。这就给核反应堆设备、构件的维修和废物处理带来诸多困难，甚至还可危害人身的安全。

国内外轻水堆的运行经验表明，在核反应堆运行初期，短寿命的放射性同位素如^{51}Cr、^{59}Fe和^{58}Co等对反应堆内的感生放射性有重要影响。当它们的衰变速率与活化速率相抵消时，其放射性的影响便达到稳定。而^{51}Cr、^{59}Fe和^{58}Co，特别是^{60}Co（半衰期为5.8a），由于半衰期长，它们的影响将随反应堆运行时间的增加而日益增强，为此，需采取措施减弱反应堆用钢和镍合金的感生放射性。

3）减弱感生放射性的措施　首先要严格控制反应堆用钢和金属中的钴量。表4-5中列入了国内外一回路系统用不锈钢和镍合金中钴含量的限制。实际上，目前国内外对压水堆一回路系统用不锈钢和镍合金中Co的限制，一般均要求≤0.05%。不锈钢中的钴主要是在冶炼这些合金时，随所用原料镍带来的。因此，必须尽量选用含钴量低的镍。由于镍通过$^{58}Ni(n,p)^{58}Co$反应还可以生成^{58}Co放射性同位素，所以，当选用不锈钢能满足要求时，尽量不用镍合金；当需要时可选用铁镍基合金，尽量不用或少用镍基合金。

表4-5　国内外压水堆一回路结构材料的钴量控制

国别		美国		中国	
使用部件		材料	Co量极限值/%	材料	Co量极限值/%
堆内	活性区部件	304、304L等	0.02～0.05	0Cr18Ni10Ti、0Cr18Ni12Mo2Ti等和304NG	0.02～0.06
	其他部件	304、304L等	0.04～0.20	0Cr18Ni10Ti、0Cr18Ni12Mo2Ti和304NG	0.08～0.20 ≤0.05
堆外	蒸汽发生器管束	Inconel 600、Inconel 690	约0.10	0Cr18Ni10Ti、0Cr25Ni35AlTi	0.02～0.05
	主管道	304、304L等	0.1～0.2	0Cr18Ni10Ti等	0.02～0.03

4.3　核电压力容器用钢及其演化历史

核反应堆压力边界部件是指核电厂内那些容纳加压冷却剂的主回路和二回路系统内的所有部件。主要包括压力容器，蒸汽发生器，蒸汽管道和主冷却管道，阀门、泵、管嘴等（图1-19、图4-10）。从材料的角度考虑，压力容器、蒸汽发生器和冷却管道是其中较为重要的设备或部件。安全壳系统是另一类反应堆容器，它把整个主冷却剂系统和一些重要的安全系统全部密封起来。本节的重点将放在作为轻水堆，特别是压水堆的压力容器、管道和安全壳的材料。具体内容涉及堆容器结构，对压力容器材料的要求和主要材料及其性质，特别是辐照性能。

4.3.1　核电压力容器用钢简介

4.3.1.1　轻水堆压力容器用钢

现代轻水堆（压水堆、沸水堆）的工作温度和压力都较高。压水堆温度达350℃，压力达185atm(18.5MPa)；沸水堆温度达300℃，压力达70～90atm(7～9MPa)。

为了确保核反应堆的安全，对轻水堆压力容器（简称压力壳）用钢的要求十分严格。例如，压力壳用钢在中温、高压下应具有良好的力学性能，包括强度、塑性、冲击韧性、断裂韧性等；中子辐照脆化敏感性低（即仅有可以允许的辐照脆化）；良好的加工性，特别是优良的焊接性等。

一座100万kW压水堆核电厂的压力壳是一个高12～13m，直径5～6m，壁厚约250mm的承压钢壳，总质量达400～500t。图4-10表示压水堆压力容器的分段结构图（法马通900MW系列）。一座110万kW的沸水堆核电厂的压力壳是一个高近22m，直径6.4m，壁厚约160mm的承压钢壳。

由于早期都是小型轻水反应堆，所以压力壳用钢系选用抗拉强度在382MPa的碳钢，例如，美国牌号

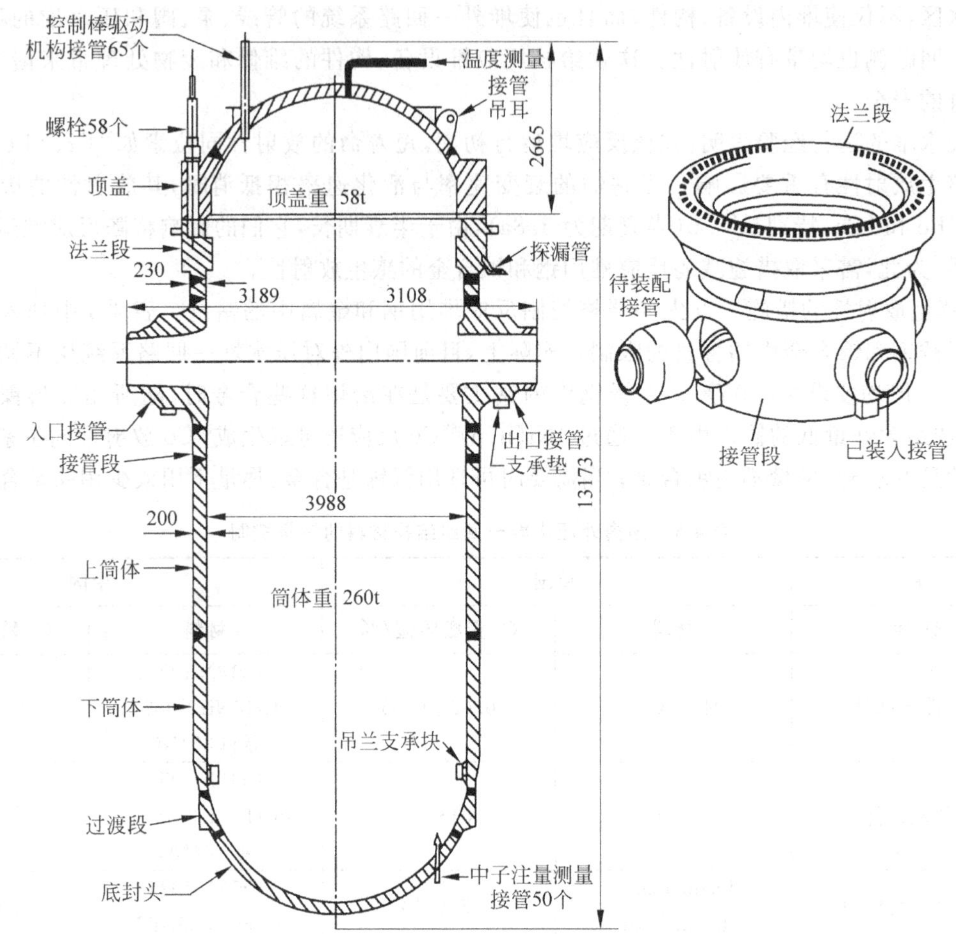

图 4-10 压水堆压力容器的分段结构图(法马通 900MW 系列)

(1) 尺寸大(直径 4～5m,厚度 200～300mm,高度 13～15m);

(2) 整体采用高强度低合金钢(耐辐照,焊接性能优良),内衬不锈钢(防止高温水腐蚀);

(3) 承受高温、高压,特别是受中子辐照(辐照会引起材料脆化);

(4) 在整个反应堆寿期(40a 或 60a)内不可更换,绝对不允许破裂,对脆性断裂的可能性必须给予特别关照;

(5) 反应堆启动后不能对压力容器进行充分的检查(由于材料辐照活化,铁和钴活化后的半衰期分别为 44.5d 和 5.27a。停堆后即使卸出所有燃料,也很难接近反应堆进行检查和维修);

(6) 存在不同金属间的焊接问题。

SA201B,随后又采用抗拉强度为 480MPa 的 SA212B。它们具有优良的工艺稳定性、可以允许的辐照脆化和良好的焊接性。但由于高温性能差,加之轻水核反应堆向大型化发展,碳钢不仅强度低,而且很难保证厚壁压力壳的质量,因此,这些碳钢就被强度更高、性能更好的低合金高强度钢所代替。1965 年起开始采用锰钼系的抗拉强度可达 550MPa 的 SA302B 钢。但是随着核反应堆压力壳壁厚进一步增加,SA302B 钢的缺口韧性差的不足显露出来了。为了改善锰钼钢性能,进一步用镍合金化,发展了锰钼镍系钢,即目前西方国家广泛采用的 20MnMoNi 钢(美国牌号 SA533-B 和 SA508-3,德国牌号 20MnMoNi55 和 22NiCrMo37,日本牌号 SFVQA 和 SQV2A,法国的 16MND5 等)。

由于低合金高强度钢的耐蚀性不能满足轻水堆的需求,因此,在压力壳内壁堆焊了 5～6mm 的不锈钢层。所用焊接材料为 AISI308(00Cr20Ni10)和 AISI309(00Cr23Ni11)不锈钢。

压力壳顶盖还要和筒体通过对应的法兰,依靠两道同心的"O"形密封环来密封,此密封环则系由高镍耐蚀合金的锻件制作的。

除了压力壳用钢的化学成分的上述变更外,钢的热处理工艺还从锰钼系钢的正火+回火处理改为淬火+回火的调质处理(参照 4.5.5 节),以进一步改善钢的性能。

4.3.1.2 其他堆型的压力容器用钢

(1) 重水堆。目前重水堆以加拿大的坎杜(CANDU)堆为代表。它是一种压力管式反应堆。前面已述及，压力管由锆合金制造。压力管在300℃下承受约90atm(9.12MPa)的工作压力，介质为重水。由于重水堆压力容器并不承受多大压力(约≤9.8MPa)，主要考虑其耐重水腐蚀和焊接性能，目前可选用奥氏体铬镍不锈钢。

(2) 钠冷块堆。钠冷块堆在350～650℃的液态钠条件下工作，压力容器多用池式结构，反应堆的堆芯和一回路钠泵等均置于充满钠的容器内。此容器仅承受大约6.9MPa的压力，但应具有快中子辐照下的性能稳定性和耐约550℃左右液态钠的腐蚀，为此同样选用奥氏体不锈钢，例如0Cr18Ni9和0Cr18Ni12Mo2，但也有选用0Cr18Ni10Ti(321)作为容器材料的。

(3) 石墨气冷堆。早期曾选用含C0.12%～0.16%，Mn0.9%～1.5%的低碳的锰钢做压力容器。但由于石墨气冷堆的压力容器直径很大(大约20m)，在现场制作困难，已改为预应力混凝土制的压力容器。

4.3.1.3 对压力容器材料的要求

对压力边界的主要要求是在其设计寿期内保持完整性。虽然，为了应急设有二次安全壳系统，但主要系统的完整性无论对核电厂的正常运行，还是为公众安全提供保护都是必需的，因而，被认为可接受的部件破损概率是非常低的。例如，对压水堆压力边界关键部件——压力容器规定，每年每个容器允许发生10^{-6}次破损。

由于压力容器在高温、高压和较强辐射条件下运行，所以它的设计和制造都应当根据核压力容器的设计规范来完成。同时，对选用的材料必须满足以下要求。

1) 高强度　在运行时，反应堆压力容器和顶盖承受来自堆芯过压的机械应力、在正常和异常运行温度下的热应力以及运输设备的振动应力和附加的激振应力。因此，压力容器材料应具有足够的高温强度和延性。值得指出的是，高强度也可以使容器的质量和尺寸大大降低。

2) 耐高温腐蚀　带有放射性腐蚀产物的冷却剂可能将污染传播到辐射环境，从而妨碍设备的维护和修复。局部腐蚀可以在金属中引起应力集中，使它们更容易损坏。氢化加上辐照可能造成容器材料的脆化。

3) 抗辐照　在γ射线和中子辐照下，压力容器内产生高的热应力和辐照脆化。当温度低于某个临界值时，用碳钢制成的压力容器几乎将失去其延性(具有BCC晶体结构的所有金属都具有这个特性)。这个相应的温度被称为无延性转变温度，根据英文名称nil-ductility-temperature的字头，简称NDT。在一般情况下，NDT低于室温。然而，在中子辐照下，NDT会明显上升。实验表明，辐照到中子注量为$10^{22}n/cm^2$时，碳钢的NDT将上升到高于207℃。显然，在这样高的中子注量辐照下，由碳钢制成的压力容器会发生脆性断裂。所以，在设计压力容器时，对容器材料的选用提出了抗辐照的要求。另外，为了降低中子注量必须考虑辐射屏蔽，从而把NDT维持在低于允许值。

除此之外，容器材料必须具有高的热导率和低的热膨胀系数以避免高温应力，还必须耐低周疲劳，并易于加工和焊接。在焊接过程中产生的局部高应力需要进行连续的热处理，大的压力容器的热处理是一个重要且难以解决的问题。

4.3.2 核电压力容器用钢的演化历史

核电厂发展初期的堆型都是小型反应堆，当时设计者们根据低合金压力容器钢在石化工业中的运行经验选定压力容器用钢。美国初期建造的反应堆压力容器材料采用普通碳素锅炉钢板，抗拉强度仅为382MPa，相当于ASME SA201B和ASTM A201B标准用钢。随后美国和欧洲一些发达国家在压水堆压力容器上率先使用了焊接性较好，抗拉强度为481MPa的A212B标准钢板(化学成分见表4-6)，这是第一代反应堆压力容器用钢。然而A212B钢的强度依然比较低，而且厚钢板的冲击韧性不高，特别是其高温性能较差，因此很快就被淘汰。

1956年，为改善压力容器用钢的力学性能和断裂韧性，压水堆压力容器改用抗拉强度可达550MPa的锰钼系低合金高强度钢A302B(锻件用A336)，这是第二代反应堆压力容器用钢。随着反应堆装机容量的增大，压力容器的厚度也随之增加。A302B这种钢的厚板缺口韧性差，因此在其中添加镍，使之成为改进型的A302B(含镍0.4%～1.0%)，以保证厚截面钢的淬透性，使得钢的强度与韧性有良好的配合。其中，含镍量为0.4%～0.7%的A302B钢被称为A533B钢(表4-6)。

表 4-6 压水堆压力容器用低合金钢标准化学成分 %(质量分数)

	钢号	C	Mn	Mo	Ni	Cr	Si	S	P	Cu	V	使用时间
板材	A212B	≤0.31	0.85～1.20	—	—	—	0.15～0.30	≤0.040	≤0.035	—	—	1955—1956 年
板材	A302B	≤0.25	1.15～1.50	0.45～0.60	—	—	0.15～0.30	≤0.040	≤0.035	—	—	1953—1967 年
板材	A302B(改进)	≤0.25	1.15～1.50	0.45～0.60	0.4～1.0	—	0.15～0.30	≤0.040	≤0.035	—	—	1956—1967 年
板材	A533B-1	≤0.25	1.15～1.50	0.45～0.60	0.4～0.7	—	0.15～0.30	0.040 (0.015)	0.035 (0.012)	≤0.01	≤0.05	1967 年至今
锻件	A105	≤0.35	≤0.9	—	—	—	≤0.35	≤0.05	≤0.05	—	—	1955—1956 年
锻件	A182	≤0.30	1.15～1.50	0.45～0.60	—	—	0.15～0.30	≤0.040	≤0.035	—	—	1955—1956 年
锻件	A350-82	≤0.30	≤1.35	—	≤2.0	—	—	≤0.050	≤0.040	—	—	1955—1956 年
锻件	A336	≤0.27	0.50～0.80	0.55～0.70	0.50～0.90	0.25～0.45	0.15～0.35	≤0.050	≤0.040	—	—	—
锻件	A508-Ⅱ	≤0.27	0.50～0.90	0.55～0.70	0.50～1.00	0.25～0.45	0.15～0.35	≤0.025	≤0.025	—	≤0.05	1956—1970 年
锻件	A508-Ⅲ	0.15～0.25	1.20～1.50	0.45～0.60	0.40～1.00	≤0.25	0.15～0.35	≤0.025	≤0.025	—	≤0.05	1970 年至今
锻件	20Mn MoNi55	0.17～0.25	1.20～1.50	0.45～0.60	0.45～0.80	≤0.02	0.15～0.30	≤0.015	≤0.012	≤0.10	≤0.02	1974 年至今

1967 年开始,美国对 300mm 厚大截面 A533B 钢钢板进行了全面的工艺和性能研究,结果表明,在 300mm 厚度范围内 A533B 钢能达到规定的力学性能,适用于大型轻水堆压力容器的制造。此后,压力容器用钢开始采用具有较高强度和较高韧性的 A533B 钢,并以钢包精炼、真空浇注等先进炼钢技术,提高钢的纯净度,减少杂质偏聚;同时,将热处理改为调质热处理细化组织,以获得良好的综合性能。

由于面向活性区的纵向焊缝辐照性能差,尤其是对于壁厚超过 300mm 的容器,国外为了增加反应堆压力容器运行的安全可靠性,尽量取消纵向焊缝和减少环向焊缝,因而将压力容器由板焊改为锻焊结构,开始采用锻件。核电压力容器锻件的发展演化类似于压力容器钢板,最初使用的是碳锰钢锻件 A105 和 A182,后来由加入镍的 A350-82 钢和加入镍和钼的 A336 钢替代。A336 钢的淬透性与 A533B 钢相同,1965 年其钢号由 A336 改为 A508-Ⅱ。

西欧于 1970 年发现 A508-Ⅱ钢堆焊层下有再热裂纹,之后在 A508-Ⅱ钢的基础上,通过减少硬化元素碳、铬、钼的含量,减少了裂纹敏感性,并且为弥补因减少硬化元素而降低的强度和淬透性,相应增加了钢中的锰含量,发展成为 A508-Ⅲ钢。相对于 A508-Ⅱ钢,A508-Ⅲ钢有较好的抗再热裂纹形成能力和抗堆焊层下裂纹形成能力。目前世界范围压力容器大锻件广泛采用的 TUV20MnMoNi55(德国)、JISS-FVV3(日本)和 RCC-M 16MND5(法国)都是与 A508-Ⅲ相似的钢种。美国机械工程师协会(ASME)主要制定锅炉与压力容器使用材料标准,因此 ASTM A508-Ⅲ钢通常被称作 ASTM SA508-Ⅲ,简称为 SA508-3。这种用途的低合金钢具有良好的抗低温脆性、抗辐照脆化能力、淬透性以及组织均匀性,并且焊接性能好,易于加工成大型部件。

美国 SA508Gr3 钢与 A508-2 相比,降低了 C、Cr、Mo 等碳化物形成元素的含量,以减少再热裂纹敏感性,使基体堆焊不锈钢衬里时,降低产生再热裂纹的倾向。中国的 S271 钢、德国的 20MnMoN 5 钢、法国的 16MND5 钢、日本的 SFVV3 钢与美国的 SA508Gr3 钢主要合金元素含量基本相同。不同点在于,中国的 S271 钢加入少量的 Nb (0.02%、0.06%)作为晶粒细化元素,而美国的 SA08Gr3 钢通过微量的 V(<0.05%)作为晶粒细化元素,法国的钢通过加适量的 Al 形成 AlN 来起到晶粒细化的作用,日本的 SFVV3 钢虽然不加这些细化晶粒的元素,但 P、S、Cu 等有害元素控制的很低,通过优异的炼钢水平减少钢中的偏析,减弱辐照脆化敏感性,提高钢的综合力学性能。中国早期开发的 5-3 钢因为 Ni 含量过高,锻造性能差,辐照敏感性高,后来已不再使用。

国内核电工程起步较晚,20 世纪 80 年代初才以 ASME 规范材料 A508-3 钢为依据,直接开展了工业性试制,并很快取得用 65t 钢锭试制的反应堆压力容器堆芯筒体 A508-3 锻件模拟件大量的全面性能试验数据。研制结果满足 ASME 规范材料标准和试制大钢的要求,接着于 90 年代初,进一步开展了更大规模的以 60 万千瓦级核电厂反应堆压力容器堆芯筒体锻件为目标的模拟锻件的工艺优化试制研究,该模拟件用 133t 钢锭锻制,钢锭采用先进的钢包炉精炼、真空铸锭工艺生产,并采用了高冷却速率的改进调质热处理工艺。改进工艺生产的反应堆压力容器堆芯筒体锻件模拟件性能解剖试验数据表明,锻件材料的全面性能有很大的提高，达到当时国际同类锻件材料的质量水平，为现代大型反应堆压力容器锻件材料的国产化奠定了坚实的技术基础。通过多年的努力，中国已具备生产现代大型反应堆压力容器优质锻件的能力。目前正在开展特大型、整体化反应堆压力容器锻件的试制和评定工作，可望在不久的将来全面实现大型和特大反应堆压力容器用锻件的国产化。

4.3.3 压力容器钢及其性质

4.3.3.1 压力容器钢的类型和组成

典型的压水堆和沸水堆压力容器钢曾是美国材料试验学会(ASTM)的A508-2锻件和A533B板(表4-7)。A508-2钢是采用提高Ni含量和新添Cr元素的改进Mn-Mo-Ni钢；A533B是其对应的板，化学成分基本相同，只是不含Cr、V。两种钢先在870～900℃温度范围奥氏体化，随后淬火及最后回火处理(通常称为调质处理)；回火处理通常采用650～675℃。每25mm厚度至少保持1h。它们都是晶粒细化钢，具有良好的强度、延性和低温冲击韧性。以后发现A508-2钢堆焊层下有再热裂纹，又发展了A508-3钢。后者一方面减少了硬化元素C、Cr、Mo的含量，以降低裂纹敏感性；另一方面，提高了Mn含量，以弥补因减少硬化元素而降低的强度和淬透性。同时因Mn容易增大钢中的偏析，故又降低了P、S含量。例如，法国和德国也采用了Mn-Mo-Ni钢，其成分基本上与A508-3相同，唯对有害元素P、S的含量控制甚严。俄罗斯则采用Cr-Mo-V钢，它的优点是高温强度和耐蚀性好，辐照效应小，但其回火脆性倾向大，焊接性能不理想。

表4-7 制造轻水堆压力容器的主要钢材

材料名称	化学成分(质量分数)/%									
	C	Si	Mn	P	S	Ni	Cr	Mo	Cu	V
ASTM A533B	≤0.25	0.15～0.30	1.15～1.50	≤0.035	≤0.040	0.040～0.70	—	0.45～0.60	0.12	—
ASTM A508-2	≤0.27	0.15～0.35	0.50～0.90	≤0.025	≤0.025	0.50～1.00	0.25～0.45	0.55～0.70	0.10	≤0.05
ASTM A508-3	0.15～0.25	0.15～0.35	1.20～1.50	≤0.025	≤0.025	0.40～1.00	≤0.25	0.45～0.60	0.10	≤0.05
(德)22NiMoCr37	0.16～0.21	0.15～0.35	0.20～1.00	≤0.020	≤0.015	0.50～0.90	0.20～0.50	0.45～0.70	≤0.20	Al0.01～0.04
(俄)15Kh2MFA	0.13～0.18	0.17～0.37	0.30～0.60	≤0.020	≤0.020	<0.4	2.5～3.0	0.60～0.80	0.20±0.05	0.30

对于压力容器的辐照脆性问题，从合金元素上作了以下处理：把硫含量降到最低限度，可把夏贝(Charpy)上平台能量提高；限制铜、磷和钒可把辐照脆化效应降至最小，在ASTM A533B和A508钢的典型成分限定为：Cu 0.10%、P 0.012%、S 0.015%、V 0.05%。目前，典型的安全壳钢采用ASTM A516-60和A516-70两类，其化学成分列在表4-8中，这些都是用来制造常温和低温压力容器用的碳钢板材。一般来说，对于安全壳材料不要求更低温度下的冲击韧性。但必须在比耐压试验温度以及运行最低温度中较低的还低16.7℃的温度下进行冲击试验，试验结果必须满足规定值。

表4-8 铸造轻水堆安全壳的主要钢材

<table>
<tr><th colspan="2" rowspan="2">材料名称</th><th colspan="7">化学成分(质量分数)/%</th></tr>
<tr><th colspan="2">C</th><th colspan="2">Mn</th><th rowspan="2">Si</th><th rowspan="2">P</th><th rowspan="2">S</th></tr>
<tr><th>牌号</th><th>类别</th><th>厚度/mm</th><th>含量</th><th>厚度/mm</th><th>含量</th></tr>
<tr><td rowspan="6">A516</td><td rowspan="3">60</td><td>≤12.7</td><td>≤0.21</td><td rowspan="2"><12.7</td><td rowspan="2">0.60～0.90</td><td rowspan="3">0.15～0.30</td><td rowspan="3">≤0.035</td><td rowspan="3">≤0.04</td></tr>
<tr><td>12.7～50.8</td><td>≤0.23</td></tr>
<tr><td>5.08～101.8</td><td>≤0.25</td><td><12.7</td><td>0.85～1.20</td></tr>
<tr><td rowspan="3">70</td><td>≤12.7</td><td>≤0.27</td><td rowspan="2"><12.7</td><td rowspan="2">0.85～1.20</td><td rowspan="3">0.15～0.30</td><td rowspan="3">≤0.035</td><td rowspan="3">≤0.04</td></tr>
<tr><td>12.7～50.8</td><td>≤0.28</td></tr>
<tr><td>5.08～101.6</td><td>≤0.30</td><td><12.7</td><td>0.85～1.20</td></tr>
</table>

4.3.3.2 压力容器材料的力学和工艺特性

对轻水堆压力容器而言，设计所需的主要性质不外乎是强度、韧性、耐蚀性和堆内辐照性能。除辐照性能特别在下一小节专门介绍外，其余的在本小节内分别予以叙述。

1) 拉伸性质 一般来说，影响铁素体钢力学性质的因素有化学成分、铸造工艺(偏析)、热加工和热处理条件。特别是热处理的冷却速率有最大的影响,铸件中的偏析是制造大压力容器的重要问题。例如,由于钢锭中的碳含量分布在上端和外侧较高,因此上端的强度比下端高;冲击性能下端比上端好;但对锻件,内部的冲击值较低。因此,试样必须要从能代表材料本身性质的部分去取。各国已制定了有关标准,规定了取样部分,表 4-9 列出了日本的 MITI 标准和美国的 ASME 标准所规定的取样部位。

表 4-9 由 MITI 和 ASME 所规定的取样部位

材料	MITI 标准	ASME 标准
钢板和环形材料 (T≤50.8mm)	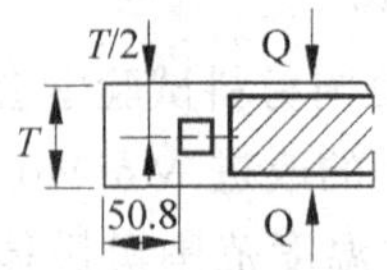	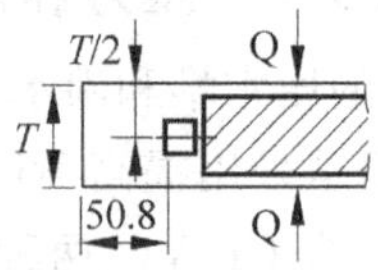
钢板和环形材料 (T≥50.8mm)	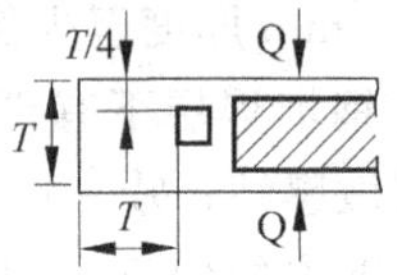	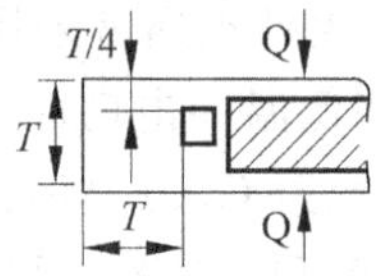
复杂厚板材料	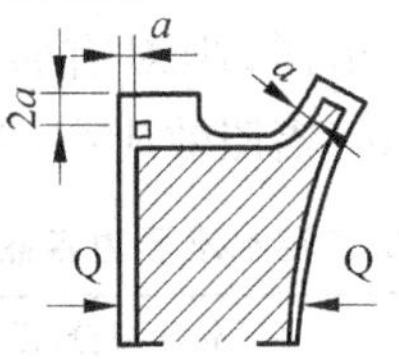	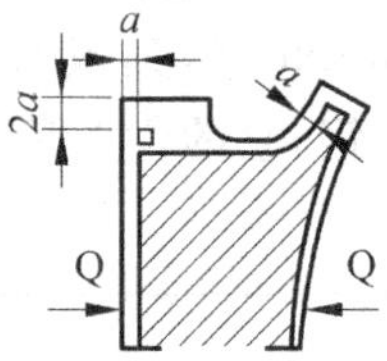

注:T 为材料厚度;a 为切割余量,a≥19mm;Q 指淬火和回火表面。

拉伸性质是设计中选取许用应力的依据,各国的法规一般规定,许用应力取自所测得的屈服强度和拉伸强度的最小值,再乘以一个安全因子,表 4-10 给出了几种牌号反应堆压力容器用铁素体钢的拉伸性质。

表 4-10 几种反应堆压力容器钢和安全壳的钢的拉伸性质

性质	A533B		A508-3		20MnMoNi55①		A516-60 (室温)	A516-70 (室温)
	室温	350℃	室温	350℃	室温	350℃		
屈服强度/MPa	≥345	≥285	≥345	≥285	≥390②	>343	≥22	≥262
拉伸强度/MPa	552/689	≥526	≥559	≥490	560/700	>505	417/496	482/586
延伸率/%	≥18	≥16	≥18	≥16	>18	>16	21	17

① 20MnMoNi55 为改进可焊性的新钢种,与 22MnMoCr37 的区别是减 Cr,增 Mn,进一步降低 P、S。

② 强度值与制造和厚度有关,表中值对应 150mm≤T≤200mm。

2) 韧性 铁素体钢要求必须排除脆性断裂和裂纹快速扩展的可能性。随温度上升,铁素体钢的断裂方式和韧性出现转折。低温下裂纹萌生后立即以脆性解理断裂方式扩展。然后是由脆性向延性转变的过渡区,最后是完全延性区。根据断裂力学试验标准,从小尺寸试样试验得到的断裂参数可用于解释每个区的材料韧性,由于断裂力学问题仍然是一项有待研究的问题,现行法规仍然依据 Charpy V 缺口(CVN)试验规定材料的初始韧性指标。缺口韧性用零延性转变温度 T_{NDT} 和不同温度下的冲击能量来表征,其中 T_{NDT} 由 Pelini 落锤试验确定,有关 ASME、RCC-M 和中国 GB 标准规定的韧性见表 4-11。这些要求对焊接和热影响区也是适用的。

表 4-11 有关标准对 RPV 锻件规定的最低缺口韧性

温度/℃	ASME	RCC-M		中国 GB	
	44	0	20	0	20
CVN(平均)/J	41	56	—	56②	103
落锤试验/℃	①	≤−12	≤−12	≤−12	≤−12

① 在略高于落锤试验定出的 T_{NDT}(即 RT_{NDT})之上,增加 33K 时,CVN=68J,侧向膨胀 0.89mm。

② 为垂直于加工方向的数值。其上平台能量应≥103J。

3) 可焊性　具有良好的可焊性是压力壳钢的主要选择标准之一。高的碳含量和高的合金元素添加量都会影响钢的可焊性，因此压力壳钢要选用“低合金”高强度钢。

在压力容器的制造中，焊接是关键的作业。在焊接中观察到一些如冷裂纹、氢致滞后裂纹及应力松弛裂纹等问题。对此也采取了许多相应措施。通常，焊接可用手动金属极电弧焊或埋弧焊。前者有惰性气体保护钨极电弧焊(TIG)和惰性气体保护金属极电弧焊(MIG)；后者采用匹配的电极及低氢基焊剂。因为压力容器材料都是调质处理钢，所以要求焊缝部分的冲击韧性和母材的相一致。此外，还必须考虑由焊接加热引起的热影响区冲击性质的恶化。对于主要部位的焊缝，多采用对接双侧焊接。所有焊缝在应力释放前后均需进行100%无损检查。

在完成焊接步骤后，整个压力容器要进行焊后热处理(PWHT)，其目的是：软化母材热影响区，释放焊接残余应力，消除应变时效和稳定尺寸。通常，PWHT的温度为595～620℃。每25mm厚保温1h。在制造过程中，容器的部件也需要进行短时间中间PWHT。对某些部件，总的PWHT时间可多达40h。

4.4　SA508(20 MnMoNi)系列钢的化学成分和力学性能

4.4.1　压水堆压力容器用钢的化学成分和力学性能

目前世界各国的压水堆和沸水堆(简称轻水堆)核电厂的一级承压设备中的核反应堆压力壳，稳压器和蒸汽发生器(沸水堆无此种设备)的壳体和蒸汽发生器的管板(有的国家采用卧式蒸汽发生器，没有管板而是采用高强钢做集流管)等均采用低合金高强度钢制造，这些钢种的牌号、化学成分和使用的钢材品种列入表4-12中。从表中可知，美国、日本、法国、德国等国都是采用MnMoNi系钢，它们的主要化学成分并没有显著的差别。而俄罗斯则是采用CrNiMoV系钢，不仅Cr、Ni、Mo含量高，而且还含有V。俄罗斯的压水堆

表4-12　轻水堆压力容器用低合金高强度钢的牌号和化学成分

国别	钢号	化学成分/%														钢材品种
		C	Si	Mn	Cr	Ni	Mo	S	P	Cu	Sb	Sn	As	Co	V	
美国	SA508-3①	≤0.25	0.15～0.40	1.20～1.50	≤0.25	0.40～1.0	0.45～0.60	≤0.020	≤0.020						≤0.05	锻件用钢
美国	SA533-B②	≤0.25	0.15～0.40	1.15～1.50	—	0.40～0.70	0.46～0.60	≤0.040	≤0.035							板材用钢
日本	SFVQ1A	≤0.25	≤0.40	1.20～1.50	≤0.25	0.40～1.0	0.45～0.60	≤0.03	≤0.03							
日本	SQV2A	≤0.25	0.15～0.30	1.15～1.50	—	0.40～0.70	0.45～0.60	≤0.035	≤0.035							
法国	16MND5	≤0.20	0.10～0.30	1.15～1.35	≤0.25	0.50～0.80	0.45～0.55	≤0.008	≤0.008	≤0.08				≤0.03	≤0.01	锻件和板材用钢
德国	20MnMoNi55、22NiCrMo37	0.17～0.23	≤0.35	0.50～1.0	0.3～0.5	0.6～1.2	0.5～0.8	≤0.02	≤0.02						≤0.50	板材和锻件用钢
俄罗斯	15×2HMΦA	0.13～0.18	0.17～0.37	0.30～0.60	1.8～2.7	1.0～1.5	0.5～0.7	≤0.020	≤0.02	≤0.30		≤0.04	≤0.03		0.10～0.12	锻件、板材和管件用钢
俄罗斯	15×2HMΦA③	0.13～0.18	0.17～0.37	0.30～0.60	1.8～2.3	1.0～1.5	0.5～0.7	≤0.012	≤0.010	≤0.10	≤0.005	≤0.010	≤0.03		0.10～0.12	锻件、板材和管件用钢
俄罗斯	15×2HMΦA-1③	0.13～0.18	0.17～0.37	0.30～0.60	1.8～2.3	1.0～1.5	0.5～0.7	≤0.012	≤0.010	≤0.08	≤0.005	≤0.010	≤0.03		0.10～0.12	锻件、板材和管件用钢

① SA508-3补充要求：钢包取样分析　复验样分析
Cu≤0.010　≤0.010　国内简称A508-3
P≤0.012　≤0.015

② SA533-B补充要求：钢包取样分析　复验样分析
Cu≤0.010　≤0.12
P≤0.015　≤0.018　国内简称A533-B
S≤0.012　≤0.015
V≤0.05　≤0.06

③ P+Sb+Sn≤0.015%。

核电厂的卧式蒸发器则选用 10ΓH$_2$MΦA 做集流管的材料。由于中国已建成运行的核电厂和在建的除江苏连云港田湾 4×100 万 kW 以外的压水堆核电厂都是采用 MnMoNi 系 10MnMoNi 钢，相当于美国的 SA533-B(板材)和 SA508-3(锻件)。为此，以下主要介绍 SA433-B(国内称 A533-B)和 SA508-3(国内称 SA533-B)两种牌号的化学成分、组织、性能和应用实例。

核电材料工作环境苛刻，反应堆压力容器不但和其他用途的压力容器一样要在高温、高压、流体冲刷和腐蚀条件下运行，而且还需要承受来自反应堆堆芯很强的辐照，因此核电压力容器用钢必须有可靠的抗辐照脆化性能。核电用钢中一些溶质元素会与基体辐照缺陷(位错环等)产生强烈的相互作用，从而加速溶质的沉淀析出，恶化材料的韧性。因此，核电压力容器用钢与常规压力容器用钢相比有更严格的化学成分要求，力学性能验收试验要求以及相应部件的无损检测要求，其在设计制造阶段就需要有足够的强度和韧性储备。综合冷、热态性能要求及耐辐照脆化对元素的要求，一方面要调整钢的合金成分含量，另一方面要从工艺上尽量降低钢的杂质元素含量，严格控制合金元素含量以及残余元素、气体含量，提高钢的纯净度，改善性能。

SA508 系列钢是随着核电压力容器的大型化和整体化发展起来的，适用于制造反应堆压力容器及蒸汽发生器的外围主体锻件。表 4-13 和表 4-14 分别为 SA508 系列钢的化学成分与拉伸性能。从 SA508 系列钢的发展来看，降低碳含量、提高镍含量是核电压力容器锻件用钢的发展方向。

表 4-13 SA508 系列钢的化学成分 %(质量分数)

元素	SA508 系列钢					
	1 级	1A 级	2 级	3 级	4N 级	5 级
C	≤0.35	≤0.30	≤0.27	≤0.25	≤0.23	≤0.23
Si	0.15～0.40	0.15～0.40	0.15～0.40	0.15～0.40	0.15～0.40	≤0.30
Mn	0.40～1.05	0.70～1.35	0.50～1.00	1.20～1.50	0.20～0.40	0.20～0.40
P	≤0.025	≤0.025	≤0.025	≤0.025	≤0.020	≤0.020
S	≤0.025	≤0.025	≤0.025	≤0.025	≤0.020	≤0.020
Cr	≤0.25	≤0.25	0.25～0.45	≤0.25	1.50～2.00	1.50～2.00
Ni	≤0.40	≤0.40	0.50～1.00	0.40～1.00	2.80～3.90	2.80～3.90
Mo	≤0.10	≤0.10	0.55～0.70	0.45～0.60	0.45～0.60	0.40～0.60
V	≤0.05	≤0.05	≤0.05	≤0.05	≤0.03	≤0.08

表 4-14 SA508 系列钢的拉伸性能要求 %(质量分数)

项目	1 和 1A 级	2 和 3 级 1 类	2 和 3 级 2 类	4N 和 5 级 1 类	4N 和 5 级 2 类	4N 级 3 类
抗拉强度/MPa	485～655	550～725	620～795	725～895	795～965	620～795
屈服强度/MPa	≥250	≥345	≥450	≥585	≥690	≥485
延伸率/%	≥20	≥18	≥16	≥18	≥16	≥20
面缩率/%	≥38	≥38	≥35	≥45	≥45	≥48

4.4.2 SA508 系列钢中的主要元素及其作用

SA508Gr3 钢目前仍是各国(除俄罗斯外)核电厂压力容器建设的首选和通用材料，美国从 1967 年开始建造的 69 座压水堆核电厂压力容器基本都采用 SA508Gr3 钢，欧洲的核电厂建设也基本上采用 SA508Gr3 钢。但随着反应堆压力容器向大型化和一体化方向发展，SA508Gr3 钢难以保证特厚截面上的组织均匀性和性能稳定性。在此情况下，具有更高强韧性和淬透性的 SA508Gr4N 钢将可能逐步代替 SA508Gr3 钢而获得工程应用，对 SA508Gr4N 钢的应用研究和数据积累工作正在进行中。

SA508Gr3 钢是目前核压力容器制造的通用选择，以 JSW 为代表的国外核压力容器制造企业已掌握了 SA508Gr3 钢大锻件的制造技术，中国基本上掌握了 SA508Gr3 钢大锻件的制造技术，但与国外先进水平相比还存在较大差距，需要继续努力。随着反应堆压力容器向大型化和一体化方向发展，SA508Gr4N 钢将会逐步获得工程应用。

合金元素是保证钢材的淬透性、塑韧性、可焊性和高低温强度的基础，对辐照性能的影响和改进也有重要的作用。Mn 和 Ni 的影响 Ni 和 Mn 元素的作用都是扩大压力容器钢的 γ 相、细化晶粒、球化碳化物、提高淬透性以及保证其综合性能，它们都有增大辐照脆化的趋势。但是，钢中加入一定量的 Mn 后，并保持足够高的 Mn/S 比，可以去掉基体中 S 的有害作用，起到强化基体的作用外，对减少压力容器钢的辐照脆化是有利的。Ni 是压力壳中主要的合金元素，具有一定的抗腐蚀能力，又能提高钢的淬透性和改善低温冲击韧性。但在热环境中 Ni 和 S 容易化合，在晶界上形成低熔点的 NiS 网状组织而产生热脆。

Cr 和 Mo 能提高淬透性，降低钢的零塑性转变温度。经辐照后，固溶在 Fe 基体晶格内的 Cr 原子可以捕获自由的 C 原子和 N 原子，减少间隙元素 C、N、O 对辐照的影响，因此 Cr 被认为是消除间隙原子对辐照效应的"清洁剂"。Mo 与 Cr 相似，能提高淬透性、耐热性、减少回火脆性，能明显抑制辐照硬化。研究表明，Mo 含量过高时将在回火过程中析出 Mo2C，致使基体中 Mo 含量降低，所以，在实际生产中把 Mo 控制在 0.5%左右。在反应堆压力壳钢中添加少量的 Nb 和 V 元素对细化晶粒，提高钢的热强性，保证钢的厚截面韧性、强度及均匀性都有较大的作用。

标准钢中，C 的含量是保证钢的强度满足规范要求的主要元素。C 含量低，钢的强度可能满足不了要求；C 的含量高会降低钢的可焊性，同时会提高辐照脆化性。因此，最好把 C 控制在 0.18%～0.20%的范围内。

下面将分别阐述各元素在当前使用最广泛的 SA508-3 钢中的作用(各元素用其元素符号表示)。

C：C 是保证钢强度要求的主要元素。由于 C 原子属于间隙型原子，增大 C 含量会使钢的韧性下降，无塑性转变温度(TNDT)升高，同时 C 含量高会降低钢的可焊性，因此在保证强度的前提下应尽量选取较低的 C 含量。法国和德国为了改善 SA508-3 钢的可焊性，将 SA508-3 钢中的含碳量控制在 0.16%左右。

Ni：Ni 是奥氏体稳定化元素，可以提高钢的淬透性，因此 Ni 的加入有助于锻件的厚大断面获得均匀的组织和性能，对核电用厚大锻件的热处理是有利的。Ni 直接固溶强化的作用较小，但可以通过提高 C 的活度，增强 C 原子在位错周围的偏聚，阻碍位错运动，从而起到间接固溶强化的作用，并且在强化的同时，Ni 可提高钢的低温韧性，使钢的韧脆转变温度降低。然而，早期辐照实验表明，Ni 会增加钢的辐照脆化敏感性，特别是在钢中 Cu 含量高的情况下，就是说 Ni 和 Cu 的共同作用会使钢的辐照脆化行为加剧。近期一些研究表明，当钢中 Cu 含量极低时，Ni 将不再对钢的辐照脆化产生影响。IAEA 组织来自八个国家的十一个研究机构就"Ni 对轻水堆压力容器用钢的辐照脆化影响"进行合作研究，结果表明当 Ni 及其他元素含量稳定不变，且 Ni 含量较高的情况下，Mn 含量越高，钢的辐照脆化现象越严重。Lambrecht 等对含有 Ni、Mn 的 Fe-Cu 合金与不含 Ni、Mn 的 Fe-Cu 二元合金的辐照脆化性能进行对比，结果表明，在高的辐照剂量下，含 Ni、Mn 元素的合金辐照脆化现象加剧，而不含 Ni、Mn 元素的合金辐照脆化程度较低。综合多方面考虑，SA508-4N 和 SA508-5 的化学成分在大幅提高 Ni 含量的同时，也使 Mn 含量由 1.2%～1.5%降至 0.2%～0.4%。

Cr：Cr 可以提高钢的淬透性，与渗碳体(Fe_3C)结合成合金渗碳体的同时又可以提高渗碳体的稳定性，因此设计者通过提高 Cr 含量以弥补 SA508-4N 和 SA508-5 中 Mn 含量的降低，从而保证钢的淬透性。

Mn：Mn 是钢中的主要合金化元素，同 Ni 一样为奥氏体稳定化元素。因此，Mn 除了有强化基体的作用外，还能有效提高钢的淬透性。然而研究表明，Mn 会促进 P 及其他杂质元素在原奥氏体晶界处偏聚，降低晶界的内聚力，增加回火脆性。另外，当钢中锰含量超过 1%时，会使钢的焊接性能变差。

Mo：Mo 也是钢中的主要合金化元素，其作用主要是提高钢的耐热性和减少其回火脆性。固溶于基体中的 Mo 可以提高钢在回火过程中的组织稳定性，且能有效抑制 P、S、As 等杂质元素在晶界处偏聚，从而提高钢的断裂韧性。0.3%以上的 Mo 能显著推迟珠光体的转变，并且对贝氏体转变推迟较少。因此，Mo 是贝氏体钢中必不可少的元素。

Si：钢中 Si 具有强化基体的作用，然而当其含量为 0.15%～0.4%时，强化作用较弱。在含 Ni 钢中，Si 表现为脆化元素，并且 Si 含量高时还会增加钢的辐照脆性。因此，在冶炼时应将 Si 控制在下限。

Cu：核电压力容器用钢中的 Cu 是对辐照脆化影响最大的有害元素。Miller 等的研究证实了在高注量辐照下，Cu 优先在位错处偏聚并且材料的脆性显著增加。为限制 Cu 的有害作用，钢的补充规范要求 Cu 含量低于0.15%。

P：P为钢中的杂质元素。辐照实验表明，P对辐照脆化同样非常敏感。Miller等通过实验观察到经辐照的样品晶界处有P的偏聚，其晶界处P含量约为基体处的12.5倍。Nishiyama等发现在高的辐照剂量下，当P含量超过0.057%时，晶界处P的偏聚较为明显，并且辐照脆化随着辐照剂量和P含量的增加而加剧。因此，钢中P含量控制越低越好。

S：S同样为钢中的杂质元素，易在晶界处偏聚和形成硫化物，使得钢的冲击韧性降低，影响钢的焊接性能。另外，S和P一样，也有加速辐照脆化的倾向，因此，钢中S含量控制同样越低越好。

V：V是钢中重要的微合金化元素，有细化晶粒的作用，可以提高钢的强度。对于核电压力容器用钢来讲，细晶粒钢的辐照脆化倾向比粗晶粒钢小，因此钢中加入微量的V是必要的。然而，在压力容器实际使用过程中发现，V使焊接开裂的敏感性增加，容易引起焊接热影响区的脆化，从而增加再热裂纹的敏感性。因此，SA508-3钢中规定的V含量在0.05%以下。

H、O和N：这三种气体元素会增加SA508-3钢的辐照脆化效应，冶炼时应将其含量降低至最低水平。

4.5 SA508-3钢的冶炼、加工及热处理

4.5.1 SA508-3钢的冶炼

冶炼出高纯度和内在质量优异的钢锭是保证核反应堆压力容器锻件质量的关键之一。为保证钢锭质量，要求使用从转炉出来的钢水或用精选的废钢炼成的钢水，经碱性电弧炉和钢包精炼。为了除掉有害气体特别是氢，在浇铸前或浇铸时，要对熔融钢水进行真空处理，或用惰性气体保护铸锭。在某些情况下，还将控制化学成分的几炉钢水通过中间包多次倒浇，避免钢锭产生偏析。

双真空冶炼浇铸法，即"钢包精炼＋真空浇铸"，可以有效地控制S、P等杂质成分，提高钢锭质量。目前，世界上主要的大型锻件生产厂家均采用双真空冶炼浇铸制锭。电渣重熔(ESR)也是大型核电锻件用钢锭冶炼的一种重要手段，在生产核电大型筒体锻件方面具有极大优势。为了得到高纯度的钢材，除了炼钢要采用特殊措施外，铸锭技术也不能忽视。大型钢锭存在的偏析，对锻件的冲击韧性造成较大影响。为了尽量减少偏析可以采用多炉合浇工艺MP法，或者采用空心钢锭和氩气保护底注法，或者采用定向凝固新锭型。

由于压力容器使用环境和使用工况的特殊性，在高压和腐蚀性液体、气体环境中，压力容器的金属和焊缝要求较高。在压力容器中应用热处理技术，将压力容器的金属材料或焊接缝通过温度的改变，改善其性能，将金属或焊缝中的不稳定因素通过高温改变，使金属材料的性能得到最大的优化，从而保证压力容器的安全系数。

为提高成分均匀性、降低偏析，调整和细化(锻后)组织，以及进一步降低钢中氢含量以防止残余的氢在偏析区诱发裂纹，反应堆压力容器用钢在性能热处理前应首先进行预备热处理。反应堆压力容器用钢一般采用正火＋回火的预备热处理工艺。中国5-3钢采用的预备热处理工艺是三次等温起伏正火(890±10℃)＋长时间高温回火(0±10℃)。美国SA508Gr3钢及德国、法国、日本同级钢种的预备热处理工艺也采用多次正火(870、960℃)＋长时间高温回火(0、700℃)的预备热处理工艺。

4.5.2 通过控制锻造提高合金钢的性能

在热变形温度下，被变形材料的塑性好，变形抗力低，便于大工件、大变形量变形，特别适合模锻、反冲挤等成型加工。特别是，热加工一般不会产生热应力，不需要加工道次之间的退火以消除应力，大变形量也不会引起开裂等。特别适合于大型钢锭的开坯，大马力机轴的锻造，中厚板的热轧、型钢的初轧等。图4-6所示反应堆压力容器和图4-7所示蒸汽发生器的各部件都要经热锻成型。以下针对借由控制锻造提高合金钢性能的一般规律作简要介绍。

钢处于奥氏体状态时强度较低，塑性好。因此，锻造或热轧选在单相奥氏体区内进行。以普通碳钢为例，一般始锻、始轧温度控制在固相线以下100～200℃范围内。温度高，钢的变形抗力小，节约资源，设备要求的吨位低，但温度不能过高，以防止钢材严重烧损或发生晶界熔化(过烧)。

终锻、终轧温度不能过低，以免钢材因塑性差而发生锻裂或轧裂。亚共析钢热加工终止温度多控制在略高于 $Fe\text{-}Fe_3C$ 相图中的GS线，以避免变形时出现大量铁素体，形成带状组织而使韧性降低；过共析变形终止温度应控制在略高于PSK线，以便把呈网状析出的二次渗碳体打碎。终止温度不能太高，否则，再结晶后奥氏体晶粒粗大，使热加工后的组织也粗大。一般始锻温度为1150～1250℃，终锻温度为750～850℃。

合金钢需要采用控制锻造技术，以提高其性能，在有些情况下甚至可以省去热加工后的热处理，也能达到调质处理的综合性能。例如，兼顾低价格、高性能和轻量化的汽车部件用热锻非调质钢就是将锻造温度从通常的1200℃下降至800～900℃，使之出现再结晶的微细的奥氏体晶粒，使相变后的铁素体＋珠光体组织（F＋P组织）微细化而提高强度。图4-11给出利用控制锻造晶粒细化实现强化的示意图。由于珠光体是在铁素体从微细的奥氏体晶粒边界析出后再析出，从而可以获得更加微细的铁素体＋珠光体组织；通过在再结晶温度以下的加工，铁素体始于加工硬化的奥氏体晶粒，在其应变带上形核、析出，对珠光体析出具有分隔、微细化的效果。

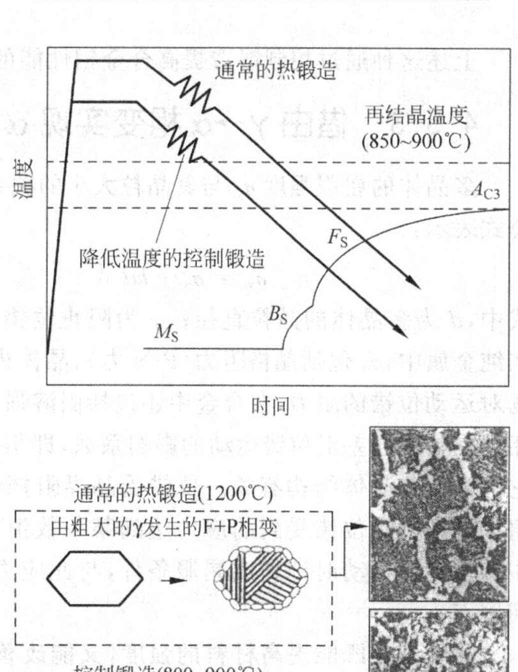

图4-11　利用控制锻造晶粒细化实现强化的机制示意图

图4-12表示借由过冷奥氏体形变热处理（ausforming）实现强化机制示意图。由于在准稳态奥氏体区加工会产生加工硬化，而马氏体相变正是由这种加工硬化奥氏体发生的，从而马氏体层片更细。而且，加工时引入的位错也会继续在马氏体组织中起到强化作用。图4-13表示不同锻造温度下的锻造组织。

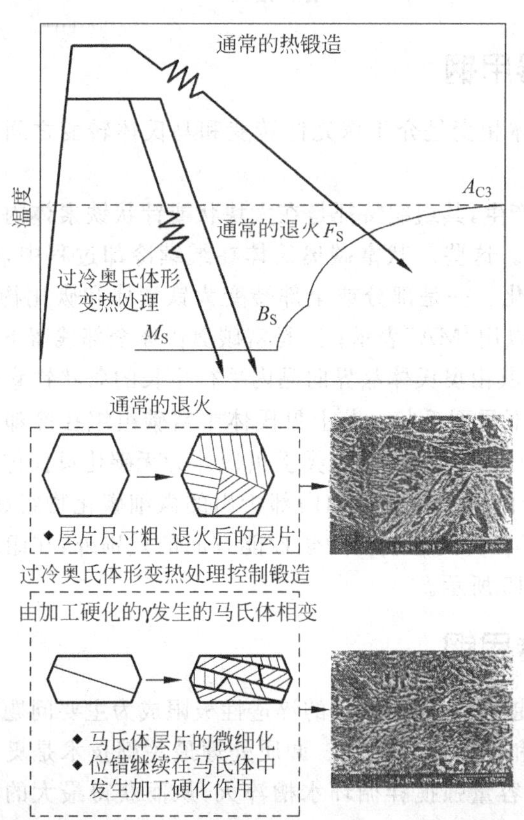

图4-12　过冷奥氏体形变热处理（ausforming）强化机制示意图

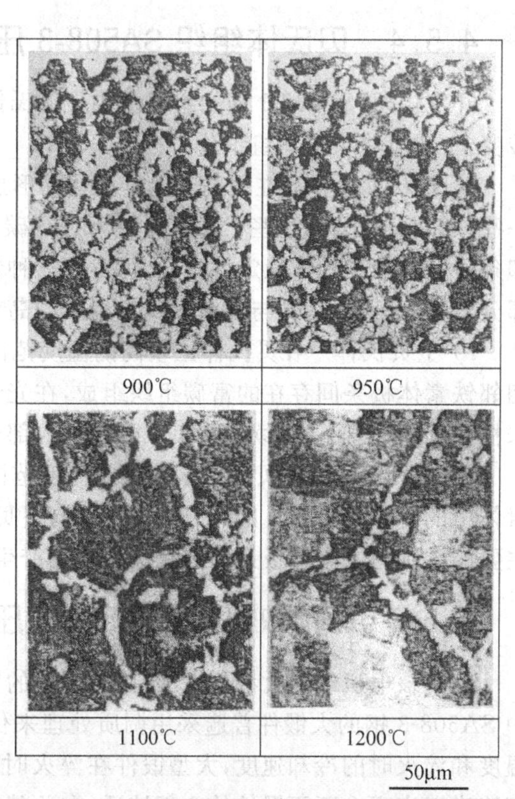

图4-13　不同锻造温度下的锻造组织

上述这种通过控制锻造提高合金钢性能的方法，也可供压力容器用钢的加工作参考。

4.5.3 借由 $\gamma \to \alpha$ 相变实现 α 相晶粒细化

多晶体的屈服强度 σ_y 与其晶粒大小的关系由 Hall-Petch 公式表示：

$$\sigma_y = \sigma_o + kd^{-\frac{1}{2}} \tag{4-1}$$

式中，d 为多晶体的晶粒直径；σ_o 为阻止位错滑移的摩擦力，在纯金属中，σ_o 包括晶格阻力(P-N 力)、晶体内其他位错应力场对运动位错的阻力，在合金中还包括固溶强化等因素；k 为相邻晶粒位向差对位错运动的影响系数，即俗称的晶界阻力，它的大小与晶体结构有关。位错受晶界阻挡形成塞积群，当塞积群中领头位错受到的应力达到某一数值，可将相邻晶粒中的位错源开动时即构成屈服条件，与此应力对应的外力即屈服点。

晶粒细化既能提高材料的强度，又能改善材料的塑性和韧性。因此，细化晶粒是控制金属材料组织最重要、最基本的方法。图 4-14 表示借由 $\gamma \to \alpha$ 相变实现 α 相晶粒细化的各种措施，其中包括：

(1) 通过提高退火、正火处理中的冷却速度细化晶粒；

(2) 加热时减小奥氏体的晶粒度细化晶粒；

(3) 通过变形热处理，利用形变储能细化晶粒；

(4) 向基体中添加合金元素以形成第二相来抑制基体晶粒长大等。

实际上，对于包括反应堆压力容器钢在内的高强度低合金钢，都要联合采用这些措施，以提高其综合性能。

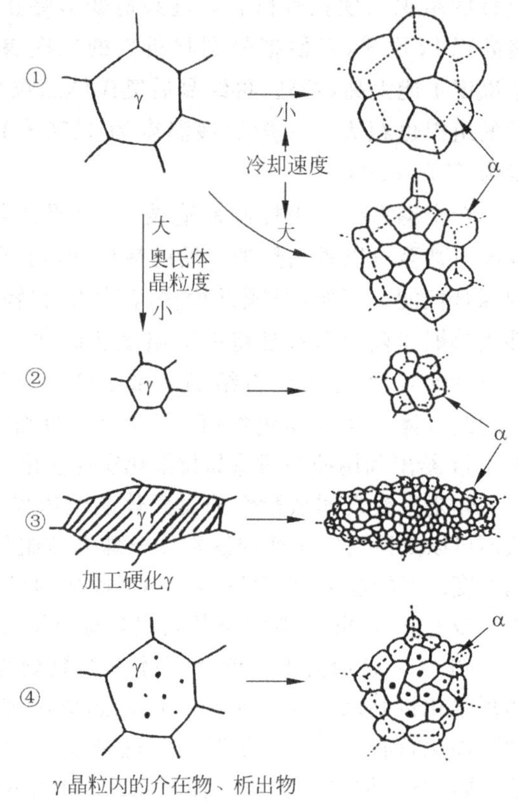

图 4-14 借由 $\gamma \to \alpha$ 相变实现 α 相晶粒细化的各种措施

4.5.4 贝氏体组织 SA508-3 压力容器用钢

开发初期，SA508-3 钢的组织主要是贝氏体。贝氏体相变是介于珠光体转变和马氏体转变之间的中温转变，一般可将贝氏体组织分为三类：

1) 粒状贝氏体　在稍高于上贝氏体的形成温度下产生，其组织特征是在大块状或针状铁素体内分布着一些颗粒状的小岛，这些小岛在高温下为富碳奥氏体区。这些岛状富碳奥氏体在继续冷却过程中，随着冷却条件和过冷奥氏体稳定性不同，可发生三种情况的变化。一是部分或全部转变为铁素体和碳化物；二是部分转变为马氏体，其与残余奥氏体组成的岛状组织可以用“MA”表示；三是富碳奥氏体全部残留下来。

2) 上贝氏体　在贝氏体区较高的温度范围内形成，其由奥氏体晶界向晶内平行生长的条状铁素体和在相邻铁素体板条间存在的富碳组织组成，在光学显微镜下呈羽毛状。若上贝氏体中富碳组织在冷却过程中未析出碳化物，而是继续保持奥氏体状态或部分转化为马氏体，那么称这类上贝氏体为无碳化贝氏体。

3) 下贝氏体　在贝氏体区较低的温度范围内形成，由板条铁素体和内部析出的微细碳化物组成，其铁素体中的含碳量高于贝氏体。上贝氏体与下贝氏体除了在转变温度和力学性能方面的差别外，在组织上最主要的差别是铁素体板条内有无碳化物的产生，如图 4-15 所示。

4.5.5 调质处理的 SA508-3 压力容器用钢

随着核电机组向大型化发展，压力容器的壁厚越来越大，SA508-3 钢的淬透性极限成为主要问题。生产中 SA508-3 钢的大锻件普遍采用调质处理来保证组织和性能的均匀性。调质处理最关键技术是奥氏体化温度和淬火时的冷却速度，大型锻件在淬火时要通过大容量强搅拌循环水槽淬火，从而获得最大的淬火冷却速度以实现大断面锻件的心部淬透，在此基础上确定回火参数来获得最佳综合性能配合。

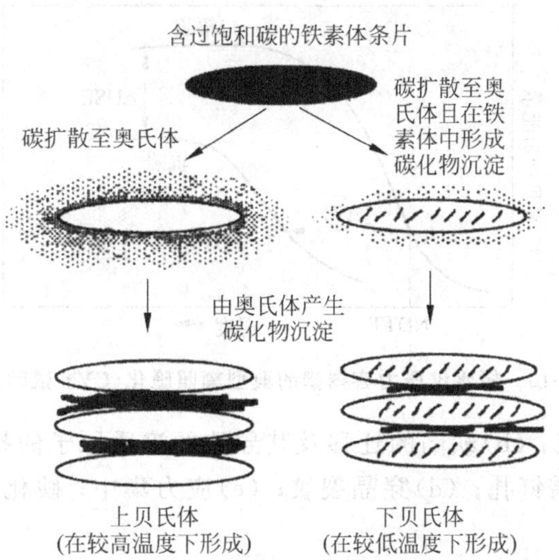

图 4-15　上贝氏体与下贝氏体转变示意图

习惯上把淬火加高温回火的双重处理称为调质处理。高温回火在 550～650℃进行，在此温度下回火，硬度明显下降，而韧性显著提高。因此，高温回火以提高韧性为首要目的。

淬火工艺要根据具体材质和工件大小、形状而定，主要考虑因素包括加热温度的选择，冷却速度的选择，如何增加淬透性以及防止淬火开裂等。

淬火加热温度的选择应以得到均匀细小的奥氏体晶粒为原则，以便淬火后获得细小的马氏体组织。淬火加热温度主要根据钢的临界点来确定，对于亚共析钢的淬火加热温度一般为 A_{c3}＋(30～50℃)，共析钢和过共析钢为 A_{c1}＋(30～50℃)。这是因为，如果亚共析钢在 A_{c1} 至 A_{c3} 温度之间加热，加热时组织为奥氏体和铁素体两相，淬火冷却之后，组织中除马氏体外，还保留一部分铁素体，将严重降低钢的强度和硬度。因此，需要采用完全淬火。但淬火温度亦不能超过 A_{c3} 过高，否则会引起奥氏体晶粒粗大，淬火后得到粗大的马氏体，使钢的韧性降低。所以，一般在原则上规定淬火温度为 A_{c3} 以上 30～50℃。由于这一温度处于奥氏体单相区，故又称为完全淬火。

至于过共析钢，淬火加热温度应在 A_{c1} 至 A_{cm} 之间。这是因为，工件在淬火之前都要进行球化退火，以得到粒状珠光体组织。这样，淬火加热的组织便为细小奥氏体和未溶的粒状碳化物，从而淬火后可得到隐晶马氏体和均匀分布的马氏体基体上的细小粒状碳化物组织。这种组织不仅具有高强度、高硬度、高耐磨性，而且具有较好的韧性。如果淬火加热温度超过 A_{cm}，加热时碳化物将完全溶入奥氏体中，使奥氏体碳的质量分数增加，使 M_s 和 M_f 点降低，淬火后残余奥氏体量增加，钢的硬度和耐磨性降低，同时奥氏体晶粒粗化，淬火后容易得到含有显微裂纹的粗片状马氏体，使钢的脆性增大。

4.6　压力容器钢的辐照脆化及其影响因素

4.6.1　压力容器钢的辐照脆化

4.6.1.1　辐照脆化现象

轻水堆压力容器钢在使用中的一个重要问题，就是在高注量束带区其延脆转变温度随快中子注量的变化。图 4-16 示出了在中、高中子注量下零延性转变温度(NDTT) T_{NDT} 的变化(ΔTT 或 ΔRT_{NDT})和上平台 CVN 能量的降低(ΔUSE)。这个现象与高强度钢由于不正确的热处理所引起的回火脆性相似。上平台能量的降低有引起低能破损的危险。例如当 ΔUSE 下降到低于 41J 时就会产生这样的破损。所以，目前对正常运行的反应堆规定了上平台 CVN 限值为 68J。

4.6.1.2　辐照脆化机制

最重要的脆化机制是由辐照引起的纳米级的结构阻碍位错引起的。其过程如图 4-17 所示，主要包括：

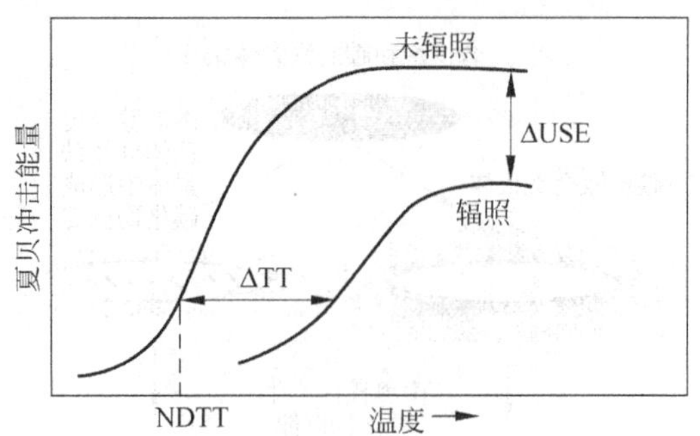

图 4-16　轻水堆压力容器钢的典型辐照脆化(CVN 试验曲线)

(a)在级联过程中点阵缺陷形成；(b)缺陷的迁移及其导致的溶质原子的扩散加速形成团簇等缺陷团聚；(c)这些纳米级缺陷引起的位错钉扎；(d)穿晶裂纹；(e)应力集中；硬化引起的韧-脆转变温度(DBTT)提高。

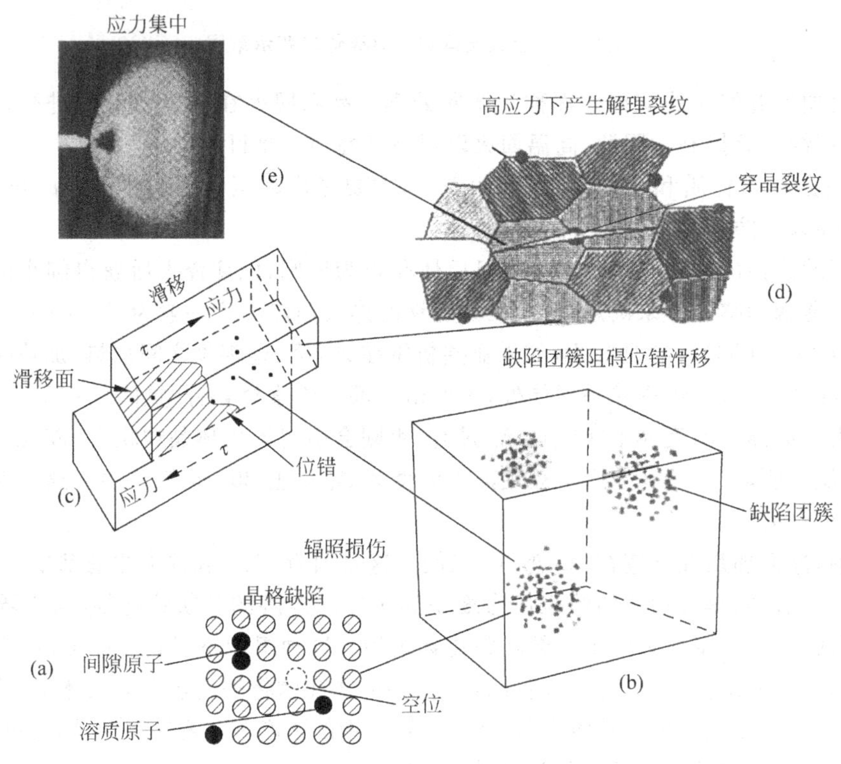

图 4-17　辐照脆化机制

(a) 碰撞产生初级缺陷过程；(b) 缺陷迁移导致的基体点阵损伤及团簇；
(c) 钉扎位错使得硬度提高；(d) 穿晶裂纹；(e) 裂纹尖端引起应力集中

在反应堆环境中，中子与点阵原子的相互作用不但产生间隙-空位对(一对 Frenkel 缺陷)，若初级离位原子(PKAs)的能量足够大，将继续在点阵中与其他原子发生碰撞并使其离开点阵位置，称后者为二级碰撞原子(SKAs)。当二级碰撞原子能量足够大时发生三级碰撞。以此类推，形成一个“级联碰撞”过程。在这个过程中形成的大部分间隙原子及空位都会迅速复合，或者结合形成缺陷。在压力容器环境下，这些缺陷还可以扩散较长距离。在扩散过程当中，这些间隙、空位及其他杂质原子重新结合或被陷阱俘获，称为“点阵损伤”(matrix damage)。

同时，空位及间隙的增多也会大大提高溶质原子的迁移率，使得 Cu 原子的析出率大大提高。原因是 Fe-Cu 二元系为互不溶体系，在 300℃左右 Cu 的溶解度小于 0.01%，该值远小于钢中 Cu 含量。Cu 原子可以迁移到空位，通过与空位交换位置进行迁移，当两个 Cu 原子相遇时会结合在一起，这些与基体共格的 Cu 沉淀增大到一定大小时，会脱离基体，形成非共格沉淀。许多研究表明，在 BCC 铁基体中，Cu 的结构变化是 BCC→9R→FCC。Cu 原子通过与空位交换进行迁移形成团簇的过程如图 4-17 所示。在钢中形成许多纳米级的富 Cu 沉淀相。与此同时，Ni、Mn、Si、P 等溶质及杂质也会富集在 Cu 周围形成沉淀。最近的研究表明，在几乎不含 Cu 的钢中，也存在由 Mn、Ni 等杂质富集形成的团簇。富 Cu 沉淀依然是辐照脆化生产的最重要的因素。

辐照增强扩散除了促进富 Cu 沉淀形成之外，还可能导致其他溶质，如 Ni、Mn、Si 等的原子形成团簇。原因是这些原子在团簇中的能量比在基体中更低。其中，Ni 对辐照脆化有着非常重要的影响，但机理迄今为止仍不明确。其中一个机制是，Ni 在低 Cu 或者不含 Cu 的钢中会形成镍锰沉淀，另外一种机制是 Ni 在富 Cu 沉淀外围富集降低其表面能，从而使得沉淀更稳定。许多研究也表明，Mn 对辐照脆化的影响很大。在同样 Ni 含量的合金中，含 Mn 的钢材料在辐照后的脆化现象严重得多。

纳米级的缺陷成为阻碍位错移动的因素，致使钢的塑性变形应力提高。而最重要的辐照脆化机制就是屈服强度的提高($\Delta\sigma_y$)。在含 Cu 钢中主要的纳米结构是富 Cu-Mn-Ni 团簇及某些富 Mn、Ni 团簇；在无 Cu 钢中主要的纳米结构为点缺陷、位错环及其他小尺寸沉淀等。由某种结构的纳米结构引起的屈服强度的提高可由式(4-2)表示。由其可见，某种结构 j 对屈服强度的提高取决于其半径 r_i、数量密度 N_i、体积分数 f_i 及强化因子 a_j。

$$\Delta\sigma_y = 0.55\mathrm{TF}a_j ubf_j/r_i \tag{4-2}$$

式中，TF 是泰勒因子，约等于 3；u 为 Fe 的剪切模量，约等于 80GPa；b 是柏氏矢量，约等于 0.248nm。强化因子 a_j 因不同种类的纳米结构而异。

当屈服强度 σ_y 足够大时，裂纹尖端的应力集中达到某个极限 σ^* 时发生断裂。由于 σ_y 随着温度的增加而减少，塑-脆转变在满足式(4-3)时发生。

$$M\sigma_y(T^*) = \sigma^* \tag{4-3}$$

式中，M 是常数。由沉淀及其富集引起的脆化中，σ_y 增大，使得满足式(4-4)时发生转变，即提高塑-脆转变温度。

$$M\sigma_y(T^*) + \Delta\sigma_y = \sigma^* \tag{4-4}$$

在某些钢中，P 在晶界的富集可能导致晶界的弱化，使得容易在晶界产生初级裂纹。这并不导致材料硬度的增加，因此被称为非硬化脆化。这样的脆化会引起晶界裂纹而不是穿晶裂纹。P 的富集是减小 σ^*，致使塑-脆转变温度提高但并不会引起强度变化。P 在晶界的富集在很多研究中发现，但是由其导致晶界裂纹的证据尚不是很充足。

影响压力容器钢辐照脆化的主要因素有快中子注量、辐照温度和冶金学(如痕量元素等)三个。

4.6.2　压力容器钢的辐照脆化的影响因素

4.6.2.1　中子辐照注量

当快中子($E>1$MeV)注量高于 $10^{18}\,\mathrm{n/cm^2}$ 时，辐照使压力容器钢的延脆转变温度上升(图 4-18)和上平台能量的降低(图中未示出，但清晰可见)。之后，不少作者曾由试验结果得到了各自的 $\Delta \mathrm{RT_{NDT}}$，与中子注

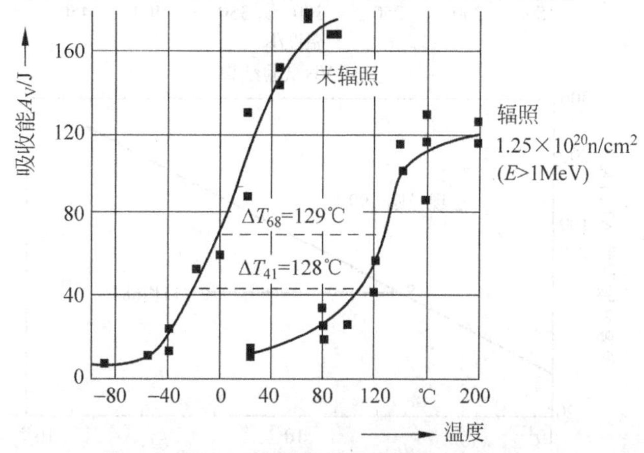

图 4-18　快中子辐照引起压力容器钢的 $\Delta\mathrm{RT_{NDT}}$

图中用 ΔT_{41} 或 ΔT_{68} 表示 $\Delta\mathrm{RT_{NDT}}$；材料：22NiMoCr37；试样：ISO-V 型

量(φ_t)的经验关系式。但目前它们已被包括诸影响因素的综合推荐式所取代。这将在下面具体介绍。

早期,为了预测商用堆压力容器接近寿期末的辐照脆化性能,利用了短期内在高通量试验堆得到的辐照数据。例如,典型压水堆 40 年寿期末的快中子注量为$(2\sim5)\times10^{23}\,n/cm^2$,对沸水堆约为$1\times10^{22}\,n/cm^2$。但该注量在高通量试验堆中只需几个月就可以达到。虽然这种辐照提供了有用的资料,但是很明显,它们不能正确代表商用反应堆的实际情况,图 4-19 示出了试验堆辐照和商用堆随堆监督压力容器试样转变温度变化的比较。结果示出:①在试验堆 505K 辐照,通量(即中子注量率)的高低对 ΔTT 的变化没有影响;②同在高通量试验堆上辐照,不同辐照温度有不同的 ΔTT 变化结果;③在相同温度(561K)下辐照,高通量试验堆的结果与低通量商用堆的不同。

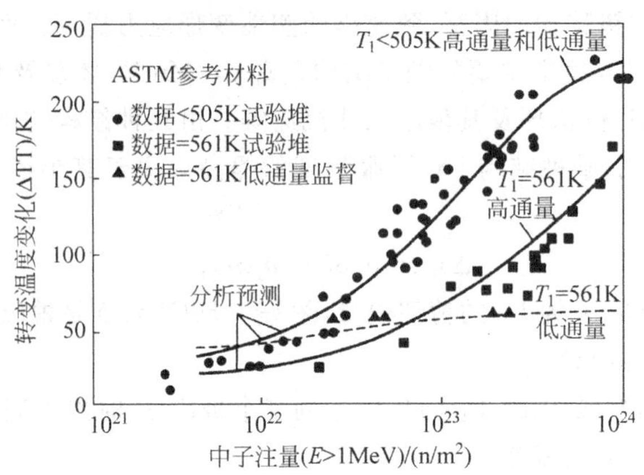

图 4-19 压力容器钢试验堆辐照和商用堆监督的 ΔTT 变化比较

图 4-20 示出了低注量率辐照的又一个例子,材料是含 0.19%Cu、0.019%P 的 Mn-Mo 钢 A302B 钢板。从这些结果明显看出:辐照可能增加 CVN 冲击能的分散度;其次,在约$3.6\times10^{22}\,n/cm^2$快中子注量时,NDT 变化出现饱和现象。这与图 4-20 的结果是一致的。为此,在轻水堆核电厂中必须设置辐照脆化随堆监督试样管,定期取出检验,获取真实的ΔRT_{NDT}的变化,并修订开停堆的运行限制曲线。

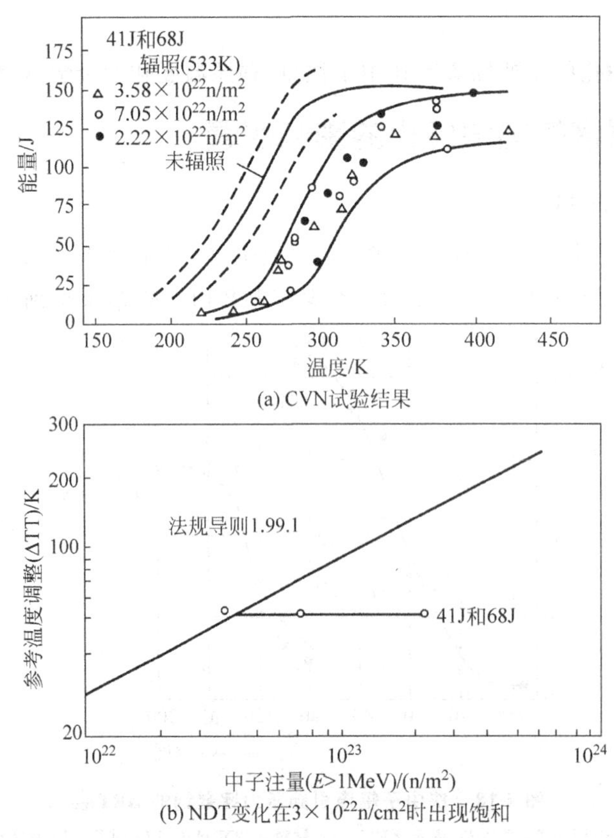

图 4-20 A302B 钢板低注量率辐照的结果

4.6.2.2 辐照温度

轻水堆核电厂的堆运行温度约为300℃，与低温(<200℃)辐照相比较，由于辐照缺陷的产生和湮没的结果，中等温度的辐照只引起微弱的变化。图4-21示出了辐照温度对A302B钢转变温度上升的影响。由此可见当辐照温度高于260℃时，脆化效应减小。这个现象在其他压力容器钢中也已经观察到，Odette和Jones分别对260～316℃温度辐照的结果总结出：辐照温度每降低1℃，ΔTT_{41J}上升0.4～2℃和0.6℃。

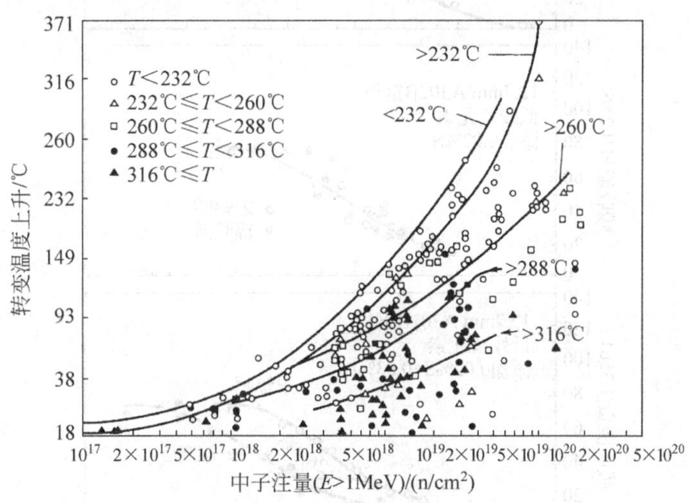

图4-21 辐照温度对A302B钢转变温度上升的影响

4.6.2.3 冶金学因素

图4-22中示出了覆盖影响NDT变化的残留元素浓度谱的典型分散带。通过该现象可联想到痕量元素与中子注量间的协同作用。因为锻件、板材和焊接件对残留元素和中子注量敏感性各不相同，为此要追溯到初始制造履历这个重要因素，这使问题变得十分复杂。

在回顾实验观察后得出了以下的结论：①在低温(232℃)下，中子辐照仅造成与钢中残留元素无关的损伤(如$\Delta\sigma_y$，NDT变化)；②在287℃辐照，低残留元素含量对钢无损伤或只造成少量损伤，但高残留元素含量对钢无相当大的损伤；③在287℃辐照，低残留元素和高残留元素对钢损伤的差别在于被空位扩散所控制的动态回复过程起到了重要作用。

残留元素主要包括磷、铜、钒和焊接件中的镍。已经研究了铜(图4-23)，硫和硫、磷(图4-24)对压力容器钢辐照脆化敏感性的影响。从中可看到，铜含量引起的危害性极大。当铜含量从0.20%降到0.05%时，ΔRT_{NDT}几乎下降了1/3。铜含量为0.20%的A533BΔTT均落在A302B的敏感带上方。对铜的损伤作用提出了形成稳定铜-空位缺陷机制。这些缺陷聚集体是位错运动的障碍，从而提高了屈服强度，使转变温度上升。

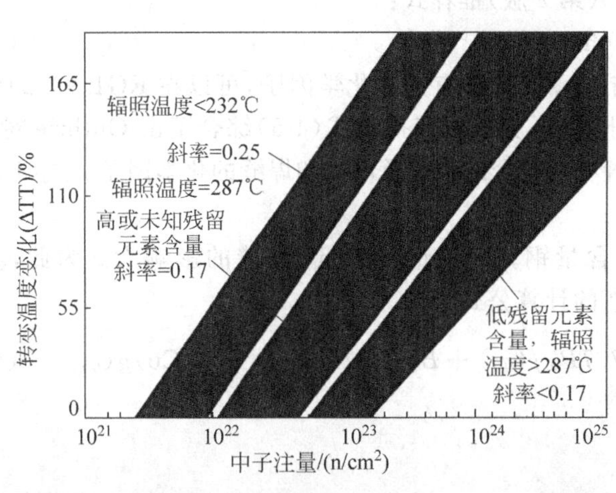

图4-22 辐照温度和残留元素浓度对A302B和A533B钢转变温度变化的影响

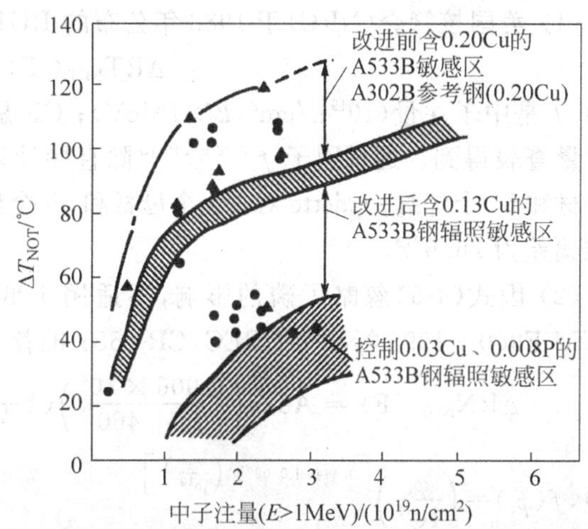

图4-23 铜含量对A533B钢辐照脆化的影响

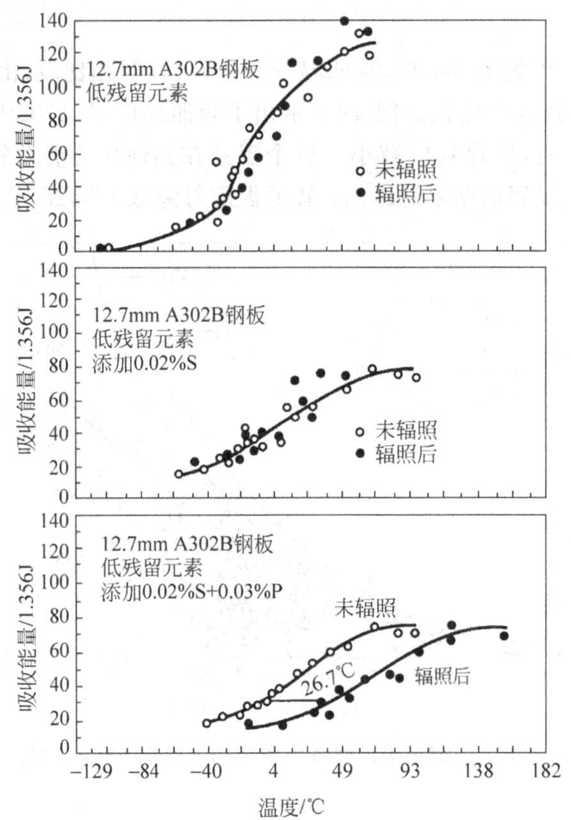

图 4-24 硫和硫、磷对辐照 A302B 钢板 VVN 曲线的影响

辐照温度为 288℃，中子注量为 $3\times10^{19}\,n/cm^2$

硫、磷有加速辐照脆化的作用，图 4-24 示出了在去除残留元素的 A302B 钢内，添加 S 和 S、P 元素后，经 288℃，$3\times10^{19}\,n/cm^2$ 中子注量辐照的 CVN 曲线。上图为低残留元素的 A302B 辐照前后的 CVN 曲线，$\Delta T_{41J}=0$；添加 0.02% S 后，CVN 曲线仍重合，但 USE 明显下降(约 68J)；在此基础上，再添加 0.03%P，$\Delta T_{41J}=26.7$℃，但 ΔUSE=0。硫降低冲击功可能与形成低熔点共晶 FeS 和 MnS 有关；磷提高转变温度可归结为磷原子在晶界的偏析，使晶界表面能降低之故。

4.6.2.4 辐照脆化经验公式

根据大量辐照试验结果，许多工作者用最小二乘法拟合出不少经验公式。其中既有单纯的 ΔRT_{NDT} 与快中子注量的关系式，也有包括快中子注量和杂质元素等参数的综合关系式。以下就几个被著名机构或公司推荐的公式作简单介绍。

(1) 美国核管会(NRC)于 1988 年公布的 RG1.99(第 2 版)推荐式：

$$\Delta RT_{NDT}(°F) = CF \times f^{(0.28-0.10\lg f)} \tag{4-5}$$

式中，f 是中子注量($10^{19}\,n/cm^2$，$E>1$MeV)；CF 是与 Cu、Ni 含量有关的化学因子，可以在 RG1.99(2)中根据含量查表得到。通量因子 $f^{(0.28-0.10\lg f)}$ 除直接计算外，也可从图中查得。式(4-5)综合了由 Guthrie 对 126 个母材和 51 个焊缝；Odette 对 151 个母材和 65 个焊缝各自拟合的公式及母材和焊缝的化学因子。式(4-5)的标准偏差为 26.6°F。

(2) 因式(4-5)忽略了磷的影响，不适用于低铜含量钢。因为铜含量低时，磷的影响大。为此，美国 ASTM E900—1998 标准-NUREG/CR-6551 推荐了新的计算公式：

$$\Delta RN_{NDT}(°F) = A\exp\left(\frac{1.906\times10^4}{T_c+460}\right)(1+57.7P)f(\varphi_t)+B(1+2.56\mathrm{Ni}^{1.358})h(\mathrm{Cu})g(\varphi_t) \tag{4-6}$$

其中，$f(\varphi_t)=\left(\frac{\varphi_t}{10^{19}}\right)^{\left[0.4449+0.097\lg\left(\frac{\varphi_t}{10^{19}}\right)\right]}$

$$g(\varphi_t)=\frac{1}{2}+\frac{1}{2}+\tanh\left[\frac{\lg(\varphi_t+5.48\times10^{12}t_i)-18.290}{0.600}\right]$$

$$h(\mathrm{Cu})=\begin{cases}0, & \mathrm{Cu}\leqslant 0.072\%(\text{质量分数})\\ (\mathrm{Cu}-0.072)^{0.678}, & 0.072\%(\text{质量分数})<\mathrm{Cu}<0.30\%(\text{质量分数})\\ 0.367, & \mathrm{Cu}\geqslant 0.30\%(\text{质量分数})\end{cases}$$

$$A=\begin{cases}1.23\times 10^{-7}\\ 8.89\times 10^{-8},\\ 1.10\times 10^{-7}\end{cases}\quad B=\begin{cases}172, & \text{对板材}\\ 135, & \text{对煅材}\\ 209, & \text{对焊缝材料}\end{cases}$$

式中，T_c 为辐照温度，°F；Cu、Ni、P 分别表示三种元素的百分含量；φ_t 为快中子注量($E\geqslant 1\mathrm{MeV}, \mathrm{n/cm^2}$)；$t_i$ 为辐照时间。式(4-6)的标准偏差为 22.1°F。

(3) 法国 Framaton 公司提出了 ΔRT_{NDT} 上限的公式为：

$$\Delta RT_{NDT}(℃)=8+[24+1557(\mathrm{P}-0.008)+238(\mathrm{Cu}-0.08)+191(\mathrm{Ni}^2\mathrm{Cu})]\times(\varphi/10^{19})^{0.35} \tag{4-7}$$

式中，φ 为快中子注量($E\geqslant 1\mathrm{MeV}, \mathrm{n/cm^2}$)，其余符号与式(4-6)中相同。

4.7　大型锻件中的氢及氢损伤

早在第一次世界大战时，冶金学者在对大型预制坯进行机械处理时就发现了白点，后经长时间的探索，确定了钢中氢是白点的元凶。

氢进入金属材料中会引起金属材料的内部损伤。进入大型锻件中会引发发裂；进入钛金属材料中会使钛材氢化，可能引起火灾；在加工含硫原油的工艺过程中，湿硫化氢腐蚀过程中产生的氢原子进入钢材中，会引发硫化物应力腐蚀，氢致开裂和硫化物诱导氢致开裂等内部损伤；在高温和高压临氢环境中，氢分子分解为氢原子进入钢材中会引发氢侵蚀等多种类型的内部损伤。

钢中的氢是一种有害但又难以完全避免的杂质元素。氢损伤主要是导致金属材料硬化、脆化和内部损伤，这是由于氢进入金属晶格中降低了金属的流变性。对钢的实际危害主要表现在引起锻件塑性、韧性的降低，严重时会导致锻件中出现白点(氢致发裂)，从而造成整个锻件的报废。氢对钢的这种有害影响称为氢脆。氢脆对低合金高强度钢的影响最为显著，钢的强度越高，影响越甚。

对于核电反应堆来说，氢脆会导致作为第二道安全屏障的锆管(以内部氢化物的形式)，和作为第三道安全屏障的压力容器的断裂危害。因此在此对氢脆作简要介绍，主要关注点是：大型锻件中氢的来源，氢是如何进入金属材料中的，它的存在形式和分布状态如何，氢对钢的力学性能的影响以及氢脆理论等。

4.7.1　大型锻件中氢的来源

大型锻件中的氢主要来自钢的冶炼过程。在常压下进行钢的冶炼，氢主要从炉气和炉料进入钢液。炉气中氢的分压力很低，约为 5.3×10^{-7} 大气压。因此，钢中的氢主要由炉气中水蒸气的分压力来决定。铁水的含氢量可达 3～7cm³/100g，与废钢的含氢量相当。石灰中通常含有 4%～6%的水分。铁锈和泥、矿石表面的吸附水和化合水、增碳剂表面的吸附水均会增加炉气中水汽的分压力。进入炉中的空气，随湿度的不同带入的水汽量也不相同。使用干燥的矿石和石灰，表面干净的废钢，而且空气也干燥时，炉内水汽的分压力约为 0.01 个大气压，否则炉内水汽的分压力可达到 0.08 个大气压。

铁合金中的气体含量通常在较宽的范围内波动，如锰铁和硅铁中含水分别为 20～30cm³/100g 和 30～50cm³/100g。铁合金中的含水量取决于化学成分和生产铁合金时原材料的质量，以及破碎程度和操作技术等。虽然铁合金中气体含量较高，但如加入量少，一般不会改变钢中的气体含量；在冶炼高合金钢时，必须将铁合金事先充分烘烤以去除其所含水分，从而去除铁合金中气体的影响。另外，因沥青中含氢量达 8%～9%，所以用沥青打结的新炉衬会使钢液的含氢量增高；浇注时使用的盛钢桶，下铸时使用的耐火材料等都是钢中氢的来源，使用前必须进行干燥。为了减少钢液中氢的含量，应该严格限制原材料中的水分，采用真空技术和炉外精炼等先进措施，以使钢中气体含量降低到不至于危害钢质量的程度。

4.7.2　氢在钢中的存在状态

在固态钢中，氢主要有下列四种状态存在：

一是固溶态氢，在钢中氢以原子或离子形式固溶于晶格间隙，形成固溶体。固溶态的氢活动能力很强，在钢中比较容易扩散。

二是分子态氢，当金属中的氢含量超过氢在固溶体中的溶解度时，它就有可能从过饱和固溶体中析出并相互结合成为氢分子，即氢气。氢分子存在于钢的内部缺陷处，如孔洞、疏松、晶界与夹杂物边界等。分子氢的聚集会对周围的物质产生压力，随着氢气压力的增大，氢分子的生成逐渐减少，直至氢气压力与固溶体中的氢浓度之间建立起符合 Sievert 定律的平衡关系，氢分子的生成即完全停止。在固态金属中，氢分子的活动能力很差，一般不能参与扩散过程。在 400℃以上，随着温度的升高，逐渐有较多的氢分子分解为氢原子并重新获得扩散能力。通常认为，只有通过真空熔化才能将分子氢从钢中全部去除。

三是氢化物，氢在普通钢铁材料中不会生成氢化物。但在奥氏体不锈钢中，Ni 与 H 结合生成具有六方晶格的氢化物。另外，在 V-Fe、Ti-Fe、Nb-Fe、Mn-Fe 等铁合金中也会形成这些合金元素的氢化物。氢化物在钢中没有扩散能力，可导致金属材料严重脆化并生成显微裂纹，因此应避免其在钢中出现。但由于氢化物在铁基合金的稳定性很差，只能在很低的温度下稳定存在，因此通过室温及较高温度的时效，即可使其分解并重新溶入金属基体中。

四是被氢陷阱捕获的氢，晶格中的结构缺陷(空位等)或物理上不连续的位置(孔穴、非金属夹杂物界面等)具有捕获氢的能力，这些能捕获氢原子的缺陷被称为氢陷阱。处于氢陷阱中的氢是不能自由运动的，只可随着位错等氢陷阱一起运动，也可以在温度比较高的时候跳出氢陷阱重新进入金属晶格间隙位置，恢复原子氢的固有特性。当温度超过 300℃时，存在于氢陷阱中的氢原子和氢离子几乎可全部恢复到晶格间隙位置，恢复其自由运动的能力，氢陷阱的影响消失。

4.7.3 氢在钢中的渗透与溶解

钢中氢的渗透能力指的是当出口方向的气体压力等于 1 大气压时，在单位时间内通过单位面积和单位厚度的氢的数量，影响氢的渗透能力的主因素是温度、组织和化学成分。氢与金属的相互作用是一个很复杂的过程，它在钢中的渗透包括氢与金属表面的吸附与分解反应，氢在金属中的溶解与扩散，以及氢在金属表面的脱附等过程。在金属内部，原子间的相互作用力处于平衡状态，然而在金属表面，由于表面原子的配位数小于内部原子的配位数，导致原子之间的相互作用力不平衡，从而使金属具有较大的表面能。这种不平衡的作用力把异类原子吸引到其表面，从而使金属表面能降低。因此，金属表面具有吸附异类原子的倾向。当氢与具有洁净表面的金属相接触时，分子氢将被吸附到金属表面，而呈分子状态的氢气不能直接进入金属内部，需要外界提供大量的热能，使得分子氢分解为原子氢，之后原子氢通过吸附与溶解，进入金属晶格中。

在理想的固溶条件下，氢在金属中的溶解符合 Sievert 定律，其在金属中的溶解度可以表示为：

$$c = S \cdot P^{0.5} \tag{4-8}$$

式中，c 为与氢气处于平衡态的溶解氢浓度，P 为氢气压力，S 为 Sievert 参数。即溶解在金属中的氢浓度与其平衡氢压的平方根成正比。

氢在铁中的溶解是吸热反应，随着温度的升高，氢在铁中的溶解度增加(图 4-25)。Andrew 和李熏等在 20 世纪 50 年代前后的研究表明氢在钢中的溶解度随着晶格结构的改变而发生改变，当从 δ-Fe 转变为 γ-Fe 时，氢的溶解度急剧增加，而当 γ-Fe 转变至 α-Fe 时氢的溶解度减少。综上，氢在铁中的溶解度随着压力的增加与温度的升高而增大，并随着铁晶格结构的改变而发生突变。

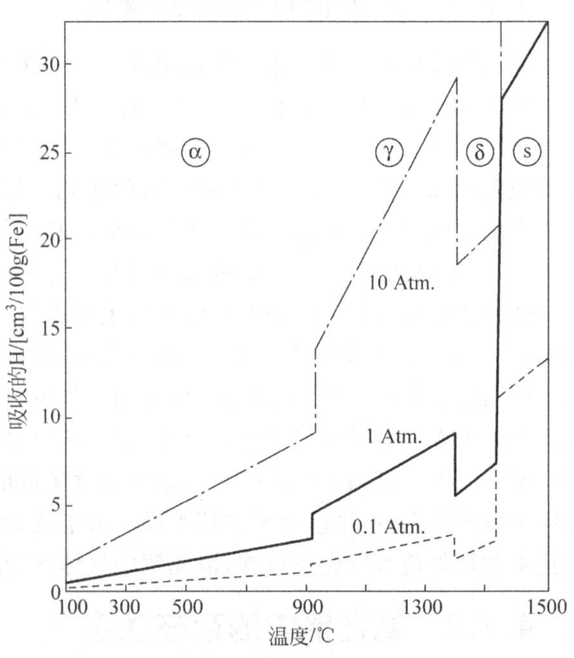

图 4-25 不同温度和压力下氢在铁中的溶解度

资料显示，当温度降至 327℃时，氢在铁中的溶解度已降至 0.2cm³/100g。然而在室温时实际测得的钢中氢含量往往大于氢在铁中的溶解度，这表明对于非理想固溶条件下的钢来讲，除了温度和压力外，合金元素以及钢中的缺陷等因素对氢在钢中的溶解度也有影响。钢中存在的疏松、夹杂物等缺陷在低温时可为钢中的氢提供稳定的停留位置，此时的氢以氢分子的形式存在，钢中缺陷数量和种类的不同必然会影响氢在钢中的溶解度，只有当温度升高(大于 300℃)，氢不再存在于能量低于 1eV 的能阱时，氢在钢中的溶解度才会重新符合 Sievert 定律。

4.7.4　氢对钢力学性能的影响

氢对钢力学性能的影响通常使用专门的术语"氢脆"表示，指的是钢的塑形(延伸率和断面收缩率)随着氢含量的增加而降低。一般情况下，氢脆随着钢强度的增高而加剧，对于高强度和超高强度钢来说，氢脆问题尤其突出。氢脆现象在氢含量为 1～2cm^3/100g 时就有所体现，当氢含量为 5～10cm^3/100g 时，钢的塑性最低，进一步增加氢含量，则塑性没有多大变化。钢中的氢脆属于应变时效型脆化，也称为滞后破坏，表现为在应力作用一段时间后，钢发生毫无征兆的断裂，断口较平滑，大多数情况下为沿晶断裂。钢的氢致脆性一般只在－100～100℃的温度范围内出现。对氢含量不同的同一钢种来说，在相同的测试温度下，影响其塑性下降幅度的主要因素除了钢中的氢含量外还有样品测试的速度。通常认为，提高充氢拉伸试样的拉伸速率，可显著抑制氢对钢塑性指标的影响；反之，降低充氢拉伸试样的拉伸速率，将使氢的有害作用充分体现，从而加重氢对钢塑性降低的影响。

白点是钢中的高氢含量和内应力共同作用下形成的不可逆缺陷，其在横向酸蚀面上呈放射状的细裂纹，在纵向断口上呈圆形银亮色的斑点。白点的形成温度在 200℃和室温之间，并不是在短时间内形成的，需要数十个小时的孕育期。白点一般在大断面的碳钢轧制件或锻制件上形成，其存在对性能有恶劣影响，是钢中不允许的缺陷，一旦发现，工件应立即报废。

4.7.5　氢脆理论

氢对铁或钢强度的影响目前没有统一的说法。Kimura 等的研究表明氢的存在会使高纯铁的强度降低，其软化机理为氢原子被螺型位错捕获，进入位错中心，提高了螺型位错的可动性。同时指出只有在极低的温度下(＜－80℃)，氢的存在才会使高纯铁的强度增加，因为低温时氢原子对刃型位错运动的阻碍作用占主导地位。除此之外，Beachem 等的研究同样反映了氢对材料的软化作用，认为氢使得强度降低是螺型位错可动性增加和自由表面处引入大量位错共同作用的结果。

Tobe 等认为氢的存在可使钢的强度增加，一方面氢在位错中心的存在会使位错间的交叉作用以及交滑移更加复杂，另一方面被空位捕获的氢可使位错稳定，从而使回复过程受阻，起到强化作用。另外，氢会使钢中碳元素的核心钉扎和拖曳作用增强，从而使钢基体得以强化。宋尚军等通过大量缓慢拉伸试验对不同氢含量 15MnVN 钢的拉伸性能进行研究，结果显示随着钢中氢含量的增加，钢的上屈服点上升，下屈服点下降，上下屈服点之间的差值逐渐增大；并且在相同氢含量下，随着拉伸速率的增加，上下屈服点之间的差值也逐渐增大。钢的上屈服点是为了破坏金属中的氢与位错结合而成的柯氏气团，从而使金属中产生塑性流变所必需的外力。当钢中氢含量增加时，必将使柯氏气团的数量增加、尺寸增大，因而钢的上屈服点上升。而钢的下屈服点是金属晶体对于塑性流变过程的阻力，是金属晶格结合强度的反映。钢中氢的进入使得金属晶格的结合强度有所降低，从而呈现出明显的晶格弱化现象，使得钢的下屈服点下降。

氢脆按照其与加载时应变速率的关系可以分为两类：第一类氢脆的主要特征为钢的氢脆敏感性随加载时应变速率的增加而升高，大型锻件中的白点属于第一类氢脆。在应力加载前，氢已在钢中产生了不可恢复的氢损伤，形成了氢脆源。随着加载应变速率的增加，氢脆源处将会形成巨大的应力集中、裂纹扩展速度增大，并使损伤区域附近原本完好的金属塑性得不到发挥，因而造成钢的脆性增加；第二类氢脆的主要特征为钢的氢脆敏感性随加载时应变速率的降低而升高。钢的滞后断裂、大型锻件的致裂均属于第二类氢脆。在应力加载前，钢中尚未形成氢脆源，而在加载过程中，随着应力、应变的交互作用逐步形成氢脆源并导致钢的脆性增加，形成第二类氢脆。第二类氢脆需要氢的扩散与聚集、氢与位错的相互作用以及氢脆源的形成与发展等过程，一般认为在其他条件相同时，加载时应变速率越小，氢发生扩散聚集的时间越充分，第二类氢脆越严重。

复习题及习题

1. 以 100 万 kW 压水堆为例，试说明钢铁材料的使用情况。

2. 试推导压力容器纵向应力、环向应力与其内压、直径和壁厚间的关系式。

3. 压力容器制作的主要困难是什么？是怎样克服的（关键工艺）？

4. 压力容器焊接包括哪些工序？为什么要进行焊前预热，焊后热处理？

5. 为什么压水堆压力壳和蒸汽发生器越来越多采用环形锻造而不采用传统的板焊结构？

6. 核反应堆对结构材料的主要要求有哪些，特殊要求有哪些？

7. 请说明用于压水堆、沸水堆、重水堆、高温气冷堆、钠冷快堆的压力容器的工作条件及所用的材料。

8. 压水堆压力容器有什么特点？压力容器用什么钢制作？为什么要全寿期监督？如何监督？

9. 介绍压水堆压力容器钢的演化历史。

10. 作为反应堆压力容器用钢，低合金碳钢与奥氏体不锈钢相比较有什么优势和劣势？选材要注意些什么？

11. 堆内使用的材料要限制哪些元素？为什么？

12. 碳钢、不锈钢、镍基合金、钛合金、轴承合金各用于压水堆的哪些部位？

13. 碳钢是怎么分类的？国内的牌号表示什么意义（如 16Mn）？

14. 介绍 SA508 系列钢的化学成分和力学性能。

15. 说明 SA508 系列钢中各种元素的作用。

16. 金属的典型晶胞有哪几种？各有什么特征参数？请举例说明。

17. 假设某种钢所含的碳质量分数是 0.20%，从高温液态，冷却到室温，会经历哪几次相变？这种钢的室温平衡组织是什么？

18. 利用材料科学与工程四面体，举例说明材料的化学组成、组织结构、合成加工和性能之间的关系。

19. 试问材料的主要常见缺陷有哪些？简述它们的产生过程和害处。

20. 试叙述热加工和热处理的同异点。它们分别要解决材料的什么问题？

21. 什么是钢的调质处理？进行调质处理的目的是什么？

22. 何谓 DBTT？辐照会引起 DBTT 如何变化？用退火能否完全消除其变化？

23. 硬度是什么样的物理量？通常的硬度测试分哪几种？各在什么情况下使用？

24. 什么是强度？通常有哪几种强度指标？叙述这些强度指标的意义。

25. 一个经典的拉伸试验可以测定材料的哪些指标？试验温度上升或辐照剂量增加，这些指标的变化趋势怎样？

26. 什么是韧性？本课程学习的韧性指标有哪些？对压水堆材料的研究有什么意义？

27. 什么是疲劳？为什么说疲劳断裂是脆性的？疲劳断口有哪些特征？

28. 结构材料的辐照损伤是怎样形成的？辐照损伤用什么量度？

29. 辐照会引起材料性能发生变化，请叙述材料性能变化的趋势。

30. 简述疲劳三阶段，温度、辐照对蠕变的影响。

31. 简述氢脆发生的原因及对材料造成的危害。

第 5 章

反应堆用不锈钢

5.1 何谓不锈钢

5.1.1 不锈钢的定义

在日常环境下不生锈的钢材被称为**不锈钢**；从成分上讲，铁中含铬量(以下所称含量均为质量分数)超过 12%便构成不锈钢，或者说，不锈钢是含 Cr 量高于 12%的铁合金。

在工业应用中，不锈钢通常是耐大气和酸、碱、盐等介质腐蚀的合金钢总称。其中，称耐大气、蒸汽和水腐蚀的钢为“不锈钢”；称抗酸、碱、盐等强介质腐蚀的钢为“耐酸钢”。因此，不锈钢的广义型定义还包括不锈耐热钢。

不锈钢的发明已超过 100 年。有多种多样的不锈钢，但按其金相组织，常用不锈钢主要分为四种类型。

1) 铁素体系不锈钢　以 Fe-Cr 合金为代表，具有体心立方结构(α 相)，具有磁性，价格比较便宜，多用于要求耐高温腐蚀性的领域。

2) 奥氏体系不锈钢　以 Fe-Cr-Ni 合金为代表，具有面心立方结构(γ 相)，无磁性。应用极为广泛，属于高可靠性的材料。

3) 马氏体系不锈钢　以 Fe-Cr 合金为代表，含碳量较高，马氏体具有体心正方结构(α′相)，由于马氏体很硬，经常在各种刀具中使用。

4) 双相(α+γ)不锈钢　具有两相组织，因此兼有奥氏体系和铁素体系不锈钢二者的优势。耐腐蚀性较为优良且经济性好，在腐蚀环境严酷的条件下也可以使用。

这些钢，尤其是奥氏体不锈钢因具有良好的耐蚀性和焊接性，优良的热强性和冷、热加工性能，以及冷形变后又具有强度、塑性和韧性的良好综合性能，所以在石油、化工、航天和核工业等领域中被广泛应用。例如快堆和改进型气冷堆(AGR)的元件包壳、格架和元件盒以及水堆燃料组件的上、下管座及压力容器里衬，快堆、重水堆的容器和轻水堆、重水堆与快堆的主管道、主泵等多是由奥氏体不锈钢制成的。总之，不锈钢是反应堆系统中的重要结构材料。

5.1.2 不锈钢“不生锈”的原因

钢的腐蚀是因金属表面及其内部或二者之一，在腐蚀介质中发生化学或电化学反应而引起的，金属内部腐蚀是指金属基体中不同相之间或同一相的晶粒与晶界之间形成的原电池腐蚀。针对上述腐蚀诱因采取合金化方法，使铁的阳极极化曲线左移、增宽稳定钝化区、生成牢固表面氧化膜，并能提高铁的阳极电位或使基体变成单相组织的冶金措施，是产生不锈钢的理论基础。例如，合金元素铬和镍就具有上述功能：

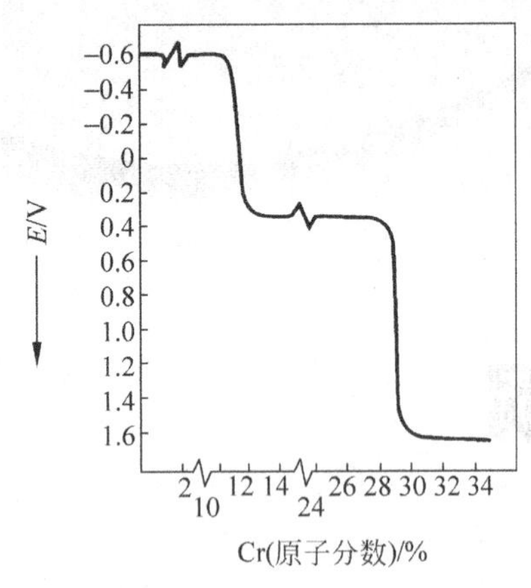

图 5-1 Cr 对 Fe-Cr 合金电极电位的影响

(1) 当钢中含 Cr 量增加到 12.5%原子比时(n/8 定律的 $n=1$ 含量)，铁的阳极电位由−0.6V 突然跃升到 0.2V(图 5-1)，这意味着钢中的铁素体与碳化物之间的电位差明显减小，从而可显著降低基体中微电池的电化学腐蚀速率。

(2) 因钢中大量 Cr 的存在，可使金属表面生成一层致密、薄而牢固的 $FeO \cdot Cr_2O_3$ 钝化膜(对 18-8 钢还有 $NiO \cdot Cr_2O_3$ 或 $NiO \cdot Fe_2O_3$)，从而起到了隔绝腐蚀介质、保护金属表面的作用。因此，通常称含 Cr 量超过 12%的铁基合金为不锈钢。

(3) 为减少不同相之间的原电池腐蚀，多采用单相奥氏体和单相铁素体不锈钢，尤其在前者基础上，通过降碳或添加 Ti、Mo、Nb 与提高 Cr、Ni 含量等，发展了全面耐腐蚀和良好力学性能的不锈钢。

5.1.3 有哪些类型的不锈钢

不锈钢的种类很多、性能各异。按成分分类主要有铬不锈钢和铬镍不锈钢，它们各以 Cr13 和 Cr18Ni8 为代表。按组织分类有：奥氏体型、铁素体型、马氏体型和奥氏体+铁素体与沉淀硬化型不锈钢。以上各种不锈钢组织的获得，主要决定于钢中 C、Cr、Ni 三元素的各自含量与相互配比。为得到特定组织，需按照不锈钢的成分匹配图 5-2 和图 5-3 所示的成分关系进行控制。若考虑其他元素的影响可根据焊缝区组织图图 5-4 和热加工后组织图 5-5 进行计算分析。即根据钢中化学成分按坐标中所列公式计算出 Cr，Ni 当量，在图中求出交点，再按交点所在相区即可求出或控制钢的相组织与各相组织的相应含量。

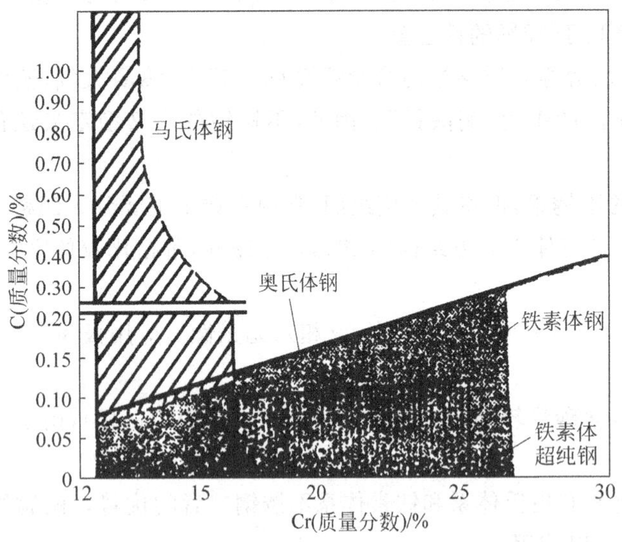

图 5-2 C 和 Cr 的含量对不锈钢组织和钢的类型的影响

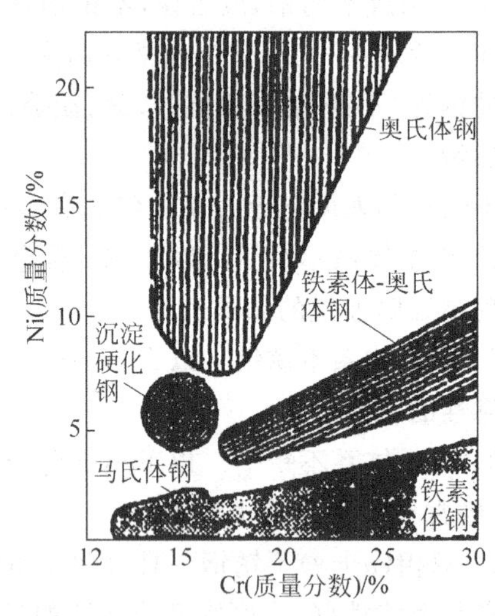

图 5-3 Ni 和 Cr 的含量对不锈钢组织和钢的类型的影响

从不锈钢类型同碳与铬的关系图 5-2 可以看出：

(1) 铬含量在 13%～17%，碳含量在 0.10%以上时可得到马氏体不锈钢，并随着扩大 γ 相元素的碳含量升高，铬含量可降低，但不能低于 13%(见剖面线区)；

(2) 铬含量在 13%～27%，碳含量在 0.05%～0.20%范围，可形成铁素体不锈钢，从它所在的黑影区斜线可知，若增加扩大 γ 相的碳含量需同时升高扩大 α 相的铬含量；

(3) 奥氏体不锈钢的形成区处于 0.10%C 及 18%～27%Cr 的范围内(见黑影区内的方块区)。

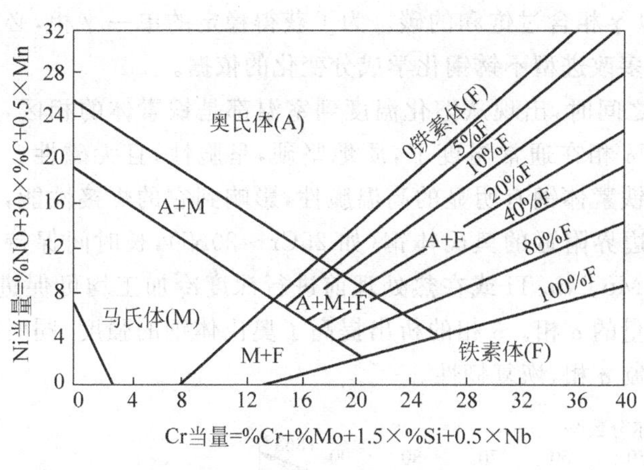

图 5-4 谢弗勒(Schaeffler)组织图

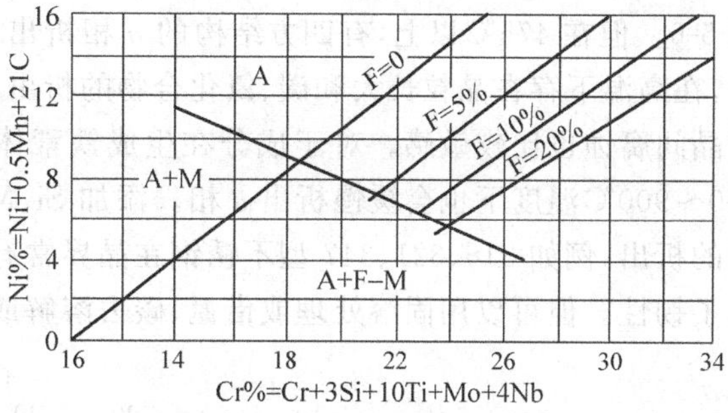

图 5-5 铬-镍不锈钢组织图

1150℃热加工后空冷

从铬与镍不同成分匹配决定不锈钢类型的关系图 5-3 看出:

(1) 马氏体不锈钢的形成区域在 13%~17%Cr 和 2%Ni 范围内;

(2) 铁素体不锈钢的形成区处于 13%~30%Cr 和 2%~3%Ni 区间;

(3) 当 Ni>3%,Cr>18%后,二者按比例相应增加可获得奥氏体+铁素体双相不锈钢;

(4) 当 Ni>8%,Cr 在 18%~27%范围内可获得单相奥氏体不锈钢;

(5) 沉淀硬化型不锈钢主要有马氏体型(17-4PH)和半奥氏体型(17-7PH),所以其成分范围处于奥氏体与马氏体及双相不锈钢之间。

根据微观组织的主要相晶体结构,不锈钢被分为奥氏体、铁素体和马氏体三类。表 5-1 按类别列出了几种常用不锈钢的牌号及组成。其中只有奥氏体不锈钢被广泛用做核反应堆的结构材料。铁素体和马氏体不锈钢因其耐蚀性、高温强度、焊接性能和可加工性能不如奥氏体,在核反应堆堆芯的应用方面受到限制。然而,它们具有优越的导热性、抗氧化和抗应力腐蚀开裂性能以及对高温气体的耐蚀性,因而被用于制造热交换器内部部件和加热炉零件。本章中,重点叙述奥氏体不锈钢的堆内行为。

表 5-1 奥氏体、铁素体和马氏体不锈钢的牌号和化学成分

类型	牌号		组成(质量分数)/%									备注
	GB 1220—84	AISI	C	Si	Mn	Ni	Cr	S	P	Mo	其他	
奥氏体	OCr18Ni9	304	≤0.08	≤0.75	≤2.0	10~12	17~19	≤0.020	≤0.035	—	B≤0.0015 N<0.05	304L 的 C≤0.03
	OCr18Ni12Mo2	316	≤0.08	≤0.75	≤2.0	10~14	16~18	≤0.030	≤0.040	2.0~3.0	—	304LN 的 C≤0.03 N0.06~0.08
	OCr18Ni12Mo2Ti	316Ti	≤0.08	≤1.00	≤2.0	11~14	16~19	≤0.030	≤0.035	2.0~3.0	Ti≥5×C% ~0.70	
	OCr18Ni11Ti	321	≤0.08	≤1.00	≤2.0	9~12	17~19	≤0.030	≤0.040	—	Ti≥5×C% ~0.7	
	1Cr18Ni11Nb	347	≤0.08	≤1.00	≤2.0	9~12	17~19	≤0.030	≤0.040	—	Nb≥10×C%	
铁素体	1Cr2	405	≤0.08	≤1.00	≤1.00	—	11.5~14.5	≤0.030	≤0.040	—	Al 0.1~0.3	
	1Cr17	430	≤0.12	≤0.75	≤1.00	—	16~18	≤0.030	≤0.040	—	—	
	2Cr26	446	≤0.20	≤0.75	≤1.50	<0.5	23~30	≤0.030	≤0.040	—	N 0.1~0.25	
马氏体	1Cr13	410	≤0.15	≤0.50	≤1.00	—	11.5~13.5	≤0.030	≤0.040	—	—	
	2Cr13	420	≤0.24	≤0.60	≤1.00	—	12~14	≤0.030	≤0.040	—	—	
	1Cr17Ni2	431	≤0.20	≤0.20	≤1.00	1.25~2.50	15~17	≤0.030	≤0.040	—	—	

在 Fe 中添加 24%的 Ni 可形成面心立方的 γ 相,即奥氏体。若 Cr+Ni 配合使用,则只需添加 18%Cr 和 8%Ni 便可在室温下得到奥氏体组织。这就是典型的不锈钢成分,俗称 18-8 钢。因为在室温下,碳在奥氏体中的溶解度只有 0.03%,所以除特需超低碳(≤0.03%)外,通常规定 C≤0.10%。当 Ni-Cr 钢从高温缓冷至室温时,其平衡相组成为奥氏体(γ 相)、铁素体(α 相)和碳化物[$(Cr,Fe)_{23}C_6$]。单一的 γ 相是介稳相,

它是从高温下碳完全固溶后，经快速冷却得到的，所以 γ 相含过饱和的碳。为了获得稳定的单一 γ 相，必须提高 Ni 和 Cr 的添加量，或者降低碳含量。这就是许多改进型不锈钢化学成分变化的依据。

在 Fe-Cr 二元系中，当 Cr 含量介于 13%～27%之间时，出现从熔化温度到室温都是铁素体的相区，见图 5-6。但在 475℃以上，有四方结构的 σ 相析出，因 σ 相在通常温度下，质地坚硬，呈脆性，且无磁性。同时，在高温下存在晶粒长大和碳、氮化合物的析出，使铁素体钢有明显的高温脆性，影响到它的焊接性能，对于晶间腐蚀也比较敏感。对于成分在生成铁素体钢边界附近的奥氏体钢（如 25Cr～20Ni），长时间保持在 500～900℃温度下也会缓慢析出 σ 相。添加 Si、Mn、Mo、Nb、Ti 或在热处理前进行深度冷加工均可促进 σ 相的析出，例如 316、321、347 型不锈钢在晶界常有少量的 σ 相。σ 相的析出提高了奥氏体钢的强度，同时降低了韧性。但可以用固溶处理或借氮、碳去溶解或抑制 σ 相，恢复韧性。

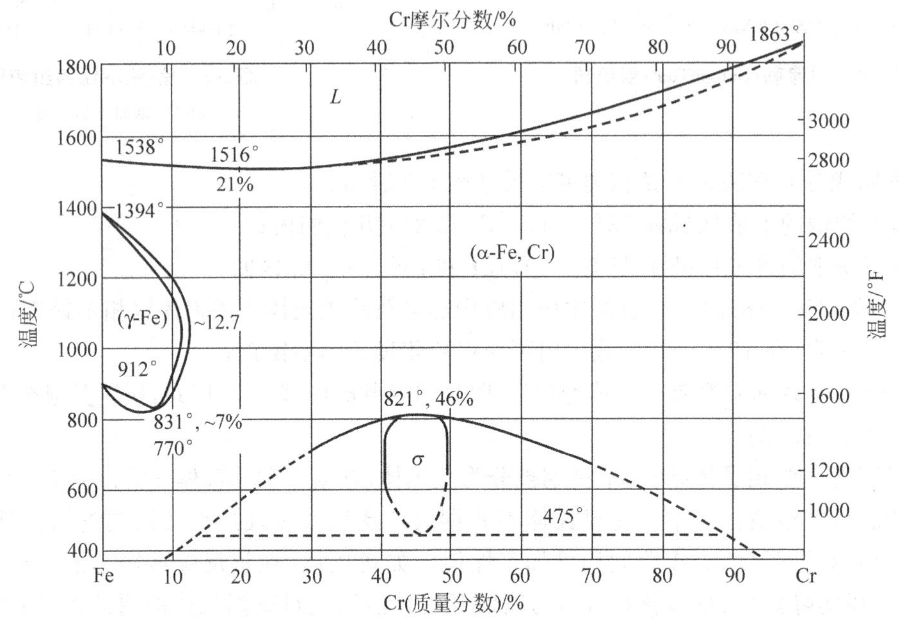

图 5-6 Fe-Cr 二元相图

碳化物是不锈钢中另一个重要相组成。在 1000℃以上的 γ 单相区淬火，奥氏体不锈钢可以转变为介稳的固溶态。例如在焊接和再加热过程或长期在高温下使用都会析出碳化物（如 $M_{23}C_6$、M_6C、MC）和金属间化合物（σ、χ、ε、η 相等）。所谓"敏化处理"就是使奥氏体不锈钢在晶界析出碳化铬（$Cr_{23}C_6$）的热处理，碳化铬是造成晶间腐蚀、应力腐蚀开裂和氢脆的根本原因。通常其力学性质也会降级。因此，降低碳含量（从 0.1%降低到 0.03%）和用 Ti（或 Nb）去形成 MC 以阻止 Cr 向晶界析出，达到稳定不锈钢组织和性能的目的。

从图 5-6 还可以看到，高温稳定奥氏体（γ 相）区的边界与碳含量有关。在碳含量为零时，γ 相区的边界为 12%Cr；而在 0.6%C 时，该相区扩大到 18%Cr。即铬含量在 12%～18%范围时，就可借奥氏体不锈钢从 γ 相温度空冷获取马氏体不锈钢。这种钢的特点是强度、硬度和耐磨性高。但焊接性、耐蚀性、热加工性和韧塑性差。为改进以上缺点，发展了 Ni-Cr 马氏体不锈钢。它是借由 M_S 点（即在冷却过程中发生马氏体相变的上限温度，对于 18-8 不锈钢 M_S 点约为 70℃）的过冷或 M_D 点（即在塑型加工中发生马氏体相变的上限温度。对于 18-8 不锈钢，M_D 比 M_S 点约高 200℃）以下的塑型加工，使一部分奥氏体转变成恒温马氏体（HCP 结构的 ε 相）和诱发马氏体（BCC 结构的 α′相）。这种双相组织具有冷加工硬化的特性，可提高其强度。

5.1.4 为什么奥氏体不锈钢在反应堆中用得最多

奥氏体不锈钢的强度虽然比马氏体或铁素体不锈钢的低，但它的耐蚀性、塑韧性、焊接性比较好，原因有：

(1) 奥氏体不锈钢的再结晶温度比较高；

(2) 奥氏体的面心立方晶胞的原子密度,大于铁素体的体心立方晶胞的原子密度,原子间结合力高,因此高温时合金元素的扩散系数及铁的自扩散系数都更小,扩散相对困难些;

(3) 低于500℃时,位错在面心立方奥氏体中的运动阻力小于体心立方铁素体中的。

由于奥氏体不锈钢具有全面和良好的综合性能,在各行各业中获得了广泛应用,据统计约占不锈钢总产量的70%以上。其中最著名的是18Cr-8Ni钢,即304不锈钢。奥氏体304不锈钢具有良好的耐蚀性和耐热性,是奥氏体不锈钢中的代表钢种。304和316L奥氏体不锈钢是核电大锻件的主要材料之一。

5.2 不锈钢的成分和相组成特点

5.2.1 各类不锈钢的成分和相组成特点

图5-2和图5-3所示各类不锈钢的化学成分范围是从Fe-Ni,Fe-Cr-Ni-C和Fe-Cr相图综合而得出的,现将它们的根据简述如下。

5.2.1.1 奥氏体不锈钢

不锈钢之所以不锈主要是钢中含有大量铬(>12%)。铬是钝化能力很强的元素,可使钢的表面生成一层致密牢固的氧化膜并能明显提高铁的电极电位,从而能防止化学和电化学反应引起的腐蚀。铬与镍配合使用,更能有效地提高钢的耐蚀性,例如从Fe-Ni相图5-7看出,Ni是形成奥氏体(简称γ)的有效元素,但在低碳镍钢中为获得单相γ组织,镍含量需高达24%。如果Ni和Cr配合使用,从Fe-Ni-Cr三元相图的室温剖面图5-8看出,在18%Cr钢中只需加入8% Ni即可在室温下得到奥氏体组织。通常称此钢为18-8钢,它是奥氏体不锈钢的典型代表。因该钢含Ni+Cr=26%,它的耐蚀电位是$n/8$定律的$n=2$的电位值(图5-1的第2次跃升值),所以18-8钢具有较好的钝化性能和较高的耐蚀性。

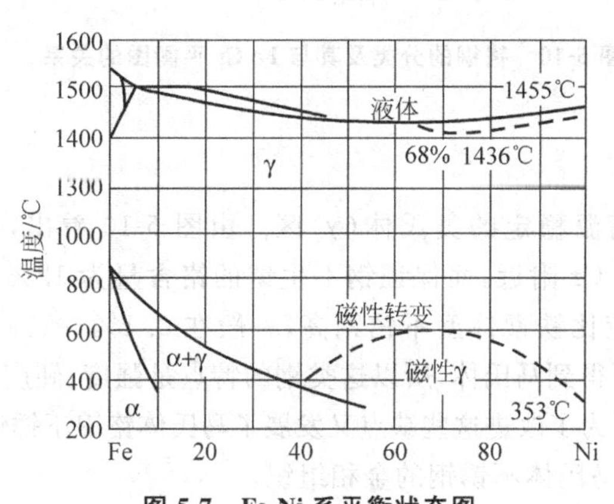

图5-7 Fe-Ni系平衡状态图

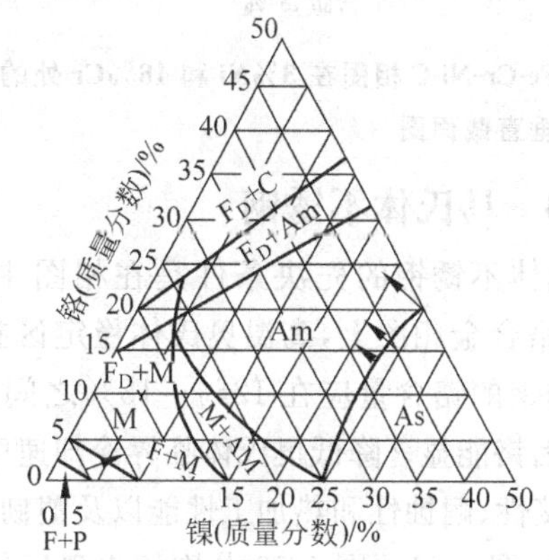

图5-8 铁镍铬系室温组织

(从1100℃迅速冷却)

Am—介稳奥氏体;As—稳定奥氏体;F—铁素体;F_D—δ铁素体;M—马氏体;C—碳化物;P—珠光体

图5-9是18-8钢的平衡相图。由图看出,碳在室温奥氏体中的溶解度仅有0.03%,而该钢除超低碳外,一般规定碳含量为0.1%左右(见图5-3矩形黑影区)。因此钢缓冷到图5-9中的SK线之下的平衡组织为γ+α+C,即奥氏体+铁素体+合金碳化物[$(Cr,Fe)_{23}C_6$]。这表明18-8钢中的单相γ是介稳相,它是钢加热到图5-9中ES线之上经固溶后快冷得到的,因此含有过饱和的碳。为稳定γ相需增加Ni和Cr的含量,随之钝化性能也被提高。所以18-8钢及其改进型钢具有良好的耐蚀性和焊接性以及优良的强度、塑性和韧性的综合性能。

5.2.1.2 铁素体不锈钢

这类钢是指从高温到室温都能保持铁素体组织的不锈钢,即基体是含多种元素的体心立方晶体结构的固溶体。从图5-10中的无碳Fe-Cr合金相图看出,当Cr含量增到12%时,即越过了γ相变区,出现从熔化温度到室温都是α铁素体的相区。Cr含量增到27%时因有σ相析出(FeCr金属间化合物),所以铁素体不锈钢的铬含量应在13%~27%之间。这类钢因Cr含量高,钝化性能好,故具有良好的耐蚀性和抗氧化性,其强度和抗应力腐蚀性能以及热导率和热膨胀率均比奥氏体不锈钢好,但具有475℃脆性(因富Cr的σ相析出)、σ相析出脆性和高温脆性(晶粒长大和C、N化合物析出)以及焊接性能差并对晶间腐蚀比较敏感。另外,从图5-10还看出不锈钢为何以12%的铬含量为定义界限以及铁素体不锈钢的碳含量为何必须低的原因。

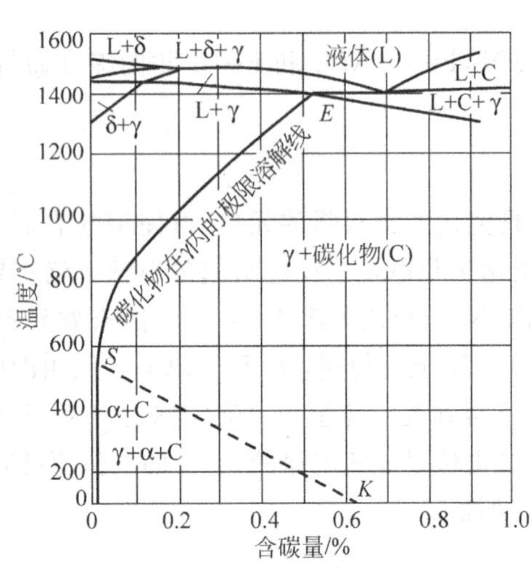

图5-9 Fe-Cr-Ni-C相图在8%Ni和18%Cr处的垂直截面图

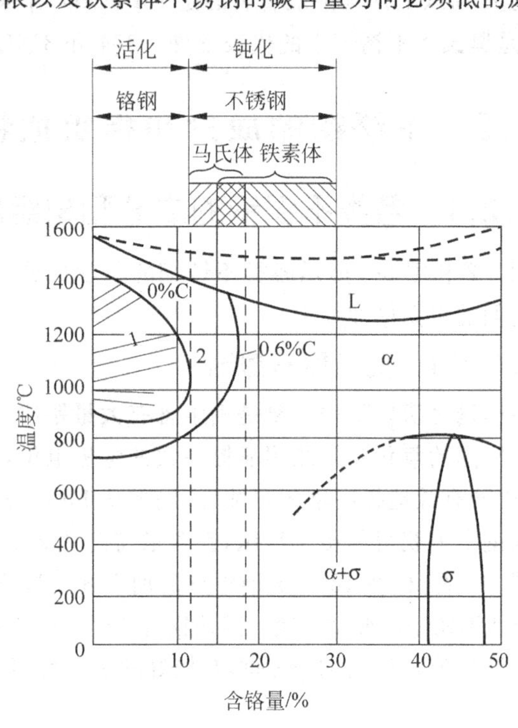

图5-10 铬钢的分类及其与Fe-Cr平衡图的关系

5.2.1.3 马氏体不锈钢

获得马氏体不锈钢的先决条件是在相图中,必须有高温稳定的奥氏体(γ)区。由图5-10看出,在含0.6%碳的铁铬合金相图上,高温奥氏体稳定区扩大到18%Cr附近,而保证钢不生锈的铬含量为12%。因此马氏体不锈钢的铬含量应在12%~18%之间且碳含量应比铁素体型不锈钢高,一般在0.1%~1%之间(见图5-3)。因铬能显著降低奥氏体临界冷却速度,空冷后可得到马氏体,所以这类钢的特点是强度、硬度和耐磨性高,但焊接性、耐蚀性和热加工性能以及塑韧性比较差。为了改进这些缺点又发展了马氏体铬镍不锈钢。

为了比较,图5-11~图5-13分别给出奥氏体,铁素体,马氏体不锈钢的金相组织。

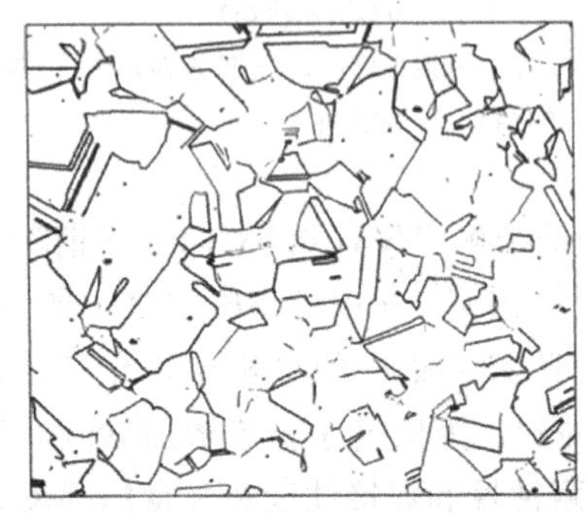

图5-11 在1065℃(1950℉)退火5min并且空气冷却的304型(奥氏体)不锈钢。组织由等轴的奥氏体晶粗组成。注意其中的退火孪晶。

蚀刻剂:HNO_3-乙酸-HCl-甘油;放大倍数250×

Courtesy of Allegheny Ludlum Steel Co.

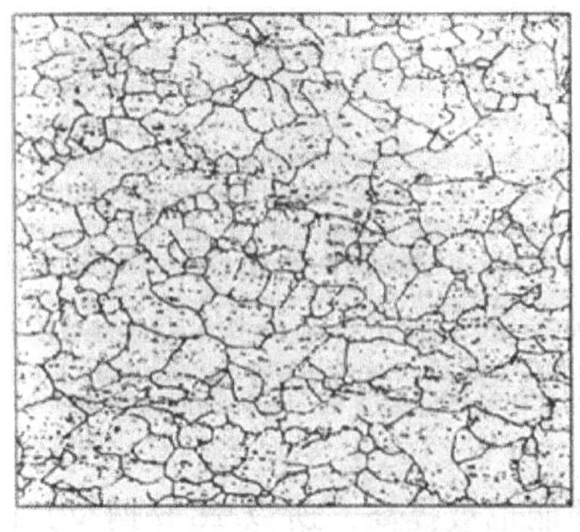

图5-12 在788℃退火的430型(铁素体)不锈钢条。组织由等轴晶粒的铁素体基体和分散的碳化物颗粒组成。

蚀刻剂:苦味醇液+HCl;放大倍数100×

Courtesy of United States Steel Corp. Research Laborctories

5.2.1.4　沉淀硬化型不锈钢

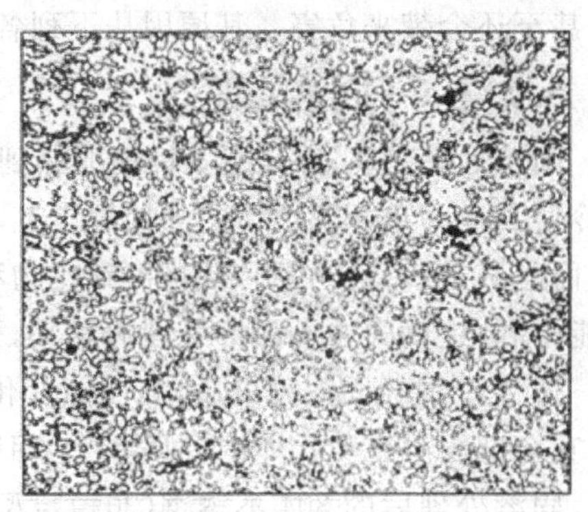

图 5-13　在 1010℃ 奥氏体化并空冷的 440 型(马氏体)不锈钢。组织由马氏体基体中的初级碳化物组成。

蚀刻剂：苦味醇液＋HCl；放大倍数 500×

Courtesy of Allegheny Ludlum Steel Co.

沉淀硬化型不锈钢有马氏体型、奥氏体型、奥氏体型＋马氏体型、奥氏体型＋铁素体型四类。它们分别是在各类不锈钢基础上通过加入一种或多种硬化元素而得到，在强韧性、焊接性、成形性和不锈性等综合性能方面均有较好表现。

这类不锈钢的成分介于各类不锈钢的成分之间(图 5-13)。除奥氏体型沉淀硬化不锈钢(在时效状态仍是稳定奥氏体)外，它们的铬镍含量一般都不超过 18-8 钢的相应含量。但碳含量都比较低，其硬化主要依靠 Al，Ti，Nb，Mo，Cu，Co 等硬化元素的中间相(如 Ni_3Al，Ni_3Ti 等)析出和少量碳化物沉淀而产生的。所以这类钢比马氏体不锈钢具有更高的强度和韧性，更好的耐蚀性、焊接性和冷加工性能。它们的型号有 0Cr17Ni4Cu4Nb(相当于美国的 17-4PH)和 0Cr17Ni7Al(相当于 17-7PH)0Cr15Ni7Mo2Al(相当于 PH 15-7 Mo)等。

5.2.1.5　双相不锈钢

双相不锈钢是指由奥氏体和铁素体组成的不锈钢。它的起源来自炼 18-8 钢时因配料错误而偶然发现含铬高时出现铁素体后，具有良好的耐晶间腐蚀和抗应力腐蚀性能，因此这类钢逐渐得到了发展。实际上，双相不锈钢的成分近似于碳含量低的 18-8 系列钢(图 5-13)。

双相不锈钢又分为 Cr18，Cr21，Cr25 三种型号以及用 Mn、N 代 Ni 的双相不锈钢。Cr18 型是以奥氏体为基(占 80%～95%)，Cr21 和 Cr25 型是以铁素体为基(占 50%～70%)。双相不锈钢的组织特点是它兼有奥氏体和铁素体的优点，克服了二者的部分缺点。因此这类钢具有强度高、韧性好和优良的抗晶间腐蚀、耐应力腐蚀和点腐蚀的能力。例如美国发现在奥氏体不锈钢焊缝组织中，若含有少量铁素体(GB/T 15443—95 标准规定为 5%～12% δ 相)，不仅能阻止焊接热裂纹发生，而且可降低晶间腐蚀和应力腐蚀的敏感性。原因分述如下：

(1) 强度较高的铁素体分散在奥氏体中，提高了奥氏体不锈钢的室温强度，尤其屈服强度上升更为明显并能增进导热和减少热膨胀，从而降低了焊接热裂纹倾向，同时塑韧性高的奥氏体也降低了铁素体的脆性，提高了可焊性。

(2) 双相不锈钢抗晶间腐蚀的原因是：碳是奥氏体的强形成元素，多富集在 γ 相中，而铬是铁素体形成元素，多富集在 α 相中且在 α 相中扩散速度快。当敏化加热时，富铬的碳化物 $Cr_{23}C_6$ 优先在 γ/α 相界的 α 相一侧形核，从而明显减少了 γ/γ 相界间的碳化物析出，又因面心立方的 γ 相致密度大，碳和铬的扩散速度很慢，所以 $Cr_{23}C_6$ 析出的数量也很少，即难以在晶界构成连续网状。铬不仅在 α 相中含量高且在致密度小的 α 相中扩散速度很快(比在 γ 相中高 2～3 个量级)，故很容易消除因析出 $Cr_{23}C_6$ 而产生的贫铬区。但在焊缝组织中铁素体含量不宜过多，大于 15%时易形成连续网状或析出 σ 相而带来危害。

(3) 双相不锈钢耐应力腐蚀的原因是：①双相不锈钢的屈服强度比 18-8 钢高出近 2 倍，抗滑移能力强；②第二相的存在对应力腐蚀的裂纹扩展有机械阻碍作用或使裂纹扩展改变方向，因此延长了应力腐蚀裂纹的扩展期；③在含氯离子的中性介质中，18-8 钢的应力腐蚀裂纹多起源于点蚀坑，而双相不锈钢的抗点腐蚀性能优于 18-8 钢，故使点蚀倾向小，即使产生点蚀，由于第二相的障碍作用，使它不易扩展成为应力集中系数较大的尖锐点坑；④在介质作用下，双相不锈钢中的 α 相因电位负于 γ 相，呈阳性，对奥氏体基体起着电化学阴极保护作用。例如在实际事故分析中观察到的 α 相优先被溶解就是一个例证。屈服强度比 18-8 钢高出近 2 倍，抗滑移能力强。双相不锈钢耐应力腐蚀的机理解释很多，但至今还未统一。

5.2.2　铬镍奥氏体不锈钢的热处理

不锈钢的防锈功能，主要是通过合金化方法实现的。虽然它们的成分匹配已经典型，但需要通过热处理才能发挥出合金元素的作用，达到耐蚀的目的。否则，奥氏体不锈钢具有的综合性能好的优点就难以体现,甚至还会带来危害。其原因从下列各种处理的目的和工艺过程中可以看出。

5.2.2.1 固溶处理

固溶处理是将 18-8 型不锈钢加热到 1050～1150℃,使析出的碳化物重新溶入奥氏体(见图 5-9),然后快冷使其变为单相奥氏体的热处理工艺。从图 5-9 看出,含碳量高的固溶处理温度取上限 1150℃,低的取下限,而且必须快冷。否则,会析出碳化物和 α 相,即又出现了处理前的多相组织状态,对提高不锈钢的抗腐蚀性能不利,这就失去了固溶处理的意义。

18-8 型钢经固溶淬火后,其性能变化恰与结构钢相反,即强度降低,塑韧性提高。由于碳是扩大 γ 相元素,它全部固溶在奥氏体内,可稳定 γ 相所以具有良好的抗蚀性和热强性。

固溶处理后的 304 不锈钢(非稳定型)应避免在敏化区再加热。否则,过饱和的碳析出后形成碳化铬,将增加晶间腐蚀的敏感性。

5.2.2.2 稳定化处理

稳定化处理主要是为了防止晶间腐蚀和促使 18-8 型不锈钢中的碳化铬转化为 TiC 或 NbC 的一种热处理工艺。对于含 Ti(321)或含 Nb(347)的不锈钢必须进行稳定化处理,否则钢中的碳未被稳定,就失去了加 Ti 或 Nb 的意义。经固溶处理后的 321,347 不锈钢,基体中过饱和了大量碳原子,当它们在敏化区使用时,尽管 Nb 和 Ti 与碳的亲和力大于铬,但因 Ti 的原子半径(1.95Å)和 Nb 的原子半径(1.47Å)比铬的半径(1.28Å)大,它们在基体中的扩散速度比铬慢,故形成 $Cr_{23}C_6$ 的概率大于 TiC 和 NbC。这说明仅把 Ti 和 Nb 加入钢中并不能发挥它们的作用,还必须进行稳定化处理,使之形成 TiC 或 NbC 后才能避免晶界贫铬,进而达到防止晶间腐蚀的目的。

稳定化处理一般是先经过固溶处理后,再经 850～950℃保温 2～4h 后空冷的一种热处理方法。从图 5-14 看出,此温度高于碳化铬的溶解温度但又低于碳化钛的溶解温度,所以在二者的溶解温度之间加热保温时,$Cr_{23}C_6$ 将被溶解,释放出的碳与 Ti 和 Nb 形成 TiC 和 NbC,从而减少了晶界贫铬,起到了防止晶间腐蚀的作用。

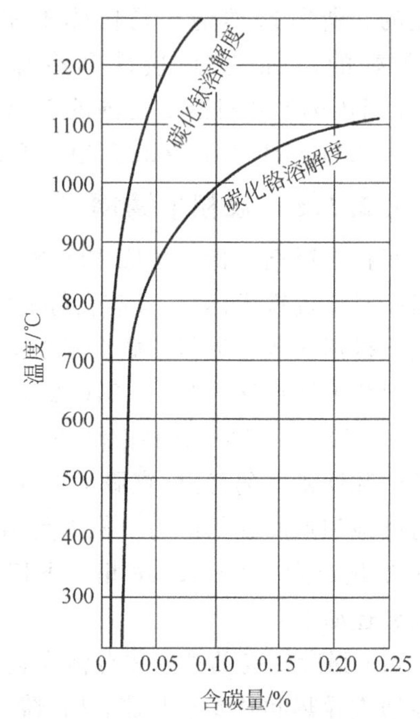

图 5-14 碳化物在 18-8 型钢内的溶解度

为了稳定钢中的碳,根据 TiC 和 NbC 化学式计算,Ti 和 Nb 分别为碳含量的 4 倍和 8 倍。因希望它们将所有的碳全部结合以及考虑到氮的影响,一般钛和铌的加入量分别为碳含量的 6 倍和 10 倍。但不宜过量,因为 Ti 和 Nb 都是扩大 α 相元素,能降低奥氏体稳定性,促进铁素体的形成。再则含 Ti 量高的钢表面质量差,含 Nb 量高易增大焊接热裂纹倾向。

5.2.2.3 消除应力处理

去应力处理是消除冷加工或焊接后的残余内应力的热处理工艺。一般采用 300～350℃保温 2h 空冷。对于 304 钢及未经稳定化处理的 321,347 钢,去应力处理的温度不应超过 450℃,以免产生晶间腐蚀。

为了减少奥氏体不锈钢在冷加工及焊接后的应力腐蚀倾向,通常在敏化区的上限温度 850℃以上进行热处理(图 5-15)。否则易析出碳化铬,增大晶间腐蚀倾向。通常在 950℃保温后水冷,以便迅速通过敏化区,待温度降至 540℃之后再空冷,以防急冷变形。对于含钛或铌的 18-8 钢,去应力处理与稳定化处理合并进行,一般采用 950℃保温后空冷。

5.2.2.4 消除 σ 相处理

18-8 型不锈钢一般不易产生 σ 相,但经冷加工、焊接或铸造后,当出现铁素体和铬的偏聚时,均会促进 σ 相析出和应力腐蚀倾向增大。σ 相硬而脆,易增大钢的脆性。如果发现钢中出析了 σ 相,从图 5-10 的 Fe-Cr 平衡相图中可知,将钢加热到 850℃以上,保温后快冷即可消除 σ 相。

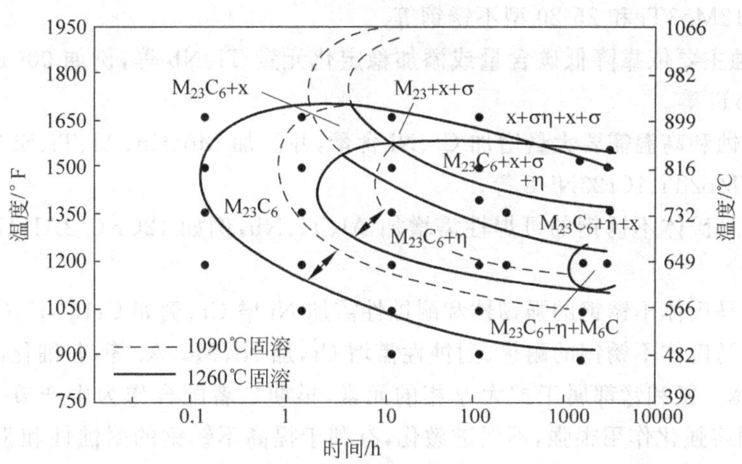

图 5-15　316L(0.03%C)不锈钢析出相的时效温度-时间曲线

5.2.3　不锈钢的发展和性能提高

5.2.3.1　不锈钢性能提高的经历和改善的途径

图 5-16 列出了奥氏体不锈钢的国际型号及其改进的目的和措施，以及它同铁素体型、马氏体型和双相不锈钢的关系。

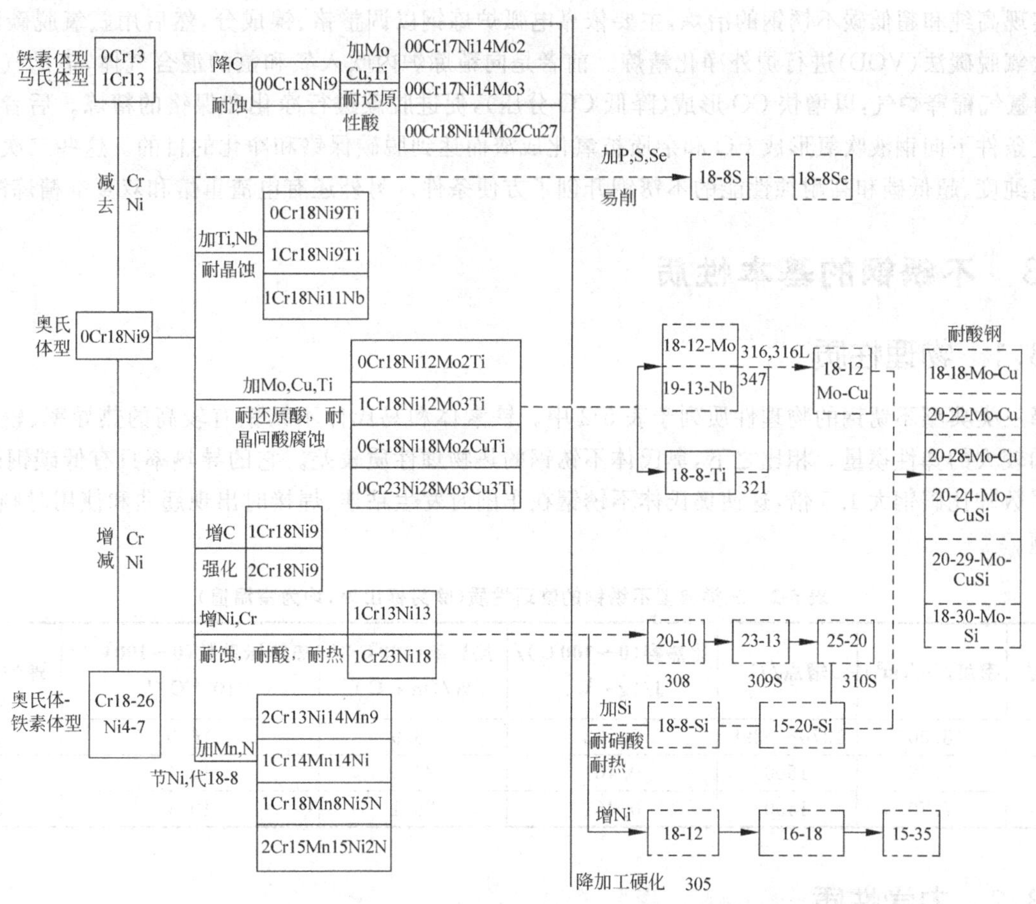

图 5-16　18-8 奥氏体不锈钢的型号及其改进发展过程(虚线部分为国外的部分钢种)

5.2.3.2　不锈钢改性的综合概述

综合以上各种典型不锈钢的特点及其发展过程，不难看出，它们的改性方法主要采用以下措施：

(1) 提高耐热、耐蚀和抗氧化性能，主要依靠增加 Ni、Cr 含量，同时分别添加 Mo、Si、Cu、Ti、Nb 等，例如

0Cr18Ni9Ti,1Cr18Ni12Mo3Ti 和 25-20 型不锈钢等。

(2) 减少晶间腐蚀主要依靠降低碳含量或添加稳定化元素 Ti、Nb 等,例如 00Cr18Ni9、1Cr18Ni11Nb、Cr17Ti、1Cr18Ni12MoTi 等。

(3) 提高耐酸、耐蚀和高温需要大量增加 Cr、Ni 含量,并添加 Mo、Cu、Al、Ti、Si 等,例如 20-29-Mo-Cu-Al-Si、25Cr20Ni、Cr17Mo2Ti、1Cr23Ni18 等。

(4) 改善铁素体、马氏体不锈钢的可焊性需增加 Al、Ti、Nb,例如 12Cr-0.2Al、17Cr-0.5Ti、18Cr-2Mo、Ti、Nb 等。

(5) 改善铁素体、马氏体不锈钢的强韧性和耐蚀性需加 Ni 增 Cr,例如 Cr13Ni2,Cr17Ni2。

(6) 提高铁素体、马氏体不锈钢的耐热、耐蚀性需增 Cr,加 Ni,Mo,Al 等,若细化晶粒需添加 Nb,Ti 等。

(7) 氮强化奥氏体。氮和锰都属于扩大 γ 相的元素,早期二者配合作为生产节 Ni 型奥氏体不锈钢之用。氮是间隙元素,固溶强化作用很强,不促进敏化,有利于提高不锈钢的耐蚀性和强度。氮的这一特点已被用作提高超低碳奥氏体不锈钢的强度。例如 PWR 主管道用的核级 316 不锈钢是在 316L 钢中加 N 而成的。又如不锈钢目前发展趋势倾向于超低碳、高纯化,加氮并配合多元微合金化方法提高不锈钢的强度、耐蚀性和焊接性能等。快堆元件包壳用的 AISI316Ti 不锈钢就是按此方法改进的。

5.2.3.3 高纯不锈钢的生产工艺

所谓高纯不锈钢是通过对不锈钢所含杂质进行严格控制,使其降低到最低,达到工业生产的高纯。提高钢的纯净度、降低夹杂物含量,减少或消除钢中成分、组织和应力的不均匀性,是提高不锈钢综合性能的重要措施。

为实现高纯和超低碳不锈钢的冶炼,主要依靠电弧炉炼钢以调整铬、镍成分,然后用氩氧脱碳法(AOD)或真空吹氧脱碳法(VOD)进行炉外净化精炼。前者是向精炼炉内吹入氧和氩的混合气体,借助气泡上升形成 CO 和氩气稀释炉气,以增快 CO 形成(降低 CO 分压),促进脱碳进行净化和保铬的精炼。后者是将钢水包在真空条件下向钢液吹氧形成 CO 和杂质被氧化成渣而达到脱碳保铬和净化的目的。这些二次精炼工艺为生产高纯度、超低碳和高耐蚀性能的不锈钢开创了方便条件。另外还有电渣重熔和双真空精炼法。

5.3 不锈钢的基本性质

5.3.1 物理性质

选择三类典型不锈钢的物理性质列于表 5-2 中。铁素体和马氏体不锈钢有较高的热导率、较低的热膨胀系数和较大的弹性模量。相比之下,奥氏体不锈钢的热物理性质较差。它的导热率只有低碳钢的 1/3,而其膨胀系数却比碳钢大 1.5 倍,这使奥氏体不锈钢在车削时发生粘连、焊接时出现翘曲和使用时频频产生咬接等问题。

表 5-2 三类典型不锈钢的物理性质(除另标出外,均为室温值)

AISI 牌号	密度/(g/cm^3)	熔点/℃	比热容(0~100℃)/[J/(g·℃)]	热导率(100℃)/[W/(m·℃)]	热膨胀系数(0~100℃)/10^{-6}℃$^{-1}$	弹性模量/GPa
316	8.00	1370~1398	0.502	15.9	16.0	193.2
430	7.72	1500	0.461	23.0	10.4	200.0
410	7.70	1490	0.461	25.1	10.4	200.0

5.3.2 力学性质

图 5-17 示出了奥氏体钢和铁素体钢的应力-应变曲线。其主要差别在于铁素体有明显的屈服降;而奥氏体没有此现象。其原因是杂质原子碳在 BCC 晶体结构铁素体中的扩散系数较大,使碳迅速运动到位错附近,较高的碳浓度可以钉扎住位错线,所以其屈服强度较高,但只要在外应力下解除杂质碳的钉扎后,位错线就可以在较低应力下运动,屈服点便从图中的 U 点下降到 L 点。

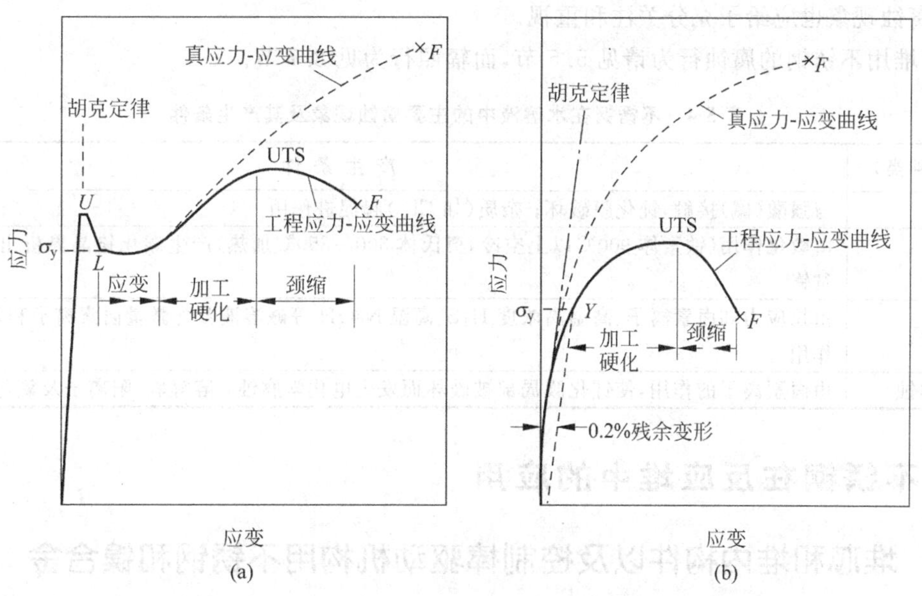

图 5-17 铁素体(a)和奥氏体钢(b)的应力-应变曲线示意图

表 5-3 列出了三类典型不锈钢在室温下的拉伸性质。通常,AISI300 系列的奥氏体不锈钢在 400℃以下都有足够的强度和良好的塑性、韧性。但它们的强度,尤其是屈服强度要低于马氏体或碳素体不锈钢,幸而,在随后的塑性区内的加工硬化程度高,所以其拉伸强度较高,其屈服强度/拉伸强度≈0.4。在 316、321、347 不锈钢中添加 Mo、Nb 和 Ti 后,因 Mo 可起到固溶强化,Nb 或 Ti 的碳化物可产生弥散强化,从而提高了它们的强度。图 5-18 示出了各种不锈钢的高温强度。可以看到,约在 500℃以上,奥氏体不锈钢的拉伸强度明显高于铁素体钢(27Cr)和马氏体钢(12Cr)。其原因是 FCC 晶胞的奥氏体,致密度大,高温下合金元素和铁的自扩散较慢,再结晶温度高。

表 5-3 三类典型不锈钢在室温下的拉伸性质

AISI 牌号	拉伸强度/MPa	屈服强度/MPa	延伸率/%	面缩率/%
304①	491	196	45	60
430②	441	201	22	50
410②	589	412	20	60

① 试样经 1050℃水淬处理
② 试样经 1050℃油水淬处理

5.3.3 耐蚀性

一般来说,铬含量高于 12%的铬钢在氧化性介质中具有良好的耐蚀性和抗氧化性。但在非氧化性酸和还原性溶液中,铬钢因钝化膜破裂,出现活化而被腐蚀;而铬-镍奥氏体不锈钢对该溶液的抗力很强,若再添加少量 Mo、Si、Cu、W 等元素,则可进一步提高其耐蚀性。现将不锈钢的主要腐蚀现象及其产生条件列于表 5-4 中。从表中可见,不锈钢产生腐蚀的主要条件是强酸、强碱、卤素离子杂质、晶界贫铬、溶解氢以及拉应力等。为保护不锈钢免除或缓解被介质的腐蚀就需要采取针对性措施。例如:控制介质中的卤素离子,特别是 Cl^- 离子;进行固溶处理;消除应力退火;添加有效的合金元素;使用稳定型不锈钢等。此外对接触腐蚀、疲劳腐蚀、质量迁移以及

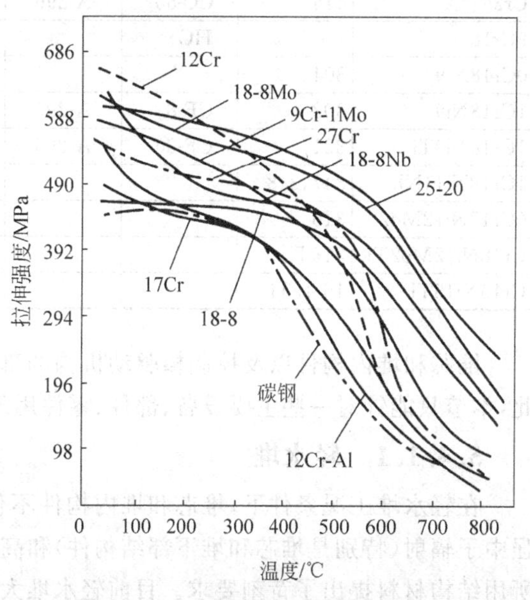

图 5-18 各种不锈钢的高温强度

脱碳、渗碳等腐蚀现象也应给予充分关注和重视。

关于反应堆用不锈钢的腐蚀行为请见5.5节，而辐照行为见8.7节。

表 5-4 不锈钢在水溶液中的主要腐蚀现象及其产生条件

腐蚀现象(或种类)	产生条件
均匀腐蚀	与强酸(碱)接触，钝化膜破坏；杂质(如 Cl^-)起促进作用
晶间腐蚀	由敏化作用(铁素体900℃以上空冷，奥氏体500～850℃加热)产生碳化铬晶界析出，导致晶界附近贫铬
应力腐蚀开裂	由拉应力和卤素离子、高温高浓度 H_2S、高温 NaOH 等碱溶液及含微量卤素离子和氢的高温水溶液作用
点蚀(缝隙腐蚀)	由卤素离子的作用，使钝化膜局部被破坏而发生电化学腐蚀；溶解氢、阳离子及氧化剂起促进作用

5.4 不锈钢在反应堆中的应用

5.4.1 堆芯和堆内构件以及控制棒驱动机构用不锈钢和镍合金

除压力容器外，堆芯和堆内构件以及控制棒驱动机构也均属于反应堆本体的关键设备和构件。它们在核反应堆满功率工作寿期内都要保持良好的性能，即使在事故工况下，也应保证核反应堆结构的安全性和可靠性。实际上，四种金相组织的不锈钢在反应堆中均有应用。为便于查阅，表5-5列出国内外部分不锈钢钢号对照。

表 5-5 国内外部分不锈钢钢号对照

中国	美国			英国	日本	德国	俄罗斯
GB	AISI SAE	ACI	ASTM	BS	JIS	DIN W-Nr	POCT
0Cr13	410			En56A		X7Cr13 1.4000	08X13
1Cr13	403			En56A,En56AM	SUS21	X10Cr13 1.4006	1X13
2Cr13	410	CA15	A-296	En56B,En6C	SUS22	X20Cr13 1.4021	2X13
3Cr13	420	CA40	A-296	En56M	SUS23		3X14
4Cr13				En56D		X40Cr13 1.4034	4X13
Cr17	430		A-296	En60	SUS24	X8Cr17 1.4016	X17
Cr17Ti						X8CrTi17 1.4510	0X17T
Cr17Ni2	430			En57	SUS44	X22Cr17 1.4057	X17H2
Cr25	446	CC-50	A-296			X8Cr28 1.4083	X25,X25T
9Cr18		HC					9X18
0Cr18Ni9	304			En58E	SUS27	X5CrNi189 1.4301	0X18H10
1Cr18Ni9	302	CF-8	A-296	En58A	SUS40	X12CrNi189 1.4300	1X18H9
1Cr18Ni9Ti	321	CF-20	A-296	En58B,En58C	SUS29	X10CrNiTi189 1.4541	1X18H9T
1Cr18Ni11Nb	347,348			En58F,En58G	SUS43	X10CrNiNb189 1.4550	0X18H12B
0Cr18Ni12Mo2	316						
Cr18Ni12Mo2Ti	316Ti						
Cr15Ni15Ti	15-15Ti					1.4970	

堆芯和堆内构件以及控制棒驱动机钩的部件繁多，结构各异，功能各不相同，加之所涉及堆型又多，因此，本节只能针对一些主要设备、部件、零件用的不锈钢加以简单介绍。

5.4.1.1 轻水堆

在轻水堆工况条件下，堆芯和堆内构件不仅要在280～350℃高温和9～15MPa压力下，而且要在具有强中子辐射(特别是堆芯和堆下部结构件)和高温水腐蚀、冲刷、水力振动等恶劣条件下长期工作。为此，对所用结构材料提出了苛刻要求。目前轻水堆大量选用多种奥氏体不锈钢，不仅由于它们具有优良的常规综合性能，例如，力学性能、耐腐蚀性能、焊接性能、冷/热加工成型性等，而且也由于它们作为具有面心立方结构的金属，不仅在一般条件下不存在韧-脆转变温度，而且即使在快中子注量达 10^{20} n/cm² 的辐照条件下也几乎不产生脆化。

图 5-19 系 2 种半奥氏体不锈钢在注量达约 4×10^{19} n/cm² 时的试验结果。自 20 世纪 90 年代起，虽然人们对辐照会导致奥氏体不锈钢组织的变化，会促进或诱发晶间腐蚀、应力腐蚀等进行了大量试验研究，但对目前 Cr-Ni 奥氏体不锈钢在核反应堆工程中的大量应用并未产生影响。

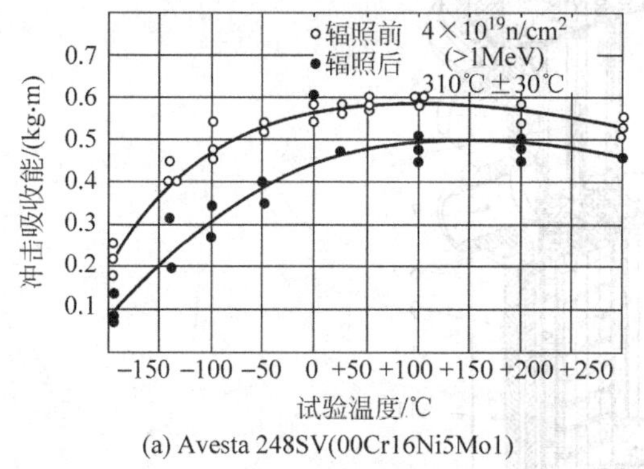

(a) Avesta 248SV(00Cr16Ni5Mo1)

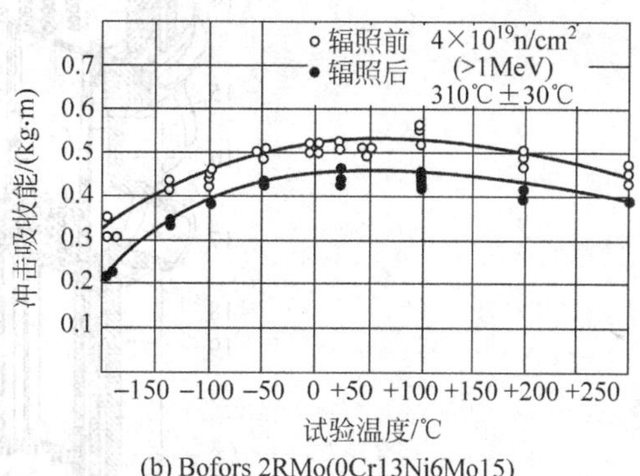

(b) Bofors 2RMo(0Cr13Ni6Mo15)

图 5-19　半奥氏体不锈钢的辐照脆化敏感性

(1) 燃料组件。燃料组件由燃料元件棒、定位格架、组件骨架等组成。燃料元件棒包壳采用锆合金已如前述，而定位格架中的条带和围板一般采用具有良好高温弹性的高镍合金或奥氏体不锈钢，组件骨架则全部采用铬镍不锈钢。

(2) 控制棒组件。控制棒组件一般有安全棒、补偿棒和调节棒，系由内装吸收中子的材料，外套为铬镍奥氏体不锈钢管制成。控制棒的导向管系采用铬镍不锈钢的精密管。

(3) 堆内构件。堆内构件包括吊兰部件、压力部件、堆内温度测量系统的通量组件等。

全部采用铬镍不锈钢的板材、锻件、管材、棒材等制成。主要牌号有 0Cr18Ni9(AISI304)、00Cr18Ni10(AISI304L)、0Cr18Ni9Ti、0Cr18Ni12Mo2Ti 等。由于 0Cr18Ni9(304)焊接后在高温高压水中具有晶间腐蚀敏感性，而 00Cr18Ni10(AISI304L)在 300℃左右高温水中强度不能满足要求，法国的大型压水堆的堆内构件均大量选用控氮的 00Cr18Ni10，中国的牌号为 304GN。

(4) 控制棒驱动机构。控制棒驱动机构是核反应堆的重要动作部件，它在反应堆运行过程中要进行百万次的动作而不发生故障。它们也是由不锈钢制作，其中包括耐磨高强度的马氏体和沉淀硬化马氏体不锈钢。

轻水堆内还需要大量的螺钉、螺栓、销钉、定位销等紧固件作为构件连接之用。除不锈钢外，高镍合金也获得了应用。

图 5-20 反映了压水堆堆内用不锈钢和镍合金材料简况。表 5-6 表示不同堆型对压力容器材质要求及不锈钢使用部位。

表 5-6　不同堆型对压力容器材质要求及不锈钢使用部位

堆　型	工作温度及压力	材 料 要 求	不锈钢使用部位	钢　号
压水堆	350℃ 18.5MPa	力学性能，抗辐照，焊接性能	不锈钢内衬	AISI308 AISI309
沸水堆	300℃ 7～9MPa	力学性能，抗辐照，焊接性能	不锈钢内衬	AISI308 AISI309
重水堆	300℃以下 9～10MPa	耐重水腐蚀性，焊接性能	压力容器	奥氏体铬镍 不锈钢
钠冷快堆	350～650℃液钠 69MPa	抗辐照，抗液态钠腐蚀	压力容器	0Cr18Ni9 0Cr18Ni12Mo2 0Cr18Ni10Ti

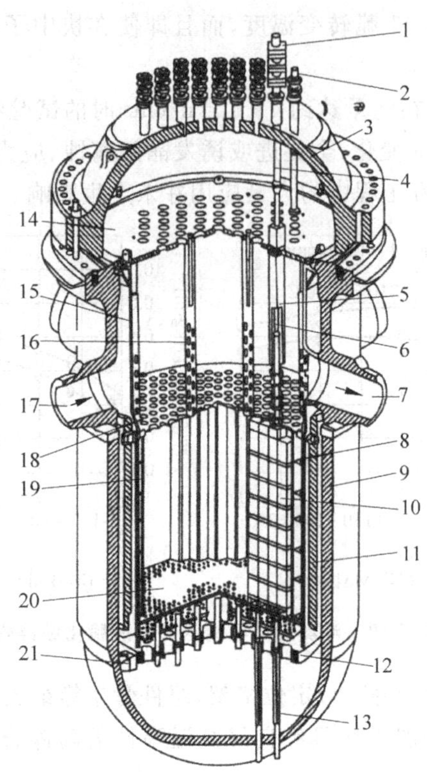

图 5-20 压水堆本体用不锈钢和镍合金的主要设备和构件简况

1—控制棒驱动机构；2—上部温度测量引出管；3—压力壳顶盖(低合金高强度钢)；4—驱动轴；5—导出管；6—控制棒；7—冷却剂出口管(低合金高强度钢)；8—堆芯幅板；9—压力壳筒体(低合金高强度钢)；10—燃料组件(除燃料棒外)；11—热屏蔽；12—吊篮底板；13—通量测量管；14—压紧组件；15—吊篮部件；16—支撑管；17—冷却剂进口管(低合金高强度钢)；18—堆芯上栅格板；19—堆芯围板；20—堆芯下栅格板；21—吊篮定位块

5.4.1.2 其他堆型

1）钠冷快堆　由于钠冷快堆较轻水堆具有更高的工作温度，堆芯具有更强的快中子辐照(可达 10^{20}～10^{23} n/cm^2)特性，还要求材料与液态钠的相容性。因此，钠冷快堆从燃料包壳、控制棒包壳到堆内各种结构部件用材料都选用铬镍奥氏体不锈钢。例如，0Cr18Ni9（304）、0Cr18Ni2Mo2（316）、0Cr18Ni15Mo2Ti(316Ti)、控氮 Cr18Ni4Mo2 等。钠冷快堆的燃料包壳工作温度可达 650℃，管外有高温液态钠，管内又有核燃料裂变产物的压力和侵蚀，因此，奥氏体不锈钢中的 0Cr18Ni2Mo2(316)钢一直系包壳材料的首选。图 5-21 指出了几种不锈钢和镍合金包壳材料每千瓦小时的堆芯费用。显然，预冷加工变形（冷作）20%的 0Cr18Ni15Mo2(316)钢占有绝对优势。预冷加工变形 20%的目的是为了提高该钢种的抗中子辐照肿胀的性能。为了同一目的的含 Ti 的 0Cr18Ni15Mo2Ti(316Ti)不锈钢管材也已用于快堆燃料包壳管的制造。

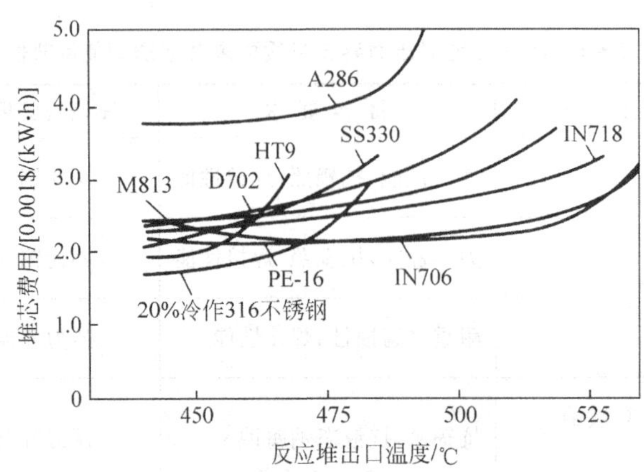

图 5-21 相对于堆体出口温度的最佳堆芯费用

2）生产堆　大型核燃料生产堆的立管螺栓、脉冲管卸料机构等也均选用奥氏体不锈钢。国内生产堆早期5000个主管螺栓均用4Cr14Ni4W2Mo，由于大量应力腐蚀和腐蚀疲劳断裂，全部改用国内开发的00Cr25Ni6Ti和00Cr26Ni7Mo2Ti双相不锈钢；卸料机构的脉冲管总长达数十公里，早期选用直径和壁厚为ϕ8mm×1mm的1Cr18Ni9Ti的钢管，由于部分脉冲管在反应堆底部潮湿气氛中，导致大量氯化物点蚀和应力腐蚀而泄漏，后改用了国内研制的00Cr18Ni6Mo3SiNb双相不锈钢。经长期使用，几种双相不锈钢均获得了满意的结果。

5.4.2　一回路管道和冷却剂泵用不锈钢

反应堆内的高温冷却剂通过一回路管道进入蒸汽发生器把热量传给二回路水（沸水堆是一回路水在堆芯内发生沸腾并将蒸汽直接送入汽轮机），然后再通过冷却剂泵送回反应堆内，如此循环不已。

5.4.2.1　轻水堆

1）主管道　轻水堆的主管道承受比较高的温度和相当高的压力，还有较高流速的高纯水的腐蚀以及低周和高频疲劳的作用。因此，工作条件也十分恶劣，也属于核一级设备。耐腐蚀性能（包括不锈钢的晶间腐蚀、应力腐蚀和腐蚀疲劳等），高强度、高韧性、疲劳性能、可焊性等因素是材料选择必须考虑的项目。

表5-7列入了一些国家压水堆主管道的选用材料。现代轻水堆主管道已发展到直径600～800mm，而且从早期主管道≤ϕ300mm用不锈钢，大口径用碳钢外壳，内层为不锈钢，发展到现在全部用不锈钢制造的热变形管或离心铸管。

表5-7　一些国家压水堆主管道用材

国　别	材料牌号（或结构）	化学成分标号	备　注
美国	AISI316 （双层管）	0Cr18Ni2Mo2 外壳碳钢，内层不锈钢	热变形管 —
俄罗斯	0Cr18Ni10Ti （双层管）	0Cr18Ni10Ti 外壳碳钢，内层不锈钢	热变形管 —
日本	AISI316 核级含氮316(316LN)	0Cr18Ni12Mo2 0Cr18Ni14Mo2N	热变形管 -热变形管-
德国	AISI347	0Cr18Ni11Nb	热变形管
法国	Z2CND18-12（控氮） Z3CN20-09M	0Cr17.5Ni12Mo2.5 0Cr20Ni9	热挤压锻造管 离心铸管

沸水堆的压力较低，管壁可以较薄，目前主要用不锈钢，例如美国用AISI304（0Cr18Ni9）。对于大口径的管道系采用不锈钢板材经热压成型后焊接而成。但是，1974年美国沸水堆管道在焊缝热影响区发现首例晶间应力断裂，随后累计此种事故已达百例以上。为此发展了超低碳核级控氮不锈钢。不仅用于沸水堆主管道，而且已推广用于轻水堆的堆内构件和主管道（已如前述）。这些控氮不锈钢目前的中国牌号为304NG和316NG。

中国的小型压水堆的主管道系采用0Cr18Ni10Ti不锈钢锻造管。大型压水堆则采用核电厂引进国（例如法国、俄罗斯）的成熟经验（表5-7）。

2）泵　压水堆一回路冷却剂泵，即主泵，是一回路系统中唯一的高旋转设备，压水堆最大流量达25000t/h，扬程达100m；沸水堆流量可达6000t/h，扬程可达250m。它们也是反应堆的关键设备之一。船用核动力堆多用屏蔽泵，而核电厂则多用轴封泵。它们的数量与反应堆的回路数相对应。主泵外壳为不锈钢铸造，例如采用0Cr20Ni10和0Cr10Ni11Mo进行铸造，而小型压水主泵则用整体不锈钢锻件，主轴用不锈钢锻件，例如法国大型主泵用26CNN18-11（0Cr18Ni12Nb）锻件。由于主泵和电动机整个包在一个耐压外壳内，为了防止高温水的进入，在电动机的转子与定子间设置了由高镍合金薄带（厚0.5mm）制成的隔套。屏蔽泵的屏蔽套则选用耐腐蚀、无磁且高强度的镍铬钼型耐蚀合金。

沸水堆的喷射和循环泵的选材基本与压水堆主泵相似，也大量采用不锈钢。

5.4.2.2　其他堆型

1）主管道　无论是重水堆，还是生产堆和钠冷快堆一回路管道也均用奥氏体不锈钢，主要有0Cr18Ni9

(304)和 0Cr18Ni10、0Cr18Ni12Mo2 等。而气冷堆一回路与蒸汽发生器相连接的管道，温度较低时一般选用碳钢和低合金钢。对于正在发展的高温气冷堆，随温度的不同，则选用耐热钢和高镍合金。

2）泵 重水泵与轻水泵没有原则上的不同。但由于不能使重水与空气相接触，故其密封性要求更高；钠泵由于要严格防止钠与水或空气相接触．因此密封性要求也比轻水泵为高，且泵的型式也不同；生产堆一回路水泵，温度较低，压力也不高，但由于防止放射性冷却剂外泄等问题，同样要求密封性。上述一回路泵也均用不锈钢制造。所选用的不锈钢牌号也基本与轻水堆相同。

5.4.3 对反应堆用不锈钢性能的要求

反应堆应用对不锈钢性能要求极为严格，除了 5.5 节将专门讨论的腐蚀行为之外，这些要求主要体现在下述三个方面：

1）热中子吸收元素的控制 在反应堆中，要实现链式反应，需保证中子数量的平衡，对于反应堆材料来说，要求中子吸收截面要小。由于构成不锈钢的元素以及其中所含的杂质对热中子都有一定的吸收能力，特别是硼元素对中子吸收能力特别高，因此要求核电反应堆内不锈钢材料的残余硼含量应尽量低，法国标准为 0.0015%～0.0018%。

2）感生放射性元素的控制 反应堆长期连续运行中，由于冷却剂对管路等系统的腐蚀作用，会形成腐蚀产物，这些腐蚀产物流经堆芯时可能被中子活化产生放射性同位素，致使腐蚀产物具有放射性进而污染系统。根据反应堆运行经验，感生放射性元素中 Co-60 由于半衰期长，对反应堆正常运行影响最大，因此对反应堆用不锈钢材料中 Co 元素含量有限制，一般要求低于 0.05%。由于 Co 主要来自冶炼原料镍，因此反应堆不锈钢生产应尽量选择低 Co 元素的原料。此外，反应堆在选材时，应尽量选用不锈钢，减少含 Co 较高的镍基合金用量。

3）抗辐照性能要求 反应堆运行中，不锈钢材料受中子辐照后，组织性能会发生变化，表现为钢的强度、硬度提高，塑性、韧性下降。根据已开展的研究工作，通过以下措施可改善不锈钢的抗辐照性能：

(1) 对钢中残余铜、磷等元素严加限制，降低碳含量，控制锰、镍含量等；

(2) 细化晶粒，改善钢的韧性，降低韧-脆转变温度(DBTT)；

(3) 冶炼工艺优化，精选原料以降低 Cu、As、Sn 杂质含量，精炼以降低 N、S、P、H、O 含量；

(4) 改善浇铸，降低偏析和白点等缺陷，有些产品采用空心锭浇铸；

(5) 采用合适的热处理、热加工工艺，改善钢板性能。

综合以上要求，铁素体和马氏体不锈钢因其耐蚀性、高温强度、焊接性能和可加工性能不如奥氏体，因此在反应堆堆芯的应用受到限制。而奥氏体不锈钢由于其优良的耐蚀性、耐辐照、耐高温和强度好而广泛用作核反应堆的结构材料。

5.5 不锈钢在堆内的腐蚀行为

5.5.1 不锈钢在水溶液中的几种主要腐蚀现象

5.5.1.1 为什么金属通常容易发生腐蚀

腐蚀可以定义为某种材料由于受其环境的化学侵蚀而退化。金属在不同的环境下会呈现出八种不同的腐蚀现象，包括全面腐蚀、晶界腐蚀、点腐蚀(孔蚀)、缝隙(间隙)腐蚀、应力腐蚀开裂、电位差腐蚀(原电池腐蚀)、冲蚀-腐蚀、氧化-高温腐蚀。对于金属与合金来说，这些腐蚀形态独立引起的情况有之，彼此相互关联连续发生的情况也有之。例如，往往点腐蚀(孔蚀)发生在先，应力腐蚀开裂在后，即前者是后者的起源，而后者可能引发更严重的后果。

腐蚀是材料与使用环境相互作用决定的，表现为复杂的发生形态，但对腐蚀形态做大的分类，有全面腐蚀和局部腐蚀两种。按其他的分类方法，有因气体引发的干式腐蚀，以及由于水的存在使金属离子化而产生的湿式腐蚀。从腐蚀量来说，后者要大得多。图 5-22 表示上述八种腐蚀现象中的几种，现分述如下：

1）全面腐蚀 如图 5-22(a)所示，在与流体相接触的材料表面，发生涉及全表面的均匀腐蚀现象。在设计时，为了留出足够的腐蚀裕量（与使用条件、使用寿命、使用时间相对应的量），应对每年的腐蚀状况进行仔细检查，以积累的数据为依据。

2）点腐蚀（孔蚀）　如图 5-22（b）所示，在材料的局部表面发生非均匀腐蚀，形成点状腐蚀坑的现象。这种腐蚀往往发生在与含氯离子流体相接触的不锈钢表面。

3）缝隙（间隙）腐蚀　如图 5-22（c）所示，当金属结构中存在缝隙的情况，由于缝隙间有腐蚀性流体滞留而发生的腐蚀现象。

4）电位差腐蚀（原电池腐蚀）　如图 5-22（d）所示，当异种金属在腐蚀性的电解水溶液中相接触时，仅有一方的金属（图中为铁）发生腐蚀的现象。

5）氢致脆化开裂　如图 5-22（e）所示，氢进入钢材的内部，导致钢材脆化、开裂的现象称为"氢侵蚀"或"氢致脆化开裂"。前者是指在高温下，氢分压越高越容易引发的脆化、开裂；后者是指通过腐蚀而发生的氢

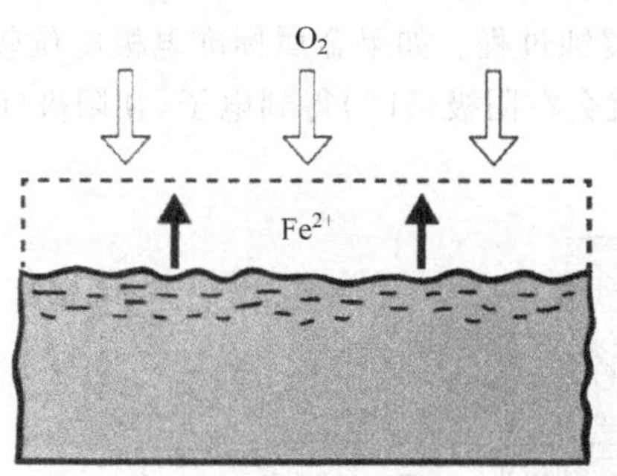

发生于全表面的均匀腐蚀

(a) 全面腐蚀

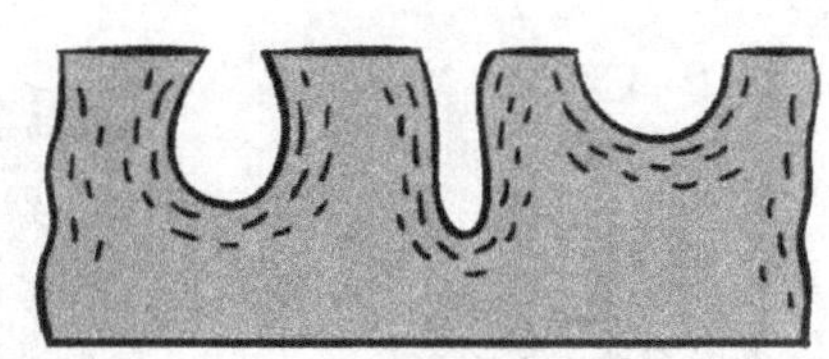
发生于局部的孔状及凹状腐蚀

(b) 点腐蚀(孔蚀)

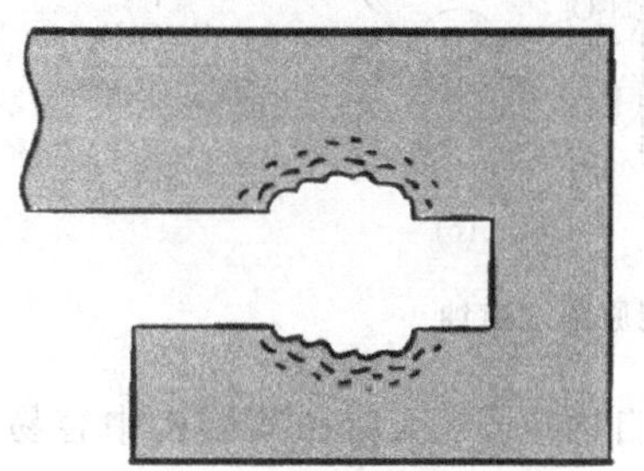
发生于缝隙部位的腐蚀

(c) 缝隙(间隙)腐蚀

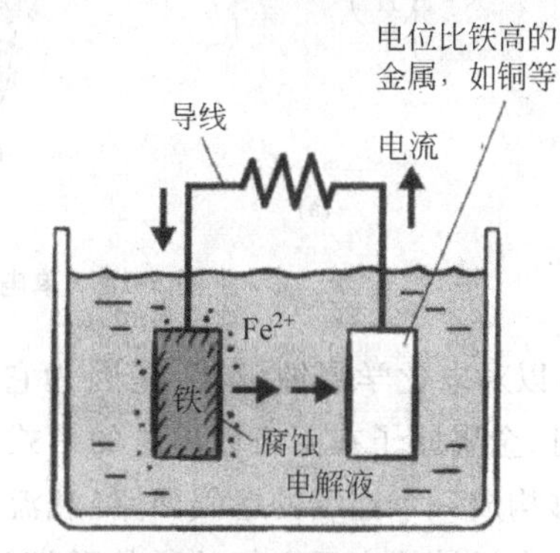

若异种金属相连，在电解液(海水也是)中则会发生由电位差造成的腐蚀

(d) 电位差腐蚀(原电池腐蚀)

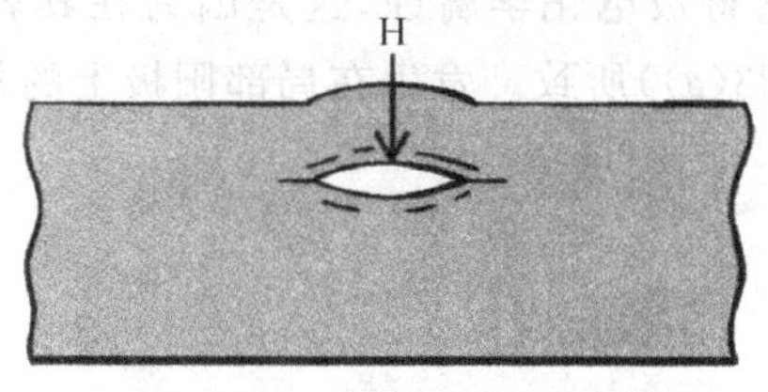

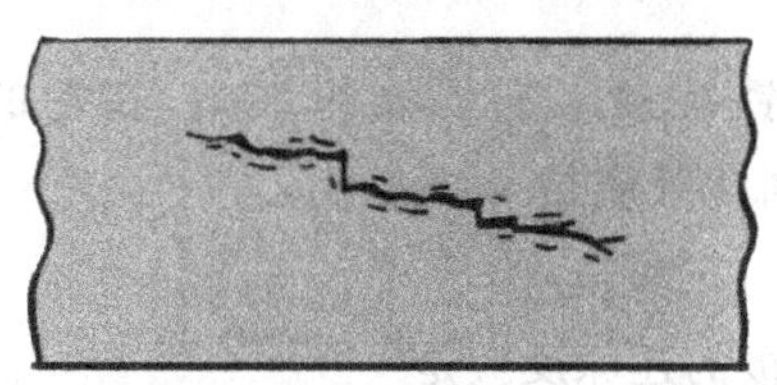
① 钢表面受腐蚀而发生氢原子(H)
② 氢原子进入钢中
③ 当存在中介物时，氢原子变成氢分子(H_2)而滞留在表面以下
④ 当滞留的氢分压升高时，会发生膨胀(鼓泡，上图)或裂纹(阶梯开裂，下图)

(e) 氢致脆化开裂

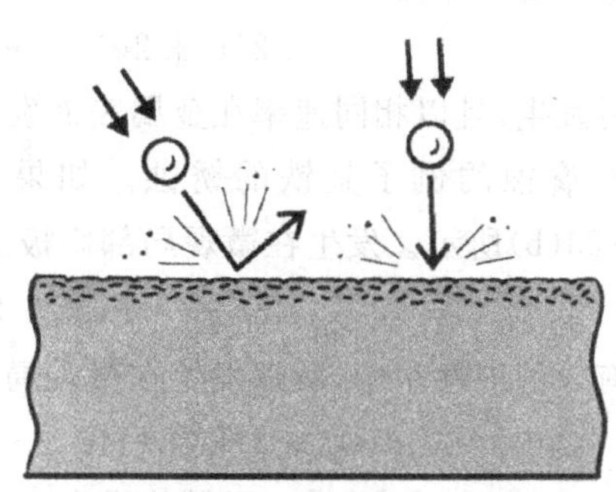
受粒子及液体的冲击作用，金属从表面被耗蚀的现象

(f) 冲蚀-腐蚀(耗蚀)

图 5-22　金属中常见的腐蚀类型

原子，进入钢中，当内部存在中介物及缺陷时，氢在该空间以分子的形式存在，以其为起点而发生开裂，一般在温度低于 150℃的低温才会发生。

6）冲蚀-腐蚀（耗蚀） 如图 5-22(f)所示，因入口部位流体的惯性力及触媒的循环等，由于冲刷、碰撞等原因，造成母材与流体相接触的材料表面被削除而受损伤。特别是那些有触媒处于流动状态，且对物料进行循环处理的容器来说，更会显著发生。

基于下述几个原因，金属相对于有机材料和无机非金属材料，更容易在自然环境下发生腐蚀：

(1) 金属的腐蚀在某种意义上也可以被看做包括金属冶炼在内的金属提取冶金学的逆过程。大部分金属在化合态下，金属元素的能量较低；而在金属状态下，金属的能量更高。因此，对金属而言，存在通过化学反应形成化合物的自发倾向。

(2) 从动力学上讲，发生腐蚀反应的激活能一般很低，大部分可以在所处的环境下自发发生。

(3) 当我们提起腐蚀时，通常会想起金属的电化学侵蚀过程。如果金属标准电极电位较低，当介质中存在某些离子(如图 5-23 中为 H^+ 和 OH^-)时，这些离子就会在阴极(H^+)得到电子，在阳极(OH^-)失去电子，使金属发生腐蚀。

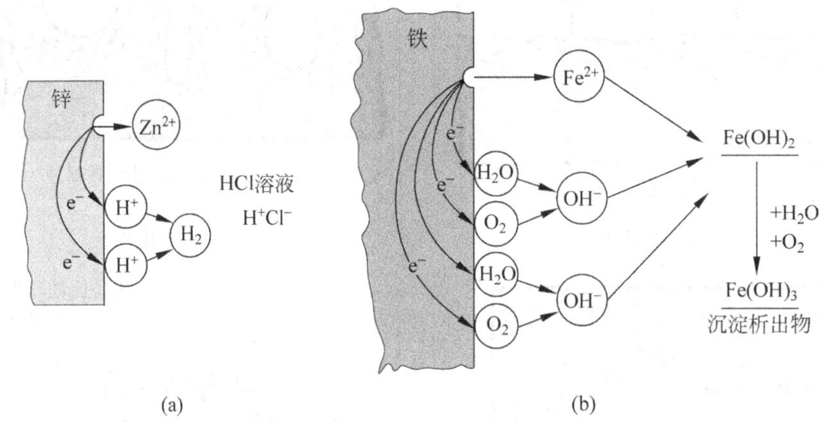

图 5-23 单电极的微观原电池腐蚀

(4) 金属之所以对电化学侵蚀敏感，是因为它们都有自由电子，从而在其结构中容易建立起电化学电池。金属被腐蚀时，金属原子在阳极以离子的形式脱离基体，留下的电子在金属中流动到达阴极，其与介质中离子的定向迁移构成一个连续的电气回路，载流子的持续流动维持腐蚀不间断地进行。

如果一个锌单电极被放在无空气的稀盐酸溶液中，它将被电化学腐蚀，这是因为在其表面由于结构和组成的不均匀性，将形成微观局部阳极和局部阴极(图 5-23(a))所致。发生在局部阳极上的氧化反应是

$$Zn \rightarrow Zn^{2+} + 2e^- \quad \text{(阳极反应)} \tag{5-1a}$$

发生在局部阴极上的还原反应是

$$2H^+ + 2e^- \longrightarrow H_2 \quad \text{(阴极反应)} \tag{5-1b}$$

这两个反应将同时发生，且以相同速率在金属表面发生。

另一个单电极腐蚀的例子是铁的锈蚀。如果一块铁被浸入充了氧的水中，在它的表面将会生成 $Fe(OH)_3$，如图 5-23(b)所示。发生在微观局部阳极上的氧化反应是

$$Fe \longrightarrow Fe^{2+} + 2e^- \quad \text{(阳极反应)} \tag{5-2a}$$

因为铁被浸入含有氧的中性水中，所以发生在微观局部阴极的还原反应是

$$O_2 + 2H_2O + 4e^- \longrightarrow 4OH^- \quad \text{(阴极反应)} \tag{5-2b}$$

将式(5-2a)和式(5-2b)两个反应相加，可得总反应

$$2Fe + O_2 + 2H_2O \longrightarrow 2Fe^{2+} + 4OH^- \longrightarrow \underset{\text{(沉淀)}}{2Fe(OH)_2\downarrow} \tag{5-2c}$$

而氢氧化亚铁 $Fe(OH)_2$ 在氧化性的水溶液中是不溶的，它进一步被氧化为铁锈般红棕色的氢氧化铁 $Fe(OH)_3$。该氧化反应的方程式为

$$2Fe(OH)_2 + H_2O + \frac{1}{2}O_2 \longrightarrow 2\,Fe(OH)_3 \downarrow \tag{5-2d}$$

因为腐蚀由化学反应引起，故腐蚀发生的速率在一定程度上取决于温度的高低以及反应物和生成物的浓度。其他因素如机械应力和侵蚀也对腐蚀有作用。即使是“不锈钢”，在下述的某些环境下也会发生腐蚀。

5.5.1.2 点腐蚀和缝隙腐蚀

点腐蚀(pitting)和缝隙腐蚀(crevice)都是局部的电化学腐蚀。点腐蚀集中在个别小点上，并向纵深发展，甚至可以使金属蚀穿。缝隙腐蚀常发生在一些类似铆接的缝隙处，这些缝隙有一定宽度，液体能进去但不流动。

这类腐蚀的产生与介质中存在氯离子有关，也与局部(坑底)缺氧有关。

当介质中存在氯离子时会造成氧化膜的局部破坏，如果坑底能得到介质中的氧，氧化膜得以修复，蚀坑就不会加深；但如蚀坑较深，妨碍坑内外物质迁移，就会使坑内溶液发生浓缩，氯离子浓度逐渐增大，在坑内形成酸性的浓缩溶液，使腐蚀不断加深，直至穿孔。如图 5-24 所示。

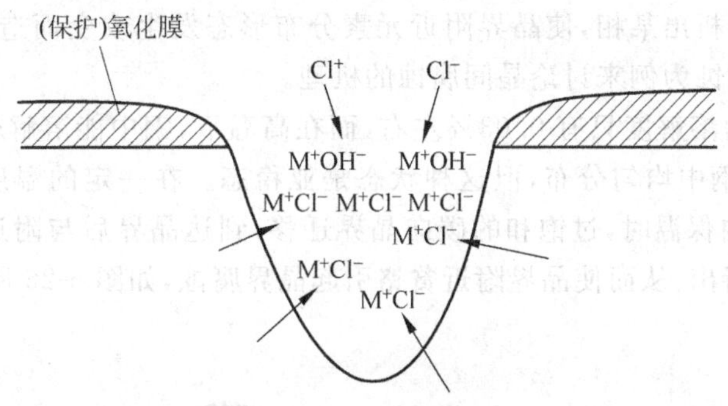

图 5-24 点腐蚀状况

在核电厂，蒸汽发生器的二次侧，在传热管的冷端，管板与第一层支撑板之间常常会有点腐蚀发生。对于海水冷却的核电厂，海水系统的设备和管道也常常发生点腐蚀。

不锈钢发生点腐蚀的原因有内因和外因。内因是材料的成分和组织结构，破坏表面均匀性的缺陷，如夹杂物、贫铬区、晶界、位错等都会使表面氧化膜比较薄弱；外因是介质的成分和温度。介质中含有 Cl^-、Br^-、$S_2O_3^{2-}$，特别是 Cl^-、Cu^{2+} 的污染，都会使不锈钢产生点腐蚀。增加不锈钢抗点腐蚀能力的有效元素是 Mo 和 Cr，其次是 Ni。

因此，为了抗点腐蚀，不锈钢中要加入适量的 Mo 和比较高的 Cr，如 316 不锈钢就比 304 不锈钢抗点腐蚀性能好；设计时要考虑停机时能完全排清液体，避免有死角或滞留液体的部位，清除沉积物方便等。

在反应堆系统中，燃料元件与格架之间，控制棒驱动机构，蒸汽发生器传热管与支撑板之间的胀接处，传热管与管板之间以及管板上方结垢沉积区等部位都有间隙，都存在着缝隙腐蚀的危险。

缝隙腐蚀的严重程度取决于介质中的 Cl^-、O_2、H^+ 的浓度，温度，流速和间隙的尺寸。

缝隙腐蚀形成的原因(见图 5-25 所示缝隙腐蚀机制)解释如下：由于缝隙内的溶液处于滞留状态，其中的溶解氧因出口堵塞而补充困难，缝隙内因缺氧，阴极还原反应停止，但阳极反应依靠缝外的阴极，仍可继续进行，且总速度不变，于是缝隙处产生金属离子积累，为保持电中性，缝外的 Cl^- 被正离子吸引而移入缝内，并形成氯化物($MeCl$ 或 $MeCl_2$)，随着金属氯化物增多，发生水解($MeCl + H_2O \longrightarrow Me(OH) + HCl$)，此

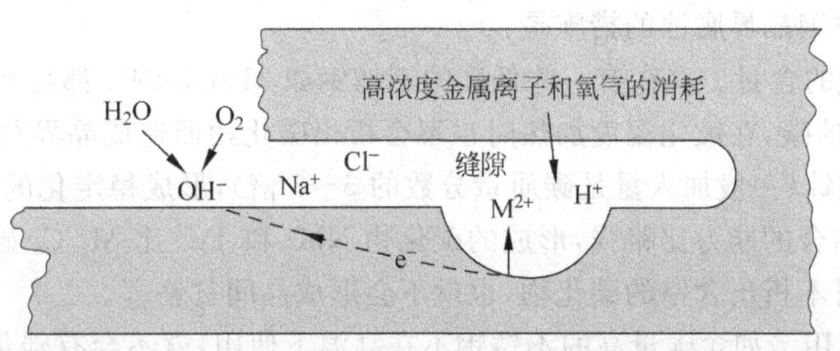

图 5-25 缝隙腐蚀机制的示意图

时缝内溶液酸化(pH 可达 2～3)。pH 的降低可引起缝内金属加速溶解,进而又促使 Cl^- 离子吸入和水解,周而复始便形成了封闭电池的自催化过程,也是缝内金属不断被溶解的过程。

防止缝隙腐蚀的措施是:

(1) 合理的结构设计,避免缝隙;

(2) 根据不同的介质,选择适用的材料,如在核电厂系统中选用含钼的不锈钢;

(3) 在介质中加入缓蚀剂,或在形成缝隙的结合面上涂装加有缓蚀剂的涂料等。

5.5.1.3 晶间腐蚀(intergranular corrosion)

晶间腐蚀的特征是表面尺寸几乎不变,有时表面仍保持金属光泽,但强度和韧性下降,稍加冲击,表面就会出现裂纹。

金相剖面分析,抛光态下可观察到沿晶界的裂纹、晶粒脱落,腐蚀沿晶界均匀向内发展。断口形貌为冰糖状的沿晶断口。

这种腐蚀较多地发生在奥氏体不锈钢和焊接热影响区内,在镍基合金、镁合金和铝合金中也有这种腐蚀发生。产生的原因是晶界析出某相,使晶界附近元素分布形态发生改变而造成的,它是一种局部的电化学腐蚀。以不锈钢的晶间腐蚀为例来讨论晶间腐蚀的机理。

室温下碳在奥氏体中的溶解度只有 0.03%左右,而在高温下,钢中能溶解较多的碳。不锈钢出厂前一般进行固溶处理,因此碳在钢中均匀分布,但这种状态是亚稳态。在一定的温度下会析出过饱和的碳。当不锈钢在 425～870℃范围内保温时,过饱和的碳向晶界迁移,到达晶界后与附近的金属原子(大部分为铬)结合形成 $M_{23}C_6$ 型碳化物析出,从而使晶界附近贫铬引起晶界腐蚀,如图 5-26 所示。图 5-27 显示了对这种现象的解释。

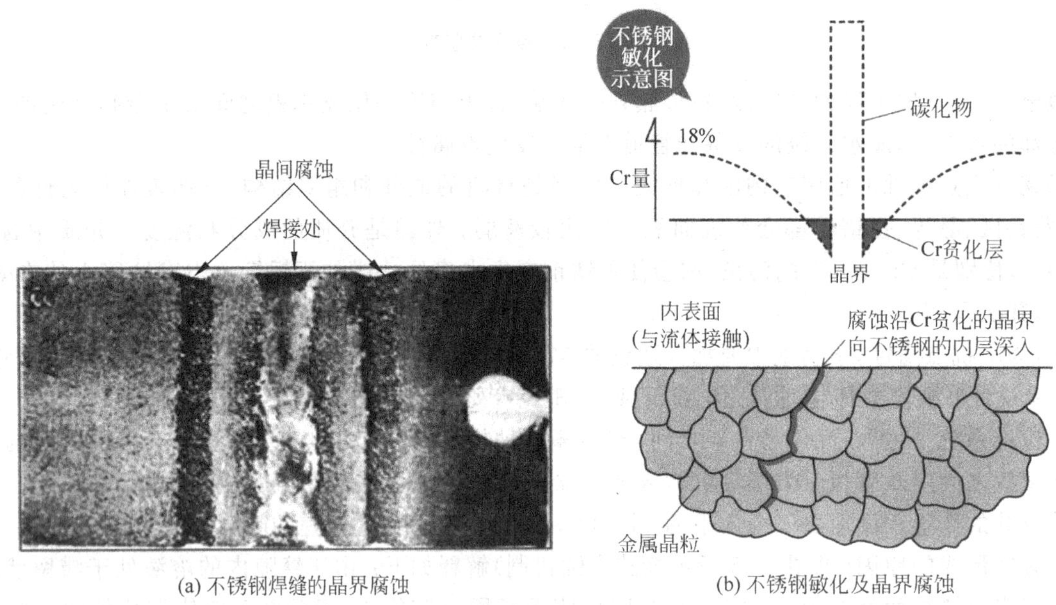

(a) 不锈钢焊缝的晶界腐蚀　　(b) 不锈钢敏化及晶界腐蚀

图 5-26　不锈钢焊缝的晶界腐蚀

在冷却时,焊缝衰败区的温度被限定在铬碳化物析出的临界温度范围内(出自 H. H. Uhlig."腐蚀和腐蚀控制"Wiley,1963,p. 267.)

因此防止奥氏体不锈钢晶界腐蚀的措施是:

(1) 降低不锈钢中碳的含量。现在有一些低碳的不锈钢如 316L,304L 都是把碳含量降至 0.03%以下。这样,在钢中不存在多余的碳,在敏化温度加热时也不会析出碳化物而造成晶界贫铬。

(2) 在钢中加入铌或钛(一般加入量是碳质量分数的 5～8 倍),形成稳定化的不锈钢。所谓稳定是指稳定碳。因为铌和钛与碳结合的能力比铬强,形成的碳化物 NbC 和 TiC 比 $M_{23}C_6$ 碳化物更稳定,因此可以使这种钢在敏化温度工作时不析出含铬的碳化物,也就不会形成晶间贫铬了。

(3) 不在敏化温度使用。如含碳量高的不锈钢不在高温下使用,就不会有碳化物析出导致的贫铬发生,也就不会产生晶界腐蚀了。

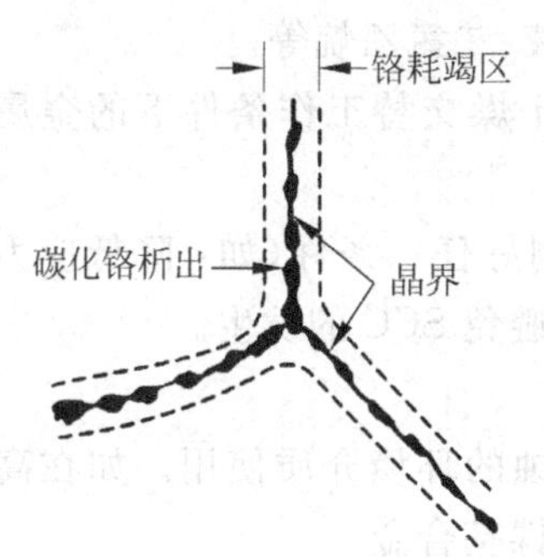

(a) 被敏化的304型不锈钢晶界铬的碳化物析出的示意图

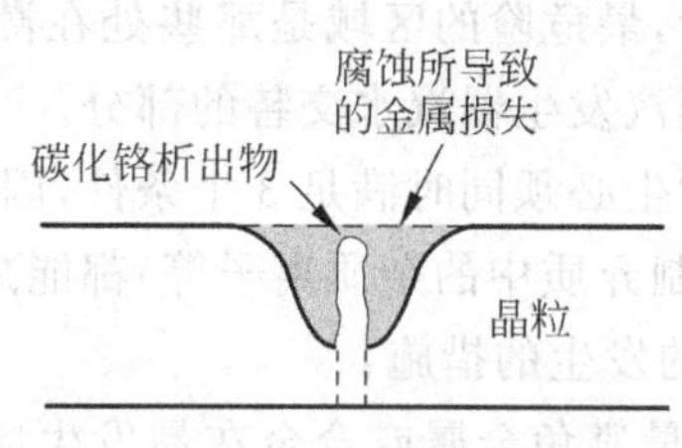

(b) 表示晶界附近晶间腐蚀的晶界断面图

图 5-27 奥氏体不锈钢的晶界腐蚀机制

(4) 进行固溶处理。由于这种晶界析出碳化物造成的贫铬现象是可逆的，因此可以用重新固溶处理的方法来恢复。

5.5.1.4 应力腐蚀(stress corrosion cracking)

应力腐蚀是一种发生在特殊环境和应力状态下的腐蚀，它可以是沿晶的，也可以是穿晶的。应力腐蚀的特征(图 5-28)是：材料表面的腐蚀程度较轻，但裂纹较深，裂纹走向基本与主应力方向垂直。在金相显微镜下观察裂纹走向，裂纹呈现分叉，似落叶的树枝状。断口形貌呈现较大起伏。

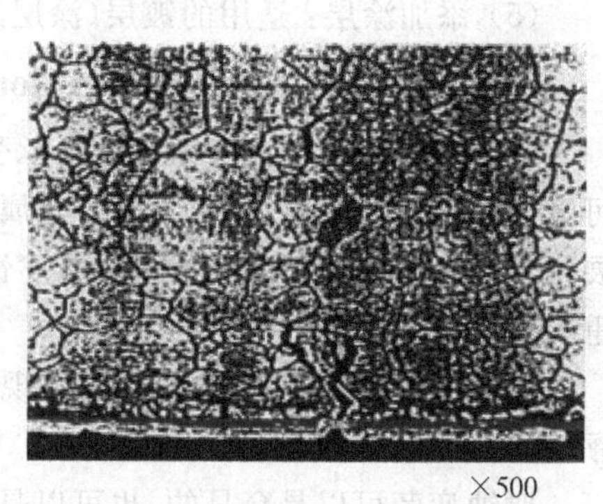

×500

图 5-28 应力腐蚀的形貌

600 合金，25000h，一次水侧的 SCC

应力腐蚀的发生必须满足 3 个条件，并且这 3 个条件必须同时满足，如图 5-29 所示。

(1) 存在一个临界的拉应力，低水平的应力就足够，可以是热应力，也可以是材料内部的残余应力，但必须是拉应力。应力越大，产生应力腐蚀开裂的时间就越短。

材料中拉应力的来源，一是残余应力(加工、冶炼、装配过程中产生)，温差产生的热应力及相变产生的相变应力；一是材料承受外加载荷所造成的应力。金属与合金所承受的拉应力越小，断裂时间就越长。

(2) 存在一个腐蚀环境，环境中有使材料敏感的因素。如含有氯离子、氧离子、氨离子等。对于某种合金，能发生应力腐蚀断裂与其所处环境的特定的腐蚀介质有关，而且介质中能引起 SCC 的物质浓度一般都很低。

如在核电厂的高温水介质中，仅含质量分数为百万分之几的 Cl^- 和 O_2，奥氏体不锈钢就可以发生 SCC。

(3) 存在材料对所处环境敏感的条件。对于奥氏体不锈钢来说，包括酸性和中性氯化物溶液、熔融氯化

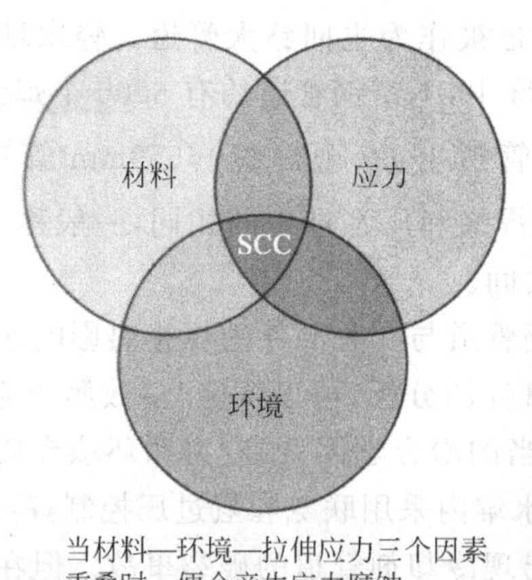

产生应力腐蚀的材料与环境的组合

材料	环境
碳素钢 低合金钢	氢氧化钠水溶液 硝酸盐水溶液 氢氰酸水溶液 液体氨 硫化氢水溶液
奥氏体 不锈钢	氯化物水溶液 海水 苛性碱水溶液 连多[正]硫酸水溶液 盐酸 硫酸+氯化钠

图 5-29 产生应力腐蚀的条件

物、海水、高温高压含氧高纯水、F^-、Br^-、NaOH-H_2S 水溶液、二氯乙烷等。

从应力腐蚀开裂看，最危险的区域是那些处在潮湿和干燥交替工作条件下的金属部分。在反应堆中，许多应力腐蚀发生在蒸汽发生器汽水交替的部分。

由于应力腐蚀的发生必须同时满足 3 个条件，因此控制好任一条件（如：降低应力、选择对环境不敏感的材料、改进设计或控制介质中的杂质离子等）都能减缓或避免 SCC 的发生。

减缓或避免 SCC 的发生的措施：

(1) 合理选材：尽量避免金属或合金在易发生应力腐蚀的环境介质使用。如在高浓度氯化物环境中，避免选用奥氏体不锈钢，可以选用铁素体不锈钢或镍基、铁镍基合金。

(2) 控制应力：在制造或装配金属构件时，应尽量使结构具有最小的应力集中系数，并使与介质接触的部分具有最小的残余应力。加热和冷却要均匀，必要时可以采用退火工艺消除应力，也可以采用喷丸、滚压等工艺使材料表面产生一定的压应力。

(3) 改变环境：除气、脱氧、除去矿物质等方法可除去环境中危害较大的介质部分。控制温度、pH 值、添加适量的缓冲剂等，达到改变环境的目的。

(4) 采用化学保护：使金属离开 SCC 敏感区，从而抑制 SCC。

(5) 添加涂层：适用的镀层（涂层）可使金属表面和环境隔开，从而避免产生 SCC。

5.5.1.5 腐蚀疲劳(corrosion fatigue)

腐蚀疲劳是机件在腐蚀介质中承受交变载荷所导致的破坏现象。由于所有金属在大多数水介质中都可能产生腐蚀疲劳，因此它不需要金属与腐蚀介质的特殊组合。由于腐蚀和疲劳都会加速裂纹的形成和扩展，当交变应力与腐蚀同时作用时，腐蚀疲劳在很低的应力下就可能发生断裂，所以它比任意单一作用要严重得多。

腐蚀疲劳所引起的损伤主要出现在机械制造、船舶制造、汽轮机、热交换器、管道、蒸汽过热器等工程领域。

腐蚀疲劳可以是穿晶的，也可以是沿晶的。

腐蚀疲劳的特点：

(1) 腐蚀环境不是特定的：这一点与应力腐蚀不同，只要环境介质对金属有腐蚀作用，同时有交变载荷存在，都可能发生腐蚀疲劳，因此腐蚀疲劳更具有普遍性，断裂也发生得更快。

(2) 腐蚀疲劳曲线无水平线段，即不存在无限寿命的疲劳极限。

(3) 腐蚀疲劳的断口有腐蚀产物覆盖，断口常呈现棕黑色，且常为多源，并常起源于点腐蚀坑或结构上的尖角、凹槽部位。

(4) 腐蚀疲劳的疲劳辉纹常呈现脆性特征：其疲劳辉纹有与河流花样相垂直的形态。

疲劳辉纹的防护与应力腐蚀防护相似，应从载荷、冶金、环境多方面作综合考虑。

通用的轻水堆管道材料有 304 和 316 型不锈钢，尤其是主系统中的小直径管道和其他系统的许多管道都由这些合金制造。这些合金的离心铸造管和锻造管也被作为主回路大管道。轻水堆管道组成复杂的结构，包括几千米长的管道和几千个焊缝。例如，在沸水堆中，不锈钢管道约有 6000 个焊缝，单在再循环管路系统中就包括 ϕ100mm 管道上 30 个焊缝，ϕ246mm 管道上 60 个焊缝，ϕ559mm 管道上 9 个焊缝以及 ϕ711mm 管道上 33 个焊缝，共计有 132 个焊缝。这些焊缝和压水堆中的相同，一般称为"对接环焊"焊缝。它常使用于小尺寸管道间，或管道与阀门及其他配件之间。

早期，在沸水堆中首次观察到在连接奥氏体不锈钢管道与有关部件的焊缝热影响区产生泄漏和破裂现象，以后几乎每年都有几个类似的实例。通过对破裂事件的分析，可以认定，多数属于应力腐蚀开裂(SCC)机制。在 5.3.3 节已经介绍了发生 SCC 的条件是适当的冶金学因素、应力和环境介质。奥氏体不锈钢对 SCC 十分敏感，其中最主要的环境介质是氧。由于压水堆内采用联氨和氢过压控制，冷却剂中氧含量较低，快中子堆使用氧含量极低的钠作为冷却剂，所以很少出现冷却剂管道的破裂事故。但在沸水堆的情况就不同了，通常遇到不锈钢管道的 SCC，而且都是晶间应力腐蚀开裂(IGSCC)，它们与材料的敏化程度有关。图 5-30 总结了敏化不锈钢中裂纹扩展的趋势，图中示出了裂纹生长速率随循环频率的变化。由此可以归纳出以下几点结论：①裂纹扩展速率随循环频率的提高而增加；②当频率高于 0.03C/s 时则发生穿晶开裂，低于该值时则发生晶间开裂；③在高氧含量的冷却剂中有较快的裂纹扩展速率；④通常，在未敏化材料中产生穿晶行为。以下对影响 SCC 的敏化材料、应力和腐蚀介质一一进行介绍。

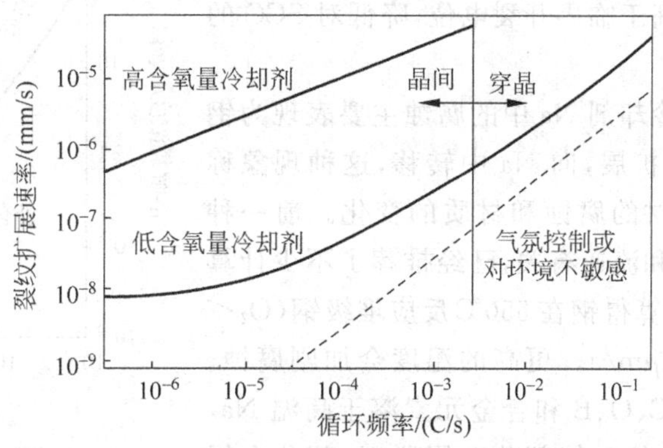

图 5-30 304SS 管道的裂纹扩展速率与循环频率的关系

5.5.2 奥氏体不锈钢在堆内的腐蚀

轻水堆堆内构件主要包括堆芯上部和下部支撑件和堆内测量装置三部分，常用的材料为 AISI300 系列的 304、316、347 和 321 奥氏体不锈钢。快中子堆除堆内构件外，燃料元件的包壳采用 316Ti 奥氏体不锈钢。此外，改进型气冷堆还采用 9Cr-1Mo 铁素体钢作为堆内构件。

在核反应堆中使用的不锈钢在运行条件下应具有优越的耐蚀性、高强度以及良好的应力腐蚀开裂抗力。在长期使用的环境下，微观组织和性质与辐照稳定性也是十分重要的。在核反应堆堆芯使用的不锈钢部件可能存在的失效机制列入表 5-8 中，它们都是由高温冷却剂介质(如 H_2O、Na 和 He 等)和中子辐照引起的材料损伤，从而导致部件使用性能的降级或功能的失效。因此，对于堆芯部件材料的选择必须严格考虑其技术要求。例如，对于不锈钢的组成和杂质。要限制产生辐照损伤和引入感生放射性的元素，如需要严格控制 Co、Ta、^{10}B 和 ^{14}N 等的含量，从耐蚀性方面考虑，又必须把碳含量控制在标准规定值。

表 5-8 核反应堆堆芯使用的不锈钢部件可能存在的失效机制

环境条件	轻水堆(PWR,BWR)	快中子增殖堆(FBR)	高温气冷堆(HTGR)
冷却剂介质	在 250～350℃水中： 应力腐蚀开裂(SCC) 晶间腐蚀(IGC) 疲劳腐蚀(FC)	在 700～750℃的液态钠中： 脱碳、渗碳质量迁移 晶间腐蚀 蠕变、疲劳强度降低	在 950℃氦中： 氧化、剥落、脱碳、渗碳 蒸汽腐蚀、开裂，热黏 蠕变、疲劳强度降低
中子辐照	几乎不用做活性区材料，辐照损伤甚微	在快中子注量率 10^{22} n/(cm^2 · s)、550～750℃温度下： 氦脆、肿胀 蠕变、疲劳强度降低	在热中子注量率 10^{19} n/(cm^2 · s)、750～950℃温度下： 氦脆、表面活性低 蠕变、疲劳强度降低

应力腐蚀是奥氏体不锈钢在轻水堆工作条件下常见的腐蚀现象。发生的部位多数是因受焊接和热处理产生的敏化组织区，产生条件有水质因素(氯化物、溶解氧)和应力因素(大于屈服强度的拉应力)。图 5-31 为溶解氧和氯化物共存时，奥氏体不锈钢在高温水中发生应力腐蚀开裂的可能趋势。通常对氯化物含量控制在 10^{-3} μg/g 水平的冷却水，可以认为开裂仅与溶解氧有关。BWR 的平均含氧量约为 0.2μg/g，但在水的停滞区含氧量会大大超标，所以裂纹总是产生于那些部位。在 PWR 中，通过加氢和调节 pH 等措施就可以防止裂纹的产生。

试验表明，发生 SCC 的应力水平与断裂潜伏时间有关。当拉应力介于屈服强度与拉伸强度之间时，应力越小，潜伏时间越长，如图 5-32 所示。从中也可以看到溶解氧的影响，即在相同的拉应力情况下，溶解氧加快了晶间应力腐蚀开裂(IGSCC)。

实验发现，不同铁素体含量的奥氏体不锈钢对 SCC 的敏感程度不同。或者说奥氏体不锈钢的 SCC

抗力低于铁素体。原因有两个：①奥氏体的晶体结构是FCC，虽然滑移面只限于{111}，但滑移方向多([110]×3)，有利于生成共面或平行的位错排列，因此裂纹容易循序扩展；②奥氏体不锈钢的腐蚀电位高于临界开裂电位，降低对SCC的抗力。

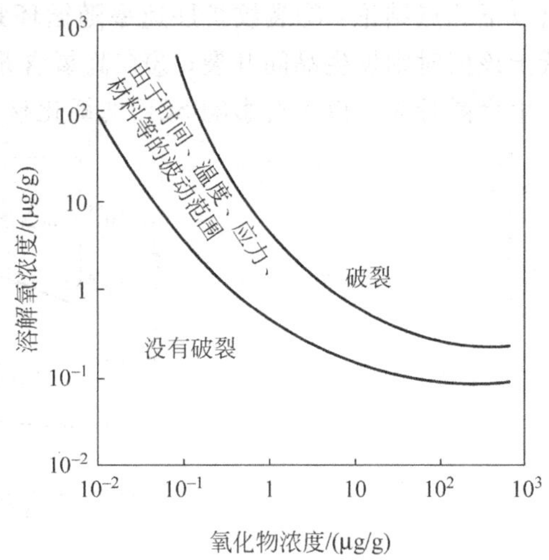

图 5-31 溶解氧和氯化物对奥氏体不锈钢在高温水中发生 SCC 的趋势

奥氏体不锈钢在快中子冷却剂 Na 中的腐蚀主要表现为钢中的组成元素通过固-液界面扩展，向 Na 中转移，这种现象称为质量迁移。其结果造成钢材的腐蚀和材质的变化。前一种腐蚀主要与 Na 温度、氧浓度和流速有关，已经推荐了不少计算腐蚀速率的经验公式，由此可算得钢在 550℃反应堆级钢(O_2<10μg/g)中的腐蚀速率约为 1μm/a。更高的温度会加剧腐蚀。引起材质变化的质量迁移为 C、O、B 和合金元素溶于高温 Na，通过迁移向低温区金属析出，从而使部分金属脱碳，部分金属渗碳。显然，增碳使材料增加屈服强度，降低延性，而脱碳使材料提高塑性，降低蠕变断裂抗力。该过程取决于这些元素在 Na 和金属中的化学活性。

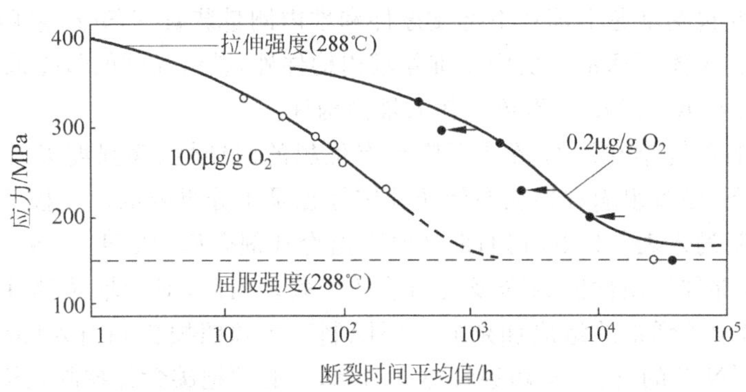

图 5-32 敏化态 304SS 在 288℃水中发生 IGSCC 的时间平均值与拉应力水平的关系

将不锈钢长时间(10^3～10^4h)浸泡在 650℃钠中，已观察到因 Cr 在表面的选择性析出和从钠中吸收碳，在表面产生晶间腐蚀和生成 σ 相或铁素体的现象，如图 5-33 所示。在工程设计中是否需要考虑这些问题有待于进一步研究。

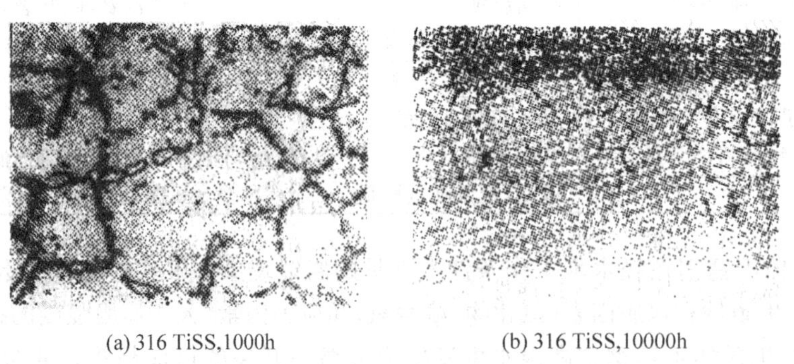

(a) 316 TiSS,1000h (b) 316 TiSS,10000h

图 5-33 316SS 管在 650℃ Na 中长期浸泡后晶界生成铁素体相(a)和晶间腐蚀(b)

5.5.3 管道材料的应力腐蚀

5.5.3.1 材料敏化原因

若将 304 和 316 奥氏体不锈钢进行热处理，使富 Cr 的碳化物沿晶界析出，则材料变得对晶间侵蚀十分敏感。这种碳化物的生成可以使晶界附近的 Cr 贫化到低于被钝化保护所需的水平(即约 12%Cr)，以后这些贫化区变成易于感受腐蚀环境的侵蚀。对晶界 Cr 的分析表明，Cr 浓度已从基体初始含量 18.6%降到低于 12%；同时也发现晶界积聚 S 和 P，这两种元素可影响晶界的敏化和电化学特性。

当钢从 870～406℃温度范围缓慢冷却时，也会发生晶界敏化现象，其程度取决于合金成分和热机械履历。碳含量是最重要的影响因素，碳含量越高，合金越容易感受敏化。低碳不锈钢(≤0.03%C)比高碳不锈钢(≤0.08%C)具有低的敏感性。例如，低碳不锈钢管道在沸水堆中不会发生 IGSCC。合金元素 Mo、Cr 可降低敏感性，而 Ni 有增加敏感性的倾向。采取添加碳化物形成元素(如 B、Ti 或 Nb 等)使奥氏体不锈钢稳定化是防止敏化的有效措施。

轧后退火管具有"非敏化"微观组织，所以焊接便成为敏化的主要起因。敏化程度随输入热量、轧道间温度、部件尺寸及其他变量而变化。在焊接中敏化总是发生在焊接热影响区两侧各 6mm 厚的母材内。在多道焊接时，热和应变的瞬态过程中会析出碳化物，因此在多道焊接管的内表面由于热和应变循环叠加的协同效应，增加了其敏化动力学。因为应变循环为碳化物析出提供了成核位置，所以这将比单独基于总时间和温度所预期的更快敏化。

虽然，敏化的基本起因已经清楚，但是材料在制造和焊接过程中的热机械履历和成分变化常常是无法了解清楚的。因此在管道使用前后对材料检测敏化程度是十分重要的。专门开发的电化学位动态活化技术是根据敏化不锈钢的电化学性能不同于非敏化不锈钢这个事实。敏化钢易于活化，所以在电位扫描过程中会显示出比非敏化钢更大的电流。

5.5.3.2　应力原因

只有拉伸应力才会引起 SCC。此种应力包括来自于制造和焊接后金属内的残余应力。它们是焊缝发生开裂的主要原因。焊件的结构对 IGSCC 有特别重要的作用。管道、连接件和阀门都不是精密制造的产品，直径和壁厚都有较大的允许公差，在对接焊中要求两根管道(或管道与连接件，管道与阀门)间达到良好的配合会成为难题(图 5-34)。所以要确定由不同工艺连接的管道结构就需要知道其中复杂的应力分布情况。

从 IGSCC 的观点考虑，最重要的残余应力或许是轴向离焊缝约 6mm 距离范围内表面上的轴向拉伸应力，对此需要仔细测量。对于不同口径的 304SS 管道焊件所测得的最大轴向拉应力分别为 100mm 管道焊件的三个测试值等于 262MPa、315MPa 和 352MPa；254mm 管道焊件的为 414MPa；660mm 的则为 193MPa。可见，直径最大的管道具有最低的残余应力，这可能是大管道极少出现 IGSCC 的原因。

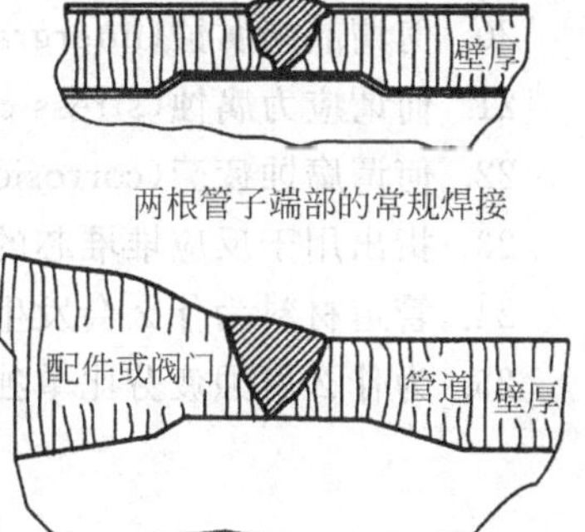

图 5-34　不锈钢管道焊接结构
(对接环焊一例)

此外，还有因焊后打磨所产生的表面残余拉应力，约为 690MPa。打磨使表面形成冷加工薄层，这通常由变形诱发马氏体组成，它对萌生 IGSCC 起促进作用。一层深度冷加工表面层不可能引起大量的塑性变形，因而在较低的应力水平下，表面上即出现脆性断裂。

因此，在管道系统的设计中使用的应力限值应包括材料因 IGSCC 而降级的允许量和制造(残余)应力。通常，直管道的主要应力是由内压引起的环箍薄膜压力，限于材料屈服强度的 60%；弯曲应力被限于材料屈服强度的 2 倍。高的局部应力仅考虑疲劳的限制。在许多管道系统中，即使某些焊接件的运行应力可能超过屈服强度，但大部分焊接应在低于屈服强度下运行。

5.5.3.3　腐蚀介质原因

SCC 仅仅是在可以发生电化学反应的环境条件下才得以产生。反应堆冷却剂中杂质氧(0.2～100μg/g)对 IGSCC 的重要性已由图 5-30 所表明，甚至在更低的氧含量(ng/g 范围)也会发生。轻水堆冷却剂在运行过程中的残余氧含量来自于水的辐射分解；在高于 175℃温度时，氢氧根又迅速分解成氢和氧；在停堆期间，当冷却剂暴露在空气中时，氧含量迅速增加到约为室温下的饱和含量(8μg/g)。在开堆时，沸水堆的沸腾过程会降低氧含量，但在冷却剂温度低于水的正常沸点下仍保持在稳定值(0.2～0.4μg/g)以上。在 175℃温度下测量到的氧含量为 0.5～1.0μg/g，在沸水堆管道系统中，不管其应力有多大，这些氧含量足以引起管道破裂。但在压水堆中，通过添加氢、调节 pH 值就有可能防止破裂的发生。

复习题及习题

1. 何谓不锈钢，简述不锈钢在各类反应堆中的应用。
2. 不锈钢“不生锈”的原因有哪些？
3. 不锈钢有哪几种，参考 Fe-Cr 相图，说明各种不锈钢成分、组织、性能不同的原因。
4. 请说明奥氏体不锈钢的成分、组织、性能及应用。
5. 请说明铁素体体不锈钢的成分、组织、性能及应用。
6. 请说明马氏体不锈钢的成分、组织、性能及应用。
7. 请说明双相不锈钢的成分、组织、性能及应用。
8. 请说明沉淀硬化不锈钢的成分、组织、性能及应用。
9. 何谓不锈钢的固溶处理？指出其工艺参数，固溶处理的作用是什么？
10. 何谓不锈钢的稳定化处理？指出其工艺参数，稳定化处理的作用是什么？
11. 何谓不锈钢的消除应力处理？指出其工艺参数，消除应力处理的作用是什么？
12. 何谓不锈钢的消除 σ 相处理？指出其工艺参数，消除 σ 相处理的作用是什么？
13. 以奥氏体不锈钢为例，说明对其改进的目的和措施改善。
14. 何谓高纯不锈钢，说明生产高纯不锈钢的目的和工艺。
15. 对比画出铁素体和奥氏体钢的应力-应变曲线，用晶体学和位错理论对二者的差异做出解释。
16. 介绍不锈钢和镍合金在反应堆中的应用。
17. 为什么金属通常容易发生腐蚀？
18. 什么是化学腐蚀、全面腐蚀、局部腐蚀、电化学腐蚀、局部的电化学腐蚀？举例说明。
19. 何谓点腐蚀(pitting)和缝隙腐蚀(crevice)？举实例说明。
20. 何谓晶间腐蚀(intergranular corrosion)？举实例说明。
21. 何谓应力腐蚀(stress corrosion cracking)？举实例说明。
22. 何谓腐蚀疲劳(corrosion fatigue)？举实例说明。
23. 指出用于反应堆堆芯的不锈钢部件可能存在的失效机制。
24. 管道材料为什么会发生应力腐蚀？其防止措施有哪些？
25. 为什么腐蚀疲劳比单独的腐蚀和疲劳的后果更严重？

第6章

核电厂用高温合金和耐热钢

6.1 蒸汽发生器严酷的服役环境

耐热钢和高温合金是长期在高温下使用的金属结构材料，它们除具有常规力学性能外，还应具备耐热性。耐热性包括热稳定性和热强性两个指标。前者是指材料在高温下的抗氧化能力；后者表示金属在高温下的承载能力，即蠕变强度和持久强度等。耐热性的好坏制约着航空发动机、火箭推进器、核反应堆和发电锅炉以及石油、化工反应装置的工作参数和发展水平。因此高温耐热材料对尖端技术、能源开发和工业生产都起着十分重要的推动和保障作用。例如 2.25Cr-Mo，9Cr1Mo 和奥氏体不锈钢以及高温镍基合金 Inconel 600，Inconel 690，Inconel 718 和铁镍基合金 Incoloy 800 等是动力堆的重要结构材料。它们分别是快堆、水堆和气冷堆的蒸汽发生器、过热器和主管道以及元件包壳和格架材料。这些部件对核电厂正常运行都起着十分重要的保障作用。因此耐热钢和高温合金同反应堆的安全、寿命和发展息息相关。

6.1.1 反应堆中的蒸汽发生器

蒸汽发生器和热交换器是通过一回路冷却剂（包括轻水、重水、气体和液态钠等）把反应堆所产生的热能传给二回路的工作介质水，使水变为蒸汽的设备（生产堆只有热交换器，而没有蒸汽发生器，它仅使一回路水冷却后再返回堆芯）。

6.1.1.1 轻水堆中的蒸汽发生器

轻水堆中的沸水堆没有蒸汽发生器。在沸水堆的顶部设置有汽水分离器和蒸汽干燥器，将堆芯内产生的湿蒸汽经汽水分离、干燥后，直接送入汽轮机。它的汽水分离器、蒸汽干燥器等均由不锈钢制成。

压水堆的蒸汽发生器一般有立式和卧式两种。图 1-21 所示立式蒸汽发生器得到更为广泛的应用。立式蒸汽发生器由壳体、管板、倒 U 形管束和汽水分离器等组成。

蒸汽发生器的壳体的工作环境，除了没有堆内的强辐照外，基本与压力壳相同，特别是蒸汽发生器的下封头的一回路侧更为近似。蒸汽发生器的壳体同样用低合金高强度钢制造，内壁堆焊有耐蚀的不锈钢层。蒸汽发生器的管板毛坯重达 50～100t，成品直径 2500～3500mm，厚达 550～900mm，管板的一回路侧堆焊不锈钢，管板上还开有 5000～8000 个密集的深孔以便蒸汽发生器的 U 形管束与管板相连接。管板的二回路侧面还堆焊有与 U 形管材料相匹配的耐腐蚀层（不锈钢配不锈钢堆焊层，高镍合金配高镍合金堆焊层）。

6.1.1.2 其他堆型中的蒸汽发生器

(1) 重水堆。重水堆的蒸汽发生器是将一回路的重水的热能传给二回路的轻水(同样为去离子的高纯水)。由于重水价昂,为了防止蒸汽发生器从管子与管板连接处泄漏,重水堆蒸汽发生器采用了双管板。加拿大坎杜堆的蒸汽发生器管束早期采用镍铜合金(Mone1400-0Ni70Cu28)管,后根据压水堆蒸汽发生器的经验改用 Inconel 600 耐蚀合金,近期又改为 Incoloy 800 铁镍基耐蚀合金。

(2) 钠冷块堆。由于钠冷快堆的工作温度较高,各部件间温差大,温度变化也大,因而存在着热膨胀、热应力、疲劳和蠕变等问题,同时,考虑到不锈钢作为结构材料,与钠的相容性之间可能存在风险,以及钠的放射性同位素^{24}Na 具有很强的放射性等因素,为了安全可靠性,目前钠冷快堆多采用钠-钠-水热交换系统。即一回路钠通过钠-钠的中间热交换器把热能先传给二回路钠,再由二回路钠通过钠-水(轻水)蒸汽发生器的热交换变成蒸汽。中间热交换器的传热管一般选用 0Cr18Ni9(304)、0Cr18Ni10Ti(321)和 0Cr18Ni12Mo2(316)。考虑到除高温性能和与钠的相容性、导热性等性能外,耐水介质的应力腐蚀性能,铬钼系耐热钢要优于铬镍奥氏体不锈钢等因索,蒸汽发生器的传热管多选用 2.25Cr-Mo、2.25Cr-Mo-Nb、9Cr-1Mo 和 9Cr-1MoV · Nb 耐热钢。也有少数钠冷快堆蒸汽发生器选用了 Incoloy 800 高镍合金。

(3) 生产堆。由于生产堆主要是为了取得军用^{239}Pu,而不是利用核能发电,所以热能反而成为该堆型的负担。早期建成的生产堆的热效率太低,一般是通过十多台列管式热交换器(中国称为主热交换器),把一回路的热水(去离子的高纯水,温度约 120℃)的热能传给二回路水,经冷却后排入空气或江河中。列管式热交换器二回路冷却剂一般为天然的水介质(河水、江水等),含有几十 μg/g 氯离子和饱和的氧量。考虑到热交换器的工作条件,一般传热管、管板、隔板等均采用奥氏体不锈钢,例如 0Cr18Ni9 和 0Cr18Ni10Ti(321)、1Cr18NigTi 等。但是,由于管束二回路侧易出现应力腐蚀、点蚀、缝隙腐蚀而引起热交换器泄漏,中国选用 00Cr18Ni6Mo3Si2Nb 双相不锈钢取得了良好的结果。

(4) 气冷堆。气冷堆中高温气冷堆,根据工作温度的高低,工作压力的大小,对进行气(如高温氦气)-水(高温纯水)热交换的蒸汽发生器多选用铬钼系、铬镍系耐热钢和高镍合金。

6.1.2 蒸汽发生器的服役环境和各类腐蚀问题

6.1.2.1 蒸汽发生器的服役环境

蒸汽发生器是压水动力堆的关键设备,又是核动力堆造价最高的单体设备,也是压水堆一回路系统最薄弱的环节。基于下述原因,蒸汽发生器(特别是 U 形管束)是核电厂诸多部件中工作条件最恶劣的。

(1) 高温、高压、高温差、高压差。一回路加压水(水质经过水化学控制的)通过热传管循环,冷却剂水的温度和压力分别为 316℃ 和 15.5MPa,出口时的温降约为 35℃;二回路侧的温度和压力分别为 270℃ 和 6MPa。一、二回路受高温水介质的腐蚀,其传热管壁既要承受 100℃以上的温度差,又要承受约 10MPa 的压差,再加上振动和应力腐蚀问题,因此蒸汽发生器传热管破裂(steam generator tube rupture,SGTR)事故的发生率较高,几乎达到 2×10^{-3}堆/a。

(2) 高温水的腐蚀环境。尽管一回路冷却剂中的氯化物和氧、二回路系统水中的联氨和少量不溶及可溶物质的浓度得以控制。但运行时金属氧化物淤渣或 Na^+、SO_4^{2-} 离子等腐蚀产物,会聚集在蒸汽发生器管板和管子之间的环形圈及管子间和管子支撑板的间隙里,使局部的化学状态变成酸性或碱性的,从而造成进一步的腐蚀。

(3) 氯离子等的浓缩。二回路侧由于水的蒸发、水中杂质氯离子等的浓缩、滞流水区污垢的堆积等都会加重腐蚀作用。表 6-1 列出压水堆蒸汽发生器二回路水质控制要求。

表 6-1 压水堆蒸汽发生器二回路水质

溶解氧(O_2)	≤0.005mg/L	pH(25℃)	10.5~11.5
氯离子(Cl^-)	≤0.5mg/L	硫酸盐	100~200mg/L
总固体物质总量	≤100mg/L	磷酸盐	50~300mg/L

(4) 应力作用。U 形管内外约 10MPa 的压差必然在管壁中产生应力；U 形管束需与管板进行胀-焊连接，既有焊接热影响(如产生敏化作用)又有焊接残余应力。应力往往会加速腐蚀作用。

(5) 退火敏化作用。蒸汽发生器 U 形管束与管板连接并组装后，蒸汽发生器的下封头还需与壳体焊接，并经 650℃左右的焊后消除应力退火，由于敏化作用，往往会对 U 形管束与管板连接的管段材料的耐蚀性产生不利影响。

6.1.2.2 压水堆核电厂蒸汽发生器环境失效原因的统计

基于上述原因，蒸汽发生器是压水堆一回路最薄弱的环节，特别是 U 形管束。大量统计表明，压水堆核电厂的停堆事故中 40%与蒸汽发生器有关，其中大部分是由于 U 形管束出现泄漏所致。图 6-1 表示压水堆蒸汽发生器失效原因的历年统计情况。正因为如此，压水堆蒸汽发生器 U 形管束(即传热管)用材的选择几十年来一直是国内外极为关注的问题。

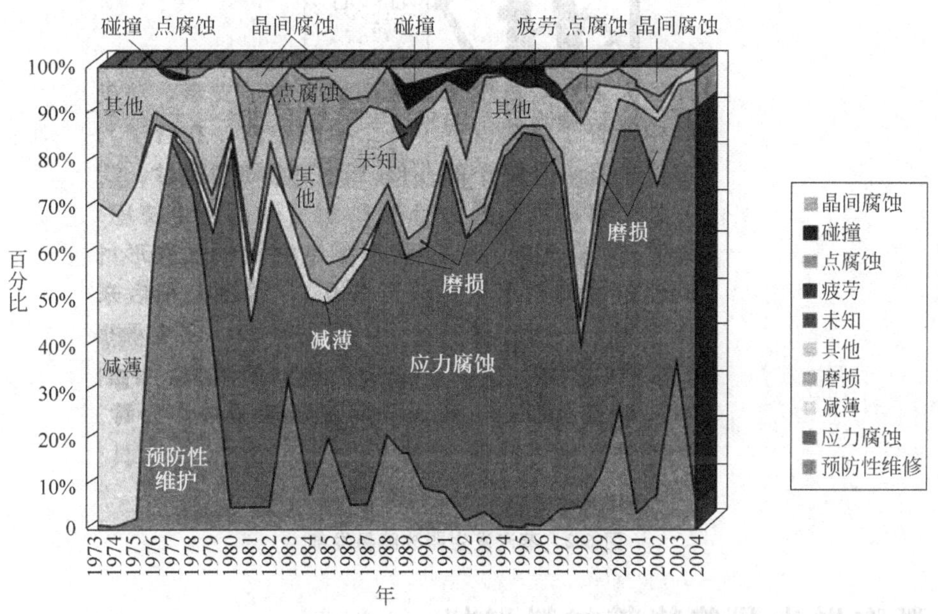

图 6-1 引起管子失效的老化机理随年份的变化(1973—2004 年)

在过去的 25 年里，为克服这些腐蚀做了很多工作。最初使用 304SS，1967 年美国的蒸汽发生器管子在初始压力试验中破损，原因是由氯离子引起的 SCC；后改为 Inconel 600，仍有 SCC 发生；1978 年启动 Inconel 690 的研制，现又启用 Incoloy 800，问题有所缓解。

蒸汽发生器故障易发部位及问题的缘由和解决方法见图 6-2 和表 6-2。表 6-2 的数据是 IAEA 发布，由 Bouecke 等 1989 年统计的。

表 6-2 IAEA 对蒸汽发生器材料发生的问题的调查(1989 年)

问 题	出 现 率	发 生 原 因	改 善 措 施
一次侧应力腐蚀开裂(PWSCC)	除用 800 合金的 SG 外，都发生过	U 形管弯头处高的残余应力 使用 600 合金	消除应力退火 玻璃球喷丸处理 换材料
微动磨蚀(FRETTING)	都有发生	流致振动	通过约束振动装置的安装减少 SG 管子的振动
凹坑腐蚀(DENTING)和晶间腐蚀(IGA)	除用不锈钢做支撑板的 SG 外，都发生过	由于打孔的铁素体支撑板的腐蚀性化学条件	用抗腐蚀的板材 改进机械设计 改善水化学
耗蚀(WASTAGE) 点蚀(PITTING)	都有发生	低流速的区域沉积了腐蚀产物和盐	AVT 水化学 PO_4 的含量降低到 2mg/kg 管板清洗
沿晶应力腐蚀开裂(IGA)	特殊的 SG 型号	管子和管板之间的深缝隙造成了腐蚀和盐的沉积	改善水化学 避免管子和管板间的深缝隙

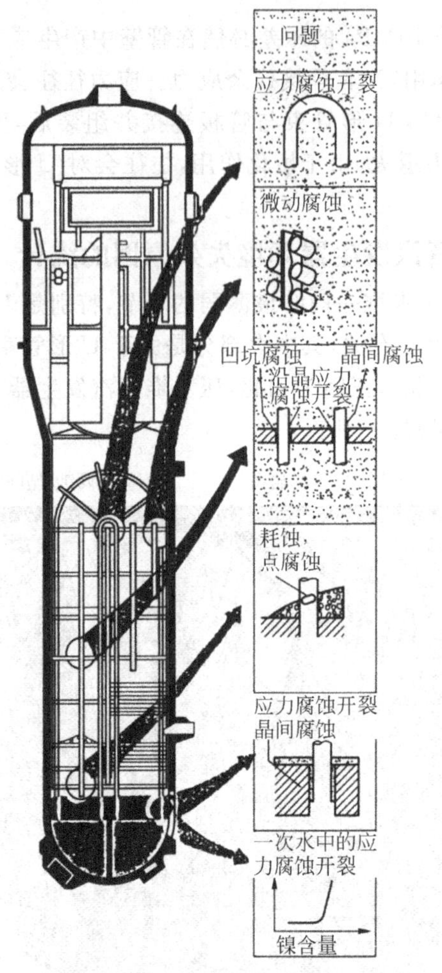

图 6-2 蒸汽发生器故障易发部

6.2 蒸汽发生器传热管材料现状

在核电厂的蒸汽-水系统内，蒸汽发生器传热管及其管束具有极其沉重的载荷和恶劣的环境，其使用性能的好坏取决于合理的设计、材料的优化选用和水化学的严格控制。在核电厂的运行史上，有过很多关于蒸汽发生器传热管破裂、补救维修及其损害机理研究的例子，以下就其中的主要问题，如蒸汽发生器传热管材料现状、使用性能及其破损机制等作简单核要的叙述。

6.2.1 传热管破损的部位和原因

TaTone 等在 1986 年期间，对 159 座 PWR、25 座 PHWR 和 1 座水冷石墨堆核电厂，经过 100EFPD 运行后的蒸汽发生器传热管性能进行了总结。其中有 75 座堆中有 3737 根管子被堵塞，分别占运行堆数的 40.5%和占总传热管的 0.14%。他们概略地总结了自 1972 年以来，传热管破损的部位和原因，见表 6-3、图 6-3。

表 6-3 蒸汽发生器传热管破损的部位和原因

时间/年	主要腐蚀部位	主要腐蚀现象	原　因
1973—1975	邻近管板的低流速区	耗蚀	磷酸盐 PO_4 沉积
1976—1980	传热板与支撑板交界处	凹蚀	支撑板材质和化学工况
1981	SG 冷段、U 形弯头、管与管板交界处	点蚀，SCC	含 Cu^{2+} 的氧化性溶液
1982	一回路侧、二回路侧各类障缝处	SCC，IGA①	硫代硫酸钠污染冷却剂、凝汽器碱性水泄漏
1983—1985	U 弯头、薄壁管轧制过渡区、重度压痕支撑板	SCC②	高应力 600 合金所致
1986	SG 传热管冷段与支撑板交界处	SCC②	隙缝杂质浓集，淤渣堆积

① IGA 是晶界侵蚀的缩写。

② SCC 破损逐步减少。

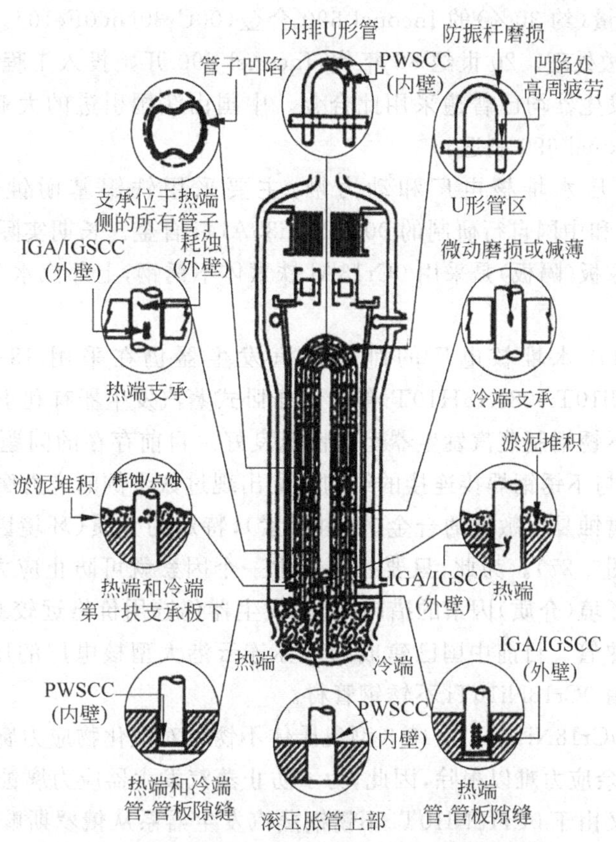

图 6-3　PWR 蒸汽发生器传热管损伤部位示意图

1986 年以来，还发现因传热管振动和固体颗粒飞溅所造成的微动磨蚀现象。从表 6-3 可见，随着时间推移，针对破坏机制，从结构设计、材料开发和化学控制等诸多方面进行了许多改进，使一些早期常见的腐蚀破坏现象得以基本消除。目前的主要破坏机制是一回路系统的 SCC 和二回路系统的 SCC 和 IGA。若以腐蚀产物沉积量来衡量传热管抗 SCC 性能的好坏，则其优劣顺序为 Inconel 690、Inconel 800、Inconel 600，这主要取决于材料的 Ni、Cr 含量，降低 Ni 含量并提高 Cr 含量使 Inconel 690 和 Inconel 800 的抗 SCC 和 IGA 性能得到了显著的改善。

含 Cr 量介于 2%～12%(质量分数)的低合金铁素体钢是快中子堆和先进型气冷堆蒸汽发生器的传热管材料。2.25Cr-1Mo 钢以其抗 SCC 性能、高热导和低成本最早被得到应用。但由于该材料具有较高的碳活度和大的碳扩散系数，在 Na 中出现严重的脱碳现象而使其强度减小，抗 SCC 能力降低。用 Nb 稳定的改进型 2.25Cr-1Mo 对脱碳有一定的抑制作用。9Cr-1Mo 钢具有更好的抗碳迁移能力，同时又有良好的力学性质，有逐步取代 2.25Cr-1Mo 钢的趋势。

6.2.2　传热管材料现状

对于压水堆蒸汽发生器 U 形管传热管材料，早期各国均选用铬镍奥氏体不锈钢，例如 0Cr18Ni9(304)、0Cr18Ni10Ti(321)和 1Cr18Ni9Ti(Я1T)等。但是，蒸汽发生器 U 形传热管二回路的严重氯化物应力腐蚀事故等，导致第二代耐应力腐蚀合金 Inconel 600(0Cr15Ni75Fe)高镍耐蚀合金的大量应用。由于 0Cr15Ni75Fe 合金的耐应力腐蚀试验的介质主要是高浓(42%～45%)Mg Cl_2 沸腾(140～145℃)水溶液和苛性溶液等，研究表明，它们并不能代表蒸汽发生器的实际工况，结果又导致更严重的多种形式的腐蚀破坏事故的出现，其中包括晶间型应力腐蚀(一、二回路侧)，由于二回路水化学的磷酸盐处理而引起的耗蚀(壁厚减薄)，由于管与支持板间缝隙处的腐蚀产物挤压管壁而造成的压陷破坏，还有点蚀、晶间腐蚀等。甚至还有在既无氯离子、氢氧根离子又无溶解氧的高纯水条件下，0Cr15Ni75Fe 合金也出现了晶间型的应力腐蚀破坏。为了防止 0Cr15Ni75Fe 所出现的严重腐蚀问题，德国几座压水堆核电厂的蒸汽发生器采用了 Incoloy 800(0Cr20Ni30Fe)铁镍基耐蚀合金，并获得了比较满意的结果。1972 年 H. R. Copson 对 Inconel 600 合金进行了改进，发展了高铬含量(约30%)的Inconel 690合金(00Cr30Ni60Fe10)。此合金在固溶处理后还要求再进行700~750℃的脱敏处理。20世纪80年代，Inconel 690开始投入工程应用。此后，美国、日本、法国等国新建的压水堆蒸汽发生器均已普遍采用此合金。中国由法国引进的大亚湾和岭澳压水堆核电厂的蒸汽发生器也均系采用Inconel 690制造。

中国自行建造的小型压水堆核电厂和动力堆，主要采用铁镍基耐蚀合金，例如由瑞典引进的00Cr20Ni32Fe(Sanicro-30)和中国自行研制的00Cr25Ni35AlTi合金。长期实际运行表明，蒸汽发生器情况良好。蒸汽发生器中的支撑板(隔板)是采用0Cr13Al铁素体不锈钢，上部汽水分离器等全部采用奥氏体不锈钢。

俄罗斯(包括苏联)的压水堆核电厂的卧式蒸汽发生器仍在采用18-8型Cr-Ni不锈钢，例如，1Cr18Ni9Ti(Я1T)、0Cr18Ni10Ti(08X18H10T)等。由于卧式蒸汽发生器有利于排污，而且俄罗斯非常重视二回路水质的控制，因此，不锈钢制蒸汽发生器运行情况良好。目前存在的问题是，卧式蒸汽发生器的合金结构钢(10ГН2МФА)接管与不锈钢焊接连接的结构钢侧出现过数十例的应力腐蚀事例，正在研究解决中。

由于金属材料的应力腐蚀是由敏感的合金(材料因素)，特定的介质(环境因素)和静拉伸应力(力学因素)共同作用的结果(参照图5-27)。为此，只要控制其中一个因素就可防止应力腐蚀的产生。俄罗斯采取了卧式蒸汽发生器并控制环境(介质)因素的措施，蒸汽发生器仍选用价格远较0Cr30Ni60Fe10低廉的一般不锈钢0Cr18Ni10Ti做传热管。目前中国已建成的江苏连云港大型核电厂的压水堆系，从俄罗斯引进，其蒸汽发生器的传热管便采用0Cr18Ni10Ti不锈钢管材。

但是，需要指出，由于0Cr18Ni10Ti等18-8型奥氏体不锈钢对氯化物应力腐蚀极其敏感，又由于蒸汽发生器18-8不锈钢管中的残余应力难以根除，因此，为了防止蒸汽发生器应力腐蚀的产生，唯一途径是在使用过程中要严格控制水质。又由于0Cr18Ni10Ti不锈钢蒸汽发生器系从俄罗斯购入，在海上运输和在海岸大气中存放过程中也要严加防护氯离子污染。

迄今为止，在水冷堆核电厂中，其蒸汽发生器传热管大多采用镍合金，先进型气冷堆和快中子堆则采用铬-钼钢，高温气冷堆在现阶段也选用镍基合金。但随着核电厂的发展和性能指标的提高，各先进工业国在总结使用经验的基础上，开发出化学成分上略有差异的新合金。目前已经得到实用的镍基合金和铬-钼合金的化学成分见表6-4。表中包括了ASME SB163(美)、RCC-M(法)和KTA(德)等标准或规范，它们的具体成分和最后热处理有些许不同，在此不作详述。

表6-4 蒸汽发生器传热管材料镍基合金和铬-钼合金的化学成分

合金牌号	化学成分(质量分数)/%								保证措施
	C	Ni	Cr	Fe	Mo	Ti	Al	其他	
Inconel 600	0.01~0.05	≥70	14~17	6~10	—	≤0.5	≤0.5	Co≤0.10	Ti/(C+N)≥5
Incoloy 800	≤0.03	32~35	19~23	≥39.5	—	0.15~0.6	0.15~0.45	Co≤0.10	Ti/C≥12
Inconel 690	0.01~0.03	≥58	28~31	7~11	—	≤0.5	≤0.5	Co≤0.10	
Monel 400	≤0.3	63~70	—	≤2.5	Co≤0.015	Si≤0.5	Mn≤2	S≤0.024	Cu余量
2.25Cr-1Mo	0.05~0.15	—	2.0~2.5	余量	0.9~1.1	Si≤0.5	Mn≤0.5	P、S≤0.01	Nb≥10×C
9Cr-1Mo	0.07~0.15	—	8.0~10	余量	0.9~1.1	Si≤0.5	Mn≤0.6	P、S≤0.03	
改进Cr-1Mo	0.08~0.12	≤0.20	8.0~9.5	余量	0.5~1.05	Si≤0.5	Mn≤0.6	S≤0.010 P≤0.020	V0.18~0.25 Nb0.06~0.10

6.3 反应堆用高温合金

6.3.1 高温合金的种类

在高温下(600~1100℃)能承受一定应力并具有抗氧化、耐腐蚀且合金元素总含量超过50%的金属材料称为高温合金，或称超合金。其中以高温强度(蠕变及持久等)为主兼具耐蚀的，称为耐热高温合金；以耐腐蚀为主兼有一定高温强度的，称为耐蚀高温合金。因为它们添加的合金元素种类多，含量高，所以具有良好的热强性和热稳定性。其种类按基体所含主要元素分，有铁基、镍基和钴基高温合金；按强化方式分，有固溶强化型、析出相强化型、氧化物弥散强化型和纤维强化型高温合金；按制备工艺分，有变形高温合金、铸造高温合金和粉末冶金高温合金等。高温合金主要用在航空、航天、发电、石油、化工和核工业中。例如高温合金已被用作水堆蒸汽发生器传热管，元件格架和压紧弹簧等以及高温气冷堆和部分快堆(SPX-1)的过热器与再热器传热管等，所用的材料种类有 Inconel 600，Inconel 690，Incoloy 800 和 Inconel 718(GH169)，Inconel 625，Inconel X-750，和 Hastelloy B 等。高温合金种类繁多，合金化和相组元复杂，本节仅介绍与上述材料有关的内容及其合金化原理。

虽然奥氏体不锈钢具有较高的热强性，良好的抗氧化、抗腐蚀能力，而且焊接性能和冷热加工性能也比较好，但因它对应力腐蚀比较敏感，所以堆内承受载荷的部件和蒸汽发生器传热管等，一般都避免采用 18-8 型不锈钢，而选用各项性能优于不锈钢且对应力腐蚀不敏感的镍基合金或铁基合金。表 6-5 列出了各种反应堆已经采用或准备使用的耐热、耐蚀合金，表 6-6 列出了它们的化学成分和国内对应的合金型号。

表 6-5　各种反应堆使用的和拟用的耐蚀、耐热合金

反应堆型式	使 用 材 料
沸水堆	Inconel 600、Inconel X-750、海因斯 No. 25
压水堆	Inconel 600、Inconel 675、Incoloy 800、Inconel 690、Inconel 718、新 13 号合金
Na 冷快增殖堆	Incoloy 800、Inconel X-750
HTGB(发电用高温气冷堆)	Incoloy 800、Inconel 600、Inconel 675、Inconel 718、Inconel X-750、Hastelloy B
多用途高温气冷堆(设想)	Inconel 625、Hastelloy X、Inconel 617、HK40、Incoloy 807、新合金

表 6-6　耐蚀、耐热合金化学成分的质量分数　%

合金牌号	C	Si	Mn	Ni	Cr	Ti	Al	Fe	Co	Mo	Cu	V	Nb	中国牌号
Inconel 600	≤0.08	≤0.50	≤1.0	≥72.00	14.0～17.0	≤0.50	≤0.50	6.0～10.0	—	—	≤0.5			0Cr15Ni75Fe10
Inconel 690	≤0.04	≤0.50	≤0.50	≥58	28/31	≤0.50	≤0.50	7/11	≤0.10	—	≤0.50			0Cr30Ni60Fe10
Incoloy 800	≤0.05	≤0.50	≤0.75	30.0～35.0	19.0～23.0	≤0.60	≤0.60	余	—	—	≤0.75		≤0.030	0Cr20Ni32AlTi
新 13 号	0.03	0.3～0.7	0.5～1.5	34～37	24～26	0.15～0.60	0.15～0.45	余	0.05		—			0Cr25Ni35AlTi
Inconel 718	≤0.04	≤0.30	≤0.20	余	17.0～21.0	0.9	0.4	18.5	≤0.10	3.1	—		4.7～5.5	GH169
Hastelloy B	≤0.05	≤1.0	≤1.0	余	≤1.0	—	—	4～7	≤2.5	26.0～30.0	—	0.20～0.60	—	0Ni65Mo28Fe5V
Inconel X-750	≤0.04	≤0.70	≤0.30	73	15.0	2.5	0.80	6.8	—	—	—		0.90	0Cr28Ni65Ti2AlNb
Inconel 625	≤0.05	≤0.25	≤0.25	≥61.0	21.5	0.2	0.2	2.5	—	9.0			3.7	

6.3.2　高温合金的合金化原理和相组织

高温合金的性能要求和耐热钢相同，但对热强性和组织稳定性以及抗高温氧化性能的要求比耐热钢更高、更严格。根据这些性能要求的相关机制，欲降低蠕变速度必须抑制位错的攀移；欲提高蠕变强度和组织稳定性，必须减少晶内滑移和晶界滑动，降低溶剂和溶质原子的扩散速度，避免析出相聚集和长大；提高高温抗氧化性能需增加铬含量予以保证，但应防止因提高铬而促进 σ 相的析出倾向。因此，高温合金的合金化原理与耐热钢相同，也是利用熔点高、层错能低、结构密排的金属提高原子间结合力、扩散激活能和再结晶温度，以增大热强性、组织稳定性和降低蠕变速率以及提高固溶强化、析出相强化和晶界强化的功效。但高温合金中含的元素种类多，合金总含量高，基体组织的相类型和结构比较复杂。概括说来，高温合金的相组织主要是由基体相奥氏体和金属间化合物(γ,γ',η 相等)与碳化物所组成，它们的特点如下。

6.3.2.1 合金基体γ相

在高温下长期工作的耐热材料，基体中的析出相和一次碳化物易凝集、长大或溶解与转化，故使性能发生变化，所以高温合金的基体强度是保证高温性能的基础。因此高温合金多以原子间结合力强、热强性高的奥氏体为基体母相。奥氏体是面心立方结构（γ相），致密度大，扩散系数小，再结晶温度高且层错能低，位错不易攀移，热强性高。所以用扩大γ相元素镍为基体或含镍高的其他高温合金，不仅能增强奥氏体的稳定性，而且镍的抗蚀电位（$-0.25V_{SHE}$，SHE为氢标准电位）高于铁（$-0.56V_{SHE}$），即钝化性能优于铁，因此，镍基合金和铁基合金的抗蚀性能和耐热温度高于不锈钢。另外，镍基奥氏体还能固溶较多的Co，Cr，W，Mo，V，Ti，Al等元素，而且在固溶极限内不形成新相。由于这些元素比镍的原子半径大，溶入镍中后，可增加固溶体的点阵常数，使晶格发生畸变，产生强化。图6-4是实验测到的镍基二元合金晶格常数的变化对基体屈服强度的影响，二者是线性关系但不是晶格常数的单一函数。

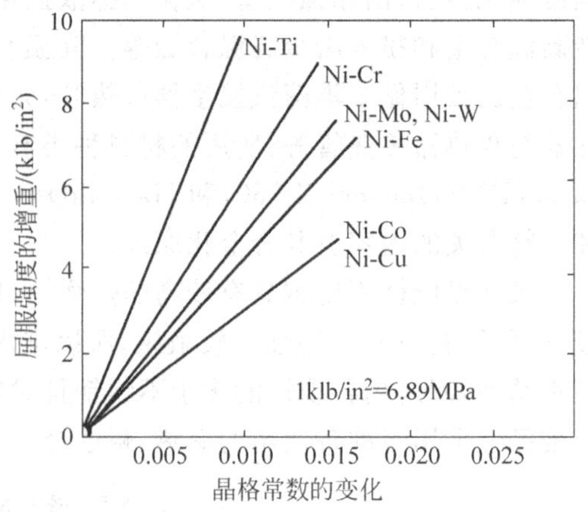

图6-4 晶格常数的变化对Ni基二元合金屈服强度的影响

6.3.2.2 金属间化合物（中间相）

高温合金中的金属间化合物按晶体结构排列分类，有几何密排相和拓扑密排相。前者简称GCP相，即分子式为B_3A的密排有序结构（如γ′，γ″，η相等），式中B元素多为Ni，Fe，Co等，A元素多原子半径较大的Ti、Al、Cr、V、Nb等；拓扑密排相简称TCP相，即原子具有立体密堆积的晶体结构，其特点是原子配位数和空间利用率均很高，原子间距很小，只存在四面体间隙。σ相，laves相，μ，χ等属于拓扑密排相（TCP）相，它们的性质极脆，多数为有害相。现将基体中主要又常见相的特点简述如下：

1）γ′相$Ni_3(Al,Ti)$　γ′相是镍基合金和铁基合金时效析出的主要强化相。原因是γ′相沿基体γ相的{100}面析出并与其共格，稳定性好又是面心立方结构（Al原子位于角上，Ni原子位于面心处，其点阵常数与基体点阵常数相近），硬而不脆并均匀地分布在基体上（图6-5）且能容纳较多的合金元素。所以镍基合金的高温强度随γ′的数量及其固溶的合金元素增多而提高。一般γ′相的体积分数为30%左右，最强的合金高达60%以上。γ′相与基体γ相间晶格常数的相对差异称为失配度。失配度的大小（一般要求在0.1%以内）也是引起基体强化的重要原因之一。

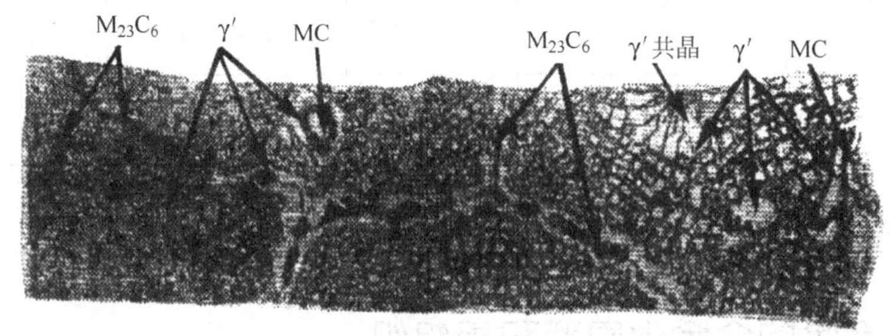

图6-5 镍基合金基体组织的相组元

2）σ相（AB或A_xB_y）　σ相是TCP相中的主要相。含铬高的镍基和铁基合金，在高温下长期工作时，有σ相析出的可能，且应力会加速σ相生成过程。σ相是体心正方密排结构（TCP相），每个晶胞含30个原子，结构复杂、硬而脆，易在730～850℃析出。铁基合金中的σ相常呈小颗粒状沿晶界析出；镍基合金中σ相常呈片状和短棒状（图6-6）。片状σ相起到裂纹源或裂纹扩展的通道作用，故使合金脆化。例如高温断口分析已证实，裂纹通常沿σ相发生。所以大量σ相析出会严重降低合金的蠕变、持久强度和塑性与韧性等。另外，σ相的形成还夺取了γ相中固溶强化元素，使基体软化和抗蚀性能下降。Fe、Co、Cr、W、Mo、Al、Ti、Si等元素能促进σ相形成，Ni有阻止作用。总之，σ相是有害的，应通过适当成分调整加以避免。

6.3.2.3 碳化物相(间隙相)

碳化物在高温合金中起着重要而又复杂的作用,它的形态、数量、分布和结构对高温合金的性能有重要的影响。常见的碳化物有 MC,$M_{23}C_6$,M_6C,M_7C_3 等。它们能互相转化并能通过热处理进行调节和控制。合金中有些元素倾向于形成一种或多种碳化物,如 Cr 易形成 $Cr_{23}C_6$ 和 Cr_7C_3,仅有少量 Cr 溶于 M_7C,MC 中。Ti 和 Nb 优先形成 TiC,NbC,VC 等,它们非常稳定,熔点高、硬度大。其中 VC 的析出强化作用大于 NbC 和 TiC。MC 型碳化物在时效过程中将转变为 $M_{23}C_6$ 或 M_6C 型碳化物(图 6-7 箭头所指处)。二次析出的 $M_{23}C_6$ 碳化物细小,有时效硬化作用。

图 6-6 片状和短棒状 σ 相,500×

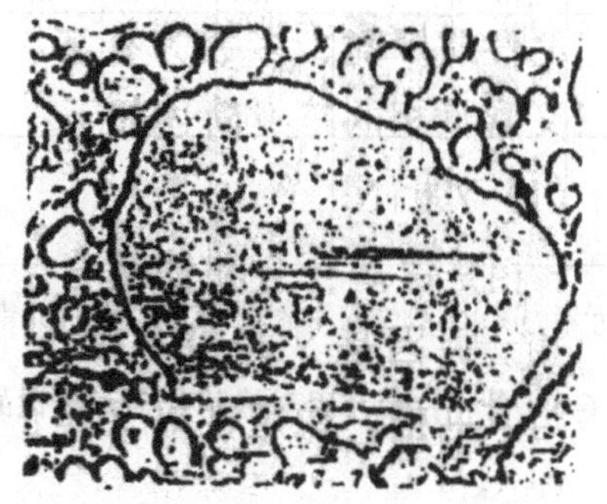

图 6-7 MC 及其周围析出 $M_{23}C_6$,5000×

M_6C 型碳化物的硬度和稳定性高于 $M_{23}C_6$ 型,是复杂的立方结构,存在温度范围为 760~1150℃,通常在晶界上析出,若呈链状分布,能提高持久强度,若以片状或魏氏体形态析出,将降低塑性。长期受热时,M_6C 可转化成 $M_{23}C_6$ 型。

$M_{23}C_6$ 型碳化物是不锈钢和高温合金中常见相,也是复杂的立方结构,常在晶界上析出。析出温度在 500~850℃之间,高温时效析出的 $M_{23}C_6$ 常呈链状分布,对晶界滑动有阻碍作用,可提高蠕变和持久强度;低温时效的 $M_{23}C_6$ 常在晶界或 MC 碳化物周围析出(图 6-9),形成细小弥散,对合金有强化作用。

M_7C_3 型不稳定,在时效或 600~800℃ 区间逐渐转变为 $M_{23}C_6$ 型碳化物,它可提高蠕变强度和持久强度。

6.3.3 合金元素的作用及其对性能的影响

耐热、耐蚀合金使用广泛,发展迅速,种类很多。它们都是以基体相、中间相和碳化物之间的最佳配合,获得较好性能作为合金化成分调整的依据。图 6-8 是高温合金成分匹配的经验总结和理论根据。由图看出,合金元素的作用分为三类,即固溶强化元素(周期表中白格底);γ′相形成元素(暗格底);晶界强化元素(晶界形格底)。它们各自作用的原因如下:

6.3.3.1 固溶强化元素

从图 6-8 看出,占据白方格底的固溶强化元素有 Co,Cr,Mo,W,V 等。根据图示数据,这些元素与 Ni 的原子半径差比较小(1%~13%),优先进入 Ni 的奥氏体基体中,使固溶体点阵常数增加(图 6-9),引起晶格畸变,产生固溶强化。而且晶格常数依次增大的顺序与图 6-8 中标注的原子半径差的大小顺序相吻合。这表明半径差越大,晶格畸变越明显,固溶强化的效应也越大。但此趋势与强度增加的规律不完全相同(参照图 6-4),因为强化效应还受到元素的碳化物形成趋势的强弱及其析出相的大小、分布和数量的影响。

铬在高温合金中既是固溶强化元素又是提高抗氧化、耐腐蚀性能的主要元素。Cr 能形成致密、牢固的稳定氧化膜 Cr_2O_3,且 Cr_2O_3 具有低的阳离子空位,所以能阻止金属原子向外扩散和氧、氮及其他有害元素向内扩散,从而能防止氧化和热腐蚀。在 Cr-Ni 系的镍基合金中铬含量为 10%~20%,例如 Inconel 600(0Cr15Ni75Fe)含 Cr 量为 14%~17%。为进一步提高耐蚀性和克服该合金因 Ni 含量高(75%),使碳固溶度降低而易出现晶间腐蚀的缺点,特采取降碳增铬,发展了 Inconel 690(0Cr30Ni60Fe),它含 Cr 量 30%。

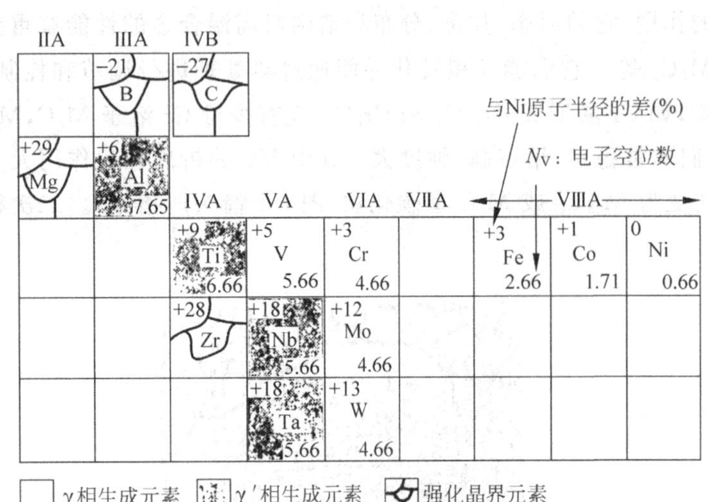

图 6-8 各种合金元素对镍基合金耐热性的影响

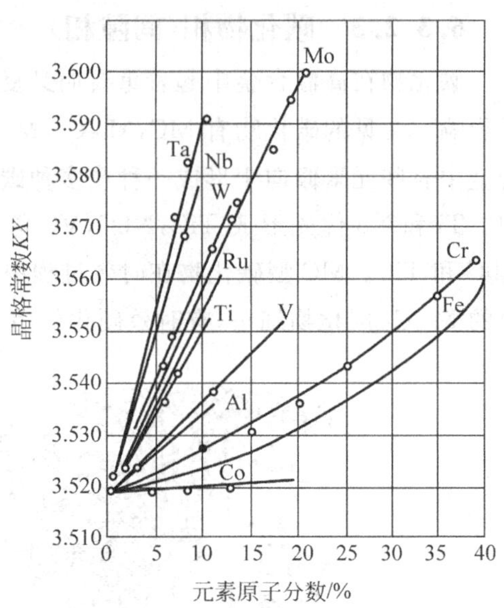

图 6-9 固溶元素对 Ni 基二元合金点阵常数的影响

钼和钨是镍基合金强有力的固溶强化元素，因此 Ni-Mo 系的 Hastelloy B(28%Mo)，Ni-Cr 系的 Inconel 625(9%Mo)和 Inconel 718(3.25%Mo)都是利用 Mo 强化合金而提高耐热温度的。例如 Inconel 600 以获得良好抗氧化、耐腐蚀性能为主，没有加入其他固溶强化元素，高温强度较低，只能在 750℃以下使用。而同是 Ni-Cr 系的 Inconel 625，因添加了固溶强化元素 Mo 和 Nb 后，在 870℃，100h 的持久强度为 74MPa。Nb 的贡献是时效后析出 γ″(Ni_3Nb)强化相。Mo 的作用是固溶后，可增加扩散激活能，减慢 Al，Ti 和 Cr 的高温扩散速度，提高固溶体中原子间的结合力，减少基体软化速度。Mo 还有稳定 γ′相的作用，提高它的溶解温度，即升高使用温度。

6.3.3.2 γ′相形成元素

Al 和 Ti 是 γ′相的主要形成元素，因 γ′相在基体内呈弥散分布，能阻止位错运动，促使合金强化。另外，γ′相因沿基体 γ 相的{100}面共格析出，γ-γ′晶格失配度造成的共格应变也是 γ′强化合金的主要原因。例如 80Ni-20Cr 合金，用 Ti 置换 γ′相中的 Al，能增加失配度，提高蠕变强度。又如在 Inconel 600 合金基础上加入 Al，Ti 而得到一系列 γ′强化的合金，形成了 Inconel 系列，其中 Inconel X-750 是借助 Al、Ti、Nb 强化而得到广泛使用的合金。类似情况还有 Inconel 718 合金，它的强化是以 γ″相为主，γ′相次之。原因与富 Nb 析出体心正方相 γ″同基体 γ 相产生的共格畸变有关。

面心立方结构的 γ′相与基体 γ 的特性相似，它对很多元素都有一定的溶解度，如 Ti、Nb、V、Fe、Cr、Mo、Co 等(图 6-10)。这些元素溶入 γ′后有稳定和强化 γ′的作用，进而也增强了基体强化。

镍基合金的高温性能主要取决于加入 Al，Ti 的总量和 Ti/Al 比，增加总量可明显提高 γ′固溶温度和基体中 γ′的体积分数，因而有利于强化。

6.3.3.3 晶界强化元素

从图 6-8 看出，Mg，B，Zr 的原子半径与 Ni 的半径差别较大，不符合形成置换式固溶体的条件，它们多富集在晶界附近，填充空位。由于晶界上空位是由晶粒间取向差异造成的，空位被填充后，就降低了蠕变过程的晶界扩散，从而强化了晶界。另一种理论认为是 B，Zr 原子在晶界上阻碍 $M_{23}C_6$ 的聚集和蠕变裂纹的形成，从而延长了蠕变断裂时间。硼的另一种作用是

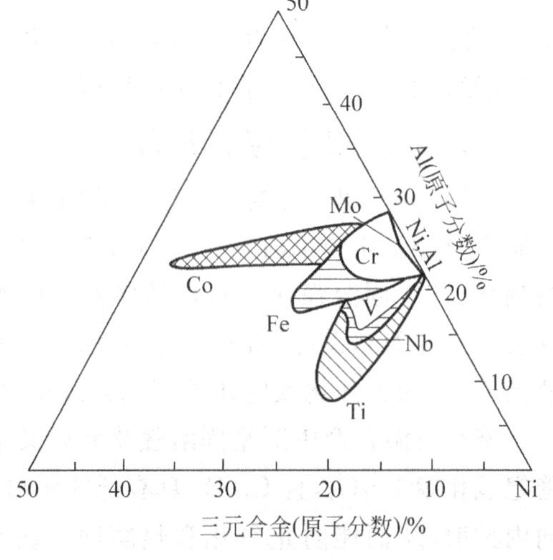

图 6-10 在 1150℃左右 Ni_3Al(γ′相)对各种元素的固溶场

促进了碳化物在晶内沉淀，有助于提高蠕变抗力。例如表 6-7 列出了加入适量 B，Zr 能显著提高镍基高温合金的持久寿命，改善持久塑性和降低蠕变速率的具体数据。实验证明，镍基合金中加入 0.05% Mg，可显著提高合金的持久强度和塑性，减少晶界碳化物和硫化物的数量，从而提高晶界结合力。

表 6-7　硼、锆对镍基合金持久、蠕变性能的影响

合金	B/%	Zr/%	第二阶段最小蠕变速率/(%/h)	持久寿命/h(700℃，440MPa)	δ/%	φ/%
原合金	0.0002	≤0.01	0.0160	45	2	1
			0.0060	52	2	1
加 Zr	0.0004	0.19	0.0036	147	5	5
			0.0095	134	6	8
加 B	0.0089	<0.01	0.0018	429	10	11
				394	7	8
加 B+Zr	0.0088	0.01	0.0004	666	17	16
			0.0003	627	12	13

表 6-8 列出了合金元素对铁基合金耐热性的影响和作用。表 6-9 中不同合金析出相的固溶极限温度，此值越高表示合金在高温下保持强度恒定的温度高，即使用的时间越长。

表 6-8　合金元素对于铁基合金耐热性的作用

元　素	主 要 作 用	元　素	主 要 作 用
Al	抑制 γ'，$\eta(Ni_3Ti)$	Cr	耐氧化性，强化固溶体
Ti	γ'碳化物(MC)	Mo，W	强化固溶体，碳化物(M_6C)
Nb，Ta	γ''碳化物(MC)	Ni	稳定奥氏体，γ'
C	碳化物，稳定奥氏体	B，Zr	提高蠕变强度，防止晶界析出 η
P	促进碳化物在晶内析出	La，Ce	耐氧化性
N	氮化物		

表 6-9　典型铁基及镍基合金的析出相及其固溶温度

合 金 名 称	析出相①	固溶温度/℃
A-286	γ'	855
Inconel 718	γ''	965
	σ	995
Inconel 706	γ''，γ'	855
Incoloy 901	η，δ	955
	γ'	940
	η	995
Pyromet 860	γ''	995
	η	955

① γ'　Ni_3Al(面心立方有序)。
　γ''　Ni_3Nb(体心四方有序)，与 γ 共格是强化相。
　δ　Ni_3Nb(密集六方)，与基体不共格，降低持久强度。
　η　Ni_3Ti(正交)，沉淀于 γ 体晶界，降低持久塑性。

6.3.4　镍基合金的抗 SCC 性能

6.3.4.1　600 合金 SCC 现象

已经在 600 合金传热管的一回路侧观察到 SCC 轴向晶间裂纹，其部位在 U 形弯头、管与管板交界(见图 6-11)。同样在凹蚀管与支撑板交界处也观察到周向裂纹。其原因主要是材料在制造中，如弯管、管与管连接等操作时无意使管子受得了冷加工，从而会引入过高的内应力。从外部因素考虑则有水化学条件、温度对裂纹的萌生和扩展起到了促进作用。对此采取了针对性的热处理措施，减少运行中 SG 中 U 形弯头的应力，使 SCC 得到了缓解。

另一个重要措施是降低碳含量(限制 C≤0.03%)，并进行 715℃、12h 的应力释放、改进耐蚀微观组织的热处理(称 600TT 合金)。该合金与工厂退火 600(称 600MA)相比，大大延长了在一定运行温度下发生损伤的时间(图 6-12)。但是热处理不能彻底消除 SCC。

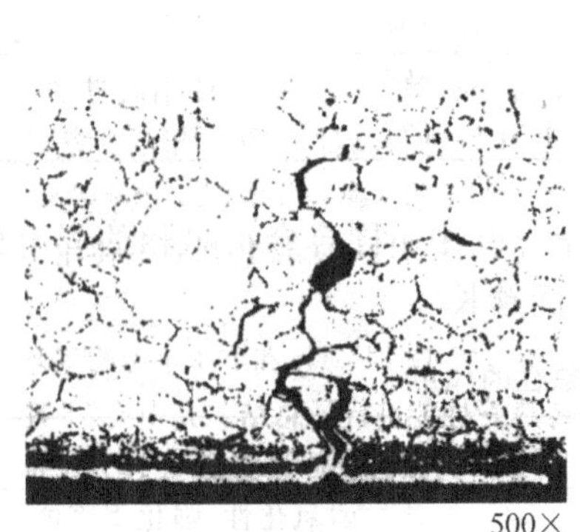

图 6-11　600 合金的典型 SCC 形貌

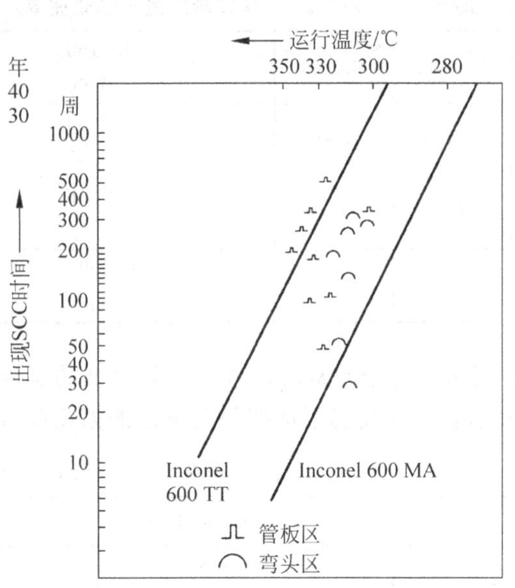

图 6-12　不同热处理制度对 600 合金出现 SCC 的时间与温度的关系

还采取了改变传热管应力状态、提高合金的 Cr 量等改进措施。但仍然无法避免 600 合金的 SCC 问题。通常在 SG 中发生因腐蚀开裂而堵管至 15%时应及时进行修理，用 800 合金或 690 合金管子更换。

6.3.4.2　800 合金抗 SCC 性能的改进

800 合金在成分和热处理制度上比 600 合金有了明显的改进，即提高了 Cr 含量，降低了 Ni 含量，使材料表面形成稳定的 Cr_2O_3 氧化膜；又降低了碳含量到 0.03%，添加钛，规定 Ti/C≥12，以形成 TiC，增加了敏化抗力，从而提高了抗 IGSCC 性能(图 6-13 和图 6-14)，并采用 1000℃退火，抑制了碳的活性，改善了抗碳迁移的能力。由于采取了以上综合优化，所以在轻水堆核电厂的运行条件下(温度、水质等)，没有观察到 800 合金对低温敏化的敏感性。

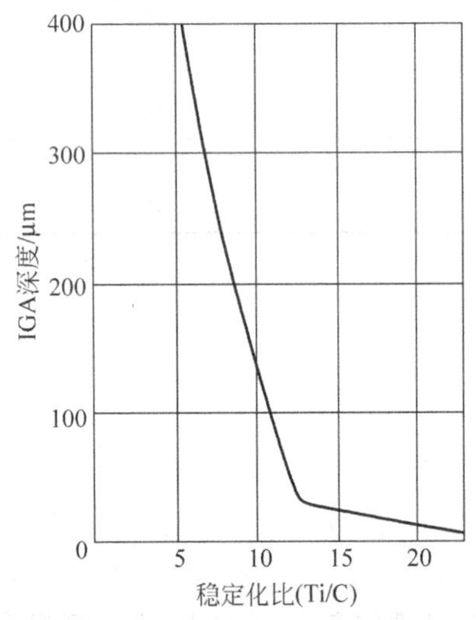

图 6-13　800 合金的 Ti/C 比与 IGA 深度的关系

C≤0.04%，650℃热处理 1h

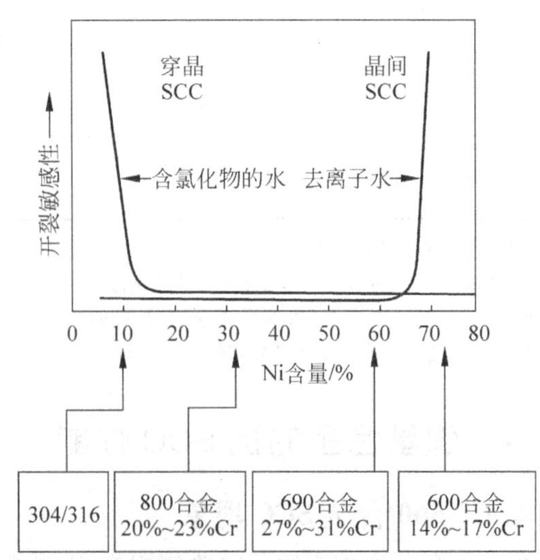

图 6-14　镍基合金和奥氏体不锈钢中 Ni 含量对 SCC 的敏感性

在模拟凝汽器泄漏，湖水进入蒸汽发生器二次侧条件下的试验中，在800合金上同样观察到如600合金那样的点蚀形貌。所以为了使800合金传热管在二回路侧有满意的抗蚀性能，一定要严格防止凝汽器的泄漏和控制空气的进入。

从图6-14看到，800合金对氯化物诱发SCC不能完全克服，但在压水堆规定的水质条件下，800合金已经得到满足。在高浓碱的介质中，800合金还会出现碱性SCC，同时还会有均匀腐蚀和IGA。图6-15比较了三种合金在350℃无氧NaOH中对SCC的抗力。因为这些合金对碱性条件不能完全克服SCC，所以不允许在一回路或二回路出现浓碱情况。

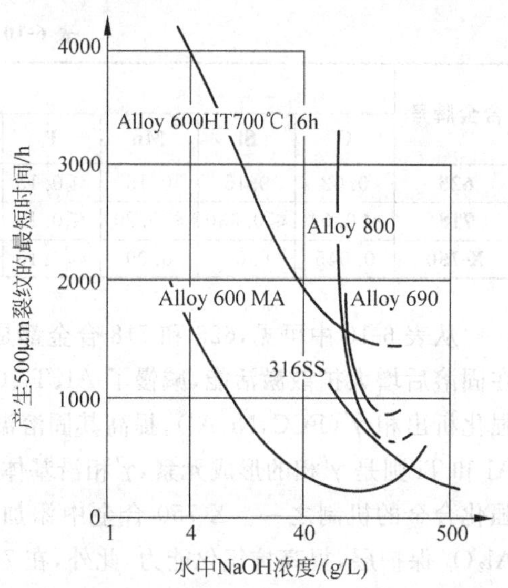

图6-15　NaOH浓度对镍基合金抗力的影响

(HT为热处理；MA为工厂退火)

大量的实验室试验(如高压釜1200℃高温水)和PWR内试验(5年)都表明800合金对一回路水的SCC是完全有抗力的；在用硫酸盐处理的二回路水中虽然曾发现有耗蚀，但只是个别例子。

CANDU型核电厂的SG管材最初也采用600合金和Monel 400，因后者在一回路沸腾水中的腐蚀速率比600和800合金高出7～8倍，800合金的抗SCC能力比600合金的好，同时为了减轻感生放射性物质的迁移和污染，用800合金代替了600合金。

6.3.4.3　690合金抗SCC性能

690合金的成分是在600合金的基础上作了充分调整的。降低含C量到≤0.03%；控制Cr含量在28%～31%，Ni含量≥58%(图6-16)，以提高抗IGA和均匀腐蚀的能力。此外，该合金经压水堆一回路冷却剂工况和水质条件的试验(例如316℃，$O_2=8\mu g/g$，$Cl^{-1}=100\mu g/g$，pH=7)，得到690、800和600合金耐SCC时间分别为11000h、10230h和5000h，而且在纯水中也没有SCC的迹象(图6-14)。

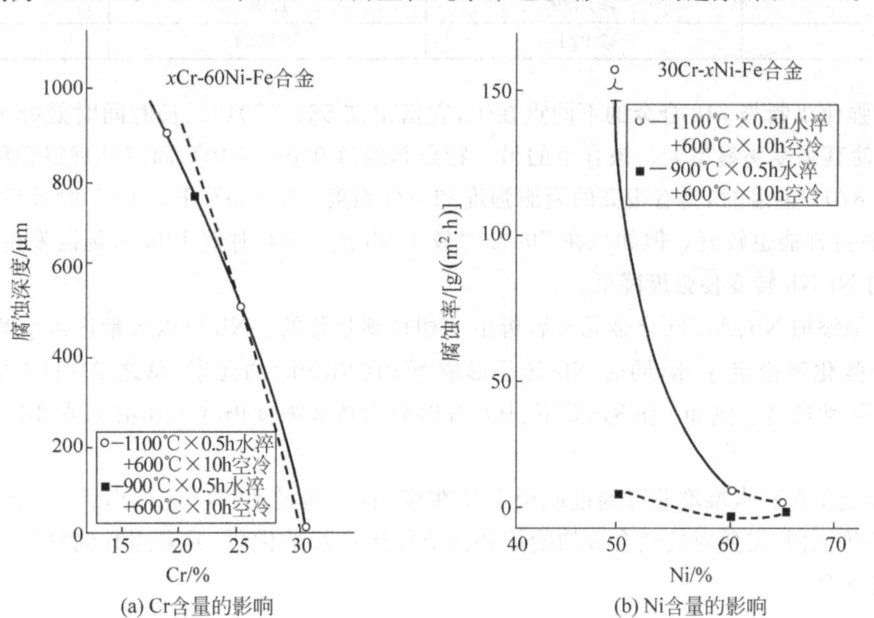

图6-16　690合金中Cr、Ni含量选择依据

但在蒸汽发生器的异常情况下，例如在浓碱溶液中对IGA或IGSCC的敏感性仍无法克服。但实验表明690合金在10%NaOH溶液中的抗IGSCC能力比800合金强，抗点蚀能力比600合金好。

总之，作为轻水堆核电厂蒸汽发生器的传热管，690合金无可争议地是现阶段最好的材料。

6.3.5　堆芯用镍基合金

在核电厂中，镍基合金主要用于堆外作为蒸汽发生器、过热器、再热器的传热管和其他耐热、耐蚀部件。

少数镍基合金也被用于热中子堆作为燃料组件格架，抗松动零件如螺栓、弹簧或堆内其他构件。它们是 Inconel 625、Inconel 718 和 Inconel X-750(简称 625、718 和 X-750 合金)，其化学成分如表 6-10 所列。

表 6-10 堆芯用 Inconel 合金的化学成分

合金牌号	组成(质量分数)/%											
	C	Si	Mn	P	S	Ni	Cr	Mo	Ti	Nb	Al	Fe
625	0.02	0.15	0.15	≤0.15	≤0.15	其余	21.9	9.17	0.28	3.35	0.29	4.36
718	<0.04	≤0.030	≤0.20	≤0.15	≤0.15	其余	17～21	3.1	0.9	5	0.4	18.5
X-750	0.045	0.07	0.09	≤0.15	≤0.15	其余	15.4	—	2.45	1.06	0.68	7.81

从表 6-10 中可见，625 和 718 合金都是利用固溶强化元素 Mo 和 Nb 来提高耐热温度的。Mo 的作用是在固溶后增大扩散激活能，减慢了 Al、Ti、Cr 的高温扩散速率，增强了固溶体中原子间的结合力，还可稳定强化析出相 γ'(FCC，Ni_3Al)，提高其固溶温度。Nb 的贡献是在时效后析出强化相 γ''(体心四方，Ni_3Nb)；Al 和 Ti 则是 γ'相的形成元素，γ'相沿基体 γ 相的{100}面共格析出，γ-γ'晶格错配度引起的共格应变是 γ'相强化合金的机制之一。X-750 合金中添加了较多的 Al，除起到强化作用以外，还可以在表面生成致密的 Al_2O_3 保护层，提高抗氧化能力，此外，在 718 合金中还可存在 δ 析出相(正交晶系，成分 Ni_3Nb，Ni_3Ti)。

三种镍基合金均有很高的强度，尤其是高温强度。以 718 合金为例，其室温和 650℃的拉伸性质见表 6-11。从它的成分不难看出，718 合金在 Mo、Cr 固溶强化的基础上，又有以析出相 γ''为主的补强作用。此外，其可焊接性与成形性良好。718 合金的 Cr 含量较高，有优异的耐腐蚀性和高的抗氧化性以及辐照稳定性。但该合金的缺口韧性较差，可通过中间热处理得以恢复和消除。

表 6-11 Inconel 718 的拉伸性质

温 度	屈服强度/MPa	拉伸强度/MPa	延伸率/%
室温	≥1089	1309	≥13
650℃	≥921	≥1054	≥21

625 合金的强化机制与 718 合金的不同点在于，它借由在 566～704℃、长时间时效处理后，形成稳定的共格析出相 γ''，使其强度明显增大。该合金的另一特点是通过 930～1040℃固溶处理得到细晶组织。因此，625 合金在低于 870℃温度时，具有很高的屈服强度和拉伸强度；在 650℃下，1000h 时效后的持久强度高达 373MPa；其抗疲劳性能也较好。但如果在 704℃时效 100h 或 566℃时效 1000h，则因发生亚稳定沉淀相向非共格正交结构 Ni_3Nb 转变使强度降低。

X-750 合金是添加 Nb、Al、Ti 合金元素后析出 γ'相得到强化的。Nb 可以大量进入 γ'相后形成 Ni_3(Al、Ti、Nb)，进一步强化和稳定 γ'相，同时 Nb 又是形成 γ''相(Ni_3Nb)的元素，总之 Al-Ti-Nb 的优化配合，使 X-750 合金的热强性最高。例如：在 816℃下、1000h 时效后持久强度仍有 148MPa，在相同条件下比 625 合金高 57MPa。

以上三种合金虽在轻水堆堆芯得到过或至今还在应用，但通过使用已经认识到，由于出现应力腐蚀开裂(如螺栓开裂)等原因，需要对这些合金的冶炼和性能作进一步的优化，或采用其他材料代替，如用奥氏体钢更换 X-750 合金等。

6.4 耐热钢的合金化原理

耐热钢是在高温下具有较高强度和良好抗氧化性能的合金钢。它包括抗氧化钢(不起皮钢)和热强钢两类。耐热性的保证主要依靠钢中添加 Cr、Ni、Mo、W、Ti、V、Nb、Al、Mn、Si 等元素的一、两种或多种元素的配合而实现的。其成分由环境介质、工作温度和强化方式而定。耐热钢用途很广、性能各异，钢种型号繁多，按组织分类：有珠光体型、马氏体型、铁素体型和奥氏体型耐热钢。本节仅侧重反应堆用的耐热钢，如 2.25Cr-1Mo，9Cr-1Mo，1Cr13，321，316 等。

6.4.1 耐热钢的性能要求

上述几种耐热钢由于成分、组织和晶格结构的不同，它们的强度随温度升高而下降的趋势有明显差别(图6-17)。由图看出，铬镍结构钢(曲线1)和铁素体耐热钢(曲线2)因是体心立方晶格，低温时滑移阻力大、强度高，但在高温下因原子扩散系数迅速增大，导致强度下降很快；奥氏体耐热钢(曲线3)因是面心立方结构，低温时滑移阻力小、强度低，但因致密度大、原子间结合力强，所以强度随温度升高下降缓慢。由上可见，用低温或瞬时拉伸强度不能判断材料的高温使用性能，通常以蠕变极限和持久强度作判据，因为它们在高温下所表征的性能与室温下的屈服极限和抗拉强度相似。另外，在高温下长期工作的低合金耐热钢，还存在组织发生变化的隐患，如石墨化、球化、碳化物析出和凝集以及固溶体中的合金元素贫化等。服役期间因组织不稳定发生的上述变化，将会危害钢的热强性和抗蚀性。尤其是，除Au、Pt之外，金属的自由能都比其氧化物低，所以又有自发被氧化和腐蚀的倾向等。鉴于上述原因，理想的或良好的耐热钢应具备下列性能：

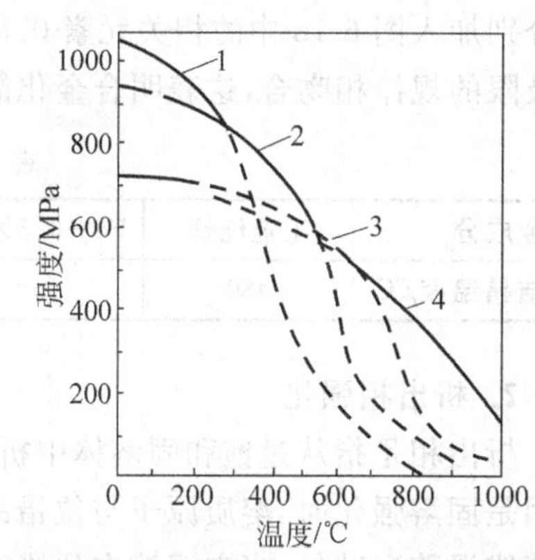

图6-17 690合金中Cr、Ni含量选择依据

1—铬镍结构钢；2—铁素体耐热钢；3—奥氏体耐热钢；4—钴基耐热合金

(1) 基体具有高的再结晶温度，低的扩散速度，组织稳定，碳化物不易分解、析出相不易凝集和长大，晶界上有害杂质偏聚和析出物少，材质纯洁度高。

(2) 蠕变强度和持久强度高，缺口敏感性小，抗应力松弛和抗热疲劳性能好。

(3) 在高温下抗氧化、耐腐蚀和抗碳化的能力强。在钠冷快堆中无脱碳倾向，与钠和水蒸气相容性好。

(4) 热膨胀系数小、热导率大。

(5) 冶炼和铸、锻、焊及热处理等工艺性能好，易加工、成本低。

6.4.2 耐热钢的合金化措施

合金钢的性能决定于它的成分、组织和结构，因此耐热钢的上述性能要求，主要通过合金化方法来实现，具体措施如下。

6.4.2.1 提高热强性的途径

金属材料强度与原子间的结合力、晶格畸变量、晶粒度、晶界状态和析出相的形态、大小以及位错阻力的大小有关。为使组织稳定并获得强度、韧性和工艺性的良好配合，耐热钢一般多采用固溶强化、析出相强化和晶界强化的综合效应得到各项性能的较好配合。例如中国自行研制的低碳、低合金耐热钢12Cr2MoWVTiB具有优良的综合力学性能和工艺性能。其原因是采用了多元少量元素的综合强化效应，即以铬提高抗氧化性，用W，Mo的复合固溶强化，Y，Ti的时效(析出相)强化和微量硼的晶界强化而达到耐热钢的性能要求和提高钢的耐热性。

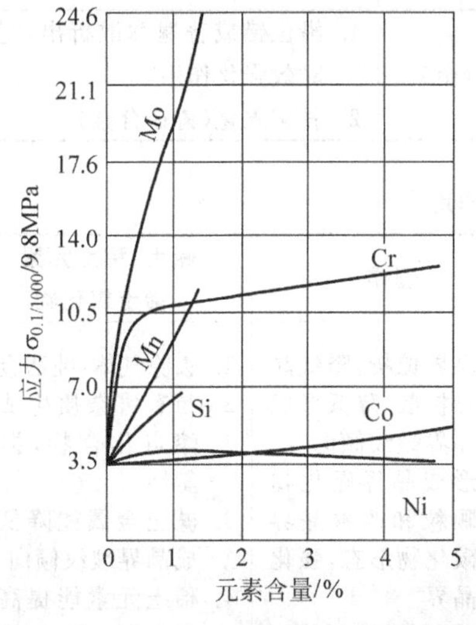

图6-18 合金元素对工业纯铁在425℃时蠕变极限的影响

1. 固溶强化

固溶强化是指合金元素(溶质)加入钢中(溶剂)后使基体(固溶体)强度提高的现象。固溶强化提高热强性的原因与下列因素有关：

(1) 研究表明，钢中加入Mo、Cr、Mn、Si后能显著提高α-Fe固溶体的屈服强度，如图6-18所示。其原因可能是：(a)这些元素加入后提高了成键的电子数目，增加了原子间的结合力；(b)这些元素的原子半径都大于铁的半径(1.27Å)尤其Mo(1.40Å)大得更多，其强化效果也更显著。它们置换阵点的铁原子后，在其附近造成晶格畸变、产生应力场；溶质原子有可能在位错线周围形成“气团”，从而增加了位错运动的阻力，使蠕变抗力提高。

熔点越高表明金属的原子间结合力越强，自扩散系数小，因此对工作在温度高的部件，一般都采用熔点高的金属或用原子间结合力较强的面心立方金属作基体。

（2）钢中加入合金元素后，随着原子间结合力的提高，同时也升高了扩散激活能，即降低了铁的自扩散和溶质原子的扩散速度，从而能提高再结晶温度和阻止型形变（蠕变）及碳化物聚集。表 6-12 列出对工业纯铁分别加入图 6-18 中的相关元素 0.5%后，除 Co 之外都升高了再结晶温度且增量幅度与图 6-18 中升高蠕变极限的规律相吻合，这表明合金化能使再结晶温度升高，可增大蠕变抗力，提高耐热钢的热强性。

表 6-12 合金元素对纯铁再结晶温度的影响

合金成分	工业纯铁	Fe+0.5%Co	Fe+0.5%Ni	Fe+0.5%Si	Fe+0.5%Cr	Fe+0.5%Mn	Fe+0.5%Mo
再结晶温度/℃	480	450	500	570	650	570	670

2. 析出相强化

析出相是指从过饱和固溶体中析出或相变时产生的弥散质点。析出相的强化作用比固溶强化更有效。原因是固溶强化时，溶质原子与位错的交互作用能阻止位错滑移但阻止位错的攀移较小。而析出相除能阻碍位错滑移运动外，当它沉淀在位错线上时便钉扎住了位错，可阻碍位错的攀移降低蠕变速度，从而能有效地提高强度，增大热强性。试验也证明，析出相强化可使强度维持到 $0.65 \sim 0.7T_m$（T_m 为熔点的绝对温度），而固溶强化在 $0.6T_m$ 以上时，强度就明显降低了。

耐热钢的析出相强化多采用强碳化物形成元素 Ti、V、Nb、Mo、W 来实现。它们生成 TiC、NbC、VC、Mo_2C 硬度大、熔点高，在高温下既不易溶解又不易聚集长大，故能明显升高再结晶温度，增大热强性。

3. 晶界强化

晶界上原子排列紊乱，晶格歪曲并有位错、空位和各种缺陷存在，所以在常温和中温变形时，晶界强度大于晶内，高温时因扩散加快，故表现相反。为了增加高温时的晶界强度，除适当粗化晶粒，减少晶界长度外，常添加 Al、Mg、Nb、Ca 等活泼元素，它们易偏聚在晶界附近产生局部合金化，阻碍金属原子扩散或与 P，S 和低熔点杂质元素形成高熔点的稳定化合物，使晶界上杂质偏聚减少，进而能提高晶界强度。另外还添加 B，Mg，Zr 等表面活化元素，消除有害气体和杂质元素以及充填晶界空位，阻碍晶界原子扩散，提高蠕变抗力。

表 6-13 列出了耐热钢常用元素的碳化物在晶界强化和析出相（时效）强化中的作用。表 6-14 综合了杂质、气体元素和磷、硫在钢中的危害以及硼、锆和稀土元素对耐热钢的有益作用。

表 6-13 碳化物的强化作用

合 金 元 素	Cr	Mo W	V Ti Nb Ta Hf
形成碳化物的类型	$Cr_{23}C_6$	M_6C	MC
强化作用	1. 沿位错线析出，起弱时效强化作用 2. 晶界强化（低、中镍基合金）	晶界强化（高镍基合金）	1. 沿位错或普遍弥散析出，起强时效强化作用 2. 骨架强化（铸造合金）

表 6-14 杂质元素的危害和微量元素的作用

元素	低熔点元素 Pb，As，Bi，Sn，Sb，Ti，Se 等	气体元素（H_2，O_2，N）	硫磷	硼锆	碱土，稀土元素，稀土氧化物
主要作用	1. 因严重的比重偏析，树枝晶偏析和平衡或非平衡偏析，严重损害热加工性能和热强性 2. 以低熔点纯金属或低熔点化合物状态存在于晶界，削弱晶界强度	1. 晶界偏析产生晶界弱化。降低热加工性能和热强性 2. 生成夹杂，气泡，造成疏松 3. 低温氢脆 4. 氮可能起固溶强化和增强第二相强化作用	1. 易生成低溶点共晶，降低热加工性增加脆性 2. 晶界偏析，造成脆化 3. 生成碳硫化合物夹杂 4. 磷可能增强碳化物时效硬化能力	1. 晶界偏析，降低晶界扩散，降低形成晶界裂纹倾向 2. 形成晶界硼化物颗粒和改善晶界碳化物形态，强化晶界 3. 减轻有害杂质作用 4. 提高强度和塑性	1. 去除气体，纯洁金属 2. 与有害杂质生成高熔点化合物，提高塑性 3. 碱土金属能降低形成晶界裂纹倾向 4. 稀土元素能提高抗氧化性，稀土氧化物提高抗蚀性

6.4.2.2 提高耐热钢抗高温氧化性能的途径

虽然钢在高温下的氧化是自发的、不可避免的，但氧化过程是可以控制或阻止的。方法是借助合金化(加 Cr、Al、Si 等)形成致密氧化膜，减少铁离子和氧离子在氧化膜中的扩散，降低金属与氧化膜界面间的氧化反应速度，即可达到提高钢的抗氧化目的。例如从图 6-19 的 Fe-O 平衡相图中看出，铁在室温下的氧化膜为 Fe_3O_4 和 Fe_2O_3 双层结构，外层是 Fe_2O_3，它比较致密，对基体有一定的保护作用。但当温度升高到 570℃时，便出现了 FeO 相，它结构疏松，铁离子和氧离子在 FeO 中容易扩散，所以钢的高温氧化主要是在 FeO 和 Fe 的界面之间进行的。由此看出，提高钢的抗氧化性途径主要有两条：①提高 FeO 的生成温度；②阻止 FeO 生成并以薄而牢固的氧化膜取代 FeO、Fe_3O_4 和 Fe_2O_3 三层氧化膜。当钢中添加 Cr，Al，Si 后即能满足这两条要求，原因如下：

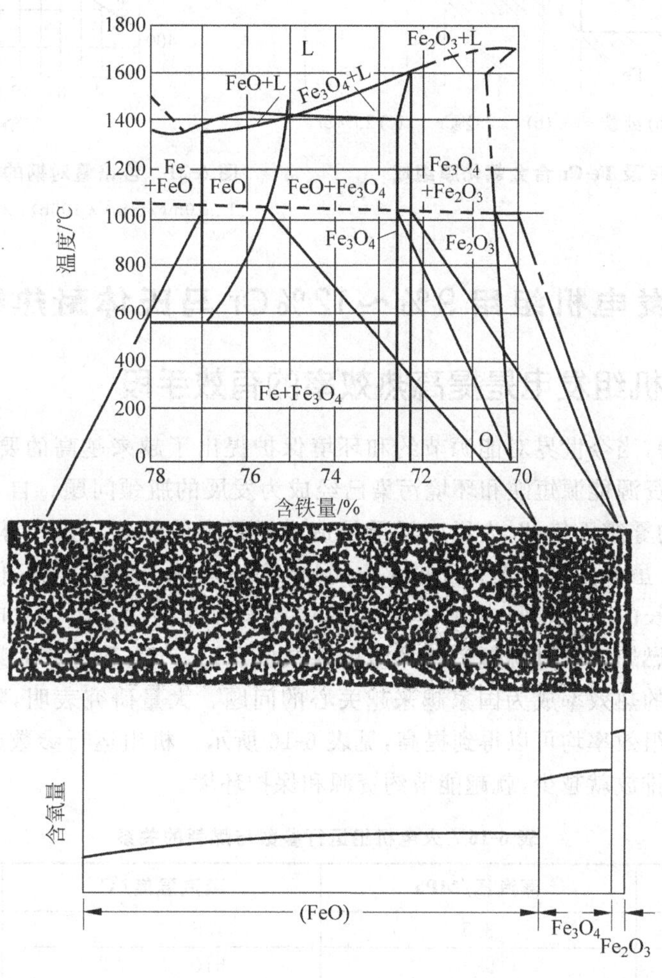

图 6-19 Fe-O 平衡相图及形成的氧化物与平衡相图中相区的关系

(1) 由于 Cr，Al，Si 的氧化物点阵结构接近 Fe_3O_4，它们的离子半径比铁小，所以容易稳定 Fe_3O_4，缩小 FeO 区域，提高 FeO 形成温度。由表 6-15 的实验结果看出，当 Cr，Al，Si 加入纯铁中后，均提高了 FeO 的形成温度，即扩大了图 6-20 中 $\alpha+Fe_3O_4$ 相区，因 Fe_3O_4 比较稳定，使钢的抗氧化性能增加，工作温度提高。虽然 Si 和 Al 的改善作用比铬大，但含量不宜太高，否则易增大钢的脆性。这可能与 Al 和 Si 都是促进石墨化元素以及 Al_2O_3 质地较硬和 Si 能升高韧脆转变温度及增加回火脆性有关。

表 6-15 合金元素对 FeO 共析点温度的影响

合金成分	纯铁	+1.03%Cr	+1.5%Cr	+1.14%Si	+0.4%Si +1.1%Al	+0.5%Si +2.2%Al
氧化皮中出现FeO的下限温度	570℃	600℃	650℃	750℃	800℃	850℃

(2) Cr,Al,Si 不仅能提高 FeO 的形成温度而且还能生成连续、致密和牢固的氧化膜 Cr_2O_3、Al_2O_3 和 SiO_2 等，前者如图 6-21 所示。由图看出，随着铬含量提高，直到 25%Cr 时，铁的表面氧化层由厚变薄逐渐过渡到以 Cr_2O_3 为主的稳定氧化膜。因它结构致密，阻止铁离子和氧离子扩散能力强，故使钢的抗氧化性能显著提高。例如从图 6-3 看出，当含 Cr 为 25%时，在 1000℃下，其腐蚀速率仅为 1mg/(cm² · 100h)。

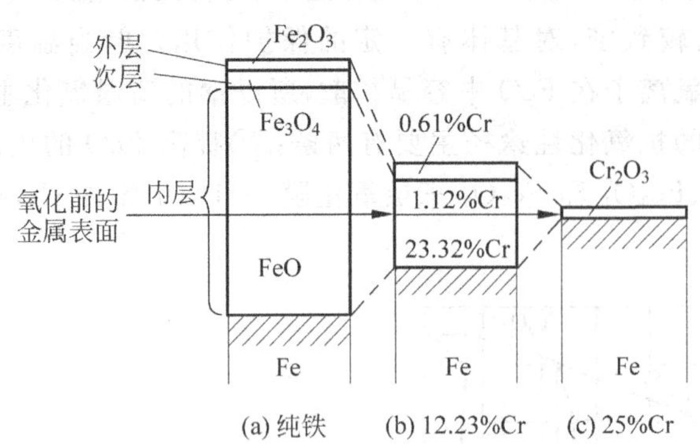

图 6-20 Fe 及 Fe-Cr 合金氧化膜组成

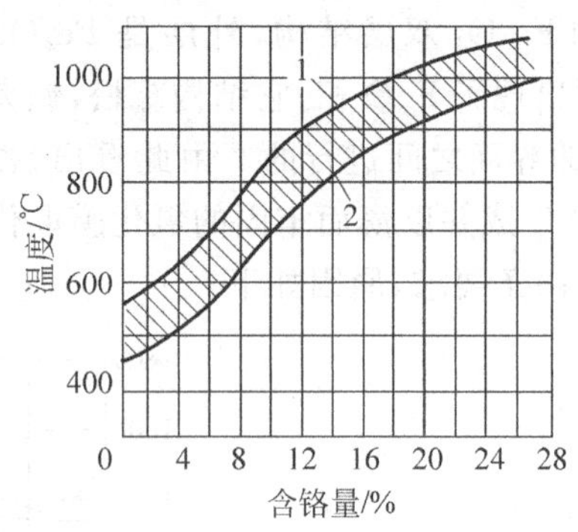

图 6-21 含铬量对钢的抗氧化能力的影响

1—10mg/(cm² · 100h)；2—1mg/(cm² · 100h)

6.5 超临界发电机组用 9%～12%Cr 马氏体耐热钢

6.5.1 超临界机组发电是提高热效率的有效手段

随着经济技术的发展，当今世界对能源节约和环境保护提出了越来越高的要求。在中国，经历了三十多年的经济高速发展后，资源能源短缺和环境污染已经成为发展的瓶颈问题。自 2012 年冬天以来，全国多个地方发生了不同程度的雾霾天气，对人民生活质量造成了很大的影响。这些雾霾的产生，在很大一部分程度上来源于燃煤发电。虽然中国在大力发展水电、风电和核电等清洁型能源，但是由于中国的能源资源以煤炭为主，在未来相当长的一段时间内，中国电力的主要来源将仍然是燃煤发电机组。煤是一种化石燃料，储量有限，不可再生，燃煤发电过程既消耗大量的煤炭资源，又产生和排放大量的 CO_2、SO_2、NO_x，污染环境，所以提高火电机组的热效率成为国家越来越关心的问题。大量研究表明，随着火电发电机组蒸汽温度和蒸汽压力的提高，机组效率均可以得到提高，见表 6-16 所示。机组运行参数越高，热效率就越高，煤炭消耗就越低，温室气体的排放就越少，就越能节约资源和保护环境。

表 6-16 火电机组运行参数与煤耗的关系

机　　型	蒸汽压/MPa	蒸汽温度/℃	发电煤耗/[g/(kW · h)]
中压机组	3.5	435	455
高压机组	9	510	372
超高压机组	13	535/535	351
亚临界机组	17	535/535	323
超临界机组	25.5	566/566	300
超超临界机组	27	600/600	273
超超临界机组	30	600/600/600	256
超超临界机组	35	700/720	223

在世界上，提高火力发电机组的热效率也是很多国家非常关心的问题。美国在超超临界机组方面的工作开展得最早，1957 年首次在世界上投运了两台超超临界机组，机组参数分别为 31MPa，621/566/566℃和 34.5MPa，649/566/566℃。但是由于机组采用了过高的蒸汽参数，材料技术不成熟，这两台机组中均使用了传统的奥氏体耐热钢。奥氏体耐热钢价格昂贵，热膨胀系数高，热导率低，导致机组事故不断，且经济上不合算，最后不得不降低参数运行。美国于 20 世纪 60 年代在超超临界火电机组方面取得了较大的进展，但是后来因为经济和运行稳定性等问题，发展进入了低谷。在石油危机后，美国又重启超超临界火电机组的研

究。在20世纪70年代开发了T/P91钢，为超超临界火电机组奠定了材料基础。此后，美国在1986年提出CCT计划发展超高效机组，1992年提出Combustion 2000计划（后并入Vision21计划）。由于美国煤的硫含量很高，机组蒸汽温度在700～760℃时材料受到的腐蚀作用最强，为此1999年美国能源部提出Vision21计划，目标是避开700～760℃温度区间，直接把机组蒸汽温度提高到760℃。

日本由于资源匮乏，一直以来都非常关注超超临界机组的发展，20世纪五六十年代从美国、德国引进技术进行消化吸收，1981年开始自主研究超超临界火电机组用钢，成功研发了使用温度可达600～610℃的耐热钢。从20世纪末到现在，日本又开始研制可以应用于更高温度的铁素体耐热钢，希望把使用温度提高到650℃。在2008年3月，日本又开展了"冷却地球"项目，以期进一步降低温室气体的排放，该项目计划发展21项新兴技术，其中便包括700℃先进超超临界火电机组。日本在超超临界方面的关注和投入都非常巨大，成果也非常显著，目前在全球超超临界火电机组的研究处于领先地位。

在欧洲，20世纪80年代以英国为中心开展了COST 501项目，用于研制600℃级耐热钢，重点在研究9%～12%Cr钢，开发出了E911和转子用钢X12CrMoVNb101、X18CrMoVNbNB91及铸钢GX10CrMoVNbN101。在该项目完成后，从1998年开始，欧洲16个国家联合开展了COST 522项目，用于研制620℃级超超临界机组用高温耐热钢。2004年又启动了COST 536项目，目标是研制650℃级超超临界机组用耐热钢。欧盟在1998年还启动了为期17年的"Thermie AD700"计划，目标是开发700℃级超超临界机组用镍基耐热合金，目前在超超临界机组参数选材和机组设计制造及运行方面已经取得了阶段性效果。

韩国也在2002年启动了超超临界火电机组的开发研究，计划建成运行参数为26MPa，610/621℃的1000MW级超超临界电站。

中国的超超临界火电机组发展较晚，但是由于国民经济的飞速发展和政府政策资金的大力支持，近年来中国在超超临界火电机组方面发展迅速，正在努力赶超国际水平。当前中国最突出的问题是用量最大、难度最高的高温高压耐热钢管的研发与生产。这一耐热钢管国内目前仍然不能完全自主生产，仍需大量进口。国外对中国有着严格的技术封锁，同时要价昂贵，限量供应，严重制约着中国电站的发展。为了改变这种被动局面，2003年国家科技部在"863"计划中列入"高效超临界火电机组关键用材研制"课题，开展T122和Super304H钢探索性研究。2006年在"863"计划中列入了"650℃超超临界机组锅炉管用新一代铁素体耐热钢研究"。我们一方面需要引进和消化国外成熟的耐热钢，另一方面需要自主研发，获得中国自己的知识产权。2010年的"973"项目"高性能钢的组织调控理论与技术基础研究"和2012年的"863"项目"先进超超临界火电机组关键锅炉管开发"中，重点研究的问题之一便是650℃超超临界火电机组主蒸汽管道用新一代铁素体耐热钢。目前世界上还没有能够用于650℃条件下的铁素体耐热钢，各国都在进行研究和探索。本节简要介绍在这个大背景下，以这两个项目为依托，围绕650℃超超临界火电机组主蒸汽管道用新一代铁素体耐热钢的研究概况。

6.5.2 铁素体耐热钢的发展历史

火电机组锅炉用钢主要可以分为铁素体耐热钢、奥氏体耐热钢和用于更高蒸汽参数的耐热合金。

铁素体耐热钢包含的范围较广，传统意义上的铁素体耐热钢、珠光体耐热钢、贝氏体耐热钢和马氏体耐热钢均属于铁素体耐热钢的范畴。铁素体耐热钢热导率高，热膨胀系数低，抗疲劳能力好，适合用于制造大口径管，如主蒸汽管道等。但是由于其Cr含量低，抗腐蚀性能差。目前最先进的铁素体耐热钢一般均为马氏体耐热钢，其组织为非平衡态，在长时服役过程中会发生组织退化，逐渐转变为平衡态，这一过程会导致材料性能的急剧降低。同时，由于铁素体耐热钢的合金含量低，强化作用弱，持久蠕变强度也较低，目前较为成熟的铁素体耐热钢的极限服役温度为620℃。温度再高，便可能超出了铁素体耐热钢的使用极限。

奥氏体耐热钢的Cr含量较高，一般在18%以上，因此其抗腐蚀性能要明显好于铁素体耐热钢。同时，由于奥氏体耐热钢组织为平衡态，长时服役过程中不会因为发生组织退化而向平衡态转变，并且其合金元素含量高，强化作用大，所以奥氏体耐热钢的持久蠕变性能也要远远好于铁素体耐热钢。但是，奥氏体耐热钢的热导率低，在使用过程中耗费热量多，并且由于热量不能及时传导而产生"堆积"，导致局部温度过高，容易发生爆管。奥氏体耐热钢的热膨胀系数也很高，在锅炉的启停过程中容易产生较为明显的尺寸变化，抗疲劳性能差。并且由于热膨胀系数的差异，奥氏体耐热钢与铁素体耐热钢或耐热合金的焊缝也因为热应力大而容易产生破坏。因此,奥氏体耐热钢一般不用于制造大口径厚壁管,主要用于制造小口径薄壁管。

在蒸汽温度超过700℃的先进超超临界机组中,无论是铁素体耐热钢或者奥氏体耐热钢均不能能满足要求,只有使用性能更为优越的耐热合金。耐热合金中,目前研究最多的是镍基合金,也有部分科研人员在研钴基合金。耐热合金的持久蠕变性能和抗腐蚀性能均远远好于奥氏体耐热钢和铁素体耐热钢,可以用于更高的蒸汽参数。但是由于其合金含量高,价格也非常昂贵,耐热合金的研究是未来世界上对超超临界火电机组耐热材料研究的趋势。

铁素体耐热钢是使用历史最悠久的耐热钢,其发展历程如图6-22所示。20世纪20年代,最开始使用的为碳钢,机组蒸汽压力4MPa,温度370℃。之后随着Mo钢的出现,机组参数提高到了10MPa和480℃。到了50年代,由于CrMo钢的应用,使得机组参数提高到了17MPa和566℃。70年代石油危机以后,为了提高机组热效率,美、日、欧等各国重新开始了对高参数火电机组锅炉用钢的开发,重点发展热导率高、热膨胀系数低的铁素体(马氏体)耐热钢,尤其是9%～12%耐热钢的研究。

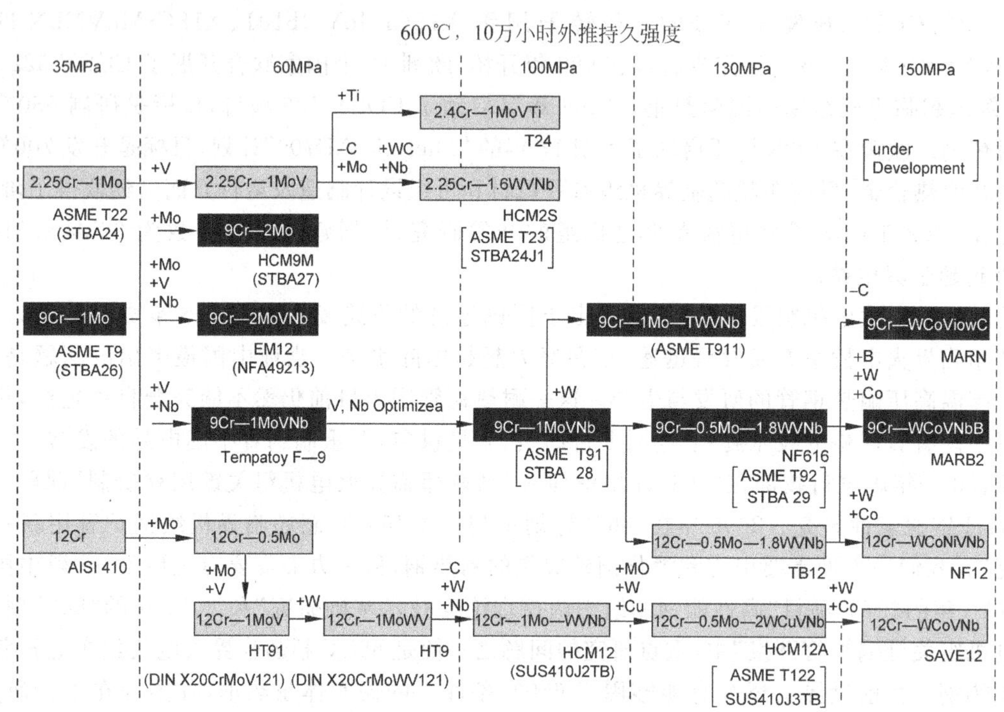

图6-22 铁素体耐热钢的发展历程

美国电力研究协会(EPRI)于1974年组织美国橡树岭国家实验室(ORNL)和美国燃烧工程公司(CE)开发出了著名的T/P91钢,该钢在耐热钢发展史上有着里程碑式的意义,已在世界各国得到公认和广泛应用。1986年由欧、日参加的RP1403项目(改进燃煤电厂)研究,研发了电站锅炉厚截面部件用钢,在T/P91钢的基础上开发出了性能更好的T/P92和T/P122钢。ABB公司带头研制,55家研究机构参与研发,在T/P91的基础上研制出了E911。近年来,日本国家材料科学研究所(NIMS)在T/P92的基础上,又开发了MARBN钢,把铁素体耐热钢的使用温度再往上推进一步,但是该钢仍在试验阶段,尚未投产使用。

6.5.3 9%～12%Cr马氏体耐热钢的强化机理

铁素体耐热钢热高率高,热膨胀系数低,价格优势也明显,广泛用于超超临界火电机组。目前世界上关于铁素体耐热钢的研究主要集中在9%～12%Cr马氏体耐热钢。关于9%～12%Cr马氏体耐热钢的强化机理,一般认为主要是有四种强化方式,分别为固溶强化、弥散强化、位错强化和亚结构强化。在长时服役过程中,组织性能的演变实际上也就是这四种强化方式的演变。

6.5.3.1 固溶强化

人们对固溶强化很早就有了研究,C原子的固溶强化作用便是钢中最典型也是最常见的强化方式。溶质原子进入基体后,使晶体的晶格发生畸变,提高基体金属的变形抗力,从而产生强化作用。固溶强化效果与基体中溶质原子的含量和尺寸有关。一般来说，溶质原子的含量越多，固溶强化效果越好；固溶原子尺寸与基体铁原子尺寸差别越大，固溶强化效果越好，其关系也可以用式(6-1)来表示：

$$\sigma_M = k_M[M]^m \tag{6-1}$$

式中，σ_M 为固溶强化对强度的增量，k_M 和 m 为常数，取决于溶质原子和基体金属的性质，m 的取值介于 1/2 和 1 之间。一般来说，强固溶强化元素的 m 值偏向于 1/2，弱固溶强化元素的 m 值偏向于 1。$[M]$为溶质原子 M 在基体金属中固溶的质量百分数。

在 9%～12%Cr 马氏体耐热钢中，常见的固溶强化元素有 C、N、W、Mo 等。C 和 N 原子尺寸小，主要占据基体的间隙位置，起间隙固溶强化的作用；W 和 Mo 原子尺寸大，主要以置换形式出现，起置换固溶强化的作用。图 6-23 是钢铁材料中固溶强化对强度的增量与溶质原子质量分数之间的大致关系。从图中可以看出，间隙原子的固溶强化作用要明显高于置换原子的固溶强化作用。研究表明，当钢中只有固溶强化而没有其他三种强化方式时，固溶强化效果非常显著；而当钢中同时具有多种强化方式时，固溶强化的效果会大幅降低。

6.5.3.2　析出相强化

析出相强化又称第二相强化、弥散强化或沉淀强化，是指从基体中析出细小弥散的第二相颗粒而产生强化的方法。这些细小弥散的第二相颗粒在其周围产生应力场，阻碍位错运动，从而提高材料的强度。析出相强化在钢铁材料中使用非常普遍，也是 9%～12%Cr 马氏体耐热钢中最主要的强化方式之一。

根据第二相颗粒与位错相相互作用的机制，可以把第二相颗粒的强化机制分为两种：第一种为位错切过第二相颗粒强化。当第二相颗粒位于位错线的滑移面上，且析出相颗粒尺寸较小、自身硬度又不高时，位错线可以切过第二相颗粒而继续通过，其过程如图 6-24 所示。

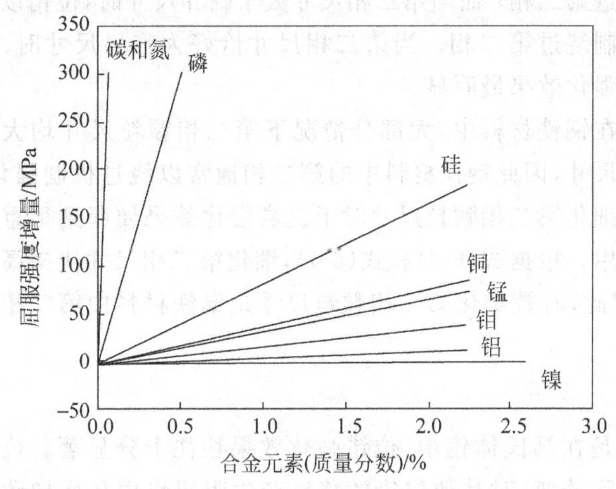

图 6-23　钢中固溶强化对强度的增量与溶质原子质量分数之间的大致关系

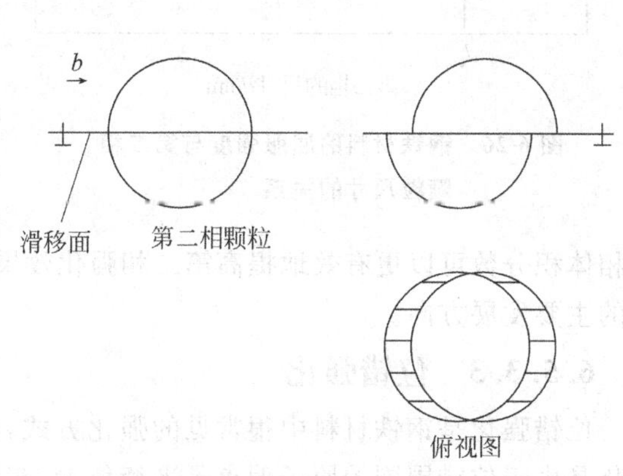

图 6-24　位错线切过第二相颗粒示意图

当位错线切过第二相颗粒时，不仅需要克服第二相颗粒应力场对位错应力场的作用，还需要克服第二相颗粒被切成两部分而增加的表面能以及层错宽度的变化等作用，这些都会对位错的运动产生阻碍，从而引起强化。位错切过机制对强度的增量可以用下式进行表示：

$$\sigma_c = f^{1/2} d^{1/2} \tag{6-2}$$

式中，f 为第二相颗粒的体积分数，d 为第二相颗粒的尺寸。

第二种机制为位错绕过第二相颗粒强化，由于是由 Orowan 首次提出，所以又被称为 Orowan 机制，其过程示意图如图 6-25 所示。

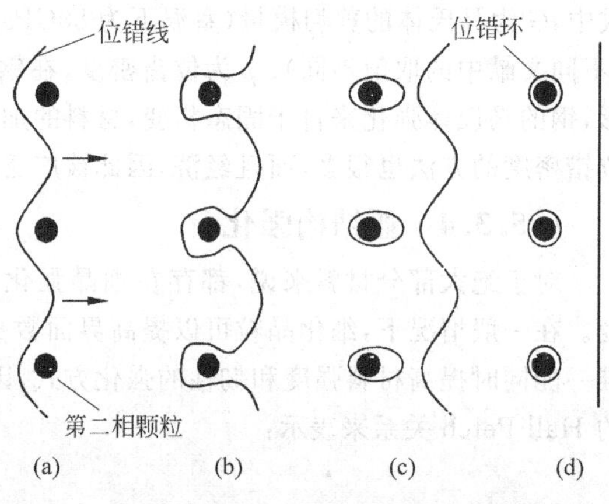

图 6-25　位错线绕过第二相颗粒示意图

随着第二相的聚集长大，或者第二相自身硬度较大，第二相的强度已经足够抵抗位错作用时，位错将不再能够切过第二相而强行通过，只能按照如图 6-19 所示那样，从两个第二相颗粒之间凸出，当凸出部分的曲率半径大于颗粒间距的一半时，这些凸出部分增大了位错的线张力，必须有更大的外力才能使得位错线继续向前扩展，从而对材料起到强化作用；当凸出部分的曲率半径小于颗粒间距的一半时，位错线可以在不需要进一步增加外力的条件下继续向前扩展。这些留下的位错环会使得下一根位错线通过此处时变得困难，从而也会对材料起到强化作用。

Orowan 机制引起的材料强度增量可以用式(6-3)表示：

$$\sigma_{\mathrm{or}} = f^{1/2} d^{-1} \ln d \tag{6-3}$$

式中，f 为第二相颗粒的体积分数，d 为第二相颗粒的尺寸。

由于 f 和 d 是两个变量，有时候为了方便表达，把这两个变量统一为一个变量，即平均粒子间距 λ，Orowan 应力与平均粒子间距 λ 之间的定量关系如式(6-4)：

$$\sigma_{\mathrm{or}} = 0.8MGb/\lambda \tag{6-4}$$

式中，M 为 Taylor 因子，值一般为 3；G 为马氏体的剪切模量，在室温下为 80GPa，在 650℃下为 64GPa；b 为柏氏矢量单位长度，值为 0.25nm；λ 为平均粒子间距。

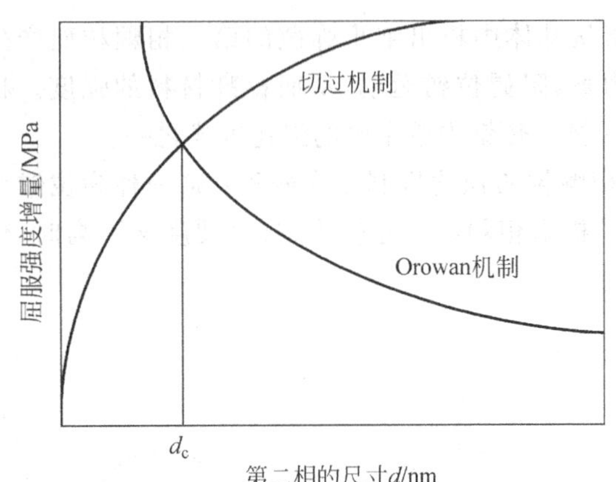

图 6-26 钢铁材料的屈服强度与第二相颗粒尺寸的关系

由式(6-3)和式(6-4)可以看出，当第二相的体积分数一定时，在位错切过机制情况下，第二相颗粒尺寸越大，其强化效果越明显；而在拉错绕过机制情况下，第二相颗粒尺寸越小，其强化效果越明显，因此便存在一个第二相颗粒的临界尺寸，如图 6-26 所示。切过机制和绕过机制的交点即为临界尺寸。当第二相尺寸小于临界尺寸时，位错以切过机制通过第二相；而当第二相尺寸大于临界尺寸时，位错以绕过机制绕过第二相。当第二相尺寸恰好为临界尺寸时，第二相强化效果最明显。

在钢铁材料中，大部分情况下第二相颗粒尺寸均大于临界尺寸，因此钢铁材料中的第二相通常以绕过机制强化，此时细化第二相颗粒尺寸对于提高强化效果便起到很重要的作用。根据式(6-3)和式(6-4)，细化第二相尺寸比提高第二相体积分数可以更有效地提高第二相强化效果。因此，有效细化第二相颗粒尺寸是钢铁材料中第二相强化的主要发展方向。

6.5.3.3 位错强化

位错强化是钢铁材料中很常见的强化方式，尤其是在马氏体钢中，位错强化效果往往十分显著。位错强化是由于位错周围的原子偏离了平衡位置，产生点阵畸变，对其他位错的移动产生阻碍作用从而导致强化。位错强化主要与位错密度有关，表达式如式(6-5)：

$$\sigma_{\rho} = \alpha Gb\sqrt{\rho} \tag{6-5}$$

式中，G 为马氏体的剪切模量(室温下为 80GPa，650℃时为 64GPa)；b 为柏氏矢量长度(0.25nm)；α 为常数(不同文献中的取值不同)；ρ 为位错密度，在钢铁材料中得到高位错密度的方式主要有固态相变和塑性变形，钢的马氏体强化来自于固态相变，材料的加工硬化则来自于塑性变形。位错强化的效果很明显，获得高位错密度的方法也很多，而且经济，因此被广泛应用于钢铁材料中。

6.5.3.4 亚结构强化

对于绝大部分材料来说，都存在细晶强化。界面是晶体中的面缺陷，可以阻碍位错运动，提高材料强度。在一般情况下，细化晶粒可以提高界面数量，从而对材料起到强化作用。细晶强化是各种强化机制中唯一能同时提高材料强度和韧性的强化方式，因此被广泛应用。细晶强化对强度的贡献可以用式(6-6)所示的 Hall-Petch 关系来表示：

$$\sigma_{\mathrm{d}} = kd^{-1/2} \tag{6-6}$$

式中，σ_{d} 为晶界强化量，k 为 Hall-Petch 斜率，d 为有效晶粒尺寸。

以上提到的细晶强化都是在室温条件下，但是随着温度的升高，晶内强度和晶界强度都会降低，其中晶界强度降低的速率要快于晶内强度，因此在某个温度时，二者会发生相交，该温度被称为等强温度，如图 6-27 所示。当温度低于等强温度时，材料的晶界强度高于晶内强度，此时晶界能够起到强化作用。强化量可用 Hall-Petch 关系进行计算；当温度高于等强温度时，材料的晶界强度低于晶内强度，此时晶界转变为弱项，对强度不利，应该减少晶界的含量，细晶强化不再适用，对于 9%～12%Cr 耐热钢来说，其服役温度往往高于等强温度，所以不宜采用晶粒细化工艺，保持晶粒在较大的尺寸往往有利于提高持久蠕变性能。

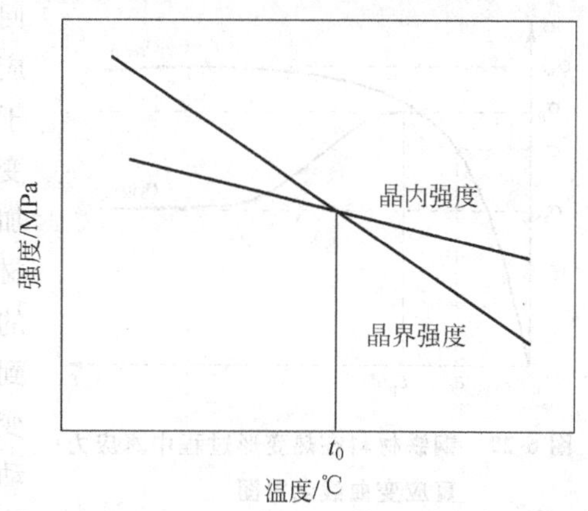

图 6-27 钢铁材料的等强温度

9%～12%Cr 马氏体耐热钢的含碳量一般均较低，其组织为板条马氏体，相比铁素体-珠光体钢或奥氏体钢来说较为复杂，由原奥氏体晶粒、板条束(packet)、板条块(block)和板条(lath)四种结构单元组成，如图 6-28 所示。一个原奥氏体晶粒中一般包含 3～5 个板条束，这些板条束之间的界面为大角界面；一个板条束又可以分为几个平行的区域，称为板条块，板条块之间的界面也为大角界面；一个板条束中可以有好几个板条块，也可以只有一个板条块。每个板条块又有若干个平行的板条所组成，马氏体板条具有平直界面，这些板条之间的界面为小角界面。

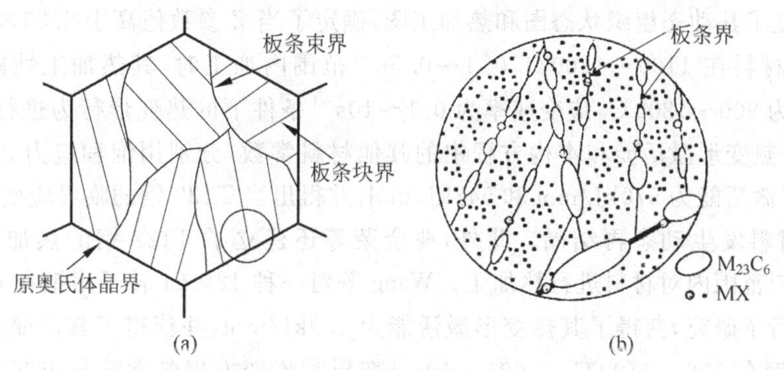

图 6-28 板条马氏体纤维组织构成示意图

在板条内部，往往还存在着大量的位错。每个原奥氏体晶粒均被这些亚单元所分割，这些亚单元又被称为亚结构。虽然在高温服役时，原奥氏体晶界不仅不能对持久蠕变性能起到积极作用，反而起消极作用，但研究表明，马氏体板条仍然对持久蠕变性能起着非常明显的强化作用，板条越细，板条界越多，材料的强度越高，如式(6-7)所示：

$$\delta_1 = 10Gb/\lambda_1 \tag{6-7}$$

式中，G 为马氏体的剪切模量(650℃时为 64GPa)，b 为柏氏矢量长度(0.25nm)，λ_1 为板条宽度。选取马氏体耐热钢中常见的板条宽度 0.3～0.5μm 代入式(6-7)中进行计算，可得强化量为 320～530MPa，强化效果很明显。因此在马氏体耐热钢中，如何细化马氏体板条并能够长久保持板条在较细尺寸是马氏体耐热钢的研究重点。

6.5.4 9%～12%Cr 马氏体耐热钢的研究现状及主要存在的问题

关于 9%～12%Cr 马氏体耐热钢的研究很多，主要可以概括为以下几个方面：成分设计、变热性行为、热处理工艺和服役过程中的组织性能稳定性。成分设计将在 6.5.5 节中予以讨论，本节的重点内容在于剩下的三个方面。

6.5.4.1 9%～12%Cr 马氏体耐热钢的热变形行为

9%～12%Cr 马氏体耐热钢主要用于制造大口径锅炉管，从炼钢完成到制成成品的过程中，需要经历锻造、挤压、轧制等各种热加工过程，材料在这些热加工过程中的力学性能以及对应的组织变化是需要重点研究的内容。钢铁材料在热变形过程中的真应力-真应变曲线示意图如图 6-29 所示。材料在热变形过程中主要会发生两种过程：动态回复和动态再结晶，据此可以把材料的真应力-真应变曲线分为两种类型，即动态回复型和动态再结晶型。两种类型的曲线在热变形刚开始时，真应力均随着真应变的增加而增加，此时材料发生了加工硬化，是由于位错的增殖导致位错密度升高和位错强化效果增加。随着真应变的继续增加，动态回复型曲线表现出来的是真应力继续增加，增加的速率放缓。此时材料内部发生了动态回复，动态回复导致的材料软化抵消了部分加工硬化的效果，表现在曲线上则为真应变的增加速率放缓。而动态再结晶型曲线表现出来的则为真应力达到某个峰值后开始迅速降低，直到某个数值时保持稳定，基本不再变化。此时材料内部不仅发生了动态回复，还发生了动态再结晶，动态再结晶导致材料急剧变软，真应力降低；当动态再结晶造成的软化作用与变形造成的加工硬化作用达到动态平衡时，真应力进入稳定阶段，基本保持平衡。

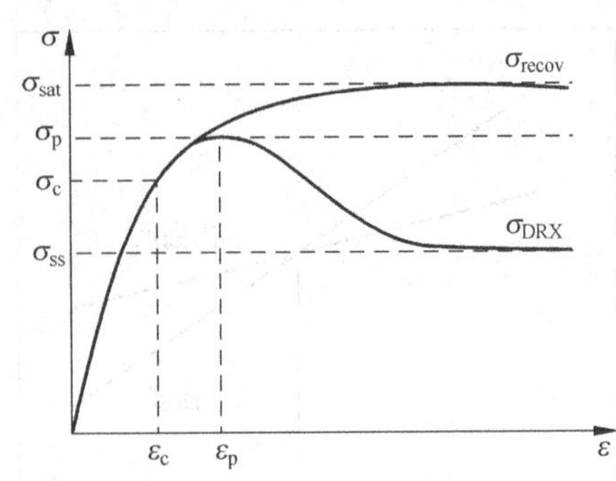

图 6-29　钢铁材料在热变形过程中真应力-真应变曲线示意图

目前对钢铁材料热变形行为的研究模式已经比较成熟，关于 9%～12%Cr 马氏体耐热钢热变形行为的研究也有不少。石如星等对 P92 钢在变形温度为 900～1250℃，应变速率为 1.0～10s^{-1}条件下的热变形行为进行了研究，获得了其热变形方程为 $\varepsilon=3.89\times10^{18}[\sinh(0.0064\sigma_p)]^{6.565}\exp(-43700/RT)$，热变形激活能为 437kJ/mol，建立了其动态组织状态图和热加工图，确定了当 Z 参数值高于 8.53×10^{18}时材料不能发生完全动态再结晶，当材料在 1100～1200℃，0.1～0.5s^{-1}范围内加工时，其热加工性能最好。曹金荣等对 T122 钢在变形温度为 900～1200℃，应变速率为 0.1～10s^{-1}条件下的热变形行为进行了系统研究，采用最小平方差优化法获得热变形激活能和本构方程中的其他材料常数，分别用饱和应力和峰值应力进行计算，获得其对应的热变形激活能为 570kJ/mol 和 548kJ/mol，并得出当 T122 钢的临界应变量与峰值应变量的比值为 0.5～0.6 时，材料发生动态再结晶。此外，曹金荣等还建立了 T122 钢的热加工图，建议在 1085～1150℃和大于 0.13s^{-1}范围内对材料进行热加工。Wang 等对一种 12%Cr 转子用钢在 900～1200℃，0.001～10s^{-1}热变形行为进行了研究，获得了其热变形激活能为 439kJ/mol，并获得了其流变方程和动态组织状态图。Dipti 等对 P91 钢在 900～1100℃，0.001～10s^{-1}变形时流变方程各常数与应变量之间的关系进行拟合，从而对不同变形条件下的流变应力进行预测，预测值与实验值的吻合程度很高，同时 Dipti 等还建立了 P91 钢的热加工图，并指出 P91 钢的最佳热加工区间为 977～1077℃，0.015～0.3s^{-1}。张宝惠等通过 P91 钢在 950～1200℃，0.01～10s^{-1}范围内的流变应力数据，得到了 P91 钢的热变形激活能为 410kJ/mol，并得到了其热变形方程式。翟月雯等通过 P91 钢在 1000～1200℃，0.001～1s^{-1}范围内的流变应力数据，得到了 P91 钢的热变形激活能为 499.78kJ/mol。

在材料热变形行为的研究中，往往都要首先测得材料在不同变形温度和应变速率下的真应力-真应变曲线，然后根据特征应力值(峰值应力、稳态应力、临界应力或某个对应应变量下的应力)进行数据处理，数据处理的方式有所不同，最后得到材料的热变形激活能、热变形方程、热加工图以及热变形方程中各常数与应变的关系并对流变应力进行预测等。由于实验者们的实验条件各不相同，即使同一种材料，也有可能得到相差较大的结果。所以该类方法不能作为实际生产所参考的唯一依据。该类方法之所以仍然被广泛应用，是因为此方法可以半定量的描述材料的热变形行为，对实际生产提供一定的参考意义。

6.5.4.2　9%～12%Cr 马氏体耐热钢的热处理工艺

热处理工艺对于钢铁材料的性能有着至关重要的作用。9%～12%Cr 马氏体耐热钢的热处理工艺一般为正火(淬火)+回火工艺。正火(淬火)的目的是使一次粗大析出相尽可能多地回溶进基体，从而在接下来的回火工艺中可以细小弥散地析出，起到良好的第二相强化和钉扎位错板条界的效果。9%～12%Cr 耐热钢由于合金含量相比传统马氏体钢要高，其淬透性也较好，奥氏体化后往往空冷即可发生马氏体转变，但是也有可能只发生贝氏体转变。所以为了工业生产的方便，如果钢铁材料在空冷条件下即可发生马氏体转变的，则采用空冷的工艺，否则便采用更快的冷却方式，风冷、油淬甚至水淬。正火(淬火)后得到的马氏体组

织要在 A_{C1} 点一下进行高温回火，目的是去除内应力，让细小弥散的析出相在此过程中大量析出，在此后的服役过程中起钉扎作用，同时回火也起到提高冲击韧性的作用。回火后一般均采用空冷的冷却方式，因此此时不涉及到固态相变。

关于 9%～12%Cr 马氏体耐热钢在不同热处理条件下的组织性能变化，已经有不少研究，研究的重点主要集中在不同正火温度和回火温度上，也有研究不同正火保温时间和回火保温时间的。石如星在其博士论文中对 P92 钢在 900～1200℃正火 30min 并在 700～820℃回火 3h 的组织性能进行了研究，发现在 900～1200℃内，随着正火温度的升高，铁素体含量先减少后增加，在 1050℃左右时含量最低。同时，他推荐 P92 钢的热处理制度为：1050℃×30min（根据尺寸控制冷速）+780℃×3h 回火（空冷）。

包汉生在其博士论文中对 T22 钢在不同奥氏体化温度、不同奥氏体化温度时间和不同回火温度下的组织性能进行了研究，他研究的奥氏体化温度区间为 900～1200℃，保温时间为 30～180min，冷却方式为油淬，回火温度为 710～830℃，回火时间为 3h。他发现 T122 钢的晶粒尺寸随着奥氏体化温度的升高而增加，马氏体板条的宽度也随之增加。在奥氏体化温度为 1050℃时，保温时间从 30min 提高到 180min，硬度变化不明显。T122 钢的位错密度和室温强度均随回火温度的升高而降低，塑性随火火温度的升高而升高。此外，他推荐 T122 钢的热处理工艺为：1050℃×30min 油淬+770℃×3h 空冷。

Xia 等对含有 9%Cr 的低活化钢在不同奥氏体化温度下析出相的回熔情况进行了探索。发现在 1100℃保温 1h 后低活化钢中仍然存在未熔的 TaC 颗粒，当奥氏体化保温温度高于 1150℃时，TaC 颗粒可以在保温 1h 内完全回熔进基体。Cr 和 W 等元素会减缓 TaC 的熔解过程。他们运用模型对 TaC 的回熔情况进行了较好的描述。同时，他们也研究了低活化钢在回火过程中析出相的形核长大情况，发现 TaC 主要在机体内析出，在形核长大初期与基体保持共格或半共格的关系。随着回火保温时间的增加，析出相的平均尺寸也增加。

A. Zielinska-Lipiec 等通过对 NF616 钢在 715～835℃不同温度下回火的组织进行表征，发现 MX 相的尺寸几乎不随着回火温度的升高而增加。此外，A. Zielinska-Lipiec 等还对 VM12 钢在不同奥氏体化温度下的组织进行了细致研究，发现随着奥氏体化温度的升高，材料板条宽度增加，位错密度降低，析出相的尺寸基本不变。Abe 等在 9%～12%Cr 马氏体耐热钢的研究中，使用了不同的热处理工艺，但是他们主要都在研究组织的稳定性，很少把热处理工艺作为研究重点。

除了传统的正火（淬火）+回火工艺外，部分学者还探索了其他热处理方式，如中间热处理和变形热处理。这些非传统热处理的目的是想让析出相的初始尺寸更加细小。Xia 等在研究低活化钢时，在传统热处理工艺的基础上加了一道中间等温处理工艺，让 MX 相在中间等温处理过程中尽可能多的析出，消耗基体中的 C 元素，使得在接下来的回火过程中，由于 C 含量的不足，$M_{23}C_6$ 的析出尺寸细化。Taneike 等对 9%Cr 钢不同 C 含量的组织进行研究，他对比了含 C 量分别为 0.002%(0C)、0.018(02C)、0.078(08C)在回火后的组织，见图 6-30。发现没有 C 时，基体和境界上弥散分布这细小的 MX 相；08C 中，$M_{23}C_6$ 均匀的沿晶界分布，尺寸较小；02C 中，$M_{23}C_6$ 在三叉晶界处析出，尺寸很大。也就是说如果中间热处理后由于析出了大量的 MX 相，使得基体中的 C 含量降低，会不会在后面的回火过程中，也像 02C 一样在三叉晶界处析出大尺寸的 $M_{23}C_6$，起到与中间热处理初衷完全相反的结果。关于中间热处理的作用，本文也在后面的章节中给予了一定的研究。

在中间热处理之外，有些学者还尝试用形变热处理的方式细化析出相的初始尺寸。形变热处理是在奥氏体化温度后不立即冷却到室温，而是先冷却到一个中间温度进行变形，之后再冷却到室温。其设计原理是希望通过变形增加缺陷，提高析出相的形核率，从而细化析出相。Shengzhi Li 等通过在 P92 钢中引入形变热处理，成功地把 $M_{23}C_6$ 的初始析出尺寸从 131nm 降低到 33nm，把 MX 相的初始析出尺寸从 21nm 降低到 3.5nm，与此同时，也提高了材料的持久蠕变性能。Klueh 等通过形变热处理显著细化了析出相的初始尺寸。宁保群等也通过对 T91 钢进行形变热处理，细化了马氏体板条和析出相。9%～12%Cr 马氏体耐热钢的组织性能稳定性。

6.5.4.3 9%～12%Cr 马氏体耐热钢的组织性能稳定性

9%～12%Cr 马氏体耐热钢的组织一般均为完全回火马氏体组织，但是当材料中 Cr 当量较高而 Ni 当

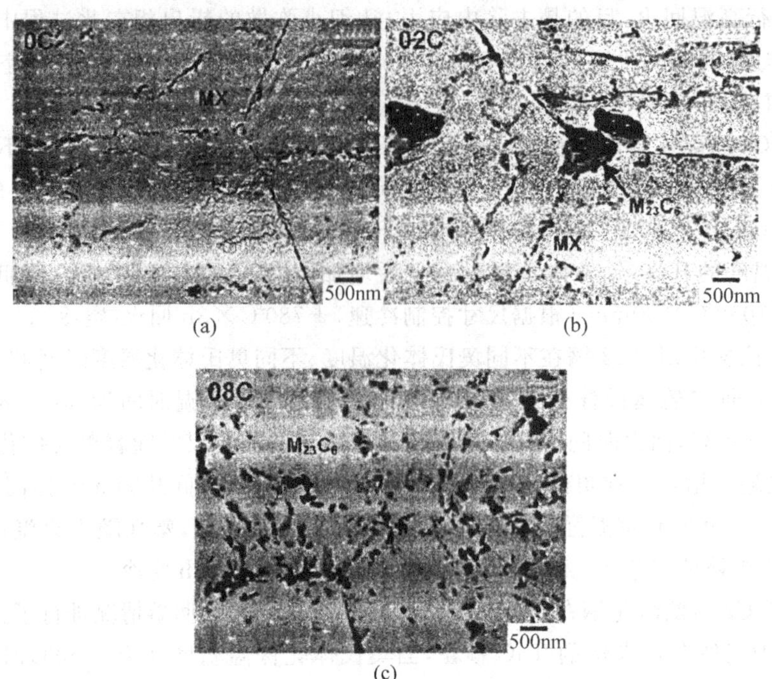

图 6-30 碳含量为(a)0.002%,(b)0.018%和(c)0.078%的钢回火后的组织

量较低时,也有可能出现 δ-铁素体。δ-铁素体的形成对材料的持久蠕变性能和冲击韧性都有负面作用,因此通常通过降低 Cr 当量提高 Ni 当量的方式尽量避免其形成。

在 9%~12%Cr 马氏体耐热钢的研究中,对其模拟服役过程中(时效或持久)组织性能稳定性的研究很多。时效和持久的区别在于:时效过程只有温度的作用,而持久过程不仅有温度的作用,还有应力的作用。组织性能稳定性的研究,其立足点在于材料强化机理的演变,即析出相、位错和板条亚结构。

9%~12%Cr 马氏体耐热钢中的析出相主要有 $M_{23}C_6$、Laves 相和 MX 相,有时也会有 Z 相、富 Cu 相等,研究的重点主要集中在前三种析出相。这三种析出相的析出位置如图 6-31 所示。$M_{23}C_6$ 和 Laves 相主要在界面处析出,包括原奥氏体晶界、板条束界、板条块界和板条界,MX 相既在界面处析出,也在基体上析出。

$M_{23}C_6$ 的主要成分为 $Cr_{23}C_6$,属于($Fm\bar{3}m$)空间群,其点阵结构复杂,如图 6-32 所示。$M_{23}C_6$ 的含量随着 C 含量的增加而增加。$M_{23}C_6$ 的析出能够有效钉扎位错和板条界,但是原奥氏体晶界上的 $M_{23}C_6$ 在长时服役过程中会发生明显粗化,导致其钉扎位错和板条界的作用减弱,材料发生失效断裂。为了抑制其粗化,有的研究人员采用了中间热处理和形变热处理的方法,通过细化 $M_{23}C_6$ 初始析出尺寸来降低其在长时服役后的尺寸;也有研究人员通过在钢中加入 B 元素,有效地抑制了 $M_{23}C_6$ 在长时服役过程中的粗化速率。目前关于加 B 可以抑制 $M_{23}C_6$ 粗化,B 在正火时在晶界上富集,回火时会进入到 $M_{23}C_6$ 中等结论,学者们已经基本达成了共识。但是,关于 B 如何在 $M_{23}C_6$ 中分布,仍然存在一定的分歧。Mats Hattestrand 等发现 B 在 9%Cr 钢(P92 钢,FB4 钢)的 $M_{23}C_6$ 中均匀分布,在 12%Cr 钢(P122 钢)的 $M_{23}C_6$ 中在表层富集。Fang Liu

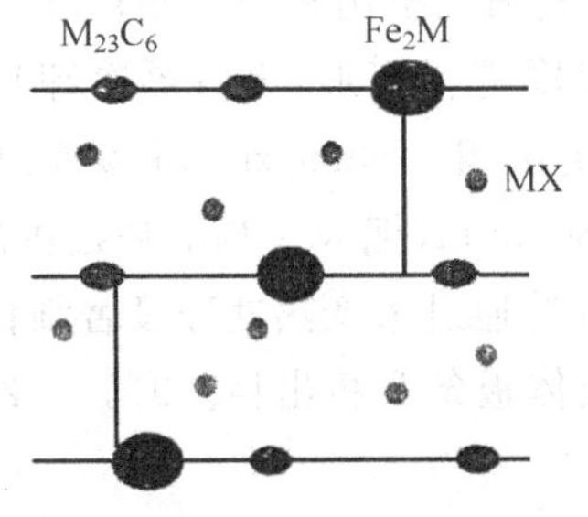

图 6-31 9%~12%Cr 马氏体耐热钢中的析出相位置示意图

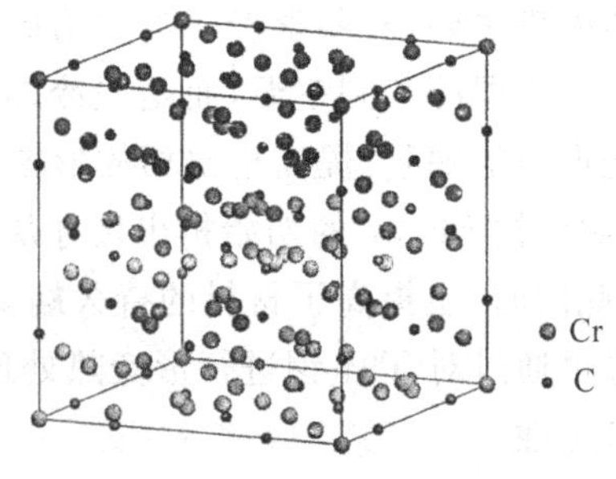

图 6-32 $Cr_{23}C_6$ 的晶体结构

等发现，在 TAFB 钢(10.5%Cr)中，原奥氏体晶界上的 $M_{23}C_6$ 中 B 含量高，且表层低，内层高；晶粒内部的 $M_{23}C_6$ 中 B 含量低，且表层高，内层低。Tytko 等在镍基耐热合金 617B 中发现，B 在 $M_{23}C_6$ 与基体的界面上富集。关于 B 抑制 $M_{23}C_6$ 粗化的机理，目前也存在分歧。Abe 等认为 B 原子占据了 $M_{23}C_6$ 表面的空位，形成了一层"保护壳"，从而阻碍了 $M_{23}C_6$ 的粗化；Hofer 等认为 B 富集在晶界形成 B 化物，作为 $M_{23}C_6$ 不均匀形核位置，提高了 $M_{23}C_6$ 的形核率；Fang Liu 等认为 B 抑制 $M_{23}C_6$ 粗化的原因是 B 在基体中的固溶度低且扩散系数低。

Laves 相为金属间化合物，密排六方结构，主要成分为 $Fe_2(Mo,W)$，在回火时不析出，而是在长时时效或持久过程中逐渐析出，形状往往不规则。T/P91 钢中、不含 W，所以其 Laves 相也不含 W，主要为 Fe_2Mo，只在原奥氏体晶界、板条束界和板条块界上析出，不在板条界上析出，不能有效钉扎马氏体板条界和位错，因此 T/P91 钢的蠕变断裂时间短；而 T/P92、T/P122、E911 钢中均含 W，Laves 相为 Fe_2W 和 Fe_2Mo，Fe_2W 在原奥氏体晶界、板条束界板条块界和板条界均有析出，能有效钉扎马氏体板条界，减缓其回复过程，因此在相同条件下，比 T/P91 钢的持久蠕变性能好。Abe 等认为，在蠕变初期阶段析出的细小 Laves 相可以减小蠕变速率。而在随后过程中 Laves 相粗化很明显，降低了沉淀强化效果，提高了蠕变加速阶段的蠕变速率，使材料性能恶化。Vyrostkova V 等指出，P92 钢 600℃以上时效时，Laves 相的析出长大，导致了冲击功的显著下降。张红军等在文章中指出，Laves 相粗化速率明显高于 $M_{23}C_6$，对组织性能影响较大。Jae Seung Lee 等研究了 P92 钢蠕变强度过早降低的原因，发现虽然 $M_{23}C_6$ 和 Laves 相都有可能成为蠕变孔洞的潜在形核位置，但 P92 钢的蠕变孔洞经常在 Laves 相处优先形核。姚兵印等发现，P92 钢中的 Laves 相在蠕变初期长大迅速，但在较长时间(600℃，35000h；或者 650℃，20000h)后数量开始稳定，不再发生显著变化，表明 Laves 相的强化作用对于 P92 钢的持久性能十分重要。Prat 等认为 Laves 相在 650℃时效 13000h 后增长速率变得非常缓慢。J. Hald 认为，Laves 相的析出对 W、Mo 等元素固溶强化效果的减弱作用是有限的，因此对材料的抗蠕变性能影响不大，而 Laves 相的析出强化作用则对材料的抗蠕变性能具有重要作用。

MX 相为面心立方结构，M 为 V 或 Nb，X 为 C 或 N。如果 Ti 含量高，也会形成 TiC 或 TiN，TiC/TiN 比其他 MX 更稳定。但是由于 TiN 过于稳定，回溶温度很高，在正火过程中基本不回溶，很难对其尺寸和分布进行调控，因此在耐热钢的合金设计中，需要严格控制含量，或者严格控制 N 含量。MX 相的尺寸很小，一般在 20～40nm 之间，且含量不随 C 含量的减少而减少，因此可以通过降低 C 含量(降低 $M_{23}C_6$)，适当增加 N 含量来确保组织中有大量的 MX 相弥散析出。细小弥散的 MX 相在高温下能够较长时间的保持组织稳定性，能很好地起到钉扎位错和板条界的作用，是马氏体耐热钢中一种非常重要的析出相。甚至有学者尝试把 C 含量降到 0，通过加入大量的 N 形成 MX 相，从而提高持久蠕变性能。但是也有研究表明，对于 9%Cr 钢，在 650℃长时时效后，MX 转变成 Z 相的速率非常慢；而对于含 Cr 量高于 10.5%的钢，在 650℃长时时效后，MX 相会大量转变为 Z 相。Z 相的形成也可能跟 V 或者 Nb 的含量有关。Z 相的主要成分为 Cr(V,Nb)N，主要沿原奥氏体晶界析出。Z 相在刚析出时粒径很小，但是它的长大速度非常快，易粗化；并且 Z 相的合金元素与 MX 相基本相同，其形成长大以减少细小 MX 相为代价；此外，在 NbC 为 Z 相长大提供 Nb 的同时，还会释放出 C，进一步使 $M_{23}C_6$ 长大，因此 Z 相的形成对蠕变强度降低所起的作用远大于 $M_{23}C_6$ 和 Laves 相粗化所起的作用，需要尽量避免 Z 相的形成。Panait 等发现 9%Cr 钢中也有大尺寸的 Z 相，但是持久强度下降的主要原因不是 Z 相的出现，而是 Laves 相的粗化导致的。Hilmar 等通过逆向思维，提出了一条创新的合金设计方法：通过极大地加速 Z 相的形成速率，得到大量细小弥散的 Z 相，从而使 Z 相起到与 MX 相相同的强化作用。

在研究位错演变的过程中，位错密度是研究者们最常关注的问题。关于位错密度的测量，目前使用最多的是通过 TEM 照片进行统计，但是此方法难度较大，尤其是对高位错密度区域，很难区分出一根一根的位错线；并且材料各个部分、各个晶粒甚至各个板条间的位错密度差别很大，用 TEM 照片统计位错密度往往误差很大，也耗时耗力。J. Pesicka 等在研究中采用了 XRD 统计位错密度，该方法容易实施，得到的为整个样品测量表面的信息，具有统计意义。他们把 XRD 法测得的位错密度与 TEM 法测得的位错密度相对比，结果相差较小，具有较强的可信度。其他一些学者在研究中也使用了 XRD 测量位错密度。9%～12% Cr 马氏体耐热钢中的位错在长时服役过程中主要发生回复和湮灭。在回火态时，材料中的位错密度较高，在短期服役时，能起到很好的强化效果，提高材料的持久蠕变性能；但是随着服役时间的延长，位错会发生较快的回复和湮灭,导致位错密度迅速下降,强化效果明显弱化。因此,如何减缓位错密度迅速降低的趋势,从而长时保持较好的位错强化效果是马氏体耐热钢研究的一个重点。

9%～12%Cr 马氏体耐热钢中的板条在长时服役过程中主要发生宽化和回复。在回火态时,马氏体板条尺寸较细,板条内有大量的位错。随着服役时间的增加,板条会发生宽化,板条界减少,其过程主要有两种,如图 6-33 所示。

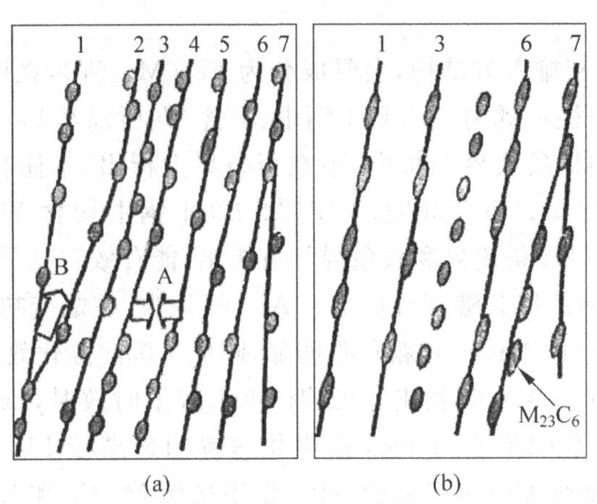

图 6-33 马氏体耐热钢中板条在(a)宽化前和(b)宽化后的示意图

A 过程中,两条相邻的边界通过移动相互靠近,在相遇后发生重组,板条界消失,使得原先的三个板条变成一个板条,从而导致板条宽化。B 过程中,两条相交的板条界形成了一个 Y 型节点,这个 Y 型节点通过运动,使得这两条相交的板条界合并成一条板条界,原先的两个板条变成一个板条,从而导致板条宽化。在 9%Cr 钢中,板条宽化以 B 过程为主。板条宽化导致亚结构强化效果减弱。板条在宽化过程中也会发生回复,使得原本平直的板条界面多边形化,材料发生软化。板条界上析出相的钉扎可以有效减缓板条宽化和回复的速率。

目前 9%～12%Cr 马氏体耐热钢组织稳定性的研究中,以温度影响以及温度和应力综合影响为主。也有部分学者通过对比持久试样断口处与夹持端的组织,研究应力对组织演变的影响。V. Sklenicka 等发现断口处板条和位错回复程度明显高于夹持端,但是析出相尺寸基本不受影响。Valeriy Dudko 等发现断口处板条和位错的回复程度,以及析出相的粗化程度均高于夹持端。Sawada 等也发现应力对 MX 相尺寸有促进作用。Cui 等发现应力可以促进 Laves 相的形核析出。

耐热钢的最主要性能为持久蠕变性能,关于持久蠕变性能的研究很多,一般要求其 10 万小时持久强度不小于 100MPa,10 万小时大约为 11 年半,试验周期太长,因此往往通过短时性能数据外推 10 万小时性能,实测数据点的时间越长,外推结果的可信度也越大。外推的方法较多,有单对数法、双对数法或者 Larson-Miller 参数法等。几种 9%～12%Cr 马氏体耐热钢在 650℃的持久性能如图 6-34 所示,图中坐标均为对数坐标。随着应力的降低,持久断裂时间增加,大致呈线性关系;但是在时间较长时,往往会出现拐点,曲线下降趋势变陡,这也意味着用短时持久性能外推 10 万小时持久性能的结果往往会有所偏高。

6.5.4.4 9%～12%Cr 马氏体耐热钢存在的问题

近些年中国新建的火电站均为超超临界电站,主蒸汽温度一般为 600℃甚至 620℃,其大口径管选材一般均使用较为成熟的 P92 钢。P92 钢的性能基本可胜任 620℃以下部分大口径锅炉管的制造,但是随着对机组效率的进一步追求,蒸汽温度越来越高是未来的发展趋势。当蒸汽温度在 650～700℃时,可使用镍基耐热合金 CCA617 制造大口径锅炉管,但是该温度段的电站目前仍然处在实验室阶段,离投产运行还有很长的路要走。当务之急是要开发可用于 620～650℃蒸汽温度段大口径锅炉管的耐热材料,目前世界范围内仍然没有成熟的材料可用。奥氏体耐热钢虽然持久强度满足要求,但是由于其热导率低、热膨胀系数高,不适合用于制造大口径管。把镍基耐热合金应用于 650℃以下温度段管道的制造,经济上又是不可接受的。可行的方案只能在传统 9%～12%Cr 钢的基础上,把铁素体型耐热钢使用温度的上限推进到 650℃,该温度已经超过传统铁素体型耐热钢的极限温度,因此新钢种的研发技术难度非常大。

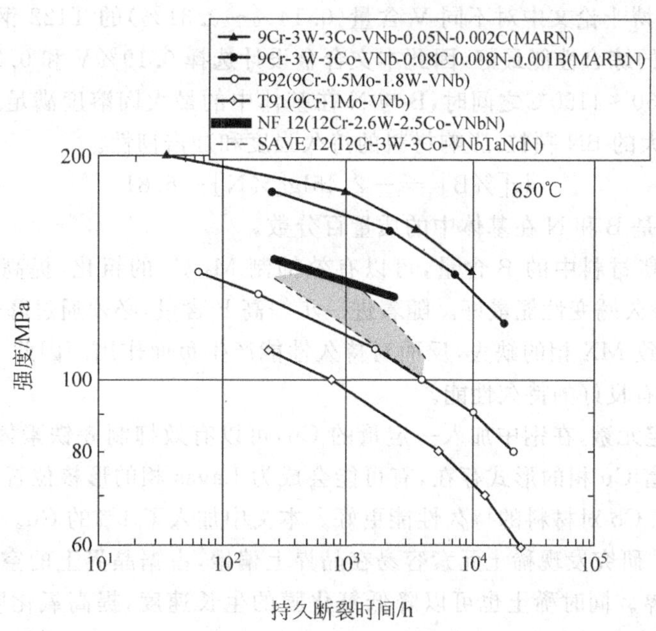

图 6-34 几种 9%～12%Cr 马氏体耐热钢在 650℃ 的持久性能

6.5.5 G115 钢的成分设计

在传统 9%～12%Cr 马氏体耐热持久强度不能满足 650℃使用要求的情况下，日本 NIMS 的 Abe 等开发了 9Cr-3W-3Co 体系耐热钢（MARBN 钢），发现其持久性能远远好于传统 9%～12%Cr 钢，有望用于 650℃蒸汽参数，见图 6-28。有研究者在 Abe 等的基础上，结合传统 9%～12%Cr 钢的既有研究成果，对 MARBN 钢的成分进行了一定的改进，命名为 G115 钢，其主要设计成分如表 6-17 所示。

表 6-17 G115 钢的主要设计成分 %（质量分数）

组元	C	Cr	W	Co	V	Nb	N	B	Cu	Re	Fe
含量	0.08	9.0	3.0	3.0	0.19	0.05	0.008	0.014	1.0	0.02	Bal.

G115 钢的成分设计思路如下：

C：C 是钢铁材料中最常用的强化元素。研究发现，随着 C 含量的升高，$M_{23}C_6$ 的含量增加，MX 相的含量基本不变。$M_{23}C_6$ 是 9%～12%Cr 钢的主要强化相之一，可以有效钉扎位错和板条界，抑制其回复，长时保持材料的性能。通常选取的 C 含量与传统 9%～12%Cr 钢类似，为 0.08%。

Cr：从提高抗氧化性的角度，往往希望 Cr 含量越高越好，但是 Cr 含量高了往往会带来很多问题。研究表明，当 Cr 含量高于 10.5%时，在 650℃服役时材料中的 MX 相很容易转变为 Z 相，Z 相易粗化，且以消耗 MX 相为代价，因此危害要远大于 $M_{23}C_6$ 和 Laves 相粗化带来的危害。同时，随着 Cr 含量的提高，材料中会出现 δ-铁素体，降低材料的持久强度和韧性，因此选择 Cr 含量为 9%。

W：传统 9%～12%Cr 钢中往往加入一定量的 Mo 元素进行强化，如 P91；也有使用 W 和 Mo 复合强化，如 P92。但是由于 Mo 和 W 元素属于铁素体形成元素，含量多了会导致材料中产生 δ-铁素体，因此要控制其总含量。W 的原子序数大，固溶强化效果比 Mo 好，且有研究表明，材料中 W 含量提高，对抑制 $M_{23}C_6$ 和板条的粗化均有明显的作用，同时也能有效抑制材料中板条和位错的回复，可以有效提高持久蠕变性能；而当 W 含量高于 3%时，对持久蠕变性能不再起提高作用，还产生了 δ-铁素体，因此选择 W 含量为 3%。

Co：Co 是奥氏体稳定元素，加入一定量的 Co 可以保证材料不形成 δ-铁素体。Co 在基体中固溶度高，在析出相中固溶度低，因此 Co 主要在基体中起固溶强化作用。同时，Co 有可能降低扩散过程，从而降低第二相的粗化速率。

V 和 Nb：V 和 Nb 在材料中主要形成 MX 相，MX 相细小弥散，且长时服役过程中稳定，是 9%～12% Cr 耐热钢中重要的强化相，主要用于强化基体。一般认为在 650℃时，0.18%V 和 0.05%Nb 复合添加的强化效果最好。包汉生在其博士论文中对不同V含量(0.14%～0.31%)的T122钢进行了详细研究，发现当V含量为0.19%时，材料的综合性能最好，因此本文合金设计选择0.19%V和0.05%Nb。

N和B：在温度为1050～1150℃之间时，B与N在基体中的最大固溶度满足式(6-9)的关系，超出该含量，B与N可能会形成粗大的BN颗粒，影响材料的持久强度和冲击韧性。

$$\lg[\%B] = -2.45\lg[\%N] - 6.81 \tag{6-8}$$

式中，[%B]和[%N]分别是B和N在基体中的质量百分数。

Abe等研究发现，提高材料中的B含量，可以有效抑制$M_{23}C_6$的粗化，提高材料的持久蠕变性能，当B含量为139ppm时，其持久蠕变性能最好。随着进一步提高B含量，必须通过降低N含量来防止BN的形成，而N含量过低又会导致MX相的缺失，反而对持久性能产生负面作用。因此B含量为139ppm，N含量为80ppm左右时，材料具有良好的持久性能。

Cu：Cu是奥氏体稳定元素，在钢中加入一定量的Cu，可以有效抑制δ-铁素体的形成。Cu在马氏体钢中的固溶度很低，往往以富Cu相的形式存在，有可能会成为Laves相的形核位置，提高Laves相的形核率。也有研究表明，加Cu比加Co对材料的持久性能更好。本文中加入了1%的Cu。

Re：Re为稀土元素。研究发现稀土元素容易在晶界上偏聚，占据晶界上的空位，减少P和S等有害元素在晶界的富集，净化晶界。同时稀土也可以降低氧化膜的生长速度，提高氧化膜的抗剥落性能。因此添加稀土元素可以提高耐热钢的持久性能和抗氧化性能。因此，在有些成分设计中也加入了少量的稀土元素。

复习题及习题

1. 何谓耐热钢和高温合金，它们具备哪些性能，应用于哪些领域？
2. 哪些原因导致蒸汽发生器成为压水堆一回路系统最薄弱的环节？
3. 试对100万千瓦压水堆用立式蒸汽发生器的工作参数及结构作定量描述。
4. 蒸汽发生器常见的故障是什么？解决的措施又是什么？
5. 何谓蠕变，合金的蠕变按时间可分为哪几个阶段，指出各自的特点及原因。
6. 材料的持久强度和蠕变强度是如何定义的？
7. 用位错理论解释材料的蠕变机制。
8. 用位错理论解释疲劳断裂的过程和机制。
9. 金属的蠕变性能常用哪些力学量来表示？
10. 平面应变断裂韧性K_{Ic}。
11. 保证超合金(以镍基超合金为例)高温持久、蠕变强度的增强相有哪些？它们是如何发挥增强作用的？
12. 高温合金的相组织主要由哪几部分组成？请逐一加以解释。
13. 高温合金中合金元素的作用分为哪三类，试举例说明。
14. 高温合金中固溶强化元素有哪些？它们是如何起强化作用的？
15. 高温合金中γ'相的主要形成元素有哪些？它们是如何起强化作用的？
16. 高温合金中晶界强化元素有哪些？它们是如何起强化作用的？
17. 蒸汽发生器传热管为什么选择因科镍690合金而不是600合金？
18. 传统意义上的铁素体耐热钢包括哪些金相组织的耐热钢？
19. 理想的或良好的耐热钢应具备下列哪些性能？

(a) 耐热钢中的固溶强化元素；

(b) 耐热钢中的析出相的强化；

(c) 耐热钢中的晶界强化元素。

20. 提高耐热钢抗高温氧化性能的途径有哪些？
21. 超临界机组发电有什么重大意义？其锅炉蒸汽发生器候选材料有哪些？
22. 以钢铁材料为例，举出并解释合金强化的五种机制。
23. 何谓蠕变，合金的蠕变按时间可分为哪几个阶段，指出各自的特点及原因。

第 7 章

高温气冷堆用石墨材料

7.1 高温气冷堆——石墨的用武之地

7.1.1 高温气冷堆是第四代反应堆的代表

核电发展史上的几次重大核事故，比如三哩岛、切尔诺贝利、福岛等，都出现了堆芯熔化乃至大量放射性泄漏的问题。因此，研究一种风险性低，甚至能通过自身负反馈调节控制温度的堆型，受到了大家的极大关注。在此背景下，人们正在人力开发安全性更好的第三代、第四代反应堆。

对第四代反应堆的具体要求是：

(1) 经济上具有竞争能力，投资风险低；

(2) 固有安全性好，能有效避免重大核事故的发生；

(3) 环境友好，放射性废物少，排放的废热低；

(4) 资源利用率高；

(5) 防核扩散性能好。

而高温气冷堆正好符合这些要求，可以说是第四代反应堆的代表。

7.1.2 高温气冷堆用石墨材料

高温气冷堆(high temperature gas-cooled reactor，HTGR)与传统的反应堆相比，采用了全陶瓷包覆颗粒燃料元件，全陶瓷堆芯结构材料，并使用氦气作为冷却剂，石墨作慢化剂和结构材料。高温气冷堆赖以建立的三大物质基础，即全陶瓷燃料元件、石墨堆芯结构材料和氦冷却剂，三者协同作用，使高温气冷堆具有第四代核反应堆的主要特性。

高温气冷堆堆芯温度可控制在低于1600℃的高温下，氦气出口的温度可达900℃以上，具有其他任何类型的反应堆都达不到的高温，所以石墨是高温气冷堆堆芯唯一可选择的结构材料和反射层材料，主要用做堆芯或元件的支撑件、反射层，热气导管等部件。目前世界上的高温气冷堆堆芯结构主要有两种形式：棱柱型堆芯和球床堆芯。无论哪一种结构，都离不开石墨。

石墨热中子吸收截面仅有0.0034b，而散射截面可以达到4.7b，良好的抗辐照性、机械性能、化学稳定性、经济性都是选择石墨作为材料的原因。

7.2 石墨的结构、性能及制作工艺

7.2.1 石墨的晶体结构

7.2.1.1 碳的原子结合方式

碳元素的原子序数为6，在元素周期表中属于ⅥA族。碳原子的6个基态原子轨道排布为$1s^2 2s^2 2p_x p_y$，即K层有2个电子，L层有4个电子。碳原子与其他原子形成共价键时，L层的2s、2p轨道上的4个电子形成杂化轨道sp^n杂化（n=1、2、3）：1个s轨道的电子和3个p轨道的电子杂化形成sp^3杂化轨道，对应的是碳—碳的单键结合[C—C]；1个s轨道的电子与2个p轨道的电子杂化形成sp^2杂化轨道，sp^2杂化是碳-碳的双键结合[C═C]；或者1个s轨道的电子与1个p轨道的电子杂化形成sp杂化轨道，sp杂化是碳-碳的三键结合[C≡C]。在sp^3杂化轨道中，在碳原子的2s、2p轨道上的4个电子以4个σ键结合。在sp^2杂化轨道中，1个2s电子和2个2p电子形成3个σ键，而剩下的另一个电子形成π键。在sp^1杂化轨道中，1个2s电子和1个2p电子形成2个σ键，剩下的2个电子形成了2个π键。图7-1是不同杂化轨道的键合图形，sp^3杂化轨道的键之间是以正四面体的各顶点方向取向排列的，键角为109°28′；sp^2杂化轨道的键之间是以正三角形的各顶点方向取向配列，键角互为120°；sp^1杂化轨道的键之间是直线配列，键角180°。σ键键数越多，键间距越小，键能越大，如表7-1所示。

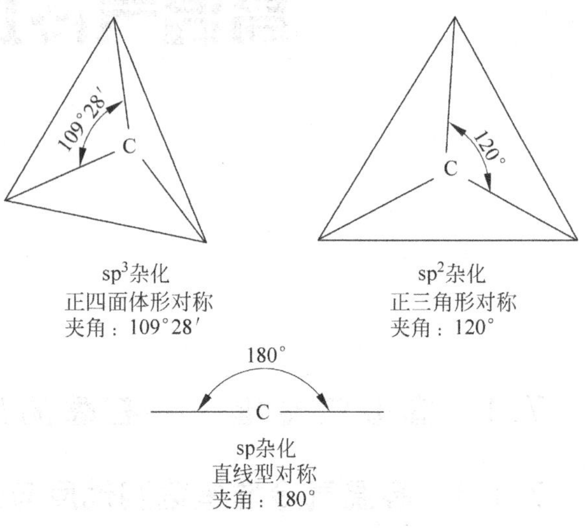

图7-1 碳的杂化轨道

表7-1 碳—碳键的离解能与键间距

键 类 型	键离解能/(kJ/mol)	键间距/nm
C—C	363	0.153
C═C	672	0.134
C≡C	816	0.121

7.2.1.2 碳的同素异构体

由于碳—碳原子间可以通过不同的杂化状态键合，使得碳元素存在多种异构体，性质各异，如表7-2所示。图7-2为碳的几种典型的同素异构体的结构示意。

表7-2 碳的同素异构体及其性质

维度	零维	一维	二维	三维
异构体	富勒烯	碳纳米管、卡宾碳	石墨	金刚石、无定形碳
杂化方式	sp^2	$sp^2(sp^1)$	sp^2	sp^3
$\rho/(g/cm^3)$	1.72	1.2～2.0 2.68～3.13	2.26～2	3.515 2～3
键长/nm	0.140(C═C) 0.146(C—C)	0.144(C═C)	0.142(C═C) 0.144(C═C)	0.154(C—C)
导电性	半导体 E_g=1.9eV	金属或半导体	半金属	绝缘体 E_g=5.47eV

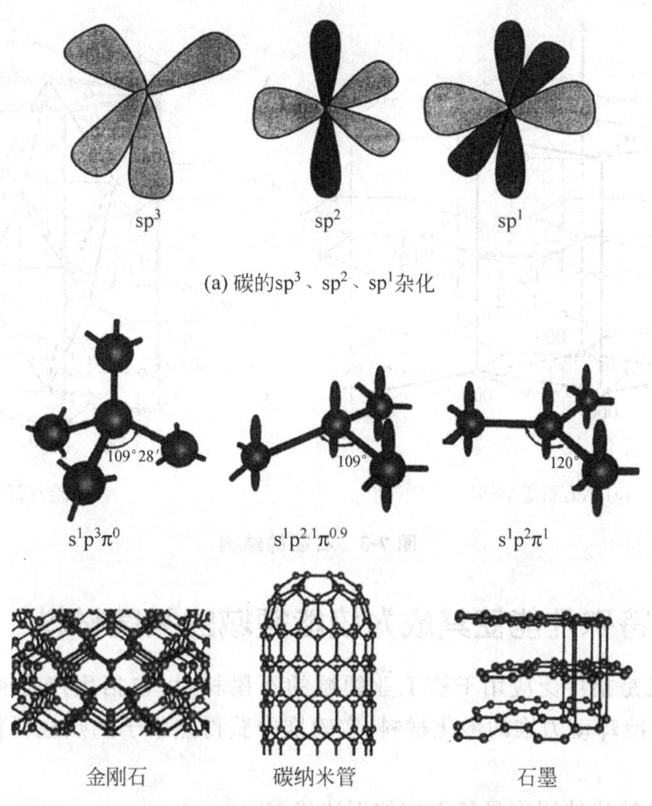

图 7-2 碳材料的键特性(a)和晶体结构(b)

7.2.1.3 石墨的晶体结构

石墨是碳的一种同素异形体,分为天然石墨和人造石墨。碳是日常生活中常见的一种元素。碳在自然界中存在三种不同形态的同素异形体,即石墨、金刚石和球碳(富勒烯)。石墨和金刚石为结晶碳,而各种煤炭一般称为无定形碳。碳的不同结构主要与其形成时所经受的压力和温度有关,并且在一定的条件下它们可以互相转化。例如,一些无定形碳在常压下加热到 2500K 以上的高温,可以转化为石墨;而石墨在高温、高压下又可以转化成金刚石。人们利用这种转化规律,可以生产人造石墨和人造金刚石。

石墨的晶体结构是由许多平行基面的层面连续叠合而成的。每一层内的碳原子之间呈六角形连接。在自然界中,石墨有两种晶体结构形式:六方晶型(简称六方型)和菱方晶型(简称菱方型)。

1. 六方型石墨

六方型石墨的晶体结构见图 7-3(a)。碳原子构成的六角网格层面相互错开六角形的对角线的一半,而叠合呈 ABABA…序列。从上面一层 A 到下一层 A 是石墨晶胞 c 轴尺寸。同一层面上碳原子间键长 $a=0.421\text{Å}$,属共价键结合,结合力很强,室温点阵常数 $c_0=6.708\text{Å}$,$a_0=2.461\text{Å}$。AB 层面间的距离为 $c_0/2=3.354\text{Å}$,仅存在较弱的范德瓦尔斯键,结合力较弱,使得石墨在 c 轴方向上不仅强度和模量低,而且具有解理解性和润滑性等特性。

2. 菱方型石墨

菱方型石墨又称β-石墨,在天然石墨中含量较少。菱方型石墨的晶体结构如图 7-3(b)所示。其层面叠合为 ABCABC…序列,可以划分为两种晶胞:第一种是六方型晶胞,晶格常数 $a_0=2.461\text{Å}$,$c_0=10.062\text{Å}$,晶胞内含有六个碳原子;第二种是菱方型晶胞,晶格常数 $a_0=3.462\text{Å}$,晶棱尖角 $\alpha=38.49°$。菱方型石墨实际上是一种有缺陷的石墨,呈 ABABA…结构的六方型石墨约占 83%,而呈 ABCABC…结构的菱方型石墨仅占 17%左右。当受到机械或化学方法处理后,菱方型石墨所占的比例会有所增加;加热到 2000℃以上,将逐渐恢复到 ABABA…排列,加热到 3000℃,一般可全部转变成 ABABA…结构。由于人造石墨都是在高温下获得的,因此人造石墨中 ABCABC…结构很少,基本上都是 ABABA…结构。菱方型石墨层面上碳原子的间距和层面间的距离与六方型石墨相同,故二者理论密度相同。

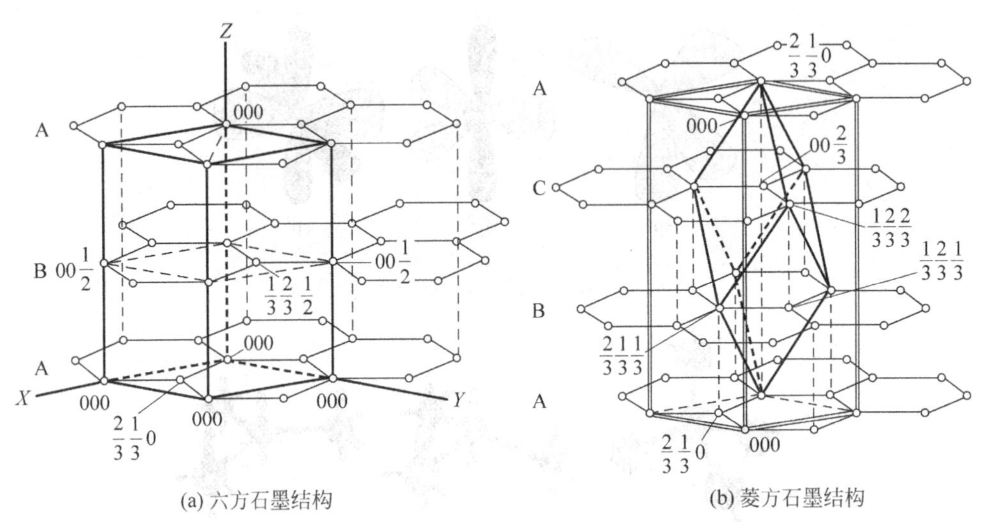

(a) 六方石墨结构　　(b) 菱方石墨结构

图 7-3　石墨的结构

7.2.2　石墨的特殊性能使其成为核能领域的关键材料

核石墨材料顾名思义是指广泛应用于核工业领域的石墨材料，包括生产堆和气冷动力堆的慢化、反射和结构材料，石墨慢化-水冷却动力堆的慢化材料，实验堆中获得热中子的热柱材料，高温气冷堆用的球状石墨和块状石墨等。

石墨在核工业中不可替代的用途是基于它的下述优点：

(1) 石墨具有较高的散射截面和极低的热中子吸收截面，其慢化比为 170，对热中子的微观截面为 0.0034b。石墨作为慢化剂通常以庞大的体积用于堆芯中，正是它的存在才能够以相对较少的燃料使反应堆达到临界或正常运行。

(2) 石墨是耐高温材料，它的三相点在 15MPa 时为 4024℃，因此不能采用熔化、铸造、锻造等热加工方法制造，而只能采用类似粉末冶金的方法。它不像金属那样强度随温度升高而下降，而是略有增加，在 2000℃以下应用，不会出现问题。

(3) 石墨的应力-应变关系不严格地遵循胡克定律，加载、卸载时的应力-应变关系也不相同，卸载后存在残余应变。石墨是粘弹性材料，但石墨的残余应变不大，在应力不太大，要求不是很严格的时候可以用线性近似，特别是重复加载到同一载荷时，从第二次开始，应力一应变关系基本上能够服从线性关系。

(4) 石墨有良好的导热性能，在反应堆内可以有效地降低温度梯度，不致产生太大的热应力。

(5) 石墨的化学性质非常稳定，除了高温下在空气及水蒸气环境中会发生氧化外，耐酸、碱、盐腐蚀的能力很强，因此可以用作熔盐堆和铀铋堆的堆芯构件。

(6) 石墨的抗辐照性能极好，能长期在堆内服役 30～40 年。

(7) 石墨可加工性好，可以加工成各种形状的构件。

(8) 石墨原料丰富，价格便宜，容易制成纯度高、强度大、不同密度要求的各种核石墨。

但石墨也有下述缺点：

(1) 它是各向异性晶体结构，呈层状排布，原子密集于 a,b 晶面，同层原子最近距离为 0.141nm，相互为共价结合，具有较强的结合力；而层间距离为 0.335nm，层间结合力范德瓦尔斯力，结合力较弱。这种各向异性在石墨的物理、强度、辐照等行为中都会强烈地表现出来。

(2) HTGR 运行温度高，从停堆到正常运行之间的温差大，因此石墨的线膨胀系数的大小对反应堆结构设计和反应堆的运行稳定性也有重要影响。线膨胀系数的大小还影响石墨结构的热应力及其耐热冲击的能力。辐照稳定性好的石墨，往往具有较大的线膨胀系数，以至于在选择石墨品种时需要做出妥协。

为保证核石墨在反应堆中正常、稳定、可靠的运行，在不同工作环境下，石墨的技术性能有着不同的技术指标。对于核石墨的标准要求，大部分与半导体材料与航空航天材料等高端科技用石墨的技术条件有相同和相近的部分。在基础质量要求方面，如纯度高、密度高、强度高、热导率高、各向异性小等是高科技用石墨的共同特点。

但核石墨也有其自身的特殊技术要求。有专家把对核石墨的技术要求归纳为“六高四低”。六高分别是：高纯度、高密度、高强度、高导热、高辐照稳定、高热氧化性；四低分别是：低各向异性度、低热膨胀系数、低弹性模量、低制造成本。由于核石墨的寿命决定于其在堆内受辐照状况下性能的变化，因此高辐照稳定性是核石墨的关键性能要求。

7.2.3　核石墨的基本制作工艺

核石墨的制作工艺分为原料的煅烧、粉碎和筛分、配料和混捏、成形、焙烧、浸渍和二次焙烧、石墨化和气体纯化几个过程。

煅烧是指各种碳质原料在隔绝空气的条件下进行高温干馏的过程，其目的是为了排除原料中的挥发分和水分，提高原料的密度、机械强度、导电性能、抗氧化性，并减少将来制品在焙烧时发生的二次收缩，提高制品的质量和正品率。

粉碎和筛分是为了保证配料粒度的组成和配方的需要，并得到合适的干料粒度组成。粉碎一般采用干式粉碎，常见方式为压碎、劈碎、磨碎、击碎和剪碎等。

配料是将已经粉碎的筛分分级的骨料和粘结剂按一定比例进行混合，其目的是得到较高的堆积密度和较小的孔隙度。**混捏**是指将按一定比例粒度组成的干料和粘结剂先后加入混捏锅中进行混合、搅拌，使得煤沥青和干料混合成均质的糊状。通常利用双轴搅拌混捏机进行混捏。

石墨**成形**的方法有挤压成形、模压成形、振动成形和静压成形等。挤压成形生产量大，生产效率高，但会造成糊料的层流结构和内应力，同时也会使得挤压制品有较大的各向异性。模压成形分冷压、温压和热压三种方式，其特点是制品密度较大，各向异性较挤压成形小，可以压制形状复杂的制品。但是模压成形生产效率低，难以压制大规格尺寸的产品。振动成形是指将装有热糊料的模具放在震动台上，使之受到合适的振幅和频率的强迫振动，同时在糊料上方施加一定的压力。而等静压成形的方法是指将需要压制的粉料装入弹性模具，将模具封闭后置于高压容器中，再将高压容器入口封闭，用超高压泵注入液体加压介质。再对弹性模具从各个方向均匀加压并保压一定时间后，放出液体介质，打开容器出口，取出制品。振动成形和等静压成形是获取各项异性较小的制品的有效方法。

焙烧是将生胚在隔绝空气的条件下加热到1000～1250℃的热处理过程，可以将成形后的生胚中的粘结剂炭化并和骨料结合更牢固。常用的焙烧炉有连续多室环式焙烧炉、隧道炉和倒焰炉三种炉型。在焙烧过程中，制品中的粘结剂将发生热分解反应和缩聚反应。热分解反应会通过制品间隙排出气体，缩聚反应会使得制品收缩，同时在温度变化时，产生的热应力会影响制品的品质，因此在焙烧过程中，温度因素很重要。高的升温速度有更高的生产效率，但会影响产品的品质，需要合理地控制升温速度以获得最大化的收益。

由于在焙烧过程中，气体的排除导致制品上有一些气孔。浸渍就是将熔融的沥青进入这些气孔，通过二次焙烧使进入的沥青再次炭化，减少制品的孔隙率，提高产品的质量。根据需要，有时需要多次的浸渍和焙烧。

石墨化处理是指将制品在石墨化炉中进行2300～3000℃的高温处理，以使原先乱层排列的碳原子转变为三维有序的排列，即将无定型炭转变为石墨。同时，石墨化处理也可以使制品中的杂质挥发，提高纯度。并且，为了去除制品中的硼元素，还需要加入HCl等含卤素的物质，进行气体纯化，减少制品中的杂质。

7.3　高温气冷堆用包覆颗粒燃料

7.3.1　高温气冷堆简介

7.3.1.1　高温气冷堆发展历史

气冷堆是世界上最早的反应堆原型，20世纪40年代初期就被用来生产钚，后来发展称为商用化动力堆。气冷堆的发展大致可分为四个阶段：镁诺克斯型气冷堆、改进型气冷堆、高温气冷堆和模块式高温气冷堆。

高温气冷堆(HTGR)用化学惰性和热工性能好的氦气作为冷却剂,石墨作为反射层、慢化剂和堆芯结构材料,采用包覆燃料颗粒弥散在石墨基体中的全陶瓷型燃料元件,堆芯氦气出口温度可达到950℃。

世界上已经建成的高温气冷堆共有七座(表7-3),其中有早期的实验堆:英国的龙堆——Dragon、美国的桃花谷堆——Peach Bottom和德国的球床高温气冷堆——AVR;实验原型堆:美国的圣·符伦堡堆——Fort St. Vrain和德国的钍高温球床堆——THTR-300;以及近年来新建成的实验堆:日本的工程实验堆——HTTR和中国的模块式实验堆——HTR-10。这些堆除了堆芯不同之外,其余各部分结构没有很大的差别。尽管它们的堆芯结构都不完全一样,但基本上可分为两种类型:一种是以球形燃料元件构成堆芯,称为球床堆;另一种是在堆芯中使用柱状燃料元件,称为柱状堆。

1981年德国电站联盟(KWU)/国际原子能机构(IAEA)首先提出模块式球床高温气冷堆的概念,其特点是:具有固有安全性,即在技术上确保在任何安全事故情况下能够安全停堆,即使在冷却剂流失的情况下,堆芯余热也可依靠自然对流、热传导和辐射导出堆外,使堆芯温度上升缓慢,燃料元件最高温度限制在1600℃以下,经济性好,即通过模块式组合和标准化生产,并具有建造时间短和投资风险小等优势,因而在经济上可与其他堆型核电厂相竞争。由于上述优点,模块式高温气冷堆已成为国际高温气冷堆技术发展的主要方向。1984年美国通用原子公司(GAC)也提出了模块式柱状高温气冷堆的民用核电厂设计方案。美国和俄罗斯已合作进行利用模块高温气冷堆使用军用钚的研究。南非ESKOM电力公司在20世纪80年代曾建造和运行了压水堆型的核电厂,但是到了90年代,经过综合研究,决定选择模块式高温气冷堆作为今后发展的堆型。世界上第一座模块式高温气冷堆——10MW高温气冷实验堆已在中国清华大学核能技术设计研究院建成,其建造情况及主要参数也列于表7-3中。

表7-3 已建高温气冷堆和模块式高温气冷堆主要参数

项目	桃花谷	龙堆	AVR	圣·符伦堡	THTR-300	HTTR	HTR-10
国家	美国	英国	德国	美国	德国	日本	中国
开始建造时间(年.月)	1962	1960.4	1961.9	1968.4	1971.1	1991	1995.6
临界时间(年.月)	1966	1964.8	1966	1976	1985.9	1998.11	2000.12
并网时间(年.月)	1967		1967	1976.12	1985.11		
热功率/MWe	115	20	46	840	750	30	10
电功率/MWe	40		15	330	300		
功率密度/(MW/m³)	8.3	14	2.6	6.3	6		2
燃料类型	U、Th	高富集度铀	U、Th	U、Th	U、Th	低富集度铀	低富集度铀
燃料元件类型	棒形	棒束,带肋,插在棱柱块中	球形	六角棱柱形	球形	六角棱柱形	球形
装卸料方式	停堆,机械装卸	停堆,机械装卸	不停堆,启动装卸	停堆,机械装卸	不停堆,气动装卸	停堆,机械装卸	不停堆,气动装卸
燃料最高温度/℃	1331	1600	1134	1260	1250	1495	1200
平均燃耗/[MW·d/t(U)]	60000	30000	70000	100000	114000	22000	80000
一回路(氦气)压力/(kgf/cm²)	23.6	20.0	10.9	49.0	40.0	40.0	30.0
出口温度/℃	728	750	950	785	750	950	700(Ⅰ) 900(Ⅱ)
入口温度/℃	344	350	275	406	260	395	250
流量/(kg/s)	55.0	9.62	13.0	430	300		4.3
二回路(汽-水)入口压力/(kgf/cm²)	102		72	175	190		40
蒸汽温度/℃	538		500	540	535		440
流量/(t/h)	140		56	1000	950		12.5
退役时间(年.月)	1974.10	1976	1988.12	1990.6	1997		

7.3.1.2 模块式高温气冷堆的优点

1) 安全性好　模块式高温气冷堆在任何情况下都不会发生堆芯熔毁、放射性大量外泄等严重事故，是目前世界上各种反应堆中最安全的堆型之一。它的这种安全性是由下列特点决定的。

(1) 燃料核芯和热解炭及碳化硅包覆层能耐高温，对裂变产物的滞留能力强。尤其是完整的 SiC 层，即使在事故工况下也能阻挡所有裂变产物的释放，因而它们构成了放射性外泄的第一道屏障。此外还有燃料元件的石墨基体作为第二道屏障，压力壳作为第三道屏障和一回路舱室作为第四道屏障，因而不会发生放射性大量外泄而危害公众和环境安全的情况。

(2) 作为慢化剂、堆芯结构材料和反射层的石墨具有很高的耐高温特性，在常压下不熔化，仅在 3625℃ 以上才会升华。此外，石墨堆芯热容量大，可保证在事故工况下温度上升缓慢，加上模块式高温气冷堆的设计具有负的反应性温度系数。因此，在任何事故条件下也不会发生像美国三哩岛和苏联切尔诺贝利核电厂那样堆芯熔毁的严重事故。

(3) 氦气是单相介质，中子吸收截面小，不容易活化，因而正常运行时，氦气的放射性水平很低。氦气又是惰性气体，与反应堆的结构材料相容性好。

2) 经济性好　发电效率高(可以把核电发电效率从 33%提升到 40%)和供热用途广泛(见下述 3))是高温气冷堆经济性好的重要原因，此外还有下列原因。

(1) 球床高温气冷堆可在不停堆的情况下实现装卸料，从而提高了可用因子。容易实现燃料元件的多次循环，因而提高了燃料利用率。

(2) 模块式高温气冷堆可通过标准化和系列化生产设备部件，降低了制造成本，减少了现场安装工作量，缩短建造时间。

(3) 相对于其他堆型，模块式高温气冷堆系统比较简单，因而制造成本较低。

(4) 高温气冷堆燃料核芯中可放入较多的钍，具有较高的转化效率，生产较多的^{233}U，可有效地利用钍资源。

3) 多用途　由于堆芯氦气出口温度高达 950℃，因而高温气冷堆具有广泛的用途。

(1) 由于冷却剂的出口温度高，高温气冷堆用来发电的效率显著提高。

(2) 高温气冷堆可以提供 900～950℃ 的高温工艺热和 500℃ 以下各种参数的工业蒸汽，可用于冶炼钢铁和有色金属、煤的汽化、稠油注蒸汽开采、石油精炼、海水淡化、区域供热，热裂解水制氢等。如裂解水制氢获得成功，则核能利用将在更大范围内取代化石燃料，这在未来能源战略上具有极为重大的意义。

(3) 高温气冷堆的燃料循环灵活性很大，可以利用铀-钍循环，也可以利用低浓铀燃料循环，也能使用钚或混合燃料循环。在采用^{233}U-Th 燃料循环时，转化比可达 0.8～1.0，这对有效利用核资源具有重要意义。

7.3.2 高温气冷堆燃料元件类型

高温气冷堆主要有两种类型，即球床堆和柱状堆。球床堆使用球形燃料元件，柱状堆使用柱状燃料元件。

1) 球形燃料元件　球床式高温气冷堆采用如图 7-4 所示的球形燃料元件，它是通过将包覆燃料颗粒弥散在石墨基体里制成燃料元件的燃料区，再在燃料区外面均匀地包裹一层 5mm 厚的基体石墨外壳(即无燃料区)，用冷等静压工艺压制，经过车削、炭化、高温纯化等工艺制成。球形燃料元件基体石墨主要有 3 个功能：

(1) 作为裂变材料的慢化剂；

(2) 核裂变在包覆燃料颗粒中发生，产生的热量必须通过基体石墨及时传导给冷却剂；

(3) 作为结构材料保护包覆燃料颗粒不受外力破坏。

基体石墨最为燃料元件的重要组成部分，其要求十分严格。基体石墨是有 64%的天然石墨、16%的人造石墨和 20%的黏结剂组成。并且基体石墨的物理特性如颗粒大小及分布、颗粒形状、比表面积及孔隙率等，以及制造工艺特性如松装密度、流动性、压制性能等，同时还有化学特性如硼含量当量、灰分等都会对反应堆的运行寿命和性能有着重大的影响。

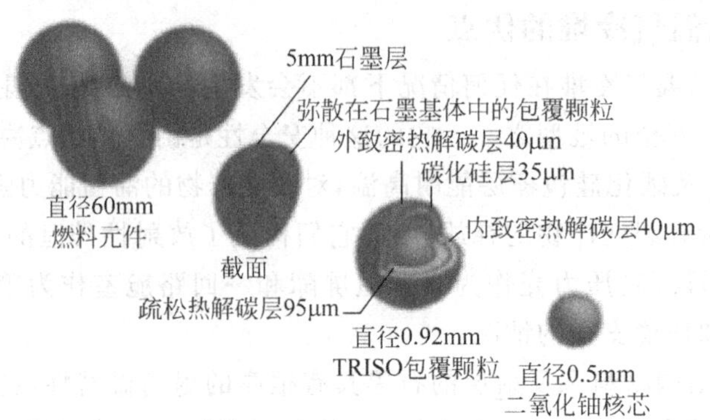

图 7-4 球形燃料元件示意图

球形燃料元件是由德国研究和发展的，其主要特点就是利用球的流动性，实现不停堆就能完成装卸料。在球床高温气冷堆的发展史上，曾经考虑过多种形式的球形元件，但实际使用的只有其中的注塑型元件、壁纸型元件和模压型元件。

(1) 注塑型元件。它是 AVR 堆 1966 年初始装料时用的球形燃料元件。这种元件的外壳是由石墨机加工成的空心球，外径 60mm，壁厚 10mm。球壳上有一螺纹孔，在注入颗粒和石墨的混合物后用涂有黏结剂的石墨螺纹塞堵上，然后经过表面修整再热处理得到的。

(2) 壁纸型元件。这是 AVR 堆的第一批补充料。它的外壳和注塑型元件一样，但为了降低燃料温度，包覆燃料颗粒只是集中在石墨外壳内壁附近 1～2mm 的薄层内，元件中心区域不含燃料。制造这种元件时，首先向石墨壳内注入一定量的包覆燃料颗粒、石墨粉和黏结剂的混合浆料，放在专用机器上转动，待干燥后装入足够量的天然石墨粉，压实后堵上带黏结剂的螺纹塞，然后经表面修整后热处理制得。

(3) 模压型元件。AVR 堆初堆装料和第一次补充料是由美国提供的，这期间德国 NUKEM/HOBEG 公司研究成功模压型元件，它是用准等静压方法在硅橡胶模内压制的整体元件(图 7-5)。

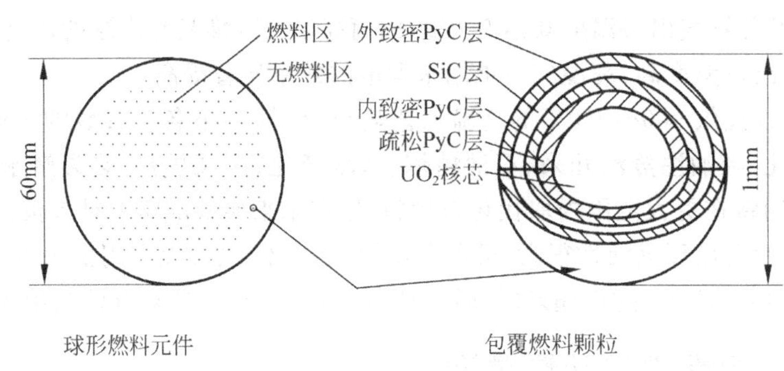

图 7-5 高温气冷堆球形燃料元件 PyC：热解碳

这种燃料元件由直径约 50mm 的燃料区和壳厚约为 5mm 的无燃料区组成。包覆燃料颗粒均匀弥散在燃料区内。燃料区和无燃料区没有物理上的分界面，它们的基体材料是相同的一般是由 64% 的天然石墨粉、16% 人造石墨粉和 20% 的酚醛树脂制成。制成模压元件的工序包括：由天然石墨粉、人工石墨粉和酚醛树脂经混捏、干燥和粉碎制成石墨基体粉；在包覆燃料颗粒上裹上约 0.2mm 厚的石墨基体粉；在硅橡胶模内将均匀混合的基体石墨粉的包覆燃料颗粒低压压制成燃料芯球，再在硅橡胶模内高压(300MPa)压制出带无燃料区的完整燃料球；800℃进行燃料球内树脂的碳化；在专用车床上机加工成直径为 60mm 的燃料元件；最后进行 1800～1950℃温度下的高温纯化。

压制型燃料元件导热性能好，具有足够的机械强度和优越的辐照性能。因此从 1969 年 AVR 堆的第二次补充装料起就成为唯一继续装入 AVR 堆芯的元件，THTR-300 原型堆也使用这种元件，并且德国后来设计的商用堆和模块式高温气冷堆也都是用这种元件，其结构和尺寸均没有比变化。NUKEM/HOBEG 公司为 AVR 生产了 20 多万个，为 THTR-300 堆生产了 80 多万个这类燃料元件。中国的 10MW 高温气冷堆以及南非计划建造的 PBMR 堆也都使用这类球形元件。

2）柱状燃料元件　这类元件具有冷却剂的流道和供装卸料用的抓取机构，反应堆装卸料时需要停堆。早期的两座柱状型实验堆——龙堆和桃花谷堆使用的是棒形元件，而圣·符伦堡原型堆使用的是六角棱柱形元件。此后美国在商业大堆设计中以及模块式柱状对设计中均采用六角棱柱型元件，日本的HTTR也使用六角棱柱形元件。

(1) 棒状柱形元件。在龙堆中使用的是六角形截面的棒形石墨元件，元件中心孔内插入燃料棒，燃料棒用外径72mm、壁厚7.3mm和长2540mm的低渗透性石墨作为管套。套管中装有30个外径44mm、内径23mm和高53mm的环形密实体。密实体由包覆燃料颗粒、石墨粉和热固性树脂经温压制成，每七根组成一束，如图7-6所示。整个堆芯中有259根燃料元件。

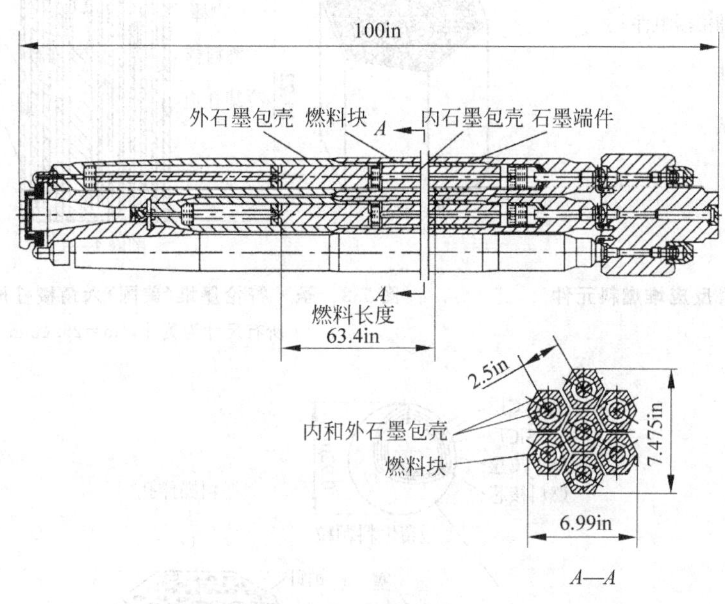

图7-6　龙堆燃料元件

1in＝25.4mm

桃花谷堆燃料元件为外径89mm、长3660mm的低渗透性石墨套管，套管内装有外径56.5mm、内径29mm和高76.2mm的表面开有沟槽的密实体。密实体底部还有305mm长装有含银的活性炭颗粒，用做捕集裂变产物。整个堆芯由804根燃料棒组成，按三角形紧密排列在一个钢制的栅格板上。图7-7是桃花谷堆的燃料元件外观图。

(2) 六角棱柱型柱状元件。圣·符伦堡堆使用的是这种元件。它是对边宽356mm、高790mm机加工的六角石墨棱柱，具有冷却剂钻孔和燃料密实体钻孔。燃料密实体的加工方法是：首先将石墨粉和熔融的沥青黏结剂的混合物注入金属膜模内的松装包覆燃料颗粒中，接着加热使黏结剂碳化，形成燃料密实体。后来美国大型商用高温堆的设计和模块式高温气冷堆的设计都采用了这种六角棱柱型燃料元件，不再使用棒形燃料元件。

六角棱柱形燃料元件又分为热块型（也称为多孔型）和冷块型。在美国高温气冷堆中使用的六角棱柱元件属于热块型（图7-8）。燃料密实体和冷却气体在六角石墨棱柱的不同孔道中，热流需通过石墨棱柱。日本HTTR堆的燃料元件为棒插入压块型（pin-in-block），如图7-9所示。冷却气体通过六角棱柱燃料棒孔道内壁和燃料棒外壁的间隙流过，属于冷块型。

在高温气冷堆发展中也研究过其他类型的元件，但是由于结构复杂或者性能不佳等因素，都没有在实际中采用。

7.3.3　包覆燃料颗粒类型

包覆燃料颗粒由含可裂变材料的氧化物或碳化物微球及沉积在其表面的几层难熔陶瓷材料构成。这几层材料的主要作用是约束裂变材料、阻挡裂变产物的释放。因此包覆燃料颗粒的作用相当于水堆的燃料棒，燃料核芯相当于水堆的UO_2芯块，几层包覆层相当于锆合金包壳，所以包覆燃料颗粒实际上是微球燃料元件。

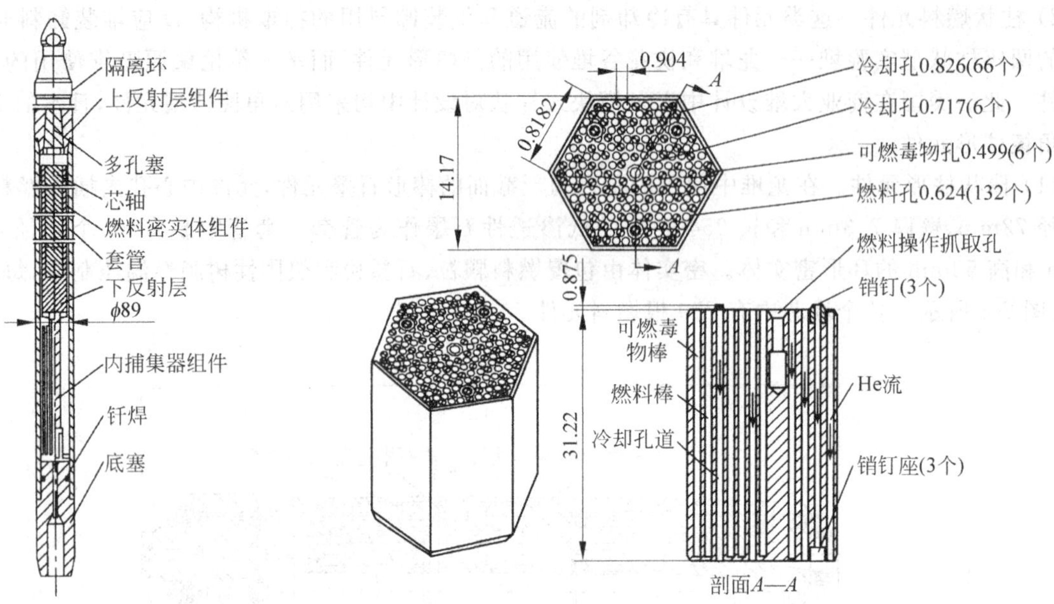

图 7-7　桃花谷 1 号反应堆燃料元件

图 7-8　圣·符伦堡堆(美国)六角棱柱形燃料元件

所有尺寸为英寸，1in＝25.4mm

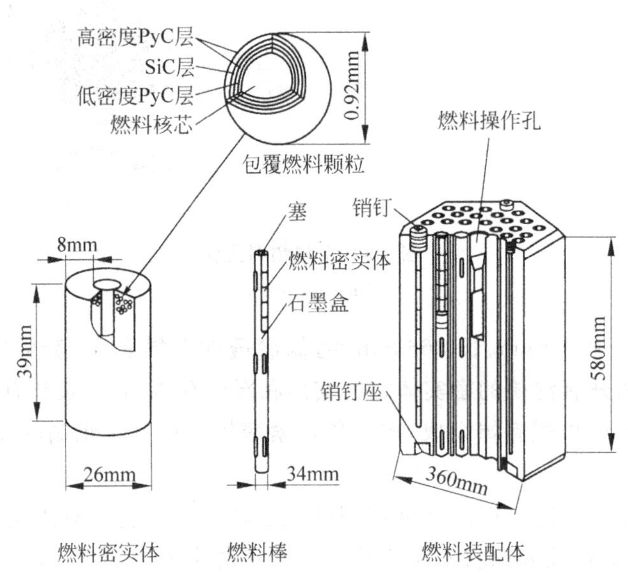

图 7-9　HTTR(日本)六角棱柱形燃料元件

包覆燃料颗粒的燃料核芯一般是用湿化学方法(如溶胶-凝胶法)制成的直径为零点几毫米的微球，其组分可以是铀的氧化物或碳化物，也可以是混合铀和钍的氧化物或碳化物，或是混合铀和钚的氧化物。几层包覆层是在高温下通过化学气相沉积法制得的。包覆层厚度一般为几十微米。整个包覆燃料颗粒的直径约为 1mm。

虽然在过去的 40 年里研究和发展了许多种包覆层设计，但真正用于高温气冷堆的只有下列三种类型(图 7-10)。

1）单层(laminar)　这是一种只含单层热解炭(PyC)的颗粒，是在高温气冷堆发展的初期所研究和开发的，仅在桃花谷等堆的初装料中使用过。该 PyC 层各向异性度很高，在堆内使用很快受裂变反冲而损坏，因此这种类型的颗粒很快就被淘汰。

2）BISO 颗粒　这种颗粒含两种类型的包覆层材料，即低密度 PyC 和高密度各向同性 PyC。低密度 PyC 层为裂变气体提供一定的空间，从而减少颗粒内压，保护致密 PyC 层免受裂变反冲损伤，因此这类颗粒具有良好的辐照性能，能滞留气态裂变产物，但难以阻挡固态裂变产物(如铯、锶、钡)的释放。

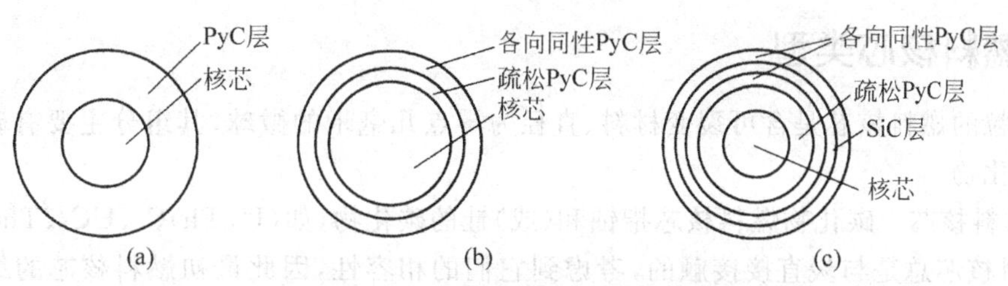

图 7-10 三种类型包覆燃料颗粒

(a) 单层(laminar); (b) BISO 颗粒; (c) TRISO 颗粒

3) TRISO 颗粒 TRISO 型燃料颗粒由二氧化铀燃料核芯、疏松热解碳层、内致密热解碳层、碳化硅层和外致密热解碳层组成。SiC 层阻挡固态裂变产物(铯、锶、钡)的能力较强,并能进一步提高燃料元件的工作温度。TRISO 包覆燃料颗粒有四层包覆层,各包覆层都有自己的特殊功能,对反应堆的安全都有直接的影响,在设计和制造时都应特别重视,确保它们的质量。第一层是疏松 PyC 层,密度小于 1.1g/cm³。其主要作用是为 CO、CO_2 和气态裂变产物提供储存空间,吸收燃料核心因辐照而引起的肿胀,缓冲由温度及辐照引起的应力,以及防止裂变反冲核对内致密 PyC 层的损伤。第二层是内致密各向同性 PyC 层,其作用是防止 SiC 层沉积时产生的氯化氢与燃料核芯反应,防止或延缓贵金属裂变产物对 SiC 层的腐蚀,并承受部分内压,作为 SiC 的沉积基面。第三层是 SiC 层,是承受内压及阻挡气态和固态裂变产物的关键层。第四层是外致密各向同性 PyC 层,主要作用是保护 SiC 层免受机械损伤,以及在 SiC 层破损时阻挡气态裂变产物的释放。

TRISO 包覆燃料颗粒各包覆层是用化学气相沉积方法在流化床中沉积的,即反应气体由载带气体载带进入流化床,并在高温下进行分解,其固体产物就沉积在燃料核芯的表面形成包覆层。不同的反应气体和工艺参数可得到不同性质的包覆层。低密度 PyC 层一般用乙炔作为反应气体,在 1200～1400℃下分解沉积。要求包覆层的密度小于 1.1g/cm³,厚度均匀,一般为 90μm 左右。内外高密度各向同性 PyC 层一般有两种制造方法:一种是用甲烷作为反应气体,在 1800～2000℃热解沉积,制得的各向同性 PyC 称为 HTI;另一种是用丙烯作为反应气体,在 1250～1400℃之间进行热解沉积,该 PyC 层称为 LTI。要求高密度各向同性 PyC 的密度为 1.90g/cm³ 左右,培根各向异性因子 BAF 小于 1.10,厚度一般为 40μm 左右。碳化硅层用甲基三氯硅烷(CH_3SiCl_3,简称为 MTS)作为反应气体,以氢气为载带气体,在 1550～1700℃之间制得。制得的 SiC 层密度高于 99%理论密度(≥3.18g/cm³),强度高,对裂变产物的阻挡能力强。碳化硅的密度和结构与沉积温度和 MTS 在氢气中的浓度密切相关,较好的沉积温度应控制在 1600～1700℃,H_2 与 MTS 的比值应大于 25。过低的沉积温度会得到低密度的含有游离 Si 的层状 α-SiC 层;沉积温度过高,密度也会降低;结构为粗大柱状晶。一般 SiC 层的厚度控制在 35μm 左右。

高温气冷堆的建成和发展与包覆燃料颗粒的研制成功和发展密切相关。实际上高温气冷堆的概念早在 20 世纪 40 年代就提出来了,但由于当时不能解决燃料元件既要耐高温、又能阻挡裂变产物释放的问题,因而被搁置下来。50 年代末,美国、英国(后来移交给欧洲经济合作发展组织)和联邦德国相继决定建造高温气冷实验堆(桃花谷堆、龙堆和 AVR 堆),高温气冷堆的研究又重新活跃起来。但起初,这三座堆的燃料元件的设计概念和传统的燃料元件相同,只是把燃料元件的包壳材料改成石墨。实践结果表明,制造防渗石墨不仅不经济,而且很难保证质量。直到 60 年代初 BISO 包覆燃料颗粒研制成功,高温气冷堆技术问题才算真正得到解决。BISO 包覆燃料颗粒很快就应用于上面提到的三座高温气冷堆,显示了比预计还要好的运行性能。为了进一步加强包覆燃料颗粒对裂变产物的阻挡能力,60 年代中期又研制成功了 TRISO 包覆燃料颗粒,大量的辐照试验和堆内运行结果表明,完整的 SiC 层几乎能阻挡所有裂变产物的释放。TRISO 包覆燃料颗粒的研制成功标志着现代包覆燃料颗粒的发展成熟。由于 TRISO 包覆燃料颗粒的性能明显优于 BISO,所以从 20 世纪 80 年代起设计的(如德国 KWU/IAEA 设计的 HTR-Module,BBC/HRB 公司设计的 HTR-10G 和美国 GA 公司设计的棱柱状模块式高温气冷堆 MHTGR-350)、建成的(如日本的 HTTR 和中国的 HTR-10)以及在南非计划建造的 PBMR 都使用 TRISO 包覆燃料颗粒,均不再使用 BISO 包覆燃料颗粒。

7.3.4 燃料核芯类型

包覆燃料颗粒的燃料核芯是含可裂变材料、直径为零点几毫米的微球，其组分主要有碳化物、氧化物和混合碳化物及氧化物。

1) 碳化物燃料核芯　碳化物燃料核芯指铀和(或)钍的碳化物，如$(U,Th)C_2$、UC_2、ThC_2 在高温气冷堆燃料元件中，燃料核芯总是与炭直接接触的，考虑到它们的相容性，因此最初燃料核芯的组分选用碳化物，龙堆和 AVR 堆的初始装料用的碳化物燃料，桃花谷堆和圣·符伦堡堆一直使用碳化物燃料。

2) 氧化物燃料核芯　氧化物燃料核芯指铀和(或)钍的氧化物，如$(U、Th)O_2$、UO_2、ThO_2。与碳化物燃料核芯相比，氧化物燃料核芯具有下列优点。

(1) 工艺简单、加工成本低。

(2) 阻挡裂变产物扩散和滞留金属裂变产物的能力强。

(3) 在燃料元件高温处理中，阻挡裂变材料扩散的能力强，从而减少裂变材料的污染。

(4) 耐高温。

因此在早期碳化物燃料生产的同时，也广泛研究用氧化物作为燃料核芯的可能性。1964 年，美国橡树岭国立实验室用溶胶-凝胶法制成了氧化物微球。试验表明，虽然铀的氧化物与炭在高温下有生成碳化铀的倾向，但这个反应在一定的 CO 分压下就达到平衡了。包覆燃料颗粒在堆内运行工况下，氧化物核芯与炭反应生成的 CO 被包覆层阻挡在包覆燃料颗粒内，因此这种平衡马上就会达到，从而保证了氧化物核芯与热解炭很好的相容。进一步研究表明在龙堆和德国球床堆燃料元件的工作温度和高燃耗下，UO_2 的迁移(即阿米巴效应)是可以接受的。鉴于上述研究结果和氧化物燃料的优点，龙堆在 1966 年就选用了氧化物燃料，AVR 堆的后续装料也改用氧化物燃料，THTR-300 堆从一开始就使用氧化物燃料，20 世纪 80 年代德国新设计的几个堆，90 年代日本和中国先后建成的高温气冷堆均采用氧化物燃料。

3) 混合碳氧化物 UCO 燃料核芯　尽管英国的龙堆在 1966 年，德国的 AVR 和 TH FR-300 堆在 20 世纪 70 年代初相继选用了氧化物燃料，但美国通用原子能公司从 20 世纪 50 年代后期就大量投资进行碳化物燃料的制造、试验和许可证申请，加上美国 70 年代设计的高温气冷堆燃料元件运行温度高、燃耗高、UO_2 核芯迁移比较严重，因此美国在桃花谷堆和圣·符伦堡堆内一直使用碳化物燃料。

20 世纪 70 年代中期证实了碳化物燃料颗粒内稀土裂变产物对 SiC 层的侵袭，为此美国橡树岭国立实验室(ORNL)和德国于利希核研究中心(KFA)发展了混合碳氧化物燃料颗粒 UCO。这种核芯由 85%UO_2 相和 15% UC_2 相构成。UC_2 可以俘获氧，防止在辐照时 CO 的形成，从而维持低的 CO 压力，减缓 UO_2 核芯的迁移；UO_2 可以使稀土裂变产物作为氧化物滞留在核芯内。由于上述 UCO 的优点，并于 1977 年在 AVR 堆内加入含 UCO 燃料核芯的 5000 个燃料球进行了批量试验，取得了较满意的结果，因此 1981 年美国能源部将 UCO 作为高温气冷堆发展的参考燃料核芯。

7.4 高温气冷堆用石墨的发展

7.4.1 核石墨的制作

7.4.1.1 对核石墨制品及制作工艺的总要求

高温气冷堆对石墨的总要求是：①高纯度以节约中子；②高抗快中子辐照的稳定性；③良好的物理机械性能；④原料来源丰富，造价低廉。

高温气冷堆用石墨堆芯材料主要是采用热等静压技术挤压、振动成型技术制备的。需经机械加工、抛光制成各种制品，对加工精度要求高，特别要保证石墨制品的纯度。

7.4.1.2 核石墨的特殊制作工艺

1) 原料的选择与配比　核石墨的制造与碳素生产中的高纯石墨生产相近，最早的反应堆用石墨就是采用炭电极生产方法挤压成型的。在原材料选择上，选择非针状焦、沥青焦、石油焦等用于提高密度、减小材料各向异性，并以沥青为黏结剂。由于核石墨经常处于强射线的辐照下，为了保证核纯，必须控制焦炭中具有较大中子吸收截面的硼、钒等杂质的含量。另外，从制品密度方面考虑，采用各向异性小的焦炭为好。因为这种焦炭有助于提高制品密度。为提高密度，原料中还可添加炭黑增密。为了提高热导率，可以在原料配比中适量添加炭黑，同时选择适宜的成型法。

2）制品的成型　炭制品的成型方式有挤压、模压、振动和等静压。成型方式的不同对炭制品的材料结构和技术性能有很大影响。由于核石墨材料在反应堆中的不同部位具有不同的作用，所以不同反应堆对核石墨的要求也有所不同。堆芯中的减速材料多用等静压成型，反射材料有用等静压成型，也有用挤压成型的。在考虑经济成本时，为降低成本和石墨的连接结构，有时也会采用振动成型工艺。

3）核纯处理　在核反应堆的应用中，石墨的纯度是广受重视的特性之一。为了控制慢化剂的中子吸收截面，必须严格控制石墨中的杂质元素含量。由于石墨中的一些杂质，例如硼、钆、锰、钛、钒和镍有着非常大的中子吸收截面，所以控制这些杂质的含量是石墨纯度的一个重要指标。

核石墨纯化（核纯）主要采用高温石墨化方法和高温卤气处理方法。经高温石墨化处理的核石墨一般可达到用于反射的技术要求。若用于减速材料，通常还需要用卤气进行纯化。对核石墨要求的纯度标准，因核反应堆使用的浓缩铀富集度的不同而各不相同。核反应堆的设计者在选用石墨材料用于反应堆时，也根据石墨在反应堆中的不同部位和不同技要求而选用不同纯度、不同标准的石墨材料。在保证石墨产品可靠性的同时还要考虑反应堆建设成本和经济性。

4）机械加工　核石墨所需几何尺寸和形状取决于机械加工能达到的精密尺寸。核反应堆用石墨多为空心棒形，截面尺寸为100mm×100mm（最大一般不超过200mm），长度为1m左右。在机械加工过程中，重点是要防止作业、作业环境、机械工夹具、操作和人体等方面带来的二次污染。

7.4.1.3　高温气冷堆中的石墨制品

石墨材料在第一代核裂变反应堆（CP-1）就已经成功使用。而在第四代反应堆，特别是最近的高温气冷堆中，石墨材料更是不可缺少的慢化、反射和结构材料。

核石墨可以用来制作热结构件，如：支承柱、热气导管、燃料元件等。各向同性石墨材料主要用于制作石墨球、堆芯材料、电极等制品。石墨在核能领域的应用主要有：

1）高温气冷堆用石墨堆芯材料

高温气冷堆用石墨堆芯材料暴露在极端环境条件下，需要承受中子辐射、高温（大约1273K），在有的堆型中还要承受铅－铋共熔合金体系冷却剂的腐蚀环境。早期的高温气冷堆内部堆芯材料由BeO慢化和反射块、石墨燃料管、石墨反射块组成。

石墨堆芯材料需要经过核辐照实验，应具有高强度、低脆性、良好的各向异性，同时具有很高的热导性能，对其纯度有极高的要求。

高温气冷堆用石墨堆芯材料主要是采用热等静压技术挤压、振动成型技术制备的。通过加工、抛光制成各种制品，对加工精度要求很高。

2）高温气冷堆用石墨反射块

石墨反射块是高温气冷堆的重要部分。该反应堆的核心部位是由菱形BeO慢化块组成，每个慢化块中心是包含核燃料的石墨管。石墨反射块围绕在BeO慢化块周围。

石墨反射块形状不规则，约1.15m长。石墨燃料管是1.4m长的圆柱形管（内径0.035m，壁厚0.020），内有12个直径0.010m、长1.05m的燃料盒。

核燃料包裹在1层SiC和3层热解炭缓冲层内，3个热解炭层分别起到吸附、屏蔽、化学保护等功能，与石墨粉装在燃料盒中，与石墨慢化材料一起，组装成包含核燃料的石墨管，与BeO一起，构成菱形BeO慢化块，石墨反射块围绕在BeO慢化块周围，构成高温气冷堆核部。

400MWe先进的高温球状气冷堆是由一个垂直的直径6m、高20m的钢压力容器组成，与厚0.9m的石墨砖相连，这些石墨砖被用做外中子反射块和热传导介质。石墨外中子反射块中钻有垂直孔，将有SiC和热解炭涂层的浓缩铀氧化物颗粒，包在石墨里，制成燃料球。多个燃料球围绕固定的石墨柱环形放置，构成内中子反射块。全负载情况下，反应堆内可能达到452000个燃料球。

3）支承柱、热气导管、燃料元件等热结构件

碳/碳复合材料可以制成各种形状的制品，主要用作高温反应堆用热结构件。

作为结构材料，碳/碳复合材料可用在高温反应堆的内部，主要提供其高温条件下的高强度。碳/碳复合材料可以制成热气导管，用来插在出口管上，作卸料管，可大幅度提高其使用温度，允许出口温度远高于金属管衬的极限。

碳/碳复合材料具有耐高温、气固性、耐摩擦等高性能，在核反应堆中，还能够用做支承柱、燃料元件等热结构件。

4）高温气冷堆球床反应堆用石墨球

高温气冷堆球床反应堆核心部位，除了使用核燃料球外，也包含不含核燃料的石墨球。

高温气冷堆球床反应堆用石墨球需要有足够大的尺寸和重量，同时需要耐高温、耐摩擦。需要精密加工和可靠的质量保障。

5）铀的六氟化物生产用碳电极材料

丙烯酸丁二烯橡胶碳电极是任何氟化物生产工艺中不可缺少的。

铀的六氟化物生产中需要电解法生产的氟。铀的六氟化物是核反应堆装配过程中的重要中间产物，可以富集核反应需要的^{235}U材料。

6）高温气冷堆用电极石墨粉

高温气冷堆用电极石墨粉是高温气冷堆的燃料基质不可缺少的重要组成部分，其质量要求很高，需要进行一系列的质量检测。

大多数核石墨需要在2800～3000℃进行高温石墨化处理，以提高其石墨化度，保证核石墨块体在中子辐射中的稳定性。对于采用热等静压工艺技术和振动成型制备的各向同性石墨材料和核石墨块，高温石墨化处理必不可少。为了防止各向同性碳制品在石墨化过程中开裂，通常，可以在混合料中加入同牌号石墨粉末15%～20%。即使是在碳/碳复合材料的制备过程中，也可以填加石墨粉末。这些石墨粉末可以起到雏晶的作用，促进石墨化过程，使制品容易实现石墨化，并可能使石墨化需要的热处理温度降低，节约能源。

7.4.1.4 石墨构件在高温气冷堆内的功能

石墨堆内构件在高温气冷堆内的主要功能如下：

(1) 形成堆芯球床与球形燃料元件的球流通道，以保证球形燃料元件循环的正常运行；

(2) 组成对堆芯的中子反射层结构，并构成冷却剂氦气通道；

(3) 为控制棒和吸收球停堆系统提供导向孔道，即使在事故状况下，也能保证控制棒插入和吸收球流入堆芯的孔道内而使反应堆停堆；

(4) 构成中子屏蔽层，降低在其外侧工作的金属结构的中子积分通量；

(5) 构成热绝缘层，保护其外侧的金属结构免受高温的作用；

(6) 形成石墨堆芯的支承结构，将各种载荷最终传递给金属支承结构；

(7) 用键和销的连接方式，形成堆内石墨构件的整体结构，保证石墨堆内构件的整体性；

(8) 事故条件下侧向石墨和碳砖可作为余热排出的路径，且石墨的热容量大，可吸收大量的衰变热。

这些石墨堆内构件(称为结构石墨)，在高温气冷堆内会面临着下述特定的环境条件。

(1) 机械载荷：结构石墨自重及其他堆内构件的重量、氦气流动压差产生的压力、震动产生的作用力、球形燃料元件循环过程中对内反射层的摩擦磨损、球床和反射层热膨胀行为的差异、反射层石墨辐照变形不一致、反应堆运行时稳态温度场和瞬变温度场产生的交变载荷等都会导致反应堆内的结构石墨材料承担着较大的机械载荷。

(2) 高温热应力：高温气冷堆冷却剂出口温度高达950℃，结构石墨由堆芯自里向外散热，同时吸收中子及其他辐照产生的热量，在结构石墨上存在温度梯度，从而引发高温热应力。

(3) 辐照：结构石墨在服役期间，承受由堆芯射出的快中子在高温下的辐照，从而产生辐照变形和辐照应力。石墨的辐照损伤主要是由快中子的慢化造成的。

(4) 化学腐蚀：高温气冷堆内的冷却剂为氦气，但其中不可避免地含有氧化性气体杂质如氧气、水蒸气等。在高温条件下，这些气体杂质会与堆内的结构石墨发生一系列的化学反应，从而降低石墨的机械性能和热力学性能，进而影响结构石墨在堆内的服役寿命。

在堆内高温、高辐照条件下，中子辐照会使石墨的性能发生巨大的变化，核石墨的性能应理解为石墨在辐照场中、使用寿期内的性能，为保证石墨具有良好的辐照性能，必须严格要求辐照前即冷态下的石墨性能。表 7-4 提供了高温气冷堆模块式球床堆(HTR-PM)堆内结构石墨辐照前的主要性能要求。

表 7-4　HTR-PM 堆内结构石墨材料辐照前性能要求

性　　能	挤压成型	振动成型	等静压成型
密度 /(g/cm^3)	≥1.75	≥1.75	≥1.76
热导率/[W/(cm·K)]	≥125	≥125	≥125
线性热膨胀系数/$10^{-6}K^{-1}$	≤4.5	≤4.5	≤4.0
各向异性因子	≤1.1	≤1.05	≤1.04
抗拉强度/MPa	≥20.0	≥20.0	≥25.0
抗压强度/MPa	≥65.0	≥65.0	≥75.0
硼含量当量/10^{-6}	≤0.90	≤0.90	≤0.90
灰分/10^{-6}	≤100	≤100	≤100

7.4.2　石墨在高温气冷堆中的应用

目前世界上的高温气冷堆堆芯结构主要有两种形式：棱柱形堆芯和球床堆芯。棱柱形堆芯的高温气冷堆简称棱柱堆；球床堆芯的高温气冷堆简称球床堆。美国的 Peach Bottom Reactor(桃花谷堆)和 Fort Saint Vrain Reactor(圣·符伦堡堆)，日本的 HTTR(高温工程试验堆)为棱柱堆；德国的 ArbeisgemeinschaftVersuchs-Reaktor(AVR)和 THTR-300，中国的 HTR-10 为球床堆。

高温气冷堆石墨反射层分可拆换和不可拆换反射层。棱柱堆石墨反射层一般是可拆换反射层，图 7-11 为日本 HTTR 堆芯石墨结构图；球床堆石墨反射层一般为不可拆换反射层，其使用寿命即为反应堆的运行寿命，图 7-12 为球床高温气冷堆堆芯石墨结构示意图。

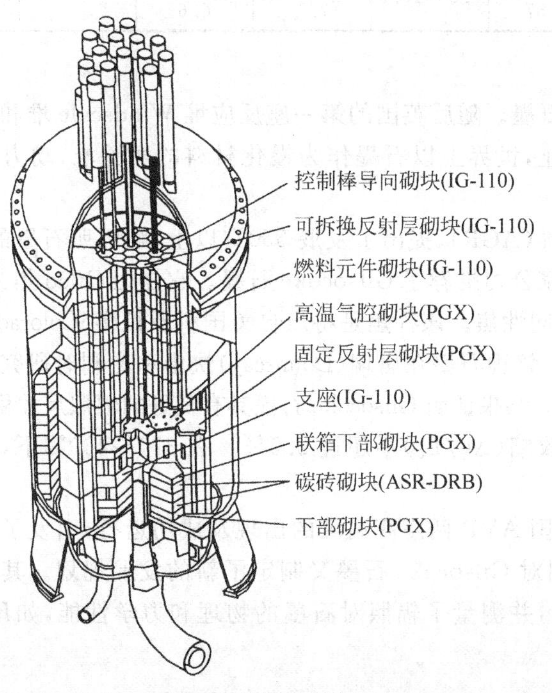

图 7-11　日本 HTTR 堆芯石墨结构图

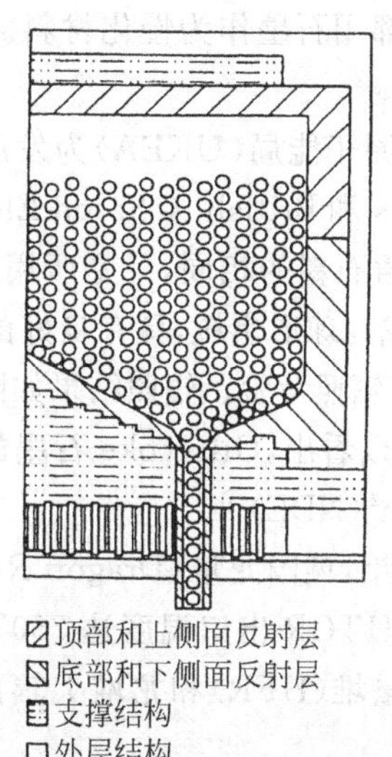

图 7-12　球床高温气冷堆堆芯石墨结构示意图

高温气冷堆用石墨因堆型、运行参数及使用部位的不同而对石墨的要求也不同，但总的要求可以概括为：

(1) 高的抗辐照性能和良好的尺寸稳定性，以保证反应堆的长期安全稳定运行；

(2) 高纯度以保证良好的中子经济性；

(3) 良好的物理、化学和力学性能，如高的机械强度、高的热导率、低的热膨胀系数等；

(4) 原料来源丰富，生成成本低廉。

表 7-5 列出了部分 HTGR 用石墨的主要性能。

石墨的性能与原材料及生产工艺有很大关系。为了获得高性能的 HTGR 用石墨，美国、德国、日本和英国等国家皆投入了巨大的人力和物力研究 HTGR 用石墨，中国也对 HTGR 用石墨进行了一些研究。

表 7-5 部分 HTGR 用石墨的主要性能

国别		德国					美国			日本
厂家		SGL					GLCC(大湖碳公司)		UCC	东洋碳素
名称		ATR-2E	ASR-1RS	ASR-1RG	V483	ARS/AMT	H-327	H-451	TS-1240	IG-110
原材料		近各向同性沥青焦	沥青焦	沥青焦	沥青焦		石油焦	近各向同性石油焦	近各向同性石油焦	石油焦
生产方法		挤压	振动模压	振动模压	等静压	挤压	挤压	挤压	挤压	等静压
应用		球床堆反射层	球床堆反射层	球床堆顶部、底部反射层	球床堆底部反射层及支撑件	AVR 反射层	FSV 反射层	FSV 反射层	元件支撑体	HTTR 反射层
灰分/(μg/g)		170	140	720	250			380	70	50
密度/(g/cm³)		1.74～1.8	1.81	1.74	1.76	1.65～1.75	1.76	1.70～1.77	1.73～1.77	1.77
热导率(室温)/[W/(m·K)]	//	178	143	116	143		188	145	102.5	116.23
	⊥	163	141	110	134		131		98.3	
热胀系数 $\alpha/10^{-6}℃^{-1}$	//	4.41	4.2	3.6	3.4	3.8	1.86	3.45	3.30	4.06
	⊥	4.95	4.4	4.5	3.8	3.4	3.7	4.49	3.82	
各向异性因子*		1.12	1.05	1.25	1.12	1.57	1.62	1.30	1.15	1.03
拉伸强度/MPa	//	10.79	18.5	11.4	17.5	7.0～21.0	15.0	14.1		25
	⊥	9.03	18.3	10.0	15.8		8.74	8.5		
压缩强度/MPa	//	57.0	67.8	43.6	61.1	32.9				78
	⊥	58.9	67.8	44.9	63.3	35.0				
弹性模量/GPa	//	8.55	10.4	9.70	9.69	7.0～10.0	15.1	8.8		8.1
	⊥	7.39	10.0	8.05	8.57		7.1	6.6		

* 各向异性因子 $=\alpha_{\perp}/\alpha_{//}$。

1942 年世界上第一座反应堆 CP-1 使用了 285t 石墨。随后英国的第一座反应堆 Windscale 堆和法国第一座反应堆 G-1 都用石墨作为慢化材料。到目前为止，世界上以石墨作为慢化材料的实验堆、动力堆等共 500 座以上。

1960 年英国原子能局(UKEA)为发展先进气冷堆(AGR)，提出了发展 550℃以上、耐辐照石墨的要求。随后，Anglo Lakes 和 British Acheson Electrodes 两家公司推荐了 Gilsocoke 石墨。它是用 Gilso 焦为原料，工艺基本上与普通石墨的相同，只是所用的焦为各向同性焦。该种焦是将产自美国科罗拉多(Colorado)州的沥青矿物经熔烧成为球形焦粒，具有良好的各向同性。该种石墨在唐瑞(Dounreay)快堆和比利时研究用二号堆(BR-Ⅱ)进行了辐照考验。辐照结果如图 7-13 所示。结果证明 Gilsocoke 石墨具有良好的辐照尺寸稳定性。

从图 7-13 可以看出，Gilsocoke 石墨的最大尺寸收缩($\Delta L/L_0$)不超过 2.5%。在 370～400℃下，辐照寿命达 $3\times10^{22}\,n/cm^2$ (NDE)①。

1965—1968 年，英国龙堆(Dragon Reactor)和德国 AVR 两座高温堆的出现及成功运行，引发了欧洲的高温堆热。鉴于 HTGR 出口温度达 750℃以上，欧洲对 Gilsocoke 石墨又制定了新的发展规划。其主要内容之一是在高通量堆(HFR)和龙堆上辐照到 1400℃，并测量了辐照对石墨的物理和力学性能，如尺寸、强

① NDE 为 nickel DIDO equivalent dose 的缩写。英国哈威尔研究所 DIDO 堆圆柱形燃料区内根据镍测定的中子注量，1NDE＝0.68n/cm² (E>0.18MeV)。

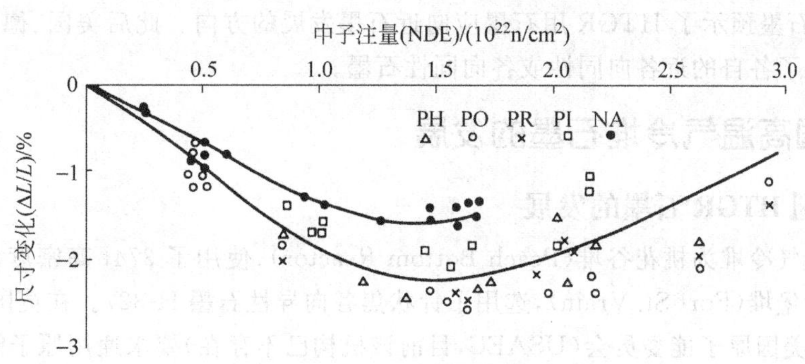

图 7-13　370～440℃下 Gilsocoke 石墨辐照尺寸的变化

NA 为模压石墨；其余为挤压石墨

度、弹性模量、蠕变系数的影响。图 7-14 为辐照后石墨尺寸的变化与中子注量间的关系。可以看出，高温辐照下，Gilsocoke 石墨的辐照寿命较低温辐照有所缩短，但仍有着卓越的抗辐照性能。此后，Gilsocoke 石墨曾用于制作龙堆和 THTR 堆内构件。

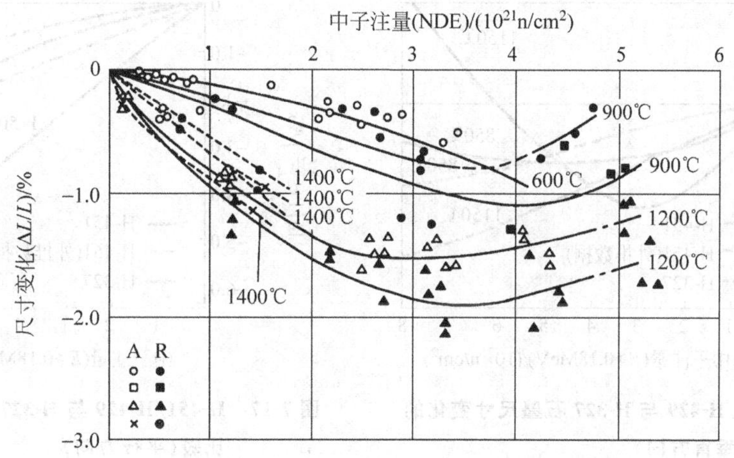

图 7-14　Gilsocoke 石墨辐照尺寸的变化(E>0.18MeV)

Dragon 规划数据

在美国，大湖碳公司(Great Lakes Carbon Corporation)也研制了 Gilsocoke 石墨 H-328，并同时在通用原子能公司(General Atomic Company)和 Battelle 西北实验室(Battelle Northwest Laboratories)进行了辐照试验，数据与欧洲的数据非常接近，结果见图 7-15。

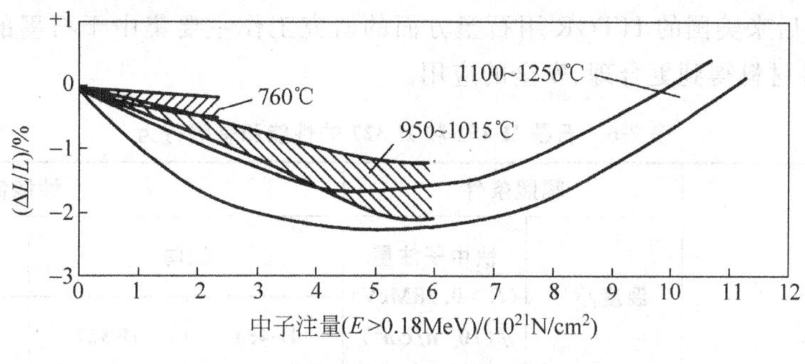

图 7-15　H-328 石墨尺寸的变化

辐照试验表明 Gilsocoke 石墨具有良好的辐照稳定性，不仅可可以满足 AGR 的要求，也能满足 HTGR 的要求，但由于下列原因，欧洲和美国都没能把 Gilsocoke 石墨作为高温气冷堆用石墨的发展重点：

(1) Gilsocoke 的价格昂贵；

(2) 单一焦源，为美国 Gilsonite 公司所专营，世界其他地方尚未发现同类焦源；

(3) 热胀系数和弹性模量较大，故产生的热应力较大。

然而 Gilsocoke 石墨预示了 HTGR 用石墨应向近石墨发展的方向。此后美国、德国和日本等国家皆按照这个思想研制发展了各自的近各向同性或各向同性石墨。

7.4.3 各国高温气冷堆石墨的发展

7.4.3.1 美国 HTGR 石墨的发展

美国第一座高温气冷堆为桃花谷堆(Peach Bottom Reactor),使用了 374t 高密度成品石墨。第二座高温气冷堆为圣·符伦堡堆(Fort St. Vrain),选用了针状焦各向异性石墨 H-327。在英国 Gilsocoke 石墨的启示下,1969 年当时的美国原子能委员会(USAEC,目前该机构已不存在)要求通用原子能公司(GAC)和美国主要生产厂家合作发展近各向同性石墨。1971 年 1 月大湖碳公司(GLCC)提供原型近各向同性石墨 H-429。1972 年 8 月开始提供正式产品 H-451 石墨。1973 年联合碳化物公司(UCC)提供了 TS-1240 石墨。上述石墨的生产工艺和普通石墨相近,只是所用的填充焦为近各向同性石油焦。与 H-327 石墨相比,它们的各向异性因子皆有较大的改进,见表 7-5。图 7-16 和图 7-17 为 H-451/H-429 石墨与 H-327 石墨辐照尺寸变化的比较。图 7-16 为垂直于挤压方向,图 7-17 为平行于挤压方向。

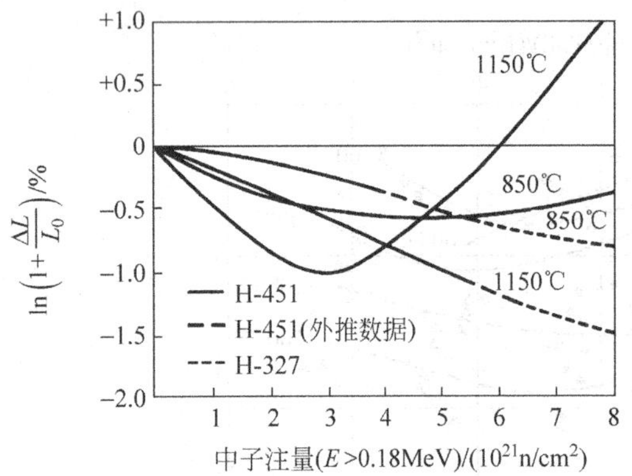

图 7-16 H-451/H-429 与 H-327 石墨尺寸变化的比较(垂直方向)

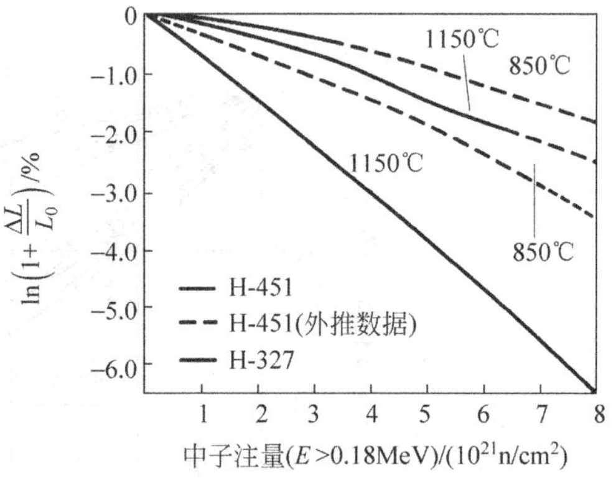

图 7-17 H-451/H-429 与 H-327 石墨尺寸变化的比较(平行方向)

表 7-6 列出了石墨 H-451 和 H-327 的性能和辐照行为。可以看出,H-451 石墨无论是辐照寿命还是尺寸稳定性都优于 H-327 石墨。H-451 石墨已被用于圣·符伦堡堆中的燃料套管和反射层棱柱,并被确定为大型 HTGR 关键部位的备选石墨。此后,美国又在 H-451 石墨的基础上进行了进一步的改进,如发展了 H-451-1 石墨等,但都是较小的改进。因当时美国发展和拟发展的高温气冷堆均为棱柱形堆,其中受到高中子注量的反射层件可以更换;而固定反射层所受到的中子注量较低,所以 H-451 石墨完全可以满足大的 HTGR 的建造要求,故后来美国的 HTGR 用石墨方面的研究工作主要集中于石墨的辐照行为、无损探伤、断裂力学等方面使这些材料得到更合理、安全的应用。

表 7-6 石墨 H-451 和 H-327 的性能和辐照行为

性能	辐照条件		性能值			
	温度/℃	快中子注量 ($E>0.18$MeV) /(10^{21}n/cm²)	轴向		径向	
			H-451	H-327	H-451	H-327
密度/(g/cm³)		0	1.74①	1.76①	—	—
热胀系数(22~500℃)/10^{-6}℃$^{-1}$		0	3.55	1.60	4.55	3.35
热导率/[cal/(cm·s·℃)]②	800	0	0.174	0.194	0.158	0.140
	600~625	2.2~2.9	0.080	0.067	0.079	0.043
	875~920	3.1~5.1	0.094	0.078	0.084	0.063
	1225~1350	3.6~9.9	0.10	0.10	0.09	0.08

续表

性能		辐照条件		性能值			
		温度/℃	快中子注量(E>0.18MeV)/(10^{21}n/cm²)	轴向		径向	
				H-451	H-327	H-451	H-327
拉伸强度/MPa	端部中心	—	0	11.42	15.02	14.13	9.30
	中部中心	—	0	10.78	11.23	11.51	6.37
	中部边缘	—	0	15.47	16.50	11.28	8.92
	中部中心	860～1020	2.6～3.4	16.34	14.66	18.24	6.63
弹性模量/GPa	端部中心	—	0	8.41	10.40	6.61	4.75
	中部中心	—	0	7.85	10.61	6.89	4.00
	中部边缘	—	0	8.82	12.06	6.48	4.48
	中部中心	860～1020	2.6～3.4	14.20	20.80	12.95	8.47
尺寸变化/%		850	4	−0.6	−1.3	−0.3	−0.5
		1150	6.5	−1.8	−4.7	−1.3	−0.1
		1150	8	−2.2③	−6.2	−1.5③	+1.0④
氧化速率(H_2O：He=3%，1000℃)/(%/h)		—	0	0.27①	0.25①		

① 没有方向。

② 1cal/(cm·s·℃)=418.4W/(m·K)。

③ 从 6.5×10^{21} n/cm² 外推。

④ 样品膨胀。

7.4.3.2 德国 HTGR 石墨的发展

德国发展的高温气冷堆为球床堆，其堆芯结构较简单，但对石墨的要求较高。因为反射层等堆内石墨构件难以拆换，堆的寿命主要取决于反射层石墨的寿命，故要求反射层石墨的寿命应和反应堆的设计寿命一致。

德国第一座高温气冷堆 AVR 的堆内石墨构件主要是针状焦 ARS/AMT 石墨（英国标准慢化石墨 PGA 的仿制品），其主要性能见表 7-5。8 年后，500～800℃区域的反射层的中子注量达到 5×10^{21} n/cm²(NDE)，已接近 950～1000℃该石墨垂直方向的辐照寿命，见图 7-18。显然该种石墨不适合用做 HTGR 大堆（工作寿命 30～40 年）的反射层。

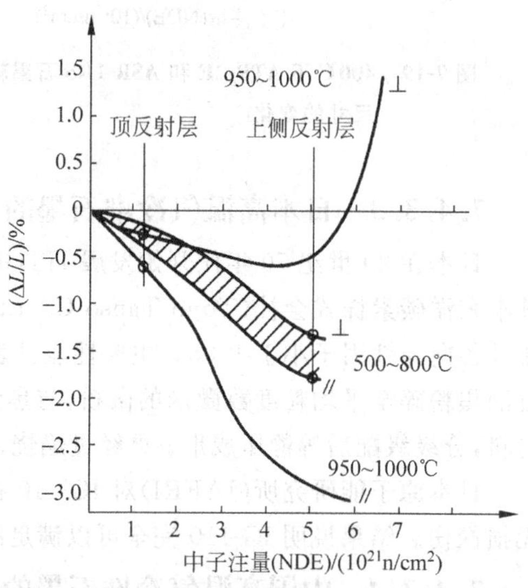

图 7-18 AVR 堆用 ARS/AMT 石墨尺寸的变化

德国开始时也曾考虑使用 Gilsocoke 石墨建造 HTGR 大堆，但最终决定自己研制石墨。此后不久 SGL 炭公司以沥青焦为原料研制了 ATTR 和 ASR 系列石墨，Ringsdorff 公司研制了 V-483、V-356 石墨，组成了较完整的高温气冷堆用石墨系列。这些石墨在美国 HF IR (high flux isotope reactor)和荷兰 HFR Petten 进行了系统的辐照考验。美国橡树岭国立实验室(Oak Ridge National Laboratory)对此进行了全面的评估。虽然它们的辐照寿命约为 1.5×10^{22} n/cm²（表 7-7），只有大堆设计寿命的一半，但德国专家认为，石墨的辐照损伤主要是由于快中子的辐照所致，因为石墨是一个很好的中子慢化材料，经反射层表面向内 5cm 处的快中子注量率将减少一半，所以即使反射层石墨的表面已经粉碎破坏，整体反射层结构仍能保持完整。对于破碎的石墨可以通过氦气处理（例如除尘处理），以及扩大反应堆的装球量等措施来保证反应堆正常运行。

表 7-7 德国 HTGR 用石墨一览表

型号	原料	成形方法	辐照寿命($\Delta V/V_0=0$)/(10^{22} n/cm^2)
V-483	沥青焦	等静压成形	1.55
V-356	石油焦	等静压成形	1.6
ATR-2R	近各向同性沥青焦	振动成形	1.4
ATR-2E	近各向同性沥青焦	挤压成形	1.7
ASR-1R	沥青焦	挤压成形	1.45
ASR-2R	沥青焦	挤压成形	1.35

和棱柱堆一样，球床堆内反射层部位不同，快中子注量不同，温度也不同，所以各个部位石墨的选用不仅要考虑石墨的辐照寿命，还应当考虑石墨的辐照收缩量的大小及石墨的物理、力学性能。例如 ATR-2E 虽然辐照寿命较高，但其辐照收缩比之 ASR 系列石墨要大一倍，见图 7-19，尤其原料要采用近各向同性焦，故德国后期的主要精力集中在 ASR 系列石墨的研究和发展。

ASR 石墨使用二次焦辅以振动成形的方法生产。所谓二次焦，是先将沥青焦粉碎成最大粒度小于 120μm 的微粉，与沥青混捏后进行振动模压成形，成形后的坯料焙烧到 1100℃以上，再破碎成最大粒度尺寸小于 1mm 的焦粒。这种焦粒已是各向同性焦，称为二次焦。ASR 石墨就使用二次焦，并掺入 20%的各向同性核石墨碎粒，与煤沥青混捏，再次振动模压成形，之后经过焙烧、浸渍、二次焙烧、石墨化和气体纯化等工序制成。

图 7-20 为振动模压机示意图，生产中具体的振动方式、频率等由试验确定。德国生产 ASR-IRS 核石墨的振动频率为每秒 20～35 次，振幅为 1.5～4mm，加压范围为 15～50MPa，时间低于 1min。

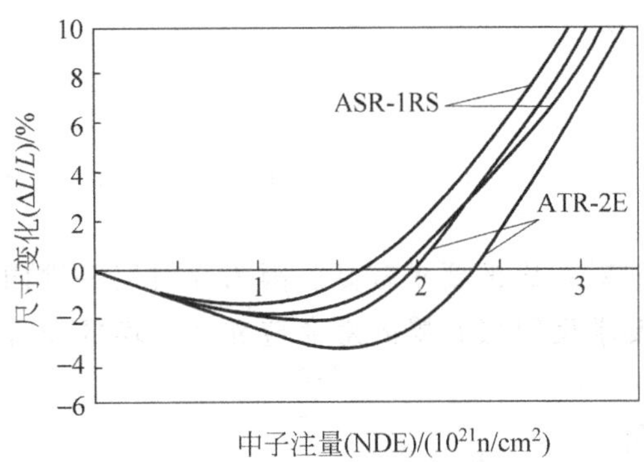

图 7-19 400℃下 ATR-2E 和 ASR-1RS 石墨辐照尺寸的变化

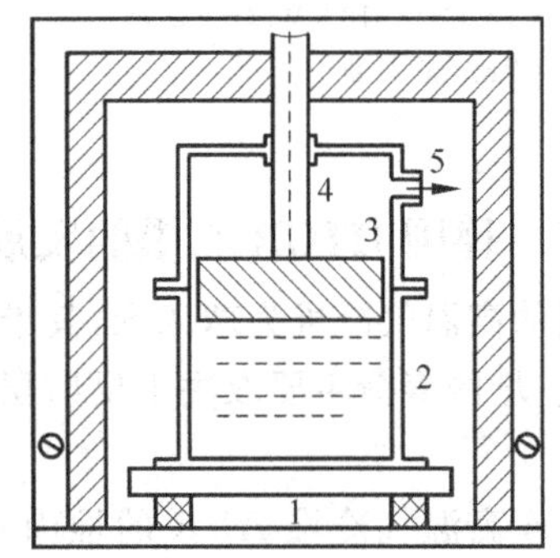

图 7-20 振动模压机构示意图

1—振动台；2—模具；3—压块；4—导杆；5—真空装置

7.4.3.3 日本高温气冷堆石墨的发展

日本在 20 世纪 70 年代开始发展 HTGR，已建成高温工程试验堆(HTTR)一座。堆中所用石墨构件为日本东洋碳素株式会社(Toyo Tanso Co. Ltd.)生产的 IG-110 各向同性细结构石墨，采用等静压成形工艺，故其各向异性因子小于 1.05。主要性能见表 7-5。IG-110 的生产工艺也类似于二次焦的生产工艺：首先把石油焦粉碎至平均粒度数微米的微粉，与焦油或树脂混捏；冷却后再粉碎到平均粒度为几十至数百微米的粉料，分级级配后等静压成形；再经过焰烧、浸渍、二次熔烧、石墨化和提纯等工序制成。

日本原子能研究所(JAERI)对 IG-110 石墨进行了广泛的性能试验和研究，包括氧化试验、辐照考验和无损探伤。结果说明 IG-110 完全可以满足高温气冷堆的使用要求。

7.4.3.4 中国高温气冷堆石墨的发展

20 世纪 60 年代，中国兰州碳素厂生产了粗颗粒核纯石墨。70 年代初，中国开展了钍铋堆和熔盐堆的研究。两个堆的堆芯都要求使用三高(高密度、高强度、高纯度)石墨，粗颗粒石墨已无法满足要求。为此，当时上海碳素厂、哈尔滨电碳厂和山西煤化所等单位分别采用室温、中温和高温模压工艺试制了“三高”石墨。并且，上海碳素厂正式投产了几十吨的“三高”石墨(TSXC2-650)。其主要性能见表 7-8。

表 7-8 TSXC2-650 石墨主要性能

密度/(g/cm^3)	灰分/(μg/g)	热导率/[W/(m·K)]	热胀系数/$10^{-6}℃^{-1}$		各向异性因子	拉伸强度/MPa		压缩强度/MPa	弹性模量/GPa	
			//	⊥		//	⊥		//	⊥
1.85	40	43.0	4.17	5.5	1.29	25.2	20.6	100	11.5	7.74

20 世纪 90 年代，中国 10MW 高温气冷实验堆(HTR-10)正式立项。为此，清华大学核能技术设计研究院马绍川、邹彦文、李恩德等人对国内主要石墨生产厂家生产的石墨进行了较全面的评估，认为上海碳素厂等静压工艺生产的 SIFC 石墨的性能已基本可满足 HTR-10 反射层石墨的要求，只是尺寸偏小(ϕ320mm × 480mm)，故决定在上海碳素厂采用等静压工艺试制 HTR-10 反射层石墨。由于操作上的原因，造成了试制品表面出现裂纹。因时间的限制，最终决定采用进口日本的 IG-11 石墨作为反射层石墨。IG-11 石墨，除灰分为 400μg/g，高于 IG-110 外，其他性能完全和 IG-110 石墨相同。

清华大学 10MW 高温气冷实验堆(HTR-10)，堆内石墨构件整体尺寸高 4.7m，当量直径为 3.35m，等效内腔高 2.4m，当量内径为 1.8m，侧壁厚为 0.775m，顶厚(含冷气室)0.9m，底厚(含热气室)1.4m，堆芯围绕着一圈石墨和一层炭砖，前者是反应堆的反射层，同时构成堆腔容器；后者起绝热和中子屏蔽的作用。在反应堆的顶部和底部也有反射层和绝热屏蔽层。球床式高温气冷堆的堆芯容器内，除了挂件和固定件外，几乎所有堆内构件都是由石墨材料或炭素材料组成。

进入 21 世纪后，国内各主要石墨生产厂家都在研制高性能的石墨制品，包括高温气冷堆用石墨。工艺包括等静压成形和振动模压成形，预计在建造下一座高温气冷堆时，中国完全有希望使用国产石墨。

7.4.4 核石墨材料的发展方向

虽然现在的核石墨的制备水平已经很高了，但随着科学技术的进步以及未来具有更安全、更经济的核反应堆的要求，未来的核石墨的发展应该着重于基本方向：

1) 拓宽原材料供应，改进制造工艺，降低成本，提高石墨制品质量

核石墨的制备工艺虽然已经较为成熟，但成本依然十分高昂，很可能会影响到未来核石墨应用十分广泛的高温气冷堆的竞争性，未来核石墨的生产应该要求改善工艺、降低成本，扩大原材料供应，提高核石墨和炭素材料的质量。

2) 发展新型石墨

现今最耐受辐照的石墨材料的寿命仅仅有 2×10^{22} 中子/cm^2，这导致现今的高温气冷堆的寿命只有 30 年，未来如果想提高反应堆的工作年限，必须要发展新型的石墨材料，来适应未来可能出现的 40 年乃至 60 年寿命的高温气冷堆。

3) 石墨辐照损伤数据库和计算模型的建立

耐辐照的特性是反应堆中非常重要的材料性质。而目前，目前一种石墨是否适用于某一特定的反应堆，还必须用昂贵的辐照试验来决定。虽然人们已经对石墨进行了大量的辐照试验，积累起相当丰富的数据，并且进行了大量的分析和理论研究，提出一些理论模型和计算程序，但试图通过分析计算的办法来确定一种石墨是否适用于某一特定的反应堆，却不很成功。未来，我们可以进行一系列的实验研究，获取详尽的基础数据，找到合理的计算模型去得到石墨的辐照寿命，建立一个完整的数据库。

4) 建立核石墨的设计标准

如果能够建立核石墨的设计标准，就可以使得核石墨的设计与制造获得极大地便利。德国曾经尝试做过这样的工作，但由于国内反核势力的影响，没有完成。未来，在大力推行核电的中国，建立核石墨的设计标准势在必行。

5) 多学科交叉，促进核石墨研究和发展工作

核石墨的研究和发展涉及很多学科领域，如果充分动员所涉及的各学科领域的科学和工程技术人员，积极合作，就可以有效地进行核石墨的研究和发展工作，更快的获得新的研究进展，造福全体大众。

复习题及习题

1. 指出石墨在反应堆工程中的应用,这些应用是基于石墨的哪些性能?
2. 何谓碳原子的 sp、sp^2、sp^3 杂化轨道?由其分别可构成哪些类型的物质,各举出一例。
3. 碳有哪几种同素异构体,请分别画出(或说出)它们的晶体结构。
4. 在由层状碳原子构成的石墨结构中画出一个晶胞,一个石墨晶胞中有几个碳原子?
5. 六方型石墨与菱方型石墨在结构上有什么差别?
6. 请介绍四代气冷堆的进展。
7. 高温气冷气冷堆的“高温”大约指多少度?为什么要采用高温?高温会带来哪些材料问题?
8. 介绍世界上已经建成的七座高温气冷堆。
9. 简述模块式高温气冷堆的优点。
10. 画出高温气冷堆球形燃料元件的结构。
11. 说明高温气冷堆柱形燃料元件的结构。
12. 说明单层(laminar)、BISO 颗粒、TRISO 包覆燃料颗粒的结构差异。
13. TRISO 包覆燃料颗粒有哪四层包覆层,各包覆层都有哪些特殊功能,分别起什么作用?
14. 指出包覆燃料颗粒的燃料核芯的结构,其组分可选用哪些类型的化合物?
15. 球形燃料元件中基体石墨材料的主要功能是什么?对基体石墨材料的性能有哪些要求?
16. 说明石墨晶体受中子辐照其尺寸各向异性变化情况,并与金属锆的情况进行对比,并解释原因。
17. 核石墨的寿命是如何定义的?这种定义的依据何在?
18. 试总结辐照对石墨性能影响的一般规律。
19. 为了提高石墨的抗辐照性能,在材料、制作、应用等方面应该采取哪些措施?

第 8 章

快堆燃料和包壳材料

8.1 实现核燃料增殖的有效途径——快中子增殖堆

8.1.1 快堆发展已进入第三代

1938 年发现铀核裂变是核物理学发展的重要里程碑，为一种新的能源——核能——的利用开发开辟了广阔的前景。随后 1942 年和 1954 年美国和俄罗斯分别建造了世界上第一座核反应堆和第一座核发电厂，揭开了和平利用核能的新篇章，随之世界上建造了一批压水堆核电厂(PWR)。

这一批核电厂所用的燃料是天然铀(或者稍加浓缩的铀)，在天然铀燃料中，只有 0.714%的^{235}U是真正的核燃料，剩下的 99.28%是^{238}U，热中子几乎不能使它裂变。但在反应堆里，^{238}U被中子吸收后，经过两次β衰变，转换成^{239}Pu。这个裂变性能很好的同位素，称为次级核燃料，提取后可在反应堆中重复使用。

通过 PWR，生成的^{239}Pu与烧掉的^{235}U的速度比称为转换比，一般为 0.6 左右。那么在重复使用 Pu 的情况下，就有 1.8%左右的天然铀可以用于核动力工程。如果能找到一种反应堆使转换比等于 1 或大于 1，那么理论上可以将全部天然铀转换为真正的核燃料，很幸运科学家已经找到解决的办法，就是建造快中子增殖反应堆(FBR)，它能实现这种核燃料循环。

若在快中子反应堆实现 Pu-U-Pu 循环，则转换系数肯定会大于 1(俗称该转换系数为增殖比)。这意味着核燃料可以扩大再生产，而且原则上所用的天然铀都可以用于动力工程目的。

快中子反应堆研究起步很早，1946 年美国第一座快中子反应堆 Clementine 达到临界，1951 年 12 月美国又建成了世界上第一座生产电力的核反应堆 EBR-Ⅰ，它验证了快中子反应堆增殖的概念，让人们看到了核能能够作为长期、可靠的新能源的美好前景。1963 年和 1980 年美国又分别建成了功率较大的 EBR-Ⅱ和 FFTF 快中子实验反应堆。法国的凤凰(Phenix)原型堆和超凤凰(Superphenix)示范堆分别于 1973 年和 1983 年达到了临界，俄罗斯的 BN-600 原型快中子反应堆于 1980 年达到了临界，英国和日本也先后建成了原型快中子反应堆 PFR 和 MONJU。现在世界已经建成的或计划建造的约 40 座快中子反应堆，目前正向着商用快中子反应堆迈进。

20 世纪 60 年代初以前，世界上建造的快中子反应堆属于第一代快中子反应堆，它们全部采用金属型燃料。这是因为当时发展快堆的主要目标是希望有高的增殖比。金属燃料密度大，不含慢化剂，能谱硬，增殖性好。

20 世纪 60 年代初以后，快中子反应堆的发展目标，除了有高的增殖比，还需要有好的经济性，而第一代金属型燃料快堆的严重缺陷已显露出来，这就是不能满足快堆的高燃耗（大于 10%的原子燃耗）和高出口温度（大于 500℃）的要求。于是在日趋成熟的热中子反应堆技术和基础上，应用氧化物陶瓷燃料芯块的燃料棒的第二代快堆便出现了。现在经济发达的国家，都将第二代快堆作为快堆发电的主要堆型。一个典型的商用快中子反应堆使用的燃料为 15%～20% PuO_2 和 80%～85% UO_2 的混合氧化物燃料，目标燃耗为 150000MWd/tU，包壳材料为奥氏体不锈钢或改进型材料，辐照损伤剂量大于 100dpa[①]，冷却剂为液态金属钠，出口温度高达 600℃。

在使用混合氧化物燃料的同时，人们除了在继续不断地研究金属型燃料元件外，还研究了碳化物燃料和氮化物燃料，并取得了很大的进展，尤其是金属型燃料，已经基本解决了困扰第一代快堆的金属型燃料的问题，使得利用金属型燃料元件和高温后处理工艺，设计新型的、安全可靠的、经济的组合式模块化第三代快中子反应堆核电厂成为可能。

8.1.2 可转换核素和核燃料的增殖

一个典型的商用动力热中子反应堆堆芯中易裂变同位素^{235}U 的富集度在 0.72%～3.0%之间；而一个典型的商用动力快中子反应堆堆芯中的核燃料是 80%～85% UO_2 和 15%～20% PuO_2，易裂变同位素富集度约为 20%。在堆芯周围一般都有转换核素^{238}U 或^{232}Th 同位素，所以前者燃料中含有 90%以上可转换核素^{238}U 或^{232}Th 同位素，而后者燃料中含有 70%以上的可转换核素（不计堆芯周围的可转换核素）。

在核反应堆中，中子除了与核作用发生裂变和散射外，还会发生俘获反应，有几种俘获反应对于核反应堆的运行具有重要意义，其中^{238}U 和^{232}Th 两种同位素对俘获中子有着特殊意义。

当一个中子被天然铀中含量最高的同位素^{238}U 俘获会发生下列反应

$$^{238}_{92}\text{U} \xrightarrow{(n,\gamma)} {}^{239}_{92}\text{U} \xrightarrow[23.5\text{min}]{\beta^-} {}^{239}_{93}\text{Np} \xrightarrow[2.35\text{d}]{\beta^-} {}^{239}_{94}\text{Pu} \tag{8-1}$$

箭头上方的符号表示反应类型，下方的数字表示该同位素 β^- 的半衰期。

天然^{232}Th 的(n,γ)反应所引起的反应过程同上述的过程相似。

$$^{232}_{90}\text{Th} \xrightarrow{(n,\gamma)} {}^{233}_{90}\text{Th} \xrightarrow[23.4\text{min}]{\beta^-} {}^{233}_{91}\text{Pa} \xrightarrow[27\text{d}]{\beta^-} {}^{233}_{92}\text{U} \tag{8-2}$$

这种可转换核素^{238}U 和^{232}Th 转换成易裂变核素$^{239}_{94}$Pu 和$^{239}_{92}$Th，后两种易裂变核素自然界中含量极微以致难以测量它的存在。所以自然界存在两种可转换核素，即^{238}U 和^{232}Th，于是便有三种易裂变同位素，即^{238}U、^{235}U 和^{239}Pu。

这种把可转换核素转换成易裂变核素的能力，使“产生”新的易裂变核素成为可能。让我们再回到裂变过程。

$$\eta = \frac{\nu_f \sigma_f}{\sigma_f + \sigma_c} = \frac{\nu_f}{1 + \dfrac{\sigma_c}{\sigma_f}} \tag{8-3}$$

式中，ν_f 为易裂变原子核每次裂变产生的平均中子数；η 为易裂变原子核每吸收一个中子产生的平均中子数；σ_f 为易裂变原子核的裂变截面；σ_c 为易裂变原子核的俘获截面。

η 是引起裂变的初级中子能量 E 的函数，图 8-1 给出了三种易裂变同位素的 η 值随中子能量 E 的变化。一个易裂变原子吸收一个中子产生的平均中子数 η，其中需要一个中子维持链式反应，余下的部分中子或者散射到堆外，或者被其他材料（非可裂变材料）俘获而损失掉。这些俘获中子的材料又是不可少的，例如冷却剂和堆芯结构材料。其他中子可能被转换的核素俘获，产生易裂变核素如^{239}Pu 和^{233}Th。如果用 L 表示易裂变同位素每吸收一个中子所损失的中子数，则每消耗一个易裂变核所产生的易裂变核素数 CR 为

$$\text{CR} \equiv \eta - 1 - L \tag{8-4}$$

CR 称为转换系数，当 CR<1，则称为转换比，当 CR>1 则称为增殖比，这时人们习惯将 CR 改写成 BR。

实际上 L 不可能降低至 0.2 以下，因此，只有当 η 约大于 2.2 时，增殖才是可能的。图 8-1 表明了怎样

① dpa：每个原子离位次数(displacement per atom)。

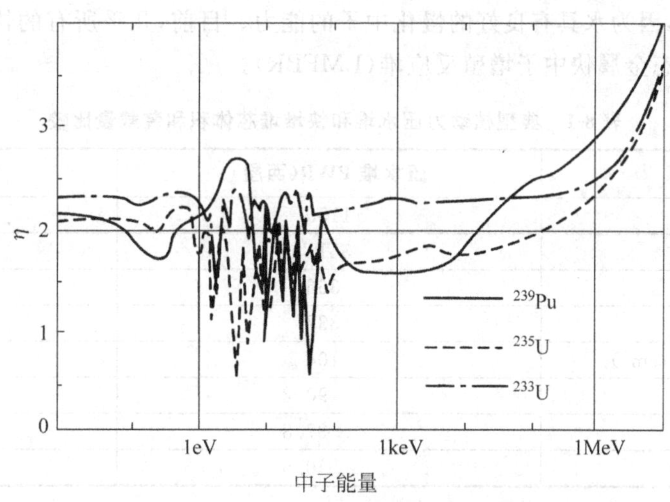

图 8-1 ^{233}U、^{235}U 和 ^{239}Pu 的 η 值随中子能量的变化关系

才能实现增殖。应用 ^{233}U、^{235}U 和 ^{239}Pu 的快堆都能实现增殖。不过 ^{239}Pu 的余度最宽，而 ^{235}U 只有当引起裂变的中子能量不低于 1MeV 时，才能增殖。在任何情况下，中子能量越高增殖比越大。从图上可看出，应用 ^{233}U 的热堆恰好能够增殖，但余度甚微。其他易裂变材料的热中子反应堆是不可能增殖的，但仍能将一定数量的可转换核素转变成易裂变核素。

让我们对式(8-4)做简单的计算，假设在一个装置里只有一个单位的易裂变材料，那么全部烧掉一个单位的易裂变材料将产生 CR 单位的易裂变材料，CR 单位的易裂变材料又被全部烧掉将产生 CR^2 单位的易裂变材料。如此类推，可利用的核燃料总量为

$$N = 1 + CR + CR^2 + \cdots \tag{8-5}$$

如果 CR 小于 1，上述级数量是收敛的，式(8-5)中的右边极限值为 1/(1－CR)，对于压水堆(热堆)，CR＝0.6，则 1/(1－CR)＝2.5 表示核燃料资源可能增加到多少倍。假若原始的易裂变核素是 ^{235}U，^{235}U 在天然铀中的含量为 0.714%。通过热中子反应堆的转换可将原来天然铀中 0.714% 的 ^{235}U 易裂变核素增加到 1.80% 的易裂变核素，提高天然铀的利用率 2.5 倍。实际上由于每次燃料循环特别是后处理过程中不能全部回收等原因，天然铀只能利用 1% 左右。

对于快中子反应堆 CR＞1，式(8-5)的级数是发散的，从理论上讲，所有的 ^{238}U 同位素全部转换成易裂变核素，用于核动力。同样由于每次燃料循环过程中的损失，铀资源不可能全部利用，估计可利用的天然铀可达 60%。

从这可看出，如果只发展热堆，铀资源可用于核动力上仅为 1%，而 99% 的铀不能用。若发展快中子反应堆，铀资源可用于核动力为 60%。这样将资源的利用率提高 60 倍。这就是发展快中子反应堆充分利用铀资源的目的。

通常最受欢迎的增殖系统是以 ^{238}U 和 ^{239}Pu 为基础的快中子反应堆。已经建成的实验和原型快堆以及拟建造的商用快堆除个别实验快堆利用 ^{232}Th 和 ^{233}U，几乎都是 U-Pu 循环系统。

8.1.3 快中子增殖堆的特征

商用快中子增殖堆的主要目的：在生产可供动力的同时，把可转换核素 ^{238}U 转化为易裂变核素 ^{239}Pu。前面已看到只有几乎所有的裂变都是快中子(即高能中子)引起的反应堆，才能实现增殖(BR＞1)，正是因为这个原因，快中子增殖反应堆堆芯不能含有使中子慢化的物质，快中子引起易裂变元素的裂变截面比热中子小得多，所以维持中子裂变链需要易裂变核素富集度较高的燃料。

为了提高增殖能力，需要维持一个较硬的中子能谱，尽可能压缩冷却剂和结构材料的体积。所以快中子增殖堆具有排列紧凑的特点，一般来说，同样热功率的快中子增殖堆的堆芯要比压水堆小，如表 8-1 所示，从该表看出，它的功率密度和比功率都比热中子堆大，前者大 3～4 倍，后者大 1 倍。所以产生一个如何载热的问题，通常选用传热性能非常好的液态金属作冷却剂，允许达到很高的温度而不需要加压。在任何情况

下，都不能用水作冷却剂，因为水具有良好的慢化中子的能力。目前，几乎所有的快中子增殖堆都用液态钠作冷却剂，它们被称为液态金属快中子增殖反应堆(LMFBR)。

表 8-1 典型核动力压水堆和快堆堆芯体积和装载量比较

参　数	压水堆 PWR(西屋)	钠冷快堆 LMFBR
电功率/MW	1150	1000
热功率/MW	3411	2410
堆芯高度/cm	366	91
堆芯等效直径/cm	337	222
堆芯平均功率密度/(W/cm^3)	104	380
燃料质量/t	90.2	19
比功率/(kW/kg)	37.8	77
转换比或增殖比	0.5	1.3

快中子增殖堆典型材料是 U-Pu 混合氧化物，一般 PuO_2 不能超过 30%，高于 30%PuO_2 的燃料在后处理过程中不易溶解于硝酸溶液。燃料中含有氧元素总是个缺点，因为它对中子起部分慢化作用，从而降低了增殖比。但是氧化物燃料比起金属燃料来，可以在更高的温度下工作，并允许更深的燃耗。

为了提高快中子增殖堆的增殖性能，一般在堆芯(燃料区)区周围布置可转换核素材料^{238}U(以 UO_2 形式)，如在燃料棒内燃料芯块上下各有一段可转换材料，还可在燃料组件的径向(侧向)位置，布置若干圈转换区组件，所以^{238}U 向^{239}Pu 的转换，不仅在堆芯内发生，而且还在堆芯周围的 UO_2 转换区内发生。

冷却剂钠流经反应堆芯的过程中，由于俘获中子而具有放射性，作为一种安全措施，离开堆芯的钠不能像压水堆那样直接把热量传递给热交换器中的水，而要经过一个中间热交换器，在那里它将热量传给非放射性的钠，然后非放射性钠再加热另一个热交换器中的水产生水蒸气。所以液态金属快中子增殖堆系统具有三个相互隔离的传热流体循环回路；一回路放射性钠将热量传递给二回路(中间回路)非放射性钠；而中间回路非放射性钠将热量传给水；三回路将热量带给汽轮机，由于堆芯出口钠温高，液态金属快中子增殖堆动力装置的热效率可望达到 40%左右。

快中子增殖堆系统设备的布置可以有两种不同的方式，即所谓“池式”和“管式”。每种都有各自的优缺点。池式结构中，反应堆的堆芯，中间热交换器和一次循环泵都密封在充以液态钠的大池内，钠通过堆芯被汲送到大池内，然后经过中间热交换器。而在管式结构中，反应堆堆芯、泵和中间热交换器布置在分开的场所内。钠通过管道从一个设备被送到另一个设备内，没有大的液态钠池子。无论哪种布置，钠池的上表面都用惰性气体(一般为氩气)覆盖，以防钠与空气中的氧发生反应。

在钠池结构中，大型钠池的热惯性很高，这对于安全而言，是一个很重要的优点，就是说，一旦泵发生故障，池内的钠具有吸收大量堆芯热量的固有能力。另外的优点是，可以不必担心设备和管道的泄漏问题，对生物屏蔽的要求也可以简化。

从另一方面看，在商用规模的反应堆中，非常大的钠池可能出现制造上的问题。由于地震引起的应力，池体也容易受到破坏，而造成钠的损失。在典型的三条冷却剂环路的系统中，将有三台中间热交换器，三台循环泵以及相互连接的管道，连同反应堆本身都要放在钠池中，因此设备的布置可能成为问题。由于设备不易接近，故池式系统中的维修也比管式系统中更加困难。当前这两种布置都有，不过欧洲设计者倾向于池式布置，而美国和日本倾向于管式布置。

一个典型的商用快中子反应堆堆内组件包括燃料组件、控制棒组件、转换区组件、反射组件和屏蔽组件。它们都是同样的栅距，按正三角矩阵排列。

与压水堆不同，快中子反应堆追求最佳的增殖能力是其主要的特征。为了达到这一要求，快堆燃料组件和转换区组件的布置有均匀堆芯和非均匀堆芯两种设计，图 8-2 是一个典型的 LMFBR 堆芯的两种布置图。图 8-2(a)是均匀堆芯布置，中心区域是含有最初装载的易裂变材料和可转换材料的堆芯燃料组件(燃料组件中有上下转换材料，又称轴向转换区)。而外区为典型的径向转换区。径向转换区外有若干排屏蔽组件。图 8-2(b)是非均匀堆芯布置，在中心区域内除了布置燃料组件外，还布置转换区组件。其外围依次为转换区组件和屏蔽组件。不管是均匀堆芯，还是非均匀堆芯，控制棒组件都是分散布置在堆芯区。

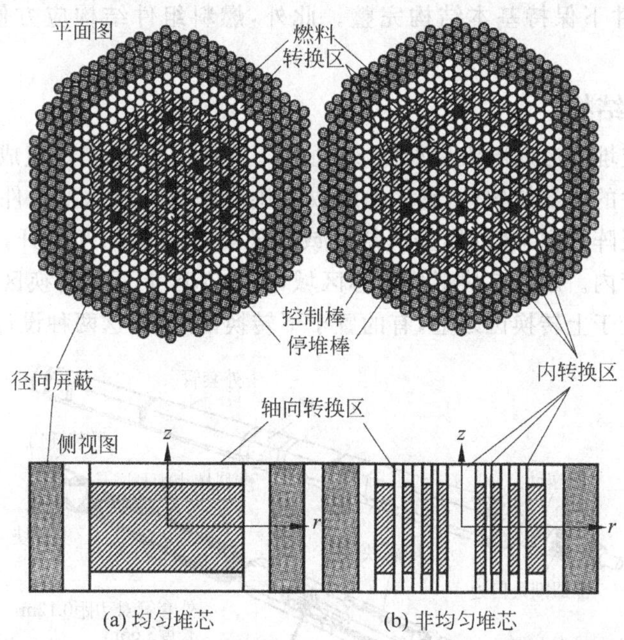

图 8-2 典型的均匀和非均匀的 LMFBR 堆芯/转换区布置

非均匀堆芯设计具有更高的增殖比并减少钠空泡系数，不过这种设计要求有较高的易裂变材料总投量。早期的原型堆，都是采用均匀堆芯设计。

有的快中子增殖堆的设计，在径向转换区和屏蔽组件之间布置不锈钢反射组件，一般为 2～3 排组件，它的目的是将逃逸出堆芯内的部分中子经不锈钢反射回堆芯或转换区从而提高中子的利用率，并对反应堆内的设备起到一定的屏蔽作用。

在不锈钢反射组件外有数排屏蔽组件，屏蔽材料通常是碳化硼(B_4C)，出于经济上的考虑，其中的硼一般采用天然硼，屏蔽组件将逸出不锈钢反射层的部分中子吸收(主要依靠天然硼中^{10}B同位素吸收中子)，使堆芯周围的构件避免受过量的中子辐射。

8.2 快堆燃料组件

8.2.1 燃料组件的功能和结构

8.2.1.1 燃料组件的功能

燃料组件是反应堆中不可缺少的重要部件，在燃料组件区(活性区)产生链式反应，并依靠控制棒组件实现自持裂变反应。快中子增殖反应堆的大部分功率是在燃料组件内产生的。一座典型的均匀的 LMFBR，85%～95%的功率是来自燃料区，3%～6%的功率产生在燃料组件内的轴向转换区。3%～8%的功率产生在径向转换区内。

从理论上来讲，反应堆由于裂变产生的能量释放率是没有上限的，关键的问题取决于能量的载出的速度。实际上一个反应堆的最高功率决定于冷却剂通过燃料组件载出热量的能力。所以一个燃料组件的结构必须具有几乎不变的恰当冷却剂子流道，保证由燃料向冷却剂可靠的热传导，并带出堆芯，保证燃料组件的各部件不超过允许温度。在 8.1.3 节中指出，快堆燃料组件的功率密度很高，一般为压水堆的 3～4 倍，因此普遍选择具有很好的热物理性能的钠作冷却剂。

快中子增殖堆燃料组件除了产生裂变能并载出燃料组件外，另一个重要功能将可转换的核素转换为易裂变的核素。一个典型的块增殖堆燃料组件除了上下轴向转换区的材料几乎全是可转换核素^{238}U(除氧元素外)，在燃料区(活性区)中也有 60%以上的重金属是可转换核素^{238}U。在燃料组件内进行核素的转换，将可转换的核素^{238}U转换成易裂变核素^{239}Pu，实现快堆增殖。

燃料组件的结构，必须确保在工作寿期内，具有承受各种载荷的能力，如中子辐射、温度和水力载荷以及规定的地震载荷的条件下保持基本结构完整。此外，燃料组件结构应方便装卸料、运输、储存和后处理。

8.2.1.2 燃料组件结构

典型的快中子增殖反应堆堆芯燃料组件如图8-3所示。它主要由燃料棒组成的燃料棒束和一个六角形外套管组成。此外还有组件的两端结构件，它们为组成提供冷却剂入口以及组件在堆芯定位和操作。组件内的燃料棒采用正三角形矩阵排列，螺旋形金属绕丝或格架将燃料棒相互隔开，形成冷却剂流道。燃料棒组成的棒束置于六角形套管内。燃料芯块形成堆芯区域，在堆芯区上下有转换区芯块。在设计中有的将燃料棒内的裂变气体储存腔置于上转换区之上，有的置于下转换区之下，这两种设计均有采纳，各有优缺点。

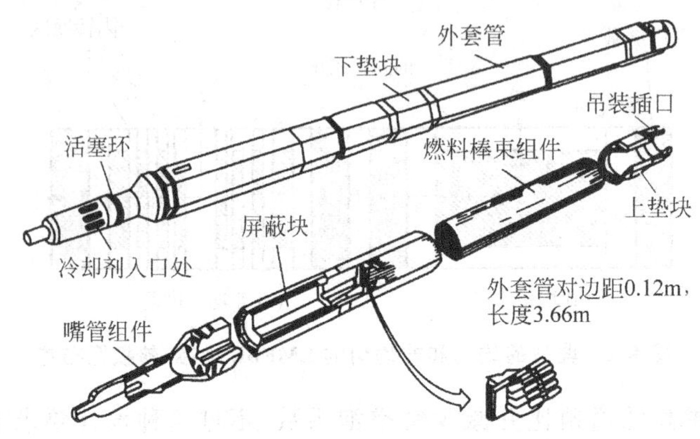

图 8-3 典型的 LMFBR 燃料组件的主要结构件

8.2.1.3 快中子增殖堆燃料棒

1. 燃料棒的主要特征

由于快中子反应堆要求高功率密度和高比功率，它的燃料棒必须是小直径的细棒(pin)，而不是像压水堆那样大直径的粗棒(rod)。

快中子增殖堆的燃料是铀-钚混合氧化物$(Pu,U)O_2$，且有高的Pu含量，例如，法国的Phenix、Superphenex堆芯和欧洲快堆堆芯(EFR)燃料中的Pu含量为15%～30%。燃料$(Pu,U)O_2$芯块有实心的和有中心孔的两种结构，它们的优缺点将在8.3.1节中讨论。

在燃料芯块的上下方布置一段可转换材料——贫化的UO_2芯块，又称轴向转换区，燃料棒中有较长的裂变气体储存气腔，其长度与设计的芯块高度和燃料有关。一般气腔体积与燃料芯块的体积相当。由于快堆燃料深，氧化物燃料裂变产生的气体大部分释放，气腔内的压力较高(>5MPa)。

相邻燃料棒之间用金属绕丝维持间隙，金属丝被绕在每根燃料棒表面上，固定在燃料棒的上下端塞上。也有用格架维持燃料棒的间隙，英国的PFR采用这种方式。

由于燃料棒按正三角形矩阵排列构成正六角形棒束，放置在六角形外套管内，使燃料棒得到冷却剂有效的冷却。

燃料组件结构材料(包壳管和外套管)使用具有一定的冷变形量奥氏体不锈钢，例如316不锈钢。也有使用铁素体不锈钢作为外套管材料的，如俄罗斯快堆BN-600。

2. 燃料棒运行条件

快中子增殖堆冷却剂常用液态金属钠，它的熔点为98℃，沸点为883℃，所以燃料元件工作在常压冷却系统下，系统只需维持冷却剂循环的动力。用金属液态钠冷却剂既能使堆芯具有较硬的快中子能谱，又具有较好的载热能力。

燃料棒正常运行条件下最高中子注量率处的线功率密度约为450W/cm。燃料的最高温度接近它的熔点。燃料芯块的温度梯度可达10^4℃/cm；包壳最高温度达700℃，这样能获得较高的出口温度。

燃料元件受到的快中子注量率为$(2\sim4)\times10^{15}n/(cm^2\cdot s)(E>0.1MeV)$，为了获得较好的燃料循环经济性，商用堆追求目标燃料为150GW·d/t(U)(最高中子注量率处)。相应的结构材料包壳管受到的中子辐射损伤剂量大于100dpa。

高燃耗和结构材料的高损伤剂量带来燃料和结构材料的肿胀，在燃料元件设计应给予充分的注意。

3. 燃料元件材料

1）燃料 快中子增殖堆内可使用的燃料是铀-钚氧化物、铀-钚碳化物、铀-钚氮化物、铀-钚金属燃料，还有钍-铀燃料。

目前正在运行中的和设计中的快中子增殖堆，除少数几个堆，如美国的EBR-Ⅱ使用铀-钔（U-Fs）①，设计中的PRISM拟用U-Pu-Zr合金，俄罗斯的BR-10使用Pu-O_2，BOR-60使用UO_2和印度的RBTR使用(U,Pu)C外，几乎都使用(U,Pu)O_2燃料。这是因为铀-钚氧化物燃料可以达到较高的增殖比和更佳的经济性。

(U,Pu)O_2混合氧化物燃料可以认为是现今快堆的标准燃料。主要原因是它具有高燃耗性能（>100MW·d/kgU）以及可以借用在轻水堆中所取得的大量的氧化物的燃料的经验。氧化物燃料具有很高的熔点（约2750℃），这一优良的特性，大大地补偿了因其导热性差的不足，氧化物燃料中的氧原子有慢化作用，比金属燃料堆芯的中子谱要软，影响了增殖性能，不过较软的中子谱，说明有足够多的中子处于^{238}U的共振区，可以得到一个大的、负的多普勒系数。

碳化物(U,Pu)C和氮化物(U,Pu)N燃料将作为氧化物燃料的替代燃料，这主要是因为它们有很高的热导率，可以提高燃料棒的线功率密度；燃料中每个重原子仅有一个慢化剂原子，所以形成较硬的中子谱，带来较高的增殖比。不过，这些先进型燃料正在开发研究，远没有达到实用阶段。

早期的金属燃料（如金属U和金属Pu），燃料原子分数达到1%，膨胀十分严重，高达10%的体积膨胀。现在U-Pu-Zr合金燃料在EBR-Ⅱ进行了广泛的研究，15000根燃料棒辐照超过70MW·d/kg(U)，最高达182MW·d/kg(U)，已显露出金属型燃料的应用前景。

表8-2给出了计划的和正在运行的快增殖堆的燃料和包壳材料。

表8-2 快中子增殖堆的燃料和包壳材料

国 家	堆 名	燃 料	包 壳	燃料棒直径/mm
美国	EBR-Ⅱ	U-Fs	304/316不锈钢	5.8
	FFFF	(U,Pu)O_2	316不锈钢	5.8
	(Prism)*	U-Pu-Zr	HT-9	6.7
法国	Phenix	(U,Pu)O_2	316不锈钢	6.6
	Super phenix	(U,Pu)O_2	316Ti不锈钢	8.5
	(EFR)*	(U,Pu)O_2	15,15Ti或PE16	8.5
英国	DFR	U-7%Mo	Nb	5.84
	PFR	(U,Pu)O_2	316不锈钢	5.8
德国	KNK	(U,Pu)O_2	15,15Ti不锈钢	6.0
	SNR-300	(U,Pu)O_2	15,15Ti不锈钢	6.0
俄罗斯	BR-10	PuO_2	316Nb不锈钢	5.0
	BOR-60	UO_2	316Nb不锈钢	6.0
	BN-350	UO_2,(U,Pu)O_2	316Nb不锈钢	6.1
	BN-600	UO_2,(U,Pu)O_2	316Nb不锈钢	6.9
日本	Joyo	(U,Pu)O_2	316不锈钢	6.3
	Monju	(U,Pu)O_2	PNC316不锈钢	6.5
	(DFBR)*	(U,Pu)O_2	铁素体或高镍奥氏体	—
印度	RBTR	(U,Pu)C	316不锈钢	5.1

* 正在设计阶段。

① Fs——原文Fissium译为钔，是乏燃料经后处理后残留裂变产物Mo 2.4%、Ru 1.9%、Rh 0.3%、Pd 0.2%、Zr 0.1%和Nb0.01%（质量分数）的混合物，下同。

2）结构材料　燃料组件的结构材料主要是指燃料棒的包壳材料和燃料组件外套管材料，一般燃料组件的包壳材料和外套管材料选用同种材料。

对快中子增殖反应堆燃料组件所用的结构材料的主要要求是：①在高温下运行可靠；②耐高能中子剂量的辐照损伤；③与燃料和冷却剂有好的相容性；④低的中子寄生俘获。

从表8-2可见，燃料组件的结构材料除了早期英国的DFR用Nb合金做包壳和美国的EBR-Ⅱ用304不锈钢作包壳外，多数快堆的包壳材料为316不锈钢或类似316不锈钢。因为这种材料基本上满足上述四个要求，能承受的温度高达700℃和辐照注量高达10^{23} n/cm^2（E>0.1MeV）。不过现在普遍采用改进型的316不锈钢，一方面在其中加入微量稳定化元素（Ti或Nb），一方面采用冷加工状态（15%～20%）的包壳管和外套管，以改进辐照肿胀性能和高温力学性能。

此外，欧洲快堆（EFR）的包壳管用冷加工的15-15Ti材料，日本的DFBR考虑用铁素体不锈钢作包壳。而俄罗斯的快堆燃料组件六角形外套管，现在改用了铁素体不锈钢。这种材料具有很好的抗肿胀性能，150dpa的损伤剂量下几乎没有肿胀。美国设计的Prism采用HT-19铁素体不锈钢作包壳，不过铁素体不锈钢的高温强度仍需要改进。

8.2.2 快中子增殖堆燃料的发展史、现状和发展趋势

快中子增殖堆的发展历史与热中子反应堆略有不同。热中子反应堆从一开始在商业上就是重要的。而且是在竞争中发展的，这就妨碍了技术上的交流，各国发展的路线不同，形成了“百花齐放”的局面。直到20世纪60年代末，都认识到了快中子增殖堆技术复杂，工艺难度大，进入商业价值是遥远的将来的事情。各国注意加强国际合作，进行了技术交流。所以快中子增殖堆发展的技术路线从表8-3和表8-4看出有惊人的相似。它们实用的燃料、结构材料（主要是包壳管和外套管）和冷却剂基本一致。

表8-3　早期的动力堆和实验堆

反应堆名	临界日期/年	燃　　料	包壳材料	外套管材料	冷　却　剂
EBR-Ⅰ	1951	U	—	—	Na-K
DFR	1959	U-7%Mo	Nb	—	Na-K
FERM1	1963	U-7%Mo	Zr	SS	Na
EBR-Ⅱ	1963	U-Fs	304/316SS	SS	Na
Rapsodie	1967/1970	UO_2-PuO_2	316SS	SS	Na
BOR-60	1969	富集UO_2	类似316SS	SS	Na
KNK-2	1977	UO_2/(U,Pu)O_2	类似316SS	SS	Na
Joyo	1977/1981	(U,Pu)O_2	316SS	SS	Na
FFTF	1980	(U,Pu)O_2	316SS	SS	Na
PEC	1985	(U,Pu)O_2	316SS	SS	Na

表8-4　原型快堆

反应堆名	临界日期/年	燃　　料	包壳材料	外套管材料	冷　却　剂
BN-350	1972	富集UO_2	类似316SS	SS	Na
Phenix	1973	(U,Pu)O_2	316SS	316SS	Na
PFR	1974	(U,Pu)O_2	316SS	SS	Na
BN-600	1980	(U,Pu)O_2	类似316SS	SS	Na
SNR-300	1984	(U,Pu)O_2	类似316SS	Ni,Cr,Ti合金	Na
Monju	1987	(U,Pu)O_2	316SS	316SS	Na
CRBRP	1989	(U,Pu)O_2	316SS	316SS	Na

8.2.2.1 快中子增殖堆燃料

第一代低功率实验快中子增殖堆，建造于20世纪40年代末至60年代初。是快中子增殖堆的发展早期，那时认为高增殖比是快堆追求的主要目标。必须保持高的平均中子能量。因而尽可能从堆芯里移走慢

化性能的材料，这个时期建造的快中子实验堆(试验堆)使用金属燃料，如 EBR-Ⅰ、DFR 和 EBR-Ⅱ使用浓缩的金属铀，Clementine 和 BR-1/2 使用金属钚，而 LAMPRE 使用熔融钚合金。所以快增殖堆第一代燃料是金属型燃料。

大约到了 20 世纪 60 年代末，人们逐渐认识到，建造一座有经济效益的快中子增殖堆，除了追求高增殖比外，更为现实的追求经济性，考虑易裂变材料的原始成本，燃料元件的加工费以及燃料元件在堆内被辐照之后进行的后处理费用，希望燃料元件在堆内停留的有效时间长，尽可能多的消耗易裂变材料，以达到较高的燃耗。早期的快中子增殖堆运行经验表明，金属型燃料抗肿胀性差，它的燃耗不超过 1%(原子分数)或 10MW・d/kgU。此外金属型燃料还有一个缺点，就是不能在高温下运行，除金属燃料本身的晶体结构发生相变以外，很难找到在 250℃以上与燃料和冷却剂都能相容的包壳材料。这一点严重地限制了热功转换的热力学效率，因此限制了电功率输出，需要寻找新的燃料。

在 20 世纪 60 年代后期，当金属燃料的潜力还没有完全发挥之前，世界范围的兴趣转向了氧化物燃料，这大概是因为氧化物燃料已广泛地使用在热中子堆中，并积累了丰富的经验，所以到 20 世纪 60 年代以后，建造的快中子增殖堆绝大部分使用氧化物燃料，且多数为铀-钚混合氧化物(见表 8-3 和表 8-4)，氧化物燃料无论是 UO_2、PuO_2，还是 $(U,Pu)O_2$ 混合物，都可以达到较高的燃耗。一般为 10%(原子分数)左右或更高。同金属型燃料相比，氧化物燃料能运行在较高的温度下，并可用不锈钢材料作包壳，提高了热功转换的热力学效率和电功率输出。

当今世界上运行和计划建造的快中子增殖堆几乎都采用铀-钚混合氧化物燃料，它的良好性能和燃料循环的各个阶段都已得到了证明。正如前面所指出的，铀-钚混合氧化物是现今快中子增殖堆的标准燃料。

不过氧化物或混合氧化物燃料并不是完美的，它的主要不足之处：氧化物燃料中的氧原子能部分地起到慢化作用，使平均中子能量降低，从而降低了增殖比；它的导热性能差，燃料最高温度限是熔化温度，这意味着燃料必须非常细长，这样带来了高的制造成本。为了克服这些缺点，人们注意到铀-钚混合碳化物和铀-钚混合氮化物(称为先进型的燃料)的研究。并做了辐照实验。这两种燃料有明显的优点，它们的导热性能好，重原子密度高，慢化作用小。但由于对这两种混合物燃料还不甚了解，尤其是后处理中的各个工艺可能发生的问题，所以除了印度的快中子实验堆使用混合的碳化物燃料外，而无一堆使用这两种燃料，不过它们仍然被公认为“未来的燃料”。也许将来某个时候碳化物燃料和氮化物燃料将被广泛的使用。

在快堆燃料发展道路上值得注意的是：在 20 世纪 60 年代后期世界范围的兴趣已由金属型燃料转向氧化物燃料(主要是铀-钚混合氧化物)，不过美国的 EBR-Ⅱ继续使用金属铀-钚合金燃料(U-Fs)。20 世纪 70 年代在该堆上除了研究氧化物燃料性能外，还对金属型燃料进行大量堆内辐照研究工作，3000 根 U-5Fs 燃料作为 EBR-Ⅱ标准驱动燃料，燃耗直到 10%(原子分数)才发生包壳破坏(包壳材料先为 304SS 后为 316SS)。1985 年初在 EBR-Ⅱ开始研究 U-Pu-Zr 燃料，它的燃耗(原子分数)达到 18.4%(包壳材料为 D9 不锈钢)。美国根据金属型燃料的研究结果，提出了 SAFR 和 PRISM 采用 U-Pu-Zr 合金燃料一体化快堆概念，可以预计金属型燃料仍然是快堆燃料一个有力的竞争者。

8.2.2.2 包壳燃料

包壳维持燃料棒结构完整性，防止放射性物质逸入冷却剂中，是放射性物质的第一道屏蔽(也有称第二道屏蔽，燃料芯块作为第一道屏蔽)，同时又将燃料与冷却剂钠隔离开来，初期快中子实验堆的燃料棒包壳用高熔点金属材料，如 DFR 用铌(Nb)作包壳材料，LAMPRE 试验堆曾用钽(Ta)作包壳材料，这些材料虽具有较好的高温强度，但是抗氧化能力很差，容易吸氢，发生脆化，与液态冷却剂金属钠、钾等都有反应，抗腐蚀性能差，随后很快停止这类材料的使用。这是由于初期处在摸索和寻找阶段，不可能很快找到理想的包壳材料。由表 8-3 和表 8-4 看出后来的实验堆和原型堆都采用奥氏体不锈钢作包壳材料，不过不断地对这种材料进行改进以提高它的高温性能和抗肿胀性能，最早曾用固溶态 304SS(如 EBR-Ⅱ)，后来各国快堆包壳材料都采用 316SS 或类似的 316SS。为了改善 316SS 的高温和抗肿胀性能，几乎世界范围都采用相同的两种工艺：一是在制造包壳管最后一道工艺进行一定量的冷加工，一般为 15%～20%；二是在不锈钢中添加微量的稳定化元素(主要是 Ti 和 Nb)，改进后的包壳损伤剂量高达 60dap 以上，燃耗(原子分数)高于 10%。这类材料称做第一代液态金属反应堆混合氧化物燃料的包壳材料。

这类包壳管材料当快中子注量高于 10^{23} n/cm 水平和燃耗高于 100MW·d/kg 会发生较高的肿胀率，所以 20 世纪 80 年代初就有大量的候选低肿胀包壳和外套管合金在小型试验堆和原型堆中试验。这类材料包括先进的奥氏体不锈钢（15.15Ti，PNC1520）、高镍合金（PE16）、铁素体-马氏体不锈钢（HT-9，FMS，FV448，EM-10）和氧化物弥散强化材料（ODS），它们称作第二代 LMFBR 包壳和外套管材料。

众所周知，快堆结构材料研究的周期很长，一种新材料从研究开始到付诸实用一般需要 20 年左右，甚至更长。所以现行运行的快中子增殖堆的包壳和外套管材料仍以改进型的 316S.S 为主。

8.2.2.3 燃料元件的新概念

典型的 LMFBR 的主要任务是既要有高的增殖比，又要有较好的经济性。传统的（U，Pu）O_2 中的 Pu 含量不超过 30%。最新提出在快堆中烧锕系元素的新概念，燃料中有高含量的 Pu 或微量的锕系元素（如 Np，Am，…）。

1）含 Pu 量高的和纯 Pu 燃料　这种燃料又称作烧 Pu 的燃料。烧 Pu 的 LMFBR 燃料元件中的 Pu 含量提高到 45%，若再提高 Pu 含量，氧化物不易溶解于硝酸。其结构采用典型的 LMFBR 燃料元件结构，不过采用高密度（95%理论密度）的小外径，大中心孔的燃料芯块。燃料组件与典型的 LMFBR 相同，只是棒径小，一盒燃料组件内棒数增多，其中有些棒是不含燃料的空心棒，这种结构为了限制组件功率与棒的冷却能力相匹配，图 8-4 是这种燃料棒和棒束结构示意图。

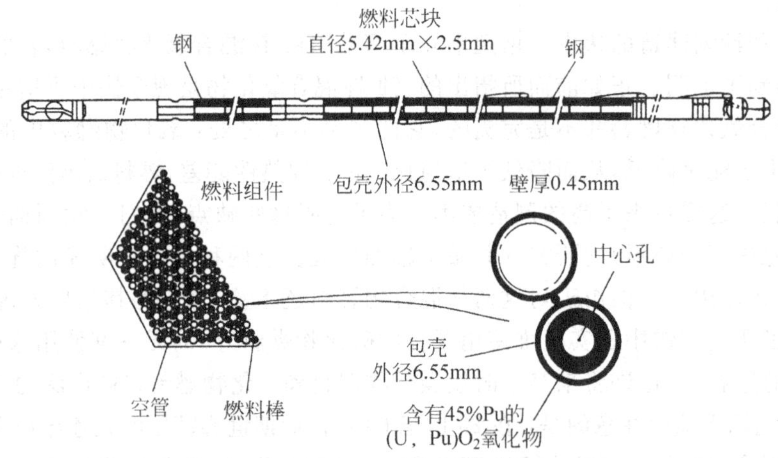

图 8-4　烧 Pu 的 LMFBR 燃料棒燃料组件的示意图

铀-钚混合氧化物中的 Pu 含量不得超过 45%。如果用（U，Pu）N 能很好地溶解于硝酸溶液中，而纯 Pu 燃料是以 PuO_2 或 PuN 形式弥散在惰性陶瓷基体内或金属基体内。

2）烧微量锕系元素的燃料　来自燃料后处理的长寿命微量锕系元素，如 ^{237}Np 和 ^{241}Am 可以通过均匀状态和非均匀状态燃料两种方法来实现。

（1）Np 在均匀状态下燃烧。在典型的 LMFBR 混合氧化物燃料中掺入少量的 Np，燃料可用经典方法制备，在（U，Pu）O_2 粉末混料过程中将 Np 以 NpO_2 形式加入，这种燃料在 Phenix 上辐照，其结果显示：含少量 Np 的燃料元件的性能与通常的（U，Pu）O_2 燃料几乎无差异。

（2）Am 在非均匀状态下燃烧。Am 以 AmO_2 弥散在惰性基体的燃料中。目前还处在初步的研究阶段，重点在基体的制备，与 Na 的相容性、辐照性能和后处理。供选择的基体有 MgO、$MgAl_2O_4$、…不过应指出，大量的 Am 处理遇到的生物防护问题比经典的燃料要困难得多。

8.2.2.4 冷却剂

快中子增殖堆运行在高功率密度下，且要保持较高的平均中子能量，需要使用高密度的冷却剂，不能用含氢（H）的物质，因为氢是良好的慢化剂，所以采用液态金属，早期快中子实验堆如 Clementine 和 BR-1/2 用汞（Hg）作冷却剂，EBR-Ⅰ和 DFR 用钠-钾（NaK）合金作冷却剂，前者密度太高，需要过大的泵功率，成本高，沸点低，又有毒性，早已被淘汰了。后者的熔点很低，在室温下是液体，与空气或水起反应发生爆炸；钾又是一种相当强的中子吸收体，因此它作为冷却剂也被放弃了。

钠有非常好的热物理性能，在常温下是固态（一个大气压下熔点为 98℃），沸点高（在一个大气压下为 883℃）。使得 LMFBR 可以在低压力下运行，钠与奥氏体不锈钢材料有相当好的相容性。当钠的纯度达到表 8-5 中规定钠中杂质含量的要求，燃料元件在工作寿期内，其腐蚀量甚微，在微米量级范围内。

表 8-5 钠中主要杂质含量①

杂质元素	O	C	N	H	Cl	K	Fe	Ca
μg/g	10	20	10	0.5	30	200	10	10

① 俄罗斯快堆冷却剂钠中杂质标准，中国的 CEFR 也采用该标准。

钠的主要缺点是它的中子活化特性，^{23}Na 吸收中子形成 ^{24}Na 和 ^{22}Na。前者的半衰期为 15h，而后者的半衰期为 2.6a，以及钠不能暴露在空气中，它与水、空气化学不相容，这些都使得在换料时，操作步骤变得稍微复杂些。^{24}Na 衰变产生 1.4MeV 和 2.8MeV 的 γ 射线有很强的穿透能力。因此需要中间冷却回路，以防止对蒸汽发生器产生放射性污染。

虽然在快增殖堆的发展过程中，也有过用氦气（He）和蒸汽作为冷却剂的尝试，但目前所有积极推进快增殖堆事业的国家都选择钠作为冷却剂。

本书后面章节介绍的内容，除另有说明外，都是以 $(U,Pu)O_2$ 为燃料，奥氏体不锈钢（主要是 316 型）为包壳材料，液态金属钠为冷却剂的快中子增殖堆（LMFBR）的燃料元件的结构和性能。

8.2.2.5 燃料元件的发展趋向

燃料元件的发展史与燃料和包壳材料息息相关，这两个问题已在上两节（8.2.2.1 节和 8.2.2.2 节）作了介绍，关于燃料元件和燃料组件的结构设计将在后面的各节中作详细介绍，这里只简单介绍燃料元件结构的发展和趋向。

(1) 燃料棒棒径由小变大。实验堆燃料棒棒径较小，约为 6.0mm，甚至更小，所以快堆燃料棒俗称燃料细棒（pin），表 8-2 指明 EBR-Ⅱ、FFTF 和 PFR 为 5.8mm，而印度的 RBTR 只有 5.1mm，这样会带来较高的比功率，但是会提高制造成本，增加结构材料（包壳管）的体积份额，为了追求经济性，后来的原型堆和示范堆加大了燃料棒直径，Superphenix 为 8.5mm，BN600 为 6.9mm。

(2) 燃料芯块由于燃料温度很高，早期燃料芯块有中心孔，但堆内辐照研究表明，燃料会形成中心孔，所以后来大部分堆都采用实心的燃料块，只有俄罗斯快堆一直采用带中心孔的燃料芯块，这种结构其有较好的安全性，现在多数设计者倾向这种结构。

(3) 提高 $(U,Pu)O_2$ 燃料中 Pu 含量。在后处理工艺中，由于乏燃料在硝酸溶液中的溶解受到限制，现在的快堆中 $(U,Pu)O_2$ 的 Pu 含量不超过 30%。随着后处理工艺的改进，Pu 含量可以提高，例如德国的 SNR-300 燃料中的 Pu 含量为 35%，将来有望 Pu 含量提高到 45%。

(4) 燃料棒中燃料的轴向分布由均匀布置向非均匀布置和无轴向转换区发展，前者可减缓包壳内壁腐蚀，后者可提高燃料组件的烧 Pu 能力，但降低了增殖比。

(5) 振动密实工艺的发展。典型快堆燃料的制备采用传统的烧结芯块工艺，现在许多发展快堆的国家，如俄罗斯十分注意振动密实工艺生产燃料棒，它是用高温电化学法制备 $(U,Pu)O_2$ 颗粒，按数种不同颗粒度添加适量的金属铀粉，均匀混合，振动密实，封焊成燃料棒。振动密实法可以简化工序，实现快堆燃料循环一体化。

8.3 快堆燃料元件的使用环境和性能要求

8.3.1 快堆燃料组件极严酷的工作环境

影响 LMFBR 燃料元件的使用性能主要是温度效应和辐照效应。为了能很好地预计燃料元件的使用性能，必须全面地了解和认识这两种效应对燃料元件的性能产生哪些影响。

1) 温度高　对于铀-钚混合氧化物，燃料（MOX）芯块中心工作最高温度接近燃料的熔化温度（约 2800℃），一些固态反应在低温下进行得十分缓慢以致测量不出，但在高温下，会有足够快的速率，因此在使用寿期内这些反应会使材料的性能发生很大的变化。主要受高温运行条件影响的一些现象是：晶粒长大、致密化(烧结)和裂变产物的扩散等。由于包壳温度接近700℃，高温下不锈钢包壳材料的力学性能会下降，其中包括拉伸强度、屈服强度、延伸率及持久断裂强度等。

2) 温度梯度高　燃料芯块中的温度梯度接近10^4℃/cm，在温度梯度的驱动下，会发生许多预料不到的现象。例如，闭合气孔从低温区向燃料棒中心移迁；燃料的重要组元，如氧、钚以及裂变产物，从它们的初始浓度分布(一般是均匀的)发生重布。由温度梯度产生的热应力使燃料芯块或者在高温区发生塑性形变，或者开裂。

3) 快中子注量高　一般为$(2\sim3)\times10^{23}$ n/cm^2，是热堆的100倍左右，快中子注量是结构材料产生辐照损伤的主要原因。引起材料发生严重的硬化和脆化，使辐照肿胀和蠕变加剧，所以快堆中要保持部件完整性问题比热堆严重得多。

4) 燃耗高　LMFBR燃料的燃耗高于100MW·d/kg(U)，高燃耗对燃料产生许多效应。例如，燃料肿胀大，裂变气体释放率高。同时高燃耗引起燃料与包壳发生较为严重的相互作用——化学作用和机械作用。

燃料元件在反应堆运行中发生的各种现象如图8-5所示。关于MOX燃料的堆内行为请见8.5.3节。

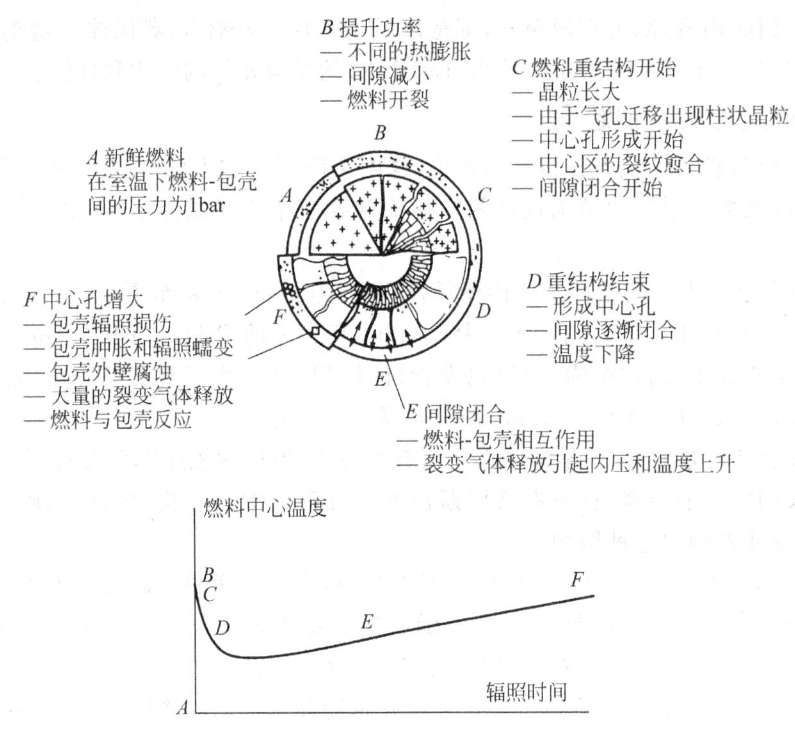

图8-5　LMFBR燃料棒在反应堆运行中发生的各种现象

1bar=10^5Pa

8.3.2　快堆燃料芯块的发热分析

易裂变元素每次裂变释放出约200MeV热量，单位体积内裂变释热率控制着燃料中的温度分布，单位体积中的裂变率随燃料在堆内位置而变化，堆内任一处的单位体积的裂变率(F)由式(8-6)给出

$$F=\sigma_f N_f \Phi \tag{8-6}$$

式中，σ_f为易裂变原子在相应中子能谱中有效裂变截面，b[f/(cm^3·s)]；N_f为单位体积中的易裂变原子总数，f/cm^3；Φ为中子注量率，n/(cm^2·s)。

有效裂变截面与中子能谱的平均值有关，同时还与易裂变原子的种类有关。LWR中引起易裂变元素裂变的能谱的平均能量约为0.025eV。而LMFBR中的平均中子能量约为0.5MeV。在LWR中，易裂变原子一般是^{235}U，这种原子核在热中子能谱中的裂变截面约为550b，在LMFBR中易裂变原子一般是^{239}Pu，在较硬的能谱中(E>0.1MeV)的裂变截面约为1.8b。

局部位置上的单位体积发热率 Q_V 与裂变率 F 有下述关系

$$Q_V = 3.2\times10^{-11}F(\text{W/cm}^3) \tag{8-7}$$

燃料棒的发热率通常用线功率密度来表示,它的定义是

$$q_1 = \frac{\text{功率}}{\text{单位长度燃料棒}}(\text{W/cm}) \tag{8-8}$$

线功率密度和发热率的关系与芯块的结构有关,燃料芯块有实心的和带有中心孔的两种结构,如图 8-6 所示。实心芯块的直径比热堆用得小,带中心孔的芯块有利于缓解芯块的变形并便于裂变产物的储存(参照图 8-15)。对于实心燃料芯块

$$q_1 = \pi R_f^2 Q_V \tag{8-9}$$

式中,R_f 为燃料芯块的半径。

对于空心燃料芯块

$$q_1 = \pi(R_f^2 - r_0^2)Q_V \tag{8-10}$$

式中,r_0 为空心燃料芯块的内半径,R_f 是空心燃料芯块的外半径。

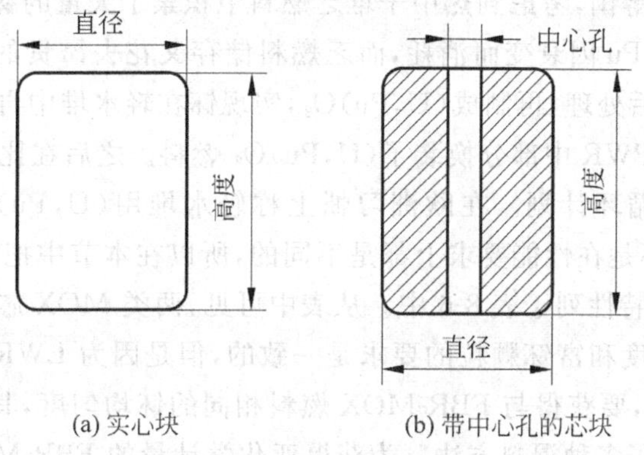

图 8-6 两种燃料芯块

8.3.3 快堆用二氧化铀燃料

铀-氧系有二十多种化合物,但热力学稳定的只有 UO_2、UO_3、U_4O_9、U_3O_8 和 UO_8 几种。UO_2 作为燃料,它的性能优缺点叙述如下。

优点:

(1) 熔点高,晶体结构为面心立方(FCC),几近各向同性,并且从室温到熔点没有相变。

(2) 高温稳定性和辐照稳定性好。

(3) 化学稳定性好,与高温水不起作用,与包壳相容性好。

(4) 在 1000℃以下能包容大多数裂变气体。

(5) 有适中的裂变原子密度,非裂变组合元素氧的热中子俘获截面低(<0.002b)。

(6) 燃耗高。

缺点:

(1) 导热系数小,使芯块的温度梯度过大。

(2) 机械强度低、脆,在反应堆条件下易裂,且加工成型困难。

在快中子增殖堆中,由燃料中 ^{239}Pu 的裂变而发生的中子,在引起链式反应的同时,可被作为可转换物质的 ^{238}U 吸收,后者转换为 ^{239}U。尽管反应堆一边在消耗核燃料 ^{239}U,但一边又在产生核燃料 ^{239}U,产生的比消耗的还要多,具有核燃料的增殖作用,故称其为快中子增殖堆。

一般认为,只有燃烧消耗的核燃料和新生的燃料是同一核素,才算是真正的燃料增殖。所以,只有在快中子堆中用 ^{239}U 为燃料,用 ^{238}U 为转换材料来增殖 ^{239}U;在热中子堆中以 ^{233}U 为燃料,用 ^{232}Th 为转换材料增殖 ^{233}U,才算是两个真正的增殖系统。尽管在快堆中以 ^{235}U 为燃料,以 ^{238}U 或 ^{232}Th 为再生材料,也能使 ^{239}Pu 或 ^{233}U 得到增殖,但消耗的 ^{235}U 和新生的 ^{239}Pu、^{233}U 并非同一种易裂变核素,而且消耗的是自然界仅

存的并不丰富的^{235}U，所以不被认为是真正的增殖。早期，在^{239}Pu和^{233}U的积累量不足以用来制造燃料元件供反应堆使用时，还是用^{235}U来转换出^{239}Pu和^{233}U。而今天越来越多的反应堆采用下面要介绍的氧化铀和氧化钚混合燃料MOX。

8.4 快堆用MOX燃料制造

8.4.1 用于快堆和热堆的MOX燃料

MOX燃料是氧化铀和氧化钚混合燃料(mixed uranium and plutonium oxide fuel)的简称。一般在压水堆中使用的MOX燃料中钚仅占5%～10%，而在快堆中使用时可达15%～30%，甚至高达45%。

1967年，铀钚混合氧化物$(U,Pu)O_2$首次在快堆中得到使用。由于该燃料含易裂变核素^{239}Pu和可转换核素^{238}U，在快中子作用下^{239}Pu发生裂变时可以获得更多的裂变中子，用来把^{238}U转换成^{239}Pu，使^{239}Pu得到增殖，可以提高铀资源的利用率。从那时起，$(U,Pu)O_2$被认定作为快中子堆的核燃料。但到了20世纪70～80年代，西欧的法、比、德等国，考虑到热中子堆乏燃料中积累了大量的钚，一时快堆商用又提不到日程上来，如果不及时使用钚，则^{241}Pu因衰变而消耗，而乏燃料储存又花去昂贵的费用。于是，决定采取闭式燃料循环，将动力堆乏燃料进行后处理，再制成$(U,Pu)O_2$，实现钚在轻水堆中再循环。1987年，法国在圣洛朗B(Saint-Laurent B)核电厂的PWR中部分换装了$(U,Pu)O_2$燃料。之后在比利时、德国、瑞士等国也纷纷在PWR或BWR实施了钚的再循环计划。在欧洲习惯上称轻水堆用$(U,Pu)O_2$为MOX燃料。因为两类MOX燃料无论是在组成上，还是在性能要求上都是不同的，所以在本节中把MOX燃料分为FBR-MOX和LWR-MOX两类，它们的主要特性列于表8-6中。从表中可见，两类MOX芯块的组成和O/M比及密度有明显的差别，虽然对于钚均匀度和富钚颗粒的要求是一致的，但是因为LWR-MOX燃料中的PuO_2含量较低($PuO_2/UO_2=1/30\sim1/20$)，要获得与FBR-MOX燃料相同的钚均匀度，其技术难度是很大的。为此，比利时、法国、英国、德国曾研究了多种混料方法。为获得亚化学计量的FBR-MOX燃料也需要采取特殊的烧结工艺。以下将针对MOX芯块制造的关键技术予以介绍。

表8-6 两类MOX燃料芯块的主要特性

项　目	FBR-MOX	LWR-MOX
PuO_2含量(质量分数)/%	20～30	3～6
U+Pu含量(质量分数)/%	86.7	87.7
O/M比	1.96～1.98	约2.00
密度/%TD	91～94	95～96
富Pu颗粒含量，(占PuO_2质量分数)/%	≤5	≤5
富Pu颗粒当量直径/μm	<200	<100
钚均匀度	<0.2%	<0.2%
硝酸溶液中的溶解度/%	98～99	晶粒中Pu≤50%

8.4.2 快堆MOX核燃料组件制造流程

快堆用燃料必须用高富集度的UF_6为原料，MOX燃料是在压制成形前把UO_2和PuO_2充分混合再进行压制、烧结而成的。

在目前全世界运行的动力堆中，绝大多数都使用稍加浓的二氧化铀(UO_2)芯块为燃料，^{235}U的加浓度约为4%，几十年来，二氧化铀燃料元件在加工制造、质量保证和使用方面积累了大量的经验，证明了它的安全可靠性。

目前在钠冷快堆中也使用氧化物型的燃料，一般为贫UO_2(对于小型的实验快堆，由于功率和中子通量的要求，需要使用加浓的UO_2)与PuO_2含量为25%～30%(PuO_2的含量可提高至40%)的混合氧化铀钚

(MOX)燃料。虽然金属燃料有更高的增殖比，非常好的导热性能，适合于直接回收处理等优点，但是它的各向异性肿胀及与不锈钢包壳材料可在700℃形成低共晶合金这些缺点，在快堆建造的初期未能得到及时解决，由于有压水堆燃料元件的设计与制造经验可借鉴，因此使快堆在燃料选择上在那时直接倒向了氧化物型燃料。

与UO_2燃料相比，MOX燃料的最大不同是，在铀燃料中裂变材料含在燃料中，而在MOX燃料中，裂变材料Pu必须要添加到载体材料铀中。裂变材料/载体材料的混合是MOX燃料和UO_2燃料制造过程中最大不同的了。在MOX燃料的制造过程中，直接应用最普通的氧化铀燃料的制造过程，只是加浓铀被一种贫UO_2粉末和PuO_2粉末机械混合的原料粉末代替。由于混合粉末的流动性不好，它不适合于压制芯块，因此粉末要经过预压、制粒、粉碎，以获得细粉末。钚分布的均匀性在粉末产品中是至关重要的性能指标，通过最佳化的球磨过程达到这一要求。由于钚燃料的毒性大、γ辐射强，因此，从UO_2与PuO_2粉末的混合直至芯块烧结的一系列工艺过程，以至于其后的燃料棒单棒的组装，都需在手套箱屏蔽的条件下进行，手套箱的工作空间有限，给设备的设计、安装、检修及生产操作带来困难，这也是MOX燃料制造与UO_2燃料相比的不同之处。

在自然界并不存在天然钚，它们是从辐照过的乏燃料中分离出来的。有几种不同的方法获得PuO_2，其中包括用于得到UO_2的方法。可以从用硝酸溶解辐照过的燃料得到硝酸钚开始，也可以从金属钚开始。从硝酸钚到氧化钚的方法有：沉淀法(草酸钚沉淀)、热去氮法、共沉淀法、凝胶沉淀法。从金属钚转换成二氧化钚的方法包括：氧化、通过把中间产物转换成二氧化钚。

得到二氧化钚粉末并与二氧化铀粉末混合之后的工艺与二氧化铀燃料的生产工艺类似。快堆的MOX燃料组件制造流程如图8-7所示。

快堆MOX燃料与水堆MOX燃料在性质上是截然不同的，主要反映在快堆MOX燃料芯块的钚含量远远高于水堆的，芯块尺寸十分小并且可能存在中心孔，此外在杂质含量、密度等方面的要求也与水堆的不同。在燃料棒制造方面，快堆燃料棒直径远小于水堆的，燃料棒之间用绕丝径向定位，绕丝一般是加工成单棒后焊在包壳端塞上的。在燃料棒内的活性段上下各有一段贫二氧化铀的包裹层，并包含有一段几乎与活性段相同长度的裂变气体储存腔，这也是与水堆元件棒的不同之处。

此外，快堆燃料棒束采用三角形排列的紧密格栅，将它置于一个不锈钢制成的六角形外套管中，以保持流道的几何形状并为棒束提供支撑。冷却剂进出口在组件的管脚及头部上，而压水堆燃料组件是无盒的，这些使得快堆元件的制造从混料、压制芯块到燃料棒制造与组装成组件都有自己的特点。

快堆燃料元件的包壳材料为冷加工的316型不锈钢，关于包壳材料的选择在前面章节已有介绍。作为燃料包壳管，要求它几乎无缺陷并具有严格的尺寸精度，远远超过了工业制管的常规要求，因此在包壳管材料生产过程中有着极严格的要求。一般从三方面进行生产质量控制：①热加工——控制从炼钢到热挤压的热加工过程，以获得高纯度均质管坯；②冷加工——为获得良好尺寸精度、强度和延性而进行严格的冷加工过程控制；③无损检测——在线且无损地检测产品，以确保产品尺寸精度。

快堆燃料组件是一种细长的堆芯部件。它由上部的组件头部、中间的棒束部分及下部的组件尾部构成，如图8-3所示。燃料组件零部件的加工虽然没有工艺方面的困难，但是也有特殊的要求。组件头部不仅是冷却剂出口，也是与组件堆内换料运输操作机构相匹配的部件，还要适合堆内测量仪表的要求，并担负着组件径向定位的功能，为了避免自焊，在径向定位部件需作硬化处理。组件尾部有冷却剂入口，担负着冷却剂流量分配和控制冷却剂漏流的作用，因此在设计与加工精度上都有其特殊性。

除燃料组件外，在堆芯还有数倍于它且外形完全一样的包裹层组件、反射层组件、屏蔽层组件与它们一起从堆芯开始，按六个方向排开，组成一个完整的堆芯。为保证堆芯的排列要求及换料时容易拔出组件，组件的行位公差要求很高，尤其是组件头部、管脚与中间棒束部分的同心度与跳动的要求十分严格，这使得在组件组装及外形的检验方面都必须有行之有效的方法。

燃料组件的制造包括芯块制造，包壳管制造，元件棒制造，绕丝制造，六角管制造，元件棒端塞、芯块定位弹簧、头部与管脚等零部件制造及组件组装等，每个制造过程不仅有严格的质量要求，在满足质量要求的同时要考虑经济性。

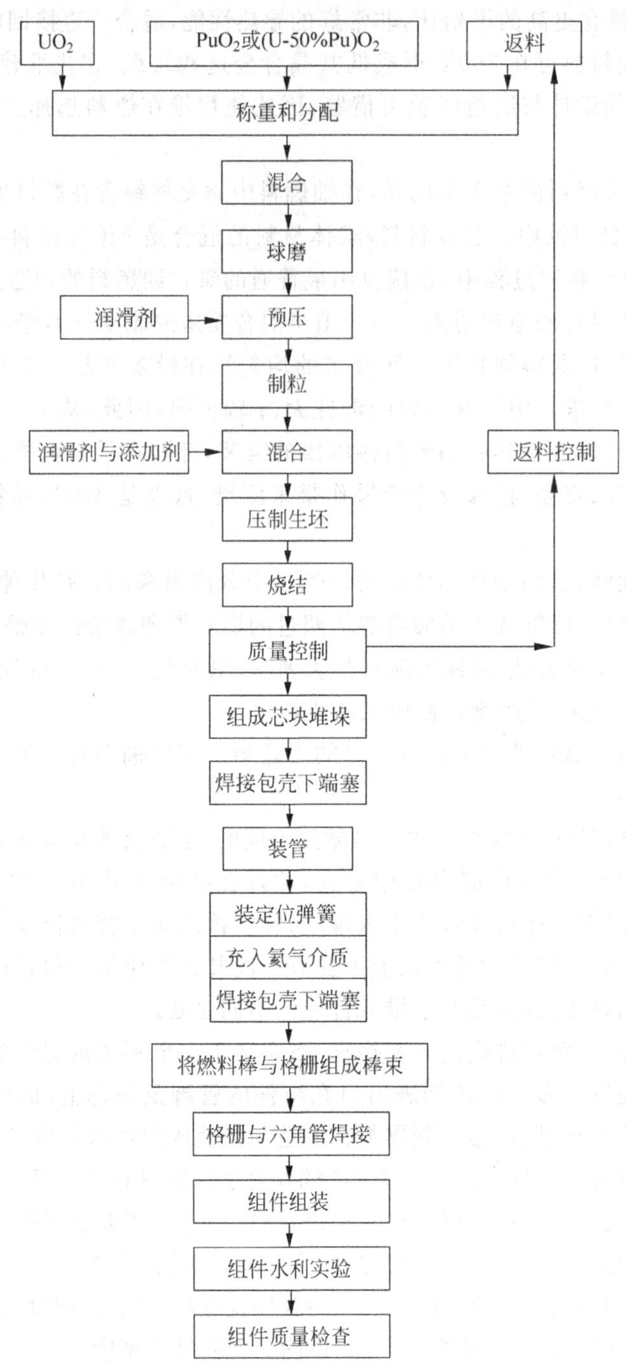

图 8-7 快堆 MOX 燃料组件制造流程图

8.4.3 MOX 粉末制造

存在几种不同的 MOX 燃料粉末制造方法。

(1) 机械混合法直接用贫 UO_2 粉末和 PuO_2 粉末机械混合。

(2) 共沉淀法在液态阶段将两种燃料混合，使它们更好地固溶。

(3) 凝胶沉淀法其基本过程是用一个带有有机聚合物(如聚丙烯酰胺)硝酸盐溶液与一个结构修改剂(如甲酰胺)的混合液滴，水解形成沉淀物。

(4) 融盐电解法。

$(U,Pu)O_2$ 燃料的制造包括其粉末的生产和芯块的制造。其中，前者是燃料制造中的关键技术，主要难点是钚的均匀度。由于各国开发的制粉技术很多，受篇幅限制，本小节只能就目前已投入商用的作较详细的介绍。芯块制造基本上与 UO_2 的相同，故介绍只限于 O/M 比的调节技术。

现行的 $(U,Pu)O_2$ 粉末生产路线主要有共磨（俗称机械法）和共转换（惯称共沉淀法）两种。共转换路线可直接采用含钚量低于 40%的 U、Pu 硝酸溶液加氨水，使铀、钚同时沉淀，再经过过滤、干燥、焙烧和还原等工序，得到 $(U,Pu)O_2$ 粉末。但如今，基于 AUC 路线的 AUPuC 工艺更因其具有良好的粉末性能而受到青睐。其具体工序如下，先混合 U 和 Pu 的硝酸溶液，将钚氧化到 Pu^{6+}，然后通入 NH_3 和 CO_2 气体，喷入 H_2O，发生以下反应：

$$(U,Pu)O_2(NO_3)_2 + 6NH_3 + 3CO_2 + 3H_3O \longrightarrow (NH_4)_4[(U,Pu)O_2(CO_3)_3] + NH_4NO_3 \tag{8-11}$$

生成三碳酸（铀、钚）酰胺（简称 AUPuC）沉淀物，再经过滤、干燥和焙烧，由以下还原反应获得 $(U,Pu)O_2$ 粉末。

$$(NH_4)_4[(U,Pu)O_2(CO_3)_3] + H_2 \longrightarrow (U,Pu)O_2 + 4NH_3 + 3CO_2 + 3H_3O \tag{8-12}$$

该产品有四个优点：粉末颗粒大，流动性好，无需造粒，可直接压制成形，也有利于减少尘埃；粉末微结构类似于 ex-AUC UO_2 粉末，有良好的烧结性；钚的均匀度和富钚颗粒含量均可满足 FBR-MOX 燃料的指标；在 7mol 的硝酸溶液中，无需添加氢氟酸即可达到所需的溶解度。但此工艺路线的缺点仍是流程长、废液多。为此，在 LWR-MOX 燃料制造中，西欧诸国如比利时、法国、英国、德国倾向于使用共磨法，靠自主创新或联合开发建立了细微化主混料（MIMAS）、高能球磨（attritor-spheroidizer）和优化共磨（OCOM）等球磨混料工艺。以下就比利时首创的，经法国改进后应用于 MELOX 厂的 A-MIMAS 工艺为例，介绍 MOX 粉末混料工序。

共磨法采用 ex-AUC UO_2 和由草酸盐制取的 PuO_2 为原料，混料前，PuO_2 需经 800℃煅烧。为了在每个生产批次中，获得钚同位素组分的均一性（此称为宏观均匀度）必须对来自于不同批次（相当于不同的钚同位素组分）的 PuO_2 料罐进行均一化处理和选择。李怀林等采用 House holder 变换法求解了再 n 批 PuO_2 中选择 p 批，制备满足规定要求的 PuO_2 线性最小二乘问题，并编制了计算程序，为原料中钚同位素和 ^{241}Am 的均一化提供了实用的方法。将选择的料罐放置在专用储存库，准备下一步混料使用。

共磨混料操作步骤有：将 PuO_2 粉末与一部分 UO_2 粉末在球磨机内细微化，形成 30%Pu 初级混料，然后用自由流动的 UO_2 粉末将初级混料稀释，以生产规定 Pu 浓度的二次混料，再均匀化。返料需经特殊处理后进行再循环；该二次混料的粉末供给大尺寸的混料器，在此步骤中需添加润滑剂和气孔成形剂，进一步混合。其中在第一步工序中又进行多次交叉混合，以达到钚在晶格中分布的均匀性，谓之微观均匀度。

通过以上宏观均匀化和微观均匀化工序的制粉操作，MOX 粉末即可直接进入下一步压制成形，不需要预压和制粒。

8.4.3.1 机械混合法

1) UO_2 粉末的获得　将贫铀制成 UO_2 粉末的方法与加浓铀的 UO_2 粉末方法一样。在工业规模生产中，有三种最主要的获得适于制造烧结氧化物燃料的 UO_2 粉末的方法，即 ADU 流程、AUC 流程和干法转化 DC 流程。

2) PuO_2 粉末的获得　在乏燃料的后处理中，用硝酸溶解辐照过的燃料，经铀钚分离后得到硝酸钚，然后用各种获得 ADU 或 AUC 粉末的方法获得 PuO_2 粉末，也可以从金属钚开始。从硝酸钚到氧化钚的过程有沉淀法和热去氮法，金属钚可直接氧化或先转化成硝酸钚。

(1) 沉淀法（草酸钚沉淀）　草酸钚沉淀法最广泛地用于商业规模的 PuO_2 粉末生产，其流程（图 8-8）与化学反应方程式如下

$$Pu(NO_3)_4 \cdot 6H_2O + 4H_2C_2O_4 \longrightarrow Pu(C_2O_4) \cdot 6H_2O + 4HNO_3 \tag{8-13}$$

$$Pu(C_2O_4)_4 \cdot 6H_2O \longrightarrow PuO_2 + 2CO + 2CO_2 + 6H_2O \tag{8-14}$$

草酸钚原液中必须有适量的硝酸，使酸度为 1.5～4.5mol/L，同时加热至 50℃，加入 H_2O_2，使所有的钚都转成 4 价的。然后加入草酸沉淀。沉淀温度为 50～60℃。草酸和 H_2O_2 也可以同时加入。

对于二氧化钚粉末的性质来说，最重要的是粉末的比表面和化学杂质。比表面影响其后压制芯块生坯时的可压特性及存储条件要求，燃料化学成分的要求也很严格。这些问题均在粉末生产过程中解决，例如控制初始沉淀温度钚浓度及硝酸、草酸浓度以控制氧化钚颗粒的尺寸和结构，在生产中的净化过程控制杂质含量。

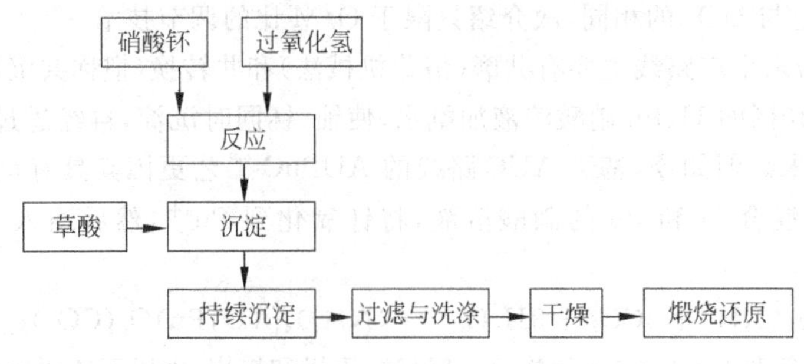

图 8-8 草酸沉淀法生产二氧化钚的流程

(2) 热去氮法 像铀一样，最直截了当的从硝酸盐转成氧化物的方法是直接加热降解(TND)，其反应方程式为

$$Pu(NO_3)_4 \cdot 6H_2O \longrightarrow PuO_2 + 4NO_2 + O_2 + 6H_2O \tag{8-15}$$

这种方法产生的放射性废液少，粉末粒度极细，在日本用此法生产$(U\text{-}50\%Pu)O_2$原始粉末。

(3) 从金属钚转换成二氧化钚的方法 包括氧化和通过把中间产物转换成二氧化钚。

将金属钚转化成氧化物粉末是一个与裁军相关的回收金属钚的过程，由于要把越来越多的武器钚变成民用的，因此非常关注如何将它转换成适合于燃料制造的氧化物形式。如果钚暴露于氧化气氛中，它将以不可控的方式被氧化。一般是通过焙烧或锻造将金属钚氧化成二氧化钚。此外，生产中产生的废料，像金属钚的车屑等，可先在可控条件下通过燃烧转化成氧化钚，然后在大量的 HNO_3-HF 中溶解，生产硝酸钚，然后利用前面所述的方法转变成为二氧化钚。

3) 机械混合获得 MOX 粉末 按规定的混合比例称出一定量的 UO_2 粉末与 PuO_2 粉末，将其用混料机混合，然后通过一种球磨工艺将它们混合均匀，以得到粉末粒度、钚的均匀性都符合压块与烧结要求的 MOX 粉末。在混料时，PuO_2 粉末的比表面可达 UO_2 的 3～4 倍，而且粉末的形状也不一，因此，先要将 PuO_2 进行焙烧和分级，使粉末的大小和形状都比较均匀。由于混合粉末是不能自由流动的，它不适合于压制芯块生坯，因此混合粉末要经过预压、制粒、粉碎，以获得细粉末。

机械混合过程的难度在于获得分布均匀的钚粉末。通过最佳化的球磨过程达到钚的均匀分布，润滑剂及造孔剂(如果使用的话)有好的弥散度要求。

日本、比利时、法国和英国采用不同的球磨混合工艺(图 8-9)。

在日本采用的传统的混合工艺，以 UO_2 粉末和共去氮的$(U\text{-}50\%Pu)O_2$为原料，比利时的 MIMAS 工艺使用的原料是可以自由流动的 UO_2 粉末和 PuO_2 粉末，它只使用一个球磨过程就得到了可以自由流动的可用于压制生坯的 MOX 粉末。法国的工艺中 UO_2 粉末要和 PuO_2 粉末混合后一起经过球磨，英国工艺是在混料和造粒中均采用超微粉碎(高能球磨)。

产品中钚分布的均匀及钚粒子的尺寸是至关重要的性能指标，用 α 自射照相的方法测定。目的如下。

(1) 使 MOX 燃料在抗初始事故引发的反应性方面有好的特性，为此要求规定一个钚团粒的最大允许尺寸和一个钚的弥散均匀性规定，规定 PuO_2 粒子的最大直径不超过 400μm，直径大于 100μm 的 Pu 团粒低于 5%。用目前的混合球磨工艺，这一要求是容易达到的。

(2) 使 Pu 的分布不均匀造成的功率峰值最小。在铀燃料中芯块与芯块之间的加浓度是常数，而在机械混合的 MOX 燃料芯块中的 Pu 的含量是变化的。同一个芯块中也会由于局部的含量增高造成温度峰值，影响反应性。

(3) 为在后处理过程中，保证在纯硝酸中的溶解性。由于在 MOX 燃料的晶格点阵中，包含低于 40%～50%的钚是可溶解的，溶解度的准则要求是在单个晶粒中 Pu 的含量低于该溶解度阈值。

(4) 可使裂变气体释放率和燃料棒内压最小。这在快堆 MOX 燃料中不像在水堆中那么重要，因为快堆燃料棒的工作温度与温度梯度都很高，裂变气体几乎全部释放，为减小棒内压，在棒内留有几乎与活性燃料高度相同的气腔，容纳裂变气体，使得在燃耗后期裂变气体内压不高于规定值(一般为 6～10MPa)。

为了得到符合质量要求的芯块，对 UO_2 粉末与 PuO_2 粉末的质量必须从下列几方面作出严格的技术规定：同位素含量、化学成分与杂质含量、水分含量、氧金属比、粉末粒度、比表面、松装密度、烧结性能及各类

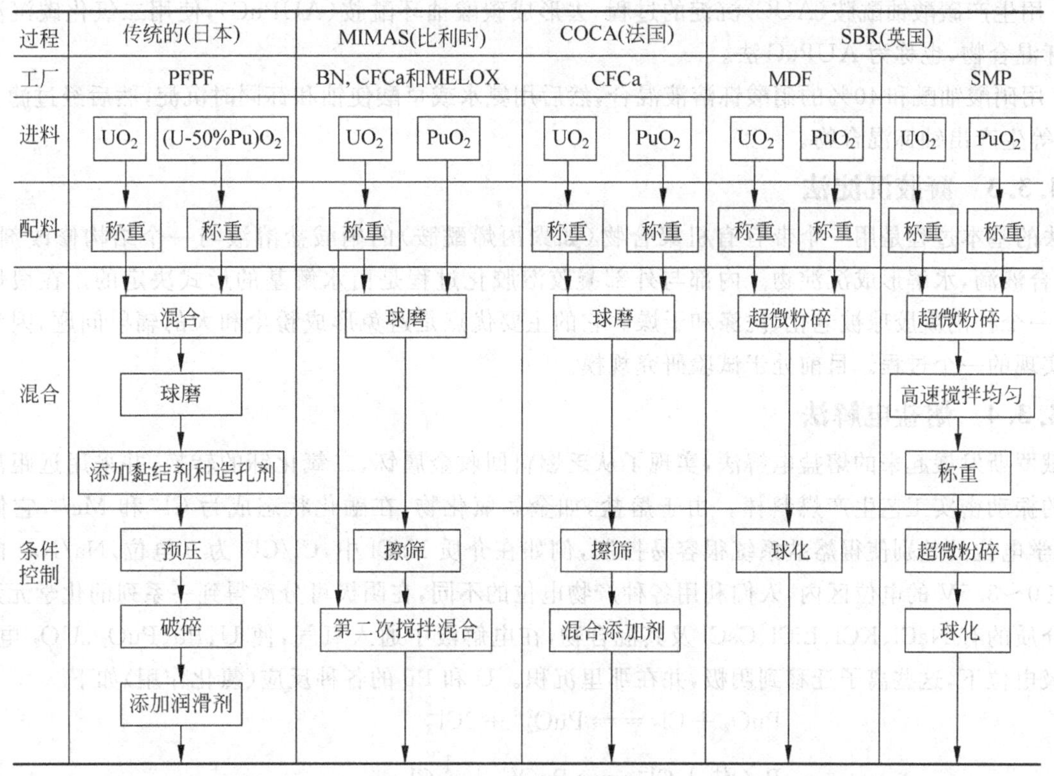

图 8-9 MOX 混合工艺流程图

实验项目的试验方法。可参考美国的 ASTM 标准。例如，在美国的核级可烧结二氧化钚粉末标准(ASTM C757-90)中关于粉末化学成分和杂质含量的规定如下。

(1) 必须测量二氧化钚中铀的含量：钍的含量必须不得超过 200μg/gPu；镅的含量低于用户最大可接受的镅含量；必须给出铀、钍和镅的分析日期；包括镅在内的总的不可挥发氧化物杂质含量不超过 6000μg/g。

(2) 在加热后，碳含量不得超过 200μg/g。

(3) 氮化物形式的氮的含量不得超过 200μg/g。

(4) 氯含量和氟含量分别不得超过 300μg/g 和 200μg/g。

(5) 铁含量不得超过 300μg/g，铬含量不得超过 200μg/g。

(6) 镓(Ga)、钙(Ca)和硼(B)的含量都要测量，且每一个都不得超过 3μg/g。

(7) 发射 γ 射线的裂变产物(它的同位素具有 30 年或者 30 年以上的半衰期)的 γ 活性，必须测定。所测量到的 γ 活性乘以每次衰变的平均能量(MeV)，再求和，和值必须小于 10^5 MeV·Bq/g(Pu)。

关于粉末质量的规定如下。

(1) PuO_2 粉末的中不得有可见的外来物质的碎屑，所用的 PuO_2 粉末都能通过一个 100μm 筛眼的筛子，其中 95%重量的粉末必须能通过一个 44μm 筛眼的筛子。

(2) 粉末的比表面积不低于 $5m^2/g$，不高于 $30m^2/g$。测得的任何一批粉末的比表面积和其他批相比不得超过 2 倍。

8.4.3.2 共沉淀法

从混合水溶液开始生产 MOX 燃料固溶体，比用干法混合然后在烧结过程中扩散形成的固溶体要好。用共沉淀粉末生产的 MOX 芯块，在约 1000℃的氢气氛中形成固溶体，直到 Pu 含量达 40%时都是完全溶于硝酸的，而从机械混合法粉末制造芯块，在 1600℃形成固溶体。

铀和钚的共沉淀可由这样的过程形成。

(1) 将重铀酸铵(ADU)与氢氧化钚混合(后者是硝酸钚与氨气在一种氮载气中混合得到的产物)，然后共沉淀。这种方法的毛病是 Pu 和 U 的沉淀要在不同的 pH 下，在英国曾使用多阶段的共沉淀，采用不同 pH 的氨水，但仍不能给出一个混合得非常好的产品，因此该法停止了。

(2) 用生产碳酸铀酰胺(AUC)沉淀的过程,去形成碳酸铀环酰胺(AUPuC),使用二氧化碳沉淀六价的同形铀钚混合物,也称为 AUPuC 法。

(3) 用硝酸铀酰和 40%的硝酸钚溶液混合,然后用氨水或草酸使铀和钚同时沉淀,然后经过滤、干燥、焙烧、还原等生产出铀钚混合物。

8.4.3.3 凝胶沉淀法

方法的基本过程是用一个带有有机聚合物(如聚丙烯酰胺)的硝酸盐溶液与一个结构修改剂(如甲酰胺)的混合液滴,水解形成沉淀物。内部与外部凝胶溶胶化过程是由水解基的形式决定的。在煅烧和烧结之前,在一个柱内凝胶球被老化、洗涤和干燥。它的主要优点是避免形成粉尘和大的辐射问题,因为它是在液态下实现的一个过程。目前处于试验研究规模。

8.4.3.4 熔盐电解法

在俄罗斯发展起来的熔盐电解法,实现了从乏燃料回收金属钚、二氧化钚的转换,并采用远距离自动化操作下的振动密实工艺生产燃料棒。由于熔盐,如金属氯化物,在融化状态成为 Cl^- 和 Me^+,它们十分稳定,电化学电位的差别使得熔盐系统很容易控制,例如在介质 NaCl 中,Cl/Cl^- 为 0 电位,Na/Na^+ 的电位为 3.5V,在 0～3.5V 的电位区内,人们利用各种产物电位的不同,在阴极可分离得到一系列的化学元素。可作为熔盐介质的有 NaCl、KCl、LiCl、CsCl 及其混合物,在电解液中通入氯气,使 U、Pu、PuO_2、UO_2 电离,在适当的阴极电位下,这些离子迁移到阴极,并在那里沉积。U 和 Pu 的各种反应(氯化作用)如下

$$PuO_2 + Cl_2 \rightleftharpoons PuO_2^{2+} + 2Cl^- \tag{8-16}$$

$$PuO_2^{2+} + Cl^- \rightleftharpoons PuO_2^{2+} + \frac{1}{2}Cl_2 \tag{8-17}$$

$$PuO_2^{+} + \frac{3}{2}Cl_2 \rightleftharpoons Pu^{4+} + O_2\uparrow + 3Cl^- \tag{8-18}$$

$$Pu^{4+} + Cl^- \rightleftharpoons Pu^{3+} + \frac{1}{2}Cl_2 \tag{8-19}$$

$$PuO_2 + 2Pu^{4+} \rightleftharpoons PuO_2^{2+} + 2Pu^{3+} \tag{8-20}$$

$$PuO_2 + U^{4+} + Cl_2 \rightleftharpoons Pu^{4+} + UO_2^{2+} + 2Cl^- \tag{8-21}$$

$$UO_2 + 2Pu^{4+} \rightleftharpoons UO_2^{2+} + 2Pu^{3+} \tag{8-22}$$

$$UO_2 + Cl_2 \rightleftharpoons UO_2^{2+} + 2Cl^- \tag{8-23}$$

由于氧化物的电位比金属的低,多以在阴极上优先析出,这样可以直接在阴极上得到氧化物燃料

$$U^{3+} + 3e^- \longrightarrow U \tag{8-24}$$

$$UO_2^{2+} + 2e^- \longrightarrow UO_2 \tag{8-25}$$

$$PuO_2^{2+} + 2e^- \longrightarrow PuO_2 \tag{8-26}$$

人们亦可以直接在阴极上得到混合氧化铀钚燃料。在熔盐中存在着 Pu^{3+}、Pu^{4+}、PuO_2^{2+} 及 UO_2^{2+}。加入 O_2 与 Cl_2,把 Pu^{3+}、Pu^{4+} 氧化成 PuO_2^{2+},这样在阴极上首先产生了 PuO_2^{2+} 及 UO_2^{2+}(已有),控制 O_2 与 Cl_2 的量使 PuO_2^{2+} 的量也得到了控制,从而在阴极上得到了成比例的 UO_2 与 PuO_2。目前俄罗斯的混合氧化铀钚燃料就是这样得到的。

也可以用这种方法,将 UO_2 与 PuO_2 分离,在阴极上生成 PuO_2,而 UO_2 以粒子状态 UO_2^{2+} 留在熔盐液体中。

从以上的介绍可以看出,用熔盐电解的方法可以得到 UO_2、PuO_2,金属 Pu 和混合氧化铀钚,即从乏燃料中回收所要的各种形式的燃料。

值得说明的另一个优点是裂变产物(Ru-Rh、Zr、Ce、Cs、Sr、Am-Cm 等)的化学电位高于 PuO_2 和 UO_2,靠控制电位就可以达到净化的目的。对快堆 MOX 燃料,这种净化方法可达到使用要求。

俄罗斯的熔盐电解的工作为快堆燃料循环一体化找到了理论根据和实践方法,熔盐电解炉放在热室内,炉子由高温石墨制成,壳体为正极,阴极也是高温石墨的。放入快堆乏燃料组件,经电解,再经三种电化学过程,在阴极上得到的就是所需的燃料,即分离和生产是同时进行的。变换炉内的熔盐材料,就可以根据

要求得到 UO_2、PuO_2、金属 Pu 和混合氧化铀钚及裂变产物(去污)结晶。在俄罗斯一个电解炉每次可操作 6～30kg 的产物,大约放入一个 BH-600 的燃料组件可得到一个新组件的燃料。产物经过再加工使之颗粒化,就可以用于振动密实法生产快堆燃料棒。

8.4.4 MOX 芯块制造

传统的由 MOX 粉末到芯块的加工包括球磨与制粒、压制成型(压制成坯)和烧结芯块等主要工序。

8.4.4.1 球磨与制粒

球磨的目的是得到烧结性好、密度符合标准并具有重复性的活性粉末。需要将粉末利用球磨机或振动磨机粉碎。在分析粉碎效果时用比表面积(BET)、平均粒径(FSSS)、振实密度、松装密度等来表示粉末的物理性质。如图 8-10 所示,平均粒度随粉碎时间而减小,与此相应,振实密度和松装密度随粉碎时间而增加,经一定时间后达到一定值。通常的粉碎时间为 2～8h。

从图 8-9 可知,在不同的工艺中,球磨处理的物料不同,在传统工艺、法国使用的 COCA 工艺及英国使用的 SBR 工艺中,先将 UO_2 与 PuO_2 两种粉末按比例混合,球磨使其碎化和混合均匀,然后制粒。在 MIMAS 工艺中,使用的 UO_2 粉末已是活化粉末,球磨的物料是 PuO_2 粉末。将球磨后的 PuO_2 粉末与 UO_2 粉末再搅拌混合。

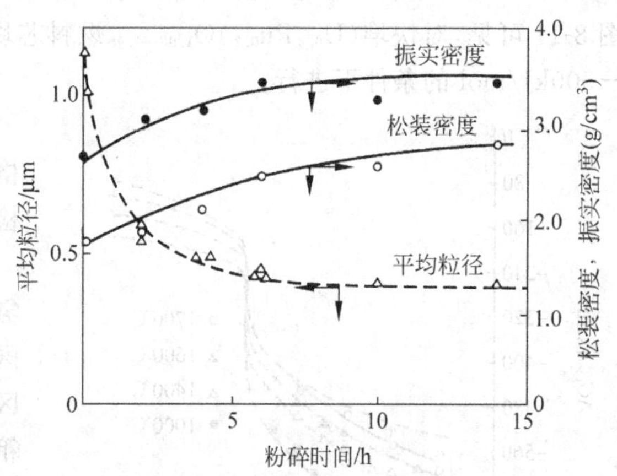

图 8-10 粉碎时间与平均粒径、振实密度松装密度的关系

制粒的目的是得到具有好的成型性与填充性的粉末。在制粒过程中还要加入黏结剂及润滑剂,使生坯具有一定的强度。通常采用的方法是将添加剂与粉末混合,在较低的压力下成型,再用粗碎机粉碎到适当的粒度(约 20 目),然后筛选,加入润滑剂之后再次混合均匀并干燥。

8.4.4.2 压制成型

压制成型的目的是将松散的粉末加工成具一定形状、一定尺寸精度和一定强度的坯块。生坯的密度为 5～6g/cm³。压制生坯可使用机械式压机或液压式压机,目前多使用后者。压制生坯的过程由装料、压制、脱模和排出四步组成。装料方式目前多采用容积供料,即物料流入一定容积的模腔,由模腔的容积、物料的松装密度及流动性控制流入模腔中的物料。因此要求粉末具有较好的流动性(如前所述,流动性不好的要先经过预压制粒,以改善流动性),保证物料的松装密度和填充性。

燃料芯块为短圆柱体。生坯的形状和直径由模具尺寸保证,高度和密度的控制方法有两种:或不管模具腔中内充入物料量如何,单位面积上总是受一个不变的压力,称等压力压制,例如采用液压机压制就是如此;或利用控制压机上下冲头行程来控制生坯高度的方法称为等容积压制。前者的优点是能保证生坯密度,但高度随装料多少而变(因芯块的堆垛高度可以调整,所以可以接受),后者的缺点是随物料量的波动生坯密度不一致(波动超出一定范围,就不可接受),一般采用液压机压制,为提高产量采用多压模结构,液压机活塞的每一个行程,同时压制若干个坯块,如 5～7 个。

为保证生坯密度及脱模,在粉末中必须加润滑剂。润滑剂与粉末均匀混合以后,黏附在粉末颗粒表面,加压成型时导致降低单位压制压力,并且它可以减少粉末与模壁之间的外摩擦压力损失,较大幅度地提高生坯密度和强度以及生坯内密度的均匀性。常用的润滑剂是硬脂酸锌。此外,模具的自动润滑也有利于芯块密度的均匀性。除润滑剂外,有时还需加进黏结剂和造孔剂(详见有关燃料制造的文献或书籍)。

加压的方法有单向加压、双向加压、浮动模具压制和恒压力压制。双向加压有利于生坯密度沿高度方向的均匀性,对烧结芯块的尺寸稳定性和密度均匀性有益。

8.4.4.3 烧结芯块

MOX 芯块的制造主要包括压制成形和烧结两步,其工艺条件对两类 MOX 芯块除烧结气氛外,其余都与 UO_2 芯块的制造相同。FBR-MOX 芯块的 O/M 比要求在 1.96～1.98 之间。因为芯块的 O/M 比与烧结气氛的氧化学位($\Delta\bar{G}_{O_2}$)有关,如图 8-11 所示。而氧化学位与氧分压由式(8-27)联系:

$$\bar{G}_{O_2} = RT\ln P_{O_2} \tag{8-27}$$

式中,P_{O_2} 为烧结气氛中的氧分压,Pa;T 为烧结温度,K;R 为气体常数,8.314J/mol。式(8-27)中的 $\ln P_{O_2}$ 可由以下反应求得:

$$H_2 + \frac{1}{2}O_2 \Leftrightarrow H_2O(气) \tag{8-28}$$

即

$$\ln P_{O_2} = 2\ln\frac{P_{O_2}}{P_{H_2}} + 2\frac{\Delta G_c^{\ominus}}{RT} \tag{8-29}$$

式中 $\Delta G_c^{\ominus}$ 是在标准状况下发生式(8-28)反应的自由能变化,可查表得到。所以通过调节烧结气氛($Ar + H_2O + H_2$)中 P_{H_2O}/P_{H_2} 的比值,来获得在一点烧结温度下与所需 O/M 比相对应的 $\ln P_{O_2}$(或 $\Delta\bar{G}_{O_2}$)值。从图 8-11 可见,对快堆$(U_{0.8}Pu_{0.2})O_{1.96\sim1.98}$燃料芯块,烧结应在 1700℃下,气氛 P_{H_2O}/P_{H_2} 比值对应于 $\Delta\bar{G}_{O_2} \approx -500$kJ/mol 的条件下进行。

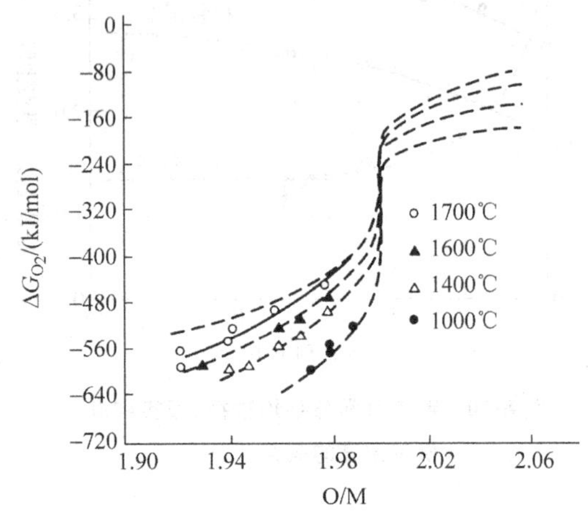

图 8-11 MOX 的 O/M-$\Delta\bar{G}_{O_2}$ 图

LWR-MOX 燃料芯块从烧结炉卸出后,要根据技术规格书的规定,对其直径和高度用无心磨床进行磨削。经质量检查合格后入库存储。

芯块的固相高温烧结是在还原性气氛中(氩气加少量的氢),在约 1700℃下进行的,烧结保温时间为 2~3h,大部分国家采用连续烧结炉,连续烧结炉分预热区、保温区(即烧结区)和冷却区。连续烧结炉,包括它的进口和出口都在手套箱中。由于粉末工艺参数的波动及生坯工艺参数的变化,因此对每一批特定条件的坯块都要进行烧结试验,找出烧结密度与烧结温度、烧结时间的关系。烧结制度对生坯的收缩率、芯块孔隙率、晶粒度都有重大影响,是保证芯块质量的重要环节。值得说明的是,快堆燃料芯块的尺寸与压水堆相比很小,直径只有约 5mm,有时为降低燃料棒中心温度,预先要留有中心孔。压水堆燃料芯块的直径不符合要求的,一般采用磨床加工外圆,但面对大量直径只有 5mm 左右的快堆燃料芯块很难做到,一般快堆燃料芯块不磨外圆,因此要求烧结芯块的尺寸稳定性非常好。

影响芯块高温烧结的因素主要有以下几点。

(1) 粉末性质　主要的粉末性质是:颗粒尺寸、形状、多孔性、比表面积、粉末密度、O/M 比等。因此,如前所述,对粉末是有严格的技术规定的。

(2) 生坯的压制参数　主要包括黏结剂、润滑剂和生坯密度。加黏结剂、润滑剂对压制有利,但对烧结造成不利的影响,反映在析出物炭使芯块密度下降。目前许多的核燃料工厂采用水作黏结剂,成型时只用润滑剂对模腔进行自动润滑,而不把润滑剂加在粉末原料中,减少了润滑剂的玷污,有利于芯块质量的改善。

(3) 烧结气氛　气氛的影响可归结如下:

(a) 气氛性质的变化,导致燃料内部缺陷结构的变化,从而导致铀和钚离子扩散速率的变化;

(b) 它可以改变粉末表面的化学成分,改善或恶化坯块内颗粒的搭接形状,使芯块的完整性受到影响;

(c) 不同气体在燃料中的扩散度率不同,会影响燃料的致密化程度;

(d) 在不同的气氛中,二氧化铀和二氧化钚的蒸汽压不同,挥发损失随之而异;

(e) 气氛使氧金属比发生变化。

烧结气氛有五种类型,即还原性气氛、惰性气体、弱氧化气氛、氧化气氛及混合气氛。Pu 是变价的,存在三种形式的氧化钚,即 PuO、PuO_2、Pu_2O_3,在真空及还原性气氛中很容易形成亚化学计量的 PuO_{2-x},当需要 MOX 燃料的 O/M 比小于 2.0 时,氧化铀仍然是化学计量的,PuO_2 变成 PuO_{2-x}。快堆用的 MOX 燃料的 O/M 比一般在 1.94~1.99 之间,即为亚化学计量的,一般采用的烧结气氛为氩气加少量的氢(5%~7%)。

8.4.4.4　二氧化铀钚芯块的技术要求

在这里介绍美国的快堆用烧结的二氧化铀钚芯块的标准(ASTMC1008-92)的主要内容。它适用于钚的添加量从10%到40%(质量分数)的快堆二氧化铀钚芯块。

1) 化学要求

(1) 铀和钚的含量的最小值不得小于干重的87.7%(质量分数)。

(2) 各种杂志的含量不能超过表中规定的以重金属(铀和钚)的质量为基准的限值。列入表8-7的各种杂质的总和不超过5000μg/g。

表8-7　杂质元素及最高含量限值

元　　素	最大含量限值/[μg/g(U+Pu)]	元　　素	最大含量限值/[μg/g(U+Pu)]
Al	900	Fe	1600
Ca	250	Mg	150
C	300	Ni	500
Cl	25	N,Nitride	200
Cr	500	Cu+Zn+Si	1400
F	25	Ag+Mn+Mo+Pb+Sn	400

(3) 烧结芯块的氧铀比在1.94～2.01的范围内。

(4) 水分含量不超过30μg/g。

(5) 气体含量,除去水汽、其余气体含量在标准状况下不超过0.18L/kg(重金属)。

(6) Am-241含量必须符合最大可接受的镅含量要求。

2) 核要求　必须确定镅、铀和钚在二氧化铀钚芯块中的含量。

3) 物理要求

(1) 规定芯块尺寸、芯块密度、晶粒度、气孔形态和辐照稳定性的要求。

(2) 规定二氧化钚的均匀性和粒度要求如下:

(a) 在一批芯块中钚的均匀性。从许多芯块中取出一些有代表性的,用以分析确定钚含量的均匀性。从每个芯块上取的样品质量不超过1g,其钚含量的范围应在±0.2%之内。

(b) 一个芯块内二氧化钚粒子的尺寸和分布。当量直径为200μm的或更大的富二氧化钚粒子的含量不得超过二氧化钚名义含量的5%。

此外对芯块的完整性、掉边掉角等碎屑、成品清洁度、标志、批量要求、取样、测量与试验方法等方面都做了详细规定。

8.5　(U,Pu)O_2的基本性质及堆内行为

8.5.1　物理性质

铀和钚的离子半径分别等于0.110nm和0.107nm,UO_2和PuO_2同属于CaF_2型面心立方晶格。相同的晶体结构及离子价和相近的离子尺寸使UO_2与PuO_2混合物烧结体形成无限置换型固溶体。在UO_2溶剂中,随着PuO_2溶入量的逐渐增加,UO_2-PuO_2系平衡图呈现出光滑连续的液相线和固相线。

图8-12是Pu-O系平衡相图,从图中可见,当O/Pu比在1.0～2.0范围,钚的氧化物有PuO_2、Pu_2O_3、PuO,但在实用的O/Pu范围内只有前两种。此外,在低于2000℃温度下,未发现比PuO_2更高的氧化态氧化物,即不存在超化学计量PuO_{2+x}。那么在超化学计量的$(U_{1-q}Pu_q)O_{2+x}$中,因多余的氧带入了过量的电荷,只有将铀氧化到U^{5+}或U^{6+}。因此该超化学计量混合氧化物可视为与$(1-q)$mol的UO_{2+m}和q mol的PuO_2组成的理想固溶体等效,其中$m=x/(1-q)$。同理,由于在U-O系里,1500℃温度以下不存在亚化学计量UO_{2-x},所以$(U_{1-q}Pu_q)O_{2-x}$可作为由$(1-q)$mol的UO_2和q mol的PuO_{2-m}组成的理想固溶体,这里$m=x/q$。

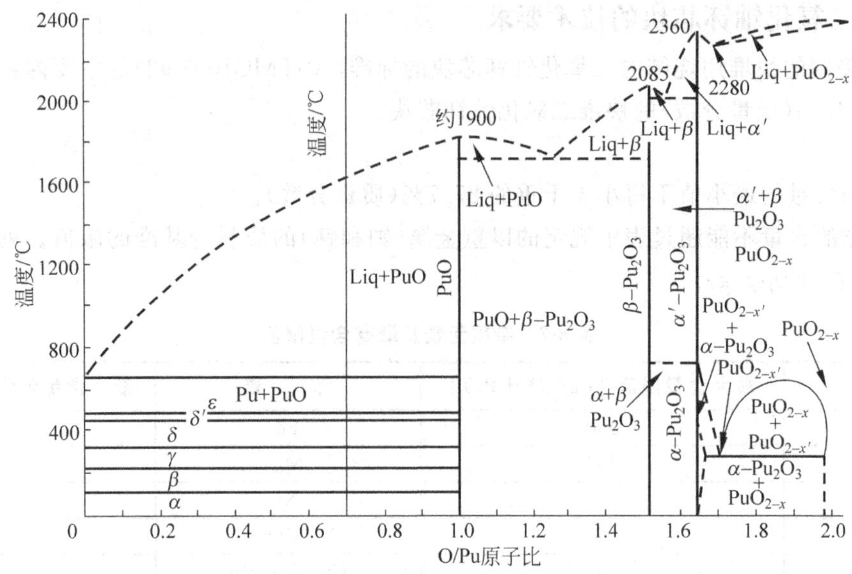

图 8-12　Pu-O 系平衡相图

(U,Pu)O_2 的晶格常数随 PuO_2 含量的提高而线性降低，反之其理论密度则线性增加。由 UO_2 与 PuO_2 的室温 a_0 值(分别等于 0.5470nm 和 0.5396nm)可求得($U_{0.8}Pu_{0.2}$)O_2 的晶格常数为 0.5455nm，理论密度为 11.06g/cm^3。对亚化学计量的($U_{0.8}Pu_{0.2}$)O_{2-x}，因其晶格常数随 x 的增加而增大，故其理论密度相应减小，如 $x=0.03$ 时，密度值就等于 10.04g/cm^3。

快中子堆一般采用 UO_2/PuO_2 为(0.75～0.80)/(0.25～0.20)，O/M 比为 1.96～1.98 的 MOX 燃料。Fink、Martin、Gibby 和 Philipponeau 等曾对该燃料的热物理性质进行了大量的数据编评研究。可以发现，化学计量($U_{1-q}Pu_q$)O_{2-x} 的热膨胀系数对 PuO_2 含量不敏感，亚化学计量($U_{1-q}Pu_q$)O_{2-x}则随 x 增加而增大。比热容也是对结构、成分不敏感的物理量。PuO_2 含量在 20%～25%之间、O/M 比为 1.97～1.98 的(U,Pu)O_2 的比热容与温度的关系如图 8-13 所示，数据点分布在一个狭窄的带内，用式(8-10)拟合可得到 $K_1=81.768$J/(mol·K)，$K_2=3.8728\times10^{-3}$J/(mol·K^2)，$K_3=2.5205\times10^7$J/mol，$\theta=539$K，$E_D=1.678\times10^5$J/mol。

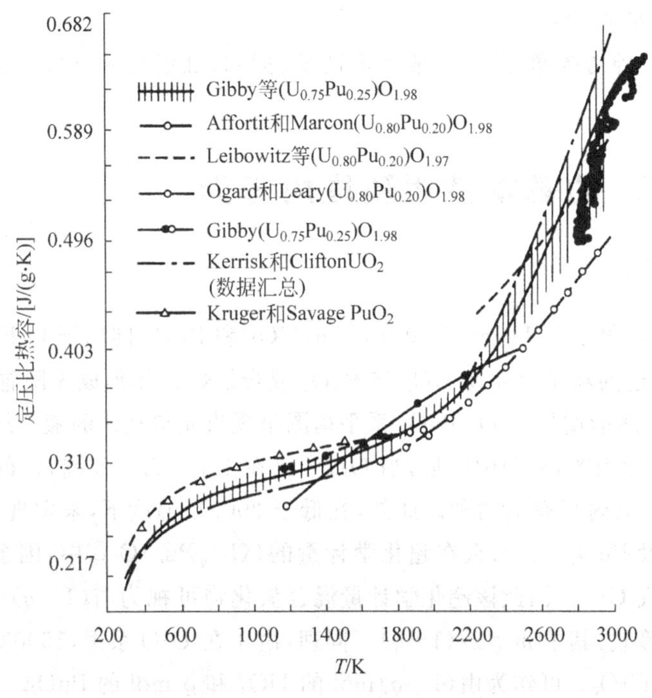

图 8-13　($U_{0.75}Pu_{0.25}$)$O_{1.98}$的比热容

$(U_{0.8}Pu_{0.2})O_{2-x}$的热导率数据和 Martin、Philipponeau 推荐的曲线一并示于图 8-14 中，它们的区别在于上曲线是由 Martin 公式

$$K(T) = (0.037 + 3.33X + 2.37 \times 10^{-4} T)^{-1} + 78.9 \times 10^{-12} T^3 \tag{8-30}$$

计算而得的，而下曲线则是由 Philipponeau 对 95%T. D. $(U_{0.8}Pu_{0.2})O_{2-x}$的实际热导率(K)数据拟合而制成。从式(8-25)可见，$(U_{0.8}Pu_{0.2})O_{2-x}$的热导率随 x 的增加而下降，式中第二项表示了光子对热传导的贡献。

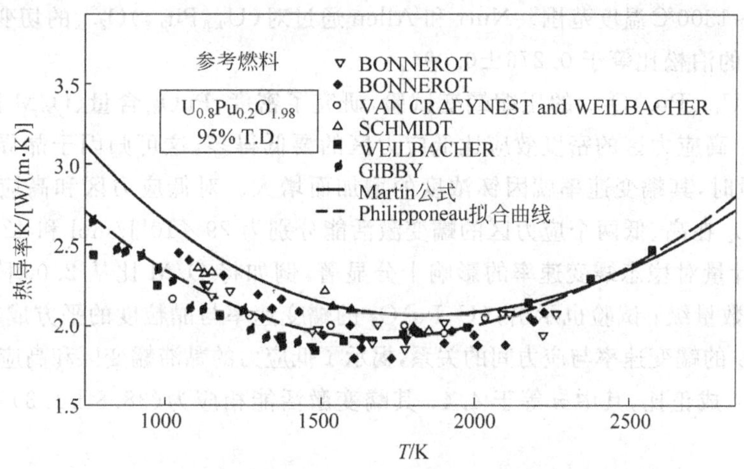

图 8-14 95%T. D. 的$(U_{0.8}Pu_{0.2})O_{1.98}$的热导率

快堆典型燃料$(U_{0.8}Pu_{0.2})O_{1.97}$的物理性质示于表 8-8 中。

表 8-8 快堆典型燃料$(U_{0.8}Pu_{0.2})O_{1.97}$的物理性质

性 质	数 值	性 质	数 值
理论密度(室温)/(g/cm³)	11.04	热膨胀系数(室温～1600℃)/℃⁻¹	11.6×10^{-6}
熔点/℃	2768	热导率(600℃)/[W/(m·K)]	3.3
比热容(600℃)/[J/(mol·℃)]	85.6	热导率(1000℃)/[W/(m·K)]	2.5
比热容(1000℃)/[J/(mol·℃)]	90.2		

8.5.2 力学性质

$(U,Pu)O_2$ 的力学性质随 PuO_2 的含量而异，但基本上仍与 UO_2 的性质相似，其应变行为和温度的关系可分为脆性、半脆性和延性三区。脆性区的终了温度就是脆-延转变温度(T_c)，它随应变速率的增大而提高。与 UO_2 相比，在相同条件下试验，约高 300℃。半脆性区实际上是脆-延过渡区，约有 200℃温度范围，可以存在确定的强度。完全延性区约在 1700℃以上，在该区内强度随温度迅速减小，在断裂前有明显的塑性变形。$(U,Pu)O_2$ 的断裂强度还与晶粒度和孔隙度有关。至今它的数据报道甚少，但理论上可以从修正的 Griffith 公式计算

$$\sigma_F = \left(\frac{2E\gamma}{\pi(1-\nu^2)C}\right)^{\frac{1}{2}} \tag{8-31}$$

式中，γ 是表面能，N/m；E 是弹性模量，MPa；ν 是泊松比；C 是裂纹尺寸，m。一般混合氧化物的断裂强度比 UO_2 的要低。

$(U_{1-q}Pu_q)O_{2-x}$的弹性模量不仅与温度和孔隙度有关，而且与 O/M 比有关，Padel 等人测得了 95% T. D. 的$(U_{0.8}Pu_{0.2})O_{2-x}$在 25～1300℃温度范围内的弹性模量。室温下，$x=0$ 和 $x=0.038$ 的弹性模量分别为 2.265×10^5 MPa 和 1.808×10^5 MPa。Roberts 等用弯曲试验测量了$(U_{0.8}Pu_{0.2})O_2$ 在 900～1700℃温度范围内弹性模量与温度的关系。结果表明，在脆-延转变温度(1400～1500℃)以后，弹性模量迅速下降。根据 Padel 的实测数据可得到$(U,Pu)O_2$ 的弹性模量随温度线性下降的关系式：

$$E = 2.310 \times 10^5 (1 - 7.843 \times 10^{-4} T) \tag{8-32}$$

式中，E 的单位为 MPa；T 为温度(℃)。Nutt 等在室温下测得了$(U_{0.8}Pu_{0.2})O_{1.984}$的弹性模量与孔隙度的关

系为

$$E = 2.103 \times 10^5[1 - 2.03(1 - D)] \tag{8-33}$$

式中，D 为试样的理论密度份额。通过式(8-32)和式(8-33)可求得室温下，理论密度$(U,Pu)O_2$ 的 E 等于 2.57×10^5MPa。由此，综合以上两式，$(U_{0.8}Pu_{0.2})O_2$ 的弹性模量与 D、T 的关系式为

$$E = 2.57 \times 10^5(1 - 7.843 \times 10^{-4}T)[1 - 2.03(1 - D)] \tag{8-34}$$

式(8-34)适用于室温～1300℃温度范围。Nutt 和 Allen 通过对$(U_{0.8}Pu_{0.2})O_{2-x}$的切变模量和弹性模量的测量，计算出$(U,Pu)O_2$ 的泊松比等于 0.276±0.094。

Evans 等完成了$(U_{1-q}Pu_q)O_{2-x}$的压缩蠕变试验，研究了密度、PuO_2 含量、O/M 比、晶粒度对其蠕变速率的影响。结果表明：高应力区的密度效应比低应力区的要低得多，这可归因于晶界孔隙度增强了晶界滑动；当提高 PuO_2 含量时，其蠕变速率就因钚浓度的增加而增大。对低应力区和高应力区的软化程度是相同的，这是因为纯 PuO_2 在高、低两个应力区的蠕变激活能分别为 29×10^4J/mol 和 42×10^4J/mol，明显小于$(U_{0.8}Pu_{0.2})O_2$；化学计量对稳态蠕变速率的影响十分显著，例如将 O/M 比从 2.00 降至 1.95，蠕变速率会减少到 1/9，甚至一个数量级；试验也示出，$(U,Pu)O_2$ 的蠕变速率与晶粒度的平方成反比，Routbort 等实验研究了$(U_{0.75}Pu_{0.25})O_2$ 的蠕变速率与应力间的关系，揭示了低应力的黏滞蠕变区和高应力的幂指数定律区，其蠕变速率分别与 σ 和 σ^n 成正比，其中 n 等于 4.4；其蠕变激活能相应为$(38.8\pm1.3)\times10^4$J/mol 和$(57.3\pm2.2)\times10^4$J/mol。

8.5.3 堆内行为

$(U,Pu)O_2$ 芯块的堆内行为不仅与温度和裂变率密切相关，而且，还与芯块径向陡峭的温度梯度和中子注量率的降抑因素紧密联系。对于 LWR-MOX 和 FBR-MOX 两类燃料芯块还应当了解它们不同的堆内使用条件，以便区分其具体的堆内行为。表 8-9 中已列出了 LWR 和 FBR 的设计运行参数。根据表中的典型数据，以下具体介绍与 MOX 燃料芯块堆内行为直接有关的使用条件。

表 8-9 两类 MOX 燃料芯块的使用条件

项　目	FBR-MOX	LWR-MOX	
		PWR	BWR
芯块直径/mm	5.2	8.19	10.3
初始富集度/%	20～30	1.8～3.1	2.2
初始中心温度/℃	2500	1700	1600
芯块表面温度/℃	700	400	400
径向温度梯度/(℃/mm)	857	317	233
径向裂变率变化，寿期内	<15%	增加 2～4 倍	
快中子(>0.1MeV)注量/(n/m²)	$(2\sim3)\times10^{23}$	5×10^{21}	

对于 LWR-MOX 燃料棒，使用的平均比功率为 26～40W/g，转换成平均线功率是 16～22kW/m，平均裂变率为$(6.4\sim9.6)\times10^{12}$f/(cm³·s)，锆合金包壳表面温度为 300～350℃。而对于 FBR-MOX 燃料棒，相应的使用条件分别为 130～200W/g，26～36kW/m，$(4.8\sim6.4)\times10^{13}$f/(cm³·s)及 650～700℃。可见快中子堆燃料的使用条件更为严酷。

由于固态 MOX 的热导率较低，芯块在使用条件下的中心温度很高，在径向产生陡峭的温度梯度。FBR-MOX 芯块的直径较小，其温度梯度常可达到 10^3℃/mm；反之，LWR-MOX 芯块只有$(2\sim3)\times10^2$℃/mm。而且随着燃耗的加深，芯块表面和中央区的裂变率因钚向中央的迁移或表面钚的生成而引起裂变率的变化。一般，对于 FBR-MOX 芯块，中央增大，而表面降低，但总改变小于 15%。但对于 LWR-MOX 芯块，在整个寿期内，表面裂变率增大 2～4 倍，中心的中子注量率降抑越来越大，从而大大降低芯块中心温度，见表 8-9。因此，在讨论 MOX 芯块的堆内行为时，必须考虑这些因素的影响。

FBR-MOX 芯块的堆内行为及与包壳的相互作用如图 8-15 所汇总，与 LWR-MOX 同样，随着燃耗增加，其堆内行为也包括芯块开裂、$(U,Pu)O_{2-x}$的重结构、氧和钚的重布、密实和肿胀、裂变气体释放等，但对

于所有这些,FBR-MOX 芯块均比 LWR-MOX 芯块要严重得多,详细讨论请参阅 2.5 节。

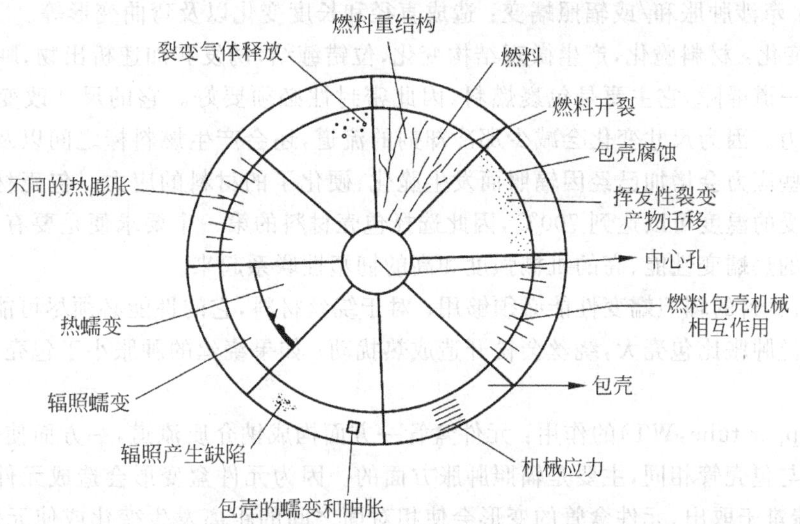

图 8-15 MOX 燃料元件的堆内行为及与包壳的相互作用

8.6 快堆包壳材料

8.6.1 快堆包壳材料应具备的条件

包壳材料是反应堆安全的第一道屏障(如果考虑燃料芯块为第一道安全屏障,则包壳材料是第二道),它包容裂变产物,阻止裂变产物外泄;它是燃料和冷却剂之间的隔离屏障,避免燃料与冷却剂发生反应;它对于芯块提供了强度和刚度,是燃料棒几何形状的保持者。它工作在高温高压环境中(对压水堆来说是370℃左右,15.5MPa;对快中子堆来说是700℃左右);暴露于快中子辐射场下;一边是燃料芯块(相邻处约 800℃),一边是冷却剂(水堆约 320℃,快堆约 550℃),承受很大的温度梯度(1000~2000℃/cm);在它的寿命期内承受不断增加的应力。应力一方面来自外部冷却剂的压力及功率改变产生的热应力,另一方面来自内部,燃料肿胀,裂变气体释放等使内部压力不断增加,芯块与包壳相互作用产生的机械应力及芯块与芯块相互作用对包壳壁的作用力等。因此包壳设计要求十分精确,对包壳材料的要求非常高。对快堆来说,还有燃料元件盒材料也须和包壳材料一起考虑,元件盒也称六角管或包裹材料,它的工作环境与包壳管类似,温度比包壳管稍低,约 550℃。将与包壳材料一起讨论。

包壳材料应具备的条件如下:

(1) 具有小的中子吸收截面。(对快堆来讲,这一点的重要性不如热堆高)

(2) 具有良好的抗辐照损伤能力,且在快中子辐照下不产生强的长寿命核素。(对快堆来讲,抗辐照肿胀很关键)

(3) 具有良好的抗腐蚀性能,与燃料及冷却剂相容性好。

(4) 具有好的强度、塑性及蠕变性能。(对快堆来讲,由于包壳温度高,这一点相当重要)

(5) 好的导热性能及低的线膨胀系数。

(6) 易于加工,焊接性能好。

(7) 材料容易获得,成本低。

快堆核燃料组件的包壳和元件盒材料必须承受钠冷却剂的腐蚀高温和热力学负荷,以及高于 10^{15} n/(cm^2 · s)快中子通量照射而产生的损伤,并且由于经济上的原因,要求达到高燃耗(高于 20at%)和承受高于 200dpa 的辐照损伤剂量。因此它们的工作环境特别恶劣。

8.6.2 材料选择要求

最初的选择标准是考虑与燃料和钠介质的相容性,以及一般的机械性能要求。但新的标准很快就联系到材料的快中子辐照效应。辐照产生两种现象：

(1) 几何变化：牵涉肿胀和/或辐照蠕变：造成直径和长度变化以及弯曲变形等。

(2) 机械性能变化：材料脆化，产生微观结构变化，位错缠结，诱发和加速析出物，肿胀、氦泡效应等。

快堆包壳是第一道屏障，它主要是包裹燃料，因此密封性必须要好。它的尺寸改变(如直径增加)会导致热应力和机械应力。因为尺寸变化会减少那冷却剂的流道，还会产生燃料棒之间以及燃料棒和元件盒之间的相互作用。这些应力会增加已经因辐照而发生脆化、硬化了的材料的应力。包壳材料在不断增加的裂变气体压力下所承受的温度可以达到700℃，因此选择包壳材料的第一个要求便是要有好的抗肿胀性能，这个性能也必须和好的热蠕变性能、高的机械强度和高的韧塑性联系起来。

为了释放应力，材料的辐照蠕变性能必须够用；对于绕丝材料，它的性能必须尽可能与包壳材料的性能一致。因为如果绕丝肿胀比包壳大，绕丝会松开造成热扰动；如果绕丝的肿胀小于包壳，则会造成绕丝与包壳缠在一起。

元件盒管(wrapper tube，WT)的作用：元件盒管一方面构成钠介质流道，一方面使燃料棒成束，易于操作。它的性能要求与包壳管相同，主要是辐照肿胀方面的。因为元件盒变形会造成元件盒之间相互接触或相互离开，使元件棒难于取出，元件盒管的变形会使相对面之间的距离发生变化或使元件盒管的长度增加，还会造成元件盒管的弯曲等。此外，元件盒管必须有合适的机械性能，首先要有足够的强度来承受操作中的冲击，还要考虑辐照引起的变形。对于元件盒来说，材料辐照造成的影响是很大的，材料的蠕变造成相对面之间的距离加大，肿胀使几何形状发生改变。抗肿胀的材料一般又比较脆，实际上我们希望的材料是两者兼顾的。

作为快堆组件的材料还必须有很好的抗腐蚀性能。在反应堆寿期内，以及在所要求的周期下不发生问题。尤其它们必须有很好的抗钠腐蚀性能，以及在储存期的水中抗腐蚀性能，对包壳来说，在硝酸环境中还要有很好的抗腐蚀性能，以利于后处理操作。

8.6.3 材料的选择和演化

结构材料的选择大部分与它们的抗肿胀性能有关。最早选择的材料是304不锈钢(美国)和316不锈钢(法国)。但这些材料在50dpa时便达到了极限，通过加入合金元素的方法，加入稳定化元素的方法，改变微结构的方法以及精细加工的方法，热处理的方法，冷加工的方法等，得到了一些改进。现在可以达到143dpa，改进的努力并没有放弃，还在继续进行中。

第二类材料是镍基合金，它们的抗肿胀性能比不锈钢好。法国用Inconel 706，英国用PE16，美国用不同成分的Inconel 706，大多都显示出高的抗肿胀性能，但辐照后十分脆，易造成包壳破损。

最后一类材料是铁素体-马氏体钢。进行了很多研究试验，现在已用作元件盒材料。这类材料是BCC结构，抗肿胀性能很高，可达200dpa。但大部分这种材料的抗蠕变性能在高于550℃时下降很快，这是它最大的弱点，因而不能被作为包壳材料，但作为元件盒材料还是有广泛的用途，因为元件盒的温度比较低。目前的研究集中在增加它的抗蠕变性能上。其中Em12，HT9和ODS材料(氧化物弥散分布铁素体钢)有可能作为将来的包壳材料。这几类材料中几个典型的化学成分见表8-10、表8-11和表8-12。

表8-10 一些奥氏体钢的典型成分(质量分数) %

合金牌号	C	Cr	Ni	Mo	Si	Mn	Ti	Nb	P	$B/10^{-6}$
304	0.05	18	10	0.3	0.4	1.5	—	—	—	—
316	0.05	17	13	2	0.6	1.8	—	—	—	20
FV548	0.09	16.5	11.5	1.4	0.3	1	—	0.7	—	—
316 Ti	0.05	16	14	2.5	0.6	1.7	0.4	—	0.03	—
1.4970	0.1	15	15	1.2	0.4	1.5	0.5	—	—	50
15-15Ti	0.1	15	15	1.2	0.6	1.5	0.4	—	0.03	50
$15\text{-}15Ti_{opt}$	0.1	15	15	1.2	0.8	1.5	0.4	—	—	50

表 8-11　一些镍基合金的典型成分(质量分数)　　%

合金牌号	C	Cr	Ni	Mo	Si	Mn	Ti	Nb	Al	$B/10^{-6}$
PE16	0.13	16.5	43.5	3.3	0.2	0.1	1.3	—	1.3	—
IN706	0.01	16	40	0.02	0.09	0.4	1.5	3	—	—
12RN72HV	0.1	19	25	1.4	0.4	1.8	0.5	—	—	65

表 8-12　一些研究中的铁素体-马氏体钢的典型成分(质量分数)　　%

国家	合金牌号	C	Cr	Ni	Mo	V	Nb	Si	Mn	N	$B/10^{-6}$	其他
英国	F1	0.15	13.0	0.47	—	—	—	0.30	0.45			
	FV607	0.13	11.1	0.59	0.93	0.27	—	0.53	0.80			
	CRM-12	0.19	11.8	0.42	0.96	0.30	—	0.45	0.54			
	FV448	0.10	10.7	0.64	0.64	0.16	0.30	0.38	0.86			
法国	F17	0.05	17.0	0.10	—	—	—	0.30	0.40	—		
	EM10	0.10	9.0	0.20	1.0	—		0.30	0.50	0.020		
	EM12	0.10	9.0	0.30	2.0	0.40	0.50	0.40	1.00	—		
	T9	0.10	9.0	<0.40	0.95	0.22	0.08	0.35	0.45	0.050		
德国	1.4923	0.21	11.2	0.42	0.83	0.21	—	0.37	0.50	—		P,S≤80 $\times 10^{-6}$
	1.4914	0.14	11.3	0.70	0.50	0.30	0.25	0.45	0.35	0.029	70	
	1.4914 (mod)	0.16～0.18	10.2～10.7	0.75～0.95	0.45～0.65	0.20～0.30	0.10～0.25	0.25～0.35	0.60～0.80	0.010 max.	15max.	
美国	HT9	0.20	11.9	0.62	0.91	0.30	—	0.38	0.59	—	—	0.5 … 2W
	AISI403	0.12	12.0	0.15	—	—	—	0.35	0.48	—	—	

8.7 快堆包壳材料的辐照损伤

8.7.1 辐照损伤机制

在反应堆环境中存在着各种各样的核辐射。核辐射对材料的影响往往是有害的,它会产生明显的物理性能及机械性能的改变,因而用于核反应堆的材料必须考虑这种影响,必须要研究它们的辐照效应。

对结构材料来说,中子辐照造成的损伤是结构材料在核反应堆中性能降级的主要原因。而裂变产物造成的辐照损伤主要局限在燃料内部。因此在讨论辐照对材料的影响,即辐照损伤时主要是讨论中子对结构材料所造成的辐照损伤。

8.7.1.1 两种主要的辐照作用

反应堆中射线的种类很多,也很强,但对结构材料来说,α 粒子、β 粒子和 γ 射线对材料的损伤都不大,而中子的影响是最大的。对燃料材料来讲,主要的影响来自裂变产物。

1. 中子与材料的反应

在反应堆中,中子带着 MeV 量级的能量入射材料中,中子与材料的原子发生碰撞,在碰撞中传递能量,发生弹性散射或非弹性散射。如图 8-16 所示的这种反应造成原子移位,产生空位和间隙原子,也可以激发电离;一定能量的中子会激发核反应,产生异种原子,并且生成氦气、氢气等。

中子的辐照是导致反应堆材料辐照损伤的十分重要的因素。中子不带电,它能一直穿入金属内部。在通常情况下,快中子与原子核间发生弹性碰撞的概率比发生非弹性碰撞的概率大得多,弹性碰撞中所传递的最大能量 E_p 可用式(8-35)表示:

$$E_p = 4mME/(M+m)^2 \tag{8-35}$$

式中,m 为中子质量;M 为被碰撞原子的质量;E 为中子的初始能量。

反应堆材料与中子的相互作用产生如下反应:

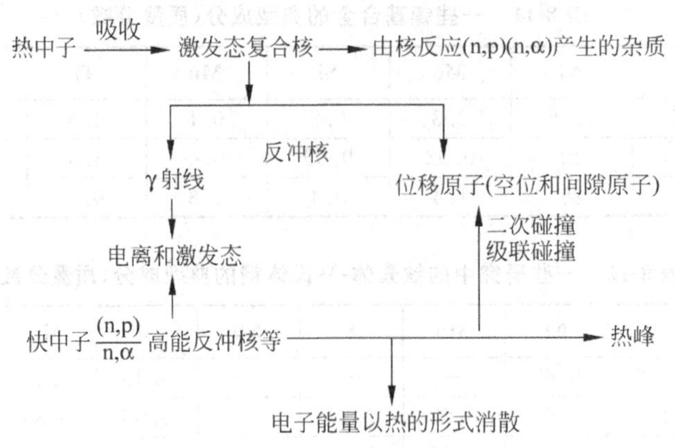

图 8-16　中子与材料的反应

1）中子散射

(1) 弹性散射：中子和靶核(反应堆材料的原子核)在反应堆内发生作用后，总动能保持不变的称为弹性散射。

当入射中子的能量恰好使形成的复合核激发到某一能级时，中子与靶核形成复合核的概率显著增大，此谓共振弹性散射；共振弹性散射是靶核吸收入射中子先形成复合核，再放出中子，回到基态的过程。即：

$$_{Z}^{A}\mathrm{X}+n\longrightarrow{}_{Z}^{A+1}\mathrm{X}\longrightarrow{}_{Z}^{A}\mathrm{X}+n$$

热中子反应堆中，快中子慢化成热中子的过程主要靠中子与慢化剂核的弹性散射来完成。

(2) 非弹性散射：(n,n′)反应，中子与靶核作用后，总动能发生改变的称为非弹性散射。

即散射前后动量守恒，动能不守恒。原因是入射中子的一部分或大部分动能变成靶核的内能，使其处于激发态，然后靶核通过发出 γ 射线才回到基态。非弹性散射有阈值特点，只有当入射中子能量高于靶核特定阈值时才能发生。

在热中子反应堆内，除裂变中子外，大量被慢化的中子能量都在非弹性散射阈能值以下，例如对铀-238核，中子至少需具有 45keV 以上能量才能发生非弹性散射。

2）中子散射

吸收反应主要有以下三种方式：

(1) 辐射俘获，靶核吸收中子后放出 γ 射线的(n,γ)反应。

如：应力容器中的$^{58}\mathrm{Fe}(n,\gamma)\longrightarrow{}^{59}\mathrm{Fe}$，$^{55}\mathrm{Mn}(n,\gamma)\longrightarrow{}^{56}\mathrm{Mn}$；

控制棒中的$^{113}\mathrm{Cd}(n,\gamma)\longrightarrow{}^{114}\mathrm{Cd}$等。

(2) 核转化成异种原子的反应，中子被靶核吸收后生成一个新核，并放出质子的(n,p)反应。如：

$$_{6}^{16}\mathrm{O}+\mathrm{n}\longrightarrow{}_{7}^{16}\mathrm{N}+{}_{1}^{1}\mathrm{H}$$

(3) 核转化成异种原子的反应，中子被靶核吸收后生成一个新核，放出 α 带电粒子的(n,α)反应。如：

$$_{5}^{10}\mathrm{B}+\mathrm{n}\longrightarrow{}_{3}^{7}\mathrm{Li}+{}_{2}^{4}\mathrm{He}$$

结构材料受中子辐照主要产生以下几种效应：

(1) 电离效应

指反应堆中产生的带电粒子和快中子与材料中的原子碰撞，产生高能离位原子，后者与靶原子的轨道电子发生碰撞，使电子跳离轨道，产生电离的现象。

从金属键特征可知，电离时原子外层轨道上失去电子，很快就会被金属中共有的电子所补充，因此电离效应对金属材料的性能影响不大。但对高分子材料会产生较大影响，因为电离破坏了它的分子键。

(2) 离位效应

中子与材料中的原子相碰撞，如果传递给阵点原子的能量超过某一最低阈能，这个原子就可能离开它在点阵中的正常位置，在点阵中留下空位。当这个原子的能量在多次碰撞中降到不能再引起另一个阵点原子离位时，该原子会停留在间隙中成为一个间隙原子。空位和间隙原子都是辐照产生的缺陷。

一个空位加一个间隙原子成为一个法兰克对(Frankel pair)。堆内快中子引起的离位效应将产生大量的初级离位原子。使一个原子产生离位所需的能量 E_d 称为晶格原子离位阈能。对金属来讲，离位阈能一般在 25～30eV。如果传递给原子的能量仅稍高于 E_d，被离位的初级原子将不可能移动很远，并将停留在邻近的稳定的间隙位置上形成一个最简单的缺陷——法兰克对；如果能量很大，空位和间隙原子的距离也会增加；当能量更高时，初级原子从与中子碰撞中获得的能量大于两倍的离位阈能时，就会与其他阵点原子相碰，产生二级、三级……n 级位移原子，形成碰撞级联（cascade）（图 8-17），这种离位原子就是中子导致的损伤源。

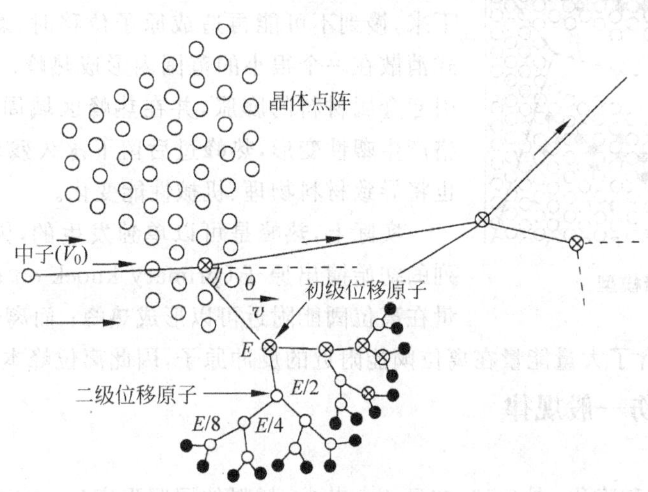

图 8-17 级联碰撞模型

这一过程产生的平均离位原子数近似等于 $E_p/2E_d$。一个 MeV 量级的快中子会造成上千个离位原子。在一定温度下，缺陷可以通过扩散发生复合（annealing）而消失，也可以聚集而形成较大尺寸的缺陷团（位错环、空洞）。一个快中子会在 10nm 的长度上造成几百个移位原子。

受辐照材料中，每个原子的离位次数 dpa（displacements per atom）被定义为辐照损伤的单位。

(3) 嬗变

即受撞的原子核吸收一个中子，变成一个异质原子的核反应。中子与材料产生的核反应（n，α），（n，p）生成的氦气、氢气会迁移到缺陷里，促使形成空洞，造成氦脆。

(4) 离位峰中的相变

有序合金在辐照时转变为无序相或非晶态。这是在高能中子辐照下，产生离位峰，随后又快速冷却的结果。无序或非晶态被局部淬火保留了下来，随着注量增加，这种区域逐渐扩大，直到整个样品成为无序或非晶态。

2. 燃料的裂变

在燃料裂变过程中，形成裂变碎片，裂变碎片带有很大的能量，但它们的质量大、射程短，只局限在燃料中，对结构材料不形成威胁。

在燃料中同时产生大量的裂变产物，有固体裂变产物和大量的裂变气体。裂变产物是由一个原子发生裂变形成多个原子，会造成燃料的体积膨胀；裂变过程中产生大量的惰性裂变气体（Xe，Kr）是造成体积膨胀的主要因素。据估计，辐照后期，每 $1cm^3$ 的二氧化铀可产生 $16cm^3$（标准状态）的 Kr，Xe 气体。这些气体在一定的情况下释放出来会造成燃料的肿胀，并且导致燃料的化学、物理、机械性能的改变；一些挥发性裂变产物（I，Cs，Te，Cd）迁移到冷端可造成对包壳材料的侵蚀。

8.7.1.2 辐照损伤机理

辐照损伤机理可以用离位峰和热峰的理论来解释。

1) 离位峰理论

计算机模拟和实验观察都得出了以下现象。一个高能粒子击出的级联碰撞原子趋向于积聚在粒子运动的初级方向上，影响的区域称为离位峰，其长度约 10nm（图 8-18）。被击出的初级位移原子将沿垂直于初级原子径迹方向，继续运动几个原子的距离，然后停留在间隙位置上，形成一个间隙原子壳。这个极小体积所获得的能量在短时间内转变为热能，并使间隙原子壳发生熔化。在此熔融区内原子重新排列，由于接着而来的迅速冷却使原子冻结在畸变后的位置上，出现了包含大量空位和间隙原子的离位峰。金属点阵中存在大量的空位和间隙原子会大大增加金属的硬度，降低它的延性。许多材料的体积会明显增加(如石墨、金属铀)。在各向异性的晶体中会发生定向生长和严重畸变。

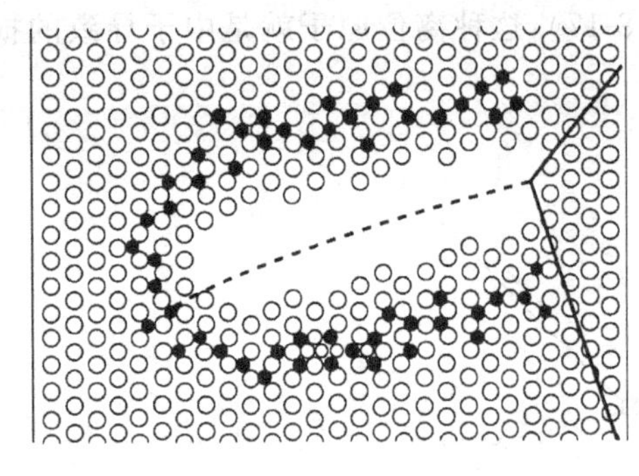

图 8-18 离位峰模型

2) 热峰理论

一个高能粒子(快中子)会经历几次弹性碰撞，当中子速度降下来，慢到不可能再造成原子位移时，剩余的能量会以振动的形式消散在一个很小的范围内形成热峰。局部温度可达几千度，会引起金属材料的膨胀，并在热峰区域周围产生应力，使完整的晶格产生塑性变形，热峰过后留下永久残余变形。因此热峰的产生也将导致材料物理、机械性能变化。

实际上，热峰是可以单独发生的，因为入射粒子将产生一系列的初始撞出原子(primary knock-on atom，PKA)，其中一些能量在离位阈能附近可以形成热峰；而离位峰常常是与热峰结合在一起的，因为离位峰内包含了大量能量在离位阈能附近的反冲原子，因此离位峰本身就含有热峰。

8.7.1.3 辐照损伤一般规律

1) 性能改变

辐照导致材料的硬化和脆化(图 8-19，亦见 4.4 节)。材料的屈服强度($\sigma_{0.2}$或σ_s)、抗拉强度(σ_b)、韧脆转变温度(DBTT 或 NDT)、杨氏模量(E)及高温蠕变速率(ε)增加；而导致塑性指标(δ,ψ)、密度(D)、冲击功(A_k)、断裂韧性(K_{Ic},J_{Ic})、疲劳寿命(N_f)及热导率(λ)减小。

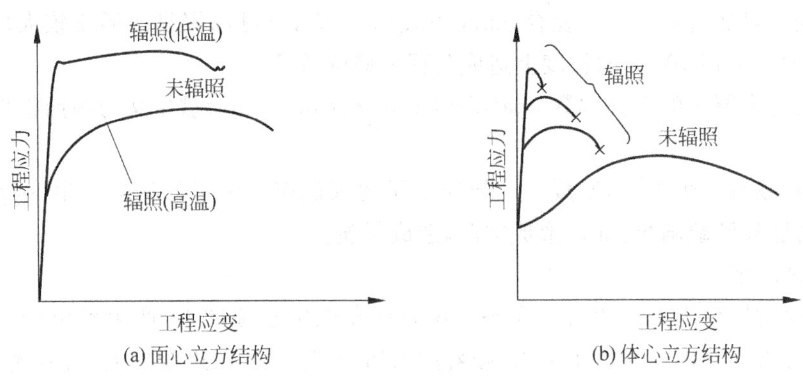

图 8-19 快中子辐照对钢的拉伸性能的影响

2) 辐照肿胀

辐照导致材料中产生大量的缺陷，缺陷聚集后产生空位位错环和间隙位错环。空位位错环不易塌陷，因为核反应产生的氦气易聚集在空位位错环内，而使其形成三维的空洞，造成体积膨胀；间隙位错环塌陷后在原晶体中多了一个原子面，使体积增加。因此辐照导致材料的肿胀。

辐照肿胀与温度有关。如不锈钢在 0.3～0.5T_m 下辐照肿胀量最大(当中子注量达 $10^{22}\ n/m^2$ 时，肿胀可达 15%)。

产生肿胀峰的原因可以这样解释：低于峰值温度，空位、间隙原子可动性不大，被冻结在材料中，因此肿胀量较小；高于峰值温度，缺陷活动量增加，发生复合的机会也增加，这时肿胀量就会减少。

3) 氦脆

由于(n,α)反应产生大量的氦气，一旦氦泡在晶界聚集，就会造成材料的脆化，形成沿晶的断裂。而(n,p)反应产生的氢气容易逸出，对材料的影响不大。

4) 辐照生长

一些材料在中子辐照下表现为定向的伸长和缩短，而密度基本不变，这种现象称为辐照生长。辐照生长与温度无关，体积不变，生长量仅与辐照的中子注量有关。如锆晶体在辐照下呈现 a 轴生长，c 轴缩短，宏观上可观察到包壳管变长，见图 8-20(a)；而石墨晶体在辐照下却是 a 轴缩短，c 轴生长，见图 8-20(b)。

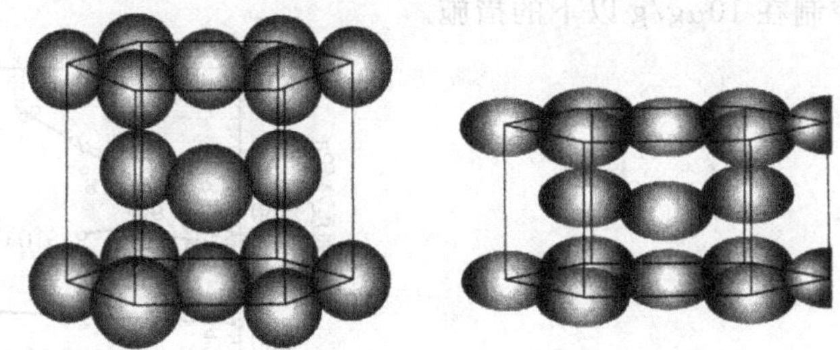

(a) 锆晶体的辐照生长模式

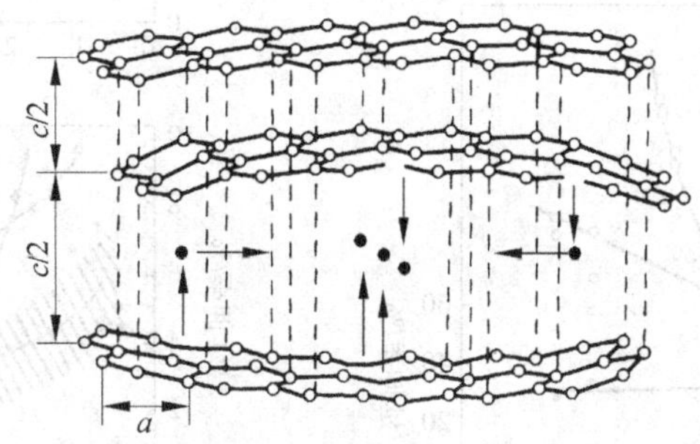

(b) 石墨晶体的辐照生长模式

图 8-20 锆(a)和石墨(b)不同的辐照生长模式

5) 水的辐照分解

水在反应堆条件下会产生辐照分解，水的辐照分解产物过程很复杂，入射线在与水作用过程中，能量逐渐下降，引起水的强电离、弱电离和水分子的激发，产生 H、OH、HO_2、H_2、H_2O_2 等，对堆内构件造成腐蚀。

6) 辐照诱导放射性

材料中的某些核素吸收中子后会转变成放射性核素，即发生嬗变，这就是辐照诱导的放射性。如^{59}Co，通过(n,γ)反应产生^{60}Co，它的半衰期是 5.12a，所以在选择结构材料时要考虑这个问题，材料中尽量避免在辐照下会产生长寿命同位素的核素，不然会增加废物处理的负担。给维修带来困难。如^{60}Co 是长寿命核素，放射性很强，很难处理。所以核级结构材料中要严格控制钴的含量。

在核级结构材料中还要控制中子吸收截面大的元素如 B、Ta，因为它们会对堆内性能发生干扰。

8.7.2 不锈钢的辐照效应

8.7.2.1 辐照效应的根源

奥氏体不锈钢用作快中子堆燃料包壳材料，最重要的辐照效应根源有 3 个：

(1) 组成元素和杂质^{10}B 的(n,α)反应生成的 He，其中以铁与中子反应生成的 He 为最多。因 He 不溶于基体，而在晶格缺陷和晶界聚集、长大成气泡，使晶格畸变、增加脆性，这种现象称为“氦脆”；

(2) 辐照产生空位和填隙原子，聚集成位错环，阻碍位错在滑移面上的运动，使材料的强度增加，塑性降低，谓之“辐照硬化”；

(3) 辐照产生的空位也可聚集成三维空位团，即空洞胚芽，它不断长大，使材料体积增大，叫做“辐照肿胀”。

中子辐照引起奥氏体不锈钢的硬化与中子注量和辐照温度有关。若试验温度高于辐照温度，则因辐照缺陷的退火而使辐照效应得到回复。所以要获得真实的辐照性能，要控制试验温度低于辐照温度。图 8-21 示出了退火态 348SS 的屈服强度和延伸率与快中子注量的关系。显而易见，强度随中子注量的增加而提高，延伸率则反之。在中子注量大于 10^{20} n/cm^2 之后，温度效应十分明显。这是因为高温辐照形成了稳定缺陷的缘故。图 8-22 给出了 304SS 在更高温度下辐照的结果。在此条件下，中子注量超过 10^{21} n/cm^2 以后，延伸率随中子注量增加而迅速降低，该现象可归结为由热中子引起的$^{10}B(n,\alpha)$反应。因此对快中子堆用的结构材料提出了将B含量控制在10μg/g以下的措施。

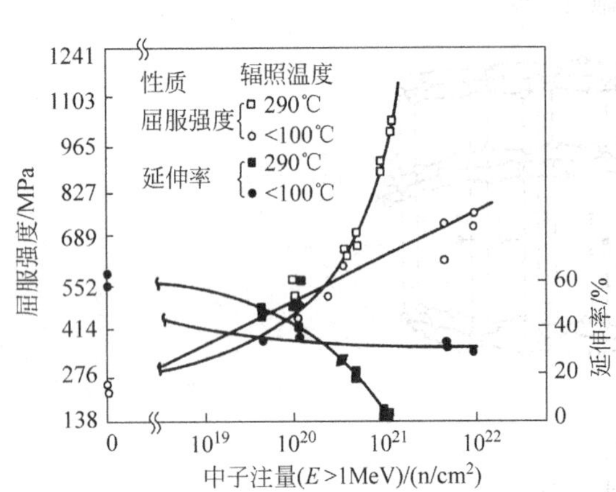

图 8-21 退火态 348SS 的拉伸性质与中子注量的关系

348SS 的化学成分与 347SS 的相近，只是添加 Nb≥10×C%代替(Nb+Ta)≥10×C%

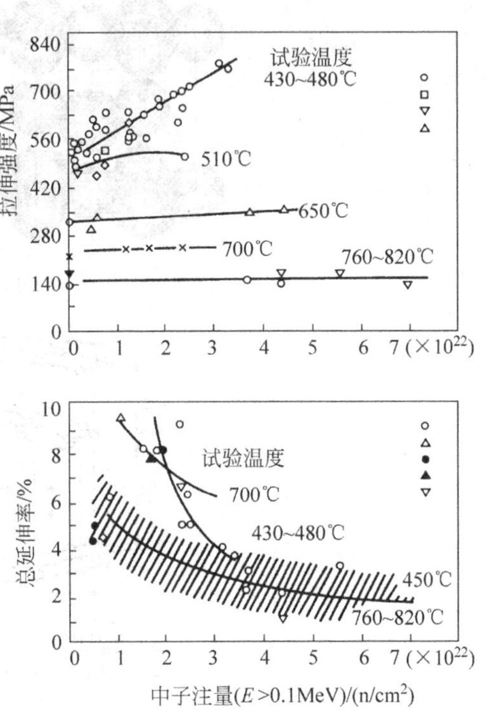

图 8-22 高温辐照对 304SS 拉伸性质的影响

辐照温度：650～5000℃

8.7.2.2 辐照硬化

材料基体内，当有间隙原子插入到滑移面内时，由于增加了位错滑移的阻力，从而造成材料的硬度增加，这种过程叫做加工硬化。它增加了材料的屈服强度和极限强度，而减小了材料的延性。现在改进金属材料强度特性常用的技术之一是机械变形的冷加工，这种冷加工，是指在相对低温条件下通过拉拔或压制管材而减小管材截面的一种机械变形工艺。例如快堆包壳和外套管进行15%～20%的冷加工，即管壁厚度的截面减少15%～20%，提高了管材的强度。

金属材料在经受中子辐照的条件下，也会发生类似的硬化效应。由于原子离位损伤所产生的间隙原子形成了许多位错环，它与机械冷加工效应十分相似。它使金属材料显著硬化，这种效应称作辐照硬化，它提高了材料的屈服强度和极限拉伸强度，如图8-23(a)。辐照硬化效应强烈地依赖于辐照温度。因为如果晶格足够热，那么就会出现明显的退火效应，从而减缓了辐照的硬化效应，如图8-23(b)。把经过辐照的和未经

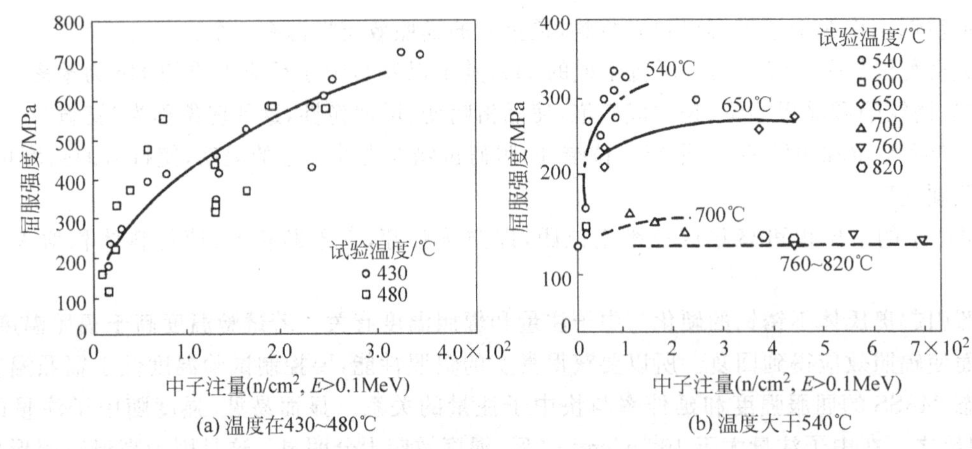

图 8-23 中子注量对 316 不锈钢屈服强度(0.2%残余变形)的影响

辐照的金属材料在不同温度下的屈服强度特性进行了比较，在温度较低的条件下，如540℃，金属材料的辐照硬化效应是十分显著的，而在760～820℃时，热退火则会消失大部分的硬化效应。

8.7.2.3　辐照脆化

不锈钢包壳材料受到快中子辐照导致相当大的基体原子离位数，引起包壳材料的延性降低，这一现象称作辐照脆化。它是快堆性能的主要潜在限制因素之一。图8-24表示304不锈钢的这种辐照脆化的情况，中子注量在(3～4)×10^{22} n/cm^2 之间，304不锈钢的延伸率按指数减少到了一个饱和水平，而后就不再减少了。

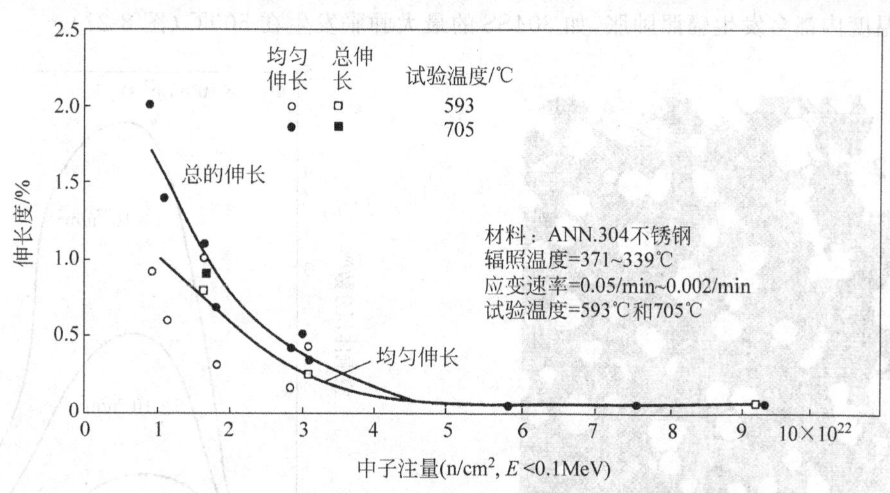

图8-24　中子注量对EBR-Ⅱ上的304不锈钢的高温延性影响

引起金属材料脆化的另一基本现象是在辐照过程中产生He。He是(n,α)反应的产物。之所以出现这种反应，是因为在不锈钢内总是存在微量的硼杂质，尽管这种反应有较快地烧尽硼杂质的趋势，但是不锈钢合金中有较多的镍元素。中子与镍的(n,α)反应将继续产生He。金属基体内存在He，引起材料脆化。

与原子离位损伤相比，由He引起的脆化对包壳有更大的损害。离位损伤能使包壳的强度增加，这对延性损失是一种补偿。而He脆化可以在晶粒边界过早地造成损害，这样就同时降低了包壳材料的强度和延性。在500℃以下，奥氏体钢不会在晶粒边界处发生损坏，所以这时对He脆化是不敏感的。然而高于这个温度，这种材料就会被严重脆化，这是由于应力引起He气泡在晶粒边界上生长的结果，这些气泡最后连成一片导致晶间破裂。与未辐照的值相比，其程度要降低到50%，甚至延伸率小于0.1%。在温度不超过650℃之前，较高的应变率载荷可以防止这种晶粒边界的脆化。

8.7.2.4　辐照蠕变

蠕变断裂是奥氏体不锈钢另一个重要的辐照性能，它依赖于中子注量、辐照温度、试样状态和试验温度。Bloom等测量了退火态304SS在中子辐照后的蠕变断裂性能，见图8-25。数据表明，辐照试样的蠕变速率均低于未辐照试样；且辐照温度愈低，下降愈明显。这个倾向与不锈钢的辐照硬化是一致的。它集中

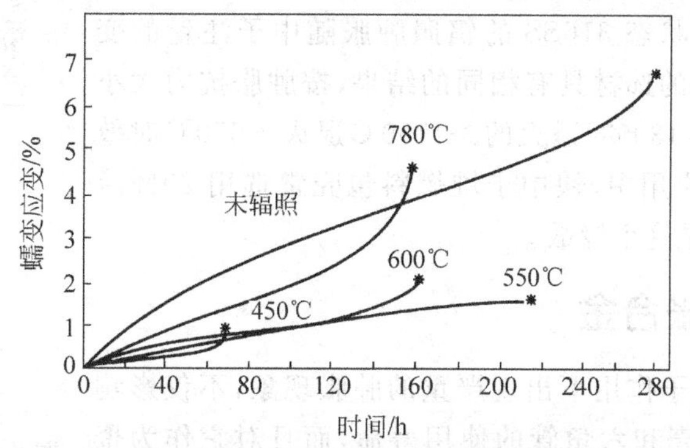

图8-25　不同辐照温度下退火态304SS的蠕变断裂性能

中子注量：1.9×10^{22} n/cm^2(E>0.1MeV)；
试验温度：550℃；应力：300MPa

反映了中子辐照产生了贫原子区、定位错环和空洞阻止位错运动的综合效应。随着辐照温度的提高，由于退火效应使这些障碍物逐渐消失，蠕变速率随之增大。图中曲线也示出，辐照减小了断裂前的延伸率。

8.7.2.5 辐照肿胀

首先，奥氏体不锈钢的辐照肿胀取决于辐照温度、辐照注量和材料状态。利用 TEM 的观察表明，钢辐照肿胀来源于金属晶粒内生成的空洞(图 8-26)。空洞中只有很少的气体，不足以成为气泡。空洞大小不一，最大的超过 100nm。形成空洞的辐照温度介于 350～600℃之间。且在宏观上发现，多数金属在 0.3～0.55 倍熔点的温度内都会发生辐照肿胀，如 304SS 的最大肿胀发生在 500℃(图 8-27)。

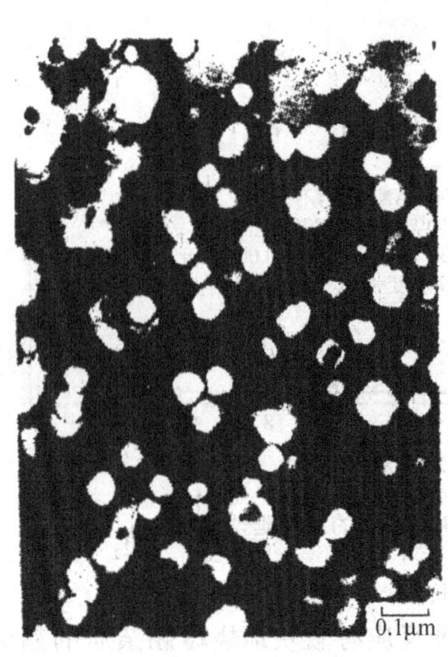

图 8-26 316SS 在中子辐照后形成的空洞分布

辐照条件：550℃，7×10^{20}n/cm^2($E>0.1$MeV)；

空洞直径：64nm；空洞数密度 4×10^{14}cm^{-3}

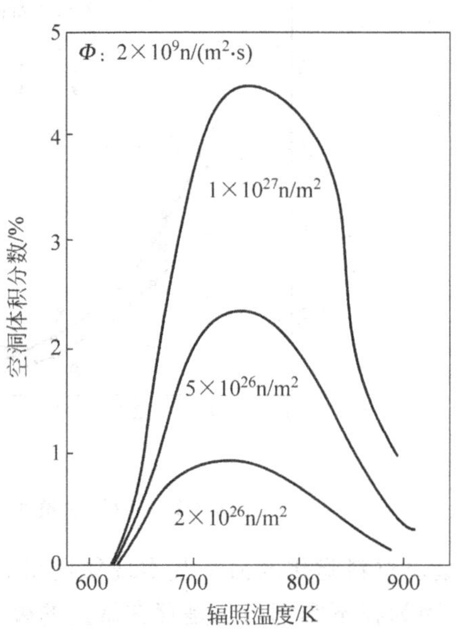

图 8-27 304SS 的肿胀与辐照温度的关系

其次，不锈钢的辐照肿胀与中子注量有关。其一般规律为，在中子注量 10^{22}n/cm^2 前有一个孕育期，在此期间内看不到肿胀；之后，肿胀按 φ_t^n 急剧增大(φ_t 为中子注量，n 为大于 1 的正数)，这是线性肿胀期(图 8-28)；再后，当中子注量达到 10^{24}n/cm^2 时，肿胀趋向饱和。通过高能粒子辐照与中子辐照的等效关系，可以推算出，在快中子堆使用条件下，不锈钢的辐照肿胀可达到 5%～10%。

最后，冷加工增加位错网络的密度，对奥氏体钢的肿胀有很大的影响。在一定的压延量范围内，与退火态相比，冷加工提高了奥氏体钢的抗肿胀能力。图 8-29 为不同状态 316SS 的辐照肿胀随中子注量的变化，可见两炉 FFTF 快堆堆芯的选材具有相同的结果，按肿胀抗力大小顺序排列为：20%冷加工的>1300℃退火的>1150℃退火+650℃时效的>1150℃时效的。在实际应用中，快中子堆燃料包壳常选用 20%冷加工 316Ti 奥氏体不锈钢就是这个缘故。

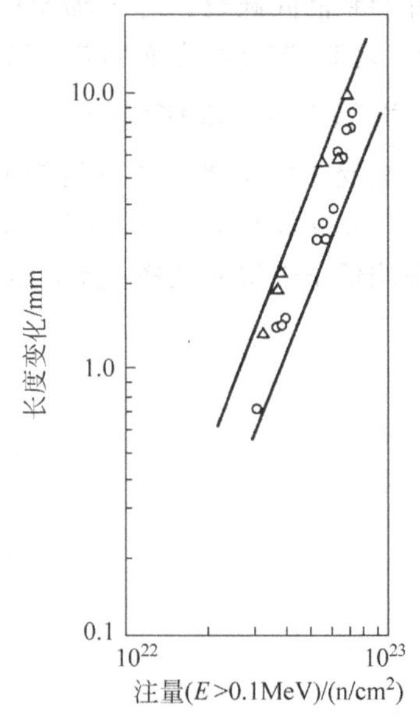

图 8-28 快中子注量对 316SS(o 点)和 347SS(△点)肿胀的影响的关系

辐照温度介于 470～540℃之间

8.7.3 新型抗肿胀合金

由于 AISI 316SS 在快中子作用下出现严重的肿胀现象，不仅影响到它在快中子堆作为燃料包壳和六角管的使用寿命，而且对它作为聚变装置第一壁材料的可行性提出了质疑。为此，寻找新型合金为核材料工作者所企盼的一个目标和理想。多年来他们竭尽全力，通过加速器开展各种带电粒子的模拟辐照实验；利用反应堆、散裂中子源进行中

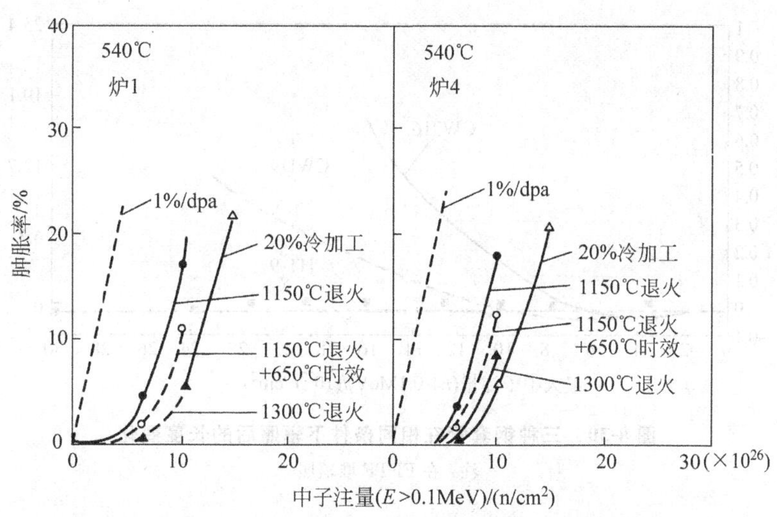

图 8-29 不同状态 316SS 在 540℃ 辐照下的肿胀与中子注量的关系

子辐照实验，以及对使用过的快中子堆包壳做了辐照后检验，取得了大量的辐照肿胀数据。为从微观机制上摸清辐照肿胀的成因和过程，以便研制出抗辐照肿胀的新型合金，他们又系统地对各种影响因素开展大量的辐照试验。本节介绍两种新型抗肿胀合金 D9 和 HT9。

8.7.3.1 D9 和 HT-9 合金的化学成分

表 8-13 列出了两种合金的化学成分，可见它们与 316 奥氏体不锈钢和 405 铁素体不锈钢相类似，但 D9 的化学成分有两个特点。①增 Ni 减 Cr。因为 Ni 原子通过空位进行扩散的速率小于 Fe 和 Cr，使 Ni 先在尾闾内偏聚，加上小尺寸 Si 的析出而形成富镍硅相(Ni_3Si)，强烈影响空洞的形核。②添加 Ti。目的在于形成 TiC 以阻止硅化镍相的演化，或者因 TiC 浓度增加而延长肿胀的孕育期。中子辐照会诱发和增强上述过程。此外，添加少量的 Mo 在一定的温度范围内可以抑制肿胀。

表 8-13 新型抗肿胀合金的化学成分

合金牌号	组成(质量分数)/%								
	C	Si	Mn	Ni	Cr	Mo	Ti	Fe	其他
HT-9	0.020	0.41	0.50	0.47	12.0	1.03	—	其余	W=0.5 V=0.32
D9	0.040	0.80	2.03	15.8	13.7	1.65	0.34	其余	—

HT-9 则不同，它的改进点有：①减少 Cr 的添加量，试验表明，不管 Ni 含量有多少，减少 Cr 含量会使肿胀单调降低；②大量降低 Ni 含量，可减少由(n,α)反应生成的氦气，抑制空洞长大；③通过热处理在 Fe-Cr 铁素体钢中形成一定量的马氏体；④添加少量 W、V 溶质元素强化合金。

8.7.3.2 不同晶体结构对肿胀的影响

已经观察到，以 Fe-Cr-Ni 为基的奥氏体合金(如 316 不锈钢)在较高的 dpa 下进入稳态肿胀区，其肿胀率最大达到约 1%/dpa，然而铁素体和铁素体/马氏体钢(如 Fe-Cr 合金和 HT-9 合金)的肿胀率只有 ⩽0.1%/dpa，这一差别主要是由于 bcc 结构铁素体钢固有的位错对间隙原子的择优吸收作用比 fcc 结构奥氏体钢的要弱，其根源是 bcc 结构更为松散。图 8-30 和图 8-31 分别示出了冷加工 316SS 和 HT-9 在 EBR-Ⅱ 和 FFTF 快堆中辐照后的长度变化和显微组织。由此可以明显看到，前者的肿胀大于后者，相应的电镜照片显出了本质区别，即 FCC 结构的 316SS 在 535℃辐照到 $14\times10^{22}\,n/cm^2$ ($E>0.1MeV$)时，肿胀率为 13%，而 bcc H-9 的却还是零；冷加工 D9 的居于它们的中间。

8.7.3.3 HT-9 合金的辐照硬化

铁素体钢是非常抗肿胀的，据报道，当辐照到剂量超过 100dpa 时，肿胀还不到 1%。但 HT-9 材料还存在辐照硬化(或脆化)等问题。例如：对 FFTF 快堆辐照过的 HT-9 材料所进行的检验，发现其延-脆转变温

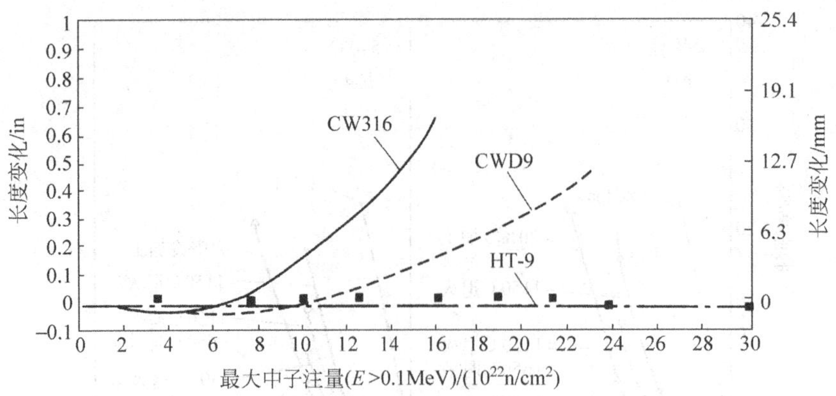

图 8-30 三种钢套管在相同条件下辐照后的长度变化

注：在 FFTF 堆辐照

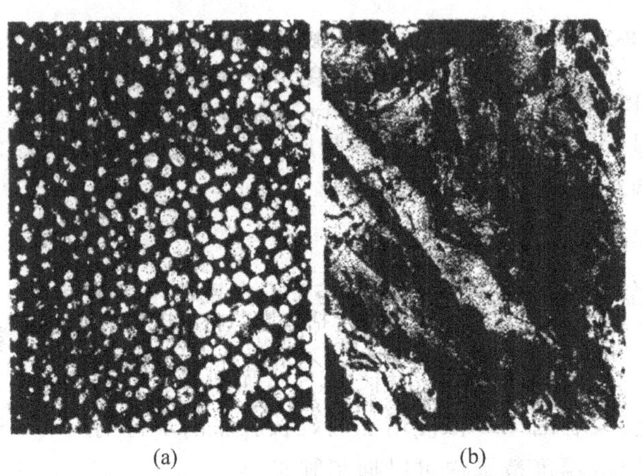

图 8-31 CW316(a)和 HT-9(b)辐照后的显微组织

条件：535℃，14×10^{22} n/cm^2(E>0.1MeV)；肿胀率：CW316 为 13%；HT-9 为 0

度(DBTT)随中子的增加而升高(图 8-32)，同时上平台能量降低，但 DBTT 的升高很快就趋于饱和。

HT-9 的 DBTT 升高也反映了辐照硬化对温度的依赖关系(图 8-33)。图中示出，随着辐照温度的提高，无论硬化效应还是脆性效应都有减弱的趋势。

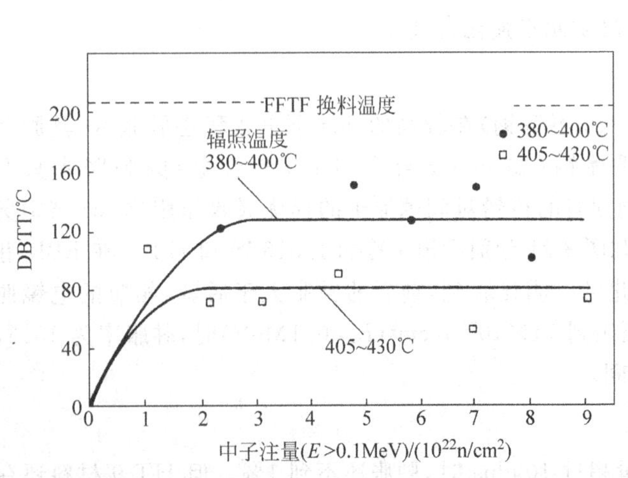

图 8-32 辐照 HT-9 的延-脆转变温度

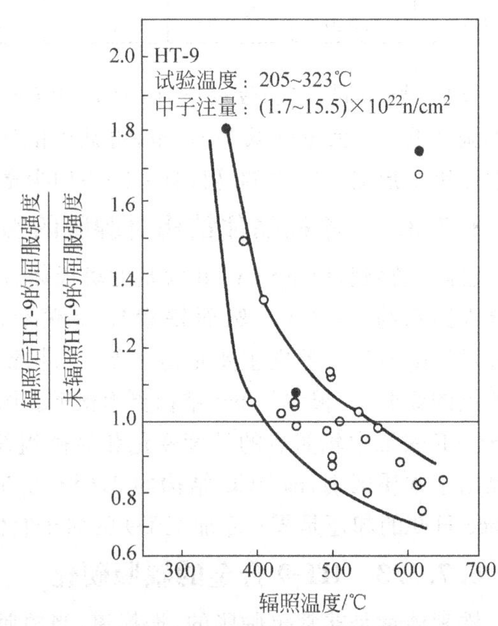

图 8-33 辐照 HT-9 的屈服强度与辐照温度的关系

复习题及习题

1. 写出^{238}U俘获中子生成^{239}Pu和^{232}Th俘获中子生成^{233}U的反应。
2. 何谓快增殖堆(FBR),从原理上讲是如何利用快增殖堆实现钚燃料增殖的?
3. 试对快增殖堆和轻水堆(BWR,PWR)加以比较。
4. 介绍快增殖反应堆的工作原理,为什么快中子堆比热中子堆能充分利用铀资源?
5. 在某些类型的反应堆内实现核燃料增值的机制是什么?
6. 指出转换系数 $CR=\eta-1-L$ 表达式中每个参量的物理意义,为什么 η 约大于 2.2 时,增殖才是可能的?
7. 商用快中子增殖反应堆的主要目的是什么?如何实现这些目的?
8. 指出液态金属快中子增殖反应堆(LMFBR)与压水堆堆芯结构的主要区别。
9. 典型商用快中子反应堆内包括哪些类型的组件,它们是如何排列的?
10. 为什么快中子堆不能用水作冷却剂?
11. 钠冷快中子堆内有无慢化剂?为什么快中子堆可以更充分地利用铀资源?
12. 液态金属快中子增殖反应堆(LMFBR)系统具有几个相互隔离的传热流体循环回路,请具体说明。
13. LMFBR 燃料棒在反应堆运行中会发生哪些现象?如何减缓这些现象?
14. 试说明 MOX 燃料组件的制造工艺流程。
15. 快堆 MOX 燃料与水堆燃料在成分、元件结构、燃料组件等方面有何不同?
16. 请介绍几种不同的 MOX 燃料粉末制造方法。
17. 快堆 MOX 燃料与水堆 UO_2 燃料相比,辐照后的现象有哪些差异?
18. 液态金属快中子增殖反应堆(LMFBR)选用何种材料作燃料包壳?请解释原因。
19. 请介绍快堆包壳材料的服役环境。
20. 快堆包壳材料应具备哪些条件?
21. 金属的辐照硬化、脆化、蠕变、肿胀是怎么产生的?请用晶体学和位错理论加以解释。
22. 奥氏体不锈钢作为包壳材料会发生哪些辐照效应?
23. 对比锆和石墨辐照生长模式的差异,并解释造成这种差异的原因。
24. 说明新型抗肿胀合金 D9 和 HT-9 抗辐照肿胀的原因。
25. 请说出你对快中子增殖堆发展前景的看法。

第 9 章

中子吸收材料及屏蔽材料

9.1 中子吸收材料

核反应堆的控制是利用中子吸收材料吸收堆内中子,以完成控制反应性的功能,从而达到启动、停堆和功率调节的目的。因此,习惯上把中子吸收材料称为控制材料。

9.1.1 反应堆控制概述

9.1.1.1 反应堆控制基本概念

首先,原理上讲,一座核反应堆要维持其裂变链式反应,必须保持中子的平衡,即堆内中子的数目不随时间而减少。如果把堆内某一代中子对上一代中子数之比称为中子增殖因子 k,那么 $k=1$ 就表示中子数目不变。其次,对于一个有限系统,中子增殖因子 k 又可用有效增值因数 k_{eff} 表示,且 $k_{eff}=k_{\infty}Y$,其中 k_{∞} 代表无限大系统的中子增殖因数,Y 为中子不泄漏概率。所以对于无限大系统,没有中子泄漏,Y 就等于 1,$k_{eff}=k_{\infty}$;反之,对于有限大小的系统,Y 小于 1,若在此条件下要求 $k_{eff}=1$,那么 k_{∞} 就必须大于 1。因此,为了实现链式反应,需要将堆芯设计得使 Y 尽可能大。再次,为了启动反应堆和提高功率,必须使 $k_{eff}>1$;当功率达到所需水平,再经过调节并保持 $k_{eff}=1$;停堆时,又须是 $k_{eff}<1$。为简便起见,以下省去 k_{eff} 的下标。一律用 k 表示有效中子增殖因数。

此外,用反应性 ρ 表示系统偏离临界状态的程度,定义为:

$$\rho=(k-1)/k \tag{9-1}$$

则相应有:$k=1$、$\rho=0$ 标志反应堆处于临界状态;而 $k>1$、$\rho>0$ 为超临界状态;$k<1$、$\rho<0$ 为次临界状态。

显然,在 $k=1$ 的临界状态附近,$\rho\approx k-1=\Delta k$。在反应堆内没有任何控制毒物时,正的 Δk 称为后备(或剩余)反应性。后备反应性为调节功率、保持冷热态差别、燃料的燃耗以及裂变产物积累引起的中子吸收等所必需。因此,反应堆要维持 12～18 个月的运行周期,必需多装一些燃料,留有足够的后备反应性。各类动力堆的后备反应性和装料量见表 9-1,可见它们随反应堆组成的不同而有明显的差别,反应堆的控制就是通过向堆芯投入或抽出中子吸收材料对反应性所实施的调节和控制。

表 9-1 各类动力堆的最大后备反应性和装料量

项目	轻水堆	重水堆	石墨气冷堆	高温气冷堆	快中子堆
电功率/MW	900	600	600	300	600
燃料富集度	约 3%	天然铀	天然铀	93%	25%Pu
最大后备反应性	0.25～0.3	0.1	0.08	0.12	0.05
燃料装量/t(U 或 Pu)	75～130	约 85	600	0.3U+Th	1.6Pu+U

9.1.1.2 反应性控制的任务和方法

反应性控制的主要任务是：①在确保安全的前提下，采用不同的控制方法调节后备反应性，以满足反应堆长期稳定平衡运行的需要；②设计控制毒物(即中子吸收材料)适当的空间分布和最优化的提(控制)棒程序，使反应堆在整个寿期内保持比较平坦的功率密度分布，避免出现显著的中子通量畸变，使功率峰因子尽可能小；③在正常运行时，可随意调节反应性使之适应反应堆负荷的变化；④在事故情况下，能迅速停闭反应堆，并保持适当的停堆深度(指反应堆所有控制毒物全部投入堆芯时所能达到的次临界反应性值。)以确保安全。要实施上述任务可以采用不同的反应性控制方法。常用的方法如下。

(1) 在堆芯插入(或抽出)可移动的中子吸收材料棒，即控制棒。根据不同用途，控制棒可分为补偿棒、调节棒和安全棒三种。顾名思义，它们分别用于补偿慢变化的反应性亏损(或功率粗调)，调节快的反应性变化(或功率细调)和安全停堆。

(2) 在堆芯放置由固体的中子吸收材料制成的细棒，或插入燃料组件，或与燃料混合制成燃料棒。它们随燃料一起燃烧，相当于把原先吸纳的反应性逐渐释放出来，起到补偿堆芯因燃料燃耗所减少的后备反应性。因此这种中子吸收材料称为可燃毒物。

(3) 将可溶性的中子吸收材料(如常用的硼酸)加入冷却水中，通过改变溶液的硼浓度实现部分反应性的吸纳或释放，称为化学补偿控制。

一般来说，近代的反应堆多数同时采用以上三种控制方法。例如，当今压水堆在开堆时将控制棒缓缓提升，又利用空间布置的可燃毒物和冷却水中的化学补偿剂的燃耗渐渐地引入过剩反应性使反应堆运行。但重点采用何种控制方式还与堆型有关。在石墨或重水慢化反应堆中，由于其最大后备反应性较小(表 9-1)，控制棒价值[指在给定条件下，将一个完全提出的控制棒(组件)全部插入反应堆堆芯所引起的反应性变化]又比较高，所以多数采用控制棒方式控制；而在轻水堆(如压水堆和沸水堆)，最大后备反应性较大，控制棒价值较低，燃耗尤深，因此，在压水堆中采用三种控制方式；沸水堆中只采用控制棒和可燃毒物，且功率调节借助于对冷却剂流量的控制；快中子堆仅用控制棒。

9.1.1.3 控制棒的结构和组成

以下以沸水堆和压水堆为例，简略介绍其控制棒的结构和组成。沸水堆内使用如图 9-1(a)示出的十字形控制棒。它由许多中子吸收管组成，中子吸收材料是 B_4C 粉末，由振动密实方法封装在不锈钢管内制成。通过水压柱塞从堆芯下部插入 4 个燃料组件之间的栅格中。压水堆控制棒的结构如图 9-1(b)所示。它是由十多根中子吸收棒组成的棒束，控制材料是棒状的 Ag-In-Cd 合金，包壳是不锈钢。由驱动器将它从上部插入燃料组件的控制棒导向管中。

9.1.1.4 对中子吸收材料的要求

中子吸收材料是指含有中子吸收元素的单质、合金或化合物。中子吸收元素就是那些具有大的或适当的中子吸收截面的元素或核素。表 9-2 列出了几种重要的元素或核素的中子吸收截面，由于元素的中子吸收截面与中子能量有关，而反应堆堆芯的中子能谱取决于反应堆堆型。所以，从工程实用方面考虑，必须要知道与中子能量相对应的中子吸收截面。一些元素及其核素在热中子区和超热中子区的中子吸收截面示于图 9-2 中。由图可见，在该能量范围，${}^{10}_{5}B$ 的吸收截面遵从 $1/\nu$ 定律，而 Cd、In、Ag 在 1～100eV 能量范围有几个共振吸收峰。但在快中子能量范围，几乎所有元素都有极小的吸收截面，只有 ${}^{10}B$、Eu 和其他稀土元素可用，故在快中子堆中常选用 ${}^{10}B_4C$。第一，若取快中子堆的中子平均能量为 50keV，则 $\sum_a({}^{10}B_4C) = 285cm^{-1}$；$\sum_a(Eu_2O_3) = 0.078cm^{-1}$。

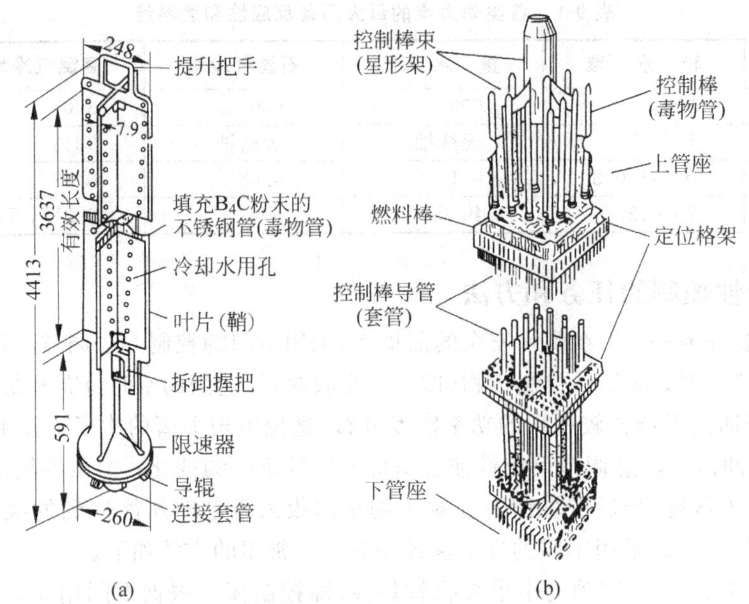

图 9-1 BWR(a)和 PWR(b)控制棒的结构

表 9-2 几种重要中子吸收元素的 σ_a

元　素	$\sigma_a(E=0.025\text{eV})$①/b	备　注
B	760	丰度 18.8%的^{10}B 为 3837
Ag	66	具有多个共振吸收峰
Cd	2550	丰度 12.26%的^{113}Cd 为 20800
In	196	丰度 95.7%的^{115}In 为 203
Hf	105	含 5 种核素
Eu	4560	大部分来自^{115}Eu 的贡献
Gd	3600	为^{155}Gd 和^{157}Gd 的贡献

① 宏观吸收截面由 $\sum_a = N\sigma_a$ 计算，式中 N 是核数/cm^3。

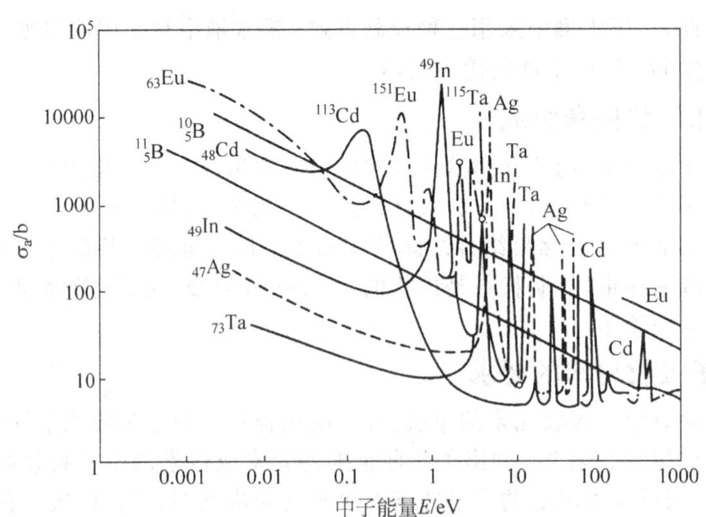

图 9-2 主要吸收元素(或核素)的中子吸收截面(0.005eV<E<100eV)

σ_T 为吸收截面与散射截面之和，通常后者可忽略不计

第二，要求中子吸收元素有较简单的中子吸收反应。例如某些元素吸收中子后发生(n,α)反应，产物为 He 和新核素。后者的产额、中子吸收截面以及其半衰期都会影响控制棒的核寿命。而有些元素则以(n,γ)反应为主，害处比较少。对于^{10}B 而言，其反应产物的中子吸收很小，可以忽略。因此，^{10}B 的吸收能力随其

燃耗成比例地减小，其寿命计算就比较简单。

此外，因控制棒经常出入反应堆活性区，所以对堆芯材料的一些要求，如熔点高，导热性好，强度大，抗腐蚀，耐辐照等对中子吸收材料也适用。

以下就当今实用的和未来有应用前景的中子吸收材料 B_4C、Ag-In-Cd、Hf 和可燃毒物 Gd、Eu 等分别予以介绍。

9.1.2 碳化硼陶瓷

天然硼含 ^{10}B 和 ^{11}B 两种核素，其中 ^{10}B 的丰度为 18.8%（质量分数），它的热中子吸收截面为 3837b；^{11}B 几乎不吸收中子。天然硼可作为热中子堆的控制材料，而在快中子堆中就需要用富集 ^{10}B 的硼作为控制棒。而且在热中子堆和快中子堆中，它的作用和使用性能也不尽相同。过去曾对含硼中子吸收材料进行了不少研究，开发出不少含硼材料，如金属硼化物、含硼合金、硼硅酸玻璃和碳化硼陶瓷等。虽然，它们都取得过应用，但只有碳化硼得到了广泛的实用。

9.1.2.1 碳化硼的制造

B_4C 控制棒是由圆柱形 B_4C 芯块填装在不锈钢包壳内制成的。

1) 粉末制备　主要有以下两步。

(1) 镁热还原。在存在碳的情况下，用镁还原氧化硼制备 B_4C 粉末，其化学反应如下：

$$2B_2O_3 + 6Mg + C \longrightarrow B_4C + 6MgO \tag{9-2}$$

式(9-2)是放热反应。然后，用盐酸浸泡去除 MgO，获得粒度约为 $1\mu m$ 的 B_4C 细粉，可直接压制和烧结。

(2) 碳热还原。依照以下反应进行氧化硼的还原：

$$2B_2O_3 + 7C \longrightarrow B_4C + 6CO \tag{9-3}$$

式(9-3)是吸热反应。生成高品质的团块状产品，需进一步粉碎后才可用于烧结。

2) 压型和烧结　压水堆用天然 B_4C 芯块，直径为 7.7mm，密度为 70%T.D.。芯块是经冷压成形后，再在 2000℃下烧结而成的。快中子堆使用富集(^{10}B 为 90%原子分数)B_4C，直径较大（如法国超凤凰堆为 17.4mm），密度高达 96%T.D.。通常，采用石墨模具，由热压烧结法制造，条件为压力 19.6～24.5MPa，温度 1900～2000℃。

9.1.2.2 碳化硼的基本性质

1) 核性质　B_4C 的中子吸收性质取决于以下 ^{10}B 的中子俘获反应：

$$^{10}_{5}B + ^{1}_{0}n \longrightarrow ^{4}_{2}He + ^{7}_{3}Li + 2.6MeV \tag{9-4}$$

上述反应有足够的热中子吸收截面，与快中子($E>1.2MeV$)的反应为

$$^{10}_{5}B + ^{1}_{0}n \longrightarrow 2\,^{4}_{2}He + ^{3}_{1}H \tag{9-5}$$

虽然式(9-5)反应的概率为式(9-4)的 1/1000，几乎可以忽略，但它是堆芯产氚的主要来源，因此从反应堆废物考虑，该反应的重要性就不言而喻了。

2) 相组成和结构　B-C 二元系相平衡图如图 9-3 所示。图中示出了碳原子的成分在 8.8%～20%，碳化硼以单相存在（以 β 表示）。但是，工业制造的 B_4C 通常含约 20%（原子分数）的碳，即接近 B_4C 化学式的产品。所以产品总共含有不到 1%的游离碳。富硼相 $B_{10}C$ 唯一的优点是它的中子效率比 B_4C 提高 13%，而且起到降低快中子堆包壳碳化的作用。

碳化硼晶体属于三角（菱形）晶系，如图 9-4 所示，其晶格常数 $a=0.5162nm$。通常也称六方晶格，$a=0.5599nm$，$c=2.075nm$。该结构可视为由一个立方原胞从空间对角线拉长而成。在八个顶角上由 12 个 B 原子形成正二十面体。被拉长的对角线是具有标志性的 c 轴，它由 C—B—C 原子与上下二十面体连接组成线性链。B 原子处于每条棱的 1/3、2/3 处，即每条棱上有 2 个 B 原子，12 条棱上共有 24 个 B 原子。因每个 B 原子为 4 个晶胞所共有，所以一个晶胞有 6 个 B 原子。加上垂直于线性链，通过 C 原子的两个中平面上各有 3 个 B 原子，故该晶胞为 $B_{13}C_2$。但这个“理想”组成仍引起了争论，为此作出了假定：部分中心 B 原子被 C 原子所取代。这就导致了 B_{12}—(C—C—C)或化学计量的 B_4C。近代研究指出，实际的 β 结构并不如此简单：已经确定，空间对角线上存在一些无序，且应计入二十面体上 B 原子的置换。

碳化硼晶胞($B_{13}C_2$)的结构见图 9-4。

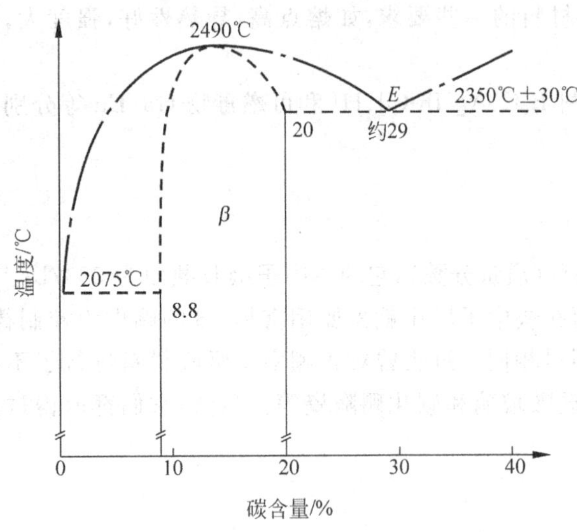

图 9-3 B-C 二元平衡相图的一部分

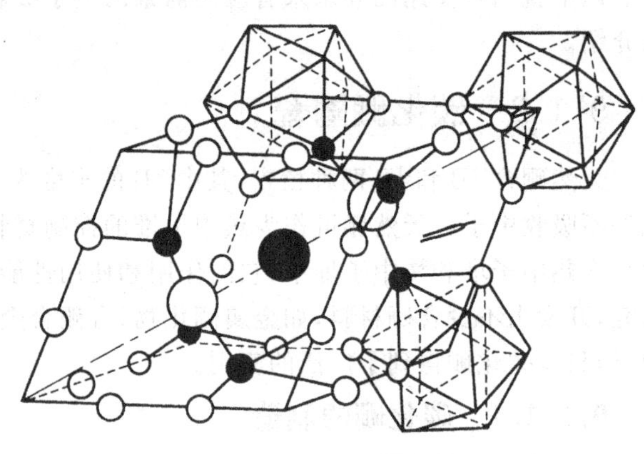

图 9-4 碳化硼的晶体结构

○●：硼原子（组成自身的正二十面体）

○●：硼原子（最近查明 ● 好像是硼原子）

—·—·— 六方晶系晶胞的c轴

3）物理和力学性质

(1) 密度。B_4C 的理论密度可用式(9-6)计算：

$$\rho_{th}(g\cdot cm^{-3}) = 2.5561 - 0.1818c_i \tag{9-6}$$

式中，c_i 为 ^{10}B 的含量；对于天然硼，$\rho_{th}=2.522g/cm^3$。

(2) 熔点。B_4C 和 $B_{13}C_2$ 的熔点分别等于 2375℃和 2490℃。B_4C 与不锈钢偶存在低共晶点 1200℃。

(3) 热导率。孔隙度为零的 B_4C 在温度 T(K)的热导率 $K(0,T)$ 由经验关系式

$$K(0,T) = a + \frac{b}{T} + \frac{c}{T^2} + \frac{d}{T^3}(W\cdot m^{-1}\cdot K^{-1}) \tag{9-7}$$

计算，式中 $a=8.7950, b=0.2434\times10^3, c=7.0711\times10^6, d=-1.5525\times10^9$。

$K(P,T)$ 与 $K(0,T)$ 的关系如下：

$$\begin{aligned} K(P,T) &= K(0,T)[1-\alpha(T)P] \\ \alpha(T) &= a_1 + b_1(T-273) + c_1(T-273)^2 + d_1(T-273)^3 \end{aligned} \tag{9-8}$$

式中，$a_1=1.960, b_1=2.689\times10^{-5}, c_1=1.939\times10^{-7}, d_1=-5.094\times10^{-11}$。式(9-8)适用于 300～1300K。

(4) 比热容。B_4C 的 $c_p(J\cdot kg^{-1}\cdot K^{-1})$ 与温度 T(K)的关系可用下式表示：

$$c_p = a_2 + b_2\frac{1000}{T} + c_2\left(\frac{1000}{T}\right)^2 + d_2\left(\frac{1000}{T}\right)^3 \tag{9-9}$$

式中，$a_2=3.1203\times10^3, b_2=1.5922\times10^3, c_2=0.6641\times10^3, d_2=-0.1203\times10^3$。式(9-9)适用于 300～1300K。

(5) 热膨胀。B_4C 的热膨胀$\left(\frac{\Delta L}{L_0}\right)$与 T(K)的经验关系式为：

$$\frac{\Delta L}{L_0} = a_3(T-T_0) + b_3(T-T_0)^2 + c_3(T-T_0)^3 \tag{9-10}$$

式中，$a_3=3.8310\times10^{-6}, b_3=1.6484\times10^{-9}, c_3=-1.7256\times10^{-13}$。$L_0$ 和 ΔL 分别为 $T_0=300K$ 时的初始长度和温度 T 时的伸长。式(9-10)适用于 300～2300K。

(6) 弹性模量。对于高密度(>85%T.D.)，小晶粒 B_4C 的室温弹性模量由式(9-11)计算：

$$E(GPa) = 460\left(\frac{1-P}{1+3P}\right) \tag{9-11}$$

式中，P 为材料的总孔隙度。B_4C 的弹性模量与温度只有微弱的关系。如，从室温到 2000℃，弹性模量只下降 6%。

(7) 弯曲强度。推荐的细晶粒(5～10μm)B_4C 的弯曲强度与孔隙度 P 的关系式为：

$$\sigma_r(\text{MPa}) = \frac{400}{1+0.15P} \tag{9-12}$$

随晶粒度增大，强度迅速下降。例如，对于晶粒度为 100μm 的 B_4C，强度降为 100MPa。但随温度提高，σ_r 缓慢减少；在 1000℃以下，σ_r 基本上是一个恒定值。

(8) 泊松比。可接受的泊松比值介于 0.14～0.18 之间。

4) 化学性质　B_4C 有很好的化学惰性。在无机酸中不会分解；在有氧的情况下，600℃时会氧化成 B_2C_3 和 CO_2。氧化介质可以是水，也可以是空气。所以限制了 B_4C 在中等温度的氧化气氛中使用。

B_4C 芯块与 316SS 的相容性很好。在低于 700℃时，包壳不发生明显腐蚀；但超过 700℃时，包壳内表面生成 Fe_2B 层；对于通气式控制棒，因 Na 充填间隙而使内表面腐蚀加大三倍；当温度升到 1200℃时，会生成低熔点共晶。

9.1.2.3　堆内行为

B_4C 芯块在反应堆内使用时，产生诸如晶格畸变、热导率下降、氦气释放和辐照肿胀等问题，其中一些现象互为因果。后两种行为对工程的影响较大。

1) 氦气释放　图 9-5 示出了各国在快中子堆辐照的结果。图中数据点和曲线呈现出，约在 450℃温度以下，大部分氦气保留在晶格中；高于此温度时，释放率陡然上升；在 750℃以上出现下降。燃耗对释放率的影响可归纳如下：在低于 2%燃耗时，燃耗对释放率几乎无影响；燃耗进一步提高时，由于晶格畸变增大，释放率明显增加。另外，温度越高，晶粒度越小，游离硼越多，释放率就越高。

2) 辐照肿胀　前面已经谈到，在 450℃温度以下，大部分氦保留在晶格内，晶胞体积增大反映到芯块体积肿胀，但速率不大；当温度接近 500℃时，氦气形成气孔，经过迁移、合并和长大，辐照肿胀急剧增大。如果辐照温度进一步提高，则因氦的释放率加剧，而使肿胀变得缓和。B_4C 的辐照肿胀与温度的关系如图 9-6 所示。

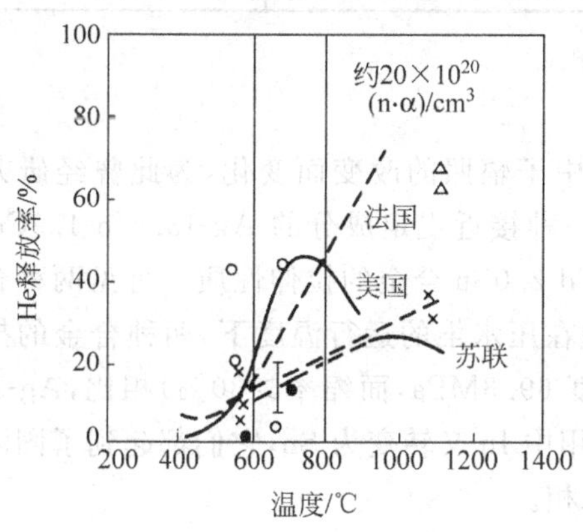

图 9-5　快中子堆辐照 B_4C 芯块的氦气释放率

注：图中 4 种数据点代表不同的 ^{10}B 燃耗；曲线代表 1% ^{10}B 燃耗

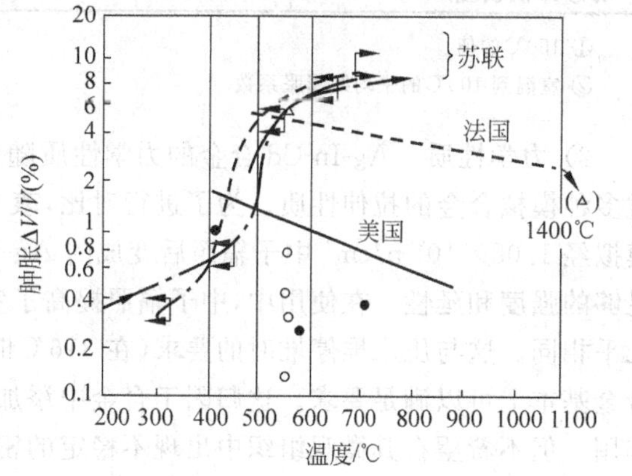

图 9-6　快中子堆辐照 B_4C 芯块的辐照肿胀

图中 4 种数据代表不同的 ^{10}B 燃耗

9.1.3　银-铟-镉和合金

早在 20 世纪 50 年代，为了克服铪合金在压水堆中作为中子吸收材料的缺点(成本高，密度大)，开始研究以 Ag 为基的 Ag-In 和 Ag-Cd 二元合金。重点在于改善中子吸收性质和提高强度及耐蚀性。

9.1.3.1　合金成分选择

首先，在 Ag-In 合金的基础上，选择添加少量的 Cd。该三元合金既弥补了在 0.7eV 以下 Ag-In 合金中子吸收性质的不足(图 9-7)，又因为在使用时，Ag 受中子辐照转变的 Cd，同时 In 又转变为 Sn，不会受过多的燃耗而失去长期稳定性。其次，从稳定性考虑，要求合金在 FCC 单相区使用。图 9-8 是保持该合金为 FCC 结构的 In 和 Cd 成分图。第三，为了最大限度利用固溶强化，希望选择图中边界线上的成分。根据以上分析，确定了合金的成分为 Ag-15%（质量分数）In-5%（质量分数）Cd。该合金在商用压水堆上已成功使用了 50 余年。此外，Ag-30%（质量分数）Cd 合金也在 CANDU 堆上得到了应用。

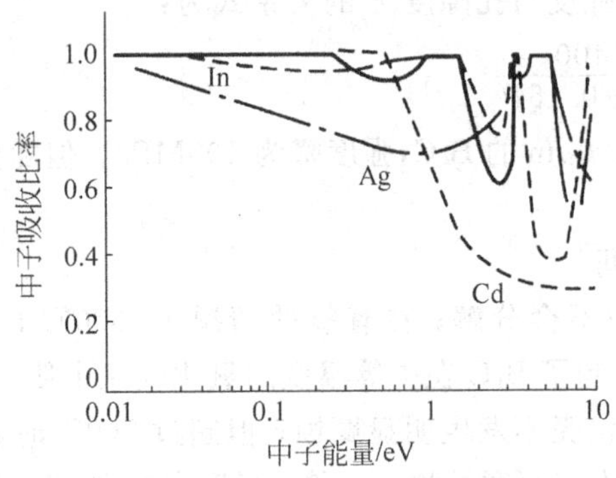

图 9-7 Ag-In-Cd 合金的中子吸收性质

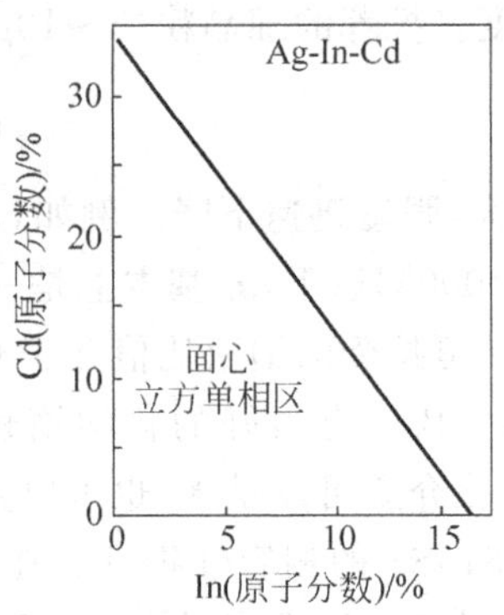

图 9-8 Ag-In-Cd 合金的 FCC 单相区

已计入 $3.6\times10^{20}n/cm^2$ 中子辐照后的核转变

9.1.3.2 基本性质

1）物理性质 Ag-15In-5Cd 合金的室温和高温物理性质列于表 9-3。

表 9-3 Ag-15In-5Cd 合金的物理性质

物理性质	室温值	300℃值	400℃值
密度/(g/cm³)	10.17	—	—
熔点/℃	765～835	—	—
比热容/[J/(g·K)]	0.237①	0.270	0.271
热导率/[W/(m·K)]	56.5	76.6	82.1
线膨胀系数/℃⁻¹	21.1×10^{-6}②	21.7×10^{-6}	22.7×10^{-6}
动态弹性模量/GPa	79.4	68.0	61.2

① 150℃的值。

② 室温到 100℃的平均线膨胀系数。

2）力学性质 Ag-In-Cd 合金的力学性质随合金成分受中子辐照的改变而变化，为此曾经研究和测量过多种模拟合金的拉伸性质。为了进行对比，表 9-4 列举了一种接近规定成分的 Ag-13.6In-4.9Cd 合金和模拟经 $1.08\times10^{21}n/cm^2$ 中子辐照后变成的 Ag-12.1In-9.4Cd-2.0Sn 合金的拉伸性质。可见两种合金都有足够的强度和延性。在使用中，中子辐照提高了室温强度，约在压水堆的运行温度下，两种合金的拉伸性质几乎相同。这与压水堆停堆时的要求（在 316℃时的拉伸强度 69.3MPa，面缩率＞30%）相比，Ag-15In-5Cd 合金基本上可以满足要求。这归因于合金中添加了 In，在使用中 In 又转变为 Sn，它们都起到了固溶强化的作用。但不希望在其微观组织中出现不稳定的密排六方第二相。

表 9-4 Ag-In-Cd 和 Ag＞In-Cd-Sn 合金的拉伸性质

合金成分(质量分数)/%				试验温度/℃	屈服强度/MPa	拉伸强度/MPa	延伸率/%	断面收缩率/%
Ag	In	Cd	Sn					
80.8	13.6	4.9	—	21	71.4	295	67	62
				316	66.2	121	34	50
76.3	12.1	9.4	2.0	21	157	367	50	45
				316	108	121	35	66

Ag-15In-5Cd 合金还有较高的蠕变强度和良好的加工硬化性能。一般，粗晶粒合金虽有较低的拉伸强度，但随着应变速率的加快，强度增加，延性损失不多，故其蠕变性能优于细晶粒材料。

3）化学性质 Ag-15In-5Cd 合金在压水堆工况（316℃，冷却剂水）下经 280d 后的腐蚀增重仅为 $4mg/cm^2$，表现出良好的耐蚀性。但如果将 In 换成 Cd，则转为减重，说明 Cd 降低了耐蚀性。因此在合金中的 Cd 组成不宜大于 5%(质量分数)。在堆内使用时,由于 In 在中子作用下会转变成 Sn,更有助于提高其耐蚀性。当水中含有一定量的氧时,合金的耐蚀性就急剧下降。

9.1.3.3 堆内行为

表 9-5 列出了 Ag-15In-5Cd 合金试样用辐照容器在反应堆辐照后所测得的拉伸性质数据。与表 9-4 中未辐照的相比,辐照容器试样显示出辐照硬化现象,这可能是由于铟转变成锡,使三元合金成为四元合金。但堆芯提供的试样,虽然接受的热中子注量较低,似乎屈服强度有微弱的下降。异常的是个别在高温测试的断面收缩率过低。总之,Ag-15In-5Cd 合金的辐照后强度和延性均能满足压水堆控制棒的要求。

表 9-5 Ag-15In-5Cd 合金辐照后的拉伸性质

试样来源	辐照条件		屈服强度/MPa	拉伸强度/MPa	延伸率/%	断面收缩率/%
	温度/℃	热中子注量/(n/cm^2)				
辐照容器	260①	2.11×10^{21}	164	342	50	62
	260②	2.11×10^{21}	107	107	25	33
堆芯提供	316①	4.0×10^{20}	49.6	294	—	50
	316②	4.0×10^{20}	51.0	211	—	21

① 试验温度为室温。
② 试验温度为 316℃。

9.1.4 铪

铪有很好的核性质,又有良好的加工性能、足够的强度和对高温水的耐蚀性,所以它是理想的中子吸收材料。在核动力堆发展初期,被用于不少轻水堆中作为控制棒。但铪与锆在矿物中以 1∶50 比伴生共存,因为化学性质类似,分离和制造费用高,密度高,所以限制了它的实际使用。随着轻水堆的发展,锆的大量生产,铪的产量不断增加,成本自然会进一步下降。可以预见,铪有可能再次得到应用。

9.1.4.1 铪的生产

铪是作为锆的副产品生产的。通常采用溶剂萃取法进行锆铪分离(见 4.1.3.2 节),可获取含有 1%～2%锆的铪;然后再进一步用氯氢化反应和硫酸盐化作用,再用氨中和、煅烧后,锆以 ZrO_2 形态被分离出去,得到纯铪产品。铪的熔炼大致与锆的相似。

铪的热加工在 750～950℃温度范围内进行,冷加工压延量一般在 30%;以后需在 840℃下作消除应力处理;铪的锻造、挤压和拉拔与常规的方法无多大差别。热处理应在真空或惰性气氛中进行,在 930℃加热可获得全退火状态。铪的焊接与锆的相同,在惰性气氛保护下用钨极电弧焊进行。

9.1.4.2 基本性质

1) 核性质　铪含 6 种核素,质量数为 174,176～180。它们的天然丰度和中子吸收截面见表 9-6。可见 6 种核素都可成为有效的中子吸收材料,尤其是它们经过(n,γ)反应后,在很长一段时间内,仍具有相当的中子吸收能力,所以铪的使用寿命很长(40a);其次,铪具有很强的共振吸收特性。与表中共振积分截面相

表 9-6 铪的核素及其丰度和中子吸收截面　　b

核　素	天然丰度/%	热中子吸收截面	共振积分截面
^{174}Hf	0.16	400	
^{176}Hf	5.16	30	约 900
^{177}Hf	18.39	370	8090
^{178}Hf	27.24	80	1610
^{179}Hf	13.59	65	500
^{180}Hf	35.46	13	18

注:表中所有核素吸收中子后都发生(n,γ)反应。

对应的如厚 5mm 铪板在 1～200eV 能量范围的中子吸收截面与热能区的比例如图 9-9 所示，可见铪在很宽广的能量范围内都有良好的中子吸收能力。这是铪作为优异的热中子堆控制材料的重要条件。

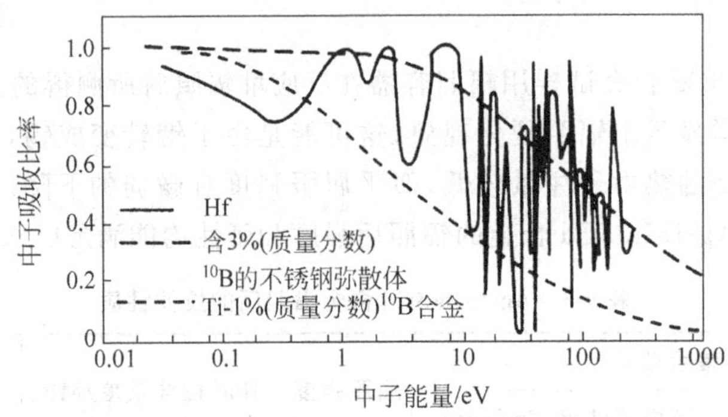

图 9-9 厚 5mm 铪板的中子吸收比例与含^{10}B 材料的相比较

2）物理和力学性质　铪在熔点以下有两种同素异形体，转变温度为(1740±20)℃。其低温 α 相的晶体结构为密排六方，晶格常数 $a=0.3197$nm，$c=0.5057$nm；高温 β 相属于体心立方，晶格常数 $a=0.1582$nm。铪的室温物理性质见表 9-7。铪的热导率随温度增加缓慢下降。在 300℃以下，几乎每 100℃下降 0.5W/(m·℃)；高于 300℃时，下降速率减半。铪的比热容随温度增加而增大，在 25～2227℃：范围可由式(9-13)计算：

$$c_p = 25.1 + 2.19 \times 10^{-3} T \tag{9-13}$$

式中，c_p 和 T 的单位分别为 J/(mol·℃)和℃。

表 9-7 铪的室温物理性质

性　质	数　值	性　质	数　值
理论密度/(g/cm^3)	13.36	热导率/[W/(m·K)]	22.3①
熔点/℃；	2230±20	线膨胀系数/℃$^{-1}$	5.9×10^{-6}②
比热容/[J/(mol·K)]	25.2		

① 50℃的数值；
② 0～100℃：的平均值。

铪在室温至 600℃范围内的拉伸性质示于图 9-10 中。图中曲线示出，铪有高的拉伸强度和可接受的延性。因此铪容易加工成形。虽然随温度上升，强度下降，但在轻水堆工作温度下还有足够的强度。由于拉伸试验是在空气中进行的，所以在 500℃以上受氧化影响使曲线出现异常现象。

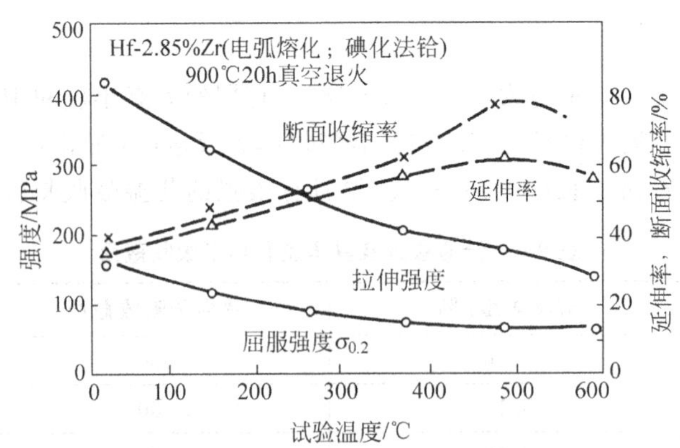

图 9-10 铪的拉伸性质与温度的关系

试验在空气中进行

3）化学性质　铪具有对高温水和水蒸气的耐蚀性，在压水堆条件下的腐蚀增重与时间的关系为

$$\ln\Delta W = -0.839 + 0.287\ln t (\mathrm{mg/dm^2}) \tag{9-14}$$

式中，t 以周(即 7 天)为单位。

9.1.4.3 堆内行为

铪材的堆内行为多数是从压水堆使用过的控制棒上取样测得的。无论是标准试样，还是 V 形缺口试样，拉伸性质与中子注量的关系都是一致的，即强度随中子注量的增加而提高，延性则随之降低。但缺口试样的拉伸强度较高，而其面缩率则反之(图 9-11)。

辐照铪的疲劳性能示于图 9-12。试样的总应变范围 $\Delta\varepsilon_T$ 与断裂时循环次数的关系可表示为：

$$\Delta\varepsilon_T = a(N)^{-1/2} + b \tag{9-15}$$

式中，a、b 为常数。对未辐照，中子注量为 $2\times10^{21}\,n/cm^2$ 和 $5\times10^{21}\,n/cm^2$ 三种条件的 a、b 值分别等于 0.3221、2.07×10^{-3}，0.251、2.52×10^{-3} 和 0.172、2.69×10^{-3}。从图中明显可见，$\Delta\varepsilon_T$ 和 N 均随中子辐照而降低。

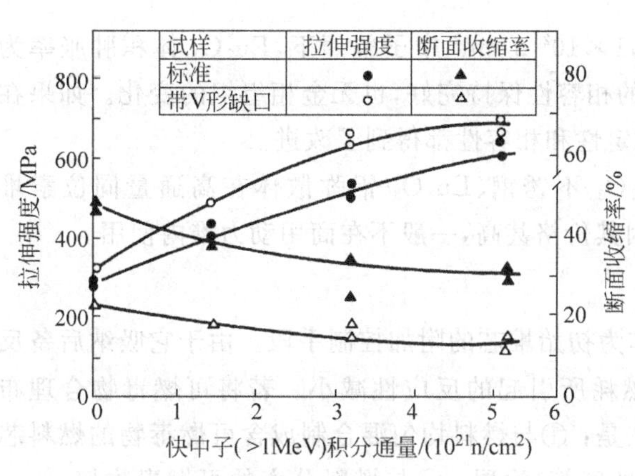

图 9-11 缺口对辐照铪拉伸性质的影响

试验条件 316℃，变形速率为 20/min

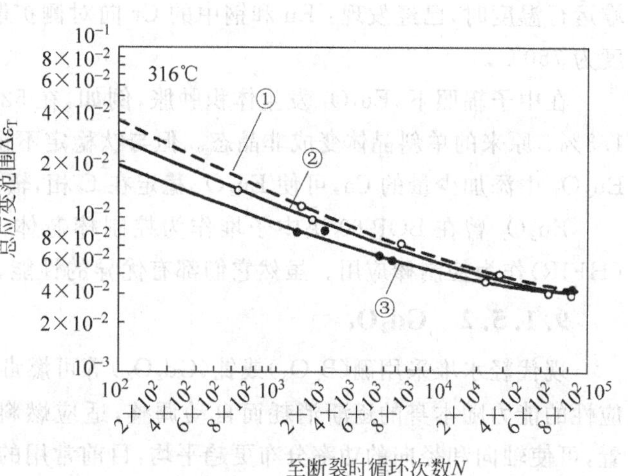

图 9-12 辐照铪在 316℃ 下的疲劳性能

① 未辐照；② $2\times10^{21}\,n/cm^2$ 辐照；③ $5\times10^{21}\,n/cm^2$ 辐照

9.1.5 稀土氧化物

稀土元素按原子序数大小分为轻稀土(原子序数 57～64)和重稀土(原子序数 65～71)两组。可作为中子吸收材料的主要有前组的 ^{62}Sm、^{63}Eu、^{64}Gd 和后组的 ^{66}Dy。目前已得到实用的有 Eu_2O_3 和 Gd_2O_3。

9.1.5.1 Eu_2O_3

Eu_2O_3 是 Eu-O 系相平衡图中的一种稳定氧化物。它有 C 型和 B 型两种变体。从图 9-13 可见，Eu 倍半氧化物由 C 型向 B 型转变发生在 1000℃附近。通常，该转变是缓慢的，甚至是不可逆的。若温度不够高，时间不充分，则转变是不完全的。转变速度还与 C 相的粒度、表面状态、杂质和内应变有关。

Eu_2O_3 芯块可采用常规的冷压烧结法或热压烧结法制造。前一种方法要在 150～300MPa 压力下成形，高于 1500℃温度烧结 1～3h，可制得大于 95%T. D. 的高密度产品，后一种方法需在 400MPa 压力、1125～1500℃ 温度下短时间烧结，制得 95%～100%T. D. 的单斜结构的芯块。

C 相和 B 相 Eu_2O_3 的晶体结构分别属于立方晶系和单斜晶系，它们的晶格常数、理论密度和含 Eu 密度列入表 9-8。两个相的含 Eu 密度都高于金属，Eu 的中子吸收截面尤高，所以它是很好的中子吸收材料。

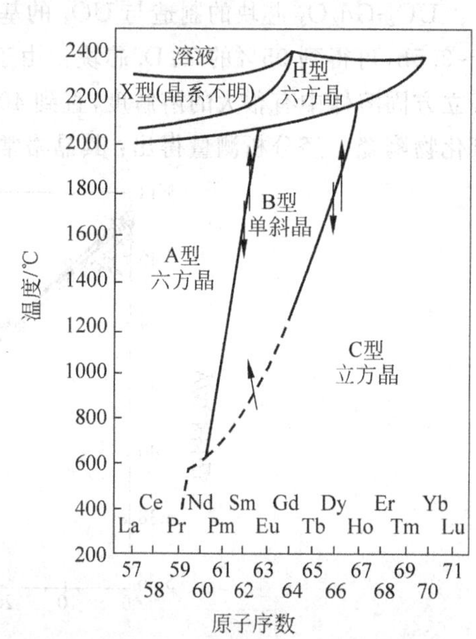

图 9-13 稀土倍半氧化物的相稳定区

表 9-8 Eu_2O_3 的晶格常数和密度

性　质	C 相	B 相
晶体结构	立方	单斜
晶格常数/nm	a=1.0866	a=1.4113
		b=0.3603
		c=0.8808
		β=100.0026°
理论密度/(g/cm^3)	7.287	7.951
含 Eu 密度/(原子/cm^3)	2.49×10^{22}	2.72×10^{22}

在轻水堆和快中子堆中作为控制棒使用时，Eu_2O_3 与不锈钢包壳的相容性都不成问题，但在高于快中子堆运行温度时，已经发现：Eu 和钢中的 Cr 向对侧扩散，或侵入钢的晶界，在 Cr 或 Eu_2O_3 表面析出，临界温度为 750℃。

在中子辐照下，Eu_2O_3 发生体积肿胀，例如，在 520℃，1×10^{22} n/cm^2 中子辐照下，Eu_2O_3 体积肿胀率为 1.3%；原来的单斜晶体变成非晶态。但与钛稳定不锈钢的相容性保持完好，也无金相组织的变化。如果在 Eu_2O_3 中添加少量的 Ca，可使 Eu_2O_3 稳定在 C 相，辐照稳定性和相容性都得到了改进。

Eu_2O_3 曾在 BOP-60 快中子堆作为控制棒芯体；Eu_2O_3-不锈钢、Eu_2O_3-铝弥散体在高通量同位素堆(HFIR)作为控制棒应用。虽然它们都有优异的性能，但因其价格甚高，一般不在商用动力堆内使用。

9.1.5.2 Gd_2O_3

现代轻水堆采用硼(B_2O_3)或钆(Gd_2O_3)等可燃毒物作为初始堆芯的附加控制手段。由于它吸纳后备反应性的能力随本身的逐渐消耗而自动调整，适应燃料因燃耗所引起的反应性减小。若将可燃毒物合理布置，可使轴向和径向的功率分布更趋平均，目前常用的做法是：①与燃料均匀混合制成含可燃毒物的燃料芯块，如 UO_2-Gd_2O_3 芯块、燃料芯块表面的含硼(ZrB_2 或硼玻璃等)涂层；②与燃料分离的可燃毒物棒，如由硼玻璃(含 12.5%B_2O_3)与不锈钢套管制成的可燃毒物棒束。后者在早期压水堆初始堆芯上曾得到广泛应用，但因包壳和运行周期末残留硼的吸收中子多，影响了中子经济性，结构形式限制了使用灵活性以及不利于最佳换料方案的实施，自 20 世纪 90 年代以后逐步被前者所取代。

对 UO_2-Gd_2O_3 芯块的使用取得了以下的经验：由于减小了燃料组件中的功率峰值，使燃料与包壳相互作用得到缓解；使用了可燃毒物可降低燃料的初始富集度；同时降低了压力容器受照的中子注量。经 LWR-Wims 程序计算表明，含一定量 Gd_2O_3 的天然 UO_2 燃料棒，基本做到了反应性不随时间而变。

UO_2-Gd_2O_3 芯块的制造与 UO_2 的基本相同。经混料、制粒、冷压成型后，在 1650～1700℃氢气中烧结 2～2.5h，可得到 95%的 T. D. 芯块。由于 Gd 的离子半径(0.102nm)与 U 的(0.112nm)相近，Gd_2O_3 在面心立方固溶体中有很大的溶解度，直到 40%(摩尔分数)的 Gd_2O_3 仍可获得全部面心立方(CaF_2 型)的混合氧化物陶瓷。经分析测量得出：其晶格常数随 Gd_2O_3 添加量增加而线性减小(图 9-14)，熔点也略有降低。

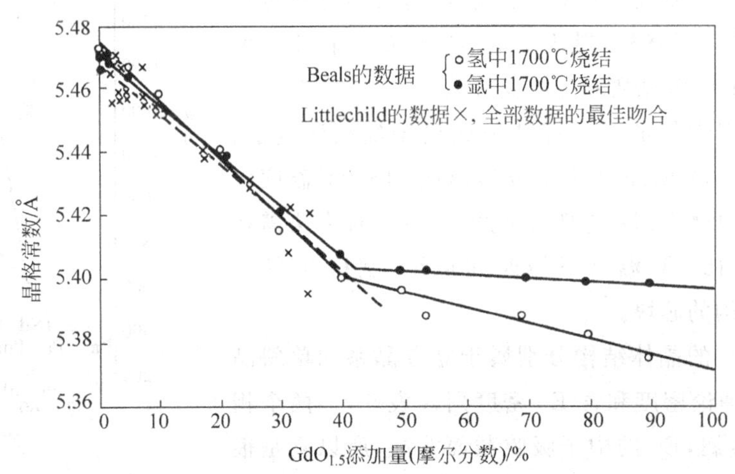

图 9-14 UO_2-Gd_2O_3 混合物氧化物的晶格常数

UO_2-Gd_2O_3 热膨胀系数随 Gd_2O_3 添加量的增大而增大。在室温至900℃和室温至1600℃温度范围内 UO_2-5%(质量分数)Gd_2O_3 的热膨胀系数分别为 10.22×10^{-6}℃$^{-1}$和 11.39×10^{-6}℃$^{-1}$与 10.67×10^{-6}℃$^{-1}$和 11.84×10^{-6}℃$^{-1}$,可见添加5%的(质量分数)Gd_2O_3,使热膨胀系数提高约4%。

UO_2-Gd_2O_3 的热导率则随 Gd_2O_3 的添加量增加而降低,见图9-15。但在1000℃以上,与 UO_2 的只有微小的差别,因此对燃料中心温度、裂变气体释放也只有很小的变化。

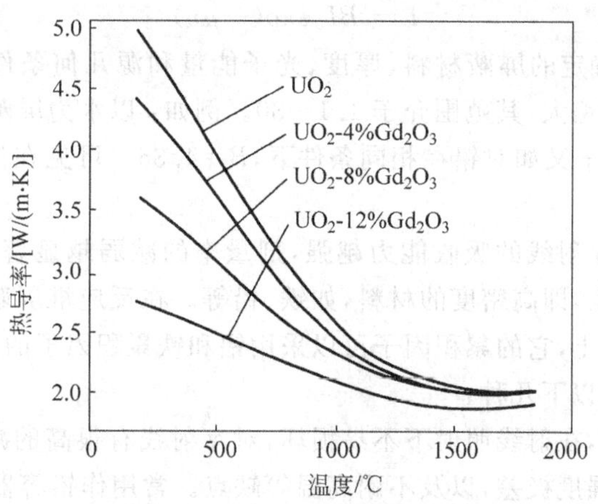

图9-15　UO_2-Gd_2O_3 混合物氧化物的热导

此外,关于 Gd_2O_3 在温度梯度度下是否偏析,对高温水和水蒸气的耐蚀性都不会因添加 Gd_2O_3 而变坏,目前添加8%~10%(质量分数)Gd_2O_3 的混合氧化物可燃毒物已经在BWR和PWR中得到普遍应用。可以预料,含 Gd_2O_3 的金属陶瓷在高温气冷堆中也有广阔的应用前景。

9.2　屏蔽材料

在核反应堆和其他辐射源中通常因裂变和衰变而释放出带能量的中子和α、β粒子及γ射线,统称为辐射。由于辐射对环境造成污染,对操作人员带来伤害,对装置、材料致使发热、活化及性能降级以及对测量仪器增加本底等有害或不利的后果,因此对核设施采取辐射屏蔽措施是十分必要的,由于α、β粒子在空气中和固体中的射程很短,无需特殊的屏蔽。相反,中子和γ射线的穿透能力很强,必须重视对它们的屏蔽,在本章中就以这两种辐射为对象叙述其屏蔽基础知识和相关的屏蔽材料。

9.2.1　辐射屏蔽的基础知识

辐射屏蔽的基本原理是使辐射与屏蔽材料之间发生相互作用,从而减少辐射粒子数和降低辐射的能量。通常依据作用方式不同,把该相互作用分成以下两类:

(1) 散射。指辐射与屏蔽材料发生相互作用后,其方向和能量都发生变化的过程。

(2) 吸收。指辐射被屏蔽材料部分或全部吸收的过程。

此外,还有辐射与材料完全不发生任何相互作用而穿透材料的过程。当然,作为屏蔽材料的先决条件是对辐射应具有散射或吸收作用。下面分别具体介绍γ射线和中子的屏蔽知识。

1) γ射线的屏蔽　γ射线(或称γ光子)在通过屏蔽材料时发生三种相互作用,即光电吸收、康普顿散射和产生电子对,从而把能量传递给屏蔽材料而被吸收或能量减弱。光电吸收是一种光电效应,它是γ光子把全部能量传递给屏蔽材料组成原子的束缚电子,使其克服结合能而离开原子,光子则消失;康普顿散射是γ光子与轨道外层电子发生散射,γ光子把部分能量传递给电子使其发生反冲,同时散射光子改变能量和运动方向;当γ光子的能量大于电子和正电子的静止质量之和(1.022MeV)时,在原子核的库仑场作用下,光子本身被湮没,而产生一对正负电子。这三种相互作用分别对低能、中能和高能γ射线的吸收和降低能量起到重要的作用。

材料对γ射线的屏蔽性能的实验方法有两种:窄束实验和宽束实验。顾名思义,前者是采用铅等不易

透过 γ 射线的材料制成准直管，实验时 γ 射线通过它便成为一窄束。单能 γ 光子束穿越厚度为 x 的屏蔽体时，在与屏蔽材料发生相互作用后，其束流强度 I 可由式(9-16)表示：

$$I = I_0 \exp(-\mu x) \tag{9-16}$$

式中，I_0 为入射 γ 光子束的初始强度；μ 是线衰减系数。一般，γ 射线对屏蔽体都以一定宽度入射，可用宽束实验做近似处理。此时，测得的强度(包括散射光子)就较大，需将式(9-16)乘以一个修正因子 B，即：

$$I = BI_0 \exp(-\mu x) \tag{9-17}$$

式中，B 称为累积因子。对于确定的屏蔽材料、厚度、光子能量和源几何条件，可由测量或计算求得累积因子。通常，B 值随 μx 的增加而增大，其范围介于 1.1～30。例如：以水为屏蔽材料，对单向平面源，2MeV 的 γ 射线，取 $\mu x=10$，则 $B=9.87$；又如对铅在相同条件下，$B=4.35$。可见在设计宽束 γ 射线屏蔽层时，累积因子非常重要。

因为元素的质量越重，对 γ 射线的吸收能力越强，剂量率的减弱越显著。所以为了减小屏蔽体的总尺寸，需选用原子序数较大的元素，即高密度的材料，如铁、铅等。在反应堆屏蔽中还需要考虑中子的屏蔽，可以选用混凝土和铁组成重混凝土，它的累积因子可以采用铝和铁累积因子的算术平均值。

常用的 γ 射线屏蔽材料有以下几种：

铅 有很好的抗腐蚀特性，在射线照射下不易损坏，对 γ 射线有很高的减弱能力，是屏蔽 γ 射线的理想材料。但它也有成本高、结构强度极差，以及不耐高温等缺点。常用作铅容器、活动屏、铅砖。

铁 成本低，且易获得、易加工，机械强度很高。但是屏蔽性能比铅差，一般情况下，若减弱倍数相同，铁的重量大约比铅重 30%。

混凝土 价格便宜，且有良好的结构性能。在工程中多用作固定的防护屏蔽。

水 屏蔽性能虽然比上面的材料差，但它具有特殊的优点：透明性好，而且可以随意将物品放入其中。因此常用水井、水池等方式储存或分装固体 γ 辐射源。

2) 中子的屏蔽 从屏蔽原理上讲，中子屏蔽主要靠弹性散射，即先把裂变产生的快中子慢化到热能范围，然后用热中子吸收截面大的材料加以吸收。已知最有效的慢化材料是氢元素。

具有裂变谱的快中子，经过置于水中的屏蔽体时，快中子大致呈指数函数衰减。通常用下面的公式可近似计算快中子的衰减强度：

$$I = I_0 \exp(-\Sigma_R x) \tag{9-18}$$

式中，I 为入射强度 I_0 的快中子经过厚度为 x 的屏蔽体后的强度；Σ_R 表示衰减系数，称为“移出截面”，cm^{-1}。几种中子屏蔽元素和化合物的移出截面列于表 9-9 中。

表 9-9 几种中子屏蔽元素和化合物的移出截面

元素或化合物	移出截面 Σ_R/(b/原子)	元素或化合物	移出截面 Σ_R/(b/原子)
H	1.00±0.05	B_4C	4.7±0.3
Be	1.07±0.05	D_2O	2.76±0.11
C	0.81±0.05	LiF	2.43±0.34
Fe	1.98±0.08	$C_{30}H_{62}$(石蜡)	20.50±0.52
Pb	3.53±0.30	C_7F_{16}	86.3±0.8

对于各种形状和不同特征的反应堆堆芯已有以移出截面为基础的中子屏蔽计算公式。以小强度中子源为例，为计入散射中子对屏蔽外的剂量需要用到累积因子 B。设源强为 $S(n\cdot s^{-1})$ 的点源，在距离 R(cm)处有厚度为 x(cm)的屏蔽层，则在屏蔽层外面的剂量当量率($\dot{H}$)为：

$$\dot{H} = BSk\exp(-\Sigma_R x)/(4\pi R^2) \tag{9-19}$$

式中，k 是与单位中子注量率对应的源能量中子剂量当量率[(mSv/h)/(n/(cm^2·s))]，可由表查得。

因此对于中子来说，含有大量氢的物质，其屏蔽效果最好。虽然所有材料都会或多或少吸收热中子，在一定程度上，通用的结构材料也可用作为屏蔽材料。但经综合比较，硼是最具吸引力的特殊屏蔽元素。

常用的中子屏蔽材料有下列几种：

水 水中含有大量的氢,所以是一种非常好的中子慢化剂。

混凝土 它既含有轻元素,也含有较重的元素和一定的水分,对中子和γ射线都有较好的屏蔽作用。

石蜡 含有大量氢,价格便宜,容易成型,是很好的中子慢化剂。但是气温高时易软化,气温低时易收缩、干裂,故结构性能较差。此外石蜡怕火易燃,对γ射线的屏蔽能力也很差,所以常和其他屏蔽材料配合使用。

聚乙烯 含氢丰富,易于加工成型。但同样由于易软化、易燃,常和其他屏蔽材料配合使用。

泥土 含水较多,是一种非常廉价的屏蔽材料,为了充分利用其防护性能,有时就将一些中子发生装置建造在地下或半地下室。

锂和硼 热中子吸收截面大,且俘获中子后不放出γ射线或放出低能的γ射线,易于屏蔽。

9.2.2 屏蔽材料

一般把屏蔽材料分成非金属和有机材料、金属、混凝土三类,分别针对屏蔽中子、γ、中子和γ射线。当然要绝对地划分不仅是不可能的,也是不合理的。以下就如此粗略分类,一一叙述。

1) 非金属屏蔽材料　在非金属屏蔽材料中,以水和石墨的使用最为普遍。这主要是由于看中它们对中子有良好的慢化性能;而且与其他材料相比,它们在反应堆中的应用比较成熟,价格相对低廉。水中含有较多的氢,是极有效的中子屏蔽材料。在俘获中子后产生的次级γ射线又比较少。虽然因水的电子密度低,不是一种良好的γ屏蔽材料,但从池式反应堆的中子通量和γ剂量率分布的测定结果(图9-16)来看,水对中子和γ射线有程度不等的屏蔽效果。

石墨是优良的中子慢化剂和反射层材料,而且在高温下性能稳定,所以也被广泛用做反应堆屏蔽材料。为了提高石墨的中子屏蔽性能,要采用密度高于1.6g/cm³的高纯石墨,需要时在石墨中还可混入一些硼化钨等中吸收剂。

另一种非金属屏蔽材料是著名的硼拉尔(Boral),它是包铝的B_4C-Al板,由50%(质量分数)的B_4C粉末和25%(质量分数)的铝粉均匀混合,倒入熔融的其余25%(质量分数)的铝中;然后在666℃温度下,在钢模中铸成芯体,最后用3mm厚铝板包覆,在610℃温度下以每道10%压延量进行轧制而成。成品的铝包覆层厚度为0.5mm,还可以进一步轧制或热压至所需形状。硼拉尔的物理性质见表9-10。

常用的窥视窗玻璃是在玻璃中添加一定比例的PbO和WO而制成的,密度为3~6g/cm³,俗称铅玻璃,作为屏蔽窗使用,使用溴化锌液体作为透明屏蔽材料时,其容器内部需要镀银,两侧用强化玻璃。

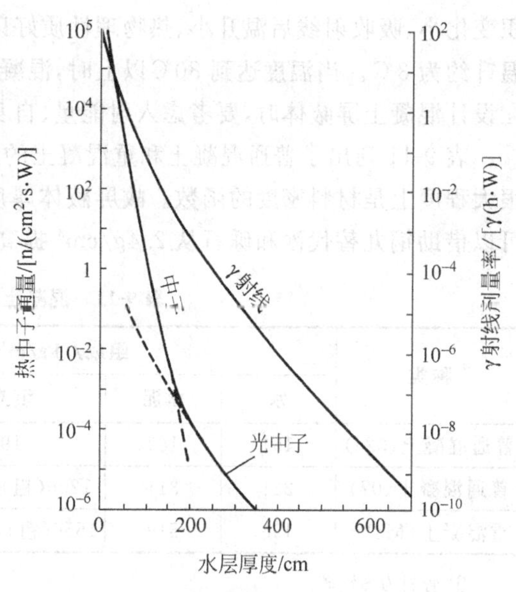

图9-16　池式反应堆水中热中子通量和γ剂量率的分布

石蜡和聚乙烯是可用的中子屏蔽材料。一般,有机材料含有少量的氢原子,尤其是后者,其氢原子密度为8×10^{22}/cm³,高于水;加工容易,价格又便宜。但它们的密度小,熔点或软化点低,使用时容易产生变形,适于在实验室内小规模应用,也可以加入硼或硼化物后作为探测器屏蔽体。

表9-10　硼拉尔的物理性质(6.35mm厚)

成分(质量分数)/%	Al 80,B 15.5,C 4.5	成分(质量分数)/%	Al 80,B 15.5,C 4.5
密度/(g/cm³)	2.53	热导率(93℃)/[W/(m·K)]	42.9
比热容/[J/(g·K)]	0.73	260℃	32.6
热膨胀系数/%	0.4	拉伸强度/MPa	37.9

2) 金属屏蔽材料　虽然,在厚度允许的条件下,任何金属均可作为γ屏蔽材料。但迄今为止,对γ的屏蔽仍然是以重金属最为有效。根据对X射线屏蔽的经验,铅是最通用且最廉价的γ屏蔽材料。但是因为铅

质地软，不能作为结构件；铅的熔点(327.4℃)较低又易被碱所侵蚀，所以在使用上受到限制，其次，铁已被广泛用做反应堆结构材料，但它除了对热中子屏蔽外，不是好的中子屏蔽材料，因为它对中能中子能量的衰减作用很小。取代铁的是不锈钢，它对γ射线和中子的屏蔽性能比铁要好，尤其是它的非弹性散射截面大，对中子的屏蔽更有效。它的缺点是，不锈钢中Cr、Ni和Mn等元素，受中子辐照后会活化，这个问题比铁更严重。硼钢是专为屏蔽热中子而制造的，内含1%～2%(质量分数)的硼。它通常以铸铁为原料，在电炉内熔化，在添加硼之前，先加入铁矿石使锰含量保持最低。铸锭在1000℃锻造，在1004～1037℃轧制，最后在800℃进行表面加工。

热屏蔽的主要目的是对热中子进行屏蔽，使进入生物屏蔽层的热中子尽可能的少。但由于吸收中子所释放的能量导致屏蔽材料的明显发热，所以既要考虑屏蔽体的有效冷却，还要尽可能使用耐高温的材料。对大的动力堆来说，热屏蔽需要大的断面，显然铸铁是最好的候选材料。但在455℃温度下使用时，铸铁通常要产生严重的尺寸变化(称为生长)，这是内含碳化物的石墨化的反映，为此需要通过合金化措施来缓解。已经发现含14%(质量分数)Ni、5%(质量分数)Cu和1%～4%(质量分数)Cr的奥氏体铁是一种完全抗生长的材料。灰口铁由于碳化铁分解形成的自由碳而导致生长；低碳钢没有严重的生长现象，可用于热屏蔽。但是制成铸件有一定的难度。所以根据经济性和技术可行性决定锻件尺寸，在现场将小锻件组装成热屏蔽是可取的。

3) 混凝土　混凝土是常用的屏蔽材料。它具备以下特点：①含有适量的为屏蔽中子和γ射线所必需的物质；②具有结构体所必需的强度和耐用性；③成型、加工容易，可制成形状特殊的屏蔽体；④价格相对低廉。但用作核反应堆的屏蔽材料还应提出以下的要求：混凝土的质地(包括密度和成分)均匀、使用时体积变化小、吸收射线后温升小、热物理性质好以及辐照损伤小等。例如，普通混凝土每吸收1mW/cm^{2}辐射，温升约为3℃。当温度达到80℃以上时，混凝土中的水分就会迅速丧失，对中子的屏蔽效果骤然下降。所以在设计混凝土屏蔽体时，要考虑入射能量、自身温升和环境温度等限制条件。

表9-11列出了普通混凝土和重混凝土的组成、密度和线衰减系数。从表中可见，混凝土的线衰减系数很大程度上是材料密度的函数。故屏蔽体厚度与材料密度成反比，选择适当的骨料和灰浆，混凝土的密度可以借助钢丸替代沙和砾石从2.4g/cm^{3}提高到6.6g/cm^3。

表9-11　混凝土屏蔽材料的组成、密度和线衰减系数

种类	组成/(kg/m^3)				密度/(g/cm^3)	线衰减系数/cm^{-1}		
	水	水泥	填充料	合计		1MeV	5MeV	10MeV
普通混凝土(02a)	154	189	1958	2301	2.3	0.1473	0.0663	0.052
普通混凝土(07)	221	311	1206(粗),564(细)	2302	2.09	0.1343	0.0605	0.0474
重混凝土(Ma)①	196	519	1556(粗),1282(细)	3553	3.55	0.2192	0.1066	0.0922

① 骨料为磁铁矿。

复习题及习题

1. 何谓反应堆的后备反应性，常用反应堆的最大后备反应性各为多少？
2. 对反应堆反应性控制的主要任务有哪些？控制反应堆反应性的常用方法有哪些？
3. 控制棒材料须具备哪些性能？
4. 加入可燃毒物的目的是什么？哪些材料可作可燃毒物？
5. 以沸水堆和压水堆为例，简略介绍其控制棒的结构和组成。
6. 压水堆的控制棒用什么材料制作？有什么优势？
7. 对中子吸收材料有哪些要求？常用中子吸收材料有哪些？
8. B_4C作为中子吸收材料有哪些优缺点？它是如何制造的？
9. 作为中子吸收材料的Ag-In-Cd合金，通常选用何种成分？为什么？

10. 作为中子吸收材料的稀土氧化物有哪些？它们用于何种类型的反应堆？

11. 一般把屏蔽材料分成非金属和有机材料、金属、混凝土三类，它们分别屏蔽何种射线？

12. 常用的屏蔽材料有哪些？选择的基础是什么？

13. γ射线通过屏蔽材料时会发生哪三种相互作用？屏蔽γ射线通常选用哪些材料？

14. 中子屏蔽利用的是哪些效应？通常选用哪些中子屏蔽材料？

第 10 章

聚变堆材料

10.1 聚变能与聚变堆

10.1.1 取之不尽,用之不竭的能量源泉

10.1.1.1 聚变能的优势

人类的生存和发展离不开能源,随着社会生产力的发展,人类对能源的需求迅速增长。然而,地球上的化石燃料储量有限,按当今世界的能源消耗速度计算,石油和天然气储量可供使用约百年,煤炭可用 240 年左右。原子能(裂变能)的开发利用是人类征服自然过程中的重大突破,重核裂变时释放出的巨大能量对人类社会的可持续发展具有深远影响。但地球上可裂变物质的储量并不丰富,在未实现核燃料增殖的条件下,仅可供目前全世界核电厂使用 350 年左右,远不能保证人类在可以预见的生存时期内获得足够的能源。

幸运的是,很轻的原子核聚合时,也会释放大量的能量,这便是聚变能。聚变能与裂变能相比,有如下的显著优点。

(1) 燃料丰富。氘氘聚变反应以海水中的氘为燃料,1L 海水所含的氘聚变时可释放约 1.1×10^{10}J 的能量,相当于 250L 石油。地球上有 4.6×10^{21}L 的海水,总共可提供 5×10^{31}J(4.8×10^{10}Q)的能量,足够人类使用几百亿年。因此可以说,实现了聚变能的可控释放,人类便一劳永逸地解决了能源问题。

(2) 燃料的提取和保存容易,价格便宜,可使发电成本大大降低。氘没有放射性,因此保存、运输和使用都比裂变燃料要安全和方便。

(3) 污染较轻。裂变堆的运行总要产生大量的强放射性裂变产物,它们的处置是一件很麻烦的事情。而聚变能是一种比较干净的能源,它只产生一些由中子活化而引起的感生放射性,放射性废物的数量大大减少,也容易处置。

(4) 特别安全,不会发生像裂变反应堆超临界或燃料熔化等事故。

(5) 有可能实现将等离子体带电粒子的能量直接转变为动力,其热效率高达 90%,使热污染问题大为减轻。

从长远来看,聚变能要比裂变能优越得多,是人类最理想的能源,聚变能的开发对人类社会的影响将是难以估计的。

10.1.1.2 核聚变发电属于“常闭型”(normally-off)

图 10-1 中以作为核聚变反应主流的“D-T 反应”为例，针对核聚变反应与其他放热反应进行对比。●所指为“常闭型”操作及反应，⊕所指为“常开型”操作及反应。目前用于核发电的核裂变反应，一旦铀开始核裂变，便与风险(包括核事故及放射性危害等)并存，且完全消除风险需要数万年以上。但对于 D-T 反应的情况，只要排除使反应成立的一个条件，反应便会立即停止，不存在难以控制的危险。

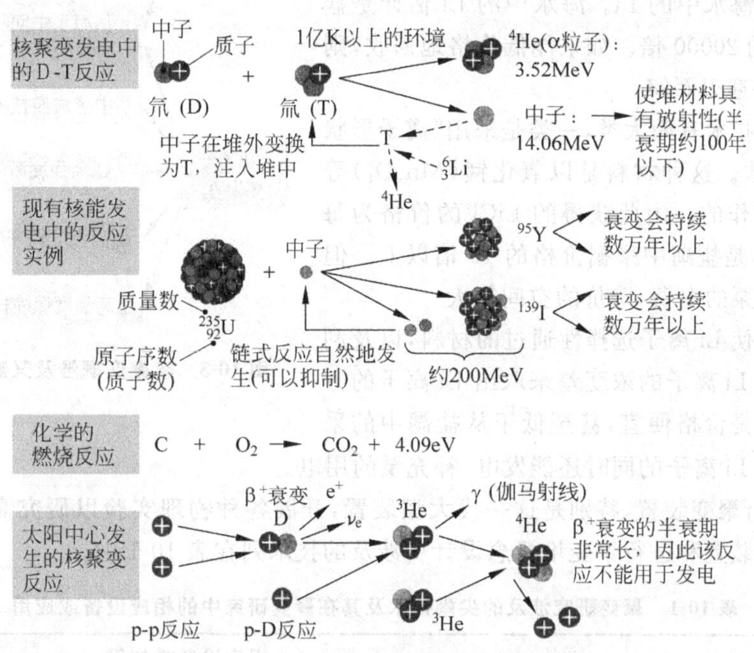

图 10-1 核聚变反应与其他放热反应的差异

核聚变发电与现有的核能(核裂变)发电相比，从安全性角度是完全不同的技术。核裂变基本上属于 normally-on 型，即“常开型”。一旦发生预想之外的情况及事故等，因难以控制，严重的情况下会发生爆炸。

与之相比，核聚变发电技术属于“常闭型”。也就是说，即使反应条件脱离预想出现些许差异的情况，瞬间炉体可能受损，但其后，反应立即停止，不会发生难以预料的后果。

在核裂变发电的情况下，预先将相当量的铀(^{235}U)配置于反应堆中，使其缓慢反应。一旦^{235}U 在堆内开始核裂变，如果不特意控制，链式反应则会引发核爆炸。当然，对于实际反应堆的情况，要借由控制达到不发生链式反应的状态。但是，在某些预想之外的情况及事故状态下，这种不能控制的可能性还是有可能发生的。而且，^{235}U 裂变后新产生放射性物质的放射性会持续数万年。对其控制目前仍未实现。

与核裂变发电相对，核聚变可以像燃料电池所用的燃料气体那样从炉外供给燃料。而且燃料氘(D)是无放射性的，另一种氚(T)尽管是放射性物质，但由于在核聚变反应中是 Li 生成的，因此在发电系统中没有必要大量地储存与保管。尽管炉体材料受中子辐照后具有放射性，但其半衰期大多数在数月以下，是相当短的。即使半衰期长的材料，100 年后的放射性也几近为零。图 10-2 表示轻水堆和聚变堆在事故情况下潜在的放射性物质扩散危险性对比。

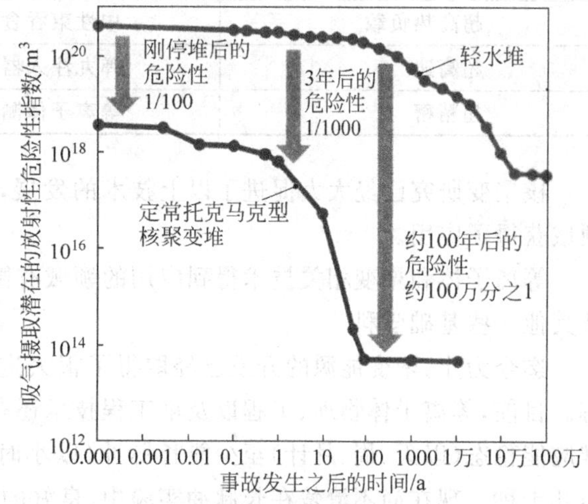

图 10-2 轻水堆和聚变堆在事故情况下潜在的放射性物质扩散危险性对比

10.1.1.3 核聚变既涉及又惠及广泛的技术领域

图 10-3 给出托卡马克核聚变和激光核聚变技术开发所涉及的部分领域。

核聚变发电与电动汽车(EV)都离不开锂(Li)资源。现在所用的锂一般由盐湖中提取,年产量大约为25000t,如果需求不变的话,预计可用200年以上。但是,随着电动汽车的普及,对作为蓄电池的锂离子二次电池的需求猛增,若再加上核聚变发电对锂的需求,势必发生锂资源短缺。

解决方案是利用海水中的Li。海水中的Li估计是盐湖等中Li蕴藏量的约20000倍。如果能低价格地回收,则Li资源不足的问题将迎刃而解。

目前最有希望的技术有两大类,一类是采用“离子形状记忆吸附材料”的方法。这种材料是以氧化锰(Mn_3O_4)等便宜的材料为基础制作的。由此获得的LiCl的价格为每千克1万~2万日元,是盐湖中采掘价格的10倍以上。但据说价格的九成用于泵的电费,降价的空间很大。

另一类是采用仅使Li离子选择性通过的材料,以及利用海水中与稀盐酸中Li离子的浓度差来取出Li离子的方法。这种方法的特征是价格便宜,甚至低于从盐湖中的采掘价格。并且在回收Li离子的同时还能发电,补充泵的用电。

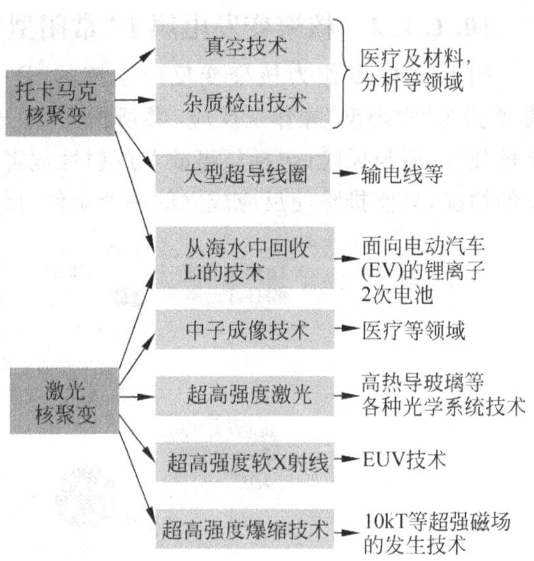

图10-3 核聚变既涉及又惠及广泛的技术领域

设计、建造和运行聚变装置,特别是这一代大型装置,开展各种物理实验以研究高温等离子体行为,以及考虑下一步更大型装置和进行聚变堆概念设计所涉及的技术列在表10-1中。

表10-1 聚变研究涉及的尖端技术及其在聚变研究中的相应设备或应用

技术名称	相应设备或作用
超高真空	真空容器,抽高真空用泵,真空检漏
超导磁体	产生约束等离子体的强磁场
超低温	中性束注入器低温泵、超导磁体的大容量制冷系统
超高频波	波加热系统、电流驱动系统
超大型(设备)	大型线圈、大型真空容器、高电压设备、飞轮电动发电机组
超强度	强流中性束系统高强度非磁性材料、高温材料、绝缘材料
超高热负载	中性束吞食器、面对等离子体的部件(第一壁、孔栏、偏滤器板等)
超高速	弹丸注入器、超高速计算机运算和数据处理
超精密	等离子体测量和诊断设备、大型重部件精密加工

核聚变研究已经大大促进了以上技术的发展,发明和创造的许多新设备、新产品和新技术已经在其他领域获得了应用。

等离子体和聚变相关技术得到应用的领域有微电子、航空航天、能源、交通、医学、环境监测和材料。以及其他一些基础学科。

迄今为止,聚变能源的开发已经取得了很大进展,但我们对于开发聚变能的艰巨性也应该有充分的了解。目前,等离子体物理、工程以及堆工程技术还有一系列问题等待解决。从工程和经济的观点,要求聚变堆应能稳态(以天、周、月计)至少能长脉冲(以小时计)运行。迄今得到的高参数等离子体还只是存在几秒至几十秒。现在尚不清楚在长脉冲实验中,良好的约束状态(称为高模式)能维持多久;约束能不能使等离子体保持低杂质含量和顺利将“灰”排出。这些问题要在下一代实验装置如ITER中进行研究。

在堆工程上,为了充分发挥聚变能源在安全、环境上的优势,发展新型的低放射性结构材料以取代不锈钢有着重要的意义。这要求研制、建造昂贵的聚变材料辐照试验装置。

聚变能源与其他能源进行竞争,最终要由能源市场决定取舍。这将取决于供应可能性、价格、安全性、环境考虑和公众意见等诸因素的综合评价,作为长远能源需要和太阳能竞争。

10.1.2 聚变堆基本原理——等离子体的约束、加热和诊断

10.1.2.1 等离子体的约束

聚变反应要能够发生，参加反应的两个原子核需要相互接近到核力的作用范围之内(3×10^{-13} cm)。由于参与聚变反应的原子核之间的静电斥力，仅当它们具有足够的动能时，才能克服之间的静电斥力，并相互接近而发生聚变反应。唯一可行的办法就是把一定量的燃料(如氘氚混合物)加热到上亿摄氏度，此时燃料已变成完全电离的物质第四态——由电子和离子组成的等离子体，使它们无规则地相互碰撞，只要将其约束足够长的时间，就可以获得足够的聚变能。这种办法称为热核聚变。目前所有的受控核聚变反应研究，都是沿着热核聚变的途径进行的。

设等离子体的密度为 n，约束时间为 τ。则在氘-氚等离子体中，温度 $T=10$keV 时，要使热核反应能自持地发展下去，需要满足的条件为：

$$n\cdot\tau\geqslant10^{20}\ \mathrm{s/m^3}\tag{10-1}$$

此即著名的劳逊判据。仅仅满足点火条件还不能使我们真正得到聚变能。为了使聚变反应产生的能量弥补为产生、加热和维持高温等离子体所花费的能量，必须引入另一个条件，即能量增益因子 $M>1$，以获得净聚变能。为了建成商用聚变反应核电厂，还必须使 $M\gg1$，以使聚变电站的发电成本低到可以和普通火力发电站和裂变核电厂相竞争的程度。

从获得能量的观点看，下面几种聚变反应最重要

$$\mathrm{D}+\mathrm{D}\longrightarrow{}^3\mathrm{He}(0.82)+\mathrm{n}(2.45)$$

$$\mathrm{D}+\mathrm{D}\longrightarrow{}^3\mathrm{T}(1.01)+\mathrm{p}(3.03)$$

$$\mathrm{D}+\mathrm{T}\longrightarrow{}^4\mathrm{He}(3.52)+\mathrm{n}(14.06)$$

$$\mathrm{D}+{}^3\mathrm{He}\longrightarrow{}^4\mathrm{He}(3.67)+\mathrm{n}(14.67)$$

式中，D、T、p、n 分别表示氘、氚、质子和中子，括号中的数字表示该粒子所具有的能量(以 MeV 为单位)。在这几个反应中，前两个反应最受重视，因为它们只以氘为燃料，氘可取自海水。而第三个反应在当前却最令人满意，因为它反应速率快，放出能量多，特别是它要求的条件比其他反应都低，相对来说，较易实现。D-T 反应与 D-D 反应比较，前者实现起来温度可低一个量级。

从点火条件可以看出，为使聚变反应得以进行，除了 1×10^8℃左右的高温条件外，还必须在一定时间内将一定密度的等离子体约束在一定范围内不让它们跑掉。约束时间越长，发生聚变反应的粒子数越多，但约束时间越长，技术上越难以实现。到目前为止，较为有效地约束等离子体的方法有两种，即磁约束和惯性约束。为了产生足够的聚变能量，必须把这种等离子体足够长时间地约束在特定的空间区域中。现在可用的约束方法有磁约束和惯性约束两种。等离子体是由带点离子组成的，带电粒子在磁场作用下围绕着磁力线转动，而不能横穿过磁力线。磁约束的概念即用磁力线组成一个围栏，把等离子体关在这一围栏中。而惯性约束实际上就是不约束，靠粒子的惯性，在它们来不及跑散前就发生聚变反应，获得足够的能量。

从点火条件(劳森判据)看：

对于 D-T 反应，　$T\approx10\mathrm{keV}$，　$n\tau\geqslant6\times10^{13}\ \mathrm{s/cm^3}$

对于 D-D 反应，　$T\approx20\mathrm{keV}$，　$n\tau\geqslant2\times10^{15}\ \mathrm{s/cm^3}$

式中，n 是等离子体的粒子密度，粒子/cm³；τ 是能量约束时间/s。可见 D-T 反应的 $n\tau$ 值比 D-D 反应的低两个数量级。

在 $n\tau$ 给定后，等离子体的粒子密度 n 和能量约束时间 τ 仍可在一定范围内取值，其中一个量值大些，另一个就可以小一些，只要保持乘积 $n\tau$ 不变就行。实际上目前最受重视的磁约束和惯性约束两种方法正好处在 n 值和 τ 值得的两个极端上。

对于磁约束 $n\approx10^{14}\sim10^{15}\ \mathrm{cm^{-3}}$，$\tau\approx0.1\sim1\mathrm{s}$

对于惯性约束 $n\approx10^{26}\ \mathrm{cm^{-3}}$，$\tau\approx10^{-12}\ \mathrm{s}$

在惯性约束的情况下，就是对等离子体不加任何约束，设法使它的密度 n 大到足以使 $n\tau$(这里的 τ 现在是飞散时间)值满足点火条件。

10.1.2.2 等离子体的加热

要实现核聚变点火就必须将等离子体加热到10keV以上，磁约束装置中采用的加热方法主要有四种：欧姆加热、中性束注入加热、高频电磁波加热和磁压缩加热。

欧姆加热是利用电流通过等离子体的电阻时发出的热量来加热。但是等离子体的电阻比一般金属的电阻还小许多，所以需要流过很大的电流。所有环流器中的等离子体开始时都是由环向电流提供欧姆加热，将等离子体加热到1keV以上，然而由于等离子体的电阻随温度升高而急剧降低，在T_e(电子温度)≈1～2keV时，等离子体中的能量损失就基本上和欧姆加热相抵消了。这样，利用欧姆加热远不能把等离子体加热到上亿度的高温。所以一定要采用其他方法进行二次加热。

中性束注入加热。把几十千电子伏到几百千电子伏的高能中性(不带电才能进入磁约束装置)粒子束注入已经约束在磁场内的等离子体中时，由于碰撞，高能中性粒子可以电离成高能离子，随即被磁场约束。高能离子通过碰撞把能量交给低能离子和电子，从而加热了它们。另外，中性注入还能增大原来等离子体的密度。为了满足点火条件，中性注入器要有几十千电子伏的能量，几百安培的能流强度，相应的功率高达几兆瓦到十几兆瓦，所需要的电源加上大抽量的高真空机组，往往比磁约束装置还要大，造价也不相上下，这是中性束注入加热的致命缺点。

研究表明，中性束注入加热是在托卡马克装置上除了欧姆加热外，对等离子体的四种主要加热手段中加热效率最高、物理机制最清楚的一种手段，它是利用高流强中性束实现对托卡马克等离子体的能量注入，通过电荷交换和粒子间的碰撞加热离子和电子，依据等离子体密度和加热粒子数能量可实现对某种粒子的主要加热，称为对等离子体外部加热和维持的主要手段。因此，中性束注入加热在聚变装置上具有良好的发展前景。目前中国自主研制成功世界上首个全超导非圆截面核聚变实验装置EAST，已经全面、优质建成并成功投入运行。

高频电磁波加热是一种很有前途的加热手段，其原理是从外面向等离子体输入强功率的电磁波，电磁波的频率选择需使它和等离子体内电子、离子的周期运动频率或脉动过程频率相近，从而引起共振，加剧等离子体粒子的运动幅度，达到把电磁波能量传给电子、离子的目的。用得较多的有离子回旋波和磁声波(1～100MHz)，低混杂波(1GHz)，电子回旋和高混杂波(30GHz)。电磁波加热所需设备的尺寸、耗电量和造价都比中性粒子束注入加热要小很多，是一种很有希望的加热手段。

磁压缩加热是磁约束装置中一种可比较快地增强磁场也能加热等离子体的加热方法，其加热机制和效果与磁场上升的快慢有很大关系，按磁场上升从快到慢可分为激波加热、湍流加热和绝热压缩三种。目前磁压缩加热用得越来越少，主要是磁场强度受技术条件的限制不可能很大，要快速增大磁场有更多的困难，它的发展前途远不如中性束注入和高频电磁波加热。

10.1.2.3 等离子体的诊断

在等离子体物理实验中所处理的等离子体参数范围是很广的，其诊断方法也多种多样。例如，由于电子温度不同，等离子体产生频率范围很宽的电磁波，横跨微波、远红外、红外、可见光、紫外和X射线频段，通过测量这些电磁波的性质，可以得到有关等离子体的信息(例如电子温度)。另外，由于电荷交换，从高温等离子体中飞出高速中性粒子，通过测定其能量，能够测量离子温度。利用线光谱的多普勒宽度测定，电磁波的集体散射、高速中性粒子能量分布测量和中子测定等，可测定离子温度。利用激光散射和韧致辐射可测定电子温度。因为从微波到远红外，红外直至可见光的单色光源齐全，可在很广的范围内用干涉法测定密度。通过激光散射光的强度测定，可对密度进行局部测量。用中性粒子束衰减法也可测量离子密度。

10.1.3 磁惯性约束核聚变

10.1.3.1 磁惯性约束核聚变的原理

可控核聚变的实现路径之一为磁约束核聚变。目前，世界各国均高度重视可控核聚变的研究，并为此建设了大量的科学实验装置，包括美国的TFTR、DIII-D和NSTX，俄罗斯的T-10和Globus-M，法国的Tore Supra，德国的ASDEX，欧盟的JET，日本的JT-60和LHD，以及中国的HL-2、HT-7和EAST等。为了进一步推进可控核聚变的研究，美、中、俄、欧、日、韩、印还合作发起了国际热核聚变实验堆(International

Thermonuclear Experimental Reactor，ITER)项目，该项目旨在建设一座示范性核聚变发电站，以验证其科学与技术层面的可行性，为聚变发电的商业应用奠定基础。

为了产生核聚变，原子核之间要有相对高速的碰撞才能实现，其中的一个实现方法就是使物质处于高温状态。高温既能把电子从原子核周围剥离，使物质处于等离子状态，又能增加原子核的运动速度，用以克服库仑斥力从而发生有效碰撞。为实现核聚变发电，需要将物质加热到1亿摄氏度，这是考虑了物质密度、碰撞概率以及可操作性等诸多因素后得到的综合结果；此时"等离子体"中离子的速度将达到1000km/s之巨。

如何才能将燃料加热到1亿摄氏度以上呢？在等离子体中通入电流，由于焦耳热的产生，等离子体将会发热。由于等离子体温度越高，电阻越小，用这种方法加热的话，最高只能达到2000℃。因此，必须采用射频加热和中性束加热的方法。所谓射频加热就是使用最适合于加热等离子体中的电子或者原子核的高频电磁波照射等离子体，使之加热(ITER中采用170GHz的电磁波加热电子、用40～55MHz的电磁波加热原子核)。而所谓的中性束加热就是把燃料氘做成不带电的束流(高速粒子流)去撞击等离子体。制造中性束的过程中要先使氘离子被充分加热后穿过中性气体等，还原成中性原子之后再射到等离子体中。

根据劳森判据，只有同时达到密度、温度，及能量约束时间的三重积大于某一固定值时，才能实现氘-氚自持核聚变反应。而磁约束正是实现核聚变的最有希望的途径之一。它利用磁场约束等离子体中带电粒子的运动，使粒子在回旋运动时不能纵向逃脱，从而使聚变能够持续进行，图10-4表示磁惯性约束核聚变的原理。历史上，人们曾构想过各种各样的磁场构型，利用磁镜等，希望能将高温等离子体约束在聚变堆中，包括反场箍缩、仿星器等等，其中，最为成功，也是最有望成为实现可控核聚变的装置也就是托卡马克。图10-5表示托卡马克核聚变装置外貌。

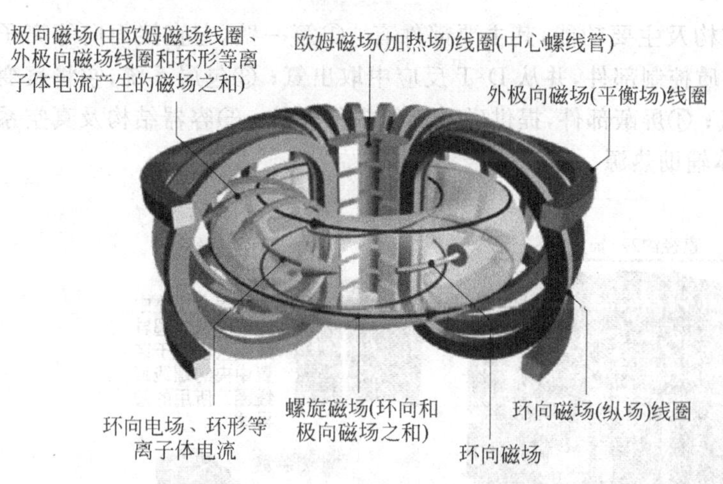

图10-4 磁惯性约束核聚变的原理

图10-5 托卡马克核聚变装置外貌

10.1.3.2 托卡马克实验装置

托卡马克最初是由苏联莫斯科的库尔恰托夫研究所的阿齐莫维齐等在20世纪50年代发明的，它的名字托卡马克(Tokamak)来源于俄文中的环形(toroidal)、真空室(kamera)、磁(magnet)、线圈(kotushka)几个词。

托卡马克又名环流器，是目前最受重视、最有希望首先实现受控热核反应的实验装置。它是一个环形的磁约束装置，等离子体中有强大的电流通过。它的最大优点是约束性能好，这是和它的环形磁场形态(没有终端损失)及有效地制服了等离子体的宏观不稳定性分不开的。

图10-6表示托卡马克核聚变装置。托卡马克的中央是一个环形的真空室，外面缠绕着超导线圈，线圈通电后，内部就会产生强大的螺旋形环向磁场，将等离子体状态的聚变物质约束在环形真空器里；极向场控制等离子体的位型；中心螺管产生垂直场，形成环向高电压，从而激发等离子体，同时也能加热等离子体，也起到控制等离子体的作用。

托卡马克装置的等离子体体积越大、通过等离子体的电流越大，温度和密度就能越高，热量逃逸的难度就越大。要使托卡马克产生足够强大的磁场，约束高温等离子体使之不能逸出，必须采用强大的电磁体。过去实验中人们采用线圈，由于产生大量焦耳热，耗费大量的电能，在经济上很不合算。目前核聚变堆正尝试采用“超导体”作电磁体的线圈。超导体通电之后，原则上可以永久地保持强大的电流，可以大大降低电能的消耗。

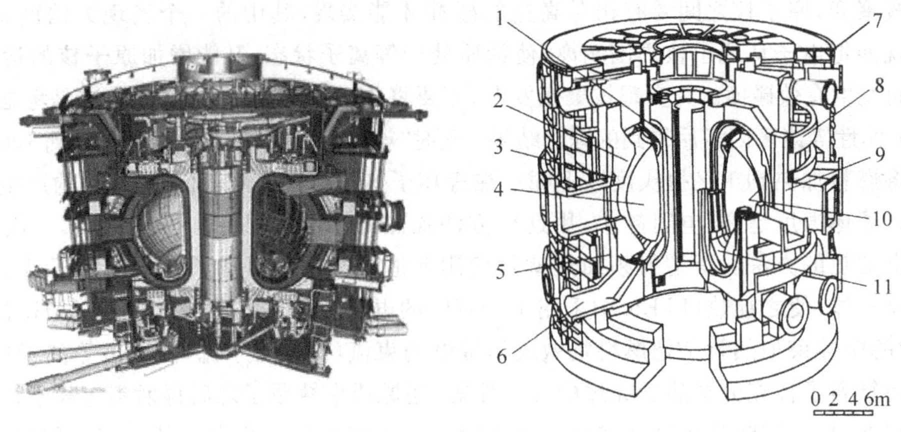

(a) 装置布置图　　(b) 装置示意图

图 10-6　托卡马克聚变装置示意图

1—中央螺线管；2—屏蔽/包层；3—活动线圈；4—等离子体；5—真空容器屏蔽；6—等离子体排出；7—低温恒温器；8—轴向场线圈；9—环向场线圈；10—第一壁；11—偏滤器（由铍、钨、C/C 复合材料构成）

10.1.3.3　托卡马克核聚变堆的结构

图 10-7 表示托卡马克聚变装置的主体结构及主要功能，其主要部件有：①第一壁，它直接面向等离子体并形成等离体室；②偏滤器系统，除灰与杂质控制部件，并从 D-T 反应中取出氦；③包层系统，它将聚变能转换成热能，同时增殖燃料循环中所需的氚；④屏蔽部件，提供磁系统的损伤保护；⑤容器结构及真空系统；⑥磁场线圈及其系统；⑦加料和等离子体辅助热源。

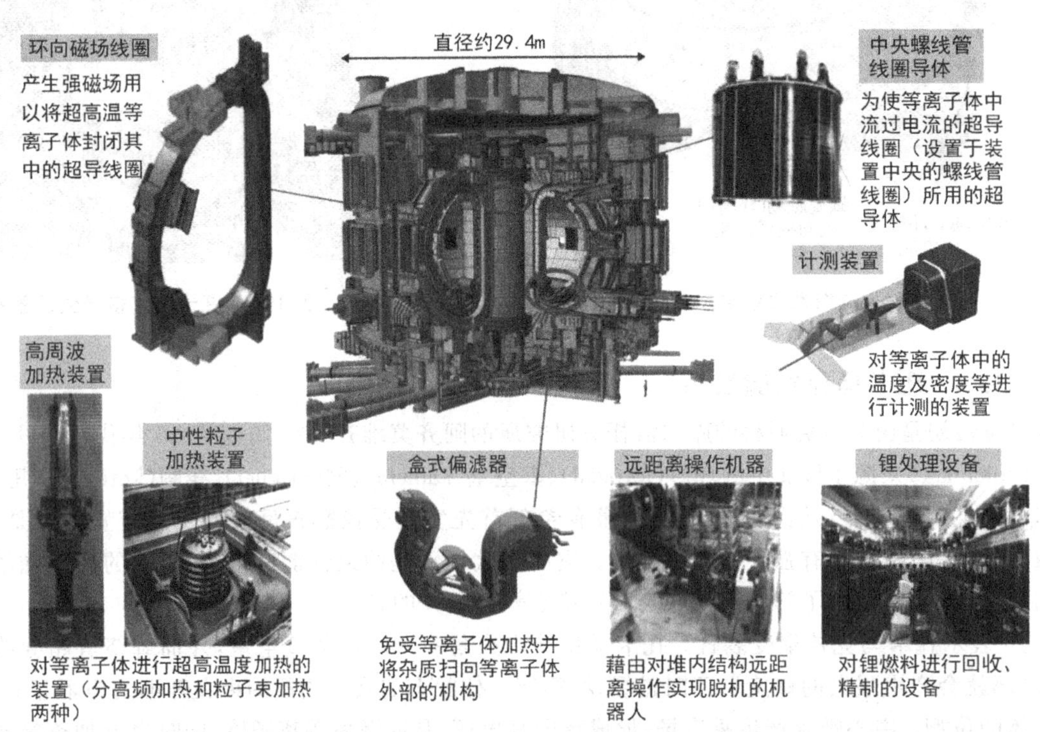

图 10-7　托卡马克聚变装置的主体结构及主要功能

装置的主要部件和子系统包括：磁体（环向场磁体及极向场磁体）、真空室及其抽气系统、供电系统、控制系统（装置控制和等离子体控制）、加热与电流驱动系统（中性束和微波）、喷气及弹丸注入系统、偏滤器及孔阑、诊断和数据采集与处理系统、包层系统、氚系统、辐射防护系统、遥控操作与维修系统等部件（子系统）。虽然强磁场能提高约束性能，但受工程技术和材料限制，环向磁场一般为 2～8T；为了获取稳定的核聚变能输出，托卡马克聚变堆最终要采用超导磁体（稳态运行要求），为此要增加杜瓦、冷屏和低温制冷系统。为将等离子体加热至需要的温度，大型装置的总加热功率为几十兆瓦，国际热核实验堆装置的加热功率为 73～130MW。

在托卡马克装置中，欧姆线圈的电流变化提供产生、建立和维持等离子体电流所需要的伏秒数（变压器原理）；极向场线圈产生的极向磁场控制等离子体截面形状和位置平衡；环向场线圈产生的环向磁场保证等离子体的宏观整体稳定性；环向磁场与等离子体电流产生的极向磁场一起构成磁力线旋转变换的和磁面结构嵌套的磁场位形来约束等离子体。同时，等离子体电流还对自身进行欧姆加热。等离子体的截面形状可以是圆形，也可以与偏滤器（位于真空室内部的边缘区域，通过产生磁分界面将约束区与边缘区隔离开来，具有排热、控制杂质和排除氦灰等功能的特殊部件）位形结合设计成 D 形。在托卡马克装置上，已可通过大功率中性束注入加热和微波加热使等离子体达到和超过氘-氚有效燃烧所需的温度（>10K），最高已达 4.4×10K。加大装置尺寸，约束时间大致按尺寸的平方增大。此外，还可通过提高环向磁场、优化约束位形和运行模式来提高能量约束时间。实验结果表明，托卡马克装置已基本满足建立核聚变反应堆的要求。

10.1.3.4 托卡马克核聚变电厂的优势

图 10-8 表示托卡马克核聚变电厂的工作原理，核聚变产生的能量由冷却剂带出，到热交换器将能量传给二回路产生蒸汽，蒸汽推动汽轮发电机发电。托卡马克装置中核聚变反应的控制方法是，通过控制核聚变燃料的加入速度及每一次的加入量，使核聚变按一定的规模连续有节奏地进行。

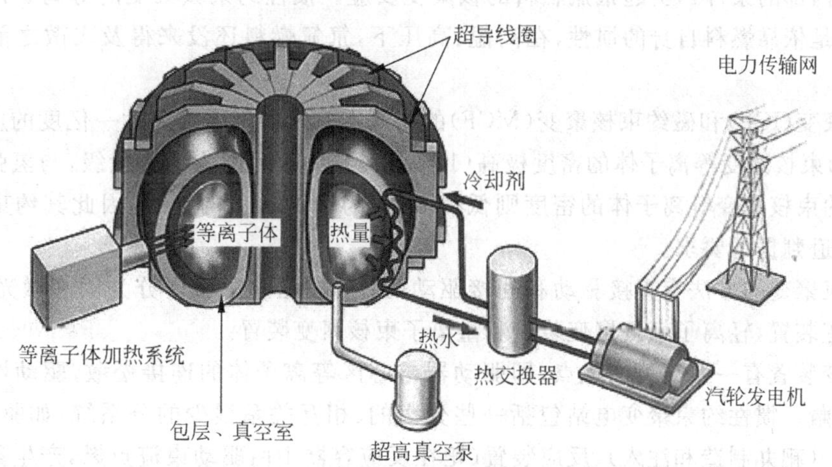

图 10-8 托卡马克核聚变堆发电厂示意图

核聚变堆相对于裂变堆有诸多优势。首先它的安全性更高，从原理上看，聚变堆不会“失控”，因为需要源源不断地供给燃料才能维持聚变，并且任何时候反应堆内的燃料总量只有 1g。其次，在聚变堆中几乎不会产生高放射性废物。核聚变中几乎所有的放射性物质都集中在反应堆内壁中，将来很有可能使用的“低活化铁素体钢”材料在停堆 50～100 年后就可以用“热室”进行操作了；而当前研究中的材料“SiC/SiC 复合材料”只消 1 个月放射性就能够衰减到同等的水平。

在核聚变发电中，人们现在采用的燃料是氘和氚。若采用其他原子核进行核聚变，则等离子体温度必须提高很多，技术上更加困难；而且，像氢这样比较轻的元素比之像碳那样比较重的元素更容易发生核聚变。在自然界中，氘的含量相对更加丰富（占氢元素总量的 0.015%），而氚的含量极少，需要用锂在聚变堆内人工合成。理论上讲，只要使用 6g 锂和 1.7g 氘，就能产生 1 户人家使用 30 年的能量。

10.1.3.5 托卡马克聚变堆前景展望

中国托卡马克聚变堆技术研究处于世界领先地位。中国科学院等离子体物理研究所设计建设的大型全超导托卡马克装置 HT-7U 建成后放电时间可达到 1000 秒稳态运行，这对于建设商用聚变反应堆的实验具有重要意义。

科学家们估计，人类可望在 2050 年以后用上热核聚变反应堆发出的第一度核电。果真如此，人们则有望摆脱能源问题的困扰！图 10-9 托卡马克聚变堆前景展望。

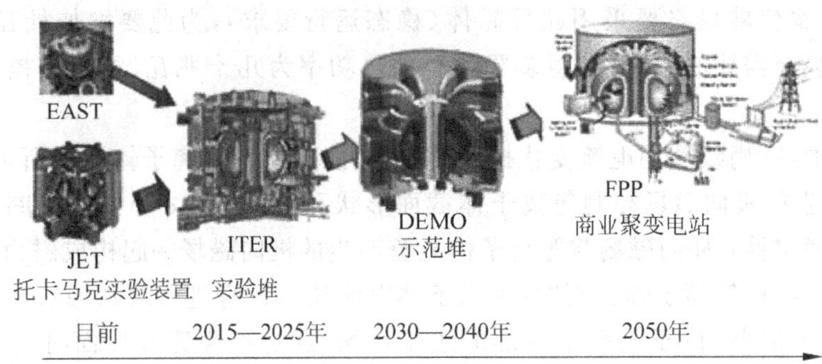

图 10-9　托卡马克聚变堆前景展望

10.1.4　惯性约束聚变实验装置

惯性约束核聚变(inertial confinement fusion,ICF)是利用高功率激光束(或粒子束)均匀辐照氘氚等热核燃料组成的微型靶丸,在极短的时间里,靶丸表面在高功率激光的辐照下会发生电离和消融,从而形成包围靶芯的高温等离子体,等离子体膨胀向外爆炸的反作用力会产生极大的向心聚爆的压力,这个压力大约相当于地球上大气压力的十亿倍。在这种巨大压力的作用下,氘氚等离子体被压缩到极高的密度和极高的温度(相当于恒星内部的条件),引起氘氚燃料的核聚变反应。惯性约束核聚变的等离子体并不需要任何的外力对其约束,而是依靠燃料自身的惯性,在高温、高压下,氘氚燃料还没来得及飞散之前的短暂时间内引发聚变核反应。

惯性约束核聚变(ICF)和磁约束核聚变(MCF)的共同点是它们都要求高达一亿度的反应温度。二者的不同在于：惯性约束核聚变等离子体的密度极高($10^{26}\,cm^{-3}$),约束时间为纳秒量级,与氢弹发生热核反应的条件类似。而磁约束核聚变等离子体的密度则低得多,仅为 $10^{15}\,cm^{-3}$ 的量级,因此其约束时间必须长达秒的量级,以满足劳逊判据的要求。

实现惯性约束聚变的方法有直接驱动和间接驱动两种；按驱动源又可分为固态激光核聚变装置,KrF准分子激光核聚变装置,轻离子束核聚变装置和重离子束核聚变装置。

惯性约束聚变装置有一个显著的优点,即驱动器与芯区等离子体的连接松散,驱动器虽复杂但芯区简单而易于更换、屏蔽。惯性约束聚变电站包括一些分离的、相互关系很少的分系统,如驱动器(激光器或粒子加速器)、靶工厂(靶丸制造和注入)、反应装置(靶在反应容器中由驱动束流点燃,产生聚变能,生产出氚)和电站其他设备。这四个分系统的科学和技术问题相对比较独立,可以平行地和相对独立地去发展这些技术,每一个系统可以单独更换而不会影响到其他系统。激光聚变反应装置的示意图见图 10-10,靶丸是从反应室的外面用电磁或压缩空气法注入到反应室的,多路的激光必须在靶丸从上而下落入反应室中心位置时,通过窗口同时打在靶丸上,而发生聚变反应,释放出大量的能量。反应室壁内有一个液体金属壁,依靠液体金属流将反应室的能量导出,并在热交换器中把热量传递给第二回路的水,液体金属冷却后再送回反应室。第二回路的水加热后送往蒸汽透平发电。反应室内真空度的要求比较低。只要能使激光或粒子束通过并射到靶丸上即可。因此,惯性约束聚变装置的壁可以用液体材料覆盖或者就用液体材料作为壁。这种湿壁可吸收部分中子能量,使其降低到产生许多放射性反应的阈值能量以下,可对反应室壁起保护作用,并可更加有效地增殖氚和增加核能转变为热能的效率。

日本大阪大学激光工程研究所设计的 SENRI-1 反应堆使用由外界引导的金属锂流作为第一壁,反应室的壁是不锈钢,其半径为 6m,其内表面覆盖厚的锂层,有一个外加磁场引导锂沿着壁流动,从反应室的顶部流动到底部,并可控制其厚度。内层和外层的锂层厚度总和为 70cm,中子通过外锂层后能量可被减速至热能,从而被锂吸收后可以产生氚。由于流体锂的厚度很厚,射到反应堆壁上的中子通常保持在比较低的水平以延长反应室的寿命。外加磁场同时可以防止从锂层产生的带电粒子如 α 粒子打到壁上。当微爆发生时,由于粒子和射线的照射,锂的表面蒸发,温度很快下降,这个作用提供了在反应室内的冷却效应。在锂层中,氚的再生率为 1.6,中子的第二层防护用 2.5m 厚的水泥。在这个反应堆系统中,不锈钢的感生放射性

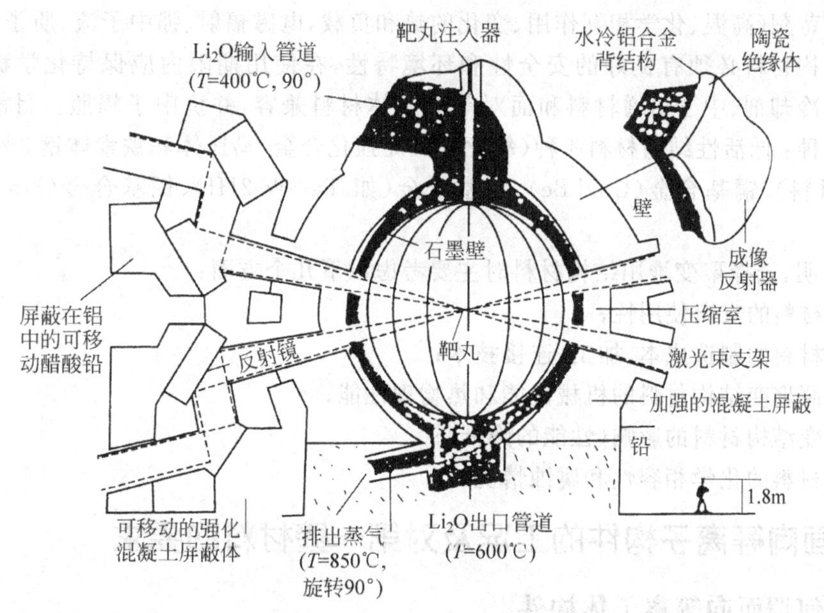

图 10-10 激光聚变反应装置示意图

是一个严重问题，在高温(>500℃)情况下，不锈钢的腐蚀也是一个要解决的问题。当金属锂的流动速度达到6～55t/h时，反应装置的电功率估计可以达到3～27MW。

10.2 聚变堆中的面向等离子体材料

10.2.1 聚变堆中的核反应及相关材料问题

核聚变发电中将发生以下几个核反应：

(1) $T + D \longrightarrow {}^{4}He + n + 17.58MeV$ （聚变堆容器内的主要反应）

(2) ${}^{9}_{4}Be + {}^{1}_{0}n \longrightarrow 2He + 2{}^{1}_{0}n$ （内壁上的中子倍增反应）

(3) ${}^{1}_{0}n + {}^{6}_{3}Li \longrightarrow T + He$ （内壁上的氚增殖反应）

托卡马克采用叠加的扭曲式面包圈形磁场，让高速粒子悬浮在容器中运动。

在燃料氘与氚原子核发生核聚变的时候，会发生反应(1)产生氦原子核和中子。由于磁场的作用，氦原子核留在等离子体中，而中子会以高速从等离子体中飞出，与容器内壁上的"包层"(blanket)发生碰撞。结果包层中产生热量，温度升高(采用"低活化铁素体钢"内壁温度将在550℃左右)。包层的内部有冷却水管，冷却水会被加热(可以加压使之不断沸腾)，用这些冷却水加热另外系统中的水，产生高温蒸汽，冲击汽轮机发电，其过程类似于火力发电。这就是核聚变发电站将核聚变能装换为电能的过程。核聚变反应产生的能量约80%被中子带走，剩下20%归属氦原子核，留在等离子体中，通过碰撞使等离子体温度上升。

聚变堆的内壁从内到外储存有两层物质。第一层是中子倍增层，里面装有含铍的($Be_{12}Ti$ 等)微型小球，在这一层中将发生反应(2)，使中子成倍地增加，提高下一步反应的成功率；第二层是氚增殖层，里面装填有含锂的(Li_2TiO_3 等)微型小球，在这一层中将发生反应(3)。产生反应(1)所需要的原料氚。微型小球是质地疏松多孔的陶瓷材料，可以回收反应(3)中逸出的氚，回收的氚将被送回反应堆中补充消耗的氚。

核聚变堆材料，根据对性能的要求可分为第一壁材料、包壳材料、氚增殖材料、中子增殖材料、载热材料、屏蔽材料、绝缘材料、超导磁体材料、磁体结构材料等。聚变堆材料的损伤、腐蚀情况包括：聚变堆内D-T反应所产生的能量为14.1MeV中子对材料内部的辐照损伤、高能量的等离子体及其带点粒子对材料表面辐照损伤，以及作氚增殖剂和载热剂的液态金属对结构材料的各种形式的腐蚀。如前所述，目前聚变研究的重点仍在托卡马克磁约束概念上。托卡马克采用叠加的扭曲式面包圈形磁场，让高速粒子悬浮在容器中运动。以下主要以托卡马克材料为例对聚变堆材料作简要论述。

聚变堆用结构材料(简称为聚变结构材料)是聚变能否实现商业化应用的关键之一。由于聚变结构材料的工作环境非常苛刻(高温、化学相互作用、变化的热和负载,电磁辐射、强中子流、质子和 He 粒子等组合作用),所以聚变结构材料必须有良好的安全性和环境特性,在使用期限内应保持化学稳定性和尺寸稳定性,即与氚增殖剂、冷却剂、中子倍增材料和面对等离子体材料兼容,并抗中子辐照。目前研究的聚变堆用结构材料主要有 9 种:低活性结构材料 4 种(氧化物沉淀强化合金、马氏体和铁素体钢 8%~12%Cr、钒基合金、SiC/SiC 复合材料)、铜基合金(CuNiBe)、钽基合金(如 Ta-8W-2Hf)、铌基合金(Nb-1Zr)、钼基和钨基合金。

大量的研究表明,选择聚变堆用结构材料时主要考虑以下几个方面:

(1) 聚变结构材料的安全使用性;

(2) 聚变结构材料的制造成本、加工、连接技术;

(3) 未经过辐照聚变结构材料的机械性能和热物理性能;

(4) 辐照对聚变结构材料的影响(性能的降低);

(5) 聚变结构材料的化学相容性和腐蚀情况。

10.2.2 面向等离子构件的工况及对第一壁材料的要求

10.2.2.1 何谓面向等离子体构件

在磁约束核聚变反应堆中,核燃料粒子被加热到 0.5~1×10^8℃以上,形成高温等离子体,并被强磁场构成的“磁笼”约束在反应堆的直空室中(图 10-4)。真空室内壁由第一壁(first wall)、限制器(limiter)和偏滤器(divertor)等部件组成(图 10-6、图 10-7)。第一壁直接面对高温等离子体,构成了隔离等离子体的第一道物理边界。限制器用于限制等离子体边界,避免高温等离子体与真空室内壁接触,从而保护真空室。偏滤器通过特殊构形的磁场将等离子体边缘的杂质偏转到远离等离子体主体的区域,起到净化等离子体、降低辐射损耗的作用。

第一壁、限制器和偏滤器统称面向等离子体构件(plasma facing components,PFCs)。在聚变反应堆中,面向等离子体构件维持着高温等离子体的稳定运行,同时防止来自高温等离子体的热辐射和粒子辐射对反应堆其他部件造成损伤,是聚变反应堆的关键部件之一。

10.2.2.2 面向等离子体构件的工况

聚变反应堆运行时,高温等离子体向面向等离子体构件辐射大量热量。偏滤器顶部的热流密度最大,在反应堆正常运行时约为 10MW/m^2;在非正常运行状态下,如发生慢瞬态(slow transients)、等离子体破裂(disruption)、垂直位移事件(vertical displacement events)和边缘局域模(edge localized modes)等事件时,瞬时热冲击高达几十兆焦每平方米,如表 10-2 所列。第一壁所承受的热负荷通常要比偏滤器小一个数量级。在高热流密度的辐射作用下,面向等离子体构件表面的温度高达 1000~2000℃,会发生多种形式的破坏,包括表面熔化、喷溅甚至汽化,以及热应力导致的裂纹。表面喷溅和汽化产生的杂质还会污染等离子体,降低聚变反应堆的功率。

表 10-2 面向等离子构件表面热负荷

运行状态	第一壁	偏滤器
正常运行	0.5MW/m^2	10MW/m^2
慢瞬态		20MW/m^2
等离子体破裂	1MJ/m^2	10~30MJ/m^2
垂直位移事件		60MJ/m^2
边缘局域模		1MJ/m^2

除了热辐射,面向等离子体构件还受到来自高温等离子体的高能粒子辐射,这将导致面向等离子体构件表面的辐照缺陷、表面脆化、物理溅射、化学刻蚀和氚滞留等损伤,严重影响聚变反应堆的正常运行和面向等离子体构件的寿命。

10.2.2.3 托卡马克聚变堆对第一壁材料的要求

第一壁是聚变堆中离等离子体最近的部件。氘-氚反应产生的 14MeV 中子、电磁辐射、带电的或中性的粒子直接作用在第一壁表面，构成对第一壁的能量沉积、中子辐照损伤以及其他等离子体与壁相互作用的过程。

第一壁材料在使用中应能在聚变堆的严酷的辐照、热、化学和应力工况下保持机械完整性和尺寸稳定性。这些材料必须有较好的抗辐照损伤性能，能在高温高应力状态下运行，与面向等离子体材料和其他包层材料相容，与氢等离子体相容，能承受高表面热负荷。为了降低温度和应力梯度，较低的热膨胀系数、高热导率和低弹性模量是重要的物理性质。高温抗拉强度和蠕变强度是重要的性能指标。结构应保持一定的塑性以承受通常和瞬态负荷条件下的热应变和机械应变。过度的辐照肿胀或蠕变能导致尺寸变化，最后引起失效。疲劳和裂纹生长在应用中也很重要。

此外，以氘-氚为燃料的聚变反应本身并不产生放射性物质。要使聚变能成为比较干净的能源，具有安全和环境影响方面的优势，聚变堆材料应选择或开发那些低中子活化和不产生长寿期放射性同位素的材料。保证反应堆具有低的放射性衰变余热，减少有害的生物效应和对环境的影响。

10.2.3　等离子体-材料表面相互作用

磁约束聚变反应装置内从被约束等离子体中逃逸出来的离子轰击材料表面可引起材料表面原子的溅射、材料表面起泡和剥落以及等离子体玷污的现象。表面原子溅射包括物理溅射和化学溅射，其溅射产额 Y(指每个入射离子溅射出的粒子数)依赖于入射离子的种类和能量。

10.2.3.1　物理溅射

入射粒子通过碰撞交换给靶原子的能量足以克服靶原子间束缚力而使之逸出表面，称为物理溅射。入射粒子将靶原子撞离表面所需要的最低能量称为溅射阈能，它是靶原子表面结合能 E_B 和入射粒子与靶原子的原子质量比值 M_1/M_2 的函数。

当入射粒子能量较高时，在靶内可产生级联碰撞，在级联碰撞区内的反冲原子如果具有逸出表面的能量就发生溅射。能量只高出溅射阈能几倍的入射离子仅能产生一两个或几个反冲原于，只有这些反冲原于发生在接近表面处，才有一定概率达到表面而逸出。

等离子体中逃逸离子的能量一般在 0.1～3000keV。氘、氚、氦离子的物理溅射产额在 10^{-3}～10^{-2} 原子/离子。如 300eV 的氘离子轰击铍、碳、钼和钨，其溅射产额分别为 3.67×10^{-2}、4.0×10^{-2}、2.4×10^{-3} 和 0.165×10^{-3}。

10.2.3.2　化学溅射

入射粒子与靶原子发生化学反应在表面产生不稳定的化合物而脱离表面，叫做化学溅射。大多数材料所发生的由氘、氚、氦离子引起的化学溅射是不显著的。但对于石墨和碳化物如 SiC 和 TiC 可发生显著的化学溅射，因为氢与碳能形成碳氢化合物。然而，化学溅射混合在物理溅射过程中，难以分离出化学溅射份额。

由于溅射而进入等离子体的壁材料原子在一定的约束时间后，可能带有更高的能量，再次射向第一壁并引起壁面材料溅射，称为自溅射。通常低 Z(Z 为原子序数)材料自溅射系数小，高 Z 材料自溅射系数大。如果自溅射系数大于 1，则会呈现出恶性循环。

10.2.3.3　表面起泡和剥落

氘-氚聚变反应产生的 3.5MeV 的氦离子，在等离子体中热化后能量在 $10\sim10^6$eV，氦离子的轰击可在表面层下形成氦浓度的峰值区，并形成氦泡。在氦离子的不断轰击下，气泡内温度和压力不断增加，当气泡内压力足以使表面层材料屈服时，表面层材料隆起形成表面气泡。氦离子能量越高(氦浓度峰值区越深即表面层越厚)，材料强度越高，则起泡剂量阈值越高。当材料温度高于 $0.5T_m$(熔化温度)时，气泡内压力增高而表面层材料强度变弱，气泡很容易破裂形成针孔或海绵状结构。

10.2.3.4　等离子体玷污

被溅射原子和剥蚀材料进入等离子体将危害聚变反应。因为电子、氘、氚离子与进入的杂质原子发生轫致辐射，其辐射功率与杂质的量和杂质的原子序数平方成正比。因此要求壁面材料具有抗表面溅射，起泡和剥落能力，以减少进入等离子体的杂质。同时要选择低原子序数的材料，这不仅能减小韧致辐射功率，且低原子序数的元素可透射过等离子体而不危害它。

10.2.4 面向等离子体材料现状

10.2.4.1 面向等离子体材料需满足的要求

虽然面向等离子体材料非主要承担结构功能，但聚变反应堆运行时，它起着保护第一壁、限制器和偏滤器结构材料免受高热流密度辐照和高能粒子辐照的关键作用。面向等离子体材料要满足以下几方面的要求：

(1) 高熔点、高热导率、耐热冲击，能承受来自等离子体的高热流密度辐射；

(2) 低溅射产额，由物理溅射、代学溅射和辐照增强升华所产生的杂质数量较低，以减轻对等离子体的污染；

(3) 低活化放射性，避免高能中子辐照下生成放射性产物。

10.2.4.2 在用的面向等离子体材料

目前聚变反应堆中用到的面向等离子体材料包括铍、碳基材料和钨等，这三种材料各具下述的优势和不足。

1. 铍

铍(Be)具有原子序数低、溅射产物对等离子体污染小，热导率高、弹性模量高、比强度大，中子吸收截面小、散射截面大等优点，已成功用于欧洲联合环(JET)，且被选为ITER项目的面向等离子体材料。

铍的缺点包括熔点低(1284℃)，饱和蒸气压高、物理溅射产额高，使用寿命短等。在中子辐射作用下，铍的晶体结构会发生改变，导致其热导率显著下降。此外，铍具有毒性，生产和使用过程均需要特殊的防护措施。

2. 碳基材料

碳基材料具有原子序数低，热导率高，高温强度高，抗热震性能好等优点。目前，偏滤器收集板和垂直靶等直接接触等离子体的部件只能使用碳基复合材料，因此其在聚变实验装置中得到了广泛的使用。

碳基材料的缺陷也很明显。一方面碳的抗溅射能力差、化学腐蚀速率高，800℃以上会发生严重的化学溅射和辐射增强升华，既造成材料本身的损伤，又会污染等离子体，使等离子体品质下降；另一方面碳基材料的孔隙率较高(约19vol%)，易吸附氘、氚等聚变燃料。

3. 钨

钨具有高熔点(3683℃)，高热导率，低饱和蒸气压，对氘和氚的吸附量小等优点；此外，钨不与氢反应，溅射产额低，耐等离子体冲刷，具有较高的使用寿命。目前，钨是最重要且最具有发展前景的面向等离子体材料。

但是，钨的原子序数远大于铍和碳，使得等离子体对钨杂质的容忍度很低，且钨的抗热震性能较差。此外，钨的硬度高、韧脆转变温度高、再结晶温度低，使得钨的机加工性能较差，阻碍了其大规模、工程化的应用。

考虑到钨的优异特性，以ITER为代表的多个磁约束核聚变装置都将全钨结构确定为未来的发展方向。为了进一步优化钨作为面向等离子体材料的性能，相关领域的学者提出了多种改性方法，包括稀土元素固溶强化、氧化物弥散强化、碳化物弥散强化和超细晶/纳米晶强化等，以提高钨的再结晶温度和高温力学性能，降低韧脆转变温度，改善其机加工性能。

10.2.4.3 W/Cu面向等离子构件的结构和制作

聚变反应堆中，面向等离子体材料承受来自高温等离子体的高热流密度辐射，保护反应堆结构材料，因此又被称为护甲材料(armor materials)；沉积于护甲材料表面的热量则由热沉材料(heat sink materials)传导至主动冷却系统。护甲材料与热沉材料共同构成了面向等离子体构件。如前所述，W是应用前景最光明的护甲材料；而Cu及其合金(如CuCrZr合金、弥散强化Cu合金)则凭借其优异的导热性能成为热沉材料的理想之选。护甲材料和热沉材料以不同的方式连接起来，可构成以下几种结构形式的W/Cu面向等离子体构件。

(1) W 块 Macrobrush 结构。将 W 板与 Cu 热沉连接起来，Cu 热沉中央钻孔并焊接 Cu 管通水主动冷却。为了防止界面热应力积累导致 W/Cu 界面开裂(这是 W/Cu 连接的重大挑战之一)，通过切割狭缝将大面积的 W 板分割成小面积的 W 块，形成所谓的 Macrobrush 结构，如图 10-11(a)所示。

(2) W 块穿管结构。在 W 块(典型厚度约 4mm)中央钻孔，穿入 Cu 管并将 Cu 管外壁与孔内壁连接起来，得到 W 块穿管结构，如图 10-11(b)所示。

(3) W 片穿管结构。与 W 块穿管结构类似，采用 W 片(典型厚度约 0.2mm)取代 W 块，将 W 片堆叠、压实、中央钻孔，穿入 Cu 管并将 Cu 管与 W 片连接起来，得到 W 片穿管结构，如图 10-11(c)所示。

(4) W 涂层结构。通过各种涂层制备方法在 Cu 热沉表面沉积毫米级厚度的 W 涂层，形成 W 涂层结构，如图 10-11(d)所示。

(5) W 棒指梳结构。将 W 短棒(直径约几毫米)阵列压入 Cu 热沉表面，形成 W 棒指梳结构，如图 10-11(e)所示。

(6) W-Cu 梯度材料结构。通过喷涂、粉末冶金等方法在 Cu 热沉表面制备 W-Cu 梯度材料，如图 10-11(f)所示。除了直接作为面向等离子体构件，W-Cu 梯度材料还可以作为 W/Cu 连接的过渡层以提高 W/Cu 连接强度，降低 W/Cu 界面热应力。

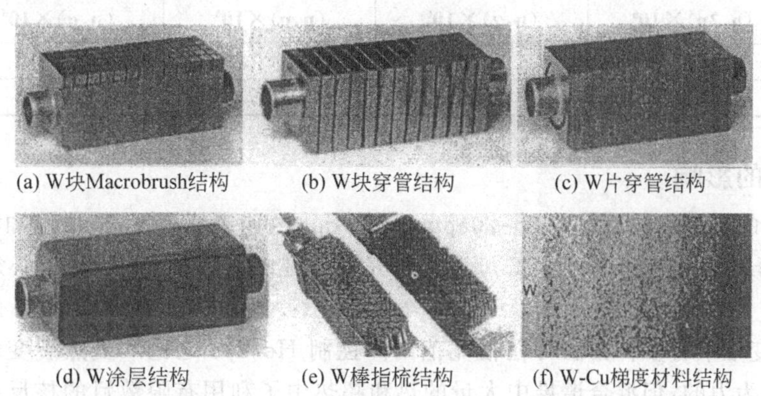

图 10-11 W/Cu 面向等离子体构件的结构形式

10.2.5 高能中子辐照效应

10.2.5.1 中子能谱

三种类型反应堆的中子能谱即快谱、混合谱和聚变谱示于图 10-12。对于运行在 $1MW/m^2$ 壁负荷的 STARFIRE 聚变装置，在 14.1MeV 有能量峰值，且 14.1MeV 的中子数占总中子数的 20%～25%。而两个裂变堆谱，一个为 EBR-Ⅱ 的快谱，一个为 HFIR 的混合谱，在高于几个 MeV 能量时，都显示陡峭的下降。低于约 10^{-3}MeV 时，聚变谱和快谱显示可忽略的中子数，但混合谱在低到 kT 量级的水平仍包含大量的中子。

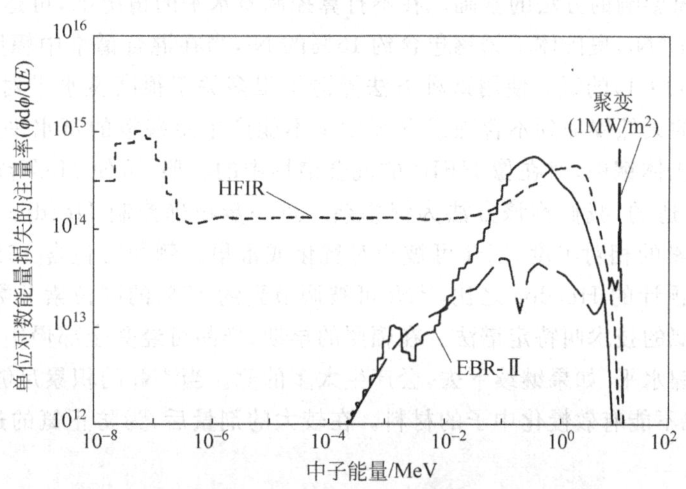

图 10-12 两个裂变堆 HFIR 和 EBR-Ⅱ 以及概念聚变堆 STARFIRE 的中子谱

10.2.5.2 14MeV中子的辐照行为

中子辐照效应分为离位损伤效应和核嬗变产生杂质原子的效应。14MeV中子产生的离位损伤与裂变堆中1～2MeV中子产生的离位损伤没有本质的区别。当中子能量从1MeV增加到14MeV时，对于轻原子，损伤比例几乎不变；但对重原子来说，离位损伤将增加数倍以上。并且这两种能量的中子产生的辐照缺陷的空间分布几乎没有差别。但在14MeV中子辐照中存在使辐照缺陷集中，形成大块聚集体的趋势。

另一方面，中子能量从几个百万电子伏特到14MeV，(n,α)、(n,P)、(n,γ)及(n,2n)等核反应的截面就变大，反应的比例也就变大。针对铌在聚变堆(CTR)和快堆(DFR)中的核反应和离位损伤作了比较，其结果如表10-3所示。从该表可大致理解聚变堆的辐照损伤是如何之大。另外，作为核嬗变产生金属杂质原子的例子，把铌材作为真空壁材料使用20年，铌材中产生13.5% Zr、9.5% Mo，纯铌已合金化了。也有的计算指出，钼材在同样条件下，约8%转变为Tc和Nb。结论是，与裂变堆相比，在聚变堆条件下，由于有较大的氦脆、离位损伤及合金化，材料的性质会发生很大的变化。

表10-3 由于中子能谱不同，每个铌原子发生核反应的频率

铌	一年内每个铌原子发生核反应的次数				
	$(n,2n)\times10^6$	$(n,\gamma)\times10^6$	$(n,p)\times10^6$	$(n,\alpha)\times10^6$	离位损伤/dpa
CTR	18000	9400	580	160	165
DFR	16	6000	13	2.3	7.8

10.2.5.3 氦的影响

暴露在聚变堆中的典型结构材料以5～20appm[①]He/dpa的速率累积氦，但快堆和混合谱堆中的快中子仅以十分之几appmHe/dpa的速率产生氦。为了研究聚变堆中材料的氦脆现象，必须设法加大裂变堆的He/dpa之比。

幸运的是，在裂变堆中有多种方法可在很宽范围内控制He/dpa之比。虽然裂变堆中的快中子对产生合适的氦水平是无能为力的，但混合谱堆中大量的热和超热中子利用有限数目的核反应可使大量产生氦成为可能。两个这种类型的反应是$^{10}B(n,\alpha)^{7}Li$和两步反应$^{58}Ni(n,\gamma)^{59}Ni(n,\alpha)^{56}Fe$。天然硼约含20%$^{10}B$，对(n,α)反应它有如此高的截面，以致实际上在很低的剂量，所有的^{10}B均转变成氦。天然Ni约含68%^{58}Ni，在辐照到很高剂量(数百dpa)时，所有^{58}Ni均转变成^{59}Ni，在HFIR混合谱堆中约13%的^{59}Ni在随后的(n,α)反应中产生氦。

Ni的两步反应是较近期发现的，并被广泛用来研究氦对材料的影响。它比使用^{10}B的方法有几个优点。反应物Ni和反应产物Fe是聚变堆工程感兴趣的许多合金的主要成分，特别是奥氏体和铁素体钢。另一个优点是截面不大也不小，既可产生大量的氦，而且直到很高剂量(数百dpa)^{58}Ni才烧光。这可提供同时积累氦和离位损伤的优点，更好模拟聚变堆的情况。

镍反应是精确研究氦影响的方法的基础。在不打算控制氦水平的情况下，可达到很高的He/dpa之比。因为天然Ni约包含68%^{58}Ni，奥氏体不锈钢包含约15%的Ni，当在混合谱堆中辐照时，不可避免地产生很高水平(appmHe/dpa＝50：1)的氦。使用这种方法弄清了很多关于很高氦水平对力学性能和微观结构影响的知识。也可将适量的天然镍加到不含镍或含镍太少不能产生感兴趣的氦水平的合金中，例如添加2%的天然Ni到铁素体/马氏体钢中，对在像HFIR的混合谱堆中的辐照，可使He/dpa之比为10，对聚变堆中的这些材料，此比值是合适的，我们称该方法为镍掺杂。进一步精确控制He/dpa比的方法叫做同位素掺杂，这时要改变Ni同位素的相对丰度，^{58}Ni可被相对贫化或富集。例如对包含16%镍的改进316不锈钢，为了精确接近聚变堆中预计的He/dpa之比，^{58}Ni可被调节到约17%的同位素分数而不是天然含量68%。另一个与同位素掺杂相似的技术叫特定谱法。在辐照的早期，样品可经受全部慢中子注量率，这导致^{59}Ni的迅速积累。对不锈钢的镍水平，如果继续下去，会产生太多的氦。当^{59}Ni的积累足够时，减小慢中子的强度，将围绕样品的H_2O换成不能有效慢化中子的材料。在较大的剂量后，为防止氦的过量产生，再将替换水的

① 1appm＝1×10^{-6}(原子比)，全书同。

材料换成吸收热中子的材料。相同的实验也可按如下方法进行,先将样品在混合谱堆高热注量率位置辐照,然后将样品移到低热注量率位置。

10.3 第一壁材料及结构

第一壁是包容等离子体区和真空区的部件,又称面向等离子体部件。它与其外围的包层结构紧密相连。第一壁包括以下部件:①第一壁,形成等离子体室和真空室的容器壁;②孔栏,限制等离子体边界的部件,也可兼作杂质控制系统;③偏滤器,杂质控制系统;④其他部件,如中性束流注射区、诊断窗口及内衬板等。

10.3.1 第一壁材料

第一壁材料主要包括第一壁表面覆盖材料、第一壁结构材料、高热流材料和低活化材料。

10.3.1.1 第一壁表面覆盖材料

早期的聚变堆概念设计,第一壁材料既作为结构材料也作为等离子体界面材料。所考虑的材料是不锈钢和高熔点金属及其合金。高原子序数材料在等离子体逃逸粒子作用下发生溅射,溅射产物进入等离子体引起的热辐射损失随原子序数的增加急剧上升,容易引发等离子体的破裂。所以,后来的聚变堆概念设计采用在第一壁材料上覆盖一层低原子序数材料的办法。覆盖层可以选择一些与等离子体相互作用性能优越的材料,结构功能则由基体材料承担。

可供选择的覆盖层材料主要有铍、石墨、硼、碳化硼、碳化硅、氧化铍和碳化钛等。纤维强化复合材料碳-碳、碳-碳化硅等由于其优良的抗热冲击性能,也可用作覆盖层材料。

10.3.1.2 第一壁结构材料

表面覆盖层下的结构材料既作为真空室的壁又包容第一壁冷却剂,在多数设计中又是包层的一部分。故要求其在高温、高中子注量、高热负荷和高温冷却剂环境中具有合适的工作寿命。聚变堆中高的气体产生速率与高离位损伤相结合,使聚变堆材料的辐照环境比快中子堆更为苛刻。氦聚集成为气泡使材料发生肿胀和氦脆。第一壁如果是比较厚的板,则要考虑热应力的影响。如果反应堆运行在周期性工况,则需考虑材料的疲劳性能。第一壁结构材料除应具有合适的力学性能外,还要与增殖材料、冷却剂有良好的相容性。

10.3.1.3 高热流密度材料

第一壁部件中的孔栏和偏滤器是高能逃逸离子沉积能量的主要区域,其表面热负荷比第一壁表面平均值高一个量级以上。此外,当等离子体破裂时,其能量将在毫秒级的时间内倾注在第一壁的某些区域,包括孔栏和偏滤器。因此,这些部件必须采用高热流密度材料。常用的高热流密度材料有铜合金、钼合金、铌合金以及钨、铍和石墨等。

10.3.1.4 低活化材料

聚变燃料发生聚变反应时并不像裂变燃料那样产生大量放射性裂变产物,主要的放射性来源是第一壁和包层材料的中子活化。为了使聚变堆成为更有吸引力的能源,从事聚变研究的一些国家以研究开发低活化的第一壁材料作为远期目标,目的在于降低总放射性水平,特别是避免生成长半衰期放射性同位素,即限制材料中的镍、钼和铌的含量。已提出的低活化材料有不含 Ni 的 Cr-Mn 奥氏体不锈钢、9Cr1W 和 9Cr3W 等改进型钢、马氏体钢以及钒合金和高纯度的碳纤维增强材料。

10.3.2 第一壁结构实例

美国 TFTR 的第一壁结构由水冷环向挡板孔栏、水冷可移动孔栏和水冷保护板组成。保护板屏蔽真空容器,避免中性束透过。因科镍和不锈钢波纹管盖板保护真空容器波纹管。Zr/Al 表面吸气系统增强环中的吸气,如图 10-13 所示。保护板和挡板孔栏覆盖着 POCO™ 石墨瓦片。保护板的石墨瓦片上还有 $20\mu m$

厚的 TiC。波纹管盖板跨过波纹管并且一边是绝缘的,以免波纹管短路。它们由板条构成以减少板中的涡流。表面吸气系统用来减少环中杂质,共有 36 个表面吸气系统板,每个由 18 个 Zr/Al 模块组成,它们起类似氢的气体的可逆吸气剂以及氧和其他杂质气体的不可逆吸气剂的作用。

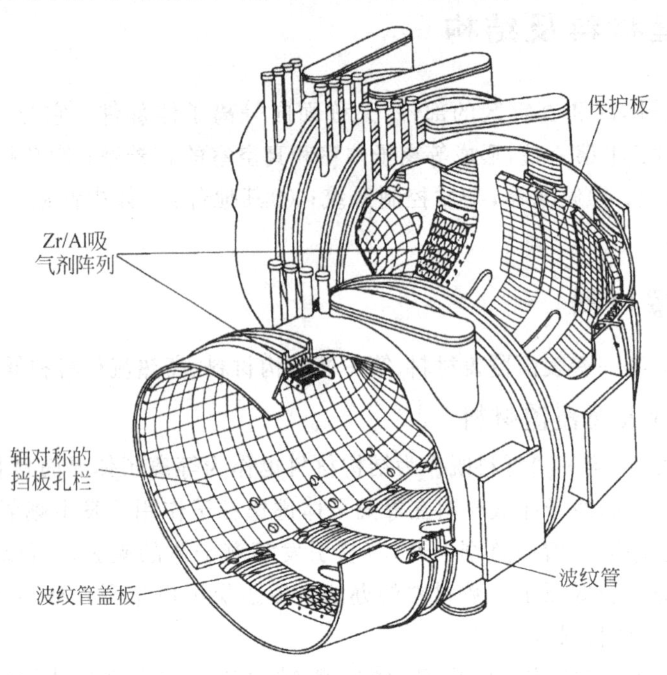

图 10-13 TFTR 真空室和第一壁实体部件

ITER 堆在基本性能阶段将用防护包层运行,包层系统的主要结构构件是后板,它是一个连续的环形 316LN 不锈钢厚壳,整个后板由 20 个区段组成。后板上共装有 720 个第一壁/防护模块,每个模块由两根管子连接到管板上。为了维修和结构变化,每个模块可被单独取下。图 10-14 显示一个在后板上的防护包层模块,每个模块有 30mm 深的第一壁部分。720 个模块中 120 个是孔栏模块,100 个是挡板模块。第一壁/

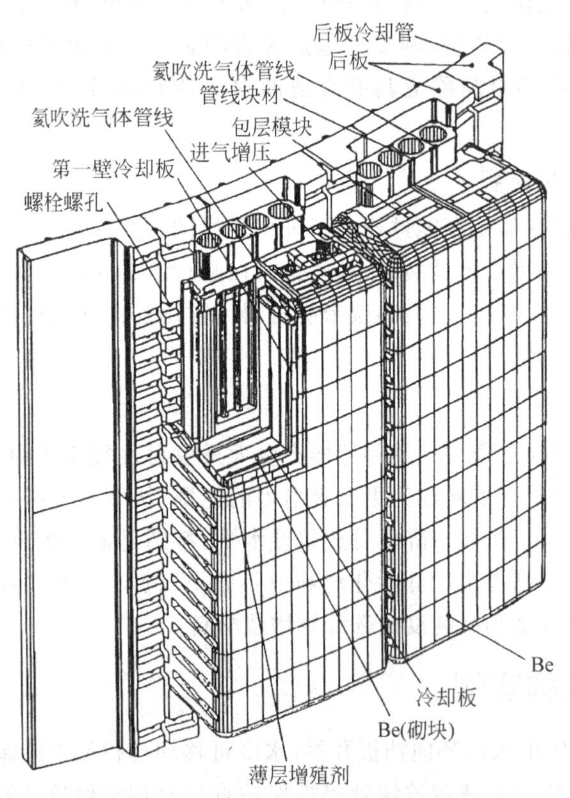

图 10-14 ITER 内侧固体增殖包层

防护模块由直径 10mm、壁厚 1mm、埋入热扩散铜合金层中的 316LN 不锈钢管极向阵列组成，铜合金层结合到 316LN 不锈钢防护块。孔栏模块和挡板模块承受更高的热负荷。对所有类型的模块，铍是主要的候选面对等离子体材料，铍护甲的精确厚度现在还未最后确定。

10.4　聚变堆设计和工况条件

10.4.1　第一壁环境条件

第一壁是聚变堆中离等离子体最近的部件，氘-氚反应产生的 14MeV 中子、电磁辐射和带电的或中性的粒子直接作用在第一壁表面，构成对第一壁的能量沉积、中子辐照损伤以及其他等离子体与壁的相互作用过程，如溅射和剥蚀等。14MeV 中子不仅在材料中产生离位损伤，还与材料发生嬗变反应产生大量的氦和氢以及其他杂质。$1MW/m^2$ 的中子壁负荷在一年时间内的中子注量为 $1.4\times10^{25}n/m^2$，在结构材料中产生的离位损伤以及氦和氢的量见表 10-4。在温度高于 250℃时，氢很容易从材料中扩散出来。氦在材料中的扩散系数和溶解度很低，将与离位损伤产生的点缺陷形成缺陷团，并可能发展成气泡。嬗变反应还可使材料发生化学成分的改变和微观结构的演变。在这样严酷的工况条件下，可使材料发生肿胀，辐射硬化和脆化，热导率下降，应力腐蚀敏感性增加，蠕变加速。因此，第一壁材料应具有抗中子辐射损伤能力，对氢脆和氦脆不敏感，辐射肿胀速率足够低，与冷却介质和包层材料相容性好，以保证第一壁在寿期内的结构完整性，材料中不含产生长寿期放射性同位素的元素。经济因素要求第一壁的寿期最好能达到 $20MW\cdot a/m^2$。

表 10-4　材料在 $1MW\cdot a/m^2$ 时的辐照损伤和嬗变产物氦和氢

材料	316 钢	HT-9	V-Cr-Ti	SiC
离位损伤/dpa	11.3	11.1	11.3	≥10
H/appm	594	450	240	约 440
He/appm	157	110	57	约 1500

10.4.2　真空壁材料的设计限值

迄今为止，已得到快堆材料的丰富资料和聚变堆的若干资料，现在设计的 $1\sim3MW/m^2$ 的聚变堆所采用的不锈钢、铁素体钢、Nb-1Zr、Mo 及 V 合金等，其评价结果如表 10-5 所示。使用不锈钢时要把堆的设计条件控制在很低的水平，而 Mo 作为良好的候选材料，在可焊性、辐照后的延性方面都存在很大的缺点。铁素体钢的热应力因子比不锈钢的约高一倍，耐锂和锂铅合金腐蚀的温度也比不锈钢高。钒和铌合金的氢渗透率很高，这是一大缺点。

表 10-5　真空壁候选材料的设计极限

材　　料	不锈钢	HT-9	V-Cr-Ti	Nb-1Zr	Mo
最高使用温度/℃	550	550	750	1000	1100
热导率/[W/(m·K)]	19.5	26.5	28	55	115
热膨胀系数/$10^{-6}K^{-1}$	17.6	11.8	10.3	7.8	5.6
弹性模量/GPa	168	190	118	63	260
极限强度/MPa	600	630	680		
屈服强度/MPa	560	450	440	200	620
热应力因子/[W/(MPa·m)]	4.8	8.6	15.4	78.3	55.2
腐蚀温度范围/℃	Li 430～470 Li－Pb 370～400	535～580 410～450	>750 >650 >100	>1100	>1100
最高使用温度时 H_2O 及 O_2 的容许分压/Torr	>100	0	10^{-8}	$<10^{-7}$	$<10^{-3}$

续表

材　　料	不锈钢	HT-9	V-Cr-Ti	Nb-1Zr	Mo
最高使用温度下的氢渗透率/[cm^3(STP)·mm/(h·cm^2·$atm^{1/2}$)]	0.02		200	200	0.001
辐照后的延性/%	约 5		20	5	约 0
可焊性	优		良	优	不良

在近期实验托卡马克堆设计中实际选择的材料总结在表 10-6 中，并给出了选择该材料的主要原因。可以看到，对于近期反应堆选择材料的要求，生产能力和广泛的数据库压倒了其他因素。而在概念堆设计中，所选择的材料覆盖了较宽的范围，并反映了不同设计目的之间的平衡。如表 10-7 所示。

表 10-6　近期聚变堆设计中第一壁材料的选择

研究项目	装置目的	所选材料	选择主要原因
TNS/ORNL-W	TFTR 后的托卡马克	316SS	生产能力和数据库
ITR/GA-ANL	托卡马克点火试验堆	因科镍 625+铍镀层	氦冷却效率
MTF/JAERI	JT60 后的试验堆	因科镍	
TETR/UW	托卡马克工程试验堆	316SS	生产能力、数据库、寿命
EPR/USA	实验动力堆	316SS	产能和数据库
EPR/JAERI	实验动力堆	TZM+低 Zr 涂层	高温高效运行
DEMO(ORNL)	托卡马克示范动力堆	316SS	生产能力、数据库、寿命

表 10-7　托卡马克聚变堆概念设计中第一壁材料的选择

研究项目	所选择的材料	材料选择的主要原因
UWMAK-Ⅰ，Ⅱ	316SS	现有的生产技术
ORNL	Nb-1Zr	高温、高热效率
PRD	PE-16	低肿胀
UWMAK-Ⅲ	TZM	高温、高热效率
BNL-tokamaks	Al 合金	生产能力，低放射性
GA-doublets	石墨，SiC	生产能力，低放射性
Julich- tokamaks	316SS+Mo	高温、高热效率
NUWMAK	Ti-6Al-4V	生产能力，疲劳性能，长寿命，低活性
ANL-parametrics	V-20Ti	长寿命，低活性，高温

10.4.3　聚变堆材料与裂变堆材料使用性能的比较

聚变堆有其特有的材料工艺学问题，也有与裂变堆相同的材料问题。几十年来，基于轻水堆、高温气冷堆、快堆和熔盐堆的发展，已积累了大量的资料，取得了丰富的经验，充分掌握和利用这些资料和经验作为聚变堆材料评价的基础是十分重要的。聚变堆和裂变堆在材料工艺学上的共同点如下：

(1) 核性质，核截面；

(2) 辐照对蠕变和疲劳的影响；

(3) 液态金属处理及材料相容性；

(4) 高熔点金属的冶炼；

(5) 氢的扩散和氢脆；

(6) 惰性气体及由碱金属脱氢的方法；

(7) 气体透平，钾蒸气和 MHD 动力循环；

(8) 屏蔽；

(9) 成本估算；

(10) 带有放射性的设备的维修；

(11) 废物处理；

(12) 薄壳结构的蠕变挠曲。

此外，聚变堆特有的材料工艺学问题如下：

(1) 超导磁体及低温技术；

(2) 强磁场下导电液体的泵送技术；

(3) 14MeV 中子的辐照损伤；

(4) 氦离子轰击和溅射起泡等表面现象。

复习题及习题

1. 聚变能与裂变能相比，有哪些优点？
2. 指出核聚变反应与其他放热反应的差异。
3. 为什么说核聚变反应是"常闭型"，而核裂变反应是"常开型"？
4. 核聚变既涉及又惠及哪些技术领域？
5. 从获得能量的观点，哪几种聚变反应最重要？其中哪一个反应更容易实现？
6. 何谓实现核聚变的磁约束和惯性约束？其中各自分别包含哪些方法？
7. 采用磁约束要实现核聚变需要达到什么条件？
8. 采用惯性约束要实现核聚变需要达到什么条件？
9. 介绍托卡马克装置示的主体结构及主要功能。
10. 核聚变发电的基本原理是什么？主要的过程有哪些？
11. 介绍托卡马克聚变堆的发展前景。
12. 何谓托卡马克装置的第一壁材料？其承受何种服役环境？
13. 对第一壁材料有哪些特殊要求？候选的第一壁材料有哪几种？
14. 托卡马克聚变堆真空壁候选材料有哪些？利用了它们的哪些性质？
15. 聚变堆和裂变堆在材料工艺学上有哪些共同点？聚变堆有哪些特有的材料工艺问题？

缩 略 语

A

ADU(ammonium diuranate process)：重铀酸铵($(NH_4)_2U_2O_7$)法

AGCR(advanced gas cooled reactor)：改良型气冷堆/高级气冷式反应堆

ALARA(as low as reasonable achievable)：合理可行尽量低(对于所有被辐射的情况，在考虑经济的及社会的因素同时，必须达到尽可能低的水平)

AIIB(Asian Infrastructure Investment Bank)：亚洲基础设施投资银行(亚投行)

AIME(American Institute of Mining and Metallurgical Engineers)：美国矿物与冶金工程师协会

ANL(Argonne National Laboratory)：(美国)阿贡国立实验室

AOD(argon-oxygen decarburization)：氩氧脱碳(炼钢法)

ASME(American Society of Mechanical Engineers)：美国机械工程师协会

ASTM(American Society for Testing Materials)：美国试验材料学会

ATR(advanced test reactor)：先进试验堆

AUC(ammonium uranyl carbonate process)：三碳酸铀酰胺($(NH_4)_4[UO_2(CO_3)_3]$)法

AVR(arbeisgemeinschaft versuchs-reaktor)：(德国)球床高温气冷堆

B

BCC：(body-centered cubic)体心立方晶体结构

BWR(boiling water reactor)：沸水堆

BR(breed ratio)：增殖比

BSS(Basic Safety Standards)：(国际)基本安全标准

C

CANDU(Canadian Deuterium-Uranium reactor)：加拿大坎杜型压力管式重水反应堆

CARR(Chinese advanced research reactor)：中国先进研究堆

CAT(crack arrest temperature)：止裂温度

CEFR(China experimental fast reactor)：中国实验快堆

CF(concentration factor)：浓缩(富集)系数

CN(coordination number)：配位数

CP(fuel core)：燃料核心

CP(creep property)：蠕变性能

CRSS (critical resolved shear stress)：临界分切应力

CVN：夏比(Charpy)V形缺口弯曲冲击试验上平台能量(其降低值用 ΔUSE 表示)

D

DBTT(ductile-to-brittle transition temperature)：韧-脆转变温度

DC(dry conversion)：干法转换工艺

DHC(delayed cracking)：延迟开裂

dpa (displacement per atom)：每个原子的平均离位次数

E

EBR(experimental breeder reactor)：实验性增殖反应堆

EBWR(experimental boiling water reactor)：实验性沸水堆

EC(electron capture)：电子俘获

ECCS(emergency core cooling system)：应急堆芯冷却系统

EGU(external gelation of uranium)：外凝胶工艺

EUR(European users of light water reactor nuclear power plant requirements/European utility requirement for LWR)：欧洲用户对轻水堆核电厂的要求文件/欧洲用户要求文件

F

FATT(fracture appearance transition temperature)：韧-脆转变温度，定义为出现50%穿晶断口的温度
FBTR(fast breeder test reactor)：快中子增殖实验堆
FBR(fast breeder reactor)：快中子增殖堆
FC(fuel channel)：燃料管道
FC(fatigue corrosion)：疲劳腐蚀
FCAW(flux cored arc welding)：焊剂芯电弧焊
FCC(face-centered cubic)：面心立方晶体结构
FCCI(fuel-clad chemical interaction)：燃料-包壳化学相互作用
FCMI(fuel-clad mechanical interaction)：燃料-包壳机械相互作用
FP(Frankel pair)：弗兰克尔对
FP(fission product)：裂变产物
FP(full power)：满功率
FTE(fracture transition elastic)：弹性断裂转变温度，能量较高的平台对应的温度定义为FTE
FTP(fracture transition plastic)：塑性断裂转变温度，能量较高的平台对应的温度定义为FTP

G

GCP(geometric close-packed)：几何密排相
GCR(gas-cooled reactor)：气冷堆
GFR (gas-cooled fast reactor)：气冷快堆
GLCC(Great Lakes Corporation)：(美国)大湖公司
GMAW(gap-shield metal arc welding)：氩弧焊

H

HCP(hexagonal close-packed)：密排六方晶体结构
HLW(high level radioactive waste)：高放射性水平废弃物
HPCI(high pressure core injection system)：高压注入系统(TFTR)高压堆芯注入系统(托卡马克聚试验堆)
HPR(high pressure reactor)：高压反应堆
HTGR(high temperature gas-cooled reactor)：高温气冷堆
HTTR((Japan) high temperature engineering test reactor)：(日本)高温工程试验堆
HWR(heavy water reactor)：重水堆

I

IAEA (International Atomic Energy Agency)：国际原子能机构
IASCC(irradiation assisted SCC)：辐照协助应力腐蚀开裂
ICF(inertial confined fusion)：惯性约束核聚变
ICRP(International Commission on Radiological Protection)：国际辐照防护委员会
IDR(integration dry route)：一体化法(干法)
IFR(integrated fast reactor)：一体化快中子堆
IGA(intergranular attack)：沿晶应力腐蚀(开裂)
IGC(intergranular corrosion)：晶界腐蚀
IGSCC(intergranular stress corrosion cracking)：沿晶应力腐蚀开裂
IGU(internal gelation of uranium)：内凝胶工艺
INES(International Nuclear Event Scale)：国际核事故分级标准
ITER(International Thermonuclear Experimental Reactor)：国际热核实验堆

L

LFTR(liquid fluoride thorium reactor)：液相氟化钍反应堆
LOCA(loss of coolant accident)：冷却剂丧失事故

LMFBR(liquid metal fast-breeder reactor)：液态金属快中子增殖(反应)堆

M

MCCI(molten corium concrete interaction)：熔融燃料-混凝土反应
MIG(metal-arc inert-gas welding)：惰性气体保护金属极电弧焊
MNSR(micro neutron source reactor)：微型中子源反应堆
MOX(mixed uranium and plutonium oxide fuel)：氧化铀和氧化钚混合燃料
MSR(molten salt reactor)：熔盐堆
MTR(materials testing reactor)：材料试验反应堆

N

NDT(nil ductility temperature)：无延性温度
NDTT(nil ductility transition temperature)：无延性转变温度 T_{NDT}(其变化用 ΔTT 或 ΔRT_{NDT} 表示)
NEA (Organization for Economic Co-operation and Development, OECD/Nuclear Energy Agency, NEA)：经济合作与发展组织核能机构(OECE/NEA)
NRC((United States) Nuclear Regulatory Commission)：(美国)核管会

O

ODS(oxide dispersion steel)：氧化物弥散分布的铁素体钢
ORNL(Oak Ridge National Laboratory)：(美国)橡树岭国立实验室

P

PCCI (pell-clad chemical interaction)：芯块与包壳化学相互作用
PCI(pell-clad interaction)：芯块与包壳相互作用
PCMI(pell-clad mechical interaction)：芯块与包壳机械相互作用
PET(positron emission tomography)：正电子射线断层扫描
PH(precipitation hardening)：沉淀硬化(不锈钢)
PKA(primary knock-on atom)：初级碰出原子
PUREX(plutonium uranium recovery by extraction)：钚铀萃取回收法
PWHT(post weld heat treatment)：焊后热处理
PWSCC(primary water stress corrosion cracking)：一次侧水应力腐蚀裂纹
PWR(pressurized water reactor)：压水堆

R

RBMK(Reaktor Bolshoy Moshchnosti Kanalnyy(Реактор Большой Мощности Канальный))：(压力管式)石墨慢化沸水反应堆
RCC-E：(法国)压水堆核电厂核岛电气设备设计与建造规范
RCC-M：(法国)压水堆核电厂核岛机械设备设计与建造规范
RCIC(remote cooling system)：远距离冷却系统

S

SCC(stress corrosion cracking)：应力腐蚀(开裂)
SG(steam generator)：蒸汽发生器
SGL(SGL Group——The Carbon Company)：(德国)SGL 集团——联碳公司
SGTR(steam generator tube rupture)：蒸汽发生器传热管破裂
SNAP(systems for nuclear auxiliary power)：核能厂用电系统
SSAW(saw submerged arc welding)：埋弧焊

T

TCP(topologically close-packed)：拓扑密排相
TD(theory density)：理论密度
TFTR(Tokamak fusion test reactor)：托卡马克聚变试验堆；聚变实验反应堆
TGU(total gelation of uranium process)：全凝胶工艺

THTR(thorium high temperature reactor)：(德国)钍高温球床堆
TIG(tungsten arc inert-gas welding)：惰性气体保护钨极电弧焊
TMI-2(Three Mile Island-2)：三哩岛核电厂 2 号机组
TRU(trans-uranium)：超铀(元素)

U

UNSCEAR(United Nations Scientific Committee on the Effects of Atomic Radiation)：联合国关于核辐射影响的科学委员会
URD(the user requirements document ALWRs.)：先进轻水堆用户要求文件
UCC(Union Carbide Corporation)：(美国)联合碳化物公司[2001 年被陶氏化学公司(The Dow Chemical Company)兼并]

V

VHTR(very high temperature reactor)：超高温(气冷)堆
VOD(vacuum oxygen decarbonization)：真空吹氧脱碳钢

W

WT(wrapper tube)：元件盒管

Y

yellow cake：黄饼

核材料的一些未用术语

annealing：退火
breaking strength：断裂强度
cascade：级联碰撞
controlled nuclear fusion：可控核聚变
corrosion fatigue：腐蚀疲劳
corrosion fatigue：腐蚀疲劳
creep：蠕变
crevice：缝隙腐蚀
denting：凹坑腐蚀
elastic stretching：弹性伸长
erosion：冲刷腐蚀
failure：失效
fast neutron reactor：快中子反应堆
fatigue property：疲劳性能
fracture：断裂
fretting：微动腐蚀
hydrogen embrittlement：氢脆
intergranular corrosion：晶界(沿晶的)腐蚀
in-situ leaching：地浸采矿法
mass transfer：质量迁移
microhardness：显微硬度
nodular corrosion：疖状腐蚀
nuclear reactor：核反应堆
offset yield strength：条件屈服强度
pitting：点腐蚀
rupture：破坏
strain：应变
strength：强度
stress：应力
tensile property：拉伸性能
thermal neutron reactor：热中子反应堆

wastage：耗蚀
yield strength：屈服强度

反应堆名称缩略语

AMRR(army material research reactor)：军用材料研究堆
ABWR(advanced boiling water reactor)：先进沸水堆
APWR(advanced pressurized water reactor)：先进压水堆
ASCR(advanced sodium cooled reactor)：先进钠冷反应堆
ASGR(advanced sodium graphite reactor)：先进钠冷石墨堆
BLWHWR(boiling light-water-cooled,heavy-water moderated reactor)：沸腾轻水冷却重水慢化堆
BR(breeder reactor)：增殖堆
BWR(boiling water reactor)：沸水堆
CDFR(commercial demonstration fast reactor)：商用示范快堆
CFR(c. f. r) (commercial fast(breeder) reactor)：商用增殖快堆
$CGRCO_2$(graphite reactor)：二氧化碳冷却石墨慢化反应堆
CNSG(consolidated nuclear steam-generator)：一体化核供气装置
CPR(commercial power reactor)：商用动力堆
CANDU(Canadian deuterium-uranium reactor)：加拿大重水铀反应堆,坎杜型反应堆
DPR(demonstration power reactor)：示范动力堆
EBR(experimental breeder reactor)：实验性增殖反应堆
EBWR(experimental boiling water reactor)：实验性沸水堆
EGCR(experimental gas-cooled reactor)：实验性气冷堆
ETR(engineering test reactor)：工程试验堆
FBR(fast breeder reactor)：快中子增殖堆
FFHR(fusion-fission hybrid reactor)：聚变-裂变混合堆
FTR(fast test reactor)：快中子试验堆
GBSR(graphite-moderated boiling and superheating reactor)：石墨慢化沸腾过热反应堆
GCBR(gas-cooled breeder reactor)：气冷增殖堆
GCFBR(gas-cooled fast breeder reactor)：气冷快中子增殖堆
GCFR(gas-cooled fast reactor)：气冷快堆
GCR(gas-cooled reactor)：气冷堆
GFR(gas-cooled fast reactor)：气冷快堆
GT-HTGR(gasturbine high-temperatur egas-cooled reactor)：气体推动透平的高温气冷堆
HFBR high(fluxbeamr esearch reactor)：高通量中子束研究堆
HFTR(high-flux test reactor)：高通量试验堆
HTBR(high-temperature gas cooled breeder reactor)：高温气冷增殖堆
HTGR(high temperature gas-cooled reactor)：高温气冷堆
HTMSR(high temperature molten-salt reactor)：高温熔盐堆
HTTR(high temperature thorium reactor)：高温钍反应堆
HWBLW,HWLWR (heavy water moderated,boiling light-water cooled reacto)：重水慢化轻水沸腾冷却反应堆
HWGCR(heavy water moderated gas-cooled reactor)：重水慢化气冷堆
HWR(heavy-water reactor)：重水堆
HTR(high-temperature reactor)：高温堆
IPWR(integrated pressurized water reactor)：一体化压水堆
LGR(light-water-cooled,graphite-moderated reactor)：轻水冷却石墨慢化堆
LMFBR(liquid metal fast breeder reactor)：液态金属冷却快中子增殖堆
LMFR(liquid metal fuel reactor)：液态金属燃料反应堆
LWR(light water reactor)：轻水反应堆
MSBR(molten salt breeder reactor)：熔盐增殖堆
MSR(molten salt reactor)：熔盐(反应)堆
MSR(merchant-ship reactor)：商用舰船反应堆
MTR(materials testing reactor)：材料试验堆

MUR(near commercial breeder reactor)：准商用增殖堆
NETRNPR(new production reactor)：新型生产堆
NPR(nuclear power reactor)：核动力堆
OMR(organic-moderated reactor)：有机慢化反应堆
PBR(pedblebed reactor)：球床堆
PHWR(pressurized heavy-water reactor)：加压重水堆
PLBR(prototype large breeder reactor)：大型原型增殖堆
PTR(pool test reactor)：池式试验堆
PTR(pressure tube reactor)：压力管式反应堆
PWR(pressurized-water reactor)：压水堆
SBWR(simplified boiling water reactor)：简化沸水堆
SCFBR(steam-cooled fast breeder reactor)：蒸汽冷却快中子增殖堆
SCR(sodium-cooled reactor)：钠冷反应堆
SCWR(super-critical water-cooled reactor)：超临界水冷堆
SEFR(shielding experiment facility reactor)：屏蔽实验装置反应堆
SGHWR(steam-generating heavy-water reactor)：产生蒸汽的重水堆
SSCR(spectral shift control reactor)：谱移控制反应堆
STIR(shield test and irradiation reactor)：屏蔽试验和辐照反应堆
SWR(submarine water reactor)：潜水艇用水冷堆
THTR(thorium high-temperature reactor)：钍高温堆
TRR(testand research reactor)：试验和研究用反应堆
VHTR(very high temperature gas-cooled reactor)：超高温气冷堆
ZPPR(zero power plutonium reactor)：零功率钚反应堆
ZPR(zero power reactor)：零功率堆

参考文献

[1] 李文埮.核材料导论[M].北京：中国原子能出版社，2007.

[2] 刘建章.核结构材料[M].北京：中国原子能出版社，2007.

[3] 李冠兴，武胜.核燃料[M].北京：中国原子能出版社，2007.

[4] 陈宝山，刘承新.轻水堆燃料元件[M].北京：中国原子能出版社，2007.

[5] 谢光善，张汝娴.快中子堆燃料元件[M].北京：中国原子能出版社，2007.

[6] 唐春和.高温气冷堆燃料元件[M].北京：中国原子能出版社，2007.

[7] 郝嘉琨.聚变堆材料[M].北京：中国原子能出版社，2007.

[8] 白新德.核材料化学[M].北京：中国原子能出版社，2007.

[9] 潘金生，范毓殿.核材料物理基础[M].北京：中国原子能出版社，2007.

[10] 阮於珍.核电厂材料[M].北京：中国原子能出版社，2010.

[11] 徐銤，阮於珍.快堆材料[M].北京：中国原子能出版社，2011.

[12] 杨文斗.反应堆材料学[M].北京：中国原子能出版社.2000.

[13] 卢洪早，朱玉龙，刘久山.核电厂科普知识[M].北京：中国原子能出版社，2012.

[14] 長谷川 正義，三島 良績.核反应堆材料手册[M].孙守仁，等译.北京：中国原子能出版社，1987.

[15] 徐世江，康飞宇.核工程中的炭和石墨材料[M].北京：清华大学出版社，2010.

[16] 白新德.材料腐蚀与控制[M].北京：清华大学出版社，2005.

[17] 许维钧，白新德.核电材料老化与延寿[M].北京：化学工业出版社，2015.

[18] 阎昌琪，王建军，谷海峰.核反应堆结构与材料[M].哈尔滨：哈尔滨工程大学出版社，2015.

[19] 潘金生，仝健民，田民波.材料科学基础(修订版)[M].北京：清华大学出版社，2011.

[20] 山崎 耕造.エネルギ—の本[M].日刊工業新聞社，2005.

[21] 竹田 敏夫.図解雑学：知っておきたい原子力發電[M].ナツメ社，2011.

[22] 高田 純.核と放射線の物理[M].医療科学社，2006.

[23] エネルギ—.産業技術總合開發機構，監修，水素エネルギ—協会.水素の本[M].日刊工業新聞社，2008.

[24] 田民波.材料学概论[M].北京：清华大学出版社，2015.

[25] 田民波.创新材料学[M].北京：清华大学出版社，2015.

[26] 周明胜，田民波，俞冀阳.核能利用与核材料[M].北京：清华大学出版社，2016.

[27] Donald R Olander. Fundamental aspects of nuclear reactor fuel elements，TID-26711-P1. Technical. Information Center Energy Research and Development Administration，1976.

[28] D R 奥兰德.核反应堆燃料元件基本问题(上册)[M].李恒德，等译.北京：中国原子能出版社，1983.

[29] S 格拉斯登.核反应堆工程[M].吕应中，等译.北京：中国原子能出版社，1986.

[30] International Atomic Energy Agency，Assessment and management of ageing of major nuclear power plant components important to safety：PWR pressure vessels，IAEA-TECDOC-1120，Vienna. 1999.

[31] International Atomic Energy Agency，Assessment and management of ageing of major nuclear power plant components important to safety：steam generators，IAEA-TECDOC-981，Vienna. 1997.

[32] International Atomic Energy Agency，Nuclear power reactors in the world 2016 edition，reference data series No. 2，IAEA，Vienna. 2016.

[33] 国家核安全局网站 https：//www. nnsa. mep. gov. cn/.

[34] IAEA 网站 https：//www. iaea. org/.

[35] 尹邦跃.陶瓷核燃料工艺[M].哈尔滨：哈尔滨工程大学出版社，2016.

[36] 蔡文仕，舒保华.陶瓷二氧化铀制备[M].北京：中国原子能出版社，1987.

[37] Henri Bailly. The nuclear fuel of pressurized water reactor and fast neutron reactors[M]. Lavoisier Publishing Inc，1999.

[38] 窪田 秀雄.中国、第 13 次 5か年計画でも原子力拡大へ，—シルクロード・製造强国戰略の柱に—. エネルギーレビュー，2016.

[39] 杉本 純.シビアアクシデントとは[M]. エネルギーレビュー，2015.

[40] 倉田 正煇.炉心溶融[M]. エネルギーレビュー，2015.